模糊理論及其應用(第三版)

李允中、王小璠、蘇木春　編著

全華圖書股份有限公司　印行

三版序

本書自 2003 年出版以來，今已邁入第三版修訂。過去幾年在國內已有一些大專院校使用本書作爲課程專用的教科書，或作爲碩、博士入學考試的參考書籍。

這次 2011 年再版，主要是增加模糊理論在軟體工程塑模(Model)的應用。希望新增加的資料，能使讀者對於模糊理論的應用範圍，有更進一步的了解。

李允中　國立中央大學資訊工程系
王小璠　國立清華大學工業工程及工業管理系
蘇木春　國立中央大學資訊工程系

序 言

如何設計出一個智慧型系統(intelligent system)一直是科學界的夢想。在1950年代中期所興起的人工智慧(artificial intelligence，簡稱AI)研究一度帶來一線曙光。傳統人工智慧技術十分依賴符號處理(symbol manipulation)和一階邏輯(first-order logic)，不可否認的，這個傳統的人工智慧技術在許多應用領域上，譬如說專家系統(expert system)，電腦下棋，自然語言處理(natural language processing)等，有著令人激賞的表現。然而，這些成功的實証卻並不代表了原先建立智慧型系統的夢想就此實現了；因爲傳統的人工智慧技術在語音辨識、電腦視覺、機器人等領域上卻顯得力有未逮；而惟有這些問題能夠得到有效的解決，才能讓我們向這一個長久以來的夢想實現又跨進一步。

如何向這個夢想邁進呢？模糊邏輯(fuzzy logic)的創始者Zadeh教授提出以下的一種想法：由於現實世界的許多問題中充滿了許多不確定性(uncertainty)及不準確性(imprecision)，要想靠傳統的二元邏輯的思維模式來解決這類的問題，是一項極大的挑戰，甚至是一項不可能的任務。至於該如何突破這種瓶頸呢？他認爲若能將模糊邏輯引入來處理不可能性及不準確性這類型的問題，或許智慧型系統的實現不再是遙不可及的夢想而已，可能可以變成指日可待的目標。

自從Zadeh教授的“Fuzzy Sets”論文在1965年所發表後，帶動了這方面的研究風氣，其中歷經了許多不同學派的撰文評述，但是我們逐漸地在各種不同的領域都可以看到模糊理論的蹤跡。可見得模糊理論的確爲我們開了一道新視窗，讓我們得以用一種更爲開闊的視野來處理眞實世界中的許多複雜問題。

有鑑於此，我們決定集合國內在模糊理論研究領域上有所專精之教授們一同貢獻心力，以我們自己的語言，深入淺出地介紹有關模糊理論之重要觀念及應用，希望藉此書幫助讀者很快地進入模糊理論之研究殿堂，讓我們一同攜手爲國內學術之提昇及產業之升級努力。

事實上，這本專書只是我們計畫出版的第一本，因爲國內在此領域有豐碩研究成果的教授極多，一時無法將他們的獨特見解都收入於此書中，我們將陸續把他們介紹給所有讀者。

本書能順利完成，得感謝我們家人的支持以及全華圖書公司的協助，其中也要感謝中央大學資訊工程研究所蘇軾詠、黃得原等研究生的參與編排。如有疏漏謬誤之處，尚祈海內外先進專家們，不吝賜教。

李允中　國立中央大學資訊工程系
王小璠　國立清華大學工業工程及工業管理系
蘇木春　國立中央大學資訊工程系

部　序

「系統編輯」是我們的編輯方針，我們所提供給您的，絕不只是一本書，而是關於這門學問的所有知識，它們由淺入深，循序漸進。

本書集合國內十多位在模糊理論研究領域上有所專精的學者共同撰述，每種理論皆有適切的範例或圖表加以說明及示範，而且所探討之實務應用涵蓋面甚廣。內容包含有模糊集合及運算、模糊邏輯與推論、數學規劃、模糊控制器設計之應用、模糊物件導向塑模及模糊決策系統等，適合技術學院電子、電機系高年級『模糊理論及應用』課程使用。

同時，為了使您能有系統且循序漸進研習相關方面的叢書，我們以流程圖方式，列出各有關圖書的閱讀順序，以減少您研習此門學問的摸索時間，並能對這門學問有完整知識。若您在這方面有任何問題，歡迎來函連繫，我們將竭誠為您服務。

相關叢書介紹

書號：06148007
書名：人工智慧－現代方法(第三版)
(附部份內容光碟)
編譯：歐崇明.時文中.陳 龍
16K/720 頁/800 元

書號：05761
書名：認識 Fuzzy －第三版
編著：王文俊
20K/328 頁/350 元

書號：05925007
書名：類神經網路與模糊控制理論入門與應用(附範例程式光碟)
編著：王進德
20K/386 頁/350 元

書號：05257027
書名：類神經網路入門(第三版)
編著：周鵬程
20K/264 頁/280 元

書號：0332402
書名：機器學習：類神經網路、模糊系統以及基因演算法則
(修訂二版)
編著：蘇木春.張孝德
20K/368 頁/350 元

書號：05076037
書名：遺傳演算法原理與應用－活用 Matlab(附程式光碟片)
(修訂三版)
編著：周鵬程
20K/592 頁/550 元

書號：0582801
書名：智慧型控制：分析與設計
(修訂版)
編著：林俊良
20K/536 頁/500 元

◎上列書價若有變動，請以最新定價為準。

流程圖

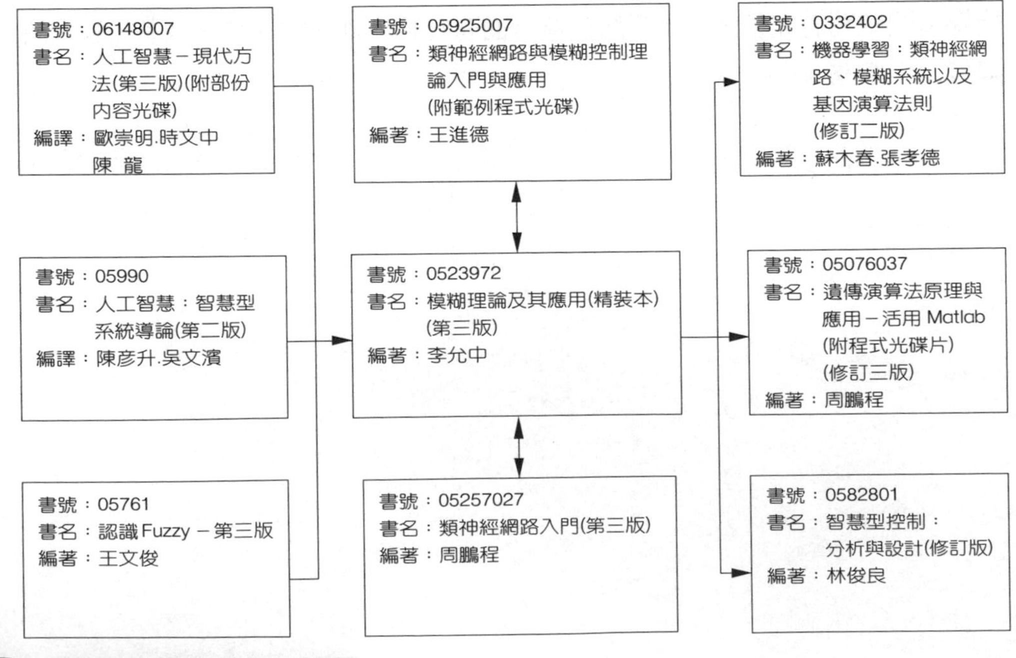

目　錄

CONTNETS

第 3 章 模糊集理論與機率 41

第 4 章 模糊邏輯與推論 63

第 8 章 模糊邏輯與基因演算法 213

第 14 章 模糊資料庫系統 471

Chapter 1

概　　論

- 李允中
  國立中央大學　資訊工程系
- 王小璠
  國立清華大學　工業工程及工業管理系
- 蘇木春
  國立中央大學　資訊工程系

1.1 前　言

我們用來建模(modeling)、推理及計算的傳統數學工具中，多具有明確(crisp)、精準(precise)及確定(certain)的特性。所謂的明確，這裡指的是二分法(binary)，例如，在傳統的雙元邏輯中，一個敘述非眞即假；在傳統集合論中，元素必然是歸屬於或不屬於某集合這兩種情形中的一種。至於精確，則是假設對於眞實系統中，我們對欲建模的現象及特性，所使用的參數都能精確的加以表達。最後，關於確定，則是假設模型中的結構及參數都能被明確的知道，不論數值或是存在性都沒有任何的疑問。

然而在某些領域或問題上，如醫學、氣象學、社會科學等等，或是和人類判斷、評估及決定有相當關係的問題，如決策、推理及學習上，傳統數學工具中明確的精確及確定的特性，和這些問題在本質有所差異，使得當使用傳統數學理論來處理這些問題時，往往無法達到令人可接受的結果，而模糊理論則是著重於這些問題的本質，提出了和傳統數學理論不同的方法，反而能得到顯著的功效。因此，不論是消費電子產品、工業控制器、語音辨識、影像處理、機器人、決策分析、資料探勘、數學規劃以及軟體工程上都可以見到模糊理論的蹤跡，這都證明了模糊理論的成功及其突破性的觀點。

1.2 模糊建模

在許多科學及工程領域中，解決複雜問題的第一步常是設法將此複雜問題予以建模。之後，我們便可以透過這個模型，對此問題加以分析並預測其反應，甚至可以設計控制器來加以控制。傳統上，建模的方法不外乎以下兩種：(1)若我們可以從物理特性瞭解此問題，那麼我們可以利用相關物理公式來予以建模。譬如說，一個包含電阻、電容及電感的系統，我們可以利用微分方程式來描述此系統，然而，這個方法只適合用來解決簡單的問題。(2)有些問題複雜到難以利用既有的物理公式來描述時，我們就會採用所謂的“黑盒子”方法來予以建模。也就是，先收集一些資料，再根據問題的大致特性，從一些已知的特定數學模型中挑出一個合適的模型，藉由系統鑑別(system identification)的技術將相關參數估測出來[1]-[2]。當數學模型選得好時，這個方法可以運作地很成功，但若系統特性無法和數學模型匹配時，即使相關參數估得再好，也無法成功地將問題予以建模。而且，當系統過於複雜時，會需要大量的資料來描述系統，遠超過我們人類可以同時處理的量，在這種情形下，我們也無法利用前述方法來對系統加以建模。

除此之外，我們通常會要求一個建模語言(modeling language)必須是清楚(precise)且精簡(concise)，同時對於模型中重要的元素，在語意上能利用其定義的術語完全描述，在這個要求下，便有了以下的問題浮現出來：人類的思考和感覺其所能理解的概念，遠比我們日常生活所使用的語言所能表達的還多。也就是說，人類思考和感覺的能力(就集合論上而言)，遠比日常語言的能力強，如果再把傳統邏輯語言和日常語言作比較，可以發現傳統邏輯語言的能力甚至更糟。所以在面對日常生活的許多問題上，我們的思考所能想像出來的概念和使用傳統數學邏輯產生的模型間幾乎不可能有一對一的對應關係。

因此，對於這類問題，傳統數學工具顯然不適合用來建模，模糊理論便因而產生，藉由提出本質上和傳統數學理論迥異，不受明確、精確及確定性限制的理論和方法，用來處理這類問題反而有意想不到的效果，這樣的方法其實就是所謂的模糊建模。在要進行模糊建模時，通常會先決定採用哪一種模糊模型，譬如說 Mamdani 的語意式模糊模型或是 Takagi-Sugeno 模糊模型，然後再利用收集來的資料調整模型中的參數，使得整體效應提高。透過這類模糊建模的方式，我們可以很有效地解決許多傳統方法所無法解決的問題。

1.3 模糊邏輯與模糊集合

模糊邏輯(fuzzy logic)，或稱多元邏輯，其出現最早之文獻可以溯源自 1937 年的量子學家 (quantum philosopher) Max Black [3]，當時他是以所謂的乏晰度(vagueness)來形容元素間的情形。直到 1965 年，Zadeh 教授在他發表的一篇論文[4]才正式地將模糊邏輯及模糊集合的理論介紹給大家，之後，模糊理論的相關研究才方興未艾地興起。

模糊理論較之於傳統數學理論，在結構上很類似，但本質上有所不同。例如：在邏輯上，模糊邏輯是採用多元邏輯(continuous logic)，敘述除了可以是眞或假外，其中還允許許多漸進的值；而模糊集合論中，集合的歸屬度，不再只有"是"與"否"，而有程度上"多"或"少"的差別。當這些模糊理論發展的更成熟時，其觀念往往擴大到可以包含傳統數學理論中相對應的理論，讓傳統理論變成只是模糊理論的特例，也就是說，我們可以將這些成熟的模糊理論視爲相對應傳統數學理論的推廣。

從另外一個角度來看，在眞實系統中，由於缺乏資訊，對於系統未來的狀況無法完全知道，長久以來，這種類型的問題一般都是利用機率及統計的理論來處理。然而，這些理論都假設，事件和敘述本身各自都有明確的定義，這種不確定的特性我們稱之爲猜測的不確定性。對比於模糊理論中，事件、現象或是敘述本身在語意描述上的含混不清，後者我們稱之爲模糊性，關於兩者之間的異同在學術界曾有過相當大的爭議。

模糊性可以在許多日常生活的例子中發現，例如，我們日常溝通及思考所使用的自然語言中，字詞的意義經常是含混的，即使有些字詞是定義明確的，可是當使用這些字詞作爲集合的標籤時，物件屬於或不屬於集合的邊界常常會變得模糊，譬如像「鳥」、「紅玫瑰」、「高個子」、「美麗的女人」、「值得信賴的顧客」等。關於這些，我們大致可以區分爲兩種類型的模糊：本質上的模糊以及資訊上的模糊，前者以「高個子」爲例，這個詞之所以模糊是因爲高的意義是模糊的，而且跟前後文有關(觀察者的高度、文化等)；而後者，如「值得信賴的顧客」這個詞，如果我們使用大量的敘述，一個值得信賴的顧客可能可以完全且明確得描述，然而，這個量可能比我們人類所能同時處理的數量還多，所以這個詞就變成是模糊的。

然而，到目前爲止，模糊理論中對於模糊性的定義尚沒有一個唯一的定義，且離唯一定義出現的日子還有很長的一段距離，而且這一天很可能永遠不會來到，因爲隨著應用領域及測量方法的不同，它可能指的是不同的東西。

到目前爲止，已經有很多人對這個領域做出貢獻，可想而知，這個領域接下來會越來越專門化，使得新進者越來越難找到一個切入點來瞭解這個理論，因此，一本適切的介紹性書籍是很需要的，爲了讓讀者可以對模糊建模及相關理論、應用有通盤瞭解，我們規劃了以下章節。

1.4 內容安排

本書在內容之安排如下：一開始，先介紹模糊理論之相關觀念及理論根據，然後探討如何建構模糊系統，最後介紹模糊理論於各個應用領域的實例。

在第二章中，將會介紹模糊集合的定義，接下來再介紹模糊集合中論域(universe of discourse) 與歸屬度函數 (membership function) 之間的關係。之後會談到在模糊集合中的常用運算及其重要理論。

在第三章中，將探討一個頗富爭議性的問題：究竟元素在模糊集合中的"程度"可否被解釋爲"機率"？許多學者在這個問題的見解上有著極大的差異，值得大家深入探討。

在第四章中，將首先介紹古典邏輯的基本觀念。邏輯是一門推論方法及原理的學問，古典邏輯在處理命題 (propositions) 時所得到的結果不是眞 (true) 就是假 (false)。接著，本章會詳細探討如何將古典邏輯推廣到模糊邏輯。

在第五章中，將探討模糊數學規劃的問題。數學規劃的應用面極廣，其重要性是不容置疑的。如何將傳統明確數學規劃的問題予以模糊化後再處理？以及爲何要將其模糊化後再處理？讀者將可在這章中得到完整的解答。

在第六章中，將探討如何設計模糊系統。無論是在工業控制、家電產品等領域上都可以看到模糊控制系統的大量應用實例。本章將針對模糊系統的架構、規則庫之建立、推論模式、類聚調整與梯度調整等方法做詳實的介紹。

在第七章中，將探討如何整合類神經網路與模糊系統雙方面的優點，以便建構所謂的模糊化類神經網路。這個問題是近幾年在模糊系統相關領域中十分重要的一個研究課題。

在第八章中，將介紹基因演算法 (Genetic Algorithms) 的工作原理，以及它和模糊系統的幾種結合方式。此外，也會介紹如何觀察基因演算法的演化過程，並且說明它的重要性以及目前所遭遇到的瓶頸。

在第九章中，將探討如何設計模糊控制器。也將在此介紹順向模糊類神經網路 (FNN)，對其採用之運算式及概念作一個統整的說明，並說明 FNN 的網路架構，及介紹如何用傳遞學習法來訓練模糊類神經網路。

在第十章中，將介紹模糊派翠網路 (Fuzzy Petri Net)。派翠網路是一種同時具有圖形化及數學化的正規建模工具，可應用於許多的系統模擬。近年來，派翠網路與人工智慧技術的結合逐漸成爲一個重要的研究方向。在本章中將介紹以模糊化的派翠網路來模擬法則式推理的各種方法。

在第十一章中，將介紹基於模糊邏輯的物件導向塑模方法(簡稱 FOOM)，並依據四個面向描述不精確的需求。基於 XML 發展的 FOOM 的綱目(schema)可用以塑模需求規格並使用型別(stereotypes)的概念來幫助定義不精確的需求。FOOM 的綱目也被自動的轉換成應用程式介面(APIs)，使得發展 XML 剖析器更爲容易。

在第十二章中，將介紹模糊集合理論在多屬性決策及多目標決策等領域中，已經發展並廣爲應用的方法與模式，並輔以實證案例幫助學習者對該方法與模式能深入瞭解。

在第十三章中，將進行在土木應用上的論文回顧。近年來，模糊數學在土木工程領域中有極爲成功之應用實例，許多先進與專家將它應用於概括性推理、決策分析及控制方面。

在第十四章中，將介紹模糊理論於資料庫系統之應用與發展。其主要動機是要處理不精確 (imprecise)、乏晰 (vague) 及不確定性 (uncertain) 的資訊。可實際應用於醫療診斷、人力資源管理、投資決策及地質探測等領域。

在第十五章中，將介紹模糊理論於機器學習和資料挖掘之應用。在知識擷取被公認爲是計算機應用的瓶頸之際，機器學習無疑提供了一個有效的解決之道，如何在大量的資料中挖掘出重要的訊息是近年來十分重要的一個研究課題。

習　題

[1.1]　分別舉例說明明確、精確、不確定及模糊四種觀念，並提出分析各類問題的可能方法。

[1.2]　試分析“明天是壞天氣的機率是 85%”及“明天是下雨的機率是 85%”兩句中事件“壞天氣”及“下雨”的特性及其意義。

[1.3]　試由集合的觀念探討亞里斯多德所云“萬物必然或存在或不存在、或在現在或在未來”，並定義出此一集合。

參考文獻

[1] P. Lindskog, “Fuzzy identification from a grey box modeling point of view” in Fuzzy Model Identification, H. Hellendoorn and D. Driankov, Editor, Springer, 1997.

[2] R. Johansson, Systems Modeling and Identification, Prentice-Hall, 1993

[3] M. Black, ”Vagueness: an exercise in logical analysis” Philosophy of Science, vol. 4. pp. 427-455, 1937.

[4] L.A. Zadeh, ”Fuzzy sets” Information and Control, vol. 8, pp. 338-353, 1965.

Chapter 2

模糊集合與運算

黃漢邦

國立台灣大學機械系

2.1 模糊集合的基本定義

在這一節中，將會介紹模糊集合(fuzzy set)的定義。首先，先介紹模糊集合(fuzzy set)和明確集合(crisp set)之間的不同。接下來再介紹模糊集合的論域(universe of discourse)及歸屬度函數(membership function)之間的關係。之後會談到在模糊集合中常用到的一些術語的定義，這些術語將有利於了解模糊集合的運算及其重要理論。

2.1.1 明確集合與模糊集合

明確集合，說穿了就是**有**和**沒有**的概念。是什麼意思呢？舉例來說，假設有一明確集合{1, 2, 3, 4, 5}，定義域爲 1 至 5 的五個正整數。那麼請問，這個集合有沒有 3？這個集合有沒有 6？前者的答案爲有，後者則沒有。我們把有當作 1，沒有當作 0。從這個例子，我們可以很明確的說出有還是沒有，而且每個人說出的答案應該都會相同，大家都能很**明確**的分辨有還是無。

而另外一個例子：假設現在有 2 個 18 歲、3 個 28 歲、1 個 35 歲和 4 個 45 歲的人，那麼，請問有幾個青年人？我想這個答案就很難界定吧！也許有人認爲 18 歲還不算青年或者有人覺得 35 歲還稱得上是。不過，可以確定的，不同的人的答案通常也都不相同。因此，使用明確集合的概念就不是非常的適合。這也就是爲什麼我們在這裡需要引進模糊集合的概念---模糊集合的功用就是專門來處理這方面的問題。

2.1.2 模糊集合的基本定義

模糊集合的表示法有很多種，以下是我們常用的一種表示法

$$\widetilde{A}=\{(x,\mu_{\widetilde{A}}(x))\mid x\in U\}$$

其中 $\widetilde{A}$ 爲一模糊集合，$\mu_{\widetilde{A}}(\bullet)$ 爲歸屬度函數，x 稱作元素，U 爲論域。一般情況之下，歸屬度(membership grade)會界定在 0 和 1 之間。這個表示式的完整解釋爲：當 x 在 U 的範圍內，會對應到一個介於 0 到 1 之間的數值 $\mu_{\widetilde{A}}(x)$。所有的這種 x 所成的集

合就是一個模糊集合。下圖(圖 2.1)即表示一個模糊集合，它的論域 U 的範圍界在 2 到 3 之間，對應的歸屬度函數爲 $0.1x^2$，而它所成的模糊集合 Ã 可以表示成

$$\widetilde{A} = \{(x, \mu_{\widetilde{A}}(x)) \mid \mu_{\widetilde{A}}(x) = 0.1x^2\}$$

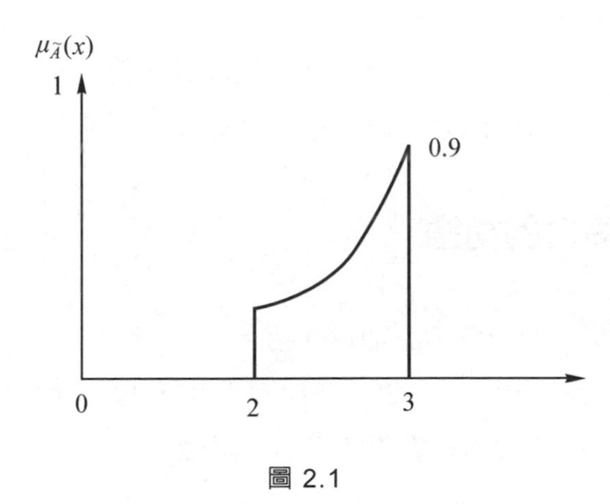

圖 2.1

下面，另外舉了一個明確集合的例子，用來分辨兩者的不同：

$$A = \{(x, \mu_A(x)) \mid x \in U\}$$

$$\mu_A(x) = \begin{cases} 0, x < 3 \\ 1, x \geq 3 \end{cases}$$

它的圖形如下：

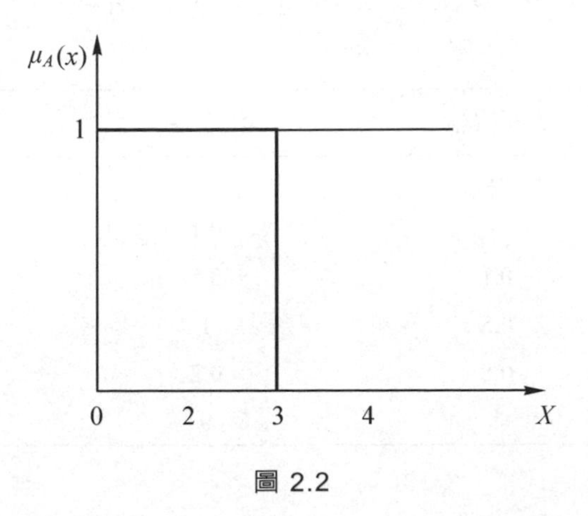

圖 2.2

我們可以發現，明確集合的歸屬度不是 0 就是 1，而且在邊界的部分是轉折得很厲害；反觀模糊集合就沒有這麼明確的邊界，通常模糊集合的歸屬度大多都介於 0 和 1 之間。還有一點要注意的，就是模糊集合的論域(universe of discourse)，是明確集合，並非模糊集合。

我們通常會在模糊集合的表示上多加一個波浪符號(~，tilde)來表示，但有時如果我們已經很確定不會有明確集合和模糊集合使用上的困惑，常會省略以便書寫。

2.1.3 模糊集合的術語

以下針對模糊集合的一些術語加以介紹。

支集(Support)：支撐的集合，也就是模糊集合 A 的論域 U 中，所對應的歸屬度不為 0 之元素 x 所成的集合。以數學式表示，就是：

$$Supp(A) = \{x \in U \mid \mu_{\tilde{A}}(x) > 0\}$$

有了支集的概念，就可以用它作為另一種模糊集合的表示法。以下舉例子來說明。

【例 2-1】

假設某次考試成績，可能的分數為 U={0,20,40,60,80,100}，如果現在有三種模糊集合，A 定義為[高分]，B 定義為[中等]，C 定義為[低分]，三種集合的歸屬度列與下表：

	高分 (A)	中等 (B)	低分 (C)
0	0	0	1
20	0	0.1	1
40	0.1	0.5	0.7
60	0.5	1	0.1
80	0.8	0.2	0
100	1	0	0

則

Supp(A)={40,60,80,100},

Supp(B)={20,40,60,80},

Supp(C)={40,60,80,100} ☆

模糊單子(fuzzy singleton)，交越點（crossover point），核（kernel），高度(height)

所謂的模糊單子(fuzzy singleton)，就是指歸屬度爲 $\mu_A(x)=1$ 的元素，並且只有一個點對應到歸屬度爲 1。如果元素所對應到的歸屬度 $\mu_A(x)=0.5$ 時，就叫做交越點（crossover point）。而核（kernel）就是指所有的歸屬度 $\mu_A(x)=1$ 的元素所成的集合，也就是 $ker(A)=\{x \mid \mu_A(x)=1\}$。高度 (height) 就是指集合內歸屬度最高的値，表示爲：$Height(A)=\sup_X \mu_A(x)$，sup 表示取所有歸屬度的最大値。如果某個模糊集合的高度爲 1 的話，我們就稱他叫做已正規化 (normalized)，否則稱爲次正規化 (subnormal)。

瞭解了上面這些術語後，現在我們就嘗試將一個模糊集合作其它的表示法。

【例 2-2】

繼續【例 2-1】的討論。集合 A 的論域 U 爲{0,20,40,60,80,100}，而對應的歸屬度如表格所示。可將 A 表示爲：

A={(0,0),(20,0),(40,0.1),(60,0.5),(80,0.8),(100,1)}

舉例來說，(60,0.5)表示當元素 x=60 時，所對應的歸屬度爲 0.5。

而 B 和 C 可表示成：

B={(0,0),(20,0.1),(40,0.5),(60,1),(80,0.2),(100,0)}

C={(0,1),(20,1),(40,0.7),(60,0.1),(80,0),(100,0)}

使用支集來表示時：

A=0.1/40 + 0.5/60 + 0.8/80 +1/100

B=0.1/20 + 0.5/40 + 1/60 +0.2/80

C=1/0 + 1/20 + 0.7/40+0.1/60 ☆

截集（α-cut）

截集（α-cut）為所有的歸屬度不小於α的元素 x 所成的集合，它的數學定義如下：（集合 A 的α-cut）

$$A_\alpha = \{ x \in U \mid \mu_A(x) \geq \alpha \}, \alpha \in (0,1]$$

嚴格截集（Strong α-cut），和截集（α-cut）的定義只相差在嚴格截集的元素之歸屬度必須大於α，不可以等於α。

【例 2-3】

依照截集（α-cut）定義，【例 2-1】集合的截集（α-cut）即為：

$A_{0.5} = \{60,80,100\}$

$B_{0.2} = \{40,60,80\}$

$C_{0.7} = \{0,20,40\}$ ☆

有了截集（α-cut）定義，就可以將模糊集合使用截集（α-cut）來表示，也就是所謂的分解定理(resolution principle)，將會在後面作介紹。

2.2 模糊集合基本運算

在論域中，定義 A 和 B 為模糊集合，以下是其基本運算：

1. 補集（Complement）：

當 $\mu_A(x) \in [0,1]$，A 的補集（$\overline{A}$）定義如下

$$\mu_{\overline{A}}(x) = 1 - \mu_A(x) \qquad \forall x \in U$$

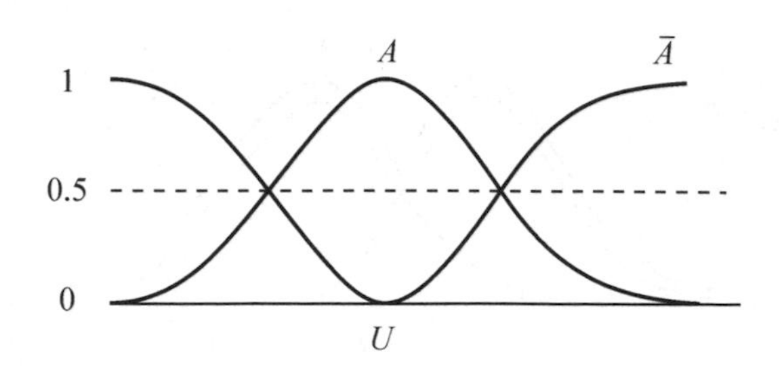

圖 2.3

2. 交集（Intersection）：A∩B

$$\mu_{A\cap B}(x)=\min[\mu_A(x),\mu_B(x)\equiv\mu_A(x)\wedge\mu_B(x)\qquad\forall x\in U$$

其中$\wedge$表示最小運算（min operation），由圖很明顯可知$A\cap B\subseteq A$和$A\cap B\subseteq B$。

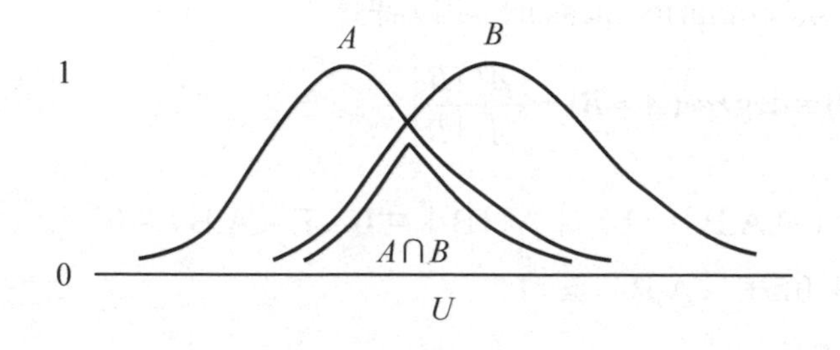

圖 2.4

3. 聯集（Union）：A∪B

$$\mu_{A\cup B}(x)=\max[\ \mu_A(x),\mu_B(x)]\equiv\mu_A(x)\vee\mu_B(x)\qquad\forall x\in U$$

其中$\vee$ 表示最大運算（max operation），由圖很明顯可知$A\subseteq A\cup B$ 和$B\subseteq A\cup B$。

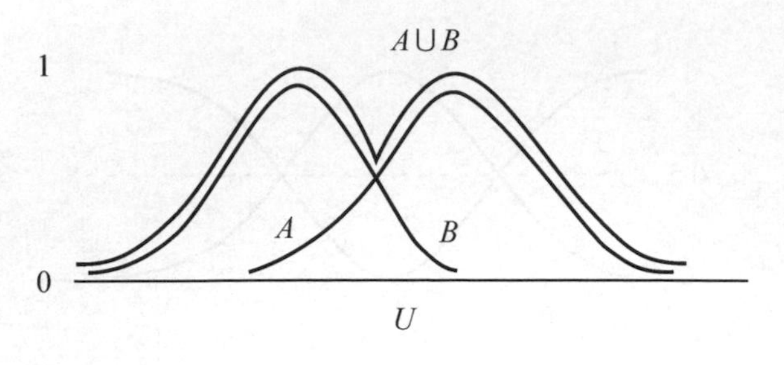

圖 2.5

4. 相等（Equality）：

$$A = B \Leftrightarrow \mu_A(x) = \mu_B(x) \qquad \forall x \in U$$

對於某些 U，若 $\mu_A(x) \neq \mu_B(x)$，則 A≠B。然而，上式”相等”的定義是明確，為了確認兩集合的相等程度（degree of equality），其中一種方法是利用相似評量(similarity measure)加以評量：

$$E(A,B) \equiv \text{degree}(A = B) = \frac{|A \cap B|}{|A \cup B|}$$

當 A=B，E（A,B）=1；｜A∩B｜＝0，E（A,B）=0 。
一般，則 0≦E（A,B）≦ 1

5. 子集合（Subset）：

A 是 B 的子集合，$A \subseteq B \Leftrightarrow \mu_A(x) \leq \mu_B(x) \qquad \forall x \in U$

為了描述其程度的關係，下面是一種子集評量(subsethood measure)方法：

$$S(A,B) \equiv \text{degree}(A \subseteq B) = \frac{|A \cap B|}{|A|}$$

【例 2-4】

考慮兩模糊集合，A＝0.1/50 + 0.3/60 + 0.5/70 + 0.8/80 + 1/90 + 1/100

B＝0.1/30 + 0.5/40 + 0.8/50 + 1/60 + 0.8/70 + 0.5/80

U={10,20,…100} 很明顯，A≠B，A 不是 B 的子集合，B 也不是 A 的子集合。可得以下關係：

$$\overline{A} = 1/10 + 1/20 + 1/30 + 1/40 + 0.9/50 + 0.7/60 + 0.5/70 + 0.2/80$$

$$A \cap B = 0.1/50 + 0.3/60 + 0.5/70 + 0.5/80$$

$$A \cup B = 0.1/30 + 0.5/40 + 0.8/50 + 1/60 + 0.8/70 + 0.8/80 + 1/90 + 1/100$$

$$E(A,B) = \frac{|A \cap B|}{|A \cup B|} = \frac{0.1+0.3+0.5+0.5}{0.1+0.5+0.8+1+0.8+0.8+1+1} = \frac{1.4}{6} = 0.23$$

$$S(A,B) = \frac{|A \cap B|}{|A|} = \frac{0.1+0.3+0.5+0.5}{0.1+0.3+0.5+0.8+1+1} = \frac{1.4}{3.7} = 0.38$$

---

6. 雙重否定(Double-negation law)：

$$\overline{\overline{A}} = A$$

7. 狄摩根定律(De Morgan's Law)：

$$\overline{A \cup B} = \overline{A} \cap \overline{B}$$

$$\overline{A \cap B} = \overline{A} \cup \overline{B}$$

注意：排中律（Law of the Excluded Middle）和矛盾律（Law of Contradiction）在模糊集合中並不是成立，亦即 $A \cup \overline{A} \neq U$ 和 $A \cap \overline{A} \neq \phi$。原因如下說明。

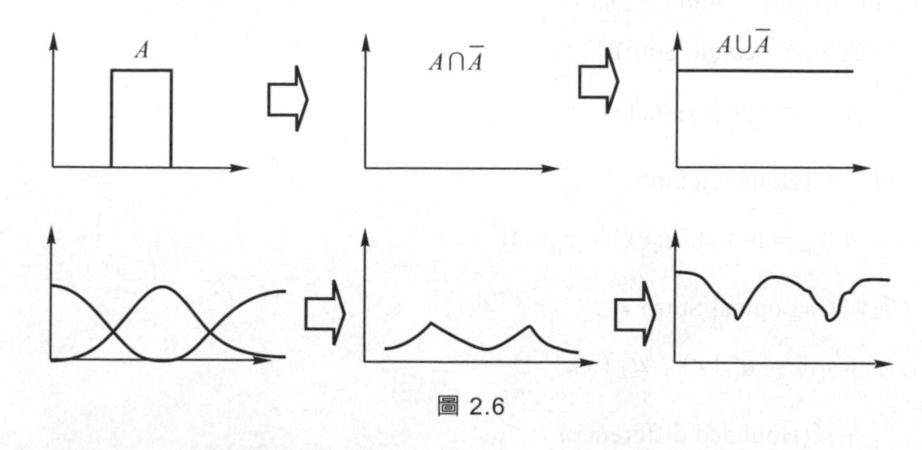

圖 2.6

一些模糊集合運算的性質如下所列：

1. 冪等律(Law of Idempotence)：A∪A＝A ,A∩A＝A
2. 分配律(Law of Distributivity)：

A∩（B∪C）＝（A∩B）∪（A∩C）

A∪（B∩C）＝（A∪B）∩（A∪C）

3. 交換律(Law of Commutativity)：A∪B＝B∪A , A∩B＝B∩A
4. 結合律(Law of Associativity)：

（A∪B）∪C＝A∪（B∪C）

（A∩B）∩C＝A∩（B∩C）

5. 吸收律(Law of Absorption)：（A ∩B）＝A， A∩（A∪B）=A
6. 零元素(Law of zero)：A∪U = U ， A∩ϕ＝ϕ
7. 全集合(Law of identity)：A∪ϕ= A ， A∩U＝A

模糊集合的代數運算（Algebraic operation）主要包括和運算（sum）及積運算（product）。說明如下：

對於模糊集合 $A_1 \in U_1, \ldots\ldots,$ $A_n \in U_n,$ $x_1 \in U_1, \ldots,$ $x_n \in U_n$ 卡式積（Cartesian product, *）的定義為：

$$\mu_{A_1 * A_2 * \ldots * A_n}(x_1, x_2, \ldots, x_n) = \min[\mu_{A_1}(x_1), \ldots, \mu_{A_n}(x_n)]$$

常見的和運算（sum）包括：

1. 代數和(Algebraic Sum)：

$$\mu_{A+B}(x) = \mu_A(x) + \mu_B(x) - \mu_A(x)\mu_B(x)$$

2. 有界和(Bounded Sum)：

$$\mu_{A \oplus B} = \min\{1, \mu_A(x) + \mu_B(x)\}$$

3. 邏輯和(Logical Sum)：

$$\mu_{A \cup B} = \mu_A(x) \vee \mu_B(x)$$

4. 有界差(Bounded difference)：

$$\mu_{A\ominus B} = \{0, \mu_A(x) - \mu_B(x)\}$$

5. 激烈和(Drastic Sum)：

$$\mu_{A \vee B} = \begin{cases} \mu_A, & \mu_B = 0 \\ \mu_B, & \mu_A = 0 \\ 1, & \text{其他} \end{cases}$$

由上述定義比較可得：

$$\mu_{A\cup B} \subset \mu_{A+B} \subset \mu_{A\oplus B} \subset \mu_{A\vee B}$$

【例 2-5】

A= 0.5/3 + 1/5 + 0.6/7，B= 1/3 + 0.6/5

則　A+B＝ 1/3 + 1/5 + 0.6/7

A ∨ B＝ 1/3 + 1/5 + 0.6/7

A⊕B＝ 1/3 + 1/5 + 0.6/7

A⊖B＝ 0.4/5 + 0.6/7

常見的積運算（product）包括：

1. 邏輯積(Logical product)：

$$\mu_{A\cap B} = \mu_A(x) \wedge \mu_B(x)$$

2. 代數積(Algebraic product)：

$$\mu_{A\cdot B} = \mu_A(x) \cdot \mu_B(x)$$

3. 有界積(Bounded product)：

$$\mu_{A\odot B} = \max\{0, (\mu_A(x) + \mu_B(x) - 1)\}$$

4. 激烈積(Drastic product)：

$$\mu_{A \wedge B} = \begin{cases} \mu_A, & \mu_B = 1 \\ \mu_B, & \mu_A = 1 \\ 0, & \text{其他} \end{cases}$$

由上述定義得：

$$\mu_{A \wedge B} \subset \mu_{A \odot B} \subset \mu_{A \cdot B} \subset \mu_{A \cap B}$$

2.3 分解定理(resolution principle)

分解定理(resolution principle)和代表定理(representation principle)均會用到α截集，再次說明α截集如下。

2.3.1 α截集(α - cut)

模糊集合 A (Fuzzy set A)的α截集(又稱α - cut 或α - level set)是一個明確集合，它包含了在論域中歸屬度(membership grade)大於或等於α的所有成員(member)，其數學表示式如下：

$$A_\alpha = \{x \in U \mid \mu_A(x) \geq \alpha\} \quad \alpha \in (0,1]$$

此外，一個模糊集合 A 中所有歸屬度的集合，可以叫做 A 的層級(level set)，其數學表示式如下：

$$\Lambda_A = \{\alpha \mid \mu_A(x) = \alpha, x \in U\}$$

【例 2-6】

表 2.1

分數	高分集合 A	中等集合 B	低分集合 C
10	0	0	1
20	0	0	1
30	0	0.1	0.9
40	0	0.5	0.7
50	0.1	0.8	0.5
60	0.3	1	0.3
70	0.5	0.8	0.1
80	0.8	0.5	0
90	1	0	0
100	1	0	0

集合 A 對 0.5 的截集 $A_{0.5} = \{70,80,90,100\}$

集合 B 對 0.8 的截集 $B_{0.8} = \{50,60,70\}$

集合 C 對 0.2 的截集 $C_{0.2} = \{10,20,30,40,50,60\}$

集合 A 的層級 $\Lambda_A = \{0.1,0.3,0.5,0.8,0.1\}$

集合 C 的層級 $\Lambda_B = \{0.1,0.3,0.5,0.7,0.9\}$

2.3.2 分解定理(resolution principle)

一個模糊集合 A 可以分解成α截集的集合，稱爲分解定理。其數學表示式如下：

$$\mu_A(x) = \sup_{\alpha\in(0,1]} [\alpha \wedge \mu_{A\alpha}(x)] \ \forall x \in U$$

證明：

$$
\begin{aligned}
& \sup_{\alpha\in(0,1]} [\alpha \wedge \mu_{A\alpha}(x)] \\
= & \sup_{\alpha\in(0,\mu_A]} [\alpha \wedge \mu_{A\alpha}(x)] \vee \sup_{\alpha\in(\mu_A,1]} [\alpha \wedge \mu_{A\alpha}(x)] \\
= & \sup_{\alpha\in(0,\mu_A]} [\alpha \wedge 1] \vee \sup_{\alpha\in(\mu_A,1]} [\alpha \wedge 0] \\
= & \sup_{\alpha\in(0,\mu_A]} \alpha \\
= & \mu_A
\end{aligned}
$$

其中 $\mu_{A\alpha}(x)$ 是明確集合 A_α 的特徵方程式，其特性如下：

$$
\mu_{A\alpha}(x)=\begin{cases}1, & x\in U(\text{充分必要條件}) \\ 0, & \text{其他}\end{cases}
$$

分解定理可以用下圖表示：

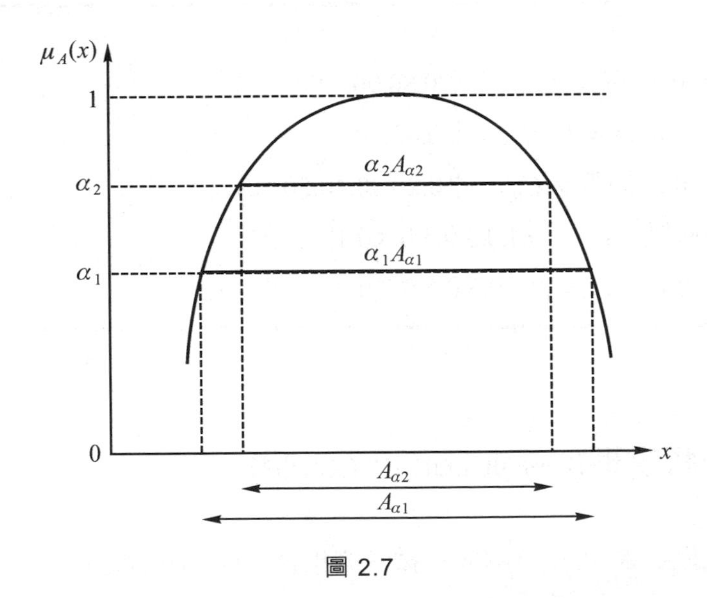

圖 2.7

由上圖可知時 $\alpha_1 \le \alpha_2$ 時，$A_{\alpha1}$ 會包含 $A_{\alpha2}$ （$A_{\alpha1} \supseteq A_{\alpha2}$）。

【例 2-7】

在此我們用表 2.1 來說明，在表 2.1 中模糊集合 A 可以表示成

$$A = 0.1/50 + 0.3/60 + 0.5/70 + 0.8/80 + 1/90 + 1/100$$

將其分解成α 截集的集合，則

$$\begin{aligned}A &= 0.1/50 + 0.1/60 + 0.1/70 + 0.1/80 + 0.1/90 + 0.1/100\\ &\quad + 0.3/60 + 0.3/70 + 0.3/80 + 0.3/90 + 0.3/100\\ &\quad + 0.5/70 + 0.5/80 + 0.5/90 + 0.5/100\\ &\quad + 0.8/80 + 0.8/90 + 0.8/100\\ &\quad + 1/90 + 1/100\\ &= 0.1(1/50 + 1/60 + 1/70 + 1/80 + 1/90 + 1/100)\\ &\quad + 0.3(1/60 + 1/70 + 1/80 + 1/90 + 1/100)\\ &\quad + 0.5(1/70 + 1/80 + 1/90 + 1/100)\\ &\quad + 0.8(1/80 + 1/90 + 1/100)\\ &\quad + 1(1/90 + 1/100)\\ &= 0.1\,A_{0.1} + 0.3\,A_{0.3} + 0.5\,A_{0.5} + 0.8\,A_{0.8} + 1\,A_1\\ &= \bigcup_{\alpha\in A}\alpha A_\alpha\end{aligned}$$

其中$\Lambda_A = \{0.1,0.3,0.5,0.8,0.1\}$。

上式最後得到的是代表定理(representation principle)，即一個模糊集合可以用其αA_α的聯集來表示。相反的，如果給予 $A_{0.1} = \{1,2,3,4,5\}$ $A_{0.4} = \{2,3,5\}$ $A_{0.8} = \{2,3\}$ $A_1 = \{3\}$，則利用代表定理，模糊集合 A 可以表示成：

$$\begin{aligned}A &= \bigcup_{\alpha\in\Lambda_A}\alpha A_\alpha = \bigcup_{\alpha\in\{0.1,0.4,0.8,0.1\}}\alpha A_\alpha\\ &= 0.1\,A_{0.1} + 0.4\,A_{0.4} + 0.8\,A_{0.8} + 1\,A_1\\ &= 0.1(1/1 + 1/2 + 1/3 + 1/4 + 1/5)\\ &\quad + 0.4(1/2 + 1/3 + 1/5)\\ &\quad + 0.8(1/2 + 1/3)\end{aligned}$$

$+ 1(1/3)$

$= 0.1/1 + 0.8/2 + 1/3 + 0.1/4 + 0.4/5$

2.4 擴張定理及其應用(Extension Principle and Its Applications)

2.4.1 擴張定理(Extension Principle)

X 爲值域(universe)之卡式乘積(Cartesian product) $X_1...X_r$，$\tilde{A}_1,....,\tilde{A}_r$ 爲 $X_1...X_r$ 上之 r 個模糊集合，f 是從 X 到值域 Y 的映射(mapping)。則擴張定理準許我們去定義一個在 Y 中的模糊集合 $\tilde{B}$：

$$\tilde{B} = \{(y, \mu_{\tilde{B}}(y)) \mid y = f(x_1,...,x_r), (x_1,...,x_r) \in X\}$$

其中

$$\mu_{\tilde{B}}(y) = \begin{cases} \sup\limits_{(x_1...x_r)\in f^{-1}(y)} \min\{\mu_{\tilde{A}_1}(x_1),......,\mu_{\tilde{A}_r}(x_r)\}, & if\ f^{-1}(y) \neq \phi \\ 0\ , & otherwise \end{cases}$$

2.4.2 模糊數及代數運算(Algebraic Operations with Fuzzy Numbers)

定義一

一個模糊數 $\tilde{M}$ 是一個在一條實數線 R 上爲一個凸狀(convex)正規化(normalized)的模糊集合 $\tilde{M}$ 使得：

1. 它恰好存在一個 $x_0 \in R$ 且 $\mu_{\tilde{M}}(x_0) = 1$。
2. $\mu_{\tilde{M}}(x)$ 爲片段連續。

定義二

一個模糊數 $\tilde{M}$ 為正定(或負定)，如果其歸屬函數滿足：

$$\mu_{\tilde{M}}(x) = 0, \forall x < 0 \ (\forall x > 0).$$

定義三

一個二元運算子(binary operation) *，稱為遞增(遞減)，若：

$$\text{for } x_1 > y_1 \quad \text{and } x_2 > y_2$$
$$x_1 * x_2 > y_1 * y_2 \quad (x_1 * x_2 < y_1 * y_2)$$

定理一

如果 $\tilde{M}$ 和 $\tilde{N}$ 為模糊數，其歸屬函數為連續且可逆的從 R 到[0,1]，*為一個連續的遞增(遞減)二元運算子，則 $\tilde{M} \circledast \tilde{N}$ 為一個模糊數，其歸屬函數為連續且可逆的從 R 到[0,1]。

備註： 如果正規的代數運算子為+,—, ,：，經過擴充在模糊數上的運算子表示方式為$\oplus, \ominus, \odot, \oslash$。

定理二

若 $\tilde{M}$ 、 $\tilde{N} \in F(R)$(模糊數集合，sets of real fuzzy numbers)，$\mu_{\tilde{M}}(x)$ $\mu_{\tilde{N}}(x)$ 為其連續的歸屬函數，則利用擴張定理於二元運算，模糊數 $\tilde{M} \circledast \tilde{N}$ 的歸屬函數為：

$$\mu(z) = \sup_{z=x\times y} \min\{\mu_{\tilde{M}}(x), \mu_{\tilde{N}}(y)\}$$

備註：

1. 對於任何俱交換性(commutative)的運算子*，擴充的運算子 $\circledast$ 也俱有交換性。
2. 對於任何俱結合性(associative)的運算子*，擴充的運算子 $\circledast$ 也具有結合性。

2.4.3 特別的擴充運算

對於單一運算(uniary operation) $f: X \to Y$，$X=X_1$，$\forall \tilde{M} \in F(R)$：

$$\mu_{f(\tilde{M})}(z) = \sup_{x \in f^{-1}(z)} \mu_{\tilde{M}}(x)$$

【例 2-8】

1. 對於 $f(x) = -x$，模糊數 $\tilde{M}$ 的相對(opposite)可給定爲：

$$-\tilde{M} = \{(x, \mu_{-\tilde{M}}(x)) \mid x \in X\} \text{ 其中 } \mu_{-\tilde{M}(x)}(x) = \mu_{\tilde{M}(x)}(-x) \text{。}$$

2. 如果 $f(x) = \dfrac{1}{x}$，模糊數 $\tilde{M}$ 的倒數(inverse)可給定爲：

$$\tilde{M}^{-1} = \{(x, \mu_{\tilde{M}^{-1}}(x)) \mid x \in X\} \text{ 其中 } \mu_{\tilde{M}^{-1}}(x) = \mu_{\tilde{M}}(\frac{1}{x}) \text{。}$$

3. 對於 $\lambda \in R \setminus \{0\}$ 且 $F(x) = \lambda \cdot x$，則一個模糊數 $\tilde{M}$ 與一純量 λ 的乘積可給定爲

$$\lambda\tilde{M} = \{(x, \mu_{\lambda\tilde{M}}(x)) \mid x \in X\} \text{ 其中} \mu_{\lambda\tilde{M}}(x) = \mu_{\tilde{M}}(\lambda x) \text{。}$$

擴充加法(Extended addition)

根據定理一可知：既然加法爲一個遞增運算子，對於模糊數我們可以得到一個擴充加法⊕，使得 $f(\tilde{M}, \tilde{N}) = \tilde{M} \oplus \tilde{N}$ 爲一個模糊數，其中 $\tilde{M}$ 、 $\tilde{N} \in F(R)$，也就是 $\tilde{M} \oplus \tilde{N} \in F(R)$ 。

擴充加法⊕的特性：

1. $\ominus(\tilde{M} \oplus \tilde{N}) = (\ominus\tilde{M}) \oplus (\ominus\tilde{N})$。
2. ⊕滿足交換律。
3. ⊕滿足結合律。
4. 對於⊕來說，$0 \in R \subseteq F(R)$ 是一個中性元素(neutral element)，也就是說 $\tilde{M} \oplus 0 = \tilde{M}$ ，$\forall \tilde{M} \in F(R)$ 。

5. 對於 $\oplus$ 來說，並不存在一個可逆元素(inverse element)，也就是說 $\forall \tilde{M} \in F(R) \setminus R : \tilde{M} \oplus (\ominus \tilde{M}) \neq 0 \in R$ 。

擴充乘積(Extended product)

在 R^{+} 上，乘法爲一個遞增運算子；在 R^{-} 上，乘法爲一個遞減運算子。因此，根據定理一，正定模糊數的乘積(或負定)會導致爲正定模糊數。令 $\tilde{M}$ 爲正定而 $\tilde{N}$ 爲負定模糊數，則 $\ominus \tilde{M}$ 也是負定並且 $\tilde{M} \odot \tilde{N}$ 是一個負定的模糊數。

擴充乘積 $\odot$ 的特性：

1. $(\ominus \tilde{M}) \odot \tilde{N} = \ominus(\tilde{M} \odot \tilde{N})$。
2. $\odot$ 滿足交換律。
3. $\odot$ 滿足交換律。
4. $\tilde{M} \odot 1 = \tilde{M}$ ，$\forall \tilde{M} \in F(R)$ 。
5. $\tilde{M} \odot \tilde{M}^{-1} \neq 1$ 。

定理三

如果 $\tilde{M}$ 是正定(或負定)的模糊數，且 $\tilde{N}$ 和 $\tilde{P}$ 同時爲正定或負定的模糊數，則：

$$\tilde{M} \odot (\tilde{N} \oplus \tilde{P}) = (\tilde{M} \odot \tilde{N}) \oplus (\tilde{M} \odot \tilde{P})$$

擴充減法(Extended subtraction)

減法既不是遞增也不是遞減運算子，因此定理一並不能能拿來應用。然而，運算子 $\tilde{M} \ominus \tilde{N}$ 可被寫成 $\tilde{M} \ominus \tilde{N} = \tilde{M} \oplus (\ominus \tilde{N})$。應用擴張定理可得到：

$$\begin{aligned}
\mu(z) &= \sup_{z=x-y} \min(\mu_{\tilde{M}}(x), \mu_{\tilde{N}}(y)) \\
&= \sup_{z=x+y} \min(\mu_{\tilde{M}}(x), \mu_{\tilde{N}}(-y)) \\
&= \sup_{z=x+y} \min(\mu_{\tilde{M}}(x), \mu_{-\tilde{N}}(y))
\end{aligned}$$

擴充除法(Extended division)

同於減法，除法既不是遞增也不是遞減運算子。如果 $\tilde{M}$ 和 $\tilde{N}$ 為嚴格正定的模糊數，也就是說，$\mu_{\tilde{M}}(x)=0 \quad \mu_{\tilde{N}}(x)=0 \quad \forall x \le 0$，我們可以比照擴充減法得到：

$$
\begin{aligned}
\mu(z) &= \sup_{z=x/y} \min(\mu_{\tilde{M}}(x), \mu_{\tilde{N}}(y)) \\
&= \sup_{z=xy} \min(\mu_{\tilde{M}}(x), \mu_{\tilde{N}}(\frac{1}{y})) \\
&= \sup_{z=xy} \min(\mu_{\tilde{M}}(x), \mu_{\tilde{N}^{-1}}(y))
\end{aligned}
$$

$\tilde{N}^{-1}$ 為一個正定的模糊數。因此，現在定理一可以拿來應用。若 $\tilde{M}$ 和 $\tilde{N}$ 同時為嚴格負定的模糊數，則同樣的結果亦為眞。

2.4.4 模糊集合 LR-表示法的擴充運算(Extended Operations for LR-Representation of Fuzzy Sets)

定義四

一個模糊數 $\tilde{M}$ 是 LR-type，如果存在參考函數 L(for left), R(for right)，且純量 $\alpha > 0, \beta > 0$：

$$
\mu_{\tilde{M}}(x) = \begin{cases} L(\frac{m-x}{\alpha}) & \text{for } x \le m \\ R(\frac{x-m}{\beta}) & \text{for } x \ge m \end{cases}
$$

其中 m 為 $\tilde{M}$ 的中間值(mean)，m 為一實數，α、β 稱作左延展(left spread)及右延展(right spread)，$\tilde{M}$ 可以 $(m, \alpha, \beta)_{LR}$ 來表示。此外，若 m 不是一個實數，而是一個區間 $(\underline{m}, \overline{m})$ 的話，則 $\tilde{M}$ 不是一個模糊數而是一個模糊區間(fuzzy interval)。

定義五

一個模糊區間 $\tilde{M}$ 是 LR-type，如果存在參考函數 L 和 R 並且有四個參數

$(\underline{m},\overline{m})\in R^2\cup\{-\infty,+\infty\}$、$\alpha$及$\beta$，則$\tilde{M}$的歸屬函數為：

$$\mu_{\tilde{M}}(x)=\begin{cases} L(\frac{\underline{m}-x}{\alpha}), & x\le \underline{m} \\ 1, & \underline{m}\le x\le \overline{m} \\ R(\frac{x-\overline{m}}{\beta}), & x\ge \overline{m} \end{cases}$$

模糊區間$\tilde{M}$可以$(\underline{m},\overline{m},\alpha,\beta)_{LR}$來表示。

* 若$\tilde{M}$是一個明確實數→ $\tilde{M}=(m,m,0,0)_{LR}$ $\forall L, \forall R$。
* 若$\tilde{M}$是一個明確區間→ $\tilde{M}=(a,b,0,0)_{LR}$ $\forall L, \forall R$。
* 若$\tilde{M}$是一個梯形模糊數→ $L(x)=R(x)=(0,1-x)$。

定理四

令$\tilde{M}$、$\tilde{N}$為兩個 LR-type 的模糊數：

$\tilde{M}=(m,\alpha,\beta)_{LR}$，$\tilde{N}=(n,\gamma,\delta)_{LR}$

則

1. $(m,\alpha,\beta)_{LR}\oplus(n,\gamma,\delta)_{LR}=(m+n,\alpha+\gamma,\beta+\delta)_{LR}$。
2. $-(m,\alpha,\beta)_{LR}=(-m,\ \alpha,\beta)_{LR}$。
3. $(m,\alpha,\beta)_{LR}\ominus(n,\gamma,\delta)_{LR}=(m-n,\alpha+\delta,\beta+\gamma)_{LR}$。

【例 2-9】

若 $L(x)=R(x)=\frac{1}{1+x^2}$ 且 $\tilde{M}=(1,.5,.8)_{LR}$ 和 $\tilde{N}=(2,.6,.2)_{LR}$

則 $\tilde{M}\oplus\tilde{N}=(3,1.1,1)_{LR}$

$\tilde{O}=(2,.6,.2)_{LR}$

$\ominus\tilde{O}=(-2,.6,.2)_{LR}$

$\tilde{M}\ominus\tilde{O}=(-1,.7,1.4)_{LR}$

定理五

令$\tilde{M}$、$\tilde{N}$為兩個的模糊數(滿足定義一)且皆為正定，則

$$\rightarrow (m,\alpha,\beta)_{LR}\odot(n,\gamma,\delta)_{LR}\approx(mn, m\gamma+n\alpha, m\delta+n\beta)_{LR}$$

若$\tilde{N}$為正定，$\tilde{M}$為負定

$$\rightarrow (m,\alpha,\beta)_{LR}\odot(n,\gamma,\delta)_{LR}\approx(mn, n\alpha-m\delta, n\beta-m\gamma)_{LR}$$

若$\tilde{M}$、$\tilde{N}$皆為負定

$$\rightarrow (m,\alpha,\beta)_{LR}\odot(n,\gamma,\delta)_{LR}\approx(mn, -n\beta-m\delta, n\alpha-m\gamma)_{LR}$$ 。

【例 2-10】

令 $\tilde{M}=(2, .2, .1)_{LR}$

$\tilde{N}=(3, .1, .3)_{LR}$

$$L(z)=R(z)=\begin{cases}1 & -1\le z\le 1\\ 0 & \text{else}\end{cases}$$

則 $\tilde{M}\odot\tilde{N}=?$

先確定$\tilde{M}$、$\tilde{N}$是正定或負定：

$$\mu_{\tilde{M}}(x)=\begin{cases}L(\frac{2-x}{.2}), & x\le 2\\ R(\frac{x-2}{.1}), & x\ge 2\end{cases}$$

$$=\begin{cases}1, & -1\le\frac{2-x}{.2}\le 1 \quad and \quad -1\le\frac{x-2}{.1}\le 1\\ 0 & else\end{cases}$$

$$=\begin{cases}1, & 1.8\le x\le 2.2\\ 0, & else\end{cases}$$

所以$\tilde{M}$為正定。

$$\mu_{\tilde{N}}(x)=\begin{cases}L(\frac{3-x}{.1}), & x\leq 3\\ R(\frac{x-3}{.3}), & x\geq 3\end{cases}$$

$$=\begin{cases}1, & 1.8\leq x\leq 2.2\\ 0, & \text{其它}\end{cases}$$

所以$\tilde{\mathrm{N}}$為正定。

$$\tilde{\mathrm{M}}\odot\tilde{\mathrm{N}}\approx(2\cdot 3,2\cdot .1+3\cdot .2,2\cdot .3+3\cdot .1)_{LR}=(6,.8,.9)_{LR}\text{。}$$

2.5 選擇歸屬函數(Membership Function Determination)

歸屬函數（membership function），是模糊理論的基本概念，可用以描述模糊集合（fuzzy set）的性質。透過歸屬函數我們可以對模糊集合進行量化，也才有可能利用精確的數學方法去分析與處理模糊性資訊。數值介於０到１，用以表示元素歸屬程度的函數，就稱為『歸屬函數』。

『如何找出一個適當的歸屬函數』往往是決定能否成功應用模糊理論於實際問題的關鍵，一般而言並無通用的定理或公式，通常是根據經驗或統計方法來加以確定，很難具有客觀性。許多研究學者在歸屬函數的建立下了很多功夫，希望能找到系統化的方法，以便建立出比較客觀的歸屬函數。常見的作法是：先建立粗略的歸屬函數，然後藉由 ”學習” 與不斷的實行經驗，逐步進行修正和調整，使歸屬函數更臻於完善也更加客觀。

在模糊控制的應用範疇，原則上歸屬函數都要具備”凸（convex）”及”正規（normal）”等基本性質。通常，歸屬函數可以分成”數值（numerical）”及”函數（functional）”兩種定義方式。數值定義方式又稱為離散化歸屬函數，即直接給定有限模糊集合內每個元素的歸屬度（membership grade）並以向量形式表達；函數定義方式又可稱為連續化歸屬函數，即以不同形式的函數（Ｓ函數、Ｚ函數、Ｐｉ函數、片段連續函數或模糊數(fuzzy number)等）來描述模糊集合。函數定義的內涵，可以是無限模糊集合的元素及其歸屬度之間的關係，亦可以是有限模糊集合的元素及其歸屬度之間的關係。在此，將常見的歸屬函數定義的方式整理如下：

離散化歸屬函數

離散化歸屬函數通常是以一組數值向量來表達模糊集合歸屬函數的歸屬度，而此向量的大小與論域（universe of discourse）離散化的程度有關。亦即，將論域分割成有限數量的離散值，例如：以 $\underset{\sim}{PB}$ 表示「正大（Positive Big）」概念的模糊集合，若將論域分成 $-5\sim+5$ 共 11 個整數段落，則可用數值向量表示這個模糊集合為

$$\underset{\sim}{PB}=[0,0,0,0,0,0,0,0.1,0.4,0.8,1.0]$$

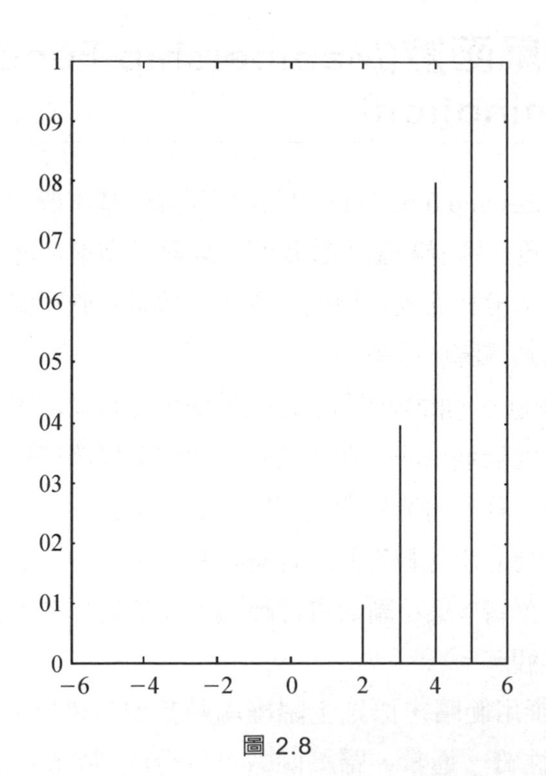

圖 2.8

離散化歸屬函數的特點是簡單明瞭，易於建立模糊關係矩陣，且節省記憶空間及函數換算時間，但是，論域離散化的離散間距對系統的完整性、精確性及經濟性等因素，往往會造成不可忽略的影響，例如：間距太大則論域空間的分割可能過於粗略，但是向量維度較小，處理起來比較容易；間距小則兼顧系統的完整性與精確性，但是向量維度膨脹，處理起來耗費時間及記憶體空間。

連續化歸屬函數

我們可以使用連續性歸屬函數來描述無限模糊集合的特性（因為連續函數的稠密性），典型常用的有吊鐘型（bell shape）、三角形（triangular shape）、梯形（trapezoid shape）等，其外型表示如下：

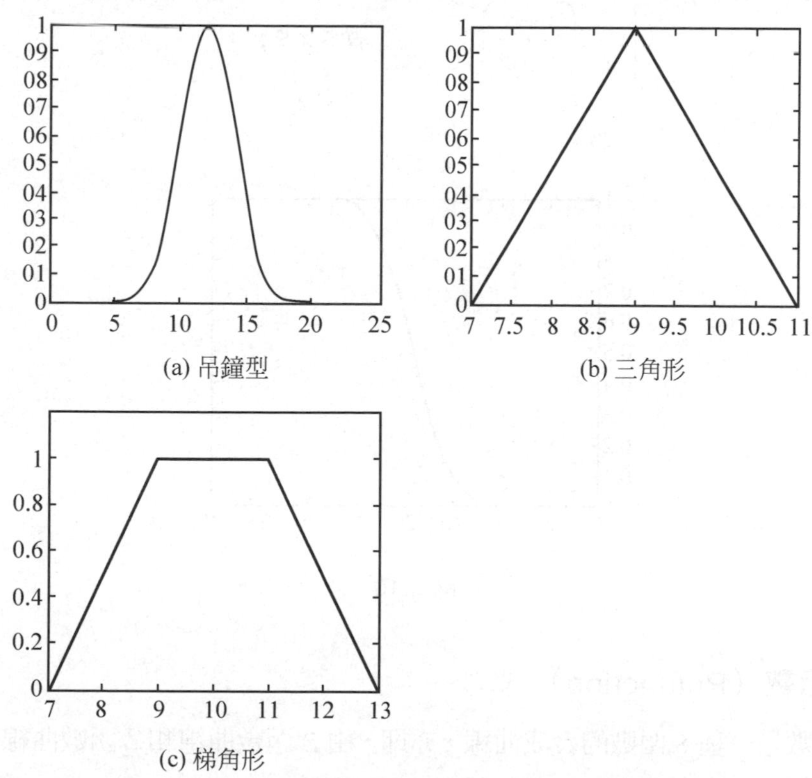

(a) 吊鐘型

(b) 三角形

(c) 梯角形

圖 2.9

連續型歸屬函數的優點是可微分（differentiable），對於需要利用學習機構（例如類神經網路）做歸屬函數調整的場合，其功能較離散型歸屬函數好。

有些文獻把歸屬函數歸納成Ｓ函數及Ｐｉ函數兩類，大部分函數都可以透過適當的組合獲得，分別說明如下：

一、S 函數（S function）

S 函數屬於單調遞增或遞減（monotonical increasing/decreasing）型的歸屬函數，分別取歸屬度爲 0、0.5 及 1 的元素點，以式(2.1)做插補（interpolation）。用 1 減去 S 函數乃得單調遞減（monotonical decreasing）型的曲線，稱爲Ｚ函數。示之如下：

$$S(x;\alpha,\beta,\gamma)=\begin{cases} 0, & x\le\alpha \\ 2\left(\dfrac{x-\alpha}{\gamma-\alpha}\right)^2, & \alpha<x\le\beta \\ 1-2\left(\dfrac{x-\gamma}{\gamma-\alpha}\right)^2, & \beta\le x\le\gamma \\ 1, & \mathrm{x}\ge\gamma \end{cases} \tag{2.1}$$

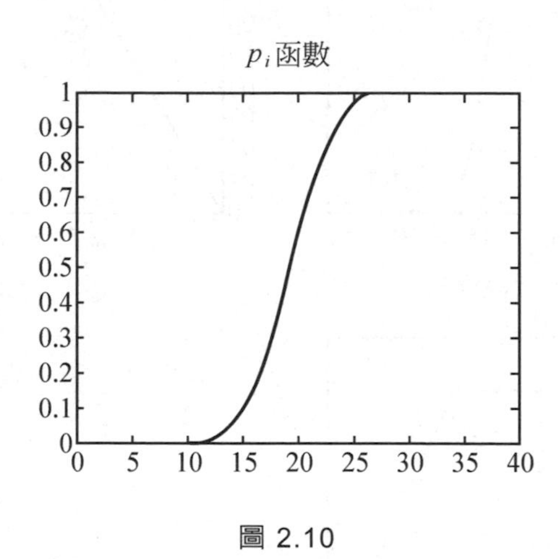

圖 2.10

二、Π 函數（Pi function）

Pi 函數是一種 S 函數的合成曲線，亦即，由 S 函數曲線和Ｚ函數曲線結合在一起的函數，同時具有遞增與遞減的性質。

$$\Pi(x;\beta,\gamma)=\begin{cases} S(x;\gamma-\beta,\gamma-\beta/2,\gamma), & x\le\gamma \\ 1-S(x;\gamma,\gamma+\beta/2,\gamma+\beta), & x\ge\gamma \end{cases}$$

片段連續式歸屬函數

片段連續式歸屬函數類似Ｓ及Ｐｉ函數，只要標出幾個點就可描繪出來，例如三角形與梯形，就可以利用片段連續的方法表現出來。而在實際應用在模糊控制時，我們會發現以三角形及梯形來規劃歸屬函數，就已經可以獲得令人滿意的結果。

以梯形歸屬函數為例，可用a_1、a、b及b_1等四個值決定，如下圖所示。$b-a$就是這個集合的核（core）；a_1和b_1就是這個集合的左右邊界（left and right boundary），左邊界點是a_1，而右邊界點為b_1，元素的範圍就介於a_1和b_1之間。三角形歸屬函數，其歸屬度為１的元素只有一個，因此只需使用三個點就可以決定，亦即令 $a=b$ 即可。

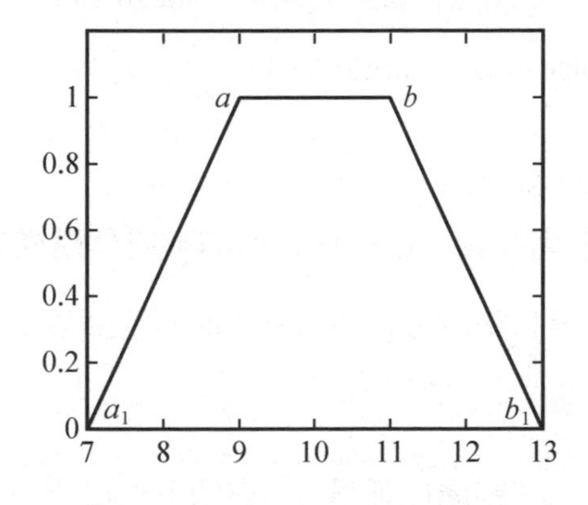

梯形歸屬函數

$$\mu_{\underset{\sim}{A}}(x)=\begin{cases} 0 & \text{for} \quad x<a_1 \\ \dfrac{x-a_1}{a-a_1} & \text{for} \quad a_1 \le x < a \\ 1 & \text{for} \quad a \le x \le b \\ \dfrac{b_1-x}{b_1-b} & \text{for} \quad b < x \le b_1 \\ 0 & \text{for} \quad x > b_1 \end{cases}$$

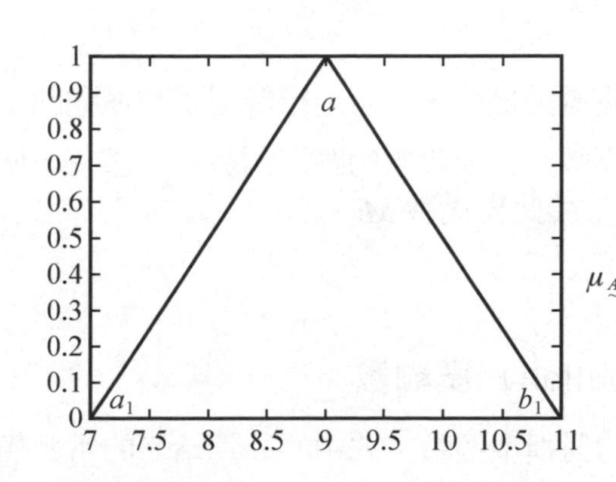

三角形歸屬函數

$$\mu_{\underset{\sim}{A}}(x)=\begin{cases} 0 & \text{for} \quad x<a_1 \\ \dfrac{x-a_1}{a-a_1} & \text{for} \quad a_1 \le x < a \\ 1 & \text{for} \quad x=a \\ \dfrac{b_1-x}{b_1-b} & \text{for} \quad a < x \le b_1 \\ 0 & \text{for} \quad x > b_1 \end{cases}$$

圖 2.11

模糊數（fuzzy number）

所謂模糊數就是實數論域之下具備某些特性的模糊集合，值得一提的，模糊數的運算都是以擴充定理（extension principle）爲基礎發展出來的。對於實數論域$\Re$而言，其區域性連續的正規化歸屬函數稱爲此模糊集合的模糊數（fuzzy number）。定義如下：

【定義一】模糊數（fuzzy number）

一個實數論域$\Re$的正規且凸的模糊集合$\underset{\sim}{M}$，若是符合下列兩個性質，則稱之爲**模糊數**（**fuzzy number**）$\underset{\sim}{M}$。

1. 正好存在一個$x_0 \in \Re$使$\mu_{\underset{\sim}{M}}(x_0)=1$，$x_0$稱爲$\underset{\sim}{M}$的均值（mean value）
2. 歸屬函數$\mu_{\underset{\sim}{M}}(x)$是片段連續的（piecewise continuous）。

【定義二】正(負)模糊數（positive/negative fuzzy number）

一個模糊數$\underset{\sim}{M}$的歸屬函數若具有下列性質，就稱爲正模糊數或負模糊數。

1. 正模糊數：對所有$x<0$的數而言，其歸屬度都爲 0，亦即下式成立

$$\mu_{\underset{\sim}{M}}(x)=0 \qquad \forall x<0$$

2. 負模糊數：對所有$x>0$的數而言，其歸屬度都爲 0，亦即下式成立

$$\mu_{\underset{\sim}{M}}(x)=0 \qquad \forall x>0$$

因此，由上述定義可知，凡是在實數論域下，具有連續歸屬函數模糊凸子集合（fuzzy convex subset），都可看成模糊數，且模糊數的歸屬函數必須僅有一個歸屬度爲最大值的元素M，並以M爲主來定義此模糊數$\underset{\sim}{M}$。

常見的連續函數有：

一、正規分佈型（normal distribution）模糊數：

一種以數值M爲中心（center）的對稱型函數，式中的a爲給定的常數值，通常是選用介於 0 到 1 的實數；a愈小，則曲線外型愈平坦（即寬度愈大），反之則愈陡峭（即寬度愈窄）。

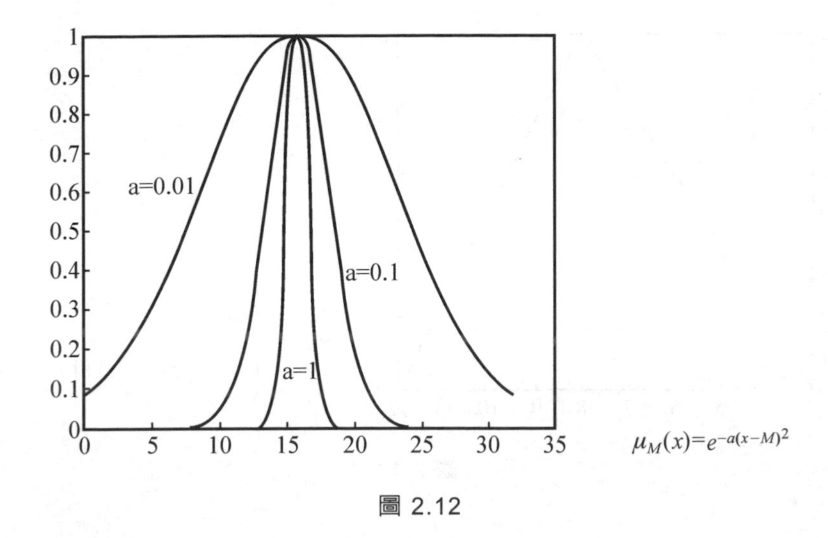

圖 2.12

二、指數型（exponent）模糊數：

一種以 M 爲中心（center）的對稱型函數，式中的 a 爲給定的常數值，通常是選用介於 0 到 1 的實數。

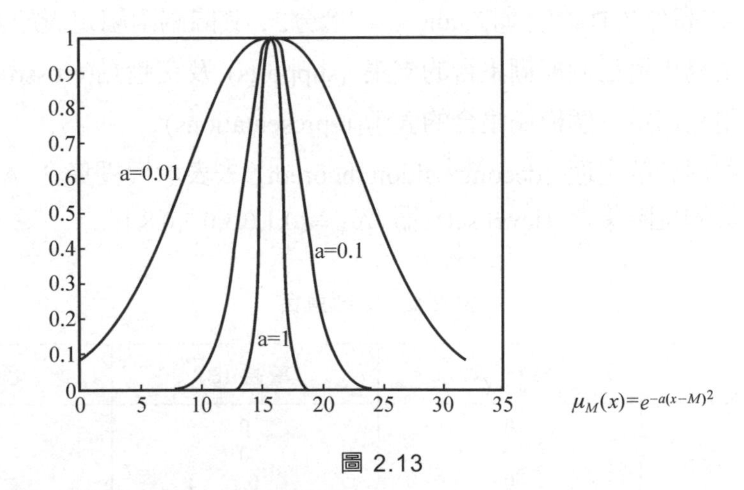

圖 2.13

三、三角形（triangular）模糊數：

三角形的頂點數值（即歸屬度爲 1 的元素）以 M 表示，若三角形爲對稱則 $M-p=q-M$。三角形模糊數也可以直接指定 p，M，q 三個值。

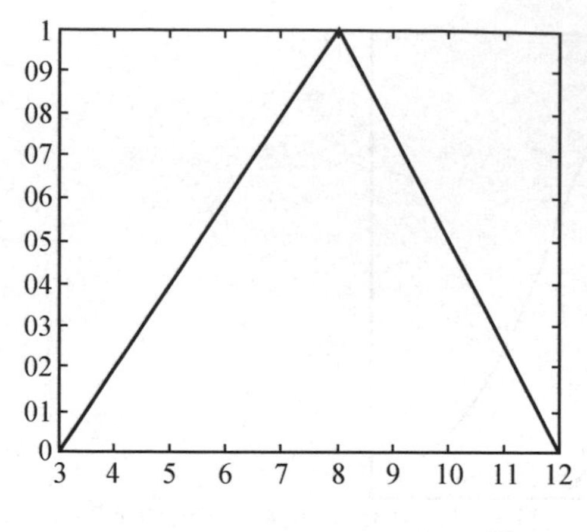

$$\mu_{\underset{\sim}{M}}(x)=\begin{cases}\dfrac{1}{M-p}(x-M)+1 & x\le M\\ -\dfrac{1}{q-M}(x-M)+1 & x>M\end{cases}$$

圖 2.14

習　題

[2.1]　假設在一個測驗中所有可能的分數爲 $U=\{10, 20, \ldots, 100\}$. 考慮三個模糊集合, A≡"高分,", B≡"普通,", and C≡"低分,", 其歸屬函屬定義於表 1.

1. 請寫出這三個模糊集合的支集 (supports) 及交越點(crossover points).
2. 請寫出這三個模糊集合的表示(representations)
3. 利用分解定理 (decomposition theorem) 去表示模糊集合 A. 假設 α 截集的位階集合 (level set) 爲 $\Lambda_A=\{0.1,0.3,0.5,0.8,1\}$.

表 2.1　模糊集合

分數	高分 (A)	普通 (B)	低分 (C)
10	0	0	1
20	0	0	1
30	0	0.1	0.9
40	0	0.5	0.7
50	0.1	0.8	0.5
60	0.3	1	0.3
70	0.5	0.8	0.1
80	0.8	0.5	0
90	1	0	0
100	1	0	0

[2.2] 接續[2.1]

1. 請寫出模糊集合 A 的補集.
2. 寫出模糊集合 A 及 B 的交集.
3. 寫出模糊集合 A 及 B 的聯集.
4. A 是否爲 B 的子集? B 是否爲 A 的子集? 爲何? 請算出這兩個模糊集合的相似度 (*hint: using similarity measure*).

[2.3] 假設兩個模糊集合分別爲 A={(3, 0.5), (5, 1), (7, 0.6)}, B={(3, 1) (5, 0.6)}

1. 請求出模糊集合 A 及 B 的卡迪森乘積 (Cartesian product).
2. 請求出模糊集合 A 及 B 的代數乘積 (algebraic product).
3. 請求出模糊集合 A 及 B 的代數和 (algebraic sum).
4. 請求出模糊集合 A 及 B 的有界和 (bounded sum).
5. 請求出模糊集合 A 及 B 的有界差 (bounded difference).

[2.4] 考慮下列之模糊關係

$$R(X,Y)=\begin{array}{c} \\ x_1 \\ x_2 \\ x_3 \end{array}\begin{array}{c} \begin{array}{ccccc} y_1 & y_2 & y_3 & y_4 & y_5 \end{array} \\ \begin{bmatrix} 0.2 & 0.5 & 1.0 & 0.0 & 0.6 \\ 0.1 & 0.0 & 0.7 & 0.4 & 0.0 \\ 0.9 & 0.2 & 0.0 & 0.2 & 1.0 \end{bmatrix} \end{array}$$

1. 試分別求出模糊關係 R 在 X 及 Y 上之投影 (projection) (R_X , R_Y).
2. 試分別求出 R_X , R_Y 在 Y 及 X 上的柱形擴充 (cylindric extension).
3. 利用柱形圍堵(cylindric closure) 求出新的模糊關係 $cyl\{R_X, R_Y\}$,並說明此新的模糊關係與原來的模糊關係 R 之間的關係.

[2.5] 1. 給定一模糊集合 A 在 X 中，及一個模糊關係 R 在 $X \times Y$ ，如下. 試求出在 Y 中的模糊集合 B。

$$A = {}^{0.2}\!/_{x_1} + {}^{0.8}\!/_{x_2} + {}^{1}\!/_{x_3} \;;\; R(X,Y)=\begin{bmatrix} 0.7 & 1 & 0.4 \\ 0.5 & 0.9 & 0.6 \\ 0.2 & 0.6 & 0.3 \end{bmatrix}$$

2. 反之，若給定兩模糊集合 A (如上)及 B (上題之解), 試求其模糊關係 $\hat{R}$, 並且探討 $\hat{R}$ 和 R 之間的關係。

參考文獻

[1] 孫宗瀛、楊英魁，Fuzzy 控制——理論、實作與應用，全華，1997．

[2] 藍中賢，結合模糊理論與貝氏分類法之資料探勘技術——應用於健保局醫療費用審查作業（A Data Mining Technique Combining Fuzzy Sets Theory and –An Application of Audition the Health Insurance Fee for the National Health Insurance），元智大學資訊研究所碩士論文，民國８９年。

[3] H. -J. Zimmermann, Fuzzy Set Theory And Its Applications, Kluwer Academic Publishers/Boston/London, 1991.

[4] Chin-Teng Lin and C.S. George Lee, "Neural Fuzzy Systems A neuro-Fuzzy Synergism to Intelligent Systems." Prentice-Hall , International Editions, pp.10 – pp14.

[5] H.X. Li, C.L. P. Chen, H.P. Huang, Fuzzy Neural Networks: Mathematical Foundation and its Applications in Engineering, Boca Raton: CRC Press, 2001, ISBN: 0-8493-2360-6.

Chapter 3

模糊集理論與機率

李穎
元智大學電機工程系

3.1 簡 介

本章將探討一個頗富爭議性的問題：究竟元素在模糊集中的"程度"可否被解釋爲"機率"？

模糊理論文獻中，通常認爲元素在模糊集中的"程度"不可解釋爲"機率"。理由是：

1. 物理意義不同："程度"(degree)與"機會"(chance)的物理意義不同，不能只因爲數值都在零與一之間就混爲一談。例如"有一個桃子的程度是二分之一"(有個東西一半像桃子)和"有一個桃子的機會是二分之一"(有一個桃子和沒有一個桃子機會相同)，其中"二分之一"的意義不同。前者牽涉到模糊性(fuzziness)，後者牽涉到隨機性(randomness) [Kli 97]。
2. 數學規格不合：模糊歸屬函數 $\mu_A(x)$ 值的總和($\sum_x \mu_A(x)$)或積分($\int_x \mu_A(x)dx$)不須爲一，因此 $\mu_A(x)$ 並不是機率分布[Zim 91]。

然而某些研究者認爲元素在模糊集中的"程度"可以解釋爲"機率"。理由是

1. 物理意義與數學結構可以分開：現代採用的公理定義，是以數學結構來定義機率，認爲只要符合機率公理(axioms)的集合函數，就稱爲機率測度(probability measure)，其數值即爲機率，與物理意義無關。亦即機率不一定要代表重複實驗事件發生頻率的收斂值。"機會"(chance)固然可用"機率"(probability)來描述，"機率"卻不一定只能描述"機會"；只要數學結構能符合，也可用來描述具有其他物理意義的概念，例如"程度"。數學結構與物理意義是可以分開的。正如同一個微分方程式可以用來描述電壓訊號或位移訊號，雖然數學結構相同，但物理意義不同。
2. 數學規格可以符合：把元素在模糊集中的"程度"(如 $\mu_A(x)$)解釋爲"機率"時，通常是把它解釋爲事件 A 的條件機率 $P[A \mid x]$，而非 x 的機率分布。此時並不需要滿足相加或積分爲一，如 $\sum_x \mu_A(x) = 1$ 。

本章第二節回顧模糊集理論傳統定義模糊集的方法，比較模糊集和明確集合的差異。第三節簡介機率理論，比較機率的幾種定義。第四節介紹採用機率結構的模糊集合，解釋擴大論域的觀念，第五節做一總結。

3.2 模糊集理論中的模糊集

模糊集理論中，認爲模糊歸屬函數(fuzzy membership function)完整包含模糊集(fuzzy set)的一切資訊。假設U_X爲論域（universe of discourse）。模糊集 A 的歸屬函數$\mu_A : U_X \to [0,1]$可以說明模糊集中包含哪些元素，以及包含到什麼程度。U_X中的明確集合 A 也可由其特徵函數$\mu_A : U_X \to \{0,1\}$完整描述。

模糊集理論中，認爲數學結構上模糊集等同其歸屬函數，$A = \mu_A$。然而值得注意的是，在明確集合理論中，雖然特徵函數μ_A可以完整描述明確集合 A，明確集合 A 和其特徵函數μ_A在數學結構上並不相同，$A \neq \mu_A$。由數學結構來看，函數是二維有序對(ordered two-tuples)所構成的集合，歸屬函數$\mu_A = \{(x, \mu_A(x)) \mid x \in U_X\}$ [Hal 87]。下面舉一簡例說明。

【例 3-1】

論域$U_X = \{1,2,3,4\}$

明確集合 Small：$A = \{1,2\}$，

明確集合的特徵函數：$\mu_A = \{(x, \mu_A(x)) \mid x \in U_X\} = \{(1,1),(2,1),(3,0),(4,0)\}$

$A \neq \mu_A$　　註：A 有兩個元素，μ_A有四個元素

模糊集合 Small：A

模糊集合的歸屬函數：

$$\mu_A = \{(x, \mu_A(x)) \mid x \in U_X\} = \{(1,1),(2,0.6),(3,0.2),(4,0)\}$$

$$A = \mu_A$$

明確集合一般被視爲模糊集合的特例，換言之，明確集合是模糊集合的一種。明確集合特徵函數值 $\mu_A(x)$ 的物理意義也和模糊歸屬函數值相同，都是 x 在 A 中的程度。然而根據傳統模糊集理論，明確集合卻又和模糊集合在數學結構上有根本的差異。

模糊集理論中，模糊集性質及關係都藉由歸屬函數判定，一切運算也都藉由歸屬函數執行。運算產生新的模糊集合，意即求出其歸屬函數。在下列敘述中，論域(universe of discourse)爲 U_X，*A, B* 爲模糊集，歸屬函數分別爲 $\mu_A(x), \mu_B(x)$。

1. 補集(complement) $B = A^c \Leftrightarrow \mu_B(x) = 1 - \mu_A(x), \forall x \in U_X$。
2. 相等(equality) $A = B \Leftrightarrow \mu_A(x) = \mu_B(x), \forall x \in U_X$。
3. 包含(containment) $A \subseteq B \Leftrightarrow \mu_A(x) \le \mu_B(x), \forall x \in U_X$。
4. 交集(intersection) $\mu_{A\cap B}(x) = \min(\mu_A(x), \mu_B(x)), \forall x \in U_X$。
5. 聯集(union) $\mu_{A\cup B}(x) = \max(\mu_A(x), \mu_B(x)), \forall x \in U_X$。

上面敘述在 A, B 爲明確集合時都仍然成立。

除了初期 Zadeh[Zad 65]採用的最小値/最大值(min/max)外，還有其他交集/聯集運算也可以符合 A, B 爲明確集合時的結果。例如交集運算若採用乘積(product)，在 A, B 爲明確集合時將與採用最小値(minimum)求交集相同。爲何不用 product 而用 min? 原因之一是要滿足基本邏輯定律，例如 $A \cap A = A$，亦即 $\mu_{A\cap A}(x) = \mu_A(x),\ \forall x \in U_X$。此性質稱爲 idempotency。使用乘積爲交集運算將違背此性質，$\mu_{A\cap A}(x) = \mu_A(x)\mu_A(x) \ne \mu_A(x)$ 若 $0 < \mu_A(x) < 1$。

但使用 min/max 爲交集/聯集運算也會違反一些明確集合可以滿足的邏輯定律，條列如下。

1. $A \cap A^c = \phi$ 矛盾律 Law of Contradiction
2. $A \cup A^c = U_X$ 排中律 Law of the Excluded Middle
3. $A \subseteq A^c \Rightarrow A = \phi$ 自相矛盾律 Law of Self Contradiction

明確集合滿足所有基本邏輯定律，但模糊集則視交集、聯集、補集的運算如何定義而定，大多只能滿足部份基本邏輯定律。依照現有模糊集理論，要滿足所有邏輯定律技術上很困難。例如要滿足矛盾律，表示模糊交集須滿足 $\mu_{A\cap A^c}(x) = 0$，$\forall x \in U_X$。然而在 $\mu_A(x) > 0$ 且 $\mu_{A^c}(x) > 0$ 的情況下，要達成交集的歸屬函數值均爲

零 $\mu_{A\cap A^c}(x)=f(\mu_A(x),\mu_{A^c}(x))=0$，$\forall x\in U_X$ 並不容易。要找到一個合理的交集運算能達成此目標，又不違反其他邏輯律，幾乎不可能。用 min 或 product 運算固然無法達成，即使是參數化的交集運算 t-norm，雖隨著參數改變有無窮多種變化，仍然無法使 $\mu_{A\cap A^c}(x)$ 恆爲零。如果某模糊集 A 的歸屬函數 $\mu_A(x)\le 0.5,\forall x\in U_X$，還會出現 $\mu_A(x)\le\mu_{A^c}(x),\quad \forall x\in U_X$，以致在 A 不是空集合的情況下得到 $A\subseteq A^c$（若 A 則非 A），違背了自相矛盾定律。這些情況，引來"模糊數學基礎有缺陷"的批評。類似的困難也出現在模糊邏輯。若使用 min/max 爲 AND/OR 運算，又保持邏輯恆等式 $\overline{A\wedge\overline{B}}=B\vee(\overline{A}\wedge\overline{B})$ 成立，則會產生 $t(A)=t(B)$ 或 $t(A)=1-t(B)$，眞值(truth values)只有兩個可能數值的情況，參見[Elk 93][Elk 01]。

這裡有兩個問題：

1. 模糊集是否需要滿足邏輯定律？
2. 模糊集是否能夠滿足邏輯定律？

第一個問題的答案見仁見智。模糊集不再是明確集合，是否需要遵守明確集合所滿足的邏輯律，有討論的餘地。然而模糊集理論最早交集聯集運算的制定，還是以滿足邏輯律爲出發點。在無法兼顧所有邏輯律的情況下，才以 min/max 爲交集/聯集運算的較佳選擇 [Be1 73]。對滿足邏輯律，"是不能也，非不爲也"。這種情況引來對模糊集理論之數學基礎是否健全的諸多質疑。除此之外，現在的模糊集交集/聯集運算種類繁多，使用哪種運算並無公認準則。這也顯示模糊集理論還有研究的空間。一個架構更完整，更豐富的理論，應可有系統的容納各種運算，避免這種"無規則可循"的現象。

第二個問題的答案乍看之下並不樂觀。如前所述，在現有模糊集理論中，無論採用什麼交集運算，都似乎無法避免違背矛盾律 $A\cap A^c=\phi$。然而如果使用機率架構來建構模糊集，將模糊集視爲擴大論域中的明確集合，模糊集將可以滿足包括矛盾律在內的所有邏輯定律。因此答案是：模糊集可以滿足邏輯定律。除此之外，模糊集和明確集合數學結構上的差異，在使用機率架構後也不復存在。3.4 節中，即將探討採用機率架構的模糊集合。

3.3 機率論基礎

本節簡介機率論基礎，包括樣本空間、事件、機率的定義，以及事件空間、條件機率、交集機率、聯集機率等基本觀念。表 3.1 把機率理論和集合理論專有名詞做一對比。

表 3.1 集合理論與機率理論中相對應的名詞

集合理論	機率理論
論域	樣本空間
子集合	事件
元素	樣本點

樣本空間(Sample Space)

樣本空間是包含某個機率實驗所有可能結果的集合。這些結果必須沒有重複(mutually exclusive)，沒有遺漏(collectively exhaustive)，而且描述得最仔細（finest grain）。依照集合術語，樣本空間就是論域(universe of discourse)。實驗結果(outcomes)爲其元素(elements)，又稱爲樣本點(sample points)，參見表 3.1。以擲骰子一次的實驗爲例，可能實驗結果(outcomes)爲 1, 2, 3, 4, 5, 6，樣本空間爲 $S=\{1,2,3,4,5,6\}$。雖然傳統樣本空間都是相對於一個機率實驗而訂定，單純從數學結構來看，要定義樣本空間並不需要物理現象上眞正存在一個可以執行，結果不確定的機率實驗(如擲骰子)。只要能滿足一些數學條件，任何一個集合都可能被視爲樣本空間（論域）。

事件(Events)

事件是樣本空間的子集合(subsets)。以擲一個骰子的實驗爲例，一些事件包括“偶數” $E_1=\{2,4,6\}$；“小於三” $E_2=\{1,2\}$ 等。此實驗共有 2^6 個不同的事件，包含空集合（稱爲“不可能的事件”）及樣本空間本身(稱爲“必然事件”)。只包含一個實驗結果(樣本點)的事件，稱爲**基本事件**(elementary events)。擲骰子一次的實驗有六個基本事件，$\{1\}, \{2\}, \{3\}, \{4\}, \{5\}, \{6\}$。

機率(Probability)

機率測度(Probability Measure) $P[\cdot]$是把樣本空間中的事件(集合)對應到實數的一種集合函數。事件的**機率**(Probability) $P[A]$則是事件 A 被對應到的實數值。樣本空間，事件所構成的集合，及機率測度共同構成"機率空間"(probability space)。機率空間中事件所構成的集合，須具有σ Field 性質 (具有補集、可數聯集、可數交集的封閉性，closed under complement, countable union, countable intersection)[Bil 94]。

機率理論的研究起源於對丟銅板，擲骰子等機會遊戲(game of chance)之探討。樣本空間，事件，機率的名稱都與機率實驗的物理意義有關。機率的數學定義，初期也是依照物理意義來制定，反映事件發生的機會(chance)，或多次實驗事件發生的相對頻率(frequency)。這些早期定義存在一些問題與限制。直到 1933 年 Kolmogorov 提出基於數學結構的公理定義(axiom-based definition)，把機率與測度理論(measure theory)加以融合，才將問題解決。以下介紹機率的幾種定義，內容參考 Papoullis [Pap 91]。

公理定義(Axiom Based Definition)

公理定義是 Kolmogorov1933 年所提出，也是目前公認最佳的機率定義。此定義只檢驗數學結構，認爲符合機率公理的集合函數$P[\cdot]$即是機率測度，其數值$P[A]$即爲機率。假設樣本空間爲 S。機率測度$P[\cdot]$須滿足下列機率公理。

公理一： 任何事件機率不小於零，$P[A] \ge 0,\ \forall A \subseteq S$。

公理二： 樣本空間（必然事件）機率爲一，$P[S] = 1$。

公理三： 任何一組可數的(countable)，且彼此無交集(mutually exclusive)的事件 $A_1, A_2, \ldots$，其聯集的機率等於各自機率之和，$P[A_1 \cup A_2 \cup \ldots] = P[A_1] + P[A_2] + \ldots$。

例如樣本空間$S = \{a, b\}$，共有四個事件，$\phi, \{a\}, \{b\}, \{a, b\}$。若某函數 Q 將其對應到四個實數 $Q[\phi] = 0,\ Q[\{a\}] = 0.2,\ Q[\{b\}] = 0.8,\ Q[\{a,b\}] = 1$，滿足機率公理，則$Q[\cdot]$即爲機率測度，0, 0.2, 0.8, 1 爲機率。函數 Q 的定義域(domain)爲所有事件所構成的集合$F = \{\phi, \{a\}, \{b\}, \{a, b\}\}$。值域(Range)爲$\{0, 0.2, 0.8, 1\}$。$Q[\{a\}]$值不須被解釋爲機會，它是否爲機率，與其物理意義無關。

相對頻率定義(Relative Frequency Definition)

機率P[A]被視爲多次實驗中，事件A出現的比率(相對頻率)所趨近的數值。 假設重複執行實驗n次，事件A總共出現N_A次，則

$$P[A] = \lim_{n\to\infty} \frac{N_A}{n}$$

相對頻率定義以實驗的觀察爲基礎。雖然反映了重複實驗可觀察到的趨勢（大數法則：事件發生頻率會趨向收斂），然而實驗次數再多，事件 A 出現的比率也永遠無法達到完全收斂。換言之，機率值（極限）無法由實驗求出。用重複實驗求出事件機率，建立機率模型，不是一個實際可行的方法。以此做爲機率的定義，會使理論複雜化[Pap 91]。

古典定義(Classical Definition)

這是最早的機率定義，來自於丟銅板，擲骰子等實驗。機率$P[A]$被視爲事件A中包含的結果數目，和樣本空間中所有可能結果數目的比值。

$$P[A] = \frac{|A|}{|S|}$$ |A|，|S| 分別爲 A，S 中元素的數目。

例如擲骰子一次的實驗中，樣本空間S={1,2,3,4,5,6}有六個元素，事件A={2,4,6}(偶數)有三個元素，其機率 P[A]=3/6=1/2。值得注意的是，如果樣本空間爲$S=\{a,b\}$，則機率測度$P[\cdot]$將只能是$P[\phi]=0, P[\{a\}]=P\{\{b\}]=0.5, P[S]=1$，沒有其他可能。採用古典定義限制所有實驗結果的機率相同(equally likely)。這在解釋某些實驗時將有困難，例如投擲一個正反面機率不相等的銅板。實驗結果的數目過於龐大時，例如$S=[0,1]$包含無限多元素，古典定義也會遭到困難。

爲什麼公理定義在三種定義當中最被肯定？公理定義的優點，在於以數學架構爲基礎，而且夠廣、夠完整。根據公理建構而成的機率理論邏輯架構清楚，沒有古典定義和相對頻率定義遭遇到的問題，卻仍然可以容納機會和頻率等物理意義。公理定義也擴展了機率的應用範圍。公理定義只在乎數學結構符合規格。只要一個集合函數把某集合的子集合對應到零與一之間的數值，對應的方式符合機率公理，那個函數就是機率測度(probability measure)，那些數值就是機率(probability)，某集合就是樣本空間(sample space)，其子集合就是事件(events)。是否存在某個隨機實驗，

實驗是否可以執行，機率數值的物理意義爲何，都不相關。這使得機率除了描述隨機性(randomness)以外，可以有其他的應用，例如描述如同模糊性(fuzziness)的其他不確定性。

事件空間—樣本空間的分割 (Event Space—Partition of Sample Space)

事件空間包含一組形成樣本空間分割(partition)的事件。同一個樣本空間分割方式不只一種，事件空間也就不只一種。事件空間常被視爲機率實驗結果較爲粗略的分類方法。例如擲骰子一次的實驗中，事件空間{{1,3,5}{2,4,6}}包含奇數、偶數兩事件；事件空間{{1,2},{3,4},{5,6}}則包含小、中、大三個事件。此實驗最大的事件空間爲基本事件空間{{1},{2},{3},{4},{5},{6}}，其中包含六個基本事件，與樣本空間分類的粗細度相同。

條件機率(Conditional Probability)

如果事件 B 的機率大於零，則在 B 發生的情況下，事件 A 發生的條件機率爲

$$P[A \mid B] = \frac{P[AB]}{P[B]}$$

條件機率的觀念可由范氏圖(Venn Diagram)表示。范氏圖中樣本空間表爲矩形，事件對應到區域，事件機率與面積成正比。$P[A \mid B]$ 可視爲事件 B 被事件 A 包含的部份(亦即 AB 交集)之面積，佔事件 B 總面積的比率。換言之，$P[A \mid B]$ 也可被解釋爲范氏圖中“區域 B 被區域 A 包含的程度”。如果 AB 無交集，$P[A \mid B] = 0$；如果 $B \subseteq A$，$P[A \mid B] = 1$；如果 B 部份包含於 A，則 $P[A \mid B]$ 介於零與一之間，參見圖 3.1。

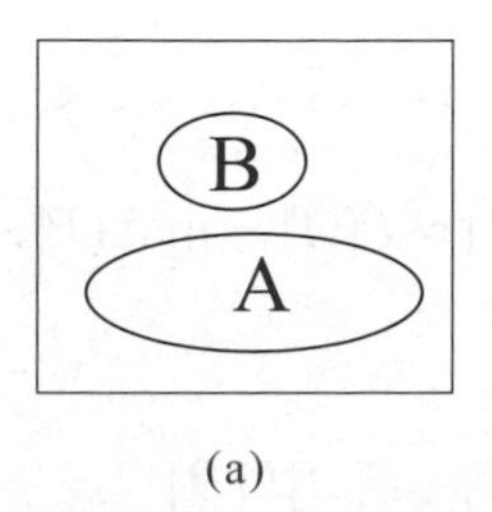

(a)

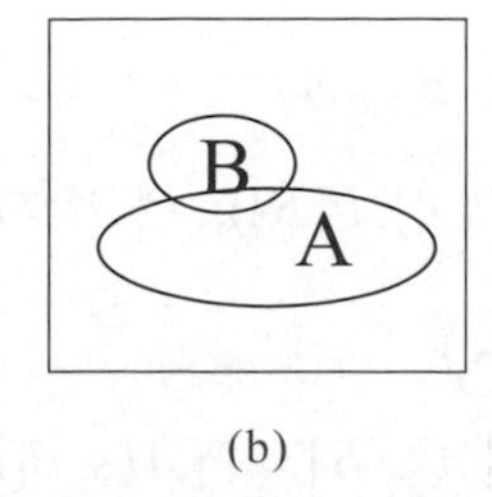

(b)

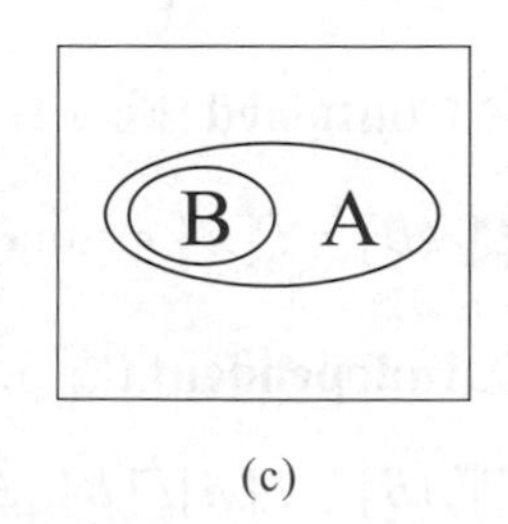

(c)

圖 3.1　(a) $P[A \mid B]=0$; (b) $0 \le P[A \mid B] \le 1$; (c) $P[A \mid B]=1$

交集機率(Probability of Event Intersection (Joint Probability))

兩事件交集的機率，又稱爲共同機率(joint probability)。以事件 A, B 爲例，其交集機率表爲 P[AB]。機率中有個重要的基本觀念：兩個事件的交集機率一般而言不能由各自事件的機率決定，還需要額外資訊才能求出。例如圖 3.1 中 P[A]，P[B] 不變，但在(a)(b)(c)中交集機率 P[AB]隨著 A 與 B 的關係改變而不同。整體說來

$$\max(0, P[A]+P[B]-1) \le P[AB] \le \min(P[A], P[B])$$ 。

聯集機率(Probability of Event Union)

兩事件 A,B 聯集的機率通式爲 $P[A \cup B]=P[A]+P[B]-P[AB]$，此式恆成立。聯集機率也和 A 與 B 的關係有關，無法只由 P[A]，P[B]求出。整體說來

$$\max(P[A], P[B]) \le P[A \cup B] \le \min(1, P[A]+P[B])$$ 。

事件間的關係

兩事件 A 與 B 的關係，會影響交集機率與聯集機率的數值。由於事件是樣本空間的子集合，集合間的關係如"無交集"和"包含"也存在事件之間。即使不知道事件機率 P[A], P[B]，也可由事件的元素判定兩事件是否存在"無交集"或"包含"的關係。"獨立"這個關係則牽涉到事件對應到的數值(機率)，須藉由機率來檢驗。這三種代表性的關係如下，兩事件交集、聯集的機率也一併列出。

1. **無交集 Disjoint** (圖 3.1a) $A \cap B=\phi$,

   $$P[AB]=0, \quad P[A \cup B]=P[A]+P[B]$$

2. **包含 Contained** (圖 3.1b) $B \subseteq A$

   $$P[AB]=P[B]=\min(P[A], P[B]), \; P[A \cup B]=P[A]=\max(P[A], P[B])$$

3. **獨立 Independent** (圖 3.1c)

   $$P[AB]=P[A]P[B], \; P[A \cup B]=P[A]+P[B]-P[A]P[B]$$

在上述幾種特殊關係成立時，兩事件交集/聯集的機率 $P[A\cap B], P[A\cup B]$，可以看成是由各自事件機率 $P[A], P[B]$ 經由特定運算求出。下面列出 A,B 兩事件的關係，及其交集/聯集運算。

1. **無交集** $A\cap B=\phi$ **：恆爲零/和** Zero/Sum
2. **包含** $B\subseteq A$ **：最小值/最大值** Min/Max
3. **獨立：乘積/和減乘積** Product/Sum minus Product

一般而言，上述三種關係並不相同，參見圖 3.1。然而也存在一些例外。

特例一：

如果 A 與 B 中至少有一個是空集合，例如 $A=\phi$，則三種關係將爲相同，且恆成立。A 與 B 既無交集($A\cap B=\phi$)，A 又包含於 B 中($\phi=A\subseteq B$)，而且 A 與 B 也互相獨立 $P[AB]=P[\phi]=0=P[A]P[B]=P[\phi]P[B]$。三種交集/聯集運算均可使用，且結果相同。

特例二：

如果 A，B 均爲論域，$A=B=S$，則"包含"和"獨立"兩種關係同時成立，因爲 $S=A\subseteq B=S,\ P[AB]=P[S]=1=P[A]P[B]=P[S]P[S]$。兩種交集聯集運算 Min/Max, Product/Sum minus Product 均可使用，且結果相同。

3.4 採用機率結構的模糊集

Zadeh[Zad 65]提出把明確集合推廣到模糊集合的方法，是直接"擴大特徵函數的值域，由 $\{0,1\}$ 兩點到 $[0,1]$ 區間"。此舉容許元素 x 屬於集合 A"到某種程度" $\mu_A(x)\in[0,1]$。其後模糊集理論的發展，就是以模糊歸屬函數的物理意義爲基礎，制定模糊集相關性質與基本運算。由於是創新的理論，缺少既有數學結構可以遵循，遇到困難時（如違背邏輯律）是由物理意義，直覺判斷來作取捨。對於眾多的模糊交集聯集運算，無法有系統的納入理論架構，說明在什麼情況適用何種運算。

本節介紹由 Gallager[Gal 92][1]提出的另一種把明確集合推廣到模糊集合的方法，就是先"擴大論域"，把原來的單一元素 x 再細分。如此一來，擴大論域中的明確集合 A 就可以包含 x "到某種程度"。因此模糊集 A 可被訂定爲擴大論域中的明確集合。討論至此還只牽涉到集合結構，與機率無關。但是如果要以數值 $\mu_A(x)$ 描述 x 被 A 包含的程度，則可以把擴大論域視爲一個機率模型中的樣本空間，模糊集 A 爲事件，$\mu_A(x)$ 則可被解釋爲條件機率 $P[A|x]$，其數值介於零到一之間，$\mu_A(x) \in [0,1]$。這就是模糊集採用機率結構的基本概念。用這種方法訂定模糊集，相關性質及運算都可遵循機率理論（或測度理論），使模糊集有了以公理爲本的數學基礎。模糊交集聯集運算，將可依照模糊集(事件)彼此間的關係來選取。

本章將介紹擴大論域(enlarged universe)的觀念，並舉例說明如何把模糊集視爲明確集合，模糊歸屬函數視爲條件機率。爲便於了解，本章中舉例之論域元素數目和模糊集數目都爲有限個 (finite)。

3.4.1 擴大論域 (The Enlarged Universe)

在傳統模糊集理論中，若以U_X爲論域，在其中定義模糊集合 A，即等於定義模糊歸屬函數 $\mu_A : U_X \mapsto [0,1]$。模糊集合 A 等同於歸屬函數 μ_A，A 不再是 U_X 中的一個明確集合。

採用機率架構定義 U_X 中之模糊集合 A 時，不會再以 U_X 爲論域（樣本空間），而先將其擴大。擴大的重點是把原論域中的元素 $x \in U_X$ 再細分，使得 U_X 中無法被分割的單一元素子集合 $\{x\}$，在擴大論域中包含不只一個元素。參見下圖。以機率術語來說，S 是樣本空間，$\{x\}$ 是事件（但不是基本事件）。這些 $\{x\}$ 事件形成樣本空間的分割(partition)。

[1] 過去用機率解釋模糊集的相關研究重點都在把歸屬函數視爲機率。Gallager 指出擴大論域的關鍵性概念。

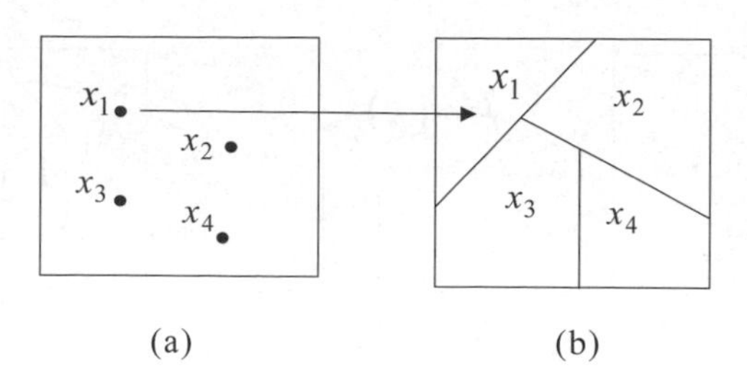

圖 3.2　(a)原論域 $U_X=\{x_1,x_2,x_3,x_4\}$，$\{x_i\}$ 中只有一個元素
(b)擴大論域 S，$\{x_i\}$ 中有多個元素，可再細分；$\{x_i\}$ 形成 S 的分割(partition)

3.4.2　模糊集為擴大論域中的明確集合(Fuzzy Set as Crisp Set in the Enlarged Universe)

考慮前述論域 $U_X=\{x_1,x_2,x_3,x_4\}$ (見圖 3.3(a))。傳統模糊理論將其模糊子集合 A 定義爲歸屬函數 $\mu_A:U_X\mapsto[0,1]$ （見圖 3.3(b)），並認爲模糊集 A 等同於其歸屬函數，$A=\mu_A$。在擴大論域 S 中，$\{\{x_i\},\ i=1,2,3,4\}$ 形成 S 的分割(partition)。$\{x_i\}$ 在 S 中可以再細分，不再只包含單一元素。因此 $\{x_i\}$ 可和其他 S 的明確子集合（例如 A ）有部份交集，可以被 A “包含到某種程度”，而不再只能“完全被包含在 A 中”或“與 A 無交集” (見圖 3.3(c))。換言之，S 的任何明確子集合（例如 A ）都可視爲 U_X 中之模糊集合。而原論域 U_X 中之模糊集合（包含明確集合爲其特例）也都可視爲擴大論域 S 之明確子集合。以機率術語來說，擴大論域 S 是樣本空間，$\{x_i\}$ 是事件，模糊集 A 也是事件 (Event)。$\{x_i\}$ 形成樣本空間較細的分割，A 與 A^c 形成樣本空間較粗略的分割。參見圖 3.3(c)。

此種觀點中，模糊集 $A\subseteq S$，但 $A\neq\mu_A$。如同明確集合，模糊集不再等同其歸屬函數。擴大論域，使得模糊集 A 再度成爲明確集合，可謂“見山又是山”。

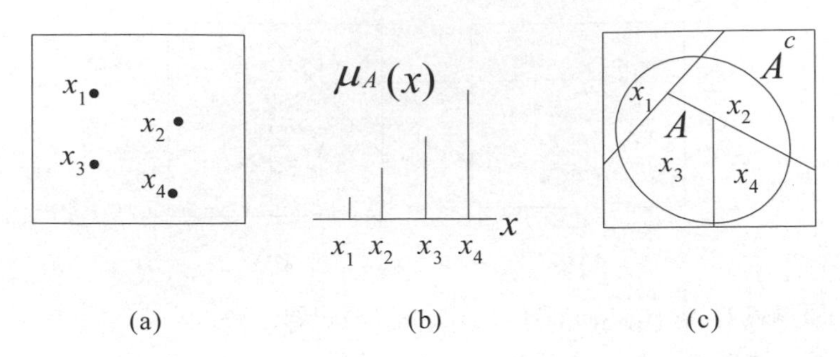

圖 3.3 (a)論域 U_X。(b) A 為 U_X 之模糊子集合歸屬函數為 $\mu_A(x)$
(c) A 為擴大論域 S 之明確子集合

把定義於論域 U_X 的模糊集視爲定義於擴大論域 S 的明確集合，對模糊集的數學性質有很大影響。模糊集重新具備所有明確集合的性質。模糊集 A 不再等同其歸屬函數 μ_A，歸屬函數 μ_A 也不再包含模糊集的完整資訊。例如 $\mu_A(x)=0.5$ 代表 x 在模糊集 A 中的程度是百分之五十。現在我們可以再問"是哪百分之五十？" 如果 $\mu_B(x)=0.5$，x 在模糊集 B 中的程度也是百分之五十，x 在 A 中的百分之五十可能和在 B 中的百分之五十不同。模糊集間的關係也不再全由歸屬函數判定。例如 3.2 節中曾提到，傳統模糊集理論中

1. 補集(complement) $B=A^c \Leftrightarrow \mu_B(x)=1-\mu_A(x), \forall x\in U_X$。
2. 相等(equality) $A=B \Leftrightarrow \mu_A(x)=\mu_B(x), \forall x\in U_X$。
3. 包含(containment) $A\subseteq B \Leftrightarrow \mu_A(x)\le \mu_B(x), \forall x\in U_X$
4. 交集(intersection) $\mu_{A\cap B}(x)=\min(\mu_A(x),\mu_B(x)), \forall x\in U_X$。
5. 聯集(union) $\mu_{A\cup B}(x)=\max(\mu_A(x),\mu_B(x)), \forall x\in U_X$。

其中(1)~(3)的"若且唯若"將不再成立，如下所示。

1. 補集(complement) $B=A^c \Rightarrow \mu_B(x)=1-\mu_A(x), \forall x\in U_X$。
2. 相等(equality) $A=B \Rightarrow \mu_A(x)=\mu_B(x), \forall x\in U_X$。
3. 包含(containment) $A\subseteq B \Rightarrow \mu_A(x)\le \mu_B(x), \forall x\in U_X$。

此外，模糊集交集，聯集的運算將不再只用歸屬函數進行，也不再只用某組特殊運算進行（如 min/max）。取交集聯集需考慮兩個模糊集彼此間的關係，而模糊集彼此的關係是在擴大論域中判定，需要各自歸屬函數 μ_A,μ_B 以外的額外資訊。例如假設已知模糊集 A,B 在擴大論域中無交集(disjoint)，$A\cap B=\phi$，則

$\mu_{A\cap B}(x)=0,\ \mu_{A\cup B}(x)=\mu_A(x)+\mu_B(x), \forall x\in U_X$ 。此時交集聯集運算應爲恆爲零/和(Zero/Sum)。這種情況的一個特例，出現在模糊集 A 與其補集 A^c。模糊集 A 的補集(complement) A^c 可定義爲擴大論域 S 中明確集合 A 的補集，亦即所有非 A 的部份（見圖 3.3 (c)）。A 與其補集 A^c 在擴大論域 S 中無交集(disjoint)，且聯集爲 S。過去模糊集所無法滿足的矛盾律（ $A\cap A^c=\phi$ ），排中律（ $A\cup A^c=S$ ），自相矛盾律($A\subseteq A^c \Rightarrow A=\phi$)，現在均能滿足。

3.4.3 模糊歸屬函數為條件機率(Fuzzy Membership Function as Conditional Probability)

模糊集 A 雖不再等同其歸屬函數 $\mu_A(x)$ ，然而 $\mu_A(x)$ 仍然扮演極爲重要的角色，也是模糊集應用中的主角， $\mu_A(x)$ 代表 x 屬於 A 的程度。在擴大論域 S 中，我們把 $\mu_A(x)$ 解釋爲 $\{x\}$ 包含於 A 的程度。

如果子集合 $\{x\}$ 完全包含於子集合 A，此程度爲一， $\{x\}\subseteq A$ ， $\mu_A(x)=1$ 。如果子集合 $\{x\}$ 與子集合 A 無交集，此程度爲零， $\{x\}\cap A=\phi,\ \mu_A(x)=0$ 。這是 A 爲明確集合（U_X 的明確子集合）時的情況。如果 $\{x\}$ 與 A 有部份交集（參見圖 3.3(c)），而非"$\{x\}$ 完全被包含在 A 中"或"$\{x\}$ 與 A 無交集"，則"$\{x\}$ 包含於 A 的程度"應介於零與一之間。此程度也是"$A\cap\{x\}$ 佔集合 $\{x\}$ 總量的百分比"。

這種集合的"量"應如何量測？測度理論(measure theory)提供了工具。測度(measure)是把集合對應到數值的函數，指派給每個集合一個數值（量）。集合元素個數，長度，面積，體積，重量等都是測度（measure）的特例。機率測度(probability measure)也是測度的一種。測度（measure）需滿足的條件爲 (1) 測度數值不小於零。(2) 無交集集合的聯集，其測度值爲各集合測度值之和。機率測度則多了"論域測度爲一"的條件。

由於"$\{x\}$ 包含於 A 的程度 $\mu_A(x)$ "應介於零與一之間，一種可能的選擇是把 $\mu_A(x)$ 視爲機率測度中的條件機率。下式中爲了簡化，把事件 $\{x\}$ 的括號省略。

$$\mu_A(x)=P[A\mid x]=\frac{P[A\cap x]}{P[x]}$$

稱歸屬函數 $\mu_A(x)$ 為"機率"只需其數學結構符合機率公理即可。物理意義上並不需要有隨機現象或可執行的機率實驗。$\mu_A(x)$ 不需要代表機會或頻率。

如果擴大論域 S 為樣本空間，在條件 $\{x\}$ 固定的情況，歸屬函數（亦即條件機率）所需滿足的公理如下(axioms for conditional probabilities)：

1. $\mu_A(x) = P[A \mid x] \geq 0$，for any $A \subseteq S$；即歸屬函數值不能為負值。
2. $\mu_S(x) = P[S \mid x] = 1$；論域(亦即樣本空間)的歸屬函數值為一。
3. 若 $A \cap B = \phi$，$\mu_{A \cup B}(x) = \mu_A(x) + \mu_B(x)$；在樣本空間中無交集的模糊集，其聯集之歸屬函數為各自歸屬函數值之和。

此公理可推廣到可數的無限多個（countable）無交集的集合(事件)時。

范氏圖(Venn Diagram)可用來表示歸屬函數值（條件機率）的幾種可能情況。圖 3.4 的范氏圖中，整個矩形代表樣本空間 S，其中區域代表事件，事件的機率與區域面積成正比。

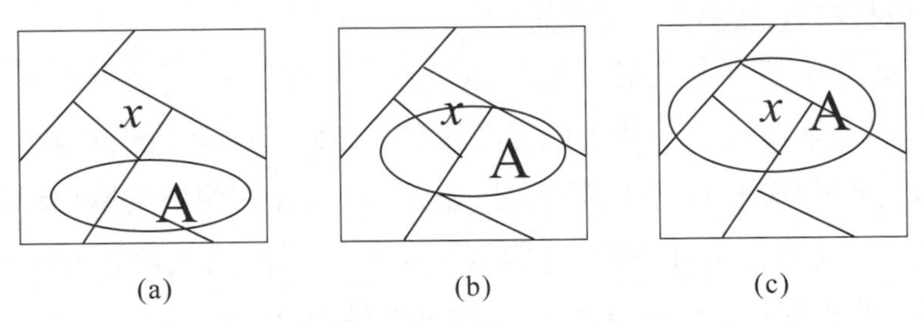

圖 3.4　模糊歸屬函數值（條件機率）的可能數值

(a) $\mu_A(x) = P[A \mid x] = 0$；(b) $0 \leq \mu_A(x) = P[A \mid x] \leq 1$

(c) $\mu_A(x) = P[A \mid x] = 1$

略為改變范氏圖(Venn Diagram)的畫法，可以更方便呈現模糊集的歸屬函數值，參見圖 3.5。此圖也比較了傳統描述模糊集的方式和以擴大論域的觀點來描述模糊集的差異。

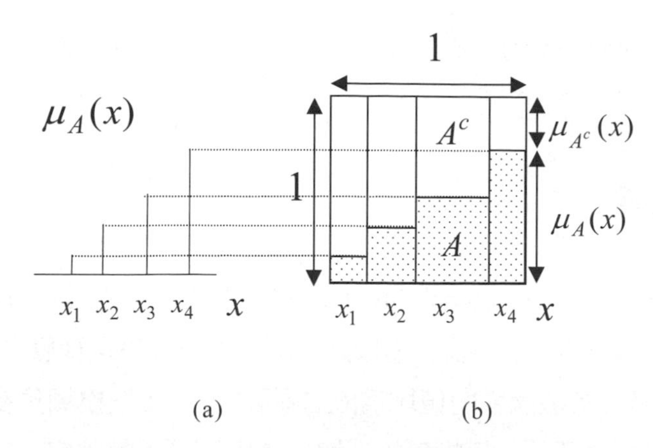

圖 3.5　傳統的模糊集與擴大論域後的模糊集
(a)傳統：模糊集為函數；(b)擴大論域後：模糊集為明確集合

圖 3.5(b)中，擴大論域 S 表爲邊長爲一的正方形。$\{\{x_i\}, i=1,2,3,4\}$ 形成 S 的一種分割，把 S 依照垂直方向縱切成四塊。各塊的寬度可代表 $P[\{x_i\}]$。圖中雖非等寬，一般訂定模糊集時若無任何 $P[\{x_i\}]$ 資訊可設爲相同寬度。兩個模糊集 $\{A, A^c\}$ 形成 S 的另一種分割，把 S 切成較粗略的兩塊。每個 $\{x_i\}$ 也被 $\{A, A^c\}$ 依照水平方向橫切爲兩塊，其中 A 的高度爲 $\mu_A(x)$，A^c 的高度爲 $\mu_{A^c}(x)$，$\mu_A(x)+\mu_{A^c}(x)=1$。

擴大論域觀點中，模糊集 $\{A, A^c\}$ 和其"元素"構成的集合 $\{\{x_i\}, i=1,2,3,4\}$ 都形成 S 的分割。通常 x_i 可能是數値，分割較細。模糊集 $\{A, A^c\}$ 常是語言敘述，分割較粗。同一物理量（如溫度），可用數值（°C）或語言(冷，熱)來描述。二組描述粗細不同，一個數值溫度可能"有點冷"同時也"有點熱"。但無論數值描述（°C）或語言描述(冷，熱)都是無重疊，無遺漏的完整區分法。

機率結構使兩個模糊集 A, B 彼此間如同事件一般，可能存在不同的關係，例如無交集，包含，或獨立。這些關係是在 x 固定的條件下討論，且會影響 A, B 交集的條件機率，亦即 A, B 交集的歸屬函數值，$P[AB \mid x]=\mu_{A\cap B}(x)$。若 A, B 均爲明確集合，則在 x 固定的條件下，A, B 將爲 3.3 節最後討論事件關係的兩個特例，亦即至少包含一個空集合，或兩者均爲論域(conditional on x)。依照 3.3 節的討論此時交集/聯集運算可以採用最小值/最大值(min/max)或乘積/和減乘積(product/sum-minus-product)，與明確集合交集/聯集結果確實能符合。明確集合是模糊集的特例，若把機率結構使用於明確集合，將明確集合也視爲事件，特徵函數視爲條件機率(數值只爲零或一)，所有性質與運算結果也能與傳統明確集合的結果達到一致(consistent)。

3.5 結 論

模糊與機率(fuzzy versus probability)的討論，其實不只在“歸屬函數值是不是機率？”，還牽涉更根本的問題，包含“論域是什麼？”“模糊集是什麼？”。模糊集傳統的定義方法，是“擴大特徵函數的值域爲[0,1]區間”，然後把模糊集視爲等同於模糊歸屬函數，建構模糊集理論。模糊集的一切性質由歸屬函數判定，一切運算以歸屬函數的操作達成。採用機率結構定義模糊集，則是先“擴大論域”，然後把擴大的論域視爲樣本空間，模糊集視爲擴大論域中的明確集合(事件)，歸屬函數視爲條件機率。模糊集理論將可依照機率公理建構，得到測度理論的基礎(measure theoretic foundation)[Lu 01]。主要結果歸納如下：

1. 論域U_X中的模糊集A，數學結構上將被訂定爲擴大論域 S 中的明確子集合。擴大U_X的方式是將其元素$x \in U_X$再細分，使$\{x\}$在 S 形成一種分割，且$\{x\}$在 S 中可和 A 有部份交集。以機率術語而言，擴大論域 S 將是機率模型中的樣本空間(sample space)，模糊集 A 是樣本空間 S 中的事件(Event)。
2. 模糊歸屬函數$\mu_A(x)$將對應到以擴大論域S爲樣本空間的機率模型中之條件機率 $P[A \mid x]$。原論域U_X中的明確集合 A，其特徵函數也可被解釋爲條件機率$P[A \mid x]$。
3. 論域U_X中的模糊集 A，數學結構上將不再等同於其歸屬函數$\mu_A(x)$。在擴大論域，亦即機率模型的樣本空間 S 中，A 爲事件，$\mu_A(x) = P[A \mid x]$是條件機率。

這些結果對模糊集合的一些影響包括：

1. 明確集合 $A \neq \mu_A$，而模糊集合$A = \mu_A$的差異，得以澄清。明確集合與模糊集合數學結構得以統一。U_X中的模糊集和U_X中的明確集合都對映到擴大論域（樣本空間）S 中的明確集合(事件)。特徵函數和歸屬函數一樣，都可被解釋爲條件機率$P[A \mid x]$。無論 A 爲明確集合或模糊集合，均是$A \neq \mu_A$。

2. 在擴大論域機率觀點的詮釋下，模糊集可滿足一切邏輯律。過去因違背邏輯律（例如排中律，矛盾律）所招致的批評，將不再成立。
3. 模糊集彼此間的關係不能只用歸屬函數判定，交集聯集運算不能只用一組特定運算(如 min/max)進行，需考慮模糊集在擴大論域(樣本空間)中彼此間的關係。這些關係可能由專家依照語言意義自訂，也可能由實驗求得。

模糊理論是否將為機率理論所取代？模糊理論的貢獻與獨特性是否受到影響？其實並非如此。兩個理論的融合，往往對雙方都有所增益。由過去機率理論與測度理論的關係（參考[Pap 91][Hal 74][Bil 94]）可以略窺一二。

機率理論發展初期，雖有許多成功應用，也曾被批評為模糊，不可靠，艱深。其成因在於早期依物理意義而來的機率定義（古典定義，相對頻率定義）有未盡完美之處，常遭質疑。而機率基本原理定義的不足，又使理論推演中的假設與結論容易混淆。直到一九三三年 Kolmogorov 提出以公理(Axioms)為基礎的機率定義，完全由數學結構定義機率，不牽涉到物理意義，才奠定了機率論的數學基礎。

Kolmogorov 此舉使機率理論由數學結構來看，成為測度理論(measure theory)的一支。這在當年曾引起批評，認為機率理論將變得過於數學，與物理意義脫節，犧牲了用直覺(intuition)了解機率的優點。事實證明這種情形並未發生。如今"公理定義"被視為最好的機率定義。依照公理的架構，研究者更能用邏輯(logic)而非只靠直覺(intuition)推知結論，能有效避免混淆。機率理論並未因此消失於測度理論中，而失去其獨特性。機率和測度理論仍是兩門風格迥異的課程，各有其注重的問題。學習機率時仍可藉助隨機實驗之物理意義輔助了解。測度理論提供機率紮實的數學結構，機率的物理意義也引導了測度理論的進一步發展。正如 Billingsley[Bil 94]所言，"Probability motivates measure theory, measure theory generates more probability"，兩者相輔相成。

模糊集理論的發展歷程和機率理論有異曲同工之處。把模糊集訂定為在擴大論域(樣本空間)中的事件，把模糊歸屬函數值(程度)解釋為機率，也使模糊集理論在數學結構上，似乎變成機率理論(或測度理論)的一支。然而模糊集理論和機率理論關心的問題頗為不同。採用機率的數學結構（或可稱為測度理論結構），並不減損模糊集理論之價值與獨特性，反而使模糊理論得到更穩固的數學基礎。模糊集的物理意義，對機率理論與測度理論也將多所增益。模糊集理論和機率理論的融合會帶來新的研究課題，未來的發展值得期待。

集合是數學的基礎。模糊集拓展了集合，影響了整個數學領域。模糊集本身數學結構的改變，也將影響深遠。本章中對機率與模糊的觀點與多數模糊書籍不同，也只做了初步的介紹。這方面研究還是現在進行式。希望這個模糊研究中最熱門的辯論話題早日達成較大共識，使模糊集理論和機率理論都能更上層樓。

習　題

[3.1] 若論域為 $U_X=\{1,2,3,4\}$，明確集合為 A={3,4}。

1. 畫出特徵函數 $\mu_A(x)$。
2. 把特徵函數表為二維有序對(ordered two-tuples)的所構成的集合 B，並與 A 比較。此兩集合是否相等？哪個集合包含元素較多？

[3.2] 某題目有 a, b 兩小題，均為是非題。兩小題總分為一分，答對 a 小題得 0.4 分，答對 b 小題得 0.6 分，若未答對任一小題則得零分。這個情況可以用下列數學方式表達。令論域為 $U_X=\{a,b\}$，函數 $Q:F\to R$ 的定義域(domain)為 $F=\{\phi,\{a\},\{b\},\{a,b\}\}$，對應域(codomain)為實數軸 R，且滿足 $Q(\{a\})=0.4$，$Q(\{b\})=0.6$，$Q(\phi)=0$，$Q(\{a,b\})=1$。請問函數Q是不是機率測度？Q的數值是不是機率？ 請說明原因。

[3.3] 若論域為 $U_X=\{1,2,3,4\}$，模糊集合 A 的歸屬函數表為集合形態是 $\{(x,\mu_A(x))\}=\{(1,0),(2,0.2),(3,0.6),(4,1)\}$

1. 畫出歸屬函數 $\mu_A(x)$。
2. 畫出其補集的歸屬函數 $\mu_{A^C}(x)$。
3. 以最小值(min)為模糊交集運算，求出 $\mu_{A\cap A^c}(x)$。$\mu_{A\cap A^c}(x)$ 是否恆為零？$A\cap A^c$ 是否為空集合？以乘積(product)為模糊交集運算，重複本小題。
4. 在擴大樣本空間的范氏圖中(參考圖 3.5(b))，標示出 A 與 A^c 對應之區域。求出 $\mu_{A\cap A^c}(x)$。$\mu_{A\cap A^c}(x)$ 是否恆為零？ $A\cap A^c$ 是否為空集合？

[3.4] 若論域為$U_X=\{1,2,3,4\}$，模糊集合 A 的歸屬函數表為集合形態是 $\{(x,\mu_A(x))\}=\{(1,0),(2,0.2),(3,0.3),(4,0.4)\}$。模糊集合 B 的歸屬函數表為集合形態是$\{(x,\mu_B(x))\}=\{(1,1),(2,0.8),(3,0.7),(4,0.6)\}$。

1. 根據傳統模糊集理論，A,B 是否互為補集，$A=B^c$?
2. 根據擴大論域的機率解釋，A,B 是否互為補集，$A=B^c$？
3. 在擴大樣本空間的范氏圖中，標示出 A,B 對應之區域。討論 A,B 間可能的相互關係。以$x=2$為例，討論$\mu_{A\cap B}(2)$可能取的最大及最小數值，並與使用最小值(min)及乘積(product) 做交集運算所得的$\mu_{A\cap B}(2)$值比較。

參考文獻

[Bel 73] Bellman, R. E., Giertz, M. "On the Analytical Formalism of the Theory of Fuzzy Sets", *Information Sciences,* 5, 149-156, 1973.

[Bil 94] Billingsley, P. *Probability and Measure Theory,* Third Edition, Wiley-Interscience, 1995.

[Elk 93] Elkan, C., "The Paradoxical Success of Fuzzy Logic", *IEEE Expert,* pp. 3-8, August 1994. With fifteen responses on pp. 9-46. First version in National Conference on Artificial Intelligence (AAAI'93) proceedings, pp. 698-703, July 1993.(Honorable mention, best-written paper competition)

[Elk 01] Elkan, C,. "The Paradoxes of fuzzy logic, revisited", International Journal of Approximate Reasoning, vol. 26, no. 2, pp. 153-155, 2001.

[Gal 92] Gallager, R. G., EECS department, MIT, private communications, 1992.

[Hal 87] Halmos, P. R., *Naïve Set Theory,* Springer, 1987.

[Hal 74] Halmos, P. R., *Measure Theory*, Springer Verlag, 1974.

[Kli 97] Klir, G. J., St. Clair, U. H., Yuan, B., *Fuzzy Set Theory, Foundations and Applications*, Prentice Hall, 1997.

[Li 94] Li, Y., "Probabilistic Interpretations of Fuzzy Sets and Systems", Doctoral Thesis, Dept. of EECS, July 1994, MIT.

[Lin 96] Lin, C. T., Lee, C. S. G., Neural Fuzzy Systems, a Neuro-fuzzy Synergism to Intelligent Systems, Prentice Hall, 1996.

[Lu 01] Lu, C. C., EE department, Tsing Hua University, Hsinchu, private communications, 2001.

[Pap 91] Papoulis, A., *Probability, Random Variables, and Stochastic Processes,* Third Edition, McGraw Hill, 1991.

[Zad 65] Zadeh, L. ,"Fuzzy Sets", *Information and Control* 8 (1965):338-353.

[Zim 91] Zimmermann, H. J., *Fuzzy Set Theory and its Applications,* Second Edition, Kluwer Academic Publishers, 1991.

Chapter 4

模糊邏輯與推論

郭耀煌
國立成功大學　資訊工程研究所
李健興
長榮管理學院　資訊管理系

4.1 古典邏輯(Classical Logics)

我們假設讀者已經對古典邏輯有基礎的認識，因此在這一章節中將大略說明古典邏輯的基本概念及討論模糊邏輯時所用的專有名詞。

邏輯是一門推論方法及原理的學問，古典邏輯是在處理***命題(propositions)***時所得到的結果不是***眞(true)***就是***假(false)***，每一個命題都有它相反的結果，通常稱做命題的***否定(negation)***，一個命題的否定要和它的***眞值(truth values)***相反。

命題邏輯(propositional logic)爲邏輯的一個領域，主要是在處理變數間的結合，變數可以代表任意的命題，這些變數通常稱爲***邏輯變數(logic variables)***或***命題變數(propositional variables)***，每一個變數都代表一個假設的命題。

假設有 n 個邏輯變數 $V_1, V_2, V_3, \ldots, V_n$，一個新的邏輯變數可由一個函數所定義，這個函數會藉由已知變數的值來加以運算，把產生的值給新的變數，這個函數通常稱爲***邏輯函數(logic function)***，因爲 n 個邏輯變數會有 2^n 個值，所以這些變數的邏輯函數就有 2^{2n} 個，舉例來說，表 4.1 爲有兩個變數的所有邏輯函數，眞和假分別定義爲 1 和 0，16 個邏輯變數的結果定義爲 $W_1, W_2, W_3, \ldots, W_{16}$，邏輯函數就稱爲***運算元(operations)***。

命題邏輯主要的議題是在於如何表示 n 個變數的邏輯函數($n \in N$)，n 越大表示的方法也越多，***簡單邏輯函數(simple logic functions)***變數的個數就較少，這些簡單邏輯函數爲有一個或兩個變數的運算元，這些變數稱做***邏輯原意(logic primitives)***。命題邏輯中兩個主要的***完整原意集合(complete sets of primitives)***爲：(i)***否定***、***且(conjunction)***、***或(disjunction)***及(ii)否定、***蘊涵(implication)***；舉例來說，否定、且、或，運用在代數表示式就是指***邏輯公式(logic formulas)***，我們可以形成其它的邏輯公式，邏輯公式可依下面的規則重複定義：

1. 假設 V 爲邏輯變數，則 V 和 $\overline{V}$ 爲邏輯公式。
2. 假設 a 和 b 爲邏輯公式，則 $a \wedge b$ 和 $a \vee b$ 也爲邏輯公式。
3. 邏輯公式是經由前面兩個規則定義的。

邏輯公式可以表示一個簡單邏輯函數及相關的變數，不同的公式可以表示出相同的函數及變數，此時我們稱它們為***等價(equivalent)***，當邏輯變數 a 和 b 等價時，我們以 $a=b$ 來表示，例如：

$$\left(\overline{V_1} \wedge \overline{V_2}\right) \vee \left(V_1 \wedge \overline{V_3}\right) \vee \left(V_2 \wedge V_3\right) = \left(\overline{V_2} \wedge \overline{V_3}\right) \vee \left(\overline{V_1} \wedge V_3\right) \vee \left(V_1 \wedge V_2\right) \tag{4.1}$$

我們經由計算兩邊公式的邏輯變數 V_1, V_2, V_3，而證明它們為等價。

表 4.1　兩個變數的邏輯函數

V_1 / V_2	1 1 0 0 / 1 0 1 0	函數名稱	符號	其他的名稱	其他的符號
W_1	0 0 0 0	Zero function	0	Falsum	$F, \perp$
W_2	0 0 0 1	Nor function	$V_1 \forall V_2$	Prierce Function	$V_1 \downarrow V_2, NOR(V_1, V_2)$
W_3	0 0 1 0	Inhibition	$V_1 \Leftarrow\!\!\!| V_2$	Proper inequality	$V_1 > V_2$
W_4	0 0 1 1	Negation	$\overline{V_2}$	Complement	$\neg V_2, \sim V_2, V_2^0$
W_5	0 1 0 0	Inhibition	$V_1 \not\Rightarrow V_2$	Proper inequality	$V_1 < V_2$
W_6	0 1 0 1	Negation	$\overline{V_1}$	Complement	$\neg V_1, \sim V_1, V_1^0$
W_7	0 1 1 0	Exclusive-or function	$V_1 \oplus V_2$	Nonequivalence	$V_1 \not\equiv V_2, V_1 \oplus V_2$
W_8	0 1 1 1	Nand function	$V_1 \wedge V_2$	Sheffer stroke	$V_1 \mid V_2, NAND(V_1, V_2)$
W_9	1 0 0 0	Conjunction	$V_1 \mathbin{\rotatebox[origin=c]{180}{$\forall$}} V_2$	And function	$V_1 \& V_2, V_1 V_2$
W_{10}	1 0 0 1	Biconditional	$V_1 \Leftrightarrow V_2$	Equivalence	$V_1 \equiv V_2$
W_{11}	1 0 1 0	Assertion	V_1	Identity	V_1^1
W_{12}	1 0 1 1	Implication	$V_1 \Leftarrow V_2$	Conditional,inequlity	$V_1 \subset V_2, V_1 \geq V_2$
W_{13}	1 1 0 0	Assertion	V_2	Identity	V_2^1
W_{14}	1 1 0 1	Implication	$V_1 \Rightarrow V_2$	Conditional,inequlity	$V_1 \supset V_2, V_1 \leq V_2$
W_{15}	1 1 1 0	Disjunction	$V_1 \vee V_2$	Or function	$V_1 + V_2$
W_{16}	1 1 1 1	One function	1	Verum	T, I

當一個邏輯公式中，我們給它變數的值不論是眞或假，它的結果永遠爲眞，我們稱這一個邏輯變數爲一個***眞理(tautology)***，相反的，若它的結果永遠爲假，我們稱這一個邏輯變數爲***矛盾(contradiction)***，舉例來說，當兩個邏輯公式 a 和 b 爲等價，則稱 $a \Leftrightarrow b$ 爲眞理，稱 $a \wedge \bar{b}$ 爲矛盾。

眞理對推論來說很重要，各種不同的眞理形式可用來產生推論的結論，這些眞理我們稱做是***推論法則(inference rules)***，以下爲一些常用來當作推論法則的眞理：

$$(a \wedge (a \Rightarrow b)) \Rightarrow b \quad \textbf{\textit{(modus ponens 推論)}} \tag{4.2}$$

$$(\bar{b} \wedge (a \Rightarrow b)) \Rightarrow \bar{a} \quad \textbf{\textit{(modus tollens 推論)}} \tag{4.3}$$

$$((a \Rightarrow b) \wedge (b \Rightarrow c)) \Rightarrow (a \Rightarrow c) \quad \textbf{\textit{三段式推論(hypothetical syllogism)}} \tag{4.4}$$

以 modus ponens 推論爲例來說明，給兩個爲眞的命題“a”和“$a \Rightarrow b$”(前提)，則命題“b”(結論)的結果可被推論出。

每一個眞理，它的變數可以被任意的邏輯公式所取代，它仍然是一個眞理，這個推論法則我們稱做是***替換律(rule of substitution)***。

一個 B 集合上的布林代數可用以下的式子來定義：

$$B = < B, +, \cdot, - > \tag{4.5}$$

B 集合中至少有兩個元素(界限)0 和 1，＋和‧爲 B 集合的二元運算元，－爲 B 集合的單元運算元，表 4.2 爲布林代數的特性，我們用這些特性來說明布林代數、集合理論及命題邏輯間的關係。其中特性(B1)-(B4)爲一般的定律，(B5)爲分配性，(B6)爲封閉性，(B7)-(B9)爲補數性。

表 4.3 說明布林代數、集合理論及命題邏輯間的***同構(isomorphism)***可以保證任何一個理論中的原理都有一個相像的原理在另外兩個理論中，其中 V 是邏輯變數的集合，£(V)是 V 中變數互相結合後的結果，若結合後的結果爲眞，則定義爲 1，若結合後的結果爲假，則定義爲 0。

表 4.2　布林代數的特性

(B1)	等冪律(Idempotence)	$a+a=a$ $a\cdot a=a$
(B2)	交換律(Commutativity)	$a+b=b+a$ $a\cdot b=b\cdot a$
(B3)	結合律(Associativity)	$(a+b)+c=a+(b+c)$ $(a\cdot b)\cdot c=a\cdot(b\cdot c)$
(B4)	吸收律(Absorption)	$a+(a\cdot b)=a$ $a\cdot(a+b)=a$
(B5)	分配律(Distributivity)	$a\cdot(b+c)=(a\cdot b)+(a\cdot c)$ $a+(b\cdot c)=(a+b)\cdot(a+c)$
(B6)	封閉性(Universal bounds)	$a+0=a, a+1=1$ $a\cdot 1=a, a\cdot 0=0$
(B7)	補數性(Complementarity)	$a+\bar{a}=1$ $a\cdot\bar{a}=0$ $\bar{1}=0$
(B8)	反轉性(Involution)	$\bar{\bar{a}}=a$
(B9)	二元性(Dualization)	$\overline{a+b}=\bar{a}\cdot\bar{b}$ $\overline{a\cdot b}=\bar{a}+\bar{b}$

表 4.3　布林代數、集合理論及命題邏輯間相對應的定義

集合理論	布林代數	命題邏輯
$P(X)$	B	£(V)
$\cup$	$+$	$\vee$
$\cap$	$\cdot$	$\wedge$
$-$	$-$	$-$
X	1	1
$\varnothing$	0	0
$\subseteq$	$\leq$	$\Rightarrow$

命題有時會以某種句子來表示，每個表示成命題的句子會被分成***主題(subject)***及***敘述(predicate)***兩部份，下例為一個標準的形式：

$$x \quad \text{is} \quad P \tag{4.6}$$

上例中，x 為一個主題的符號，P 為敘述，舉例來說，"奧地利是個說德文的國家"為一個命題，在這個命題中"奧地利"代表一個主題(一個特定的國家)，"說德文的國家"代表一個敘述(一個特性)。x 為 X 中的任一主題，P 為一個定義 X 的函數，對於每一個 x 的值都可形成一個命題，這個函數稱做是敘述，表示成 $P(x)$，當我們用 x 來取代 X 時，敘述就變成一個命題。

我們可將敘述的觀念繼續擴展成兩個方向，一個是可將它從一個變數擴展成多個變數，用 $P(x_1, x_2, ..., x_n)$ 來表示；另一個是可將它量化，包括***存在量化(existential quantification)***和***一般量化(universal quantification)***兩種，現今說明如下。

1. 存在量化(∃): 一個敘述 $P(x)$ 的存在量化可表示成：$(\exists x)P(x)$ 其意義為"存在於一個 x 使得 x 為 P"，或者也可以說"存在一些 $x \in X$ 為 P"，符號∃稱作是存在量化。
2. 一般量化(∀): 一個敘述 $P(x)$ 的一般量化可表示成：$(\forall x)P(X)$ 上面那個式子是說"對於每一個x(在一般的集合中)x is P"，或者也可以說"All $x \in X$ are P"，符號∀稱作是一般量化。

例如：

$$(\exists x_1)(\forall x_2)(\exists x_3)P(x_1, x_2, x_3) \tag{4.7}$$

此式子的意義為"存在一個 $x_1 \in X_1$，對於所有的 $x_2 \in X_2$，存在 $x_3 \in X_3$，使得 $P(x_1, x_2, x_3)$"，舉例來說，若 $X_1 = X_2 = X_3 = [0,\ 1]$ 且 $P(x_1, x_2, x_3)$ 表示 $x_1 \le x_2 \le x_3$ 則命題為眞(假設 $x_1 = 0$ 且 $x_3 = 1$)。標準的存在量化和一般量化的敘述可用一個***量詞(quantifier)*** Q 來表達。

$$Q \subseteq \{(\alpha, \beta) \mid \alpha, \beta \in \mathrm{N}, \alpha + \beta = |\,\mathrm{X}\,|\} \tag{4.8}$$

其中，

$$\alpha = |\{x \in X | P(x) \text{ is true}\}|， \tag{4.9}$$

$$\beta = |\{x \in X | P(x) \text{ is false}\}| \tag{4.10}$$

這裡的 N 爲自然數，舉例來說，當$\alpha \neq 0$，我們可得到標準的存在量化，當$\beta = 0$，我們可得到標準的一般量化，當$\alpha > \beta$，我們可得到***多重量化(plurality quantification)***。

4.2 多值邏輯(Multivalued Logics)

古典邏輯或***二值邏輯(two-valued logic)***的基本假設爲"每個命題不是眞就是假"，在亞里斯多德的時候他提出了疑問。他主張有關於未來事件的命題中，既不是絕對眞也不是絕對假，但卻也有潛在的可能是兩者之一；因此，至少在事件發生前他們的眞假值是模糊不定的。爲了處理像這樣的命題，我們必須容許第三種眞假值加入，以放寬古典的二值邏輯不是眞就是假的二分法，這第三種眞假值可能稱作***不確定值(indeterminate)***。將古典的二值邏輯延伸成***三值邏輯(three-valued logic)***有許多種方法。目前已經有些各自定義的三值邏輯存在。但是一般最常見的是以 1、0 和 1/2 來表示眞、假和模糊值，通常也定義命題a的否定 $\bar{a}$ 爲$1-a$；也就是說$\bar{1}=0$、$\bar{0}=1$、$\overline{1/2}=1/2$，但其他邏輯基本原意像$\vee$、$\wedge$、$\Rightarrow$和$\Leftrightarrow$則根據不同定義的三值邏輯而有所不同。表 4.4 分別表示三值邏輯的這四種基本原意，其中最有名的五個以作者名字表示之。

由表 4.4 得知，這五種三值邏輯的基本原意基本上完全遵照古典邏輯原意的定義，且沒有一個滿足***矛盾法則(the law of contradiction)***、***互斥法則(the law of excluded middle)***，和一些其他與古典邏輯相近的法則。例如 Bochvar 三值邏輯，很清楚的並不滿足任何一個古典邏輯中任何等價的法則，因爲只要命題a或b其中一個是 1/2，它的基本原意得到的結果也都是 1/2。因此我們利用邏輯等價的概念延伸出更廣泛的***幾乎同義(quasi-tautology)***的概念。在一個三值邏輯裡如果在眞值表運算結果沒有 0(假)出現的話，稱之幾乎同義；同理，如果在眞值表運算結果中沒有 1 (眞) 出現的話，稱之***幾乎矛盾(quasi-contradiction)***。

表 4.4 一些三值邏輯的邏輯原意

		Lukasiewicz				Bochvar				Kleene				Heyting				Reichenbach			
a	b	$\wedge$	$\vee$	$\Rightarrow$	$\Leftrightarrow$	$\wedge$	$\vee$	$\Rightarrow$	$\Leftrightarrow$	$\wedge$	$\vee$	$\Rightarrow$	$\Leftrightarrow$	$\wedge$	$\vee$	$\Rightarrow$	$\Leftrightarrow$	$\wedge$	$\vee$	$\Rightarrow$	$\Leftrightarrow$
0	0	0	0	1	1	0	0	1	1	0	0	1	1	0	0	1	1	0	0	1	1
0		0		1						0		1		0		1	0	0		1	
0	1	0	1	1	0	0	1	1	0	0	1	1	0	0	1	1	0	0	1	1	0
	0	0								0				0		0	0	0			
				1	1											1	1			1	1
	1		1	1							1	1			1	1			1	1	
1	0	0	1	0	0	0	1	0	0	0	1	0	0	0	1	0	0	0	1	0	0
1			1		½						1				1				1		
1	1	1	1	1	1	1	1	1	1	1	1	1	1	1	1	1	1	1	1	1	1

當各種不同的三值邏輯被公認成有用且有意義時，它變得讓人想探索歸納成 n 值邏輯，用以隨心所欲的眞假值($n \geq 2$)。事實上，有些 n 值邏輯早在 1930 年代時就被發展出來了，對於任意給定值 n，其眞假值通常以 [0, 1] 這個區間的有理數來表示。這些值存在於 0 和 1 之間均勻分佈。一個 n 值邏輯的一個眞假值集合 T_n 定義成下列：

$$T_n = \left\{0 = \frac{0}{n-1}, \frac{1}{n-1}, \frac{2}{n-1}, \ldots, \frac{n-2}{n-1}, \frac{n-1}{n-1} = 1\right\} \tag{4.11}$$

這些值可以被解釋成***眞值程度(degrees of truth)***。

第一個被提出的 n 值邏輯($n \geq 2$)，是在 1930 年代早期由 Lukasiewicz 歸納自他的三值邏輯產生出來的。他用 T_n 來做眞假值，並用以下等式定義這些基本原意：

$$\bar{a} = 1 - a, \tag{4.12}$$

$$a \wedge b = \min(a,\ b), \tag{4.13}$$

$$a \vee b = \max(a,\ b), \tag{4.14}$$

$$a \Rightarrow b = \min(1,\ 1 + b - a), \tag{4.15}$$

$$a \Leftrightarrow b = 1 - |a - b| . \tag{4.16}$$

事實上，Lukasiewicz 只用到否定和像邏輯基本原意的蘊涵，並以下面的兩子原意定義其他邏輯運算：

$$a \vee b = (a \Rightarrow b) \Rightarrow b , \tag{4.17}$$

$$a \wedge b = \overline{\overline{a} \vee \overline{b}} , \tag{4.18}$$

$$a \Leftrightarrow b = (a \Rightarrow b) \wedge (b \Rightarrow a) . \tag{4.19}$$

我們很容易就能看出，(4.12)－(4.16)納入了當 $n=2$ 的二值邏輯基本原意的定義，而且定義了 Lukasiewicz 的三值邏輯的原意，如同表 4.4。

對於每一個 $n \geq 2$，Lukasiewicz 通常以 L_n 來表示他的 n 值邏輯。L_n 的眞假值是取自 T_n，且其基本原意被定義在(4.12)－(4.16)。這些邏輯的序列($L_2, L_3, \ldots, L_\infty$)包含了兩個極端的情形－ L_2 和 L_∞。邏輯 L_2 即是 4.1 節討論的古典二值邏輯。邏輯 L_∞ 則是一個***無限值邏輯(infinite-valued logic)***，其眞假值是取自所有介於[0, 1]之間有理數的可數集合 T_∞

當我們不再堅持集合 T_∞ 的眞假值，進而接受介於[0, 1]之間的任意實數，我們便能得到一個替代的無限值邏輯。這兩種無限值邏輯的基本原意已定義在(4.12)－(4.16)，而這兩者不同的地方在於他們的眞假值的集合不同。當這兩個邏輯其中之一以 T_∞ 集合當眞假值，另一個便能利用介於[0, 1]之間實數的集合。若不管這點不同，這兩個無限值邏輯其實在於他們描述的這個相同等價意義上，在實質上等值的。然而這個等值僅限於邏輯的公式和命題上；爲了以數量來闡述公式，有些規律就會在這兩種邏輯中出現不同。

除了其他指定的之外，無限值邏輯通常用介於[0, 1]之間的所有實數用來指定邏輯的眞假值，這也通常稱做***標準 Lukasiewicz 邏輯(standard Lukasiewicz logic)*** L_1，而下標 1 是 $\aleph_1$ (讀作 aleph 1)的縮寫，$\aleph_1$ 這個符號通常用來指連續集合的基數。

我們可以發現標準 Lukasiewicz 邏輯 L_1 跟基於***標準模糊運算子(standard fuzzy operator)***的***模糊集合理論(fuzzy set theory)***同構；相同的道理，二值邏輯和***傳統集合理論(crisp set theory)***同構。事實上，基於模糊集合 A 對於一般集合 X 的成員函數 $A(x)$，其中 $x \in X$，的***歸屬等級(membership grades)***可以被解釋成在 L_1 中，“x 是集合

A 的一個成員”這個命題的眞假值。相反的在 L_1 裡，對於所有 $x \in X$，P 爲模糊敘述(例如：高、年輕、昂貴、危險等)的所有命題“x 是 P”，藉由定義在 X 的屬性 P 描述出模糊集合的特性，其眞假值能夠被解釋爲***歸屬程度(membership degrees)***。不僅定義在(4.12)－(4.16)的 L_1 邏輯運算有同構的事實，連相同的數學形式也和相對應的模糊集合的標準運算同構。

標準 Lukasiewicz 邏輯 L_1 只是眾多的無限值邏輯中的一種，同樣的，標準模糊集合理論也只是一種模糊集合理論，而彼此的不同只是他們用的運算元有所不同。對於每個特定的無限值邏輯，我們都能找出與之同構的模糊集合理論。

任何單一***無限值邏輯(single infinite-valued logic)***的***不充分性(insufficiency)***跟邏輯原意的***完全集合(complete set)***的概念是相關連的。我們知道沒有任何一個無限值邏輯含有有限集合完整的邏輯原意。因此使用一個定義無限值邏輯原意的有限集合，我們只能得到所給定的主要邏輯變數其所有邏輯函數的子集。因爲有一些應用會需要這些子集外的函數，它可能會變的需要運用到***替代邏輯(alternative logics)***。

4.3 模糊邏輯(Vague Logics)

十九世紀開始用 Fuzziness 這個字來代表 vagueness。實用主義哲學家 Charles Sanders Peirce 對 vagueness 有如下的話語“Vagueness is no more to be done away with in the world of logic than friction in mechanics”，vague 有著模糊不清的範圍，它的概念就像是山脈一樣，我們總是無法明確的知道那裡是山的終點，那裡又是一座小山的開頭。

邏輯學家 Bertrand Russell 首先定義 vagueness 是有層級的符號邏輯。A 如果是模糊則 A 必須要打破亞里斯多德的“定律”、互斥法則及矛盾法則，一般的數學和邏輯都遵守這些定律，例如“1+1=2”是 100%正確和 0%錯誤，“1+1=3”則是 0%正確和 100%錯誤；但是模糊類型的句子卻無法明確的用眞和假來表達，“草是綠色的”可能有 80%的正確率，“草不是綠色的”也可能有 20%的正確率。Rusell 第一次在這種灰暗地帶看到這樣的錯誤，便開始留神二元數學的部份。

Russell 修正古代希臘哲學家 Zeno 利用連鎖推理謬論證明歸納法不是二元的：

請問我是不是禿頭，回答：不是，那如果拔起一根頭髮後，再問一次，則回答還是一樣，如果把所有的頭髮全部拔光，即從不是禿頭變成禿頭，則答案就不一樣了，每拔起一根頭髮，則禿頭的程度就增加一分，而不是禿頭的推論就一分一分減弱。最後模糊推論不是禿頭的正確率就近似於零，這種情況不會對舊二元推論有影響，因爲它仍舊把它 100%推論成不是禿頭，即使把所有的頭髮全都拔光也是一樣的情形。

Russell 當他在 Alfred North Whiteheadd 工作時，發現一個數學上很深奧的矛盾理論，一個古希臘克里特島上說謊者的***謬論(paradox)***：這個克里特土著說所有克里特土著都在說謊；究竟他們說的是眞話還是假話呢，如果他們說的是眞話，則由他們的話可得知他們說的是假話，如果他們說的是假話，則他們的話可推得他們是說眞話，兩種情況都不對，所以 A 和非 A 成立，矛盾。

Russell 在集合論中發現同樣的情形，所有集合的集合是一個集合，所以它也是自己的集合，可是有很多集合不是自己的集合，例如蘋果的集合不是他自己，因爲他的成員是蘋果而不是集合。但是什麼集合是所有集合的集合而且它不是自己的成員呢?如果他是所有集合的集合，則它是自己的成員，如果他不是所有集合的集合，則它不是自己的集合。A 和非 A 不在這個灰暗的地帶卻在正規的二元數學系統中出現。

Russell 一開始在自己的“theory of types”前明令禁止這種情形，可是仍舊無法阻止一些惡意違反的情形。於是 Russell 在 1923 發表“Vagueness”這篇文章，其中指出我們如果一篇陳述違反了互斥法則，則這篇陳述可以被歸爲 vagueness 的描述，1923 年的這篇文章可說是正規模糊邏輯的源頭。

Fuzziness 用一個中間值½ 或 50%來解決說謊者謬論，這個克里特土著有 50%是說實話，有 50%是說謊話。很多完整的謬論會在較大的範圍中挑選出***模糊“立方體”(fuzzy cubes)***來做中間值。Grim 證明我們也可以把說謊問題看成動態擲硬幣，多重的謬論可以用多重的模糊立方體來取代。一個模糊二元立方體可以覆蓋古代二元的議論。就像下面的例子蘇格拉底說："柏拉圖說的話都是眞的。"

柏拉圖說："蘇格拉底說謊。"

這個例子可以由模糊二元立方體來表示

一個擁有 n 個物件的集合 X, 可以用 n 元立方體或是$[0,1]^n$表示，而且把集合看成一個點，這個模糊 n 元立方體有 2^n 個角或是二元子集。一個有 6 元立方體的角可以用 6 位元(bit)(1 0 0 1 1 0)來表示，1 表示存在，0 表示不存在。而(1 0 0 1 1 0)意味這個集合有第一個、第四個和第五個物件。在***適當表(fit list)***中(例：(1 3/4 2/3 1/3 1/4 0))定義這個集合包含有五個物件，其中有四個並不是完全存在，而只是某種程度的存在。

更深入來說，如果一個模糊集合所有的立方體都是中間點，則 A 更會類似非 A 而互斥法則，將更容易被打破，因爲中間點是***最模糊集合(fuzziest set)***，所以更容易達到"自相矛盾"的關係 A=非 A。當所有 2^n 二元角都等距離，這邊沒有任何立方體中間點能將結果分成兩邊。"A 或非 A"100%會在立方角或是二元集合成立，"A 和 非 A"100%會在立方體中間點成立，這兩種關係只有一種會成立因爲他們是兩個極端。

這種謬論動機最早被使用在 vague 或是 fuzzy 邏輯，如同量子力學上的測不準論。波蘭邏輯學家 Jan Lukasiewicz 在 Russell 後做出進一步的發展。於 1920 年 Lukasiewicz 提出第一個多值邏輯。在 1937 年，量子學家 Max Black 的文章中應用多值邏輯列表以及作物件的集合，同時也畫出了第一張模糊集合的曲線圖，每個物件都依循"A 和非 A"到某種程度，如此的集合稱得上是直正的 vague 或 fuzzy。Black 遵循 Russell 的用法仍然叫這個集合 vague。Kaplan 和 Schott 在 1950 年的時候就如同其他的邏輯學家一樣，提出***最小(min)***和***最大(max)***運算去定義***模糊集合代數(fuzzy set algebra)***。

1965 年 Lotfi Zadh 在美國加州的柏克萊大學發表具里程碑的論文"Fuzzy Sets"。這篇論文第一次使用 fuzzy 來定義技術文獻上的 vague。Fuzzy 這個名字不但被保留，還大大的取代 vague 這個詞。在 Zadeh 1965 年的論文中應用 Lukasiewicz 邏輯的每一個物件產生一個完整的模糊集合代數和延伸這個原理到圖樣識別上。這篇論文有很多的爭議，因爲 Zadeh 沒有參考到 Lukasiewicz 成果或是其他對多值邏輯概念以及模糊集合理論中心運算(min,max,和 1-x)加以定義的邏輯學家。這導致這種多值邏輯的看法被延怠了半個世紀。

僅管如此 Zadeh 還是近乎獨立的帶動這第二波多值邏輯的研究。於是 IEEE 在 1995 年對他在模糊集合上的傑出成果，授予榮譽獎章。

1970 年中間 Ebrahim H.Mamdani 在倫敦的 Queen Mary 大學第一次應用模糊集合作出***規則庫(rule base)***的模糊系統。Mamdani 設計一個模糊系統去控制蒸汽引擎和使用模糊系統。當然這個系統和今天的模糊系統只有細節上的不同而已，Mamdani 的成果可說是模糊工程的開端。

就如同先前所討論的，不同的多值邏輯在模糊集合理論都有對應，它們構成模糊邏輯的核心，這是邏輯是以模糊集合理論爲基礎的主因。然而模糊邏輯是多值邏輯的延伸，他最終的目的是提供一些較不嚴謹的陳述，利用模糊集合理論來做***近似推論(approximate reasoning)***的根據。它類似用***量化敘述邏輯(quantified predicate logic)***推論和***正確命題(precise proposition)***。

模糊邏輯主要針對自然語言，對於較不嚴謹的陳述作近似推論是相當典型的運用，以下的三段式推論就是一個無法用傳統邏輯來做近似推論的例子。

老舊的錢幣通常較難收集
較難收集的物品是昂貴的
老舊的錢幣通常是昂貴的

這是一個有意義的推論結果，爲了能夠處理這樣的結論，模糊邏輯允許使用***模糊敘述(fuzzy predicates)***，例如：昂貴、老舊、稀有及危險等；***模糊量詞(fuzzy quantifiers)***，例如：許多、稀少、幾乎全部及通常等；***模糊眞假值(fuzzy truth values)***，例如：相當眞實、非常眞實、有點眞實、有點不眞實及非常不眞實等；和許多種***模糊修飾詞(fuzzy modifiers)***，例如：相似的、幾乎不可能及非常不可能。

在模糊邏輯中的模糊集合裡，每一個簡單的模糊敘述都表示成如下

x is P

假設用 x 是代表一個人的年紀，x=0~60 分別代表不同的年紀，而 P 是年輕的意

思，用這種模糊集合表示的歸屬函數，如圖 4.1(a)。而一個例子如下

Tina 是年輕的

判斷這個描述的眞值不僅僅依照 Tina 的年紀是年輕，還可能根據眞值的強度來判斷，例如：

"Tina 是年輕的"是正確的。

"Tina 是年輕的"是錯誤的。

"Tina 是年輕的"是相當正確的。

"Tina 是年輕的"是極其錯誤的。

每一個可能的眞值都是用適當的模糊集合來表示。所有的集合都是定義在[0, 1]這個單位間隔。在圖 4.1 中有一些例子，其中(a)是就命題主項闡述在模糊集合中所代表的等級，而 t 是在眞值中用來表示模糊集合的標籤，由此可得 a=μyoung(x), x∈X。我們的例子中，Tina 現年二十五歲，我們由圖 4.1(b)中得知 μyoung(25)=.87 以及下面推論的眞值。

"Tina 是年輕的"是相當正確的(正確，極其正確，相當錯誤，錯誤，極其錯誤)分別是.9(.87,..81,.18,.13,.1)。

我們可以運用補集、聯集和交集等運算來表示模糊集合中的所有敘述。此外這些集合可以透過特別的轉換對應到非常、極其、更、較小地、完全等語詞。這些語詞通稱爲***語言的藩籬(linguistic hedges)***。舉例來說，將非常用在年輕前，如圖 4.1(a)，我們將獲得"非常年輕的人"這個新的表示概念。

一般來說，模糊量詞是用模糊集合中的***模糊數(fuzzy number)***來表示。這些都是利用***模糊算數(fuzzy arithmetic)***操作產生。

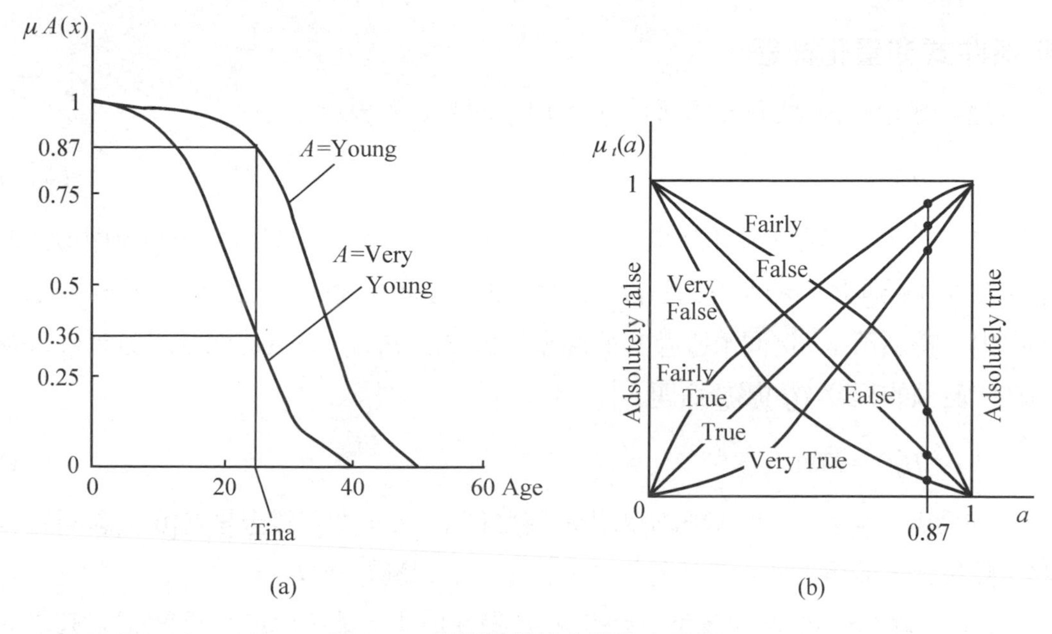

圖 4.1　命題邏輯的真假值表示圖

4.4　模糊命題(Fuzzy Propositions)

傳統命題與模糊命題最大的不同點在於眞值的範圍。通常一般命題不是“眞”就是“假”，但是模糊命題的“眞”或“假”卻有程度上的不同；假設眞和假分別用數値 1 和 0 表示，則每個模糊命題的眞値程度是用單位區間[0, 1]中的一個數字來表示。

在本節中，我們著重在簡易的模糊命題，我們大致分爲以下四大類：

1. 非條件式非量化命題(unconditional and unqualified propositions)
2. 非條件式量化命題(unconditional and qualified propositions)
3. 條件式非量化命題(conditional and unqualified propositions)
4. 條件式量化命題(conditional and qualified propositions)

接下來爲這四大類的每一類個別介紹相關的標準形式並詳述解釋。

非條件式非量化命題

這一類型模糊命題的標準形式 p 可用下面的式子表示

$$p：\mathcal{V} \text{ is } F, \tag{4.20}$$

這裡的 $\mathcal{V}$是由宇集合 V 中取出的一個變數 v，而 F 是由 V 中取出的一個模糊集合，用來做模糊推測用，例如說此集合可能是高的、貴的、矮的、正常的...等等。從 $\mathcal{V}$ 中取出一特別值 v，這個值透過 F 的歸屬等級變成 $F(v)$，然後這個歸屬等級可以被解釋成眞值的程度 $T(p)$屬於命題 p

$$T(p) = F(v) \tag{4.21}$$

在命題 p 中每一個由變數 $\mathcal{V}$取出的特殊值 v，表示 T 實際上是在[0, 1]區間的一個模糊集合，並用來替 $\mathcal{V}$中的每一個 v 指定一個歸屬等級 $F(v)$。

爲了解釋這個引進的概念，令變數 $\mathcal{V}$ 是在地球上某些特定區域空氣溫度(單位°F)，而成員函式如同圖 4.2(a)表示，依照上下文意味著溫度是高的，然後假定所有切合題意的測量規格注重所給的溫度，符合的模糊命題 p 可用下面式子表達

p：temperature($\mathcal{V}$) is high (F)

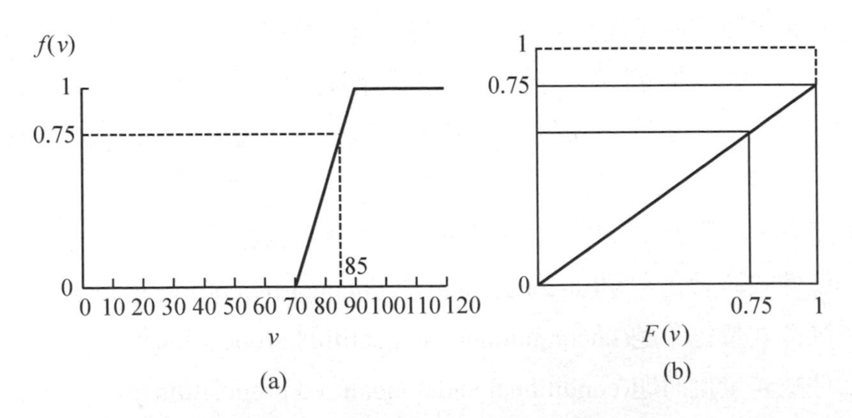

圖 4.2　模糊命題 p 的元件：Temperature ($\mathcal{V}$) is high (F)

眞值程度 $T(p)$是依照眞實的溫度值及推測高溫的定義來決定，他是用圖 4.2(b)的成員函式 T 來定義的，爲了解釋(4.21)。舉例來說，假如 v=85 則 $F(85)$=0.75 而 $T(p)$=0.75。

我們可以知道函式 T 的功用是提供一座介於模糊集合及模糊命題的橋樑，雖然在歸屬等級 F 和相關聯模糊命題 p 的眞値程度的連接上，如(4.21)所表達的是在數值上不重要的非限制命題，他有概念上的重要性。

在一些模糊命題中，在(4.20)中變數 $\mathcal{V}$ 的值被分配到獨特的集合 I 中，在這裡變數 $\mathcal{V}$ 變成一個函式 $\mathcal{V}: I \to V$，$\mathcal{V}(i)$是由 V 中不同的 i 算出的值。(4.20)中的標準形式必須改成這種形式。

$$p：\mathcal{V}(i) \text{ is } F, \text{ 其中 } i \in I \tag{4.22}$$

舉例來說，I 是人的集合，每一個人可以被他的年紀(*Age*)給特徵化出來，給一個預測年輕(*Young*)的模糊集合；表示我們的變數用年紀(*Age*)和一個表示年輕(*Young*)的模糊集合，我們可以利用一般形式(4.22)爲例子

$$p：Age(i) \text{ is } Young, \tag{4.23}$$

這個命題的眞値程度 $T(p)$被每一個 I 集合中的人 i 決定透過下面的式子

$$T(p) = Young(Age(i)) \tag{4.24}$$

任何(4.20)中形式的命題可以被解釋爲一個在 V 上的機率分配函數 r_F，其定義式子如下

$$r_F(v) = F(v) \text{ ,對於每一個 } v \in V \tag{4.25}$$

顯而易見的這種應用在命題上的說明和式子(4.22)一樣好。

非條件式量化命題

這一類的命題 p 可以用這一種標準形式表示

$$p：\mathcal{V} \text{ is } F \text{ is } S, \tag{4.26}$$

不然就是這一種標準形式

$$p：\text{Pro}\{\mathcal{V} \text{ is } F\} \text{ is } P \tag{4.27}$$

這裡的 $\mathcal{V}$和 F 跟式子(4.20)有相同的意思，Pro{ $\mathcal{V}$ is F}代表的是事件“$\mathcal{V}$ 是 F”的機率，S 是模糊眞值的條件標準而 P 是模糊機率的條件標準，如果需要 $\mathcal{V}$ 可以替

代為 $\mathcal{V}$ (*i*)，如此一來就跟式子(4.22)一樣，一般認為命題(4.26)是***真值條件(truth-qualified)***命題(4.27)是***機率條件(probability-qualified)***，而 *S* 和 *P* 兩者皆用模糊集合[0, 1]來表示。

一個真值條件的命題例子"Tina 是年輕的"是極端正確(very true)的，在這裡"描述"是"正確"，"真值條件"是"極端正確"，在圖 4.2(a)用個別的模糊集表示。假設 Tina 的年齡是 26，她屬於 young 的歸屬等級為 0.87，因此這個命題屬於"極端正確"的歸屬等級為 0.76(由圖 4.2(b)可以看出來)，這表示在我們真值條件命題的真值程度也是 0.76，假如命題改變了"描述"(例如改成了"極端正確")或是"真值條件"(例如改成"相當正確"(fairly true)、"極端錯誤"(very false)…等)，我們必須利用同一種方法來取得屬於這些命題個別的真值程度。

一般來說，任何真值條件命題 *p* 的真值程度 *T*(*p*)可由下述的等式說明

$$\text{for each } v \in V$$
$$T(p)=S(F(v)) \tag{4.28}$$

看這個成員函式 $G(v)=S(F(v))$，這裡的 $v\in V$，我們可以將任何形式(4.26)的真值條件命題解釋成無條件的命題"$\mathcal{V}$is *G*"。

事實上這些無條件命題是特殊的真值條件命題，而且它的真值條件 S 被指定為真，其成員函式表示出這個條件是獨特的函式，見圖 4.1(b)及 4.2(b)。在無條件命題中 $S(F(v))=F(v)$，因此為了簡化的緣故 *S* 可以拿掉。

現在討論式子(4.27)的機率條件命題，每一個這種類型的命題敘述了在 *V* 中可能機率分配的彈性限制，在任何 *V* 上的機率分配 *f*，我們可以寫成

$$\text{Pro}\{\mathcal{V} \text{ is } F\} = \sum_{v\in V} f(v)\cdot F(v) \tag{4.29}$$

然後式子(4.27)這種命題 *p* 的 *T*(*p*)程度可用下面公式算出

$$T(p) = P(\sum_{v\in V} f(v)\cdot F(v)) \tag{4.30}$$

舉個例子，令變數 $\mathcal{V}$ 是地球上某些地方某月份中每天的平均溫度 *t*(以°F為單位)，則她的機率條件命題為

p：Pro{temperature t (at given place and time) is around 75°F} is likely

這也許會提供我們這個地方氣候和時間等有意義的觀點，也可能可以結合相似注重其他觀點的命題，例如溼度、降雨量、風速等等。在我們的例子裡描述爲“在75°F左右”被表示成一個在實數上的模糊集合 A 如圖 4.3(a)，而例子中的條件“相似的”(likely)則被表示成一個[0, 1]區間的模糊集合如圖 4.3(b)。

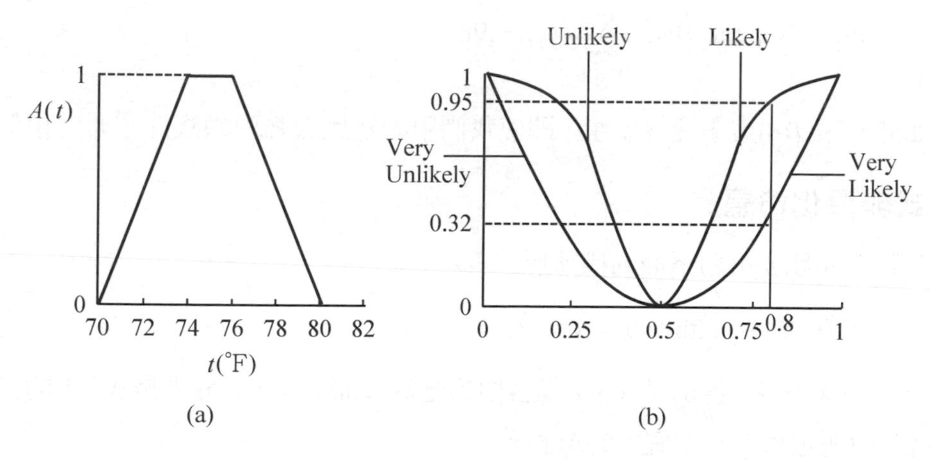

圖 4.3　條件量化命題的例子

假設現在接下來的機率分類如下(由過去幾年來的數據)

t	68	69	70	71	72	73	74	75	76	77	78	79	80	81	82	83
$f(t)$	.002	.005	.005	.01	.04	.11	.15	.21	.16	.14	.11	.04	.01	.005	.002	.001

利用式子(4.29)可得

$$\text{Pro}(t \text{ is close to } 75^{\circ}\text{F}) = .01\times.25+.04\times.5+.11\times.75+.15\times1+.21\times1$$
$$+.16\times1+.14\times.75+.11\times.5+.04\times.25=.8$$

應用這個結果在圖 4.3(b)的模糊條件“相似的”(依據式子(4.30))，我們發現在我們的命題中 $T(p)$＝0.95，用圖 4.3 的定義“在 75°F左右”和“相似的”，在“相似的”敘述和溫度是“75°F左右”情況下，眞值爲眞的程度是 0.95。由於這麼高的眞值，我們可以推斷出我們的命題在實際的情況下是好的特徵；然而如果我們將條件”“相似的”取代成“非常相似的”(一樣有在圖 4.3(b)中有定義)，則新的命題的眞值程度變成只有 0.32，這麼低的眞值程度使得這個新的命題在實際情況下不是一個好的描述。

觀察這些眞值的程度會依照描述 F、條件 P 及機率分配值的不同而有所差異，舉例來說，將我們的模糊描述由 75 左右變爲 70 到 79，我們可以得到

$$\text{Pro}\{t \text{ is in the 70s}\}=\sum_{t=70}^{79} f(t)=.98$$

如此一來 $T(p)$幾乎變成 1 了，即使我們用的是比較強烈的條件“非常相似的”

條件式非量化命題

此類的命題 p 可用下面的標準形式表示

$$p\text{: IF } \mathcal{X} \text{ is } A \text{, then } \mathcal{Y} \text{ is } B \quad (4.31)$$

這裡的 $\mathcal{X}$ 、$\mathcal{Y}$ 各別是 X、Y 集合中的變數，而 A、B 又分別是 X、Y 的模糊集合，這些命題也可以看做底下的形式。

$$\langle \mathcal{X}, \mathcal{Y} \rangle \text{ is } R \quad (4.32)$$

這裡的 R 是 $X \times Y$ 上的模糊集合，可由每一個 $x \in X$ 和每一個 $y \in Y$ 透過下面公式算出來

$$R(x,y) = \delta\,[A(x),B(y)] \quad (4.33)$$

這裡的δ代表一個在[0, 1]區間的運算元表達出一個適當的***模糊意涵(Fuzzy implication)***。

在這裡我們解釋(4.31)和(4.32)之間的關聯，用一種特殊的模糊意涵---the Lukasiewicz implication

$$\delta(a,b) = \min(1,1\text{-}a + b) \quad (4.34)$$

令 $A=.1/x_1+.8/x_2+1/x_3$　$B=.5/y_1+1/y_2$ 所以

$$R=1/x_1, y_1+1/x_1, y_2+.7/x_2, y_1+1/x_2, y_2+.5/x_3, y_1+1/x_3, y_2$$

舉例來說，$T(p)=1$ 當 $\mathcal{X}=x_1$，$\mathcal{Y}=y_1$；$T(p)=0.7$ 當 $\mathcal{X}=x_2$，$\mathcal{Y}=y_1$…等。

條件式量化命題

這一類的命題 p 可以用這一種標準形式表示

$$p: \text{ IF } \mathcal{X} \text{ is } A \text{ ,then } \mathcal{Y} \text{ is } B \text{ is } S \tag{4.35}$$

或是用這一種

$$p: \text{ Pro}\{\mathcal{X}, \text{ is } A|\mathcal{Y} \text{ is } B\} \text{is } P \tag{4.36}$$

在這裡的 Pro{ $\mathcal{X}$, is $A|\mathcal{Y}$is B}是條件式的機率。

既然其他類型的命題可以被結合到處理此類型的方法，所以我們不認爲需要在多加討論了。

4.5 模糊蘊涵(Fuzzy Implications)

在古典邏輯裡，它提供了一個完整的推論架構。在它的邏輯系統，主要包含了兩種成份，(1)利用***正規語言(formal language)***在建構出事物的陳述; (2)用一些推論機制的集合從已經知道的陳述當中推論出另外一個陳述。然而，古典邏輯和模糊邏輯在邏輯系統中，有兩個共同部份爲(1)***介詞邏輯(prepositional logic)***和(2)***第一優先敘述邏輯(first-order predicate logic)***。

經過對於古典邏輯和模糊邏輯的簡述之後，我們接下來的介紹將著重於模糊邏輯中的模糊蘊涵和模糊推理。我們選擇著重於模糊蘊涵的兩大原因爲(1)在模糊邏輯的應用裡，它對於模糊推論系統有很大的用處，其中最重要的應用在於模糊專家系統; (2)在現實中，對於某個複雜的主題，我們不可能將模糊蘊涵定義成唯一，這樣會導致三個相似的模糊蘊涵。基於它們一些推論的標準，我們將由不同的方法與比較來探討。

我們在之前提到用***模糊對應法則(fuzzy mapping rule)***可以表示在***前件變數(antecedent variables)***和***後件變數(consequent variables)***的模糊關係。同樣地，我們也可以用***模糊蘊涵法則(fuzzy implications rule)***來表現模糊關係。然而，模糊關係對於這兩種不同形態的法則，在語義上有很大的不同。模糊對應法則在之前我們就提過了，它是描述一種關聯。所以它關係是卡氏積的***前件模糊條件(antecedent fuzzy condition)***和***後件模糊結論(consequent fuzzy conclusion)***所建構而成的。然而，模糊蘊涵法則它是描述一般化的模糊蘊涵，所以它的關係需要被建立在兩價關係的一般語義上。

我們可以把模糊對應法則和模糊蘊涵法則語義上的不同看成是它們推論行爲的不同。當它們的行爲的規則一樣，則它們的前件也是被滿足的，如果它們的行爲規則不一樣，則它們的前件就不被滿足。我們以下面的例子來做說明，假設 x 和 y 是兩個整數變數它們是介於[0, 10]之間。當我們知道“if x is between 1 and 3, then y is either 7 or 8”這個條件時。而這個知識的表現最少有兩個方式，如用(1) 模糊蘊涵;或是用(2)程式語言的敘述來表現之。然而，這兩者的表現方式是不同的。設想我們知道 x 的值爲 5，但是 y 的值是未知的(可能介於[1, 10]之間)，但是***程序(procedural)***的表現不能作爲有關 y 值的結論，這是“if-then-else”敘述中沒有“else”的時後所造成的。作個簡單的比較，我們概述兩個不同的結果，如下所示:

蘊涵法則 (邏輯表示)

給予條件： $x\in [1,3] \rightarrow y\in [7,8]$

$x = 5$

推論結果： **y is unknown ($y \in [0, 10]$)**

對應法則 (程序表示)

陳述(Statement)：IF $x\in [1,3]$ THEN $y\in [7,8]$

Variable Value： $x = 5$

執行結果： **no action**

在模糊法則裡，以這兩種形態的表示方式是一樣的。因爲***邏輯表示(logic representation)***是模糊蘊涵法則的基礎，而***程序表示(procedural representation)***是模糊對應法則的本質。

我們利用模糊關係來建立出了模糊蘊涵表示的基礎。首先我們必需知道如何以***二值(two-valued)***的方式來表現出一個具有古典集合的蘊涵。我們先以下面例子來做說明：

$x \in \{b, c, d\} \rightarrow y \in \{s, t\}$

且 x 和 y 的**宇集合(universe)**分別爲 U={a, b, c, d, e, f}和 V={r, s, t, u, v}。

所以在集合對集合的蘊涵中可以明確定義爲***可能蘊涵(possible implications)***，如下有

$x = b \rightarrow y = s$

$x = b \rightarrow y = t$

$x = c \rightarrow y = s$

…等。

被定義爲***不可能蘊涵(impossible implications)***的有

$x = b \rightarrow y = r$

$x = b \rightarrow y = u$

$x = b \rightarrow y = v$

…等。

此外，如果前件的值爲“假”的話，則其蘊涵不管 y 的值是多少，它都是爲“眞”。所以以下都是可能蘊涵。

$x = a \rightarrow y = r$

$x = a \rightarrow y = s$

.

$x = e \rightarrow y = r$

.

$x = f \rightarrow y = u$

$x = f \rightarrow y = v$

因此，我們利用下面的關係來表示一組集合對集合的蘊涵。

$$R(x_i, y_j) = \begin{array}{c} \\ a \\ b \\ c \\ d \\ e \\ f \end{array} \begin{array}{c} \begin{array}{ccccc} r & s & t & u & v \end{array} \\ \begin{bmatrix} 1 & 1 & 1 & 1 & 1 \\ 0 & 1 & 1 & 0 & 0 \\ 0 & 1 & 1 & 0 & 0 \\ 0 & 1 & 1 & 0 & 0 \\ 1 & 1 & 1 & 1 & 1 \\ 1 & 1 & 1 & 1 & 1 \end{bmatrix} \end{array} \tag{4.37}$$

當中的元素就是 $R(x_i, y_j)$ 所表現出來的關係，當

$$(x = x_i) \rightarrow (y = y_j) \tag{4.38}$$

是可能的時後。我們稱這個可能的關係是一個***蘊涵關係(implication relation)***，如“1”表示可能，而“0”表示不可能。我們也可以用一個簡單的方式來看它們的關係，如以 x 和 y 來重新表示。

$$R(x_i, y_j) = \begin{cases} 1 & if \ ((x_i \in \{b, c, d\}) \rightarrow (y_j \in \{s, t\})) \\ 0 & if \ \neg((x_i \in \{b, c, d\}) \rightarrow (y_j \in \{s, t\})) \end{cases} \tag{4.39}$$

舉個例子，如 *R(a , r)*是 1 是因爲在前件中 $a \in [b, c, d]$爲“假”。

再來我們討論有關集合對集合二元蘊涵的意義，我們考慮一個包含模糊集合的蘊涵：

$(x \text{ is } A) \rightarrow (y \text{ is } B)$

在這裡，A 和 B 分別爲 U 和 V 的子集合。而在之前我們曾經說明過，蘊涵也可以表示點與點間不同程度的意義。主要的不同在於其***可能性(possibilities)***不再是二元的方式，而是事件的程度。所以一個模糊蘊涵可以表示出一個蘊涵關係 R，其定義爲：

$$R_1(x_i, y_j) = \prod\nolimits_I ((x = x_i) \rightarrow (y = y_j)) \tag{4.40}$$

在這裡Π_I是指***可能性分佈(possibility distribution)***，它是蘊涵的加強。在模糊邏輯裡，可能性分佈是被建構成說明蘊涵的眞假值。

$$\prod ((x = x_i) \rightarrow (y = y_j)) = t((x_i \ \text{ is } \ A) \rightarrow (y_j \ \text{ is } \ B)) \tag{4.41}$$

在這裡 t 代表眞假值的一個命題, 這個方程式，建立出模糊蘊涵和多值邏輯的重要關係。在蘊涵的眞假值裡，“x_i is $A \rightarrow y_j$ is B”被定義爲一個***項(term)***，其眞假值的命題，包括“x_i is A”和“y_j is B”。爲了說明的方便，我們將個別以α_i和β_j來表示。

$$t(x_i \text{ is A}) = \alpha_I$$

$$t(y_j \text{ is } B) = \beta_j$$

在蘊涵中(x_i is A$\rightarrow y_j$ is B)的眞假值是以函數 I 的α_i和β_j來代表。

$$t(x_i \text{ is A} \rightarrow y_j \text{ is B}) = I(\alpha_i, \beta_j)$$

我們稱函數 I 爲一個蘊涵函數(implication function)。

蘊涵函數並沒有唯一的定義，對於不同的蘊涵函數可以導致不同的模糊蘊涵關係。然而，所有的蘊涵函數在命題邏輯上面至少都有相同的眞值表:

$$I(0, \beta_j) = 1$$

$$I(\alpha_i, 1) = 1$$

蘊涵函數的不同定義是發展自不同的模糊邏輯和多値邏輯的研究。在之前我們曾介紹過它們，我們將會描述幾個標準來推論出模糊蘊涵的結果。

4.6 近似推理(Approximate Reasoning)

給一個可能性分佈的變數 X 和一個從 X 到 Y 的***蘊涵可能(implication possibility)***，我們就可以推論出 Y 的可能性分佈。在這一節裡，我們將說明如何得到一個推論系統。

給予條件：$x = x_i$ is possible　　AND

$x = x_i \rightarrow y = y_j$ is possible

推論結果：$Y = y_j$ is possible

如果更一般化，我們可以得到

給予條件：$\prod(X = x_i) = a$ **AND**

$\prod(X = x_i \to Y = y_j) = b$

推論結果：$\prod(Y = y_j) = a \otimes b$

在這裡，$\otimes$ 是代表***模糊聯集(fuzzy conjunction)***的運算子。

當我們用不同值的 x 去指示到同一值的 y 時，我們可以說 y_j 具有不同的***可能程度(possibility degrees)***。在推論的過程中，有關 $Y = y_j$ 需結合***模糊交集(fuzzy disjunction)***使用。因此，計算 Y 的可能性分佈的完整公式爲：

$$\prod(Y = y_j) = \bigotimes_{x_i}(\prod(X = x_i) \otimes \prod((X = x_i) \to (Y = y_j))) \tag{4.42}$$

這就是推論之合成規則(compositional rule of inference)。

即使模糊蘊涵和模糊對應法則是使用推論之合成規則的方式來計算結果，它們也是使用到不同的兩種方法。第一是推論之合成規則是被應用在個別的蘊涵法則，當合成被應用在模糊對應法則的集合裡就如同***函數對應(functional mapping)***。第二是模糊對應法則的模糊關係是卡氏積法則的前件和後件部份。然而每一個模糊關係的元素都爲一個可能性，它是獨特輸入值指示到獨特的輸出值。

模糊蘊涵的規則

模糊蘊涵的推論規則可以被分爲六種：

1. **Modus ponens 推論規則。**
2. **含可修改值之一般性 Modus ponens 推論規則。**
3. **不協調推論規則(mismatch criterion)。**
4. **Modus tolens 推論規則。**
5. **含可修改值之一般性 Modus tolens 推論規則。**
6. **鍊鎖規則(Chain rule)。**

前 5 個規則是 Fukami, Mizumoto 和 Tanaks 所提出的，最後一個是 Zadeh 所提出的，以下我們將針對這些規則作出探討。

Modus ponens 推論規則

第一個規則為假如給定一個值 x，它是唯一的蘊涵前件，則它所描述的推論，也就是蘊涵後件即為“眞”。

規則 I

給予條件：*x* is *A* → *y* is *B*

x* is *A

推論結果：*y* is *B*

在這裡 x 和 y 是語義的變數，它們的宇集合分別為 U 和 V。所以 A 和 B 分別為 U 和 V 的子集合。

含可修改值之一般性 Modus ponens 推論規則

這個規則是描述當 x 的值近似於***前件之外(antecedent except)***時的推論，它會被***可修改值(hedges)***所修改。比較特別的部份就是關於 x 是一個“*x* is very *A*”或是“*x* is somewhat *A*”的命題。

可惜對於“*x* is very *A*”沒有一致的推論。它們有兩個合理的規則，一個是對推論結果作修改值的增值，另一個則不是。

規則 II-1

給予條件：*x* is *A* → *y* is *B*

x* is very *A

推論結果：*y* is very *B*

下面的例子是一個直覺的規則。

IF the color of a tomato is red, THEN the tomato is ripe.

The color of this tomato is very red

This tomato is very ripe

對於同一種情況有兩種不同的標準，是預期的推論，像是蘊涵後件。

規則 II-2

給予條件：**x is A → y is B**

x is very A

推論結果：**y is B**

一般的規則版本指它的推論結果是跟後件一樣，不論 A 的子集合 x 是否眞實。

規則 II-2*

給予條件：**x is A → y is B**

x is A'

$A' \subset A$

推論結果：**y is B**

當"x is known to be more or less A"時，我們也可以對每一種情況建立像類似規則II-1 和規則II-2 的標準。

規則 III-1

給予條件：**x is A→ y is B**

x is more or less A

推論結果：**y is more or less B**

規則 III-2

給予條件：**x is A→ y is B**

x is more or less A

推論結果：**y is B**

我們再舉有關蕃茄的顏色和它的成熟度的例子來說明標準。

IF the color of a tomato is red, THEN the tomato is ripe.

The color of this tomato is more or less red.

This tomato is ripe.

不協調推論規則(mismatch criterion)

在二值邏輯裡，假如我們知道一個蘊涵被認定爲“假”時，則我們不能推論出它的後件爲“眞”或爲“假”。因此考慮用以下的規則來描述模糊推論。

規則 IV

給予條件：x **is** $A \rightarrow y$ **is** B

x **is not** A

推論結果：y **is** V **(unknown)**

我們需要一些說明來解釋“y is V”代表“y is unknown”是事實。首先，我們回想模糊蘊涵是被利用來推論後件 y 的可能性分佈。所以當我們沒有任何有關 y 值的可能性資訊時，我們可以簡單地說 $y \in V$，這裡 V 是 y 的宇集合。我們使用可能性理論的符號，可以來作解釋：

$$\prod_y (v) = 1 \qquad \forall v \in V$$

這代表每一個 V 的元素，可能完全屬於 y 的值。這個等式是分配 V 給 y，如 y is V。

Modus tolens 推論規則

Modus tolens 推論在二值邏輯的狀態下，我們可以推論出前件爲“假”，假如結論也是“假”的話。

給予條件：$P \rightarrow Q$

$\neg Q$

推論結果：$\neg P$

因此類似的推論能力可以描述出模糊蘊涵: 這給了我們第五個規則。

規則 V

給予條件：x **is** $A \rightarrow y$ **is** B

y **is not** B

推論結果：x **is not** B

含可修改值之一般性 Modus tolens 推論規則

我們可以將基礎的 Modus tollens 推論規則一般化，來處理“y is not very B”或者“y is not more or less B”的情況。假設我們知道下例關於蕃茄的例子。

給予條件：**IF the color of a tomato is red, THEN the tomato is ripe.**

This tomato is not very ripe.

我們有個共識就是“tomato is not very red”。這種類似的例子可以建構可修正値的“more or less”。這個例子啓發我們得到另一個模糊蘊涵的規則。

規則 VI

給予條件：x **is** $A \rightarrow y$ **is** B

y **is not (very** B**)**

推論結果：x **is not (very** A**)**

規則 VII

給予條件：x **is** $A \rightarrow y$ **is** B

y **is not (more or less** B**)**

推論結果：x **is not (more or less** A**)**

在二値邏輯裡，假如我們知道蘊涵的結論爲“眞”，則我們不能去改變更進一步的關於敘述爲“眞”的推論。所以我們建立出以下規則。

規則 VIII

給予條件：x is A → y is B

y is B

推論結果：x is U (unknown)

同理，規則VI裡 "x is U" 代表所有 U 的元素可能為 x 的值。換句話說，x 的眞值是完全不被得知的。

鍊鎖規則(Chain rule)

在命題邏輯裡，以下推論是有效的，對任何命題的 p，q，r 而言。

給予條件：p → q

q → r

推論結果：p → r

因此模糊蘊涵的鍊鎖規則就被建立

規則 IX

給予條件：x is A → y is B

y is B → z is C

推論結果：x is A → z is C

我們可以上述的規則作摘要表，如表 4.5 所示。

表 4.5　對於 x is A → y is B 模糊蘊涵的規則

規則	給予條件	推論結果
I	x is A	y is B
II-1	x is very A	y is very B
II-2	x is very A	y is B
II-2*	x is A' and $A' \subset A$	y is B

表 4.5　對於 x is A → y is B 模糊蘊涵的規則(續)

規則	給予條件	推論結果
III-1	x is more or less A	y is more or less B
III-2	x is more or less A	y is B
IV	x is not A	y is V (unknown)
V	y is not B	x is not A
VI	y is not (very B)	x is not (very A)
VII	y is not (more or less B)	x is not (more or less A)
VIII	y is B	x is U (unknown)
IX	y is B → z is C	x is A → z is C

習　題

4-1　古典邏輯

[4.1]　證明下面兩個式子等價(equivalent)。

$$p \to q$$

$$\neg p \vee (p \wedge q)$$

[4.2]　證明下面兩個命題為真(true)。

$$((p \wedge q) \vee (p \wedge \overline{q})) \vee \overline{p}$$

$$(p \vee q) \wedge (\overline{p} \vee q) \Rightarrow q$$

4-2　多值邏輯

[4.3]　請說明表 4.4 的五種三值邏輯中，哪一個滿足矛盾法則。若無請舉出一個不滿足的例子。

[4.4]　對於定義於表 4.4 的每一種三值邏輯，請算出下面每一個邏輯表示式子，滿足邏輯變數 a、b、c 所有組合的眞假值。(假設 $\overline{a}$ 定義為 $1-a$)：

1.　$(\overline{a} \wedge b) \Rightarrow c$；
2.　$(\overline{a} \vee \overline{b}) \Leftrightarrow (\overline{a \wedge b})$；

3.　$(a \Rightarrow b) \Rightarrow (\bar{c} \Rightarrow a)$。

[4.5]　請訂出一個表(類似表 4.4)，關於 Lukasiwqicz 邏輯 L_4 和 L_5 的邏輯原意 $\wedge$、$\vee$、$\Rightarrow$ 和 $\Leftrightarrow$。

[4.6]　Lukasiewicz 通常以 L_n 來表示他的 n 值邏輯，L_2 代表二值邏輯、L_3 代表三值邏輯，依此類推。那麼 L_1 代表的邏輯意義爲何。

[4.7]　請說明無限值邏輯 L_1 和 L_∞ 的不同之處。

4-3　模糊邏輯

[4.8]　假設有十二匹馬在牧場中，如果其中有"大約一半"的馬是強壯的公馬，"大部份"強壯的公馬速度都很快，使用的圖 4.4 回答下面的問題：請問在牧場中有多少速度快的強壯公馬。

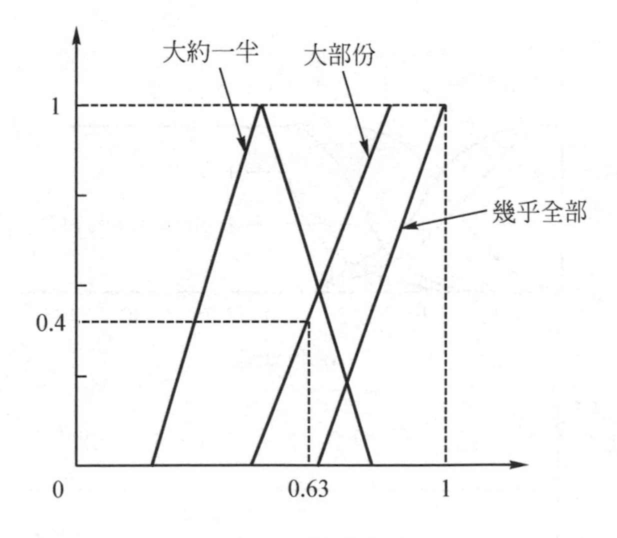

圖 4.4　模糊量詞

4-4 模糊命題

[4.9] 假設有屬於人類的四種模糊推測的型態(年齡、身高、體重、教育程度)，圖 4.5 是這四種型態各自的模糊集合及其成員函數，試利用這些成員函數以及圖 4.1(b)定義的模糊眞值程度，來決定以下各命題的眞值程度。

1. x is highly educated and not very young is very true
2. x is very young, tall, not heavy, and somewhat educated is true
3. x is more or less old of highly educated is fairly true
4. x is very heavy or old or not highly educated is fairly true
5. x is short, not very young, and highly educated is very true

在計算過程中，使用標準模糊集合運算子(min, max, 1-a)。

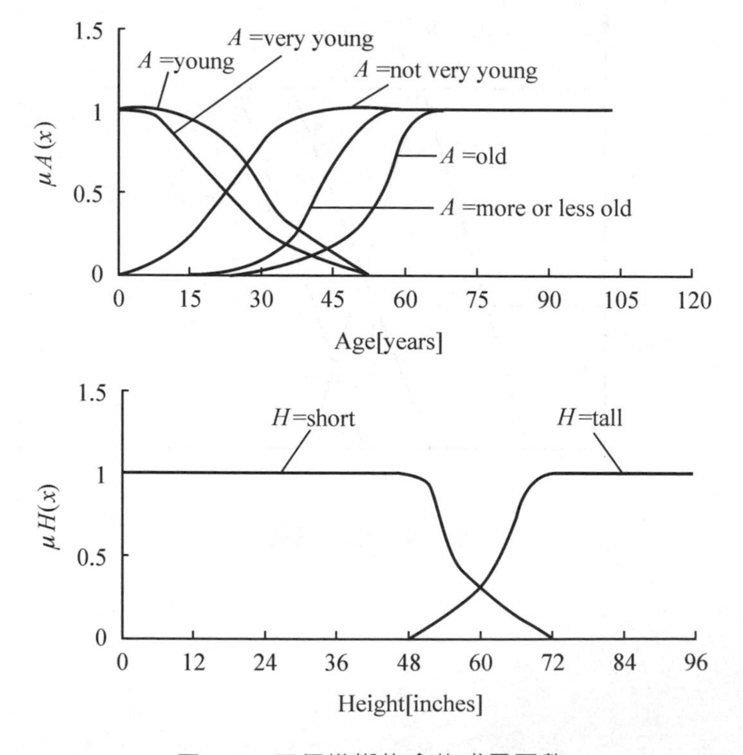

圖 4.5 四個模糊集合的成員函數

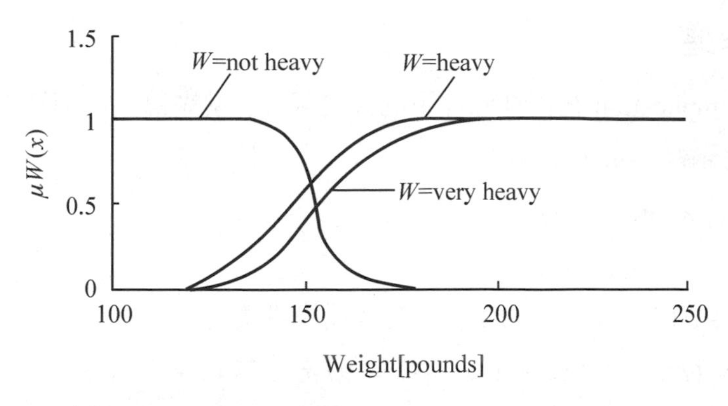

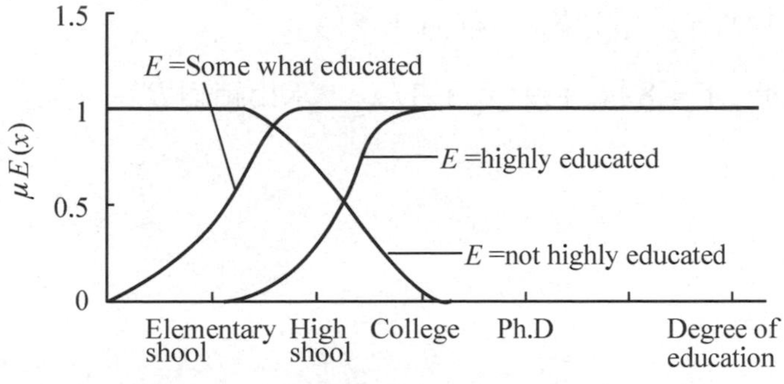

圖 4.5　四個模糊集合的成員函數(續)

4-5　模糊蘊涵

[4.10]　設 x、y 分別爲 U、V 這兩個集合的變數，$U=\{1,2,3,4\}$、$V=\{0,10,20\}$，A、B 分別爲 U、V 的模糊子集，分別定義如下：

$$A=1/1+0.7/2+0.3/3$$

$$B=0.5/10+1/20$$

用下面的模糊蘊涵法則(fuzzy implication rule)：

If x is A then y is B

1. 使用 Godelian sequence fuzzy implication operator 建立上面模糊蘊涵法則的模糊蘊涵關係
2. 假設 x 的值爲 VERY A，使用 sup-min 運算元推論出 y 的值。

4-6 近似推理

[4.11] Godel implication 在何種條件下的滿足表 4.5 模糊蘊涵規則II-2。

[4.12] 下面有兩條 *if-then* 法則：

If x is A_1, then y is B_1

If x is A_2, then y is B_2

$A_j \in F(X), B_j \in F(Y), (j=1,2)$ 爲模糊集合

$A_1 = 1/x_1 + .9/x_2 + .1/x_3; A_2 = .9/x_1 + 1/x_2 + .2/x_3;$

$B_1 = 1/y_1 + .2/y_2; B_2 = .2/y_1 + .9/y_2.$

假設 x is A' $A' = .8/x_1 + .9/x_2 + .1/x_3$，求出結論 B'。

Chapter 5

模糊數學規劃

王小璠

國立清華大學　工業工程及工業管理系

模糊數學規劃爲一模糊規劃的問題。一般而言，在論域爲 U 時，它是在滿足限制 $X \subset U$ 到 $\mu_X(x) \in [0,1]$ 程度下之所有 $x \in X$ 中目標函數 $\tilde{f}: U \rightarrow \tilde{R}$ 達成度最高者。 即在 $\mu_X(x) \in [0,1]$ 的滿意度下，求 $x^* \in X$，使 $\mu_R(f(x^*))$ 之値爲最大，故爲一模糊優化的問題。隨著目標函數或限制的模糊化、所採用運算子的不同、論域之所在等等的考慮，就會得到不同類型的模糊數學規劃模型。限於篇幅不予詳述，僅於表一概示重要之模式型態及其可能之求解方法，並將重要及近期之參考文獻提供參考，以補不足。其間之關係除目標函數之單、多數之別不予標列外，其餘則圖示如下。

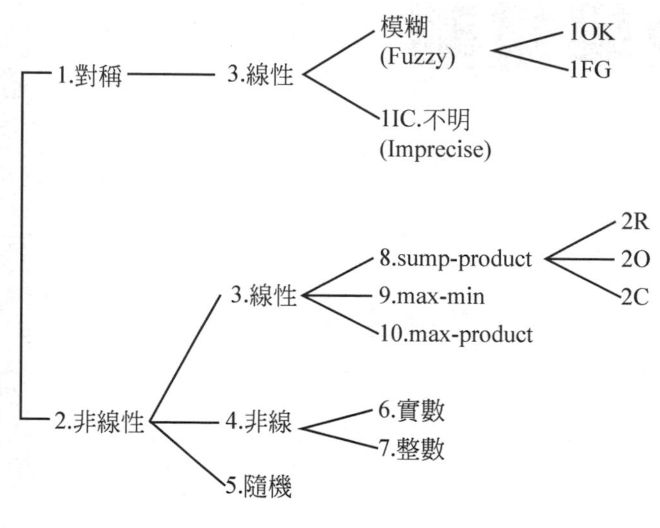

圖 5.1　各模型類別關係圖

以下各節則將依表 5.1 說明之。

表 5.1　模糊數學規劃之類別與發展

類別	模型	解法	參考文獻
I. 結構	1. 對稱	1OK α-極大化	[3][6~9][18~21][24][27][30~32][34] [36~38][46][78][80][85~86][89] [93~95][97~99]
		1IC 可能性規劃	[17][23][25][29]
		1FC 參數規劃	[5][11~12]
	2. 非對稱	2K. 參數規劃	[3~4][29][35][62][[87~88]
		基因演算	[41][64]
		2O. α-極大化	[3][29][61][63]
		2IC 可能性規劃	[44~45][47~50][57~58]
		2FC 參數規劃	[29]
		區間規劃	[53][72][83]
II. 關係	3. 線性	同 I.	同 I
	4. 非線性	4O.基因演算法	[41][60][64][68~69]
		微分	[3][15][52][84][92]
	5. 隨機性	5R 隨機規劃	[40][56][90][91]
III.空間	6. 實數	同 I, II	同 I, II
	7. 整數	基因演算法；	[69]
		參數規劃	[3][14][15][68][96][97]
IV.運算子	8. + -	基因演算法,代數	同 I, II, III
	9. max-min	代數	[29][51][65][71]
	10. max-	代數	[64]
V.目標函數	11. 單	同 I, II,III	同 I,II,III
	12. 多	模糊算術	[1~2][10][13][22][29][33][39][42~43]
		區間規劃	[54~56][65~66][70][72~76][78][81~83]

註：O-目標函數(objective)；R-限制式右項(resource)；C-係數(coefficient)；

K-限制式(constraint)；F-模糊(fuzzy)；I-不明確(imprecise)

5.1 對稱式模型

對稱式模型乃同等對待目標函數及限制式的一數學規劃模型。就模糊數學規劃模型而言有兩層意義：一爲目標函數及限制式均爲模糊狀態、故同表爲模糊型式；一爲最佳解爲同時滿足目標函數及限制式至最高程度者。此模式乃由 Bellman 及 Zadeh[3]首先提出，後由 Zimmerman[91~94]加以延伸、光大，並由單一目標問題擴展至多目標問題。因此、若 $\tilde{f}_k, k=1,\ldots,K$ 爲建立在論域 U 的 K 個目標函數，其中 $\tilde{f}_k=\{(f_k(x),\mu(f_k(x)))|f_k:U\rightarrow R, \mu(f_k(x))\in[0,1], \ \forall k=1,\ldots,K\}$；$\tilde{g}_i, i=1,\ldots,m$, 爲同一論域中的 m 個限制函數，其中 $\tilde{g}_i=\{(g_i(x),\mu(g_j(x)))|\ g_i: U\rightarrow R, \mu(g_i(x))\in[0,1], \ \forall i=1,\ldots,m\}$。則解集合爲同時滿足所有的 $\tilde{f}_k$ 及 $\tilde{g}_i$ 者，即

$$\tilde{X}=\tilde{f}_k\cap\tilde{g}_i \tag{5.1}$$

其中

$$\tilde{X}=\{(x,\mu_X(x))\,|\,X\subset U,\mu(x)=\mu(f_k(x))\wedge\mu(g_i(x)),\forall k,i\} \tag{5.2}$$

而最佳解 x^* 則決定於

$$\mu(x^*)=\max_x \mu(x) \tag{5.3}$$

此類模式中應用最普遍者即爲單目標線性規劃模型及可能性模型(1IC)。而前者又可分爲函數對稱型(1OK)及係數對稱型(1FC)二種。茲將此三模型簡介於後。

5.1.1 模糊單目標線性規劃模型

當 $K=1$，對稱型模糊單目標線性規劃模型根據所取資料的意義可分爲兩類：一爲目標函數及限制函數之型式視爲對等者；另一爲目標函數及限制式之係數均爲模糊數者。茲說明如下：

5.1.1.1　函數對稱型(1OK)

在不失一般性的考量下，茲考慮此模糊單目標線性規劃模型爲最大化目標函數者，則模式可寫爲

$$\begin{aligned} &\widetilde{\max}\ \ f(x) = c^T x \\ &\text{s.t.}\ \ Ax \widetilde{\leq}\ b \\ &x \geq 0. \end{aligned} \tag{5.4}$$

其中　$c, x \in R^n, b \in R^m, A \in R^{mxn}$.

函數對稱型的意義，即表現在以下之轉換模式：

求　　$\widetilde{x}*$

使　　$\widetilde{X} = \begin{cases} c^T x \widetilde{\geq} z \\ Ax \widetilde{\leq} b \\ x \geq 0 \end{cases}$　　(5.5)

令 $F = \begin{pmatrix} -c^T \\ A \end{pmatrix}, D = \begin{pmatrix} -z \\ b \end{pmatrix}$，則式(5.5)成爲

求　　$\widetilde{x}*$

使　　$\widetilde{X} = \begin{cases} Fx \widetilde{\leq} D \\ x \geq 0 \end{cases}$　　(5.6)

$\widetilde{X}$ 中每一功能限制式均對應一模糊集，其隸屬函數 $\mu_{i'}(x)$ 應滿足以下條件：當限制被嚴重違反時，$\mu_{i'}(x)=0$，當限制被完全滿足時、$\mu_{i'}(x)=1$。當限制從被嚴重違反到被完全滿足，$\mu_{i'}(x)$ 從 0 單調遞增到 1。將 $\mu_{i'}(x)$ 定義爲一線性函數，則

$$\mu_{i'}(x) = \begin{cases} 1, (Fx)_{i'} \leq D \\ 1 - \dfrac{(Fx)_{i'} - D_{i'}}{P_{i'}}, D_{i'} < (Fx)_{i'} \leq D_{i'} + P_{i'}, i' = 1, \ldots, m+1 \\ 0, (Fx)_{i'} > D_{i'} + P_{i'} \end{cases} \tag{5.7}$$

其中$[D_{i'}, D_{i'}+P_{i'}]$ 稱爲在所給之容忍範圍 $P_{i'}$內之容忍區間。

基於對稱之第二種意義，最佳解必需滿足

$$\mu(x^*) = \max_x \min_{i'} \mu_{i'}(x) \tag{5.8}$$

令 $\alpha = \min_{i'} \mu_{i'}(x)$ ，則 $\alpha = \min_{i'}[1 - \frac{(Fx)_{i'} - D_{i'}}{P_{i'}}]$ ；亦即

$$\alpha \le 1 - \frac{(Fx)_{i'} - D_{i'}}{P_{i'}}, i' = 1,...,m+1.$$

模式(5.6)則可寫爲

$$\begin{aligned} & max \;\; \alpha \\ & s.t. \;\; X = \begin{cases} \alpha P_{i'} + (Fx)_{i'} \le D_{i'} + P_{i'} \\ x_j \ge 0, \alpha \in [0,1] \\ i' = 1,...,m+1, j = 1,...,n \end{cases} \end{aligned} \tag{5.9}$$

此爲一傳統之線性規劃模式，可以簡捷法解之。 所得之(x^*, α^*)即爲最佳解。

試看下例：

【例 5-1】

某企業生產四種不同的汽車，今欲改善整體的規模及結構，使得在滿足客戶需求之下，達到最低的經營成本。根據實際資料，可建立一線性規劃模式如下：

$min \;\; f(x)= 41400x_1 + 44300x_2 +48100x_3 + 49100x_4$

$s.t. \;\; X= \{x|0.84 x_1 + 1.44x_2 +2.16x_3 +2.94x_4 \le 170,$

$16 x_1 +16x_2+16x_3 + 16 x_4 \le 1300,$

$x_1 \ge 6,$

$x_1 , x_2 ,x_3 , x_4 \ge 0.\}$

以簡捷法得最佳解爲 $x^* = [6, 16.29, 0, 58.95]^{-1}$,

目標值爲 $f(x^*) = 3864725$

由於客戶的需求經常變化，爲使經營更具彈性，避免不能滿足客戶需求的情況發生，我們建立模式(5.6)的模糊線性規劃模式如下，其中容忍區間之下限爲 d_1 = 3700000, d_2= 170, d_3 =1300, d_4= -6；容忍區間之寬度爲 p_1 = 500000, p_2= 10, p_3 =100, p_4= 6, 模式(5.9)即寫爲：

$$
\begin{aligned}
& \max \ \alpha \\
& s.t. \quad X(\alpha) = \{(x,\alpha) \mid 0.083\,x_1 + 0.089x_2 + 0.096x_3 + 0.098x_4 + \alpha \le 8.4, \\
& 0.084\,x_1 + 0.144x_2 + 0.216x_3 + 0.204x_4 + \alpha \le 18, \\
& 0.16x_1 + 0.16x_2 + 0.16x_3 + 0.16x_4 + \alpha \le 14, \\
& 0.167\,x_1 + \alpha \le 2 \\
& 0 \le \alpha \le 1 \\
& x_1, x_2, x_3, x_4 \ge 0\}
\end{aligned}
$$

比較問題之解如下：

最佳解	非模糊情形	模糊情形
x_1	6	12
x_2	16.29	11.75
x_3	0	0
x_4	58.69	63.75
$f(x)$	3864975	4147450
限制式 1.	170	180
2.	1300	1400
3.	6	12

可以看出，再增加 1.7%的費用後，各項限制的彈性大大的增加了。

5.1.1.2 係數對稱型(1FC)

當目標函數及限制式之係數均爲模糊數(Fuzzy Number)時，Carlsson and Korhonen[5]提出一求解下一線性規劃模式的方法

$$
\begin{aligned}
&max \quad \tilde{c}^T x \\
&s.t. \quad \tilde{X} = \{(x, \mu(x)) \mid (\tilde{A}x)_i \le \tilde{b}_i, \forall i, x \ge 0, \mu(x) \in [0,1]\}
\end{aligned} \tag{5.10}
$$

其中假設 $[c^o,c^l]$, $[b^o,b^l]$, $[A^o,A^l]$ 已知時，各下界表'無風險'，而上界則表爲'不可行'狀態。因此各係數的隸屬函數即爲嚴格遞減，則模式(5.10)轉爲

$$
\begin{aligned}
\text{求解} \quad & \max \sum_{j=1}^{n} \mu_{\tilde{c}_j}^{-1}(\alpha) x_j \\
& \text{s.t.} \sum_{j=1}^{n} \mu_{\tilde{a}_j}^{-1}(\alpha) x_j \le \sum_{j=1}^{n} \mu_{\tilde{b}_i}^{-1}(\alpha), \forall i = 1,...m \\
& x_j \ge 0, \forall j = 1,...,n
\end{aligned} \tag{5.11}
$$

根據不同的$\alpha \in [0,1]$的值，我們可求得最佳解集 $\tilde{X}^* = \{(x^*(\alpha),\alpha) \mid \alpha \in [0,1]\}$ 。

上一模式也是係數爲模糊數時的通式，其他單一係數爲模糊數者如僅$\tilde{c}$,$\tilde{b}$ 或$\tilde{A}$ ；或雙係數爲模糊數者如$\{\tilde{c}, \tilde{b}\}$,$\{\tilde{c}, \tilde{A}\}$或$\{\tilde{b}, \tilde{A}\}$，均爲上模式的特例。

茲看下一生產排程的問題[5]：

【例 5-2】

一生產皮包的工廠有三種款式，每種須經四個工作站方能完成。其每一工作站現有的人力小時數大概爲：裁裂[18,22]，削皮[10,40]，縫製[96,110]，完件[96,110] ，在最大利益的考量下決定最佳的生產排程，模式如下：

$$
\begin{aligned}
&max \quad f(x)= [1, 1.5]x_1 + [1, 3]x_2 + [2, 2.2]x_3 \\
&s.t. \quad X= \{x|[2, 3]\, x_1 + [0,2]x_2 + [1.5, 3]x_3 \le [18, 22], \\
&[0.5,1]\, x_1 + [1,2]x_2 + [0,1]x_3 \le [10, 40], \\
&[6,9]\, x_1 + [18,20]x_2 + [3,7]x_3 \le [96, 110], \\
&[6.5,7]\, x_1 + [15,20]x_2 + [8,9]x_3 \le [96, 110] \\
&x_1 , x_2 , x_3 \ge 0\}
\end{aligned}
$$

假設各係數的隸屬函數爲

$$\mu_{a_{ij}} = (a_{ij} - a_{ij}^1)/(a^o{}_{ij} - a_{ij}^1)$$

$$\mu_{b_i} = \{1 - \exp[-0.8(b_i - b_i^1)/(b_i^o - b_i^1)]\}/[1 - \exp(-0.8)]$$

$$\mu_{c_i} = \{1 - \exp[3(c_i - c_i^1)/(c_i^o - c_i^1)]\}/[1 - \exp(3)]$$

三者均爲單調遞減，故具反函數可得：

$$a_{ij} = a_{ij}^1 + \mu(a_{ij}^o - a_{ij}^1)$$

$$b_i = b_i - (1/0.8)\ln\{1 - \mu_{b_i}[1 - \exp(-0.8)]\}(b_i^o - b_i^1)$$

$$c_i = c_i - (1/3)\ln\{1 - \mu_{c_j}[1 - \exp(-3.0)]\}(c_i^o - c_i^1)$$

代入原模式得以下之非線性模式：

$max\ [1.5-0.167\ln(1+19.1\mu)]x_1 + [3-0.667\ln(1+19.1\mu)]x_2 + [2-0.067\ln(1+19.1\mu)]x_3$

$s.t.\quad X = \{x|(2+\mu)x_1 + (2\mu)x_2 + (1.5+1.5\mu)x_3 \le 22+5\ln(1-0.55\mu),$

$(0.5+0.5\mu)x_1 + (1+\mu)x_2 + (\mu)x_3 \le 40+37.5\ln(1-0.55\mu),$

$(6+3\mu)x_1 + (18+2\mu)x_2 + (3+4\mu)x_3 \le 110+17.5\ln(1-0.55\mu),$

$(6.5+0.5\mu)x_1 + (15+5\mu)x_2 + (8+\mu)x_3 \le 110+17.5\ln(1-0.55\mu)$

$0 \le \mu \le 1, x_1, x_2, x_3 \ge 0\}$

在給定不同 μ 值時，上模式則爲線性規劃模式其解如下：

μ	$f(x^*)$	x^*	b_1	b_2	b_3	b_4
0	30.25	[0,0,13.75]	19.9	0.	39.8	110.0
0.1	28.35	[0,0.17,13.14]	21.7	1.5	47.7	109.1
0.2	26.02	[0,0.73,11.74]	21.4	3.1	58.0	108.0
0.3	23.76	[0,1.22,10.44]	21.1	4.7	66.5	106.8
0.4	21.60	[0,1.64,9.26]	20.8	6.0	73.4	105.7
0.5	19.55	[0,1.99,8.18]	20.4	7.1	78.7	104.4
0.6	17.62	[0,2.29,7.19]	20.0	8.0	82.8	103.1

(續前表)

μ	$f(x^*)$	x^*	b_1	b_2	b_3	b_4
0.7	15.80	[0,2.53,6.28]	19.6	8.7	85.5	101.4
0.8	14.24	[0.,0.,7.07]	19.1	5.7	43.8	62.2
0.9	13.08	[0.,0.,6.52]	18.8	5.9	43.0	58.0
1.0	12.00	[0.,0.,6.]	18.0	6.0	42.0	54.0

因此若決策者認為30%的不確定性是可接受者，則最佳解為 $x^*=[0,2.53,6.28]$，其目標函數值為 $f(x^*)=15.80$

當目標函數及限制式之係數均為不明確(Imprecise)的數值時，Lai 和 Hwang〔29〕提出應用可能性理論(Possibility Theory)來處理此類模式如下

5.1.2 可能性模型(1IC)

考慮此類模型之一般式如下

$$\begin{aligned} max \quad & \tilde{f}(x)=\tilde{c}^T x \\ s.t. \quad & \tilde{X}=\{(x,\pi_X(x)) \mid \tilde{A}x \le \tilde{b}, x \ge 0, \pi_X(x) \in [0,1]\} \end{aligned} \tag{5.12}$$

其中不明確之係數 $\tilde{A},\tilde{b},\tilde{c}$ 均假設有一線性三角之可能性分配如圖 5.2。若各以三點表此三角分配函數，則分別可記為 $\tilde{A}=(A^p,A^m,A^o)$, $\tilde{b}=(b^p,b^m,b^o)$，及 $\tilde{c}=(c^p,c^m,c^o)$。其中'p'表悲觀值，'m'表最有可能發生之值，'o'表樂觀值。

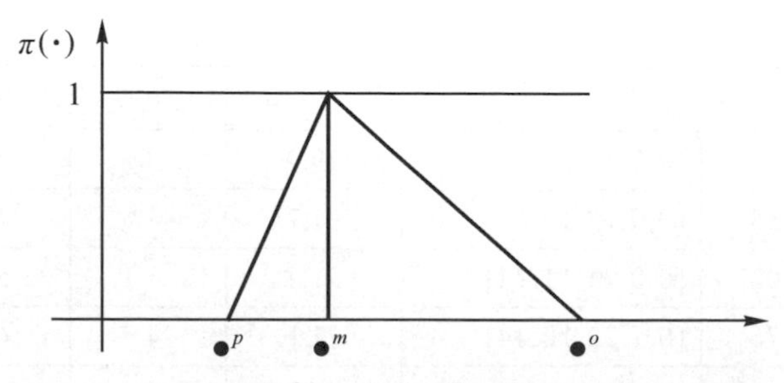

圖 5.2 不明確數 $\tilde{\bullet}=(\bullet^p,\bullet^m,\bullet^o)$ 之可能性分配

根據 Ramik 及 Ramanek[49]提出的下一條件：

$$\widetilde{a}_{ij}x \le \widetilde{b}_i \ iff \ a_{ij}^m x \le b_i^m, a_{ij}^p x \le b_i^p, a_{ij}^o x \le b_i^o \quad (5.13)$$

以及在要求最小化悲觀程度及最大化樂觀程度式的前提下，式(10) 可轉換爲一多目標線性模式,，在給定任一 β 値下求解之：

$$\begin{aligned} &min \ \ z_1 = (c^m - c^p)x \\ &max \ \ z_2 = c^m x \\ &max \ \ z_3 = (c^o - c^m)x \\ &s.t. \ \ X = \{x | a_\beta^m x \le b_\beta^m, a_\beta^p x \le b_\beta^p, a_\beta^o x \le b_{\beta i}^o, x \ge 0\}. \end{aligned} \quad (5.14)$$

【例 5-3】

考慮一分段投資組合模式如下[49]：

$$\begin{aligned} &max \ \ f(x)=(5.5,5.1,6.2)x_1 + (-1.0,-1.2,-0.85)x_2 + (6.,5.,6.5)x_3 + \\ &\qquad (-1.065,-1.08,-1.058)x_4 + (1.046,1.04,1.06)x_5 \\ &s.t. \ \ X = \{x | 3x_1 + 2x_2 + 2x_3 - x_4 + x_5 \le 2, \\ &x_1 + 0.5x_2 + 2x_3 + 1.06x_4 - 1.04x_5 - x_6 + x_7 \le 0.5, \\ &1.8x_1 - 1.5x_2 + 1.8x_3 + (1.06,1.055,1.065)x_6 - (1.04,1.035,1.045)x_7 - x_8 \\ &+ x_9 \le (0.4,0.35,0.5), \\ &-0.4x_1 - 1.5x_2 - x_3 + (1.06,1.055,1.07)x_8 - (1.04,1.035,1.05)x_9 - x_{10} + \\ &x_{11} \le (0.38,0.35,0.4), \\ &-1.8x_1 - 1.5x_2 - x_3 + (1.065,1.06,1.07)x_{10} - (1.044,1.038,1.05)x_{11} - x_{12} + \\ &x_{13} \le (0.36,0.34,0.45), \\ &-1.8x_1 - 0.2x_2 - x_3 + (1.065,1.058,1.075)x_{12} - (1.046,1.042,1.055)x_{13} - x_{14} + \\ &x_{15} \le (0.34,0.3,0.42), \\ &2 \ge x_i \ge 0, i=4,6,8,10,12,14; \text{其他：} 1 \ge x_i \ge 0\} \end{aligned}$$

當 β=0.5 時，模式(5.14)寫爲

$$\begin{aligned} &min \ \ z_1 = 0.4x_1 - 0.2x_2 + x_3 - 0.015x_4 + 0.006x_5 \\ &max \ \ z_2 = 5.5x_1 - x_2 + 6x_3 - 1.065x_4 + 1.046x_5 \\ &max \ \ z_3 = 0.7x_1 - 0.15x_2 + 0.5x_3 - 0.007x_4 + 0.014x_5 \end{aligned}$$

$s.t.\quad X_{0.5} = \{x_{0.5}| 3x_1 + 2x_2 + 2x_3 - x_4 + x_5 \leq 2,$

$x_1 + 0.5x_2 + 2x_3 + 1.06x_4 - 1.04x_5 - x_6 + x_7 \leq 0.5,$

$1.8x_1 - 1.5x_2 + 1.8x_3 + 1.06x_6 - 1.04x_7 - x_8 + x_9 \leq 0.4,$

$1.8x_1 - 1.5x_2 + 1.8x_3 + 1.0575x_6 - 1.0375x_7 - x_8 + x_9 \leq 0.375,$

$1.8x_1 - 1.5x_2 + 1.8x_3 + 1.0625x_6 - 1.0425x_7 - x_8 + x_9 \leq 0.45,$

$-0.4x_1 - 1.5x_2 - x_3 + 1.06x_8 - 1.04x_9 - x_{10} + x_{11} \leq 0.38,$

$-0.4x_1 - 1.5x_2 - x_3 + 1.055x_8 - 1.035x_9 - x_{10} + x_{11} \leq 0.35,$

$-0.4x_1 - 1.5x_2 - x_3 + 1.07x_8 - 1.05x_9 - x_{10} + x_{11} \leq 0.4,$

$-1.8x_1 - 1.5x_2 - x_3 + 1.065x_{10} - 1.044x_{11} - x_{12} + x_{13} \leq 0.36,$

$-1.8x_1 - 1.5x_2 - x_3 + 1.06x_{10} - 1.038x_{11} - x_{12} + x_{13} \leq 0.34,$

$-1.8x_1 - 1.5x_2 - x_3 + 1.07x_{10} - 1.05x_{11} - x_{12} + x_{13} \leq 0.45,$

$-1.8x_1 - 0.2x_2 - x_3 + 1.065x_{12} - 1.046x_{13} - x_{14} + x_{15} \leq 0.34,$

$-1.8x_1 - 0.2x_2 - x_3 + 1.058x_{12} - 1.042x_{13} - x_{14} + x_{15} \leq 0.3,$

$-1.8x_1 - 0.2x_2 - x_3 + 1.075x_{12} - 1.055x_{13} - x_{14} + x_{15} \leq 0.42,$

$2 \geq x_i \geq 0$, i=4,6,8,10,12,14; 其他：$1 \geq x_i \geq 0\}$

其最佳解爲

$x_{0.5}^*$=[0.915, 0.794, 0.165, 0., 0.711, 0.,1.130, 0.,2.0,
1.185, 0., 0., 0.767,.2.0, 4.582]

目標函數值爲

$(z_2^*, z_2^* - z_1^*, z_2^* + z_3^*) = (6.86, 6.58, 7.44)$

5.2 非對稱式模型

此類型顧名思義乃目標函數與限制函數的模糊特性為不對等者。亦即不論是函數本身或係數，若目標函數與限制函數中有一方表現模糊狀態時，另一方必為非模糊者。故以函數分有兩種型式；以係數分則再以模糊性與不明確性分兩大類，各類又再細分為六類，如圖 5.3 所示。至於因限制式中所定義之不同運算子而構成不同的模糊關聯限制問題也將之歸入非對稱式模型，一併在此介紹：

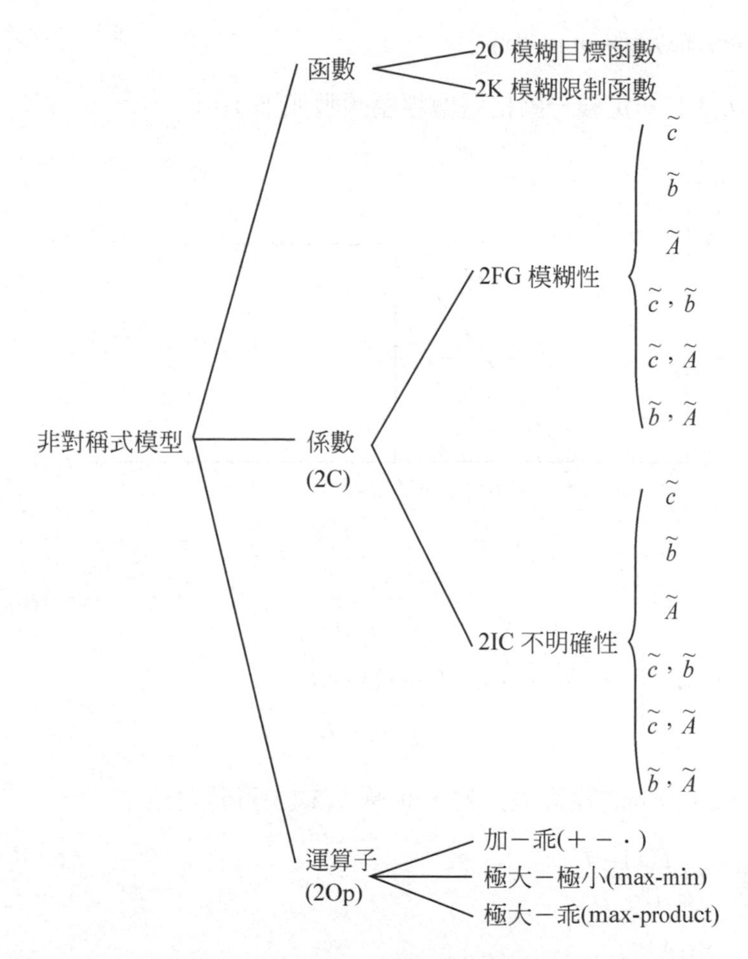

圖 5.3 非對稱式模型之類別

5.2.1 模糊目標函數(2O)

目標函數爲模糊之線性數學規劃模式可表爲

$$
\begin{aligned}
&m\widetilde{a}x \quad f(x) = c^T x \\
&s.t. \quad X = \{x | Ax \le b,\ x \ge 0\}
\end{aligned}
\tag{5.15}
$$

當目標函數爲望大時，其値愈大則滿意度愈高。

令　　$L = min_x f(x), U = max_x f(x)$

則我們可在 $[L, U]$ 間定義一嚴格遞增隸屬函數如下：

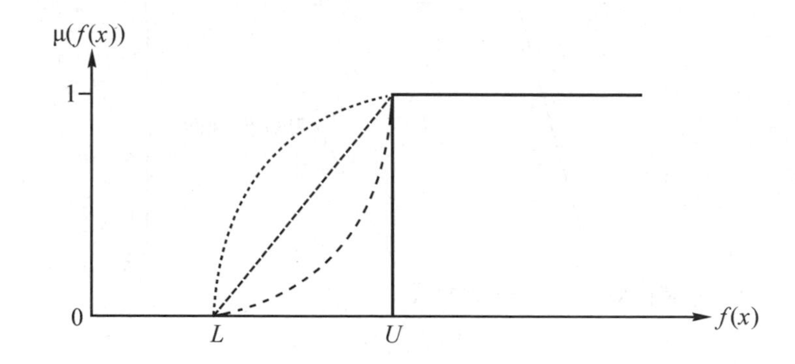

其中

$$
\mu(f(x)) = \begin{cases} 1 & f(x) \ge U \\ g(\dfrac{f(x)-L}{U-L}) & L \le f(x) < U \\ 0 & f(x) < L \end{cases}
\tag{5.16}
$$

因此，$\mu(U)$即爲 $f(x)$的模糊最大點，而模式(5.15)可轉寫爲

$$
\begin{aligned}
&\max \quad g(\frac{f(x)-L}{U-L}) \\
&\text{s.t.} \quad x \in X
\end{aligned}
\tag{5.17}
$$

【例 5.4】

若 $\max \quad f(x) = x,$

$\text{s.t.} \quad X = \{x | 0 \le x \le 2\}$

則 $L=0, U=2$

取 $$\mu(f(x)) = \begin{cases} 1 & f(x) \ge 2 \\ f^2(x)/4 & 0 \le f(x) < 2 \\ 0 & f(x) < 0 \end{cases}$$

則模式成爲

$$\max \quad \mu(x) = x^2/4,$$

$$\text{s.t.} \quad X = \{x | 0 \le x \le 2\}$$

$f(x) = x$ 之模糊最大點可如圖 5.4 所示：

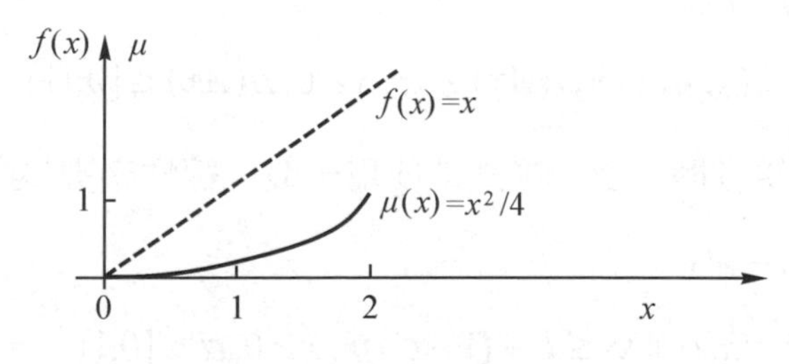

圖 5.4 $f(x) = x$ 之模糊最大點

5.2.2 模糊限制函數(2K)

限制函數爲模糊之線性數學規劃模式可表爲

$$\max \quad f(x) = c^T x$$

$$\text{s.t.} \quad \tilde{X} = \{(x, \mu(x)) | Ax \tilde{\le} b, x \ge 0\} \tag{5.18}$$

當資源用得愈少則滿意度愈高時，模糊關係之隸屬函數可描述爲嚴格遞減函數如下圖：

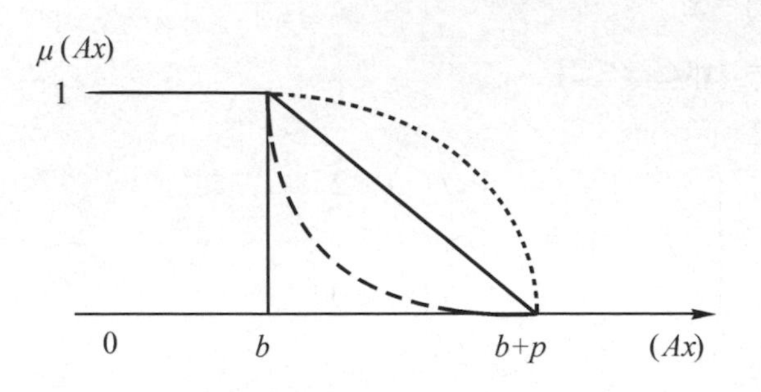

圖 5.5　模糊關係之隸屬函數

其中 p 爲容忍度。因此在期望隸屬函數應滿足在α程度之上時，模式(5.17)可表爲

$$\begin{aligned} &max \quad f(x) = c^T x \\ &\text{s.t.} \quad \widetilde{X} = \{(\text{x}, \mu(x)) | \mu(Ax) \geq \alpha, x \geq 0, \mu(Ax) \in [0,1]\} \end{aligned} \tag{5.19}$$

當隸屬函數爲線性時、上一模式即成爲一般之線性參數規劃模式如下：

$$\begin{aligned} &max \quad f(x) = c^T x \\ &\text{s.t.} \quad \widetilde{X} = \{(x, \alpha) | \text{Ax} \leq b + (1-\alpha) p, x \geq 0, \alpha \in [0,1]\} \end{aligned} \tag{5.20}$$

【例 5-5】

考慮下一問題

$$\begin{aligned} &max \quad f(x) = 2x_1 + x_2 \\ &s.t. \ \widetilde{X} = \{ x_1 \widetilde{\leq} \ 3, \\ &x_1 + x_2 \ \widetilde{\leq} \ 4, \\ &0.5\, x_1 + x_2 \ \widetilde{\leq} \ 3, \\ &x_1 , x_2 \geq \ 0\} \end{aligned}$$

若容許寬度爲 $p_1=6, p_2 = 4, p_3 = 2,$ 定義如式(5.7)之隸屬函數，可在α程度下將上模式轉成一參數規劃模式如下：

$max \quad f(x) = 2x_1 + x_2$

$s.t \quad . X(\alpha)=\{ x_1 \leq 9\text{-}6\alpha ,$

$x_1 + x_2 \leq 8\text{-}4\alpha ,,$

$0.5\, x_1 + x_2 \leq 5\text{-}2\alpha ,$

$\alpha \in [0,1], x_1 , x_2 \geq 0\}.$

如例 5.2，可在不同的α值下求線性規劃之最佳解($x^*(\alpha)$),。

但是由於原限制式爲模糊，Werner[89] 認爲其引發之目標函數值也無法明確，但其模糊程度如何描述？亦即如何定義在模糊限制下的模糊最佳集，以及其模糊最佳值呢？

由上例可知當α==1：$x^*= [3,1]^{-1}$，$f^*= 7$；α==1/2：$x^*= [6,0]^{-1}$，$f^*= 12$；α==0：$x^*= [8,0]^{-1}$，$f^*= 16$。

設$\widetilde{X}_f$爲 f 在模糊限制$\widetilde{X}$下的模糊最佳解集，$\widetilde{f}_{\widetilde{X}}$爲 f 模糊最佳值，則我們可由其可行解域及$\widetilde{f}_{\widetilde{X}}$的圖形定義模糊最佳集，以及其模糊最佳值的隸屬函數：

$$\mu_{x_f}(x) = \begin{cases} \frac{1}{6}(9-x_1), & if\, 3 \leq x_1 < 6, \quad x_2 = \frac{1}{3}(6-x_1); \\ \frac{1}{4}(8-x_1) & if\, 6 \leq x_1 \leq 8, \quad\quad x_2 = 0; \\ \quad 0 & \quad others. \end{cases}$$

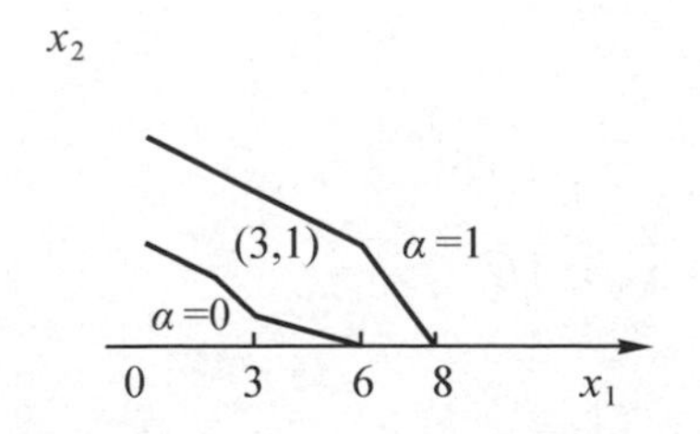

圖 5.6 α=0 及α=1 的可行解域

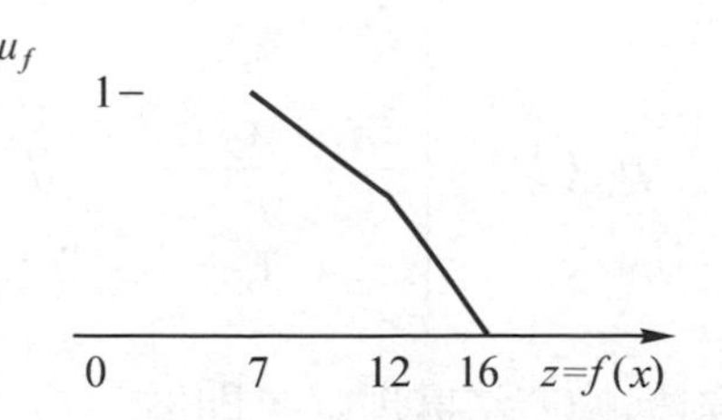

圖 5.7 f 之隸屬函數

$$\mu_{f_{\tilde{X}}}(z)=\begin{cases}\dfrac{17-z}{10} & if\,7\le z<12;\\ \dfrac{1}{8}(16-z) & if\,12\le z\le 16;\\ 0 & others\end{cases}$$

因此我們可由上例作以下之結論：

設 $f\ :R^n\rightarrow R$ 爲目標函數，$\tilde{X}$ 模糊限制。 X_1 爲 $\alpha=1$ 時 $\tilde{X}$ 的截集，$S(\tilde{X})$ 爲 $\tilde{X}$ 的支集。令 $f_1=Sup_{X1}f$，$f_o=Sup_{S(\tilde{x})}f$，則

定義一

f 的模糊最佳集爲 R^n 上的一模糊集 $\tilde{F}$ ，其隸屬函數爲

$$\mu_F(X)=\begin{cases}0, & f<f_1\\ \dfrac{f-f_1}{f_o-f_1}, & f_1\le f<f_o\\ 1, & f\ge f_o\end{cases} \tag{5.21}$$

則 f 的模糊最佳值爲 R 上的一模糊集 $f(\tilde{F})$, 其隸屬函數爲

$$\mu_{f(\tilde{F})}(z)=\begin{cases}Sup\tilde{F}, & z>f_o\\ f(x)=z, & f_1\le z\le f_o\\ 0 & others\end{cases} \tag{5.22}$$

在例五中 $f_1=7$，$f_o=16$,故

$$\mu_F(X)=\begin{cases}0, & if\,2x_1+x_2<7;\\ \dfrac{2x_1+x_2-7}{9}, & if\,7\le 2x_1+x_2<16;\\ 1, & if\,2x_1+x_2\ge 16.\end{cases}$$

以對稱的方法處理之，即爲

$max\ \ \alpha$

$s.t.\quad X(\alpha)=\{(x,\alpha)|9\alpha-2x_1-x_2\leq -7,$

$6\alpha+x_1\leq 9,$

$4\alpha + x_1 + x_2 \leq 8,$

$2\alpha + 1/2x_1 + x_2 \leq 5,$

$\alpha \in [0,1], x_1, x_2 \geq 0\}.$

得最佳解爲

$$(x^*, \alpha^*) = ([5.84, 0.05], 0.52)$$

5.2.3 模糊係數問題(2FC)

模糊係數的規劃問題因三種係數之模糊化情況而有不同的組合，各種情形均可視爲對稱型模糊係數問題的特例。茲就最基本的單一模糊係數狀況簡述如下：

5.2.3.1 模糊目標係數問題($\tilde{c}$)

在線性狀況下之模式爲

$$\begin{aligned} & max\ \ \tilde{c}^T x \\ & \text{s.t.}\ \ x \in X \end{aligned} \tag{5.23}$$

Verdegay [61~63]曾提出下一同等之參數規劃模式：

$$\begin{aligned} & max\ \ c^T x \\ & \text{s.t.}\ \ \mu(c) \geq 1-\alpha \\ & x \in X,\ \ \alpha \in [0,1] \end{aligned} \tag{5.24}$$

其中$\mu(c) = \inf_j \mu_j(c_j)$，而$\mu_j(c_j)$爲$c_j, j=1,\ldots n$ 的隸屬函數。因此在$\mu(c) \geq 1-\alpha$ 即$\mu_j(c_j) \geq 1-\alpha, \forall j = 1,\ldots n$的情況下，模式(5.24)可寫爲

$$\begin{aligned} & \max\ \ \sum_j c_j x_j \\ & \text{s.t.}\ \ c_j \geq \mu_j^{-1}(1-\alpha), \forall j \\ & x \in X,\ \ \alpha \in [0,1] \end{aligned} \tag{5.25}$$

或

$$\max \ \sum_j \mu_j^{-1}(1-\alpha)x_j$$
$$\text{s.t. } x \in X, \ \ \alpha \in [0,1] \qquad (5.26)$$

5.2.3.2 模糊限制式係數問題($\tilde{b}$),($\tilde{A}$),($\tilde{A},\tilde{b}$)

單純的限制式係數爲模糊問題可在假設"愈少的資源使用量有愈高的滿意度"下定義$\tilde{b}$爲一嚴格遞減隸屬函數如圖 5.5，則在參數α下可表如模式(5.19)或(5.20)，並以參數規劃求解之。至於僅有$\tilde{A}$，或$\tilde{A},\tilde{b}$同爲模糊數時，雖文獻上無針對此種模式發展的求解方法。但可應用 Verdegay 在 1FC 模式的假設與觀念下將其餘係數視爲明確，則此二狀況則爲其特例。不另贅述。

5.2.3.3 混合模糊目標係數與限制式係數問題($\tilde{c},\tilde{b}$),($\tilde{c},\tilde{A}$)

王氏[72][84]提出一套經由α-截集所得的區間化爲數學規劃模式，再進行求解的方法。爲說明之方便，原爲多目標問題之模型簡示爲單目標如下：

$$max \ \ \tilde{f}(x) = \tilde{c}^T x$$
$$s.t. \ \tilde{X} = \{(x, \mu_X(x)) \mid Ax \le \tilde{b}, x \ge 0, \mu_X(x) \in [0,1]\} \qquad (5.27)$$

在要求輸入係數都滿足在α-程度之上時，對每一i,j，我們可得以下之可區間：

$[\min\{\mathrm{c_j} | \mu(c_j) \ge \alpha\}, \max\{\mathrm{c_j} | \mu(c_j) \ge \alpha\}]$ 及

$[\min\{\mathrm{b_i} | \mu(b_i) \ge \alpha\}, \max\{\mathrm{c_j} | \mu(c_j) \ge \alpha\}]$

由於模糊數的凸性特質，此區間可由下式得之：

$[\inf\{\mu_j^{-1}(\alpha)\}, \sup\{\mu_j^{-1}(\alpha)\}]$ 及

$[\inf\{\mu_i^{-1}(\alpha)\}, \sup\{\mu_i^{-1}(\alpha)\}]$

因此，模式(5.27)可轉寫爲

$$max \ \ f_\alpha = c_\alpha^T x$$
$$s.t. \ \ X_\alpha = \{(x,\alpha) \mid Ax \le b_\alpha, x \ge 0, \alpha \in [0,1]\} \qquad (5.28)$$

其中對所有 i=1,...,m, j=1,...,n, $c_\alpha = [c_j]_\alpha \in [\underline{c}_j, \overline{c}_j]$，$b_\alpha = [b_i]_\alpha \in [\underline{b}_i, \overline{b}_i]$。

此爲一區間規劃問題。基於資源之最小運用原則及最大效益之達成率較低的現象，c_α 及 b_α 的隸屬函數均可表爲線性單調遞減函數如下：

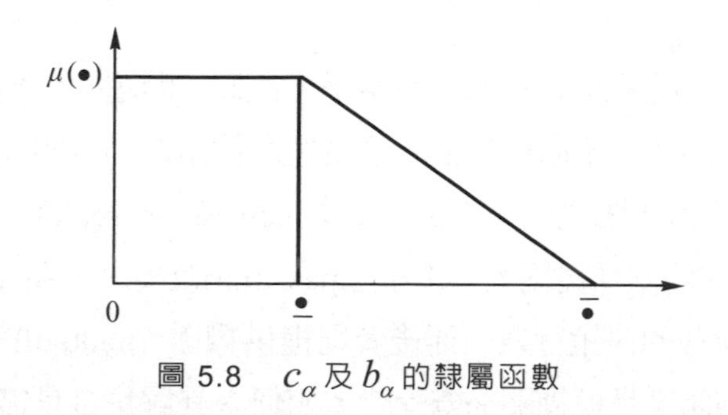

圖 5.8　c_α 及 b_α 的隸屬函數

設若 θ 表多達成一單位效益的可能性，δ 表多消耗一單位資源的可能性，則區間值可轉爲參數式，而使模式(5.28)成爲

$$\begin{aligned} & max \quad f_\alpha(\theta) = [\overline{c} - \theta(\overline{c} - \underline{c})]^T x \\ & s.t. \quad X_\alpha = \{(x(\delta), \alpha) | Ax \leq \overline{b} - \delta(\overline{b} - \underline{b}\}, x \geq 0, \ \alpha, \delta, \theta \in [0,1]\} \end{aligned} \tag{5.29}$$

此爲多參數規劃問題。由於在給定 α-値下，δ, θ 二參數可獨立決定，故可先決定 δ 的區間以減少基底的個數。再在有限的基底下(最多不超過 $\binom{m+n}{m}$ 個)求最佳目標函數値之可變動範圍，即爲 θ 之値。故最佳解即是在各 α-値下滿足(δ, θ)平面上之最大目標函數値者，即$(x^*(\delta,\theta), \alpha)$。

文獻中尚無討論 $\tilde{c}, \tilde{A}$ 同爲模糊數者。此應爲實際問題中較少有成本係數 $\tilde{c}$ 與技術係數 $\tilde{A}$ 同爲模糊的情況下、資源 b 卻爲明確的運用情形。

5.2.4　不明確性係數問題(2IC)

此類問題之各種組合狀況的模式與求解均可視爲對稱型 1IC 的特例，故不在此多述。

5.2.5 模糊關係方程

當模糊數學規劃之限制函數爲模糊關係方程時，問題的焦點即落在因運算子的不同而引發的求解問題。不同於以上所述模型所採用的加—乘 (+-●)合成運算子，合成運算子可因運用問題的特性在規模遞增(increase in scale)的要求下採用不同的運算子。目前最常用的兩種爲極大—極小 (max-min)及極大—乘 (max-product) 合成運算子。前者表保守的決策行爲，而後者則提供權衡 (trade-off)的機制。然而不論是那一類，當限制函數是模糊關係方程時，如何求其解集合是需先解決的問題。針對此，Sanchez[5], Wang 及 Hsu[74]曾提出求解極大—極小的模糊關係方程求解方法。當 應用到模糊數學規劃模式時，則 Wang[61], Wang 及 Chang[77], Lu 及 Fang[41]則針對不同的問題描述爲線性或非線性的模式。至於以極大—乘之模糊關係方程爲限制式的模糊數學規劃模式則 Wang 及 Wang[64,71]曾提出其求解方法與在最佳學習途徑上應用。

求解這兩種合成運算子所構成的限制式有兩點共同處：一爲求解複雜度均爲非指數(NP-hard)時間者；另一爲解集合均爲非凸集合。此二者均增加求最佳解的困難度。雖然求解此模糊關係方程非本章之重點，但其解集之特性卻可幫助讀者在求最佳解時的參考，茲說明於後：

5.2.5.1 極大—極小模糊關係限制式

首先考慮數學規劃模式爲

$$\begin{aligned}&\text{Opt.} \quad f(x)\\&\text{s.t.} \quad X=\{x \mid x\circ A=b,\ x\in[0,1]\}\end{aligned} \tag{5.30}$$

在’。’爲極大—極小合成運算子下定義一特殊運算@於下：

定義一[51]

$$A@b^{-1}=[\bigwedge_{j=1}^{n}(a_{ij}\alpha b_j)]$$

其中 $$a_{ij} \alpha b_j = \begin{cases} 1 & a_{ij} \le b_j \\ b_j & a_{ij} > b_j \end{cases} \tag{5.31}$$

則其可行解域可由以下二性質得之：

定理一[51]

若 $X \neq \Phi$, 則 X 中之最大解為

$$\bar{x} = [A@b^{-1}]^{-1} \tag{5.32}$$

定理二[29]

若 $X \neq \Phi$，則 X 之最小解 $\underline{X} \neq \Phi$，且

$$X = \bigcup_{x \in \underline{X}} \{x \mid \underline{x} \le x \le \bar{x}\} \tag{5.33}$$

因此當可行解域非空時，定理一說明 X 有唯一的上界。定理二則明示其結構如下圖：

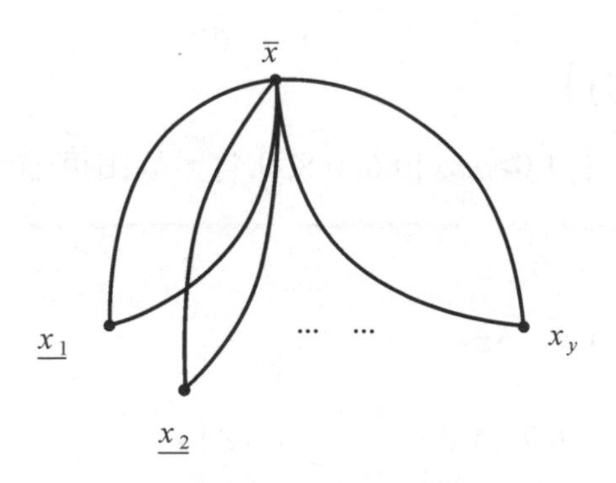

圖 5.9　模糊關係方程之可行解域

換言之，若模式(5.30)為望大之目標函數，則我們只要在非空的可行解域中找唯一之最大值即為所求之最佳解。但若模式(5.30)為望小之目標函數，則因其為非凸，故無法應用區域最佳解即為全域最佳解的觀念，而必需將所有的最小值先行搜尋、再比較其目標函數值。故有其運算之複雜度。同樣情形也發生在以極大—乘之模糊關係方程為限制式的模糊數學規劃模式中。

至於此模糊數學規劃模式何時有解，則有以下之定理參考之。其中之求解程序可參考文獻[41,65,77]，細節不在此詳述：

定理三[74]

$X \neq \Phi$ 的充要條件為對每一 A 中的行向量 j，至少存在一個列值 i，使得存在某一 $x_i \in [0,1]$滿足(1). $x_i \Lambda a_{ij} = b_j$ 及 (2). 對所有 $j' \neq j, x_i \Lambda a_{ij'} \leq b_{j'}$。換言之，

推論一[74]

若存在一 i, $i = 1, \ldots, m$ 使得 $\max_{j=1,\ldots n}\{a_{ij}\} < b_i$，則 $X = \psi$。亦即模式(5.29)無可行解域。

【例 5-6】

求解 $maxf(x) = 2x_1 + x_2 + 5x_3$

$$s.t.\ X = \{ x | \begin{bmatrix} 0.9 & 0.7 & 1.0 \\ 0.6 & 0.8 & 0.4 \end{bmatrix} \begin{bmatrix} x_1 \\ x_2 \\ x_3 \end{bmatrix} = \begin{bmatrix} 0.2 \\ 1.0 \end{bmatrix},$$

$x_1, x_2, x_3 \in [0,1].\}$

由於在第二限制式中 $1.0 > max\{0.6, 0.8, 0.4\}$，故由推論一知此題無可行解。

【例 5-7】

求解 $maxf(x) = 2x_1 + x_2 + 5x_3$

$$s.t.\ X = \{ x | \begin{bmatrix} 0.9 & 0.7 & 1.0 \\ 0.7 & 1.0 & 0.3 \end{bmatrix} \begin{bmatrix} x_1 \\ x_2 \\ x_3 \end{bmatrix} = \begin{bmatrix} 0.8 \\ 0.7 \end{bmatrix},$$

$x_1, x_2, x_3 \in [0,1].\}$

首先找可行區域：

步驟一　解 $(0.9 \wedge x_1) \vee (0.8 \wedge x_2) \vee (1.0 \wedge x_3) = 0.8.$

讓我們先定義兩個運算：

定義二　定義一運算 ε 使得 $a \wedge x = b$ 之解為

$$b\varepsilon a \equiv \begin{cases} \{b\}, & if a > b \\ [b,1], & if a = b \\ \phi, & if a < b. \end{cases} \tag{5.34}$$

<u>定義三</u>　定義一運算 $\hat{\varepsilon}$ 使得 $a \wedge x \leq b$ 之解爲

$$b\hat{\varepsilon}a \equiv \begin{cases} [0,b], & if a > b; \\ [0,1], & if a \leq b. \end{cases} \tag{5.35}$$

則根據定理三我們可知 $(a_{i1} \wedge x_1) \vee (a_{i2} \wedge x_2) \vee \cdots \vee (a_{in} \wedge x_n) = b_i$ 的解爲

<u>定義四</u>　對任一 i，$i=1,...,m$，上式的解集合爲 $X_i = \bigcup_{j=1}^{n} \omega_i(j)$，其中

$$\omega_i(j) = \{x | x_j \in b_i \varepsilon a_{ij}, x_k \in b_i \hat{\varepsilon} a_{ik}, k \neq j, j=1,\ldots,n.\}, i = 1,\ldots,m. \tag{5.36}$$

因此，例 5-7 的第一限制式解集爲

$$X_1 = \bigcup_{j=1}^{3} \omega_1(j) = \{\underline{x}^1 \leq x \leq \bar{x}\} \cup \{\underline{x}^2 \leq x \leq \bar{x}\} \cup \{\underline{x}^3 \leq x \leq \bar{x}\},$$

其中因

$0.8\,\varepsilon\,0.9=\{0.8\}$, $0.8\,\hat{\varepsilon}\,0.9=[0, 0.8]$;

$0.8\,\varepsilon\,0.8=\{0.8,1\}$, $0.8\,\hat{\varepsilon}\,0.8=[0, 1]$;

$0.8\,\varepsilon\,1.0=\{0.8\}$　$0.8\,\hat{\varepsilon}\,1.0=[0, 0.8]$.

故 $\bar{x}=[0.8,1, 0.8]$

$\underline{x}^1 = [0.8, 0,.0]$; $\underline{x}^2 = [0., 0.8,.0]$; $\underline{x}^3 = [0, 0,.0.8]$

同理，

<u>步驟二</u>　解 $(0.7 \wedge x_1) \vee (1 \wedge x_2) \vee (0.3 \wedge x_3) = 0.7.$ 得

$$X_2 = \bigcup_{j=1}^{3} \omega_2(j) = \{\underline{x}^1 \leq x \leq \bar{x}\} \cup \{\underline{x}^2 \leq x \leq \bar{x}\}.$$

其中因

$0.7\,\varepsilon\,0.7=[0.7, 1]$, $0.7\,\hat{\varepsilon}\,0.7=[0, 1]$;

$0.7\,\varepsilon\,1.0=\{0.7\}$, $0.7\,\hat{\varepsilon}\,1.0=[0, 0.7]$;

$0.7\,\varepsilon\,0.3=\psi$,　$0.7\,\hat{\varepsilon}\,0.3=[0, 1.]$.

故　　$\bar{x}$ =[1.,0.7, 1.]

x^1 = [0.7, 0,.0]; $\underline{x}^2$ = [0., 0.7,.0]

步驟三　求可行解域 $X = \bigcap_{i=1}^{2}[\bigcup_{j=1}^{3}\omega_2(j)]$

$= \{\underline{y}^1 \leq y \leq \bar{y}\} \cup \{\underline{y}^2 \leq y \leq \bar{y}\} \cup \{\underline{y}^3 \leq y \leq \bar{y}\} \cup \{\underline{y}^4 \leq y \leq \bar{y}\}$

如圖 5.10

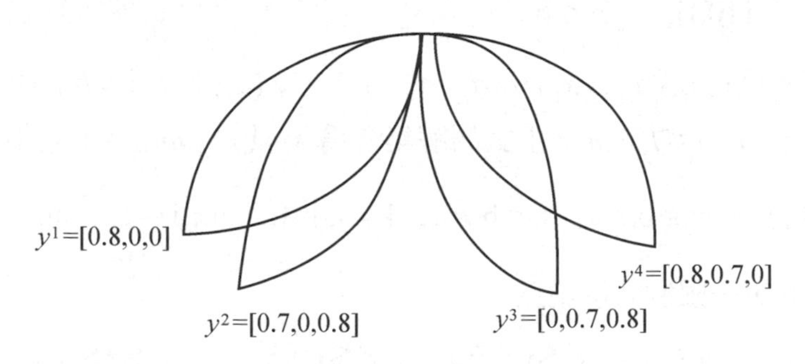

圖 5.10　可行解集合

步驟四　最大解為　$\bar{y}$=[0.8, 0.7, 0.8]，其目標函數值為 $f^* = 6.3$

若求最小解，則因 $f^1 = 1.6$，$f^2 = 5.4$，$f^3 = 4.7$，$f^4 = 2.3$，故　$f^* = f^1 = 1.6$

5.2.5.2　極大—乘之模糊關係限制式

如前所述，以極大—極小合成運算子構成之模糊關係限制式可行解域是定義在所有限制式均滿足的情況下、滿足程度最高的解集合。因此此合成運算子不具互補的特性，在應用時乃反映決策者的保守心態。反之，若容許某種程度的權宜、互補的措施，以極大—乘合成運算子構成之模糊關係限制式則為最常使用者。故在不失一般性下，以模式(5.37)之架構介紹如下[64,71]：

$$
\begin{aligned}
&Min \quad \sum_{j=1}^{q<n} f(x_j) - f(x_j^0) \\
&s.t. \quad X\{R',b\} = x \mid \quad R' \circ x \geq b \\
&\qquad [0,0,\ldots,0]_{n\times 1}^T \leq x^0 \leq x \leq [1,1,\ldots,1]_{n\times 1}^T \}
\end{aligned}
\tag{5.37}
$$

其中 $R' = [r'_{ij}]_{mxn}$ 且 $\max_{j=1,\ldots,n}(r'_{ij}\, x_j) = b_i$, $i = 1,\ldots,m$.

首先求可行解域時，我們很容易可看出當 $b=x^o=0$ 時、x=0 即 $X(R',b)\neq\phi$。故我們僅需探討 $b\neq 0$ 的情形。根據

引理一

$$X(R',b)=X(R,1)\ ,\ 1=[1,\ldots,1]^T_{nx1}\}$$

可先簡化限制式為

$$X(R,1)=\{x|\ R\circ x\geq 1,\ [0,0,\ldots,0]^T_{n\times 1}\leq x^0\leq x\leq [1,1,\ldots,1]^T_{n\times 1}\}. \tag{5.38}$$

則我們同樣可有以下結果：

推理二

$X(R,1)$之最大解為

$$\bar{x}_j=1,\forall j=1,\ldots,n. \tag{5.39}$$

定義一註號集(index set) $J_i=\{k|\ r_{ik}\ \geq 1,\ k=1,\ldots,n\}$, i=1,…,m, 及註序集(index sequence set) J_1 x …xJ_i x…x $J_m=\{(j_1,\ldots,j_i,\ldots,j_m)|\ J_i\in J_i, i=1,\ldots,m\}$，則我們有

推論三

唯 J_i 非空時，式(5.38)方有解。

定理三

若 $X(R,1)\ \neq\phi$，則其最小解為

$$\underline{x}_k=max\{\ x^o_k,\max_{1\leq i\leq m}\{\tfrac{1}{r_{ik}}\ |\ j_i=k\}\} \tag{5.40}$$

因此，一組註序可決定一最小解，但卻非一對一對應，看下例：

【例 5-8】

求解 $\begin{bmatrix}1 & 2\\ 3 & 1\\ 4 & 3\end{bmatrix}\circ\begin{bmatrix}x_1\\ x_2\end{bmatrix}\geq\begin{bmatrix}1\\ 1\end{bmatrix}$,$[1/5.1/7]^T=\ x^0\leq x\leq[1,1]^T$

此題兩註序(1,2,1) 及 (1,2,2) 決定同一最小解 $\underline{x}=(1,1)$。此值亦為最大解。

然而，因有$\coprod_{i=1}^{m}|J_i|$組註序，故至多有$\coprod_{i=1}^{m}|J_i|$最小解。

模式(5.37)的可行解域爲

推理四

$$X(R\ ,1) = \{x|\underline{x}_k \le x_k \le 1, k=1,\ldots,n\}. \tag{5.41}$$

今以下一模式說明之：

【例 5-9】

$$min x_1 + x_2 + x_3$$

$$s.t. \quad X(R', b) = \{x| \begin{bmatrix} 0.4 & 0.3 & 0.2 \\ 0.1 & 0.9 & 0.15 \\ 0.5 & 0.1 & 0.8 \end{bmatrix} \circ \begin{bmatrix} x_1 \\ x_2 \\ x_3 \end{bmatrix} \ge \begin{bmatrix} 0.4 \\ 0.3 \\ 0.4 \end{bmatrix},$$

$$[1/3, 1/4, 1/5]^T = x^0 \le x \le [1,1,1]^T \}.$$

步驟一　將限制式轉爲標準式：

$$X(R,1) = \{x| \begin{bmatrix} (4/4) & 3/4 & 2/4 \\ 1/3 & (3) & 1/2 \\ (5/4) & 1/4 & (2) \end{bmatrix} \circ \begin{bmatrix} x_1 \\ x_2 \\ x_3 \end{bmatrix} \ge \begin{bmatrix} 1 \\ 1 \\ 1 \end{bmatrix},$$

$$[1/3, 1/4, 1/5]^T = x^0 \le x \le [1,1,1]^T \}.$$

步驟二　決定註序：

根據註序的定義，標示k的位置於R矩陣如上式(.). 共有$|J_1| \text{ x } |J_2| \text{ x } |J_3| = 1 \text{ x } 1 \text{ x } 2 = 2$ 組註序。其相對之最小值爲：

就註序(1,2,1)

$$\underline{x}_1 = max\{1/3, max\{1,4/5\}\}=1,$$

$$\underline{x}_2 = max\{1/4, 1/3\}=1/3,$$

$$\underline{x}_3 = max\{1/5, 0\}=1/5.$$

故最小解為

$$\underline{x}^1 = [1, 1/3, 1/5]^T.$$

同理，就註序(1,2,3), $\underline{x}^2 = [1, 1/3, 1/2]^T$.

步驟三　決定最佳解：

根據目標值，$\underline{x}^1 = [1, 1/3, 1/5]^T = x^*$ 為最佳解。$f(x^*) = 23/15$ 。

5.3 模糊非線性規劃問題

模糊非線性規劃問題乃指目標函數或限制函數中有任一式為非線性者，且其中至少有一式為模糊者均視此模式為模糊非線性規劃。最常見者為目標函數為非線性、而限制函數為模糊之模型[15,52,60,68,69,84]。由於目標函數非模糊化，故傳統數學規劃中之分數型[84]、可微指數型[68,69]、Quasi-凹型[92]、多階[52]、多目標[70]等均曾於文獻中討論。由於是限制函數為模糊，故原則上可在線性隸屬函數的假設下，將模型轉為參數規劃的型式，再予解之。

此過程如下：

$$\begin{aligned} &max \quad f(x) \\ &s.t. \quad \widetilde{X} = \{(x, \mu(x)) | Ax \lesssim b \text{ or } Ax \le \widetilde{b}, x \ge 0, \mu(x) \in [0,1]\} \end{aligned} \tag{5.42}$$

在線性遞減隸屬函數下，可由非對稱模式的做法將式(5.42)轉為

$$\begin{aligned} &max \quad f(x) \\ &s.t. \quad X(\alpha) = \{(x, \alpha) | Ax \le b + (1-\alpha)p, x \ge 0, \alpha \in [0,1]\} \end{aligned} \tag{5.43}$$

此可用 CPLEX 或基因演算法解之得最佳解或近似最佳解(x^*, α^*)。

當目標函數及限制函數均為非線性且模糊時，則亦可應用 Zimmermann 對稱函數的觀念，在假設隸屬函數為線性的情況下將原模糊非線性規劃模式轉為傳統之非線性規劃模式而以既有的方法解之：

$$\widetilde{\max} \quad f(x) \tag{5.44}$$

$$s.t.\quad \widetilde{X}=\{(x,\mu(x))|g_i(x)\widetilde{\leq} b_i \text{ or } g_i(x)\leq \widetilde{b}_i,\ i=1,\ldots,m,\ x\geq 0,\ \mu(x)\in[0,1]\}$$

若目標函數之隸屬函數爲嚴格遞增、限制式之隸屬函數爲嚴格遞減時，則有

$$\max\ \alpha$$
$$s.t.\quad X'=\{x|\ f(x)\geq\ b_o-(1-\alpha)p_o,$$
$$g_i(x)\leq b_i+(1-\alpha)p_i,\ i=1,\ldots,m,\ x\geq 0,\ \alpha\in[0,1]\}\qquad(5.45)$$

同理，CPLEX 軟體可解得最佳解(x^*,α^*)。

5.4 模糊整數規劃問題

對於模糊整數規劃問題，Fabian&Stoica[14] 曾提出解決線性函數的問題如下：

$$\max\quad c^Tx$$
$$s.t.\quad \widetilde{X}=\{(x,\mu(x))|Ax\widetilde{\leq} b,\ x\geq 0,\ x \text{ 爲整數},\ \mu(x)\in[0,1]\}\qquad(5.46)$$

仍假設限制式之隸屬函數爲線性嚴格遞減且 $w_i\in\{0,1\}$時，限制式可經由

$$(Ax)_i\leq b_i+T_i,\ \text{及}\ 0\leq T_i\leq p_i w_i, i=1,\ldots,m\qquad(5.47)$$

將模式(5.45)轉爲下一非線性整數規劃問題：

$$\max\quad c^Tx+\sum_i r_i[b_i-(Ax)_i]w_i$$
$$s.t.\quad X=\{(x,w)|\ (Ax)_i-p_i w_i\ \leq b_i,\ w_i\in\{0,1\},\ i=1,\ldots,m$$
$$x\geq 0,\ x\ \text{爲整數}\}\qquad(5.48)$$

其中 r_i 爲給定之懲罰係數。

【例 5-10】

考慮下一模糊線性整數規劃問題[14]：

$$\max\quad 2x_1+5x_2$$
$$s.t.\quad 2x_1-x_2\widetilde{\leq}\ 9,$$
$$2x_1+8x_2\ \widetilde{\leq}\ 31,$$
$$x_1,\ x_2\ \geq\ 0,\ x_1,\ x_2\ \text{爲整數}$$

假若 $r_1 = r_2 = 1, p_1 = 3, p_2 = 4$, 則

$$\max \quad 2x_1 + 5x_2 + (9 - 2x_1 + x_2)w_1 + (31 - 2x_1 - 8x_2)w_2$$

$$s.t. \quad 2x_1 - x_2 - 3w_1 \le 9,$$

$$2x_1 + 8x_2 - 4w_2 \le 31,$$

$$w_1, w_2 \in \{0,1\}, x_1, x_2 \ge 0, x_1, x_2 \text{ 為整數}$$

由圖 5.9 可知明確模式($p_1 = 0, p_2 = 0$)的最佳解爲 $x^* = [3, 3]^T$，其目標值 $f(x^*) = 21$。模式爲模糊時，最佳解爲 $x^* = [4, 3]^T$，$w^*_1 = 0$，$w^*_2 = 1$， 其目標值 $f(x^*) = 22$。因此第二限制式多用一單位，即 3.3%。

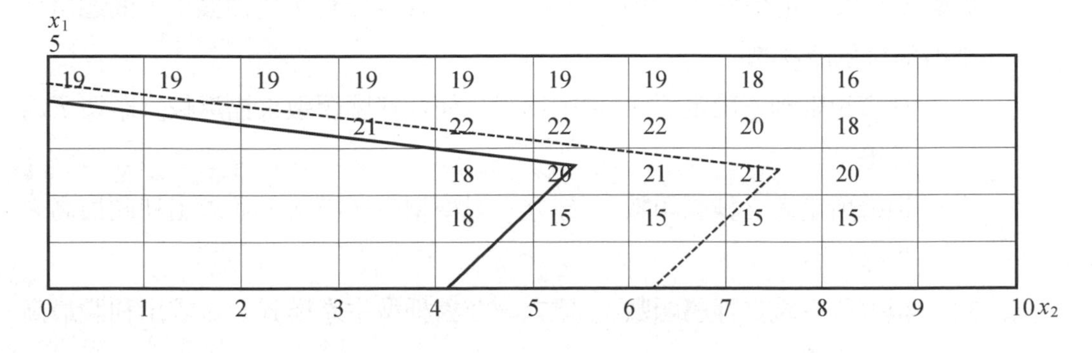

圖 5.11 例 5.10 之圖解

而當目標函數爲可微之非線性函數時，Wang&Liao[68,69]曾發展一混合演算法先求線性化目標函數下之近似最佳整數解，再以基因演算法逼近最佳解。而因限制式爲模糊線性函數，經上述轉換後，可依整數參數規劃法求取參數變動下之整數可行解域。而尋最佳解。

本章針對模糊數學規劃的各種常用模型及其解法作一介紹，並輔以示例。基本上不論是在實數或整數的論域；隸屬函數的訂定；或不同合成運算子構成的模糊關係限制式等，本章仍以線性模式爲主。此乃因線性模式爲其他非線性或機率型模式的基礎，另一方面也由於其簡易的建模與求解過程、使其有相當廣度的成功應用案例。至於非線性或多目標的規劃模式，目前則有不少應用柔型演算法求解的實例，

在效率及精確度上均有相當成效，大大提高應用模糊數學規劃於複雜問題的可行性，也是目前學者致力的方向。本章限於篇幅，不多詳述，僅提供參考文獻以爲大家努力之依據。

習　題

[5.1]　精誠公司在一生產規劃中考慮有四種不同的製程·第一及第二製程生產甲產品、第三及第四製程生產乙產品·每一製程需要之人工及 A、B 兩種原料雖相同、但數量卻不同，也因此產品之利潤也不相同·若公司欲在有限的資源下及表列之生產技術下進行每週之生產排程，並以每週人工計算每週所需人員數，而以千元及每盒爲單位分別計算 A、B 兩原料，是根據以下問題幫助精誠進行生產規劃：

1. 在資源限制不確定下、 你認爲應以何種隸屬函數來描述較爲貼切？爲什麼？
2. 根據所定義之隸屬函數、 建立一對稱型生產模式，並求出利潤最高之生產組合。
3. 根據所定義之隸屬函數、 建立一非對稱型生產模式，並求出利潤最高之生產組合。
4. 若公司面臨的不是資源限制之不確定，而是人力資源較不確定、經分析結果呈線性對稱之三角隸屬函數。在相同的生產技術下、試分析其可能之生產方案、以輔助公司之決策。

[5.2]　試解下一模糊關係方程

$$\begin{bmatrix} 0.9 & 0.6 & 1.0 \\ 0.8 & 0.8 & 0.5 \\ 0.6 & 0.4 & 0.6 \end{bmatrix} \circ \mu(x) = \begin{bmatrix} 0.6 \\ 0.6 \\ 0.5 \end{bmatrix}$$

[5.3]　若成本係數爲 $c_1 = 3$, $c_2 = 7$, $c_3 = 4$, 在限制關係如題二所示，則

1. 若在望大的目標函數下， 最佳解爲何？
2. 若在望小的目標函數下， 最佳解又爲何？

3. 試設計一有效的求解方法以解下列之最佳化模式

Min cx

s.t. $\mathbf{A} \circ \mathbf{x} = \mathbf{b}$

參考文獻

[1] Ali, F.M., A differential equation approach to fuzzy vector optimization problems and sensitivity analysis, *Fuzzy Sets and Systems* 119, (2001) 87-96.

[2] Arikan F. and Z. Gungor, An application of fuzzy goal programming to a multiobjective project network problem, *Fuzzy Sets and Systems* 119, (2001) 49-58.

[3] Bellman, R.E. and L.A. Zadeh, Decision-making in a fuzzy environment. *Management Science* 17 (1970) B141-B164.

[4] Bortolan, G. and R. Degani, A review of some methods for ranking fuzzy subsets, *Fuzzy Sets and Systems* 15 (1985) 17-19.

[5] Carlsson, C. and P. Korhonen, A parametric approach to fuzzy linear programming, *Fuzzy Sets and Systems* 20 (1986) 17-30.

[6] Chanas, S., The use of parametric programming in FLP, *Fuzzy Sets and Systems* II (1983) 243-251.

[7] Chanas, S. and M. Kulej, A fuzzy linear programming problem with equality constraints, *Control and Cybernetics* 13 (1984) 195-201.

[8] Chanas, S., Fuzzy programming in multiobjective linear programming - a parametric approach, Fuzzy Sets and Systems 29 (1989) 303-313

[9] Chanas S. and P. Zielinski, Critical path analysis in the network with fuzzy activity times,*Fuzzy Sets and Systems* 122 (2001) 195-204.

[10] Chen, Y.C., Fuzzy linear programming and fuzzy multiple objective linear programming, Master's Thesis (1984), Dept. of I.E., Kansas State University.

[11] Dubois, D. and H. Prade, Fuzzy-theoretic difference and inclusions and their use in analysis of fuzzy equations. *Control and Cybernetics* 13 (1984) 129-145.

[12] Dubois, D., Linear programming with fuzzy data, in *Analysis of Fuzzy Information (Vol. III): Applications in Engineering and Sciences,* Bezdek,J.C., CRC Press, Boca Raton (1987) 241-263.

[13] Dyson, R.G., Maximin programming. Fuzzy linear programming and multicriteria decision making. *Journal of Operational Research Society* 31 (1981) 263-267.

[14] Fabian, Cs. and M. Stoica, Fuzzy integer programming, in *Fuzzy Sets and Decision Analysis,* Zimmermann, H.-J., L.A. Zadeh and B.R. Gaines (eds.), Elsevier Science, Amsterdam (1984) 123-131.

[15] Fabian, Cs., Gh. Ciobanu and M. Stoica, Interactive polyoptimization for fuzzy mathematical programming, in *Optimization Models using Fuzzy Sets and Possibility Theory,* Kacprzyk, F. and S.A. Orlovski (eds.), D.Reidel, Dordrecht (1987) 272-291.

[16] S.C.Fang, C.F.Hu, H.F.Wang & S.Y.Wu, Linear Programs with Fuzzy Coefficient in Constraints, *Computers & Mathematics with Applications*, 37(10) (1999) 63-76

[17] Fedrizzi, M., J. Kacprzyk and S. Zadrozny, An interactive multi-user decision support system for consensus reaching processes using fuzzy logic with linguistic quantifiers, *Decision Support Systems* 4 (1988) 313-327.

[18] Feng, Y.J., A method using fuzzy mathematics to solve the vector maximum problem. Fuzzy Sets and Systems' (1983) 129-136.

[19] Feng, Y.J., Fuzzy programming - a new model of optimization, in *Optimization Models using Fuzzy Sets and Possibility Theory,* Kacprzyk, F. and S.A. Orlovski (eds.), D.Reidel, Dordrecht (1987) 216-225.

[20] Feng, Y.-J., M.-Z. Lin and C. Jiang, Application offlizzy decision-making in earthquake research. Fuzzy Sets and Systems 36 (1990) 15-26.

[21] Gambarelli, G., J. Holubiec and J. Kacprzyk, Modeling and optimization of international economic cooperation via fuzzy mathematical programming and cooperative games. *Control and Cybernetics* 17 (1988) 325-335.

[22] Gupta P. and D. Bhatia, Sensitivity analysis in fuzzy multiobjective linear fractional programming problem, *Fuzzy Sets and Systems* 122 (2001) 229-236..

[23] Hsu H.-M. and W.-P. Wang, Possibilistic programming in production planning of assemble-to-order environments, *Fuzzy Sets and Systems* 119 (2001) 59-70.

[24] Inuiguchi, M., H. Ichihashi and Y. Kume, A solution algorithm for fuzzy linear programming with piecewise linear membership functions. *Fuzzy Sets and Systems* 34 (1990)15-31.

[25] Inuiguchi, M. and H. Ichihashi, Relative modalities and their use in possibilistic linear programming, *Fuzzy Sets and System*s 35 (1990) 303-323.

[26] Jamison K.D. and W.A. Lodwick, Fuzzy linear programming using a penalty method, *Fuzzy Sets and Systems* 119 (2001) 97-110.

[27] Kacprzyk, J. and S.A. Orlovski, Fuzzy optimization and mathematical programming: a brief introduction and survey, in *Optimization Models using Fuzzy Sets and Possibility Theory,* Kacprzyk, F. and S.A. Orlovski (eds.), D.Reidel, Dordrecht ((1987) 50-72.

[28] Kaufmann, A., Hybrid data - various associations between fuzzy subsets and random variables, in *Fuzzy Sets Theory and Applications,* Jones, A., A. Kaufmann and H.-J Zimmermann (eds.), D.Reidel, Dordrecht (1985) 171-211.

[29] Higashi, M. & G.J. Klir, Resolution of finite fuzzy relation equation, *Fuzzy Sets and Systems,*(1984), 13, 65-82.

[30] Lai Y.-J and C.L. Hwang, *Fuzzy Mathematical Programming-Methods and Applications,* Springer-Verlag, New York, 1993.

[31] Lee, Y.Y., B.A. Kramer and C.L. Hwang, Part-period balancing with uncertainty: a fuzzy sets theory approach. *International Journal of Production Research* 28 (1990) 1771-1778.

[32] Leung, Y., Interregional equilibrium and fuzzy linear programming - 2, *Environment and Planning* A 20 (1988) 219-230.

[33] Li, R.J., Multiple Objective Decision Making in A Fuzzy Environment (1990), Ph.D. Dissertation, Dept. of I.E., Kansas State University.

[34] Liu, X., M. Wang and P. Wang, A fuzzy mathematical method for earthquake disaster prediction, in *Analysis of Fuzzy Information (Vol. III): Applications in Engineering and Sciences,* Bezdek,J.C., CRC Press, Boca Raton (1987) 55-65.

[35] Liu B. and K. Iwamura, Fuzzy programming with fuzzy decisions and fuzzy simulation-based genetic algorithm, *Fuzzy Sets and Systems* 122 (2001) 253-262.

[36] Liu X. Measuring the satisfaction of constraints in fuzzy linear programming, *Fuzzy Sets and Systems* 122 (2001) 263-276.

[37] Llena, J., On fuzzy linear programming, *European Journal of Operational Research* 22 (1985) 216-213.

[38] Lokwick, W.A., Analysis of structure in fuzzy linear programs. *Fuzzy Sets and Systems* 38 (1990) 15-26.

[39] Luhandjula, M.K., Compensatory operators in fuzzy linear programming with multiple objectives, *Fuzzy Sets and Systems* 8 (1982) 245-252.

[40] Luhandjula, M.K., Linear programming under randomness and fuzziness. *Fuzzy Sets and Systems* 10 (1983) 45-55

[41] Lu J. and S.-C. Fang, Solving nonlinear optimization problems with fuzzy relation equation constraints, *Fuzzy Sets and Systems* 119 (2001)1-20.

[42] Orlovsky, S.A., Effective alternatives for multiple fuzzy preference relations, in *Cybernetics and Systems Research,* Trappl, R. (ed.), North-Holland, Amsterdam, (1982) 185-189.

[43] Orlovsky, S.A., Multiobjective programming problems with fuzzy parameters, *Control and Cybernetics* 13 (1984) 175-183.

[44] Ostermark, R., Profit apportionment in concerns with mutual ownership - an application of fuzzy inequalities. *Fuzzy Sets and Systems* 26 (1988) 283-297.

[45] Ostermark, R., Fuzzy linear constraints in the capital asset pricing model, *Fuzzy Sets and Systems* 30 (1989) 93-102.

[46] Owsinski, J.W., S. Zadrozny and J. Kaqprzyk, Analysis of water use and needs in agriculture through a fuzzy programming model, in *Optimization Models using Fuzzy Sets and Possibility Theory,* Kacprzyk, F. and S.A. Orlovski (eds.), D.Reidel, Dordrecht (1987) 328-341.

[47] Pence, J.A. and A.L. Soyster, Relationship between fuzzy set programming and semi infinite linear programming, in *Applications of Fuzzy Set Methodologies in Indusrial Engineering,* Evans, G.W., W. Karwowski and M.R. Wilhelm (eds.), Elsevier Science, Amsterdam, (1989) 237-252

[48] Rarmik, J., Extension principle and fuzzy mathematical programming, *Kybemetica* 19 (1983) 516-525.

[49] Rarmik, J. and J. Rimanek, Inequality relation between fuzzy numbers and its use in fuzzy optimization. *Fuzzy Sets and Systems* 16 (1985) 123-138.

[50] Rarmik, J., Extension principle in fuzzy optimization, *Fuzzy Sets and Systems* 19 (1986) 29- 35.

[51] Sanchez, E., Resolution of composite fuzzy relation equations, *Information and Control,* 30, (1976), 38-48.

[52] Skawa M. and I. Nishizaki, Interactive fuzzy programming for two-level linear fractional programming problems, .*Fuzzy Sets and Systems*119 (2001) 31-40.

[53] Sengupta A., T.K.Pal and D. Chakraorty, Interpretation of inequality constraints involving interval coefficients and a solution to interval linear programming, .*Fuzzy Sets and Systems*119 (2001) 129-138.

[54] Slowinsld, R., Multiobjective network scheduling with efficient use of renewable and nonrenewable resources, *European Journal of Operational Research* 7 (1982) 265-273.

[55] Slowinski, R., A multicriteria fuzzy linear programming method for water supply system development planning. *Fuzzy Sets and Systems* 19 (1986) 217-237.

[56] Slowinski, R. and J. Teghem, Jr., Fuzzy versus stochastic approaches to multicriteria linear programming under uncertainty, *Naval Research Logistics* 35 (1988) 673-695.

[57] Tanaka, H., H. Ichihashi and K. Asai, A formulation of fuzzy linear programming problems based on comparison of fuzzy numbers, *Control and Cybernetics* 13 (1984) 186- 194.

[58] Tanaka, H., Fuzzy data analysis by possibilistic linear models. Fuzzy Sets and Systems 24 (1987) 363-375.

[59] Tang J, D. Wang and R.Y.K. Fung, formulation of general possibilistic linear programming problems for complex industrial systems, *Fuzzy Sets and Systems* 119(2001) 41-48.

[60] Trappey, J.F.C., C., R. Liu and T.C. Chang, Fuzzy non-linear programming: theory and application in manufacturing. *International Journal of Production Research* 26 (1988) 957- 985.

[61] Verdegay, J.L., Fuzzy mathematical programming, in *Approximate Reasoning in Decision Analysis,* Gupta, M.M. and E. Sanchez (eds.) North-Holland, Amsterdam, (1982) 231-236.

[62] Verdegay, J.L., A dual approach to solve the fuzzy linear programming problem, *Fuzzy Sets and Systems* 14 (1984) 131-141.

[63] Verdegay, J.L., Application of fuzzy optimization in operational research, *Control and Cybernetics* 13 (1984) 229-239.

[64] Wang, H.F. and C.H. Wang, A fixed-charge model with fuzzy inequality constraints composed By max-product operator, *Computers & Mathematics with Applications*, 36(7) (1998) 23-29.

[65] Wang, H.F., Multiobjective mathematical programming problems with fuzzy relation constraints, *Intl. J. of MCDA*, 4 (1995) 23-35.

[66] Wang, H.F., Resolution of variational inequality problems by multiobjctive programming, in *Research and Practice in Multiple Criteria Decision Making* , Y.Y.Haimes & R.E.Steuer (Eds), *Springer*, (2000)185-195.

[67] Wang, H.F. and S.L.Liao, User equilibrium traffic assignment problem with fuzzy N-A incidence matrix," *Fuzzy Sets & Systems*, 107(3) (1999) 245-253.

[68] Wang, H.F. and Yi-Chun Liao, Fuzzy non-linear program by parametric programming Approach, *Fuzzy Sets and Systems,* 122(2) (2001) 245-252.

[69] Wang, H.F. and Y.C.Liao, A hybrid approach to resolving a differentiable Integer Program,*Computers & Operations Research*, 25(6)(1998) 505-517.

[70] Wang, H.F., Fuzzy multiobjctive decision analysis - an Overview,*International Journal on Intelligent and Fuzzy Systems*, 9 (2000) 61-83.

[71] Wang, H.F. and C.H.Wang, An optimal competence set expansion by fuzzy relation equation, *International Transactions in Operational Research*, 5(5)(1998) 413-424.

[72] Wang, H.F. and M.L.Wang, A fuzzy multiobjective linear programming, *Fuzzy Sets and Systems*, 86(1) (1997) 61-73.

[73] Wang, H.F. and L.S.Lin, α-Complete information in factor space, *IEEE Transactions on Fuzzy Systems*,6(4)(1998) 553-562.

[74] Wang, H.F. & H.M.Hsu, An alternative approach to the resolution of fuzzy relation Equations , *Fuzzy Sets & Systems*, 45.2,(1992), 203-213..

[75] Wang, C., H.F.Wang and G.Y. Wu, A fuzzy taxonomic system of Taiwan Ganoderma, *Cybernetics and Systems*, 26(3)(1995) 315-341.

[76] Wang, H.F., C. Wang and G.Y. Wu, Multicriteria fuzzy C-Means analysis, *Fuzzy Sets & Systems*, 64(1994) 311-319.

[77] Wang, H.F. and W.Y. Chang, Fuzzy scenario analysis in strategic planning, *General Systems,* 30(2)(2001) 191-207

[78] Wang, H.F. and C.C.Fu, Fuzzy Resource Allocations in Project Management, *International J. of Operations & Quantitative Management,*4(3)(1998) 187-197.

[79] Wang, H.F. and R.C.Tsaur, Insight of A fuzzy regression model, *Fuzzy Sets & Systems*. 112(2000)355-369.

[80] Wang, H.F. and R.C. Tsaur, Outliers in fuzzy regression analysis,*International Journal of Fuzzy Systems,* 1(2).(1999) 113-119.

[81] Wang, H.F. and L.S.Lin, Factor selections for a system development process, *Cybernetics and Sytstems*, 30(8)(1999) 747-760.

[82] Wang, H.F. and C.C.Fu, A Generalization of fuzzy goal programming with preemptive Structure, *Computers & O.R.*,24(9)(1997) 819-828.

[83] Wang M.L. and H.F. Wang, Intra-parametric analysis of a fuzzy MOLP", *Advances in Scientific Computing, Computational intelligence and Applications,* N.Mastorakis, et al, (eds.), WSES Press (2001) 320-325.

[84] Wang, P.Z. PR. Ostermark, R. Alex and S.H. Tan, A fuzzy linear basis algorithm for nonlinear separable programming problems, *Fuzzy Sets and Systems,*119(1), (2001), 21-30.-

[85] Wang X, Z. Zhong and M. Ha, Iteration algorithms for solving a system of fuzzy linear equations, *Fuzzy Sets and Systems,* 119 (2001) 121-128.

[86] Wang, Z. and Y. Dang, Application of fuzzy decision making and fuzzy linearprogramming in prediction and planning of animal husbandry system in farming region, in *Cybernetics and Systems,* Trappl, R. (ed.) D. Reidel, Dordrecht, (1984) 563-566.

[87] Werners, B., Interactive multiple objective programming subject to flexible constraints, European Journal of Operational Research 31 (1987) 342-349.

[88] Werners, B., An interactive fuzzy programming system. Fuzzy Sets and Systems 23 (1987) 131-147.

[89] Werners, B., Aggregation models in mathematical programming, in *Mathematical Models for Decision Support,* Mitra, G., H.J. et al.(eds.) Spring-Verlag, Heidelberg (1988) 295- 305.

[90] Wierzchon, S.T., Randomness and fuzziness in a linear programming problem, in *Combining Fuzzy Imprecision with Probabilistic Uncertainty in Decision Making,* Kacprzyk,J and R.R. Yager (eds.) Springer-Verlag, Heidelberg (1988) 227-239.

[91] Yazenin, A.V., Fuzzy and stochastic programming, *Fuzzy Sets and Systems* 22 (1987) 171- 180.

[92] Yu.C.S. and H.L.Li, Method for solving quasi-concave and non-concave fuzzy multi-objective programming problems,*Fuzzy Sets and Systems*, 122(2), (2001), 205-228.

[93] Zimmermann, H.-J., Fuzzy mathematical programming. *Computers and Operations Research* 10 (1983) 291-298.

[94] Zimmermann, H.-J., Using fuzzy sets in operational research, *European Journal of Operational Research* 13 (1983) 201-216.

[95] Zimmermann, H.-J. and P. Zysno, Decisions and evaluations by hierarchical aggregation of information, *Fuzzy Sets and Systems* 10 (1983) 244-260.

[96] Zimmermann, H.-J. and M.A. Pollatschek, Fuzzy 0-1 linear programming, in *Fuzzy Sets and Decision Analysis,* Zimmermann, Zadeh and Gaines (eds.), Elsevier Science, Amsterdam (1984) 133-145.

[97] Zimmermann, H.-J., Application of fuzzy set theory to mathematical programming, *Information Sciences* 36 (1985) 29-58.

[98] Zimmermann, H.-J. and P. Zysno, Quantifying vagueness in decision models, *European Journal of Operational Research* 22 (1985) 148-158.

[99] Zimmermann, H.-J., *Fuzzy Sets Theory- and its Applications*, Kluwer, 3rd ed.(1988).

Chapter 6

模糊系統

黃有評
大同大學資訊工程系

6.1 前　言

模糊系統結合專家經驗與語意式的控制法則，免去繁複的數學式子，形成法則庫，在工業控制上打響了名號，加以日本人在家電產品等的大量應用，使得"模糊"一詞，儼然成爲高科技產品的代名詞。模糊系統雖可融入專家的經驗，但如何將所設計之系統適用於各種情況呢？因此導入具有學習能力的演算法，加強其學習能力，以彌補專家經驗的不足。爲架構出上述所需之功能，本章節將針對模糊控制的架構、法則庫之建立、推論模式、類聚調整與梯度調整等方法詳實的論述。以下各節將先就建立法則庫時所需之步驟分別描述。

6.2 模糊法則庫建構方法

模糊法則一般是依據專家經驗或經由訓練樣本所建立，每個控制法則是以 If～Then 形式表現的條件敘述語句。If 稱爲前提部份，提供判斷這個語句成立與否的條件部份，Then 稱爲結論部份，用來表現符合條件的結果。法則數的多寡可依據訓練樣本情況來增刪，法則數愈多，愈可得到更細膩的控制結果。例如以冷氣機溫度調節之模糊控制爲例，溫度稱爲輸入變數。高(快)、中、低(慢)稱爲語言變數，有如人類描述事情之表達方式。轉速稱爲輸出變數。我們將壓縮機的轉速分爲三段，得到下面三條法則：

若(If) 室內溫度 = 高 ， 則(Then)壓縮機轉速 = 快；
若(If) 室內溫度 = 中 ， 則(Then)壓縮機轉速 = 中；
若(If) 室內溫度 = 低 ， 則(Then)壓縮機轉速 = 慢。

同理，若將轉速分爲五段，就可得到五條法則。爲有系統地建構法則庫，我們將其建制過程所需之步驟分述如下：

【步驟 1】 選擇適當的受控訊號，作爲輸入變數：我們以一個雙輸入單輸出的回授控制系統架構[4]爲例([4]中所載人造衛星定位系統亦爲雙輸入單輸出的架構)，如圖 6.1 所示，來說明法則庫的建構(圖 6.1 中的 Z^{-1} 表示延遲一個時間單位)。從控制理論[9]的觀點來看被控目標；直覺地，我們將從被控目標檢測出欲控制物理量的回授訊號 y^*，然後與目標值 y_d 作比較，並由調節機制來決定控制指令，以追蹤逼近目標值。而在操作機制部分，則針對被控目標來產生適當的操作量 y。若被控目標有外在變化發生，就要實行控制，以便修正受控物理量，迎合目標值 y_d。此雙輸入的第一個訊號即爲目標值與回授值之差，我們稱爲誤差訊號 $e = y_d - y^*$，以 e 表示之。另一個輸入訊號爲誤差訊號的變化率，以 $\dot{e}$ 表之。

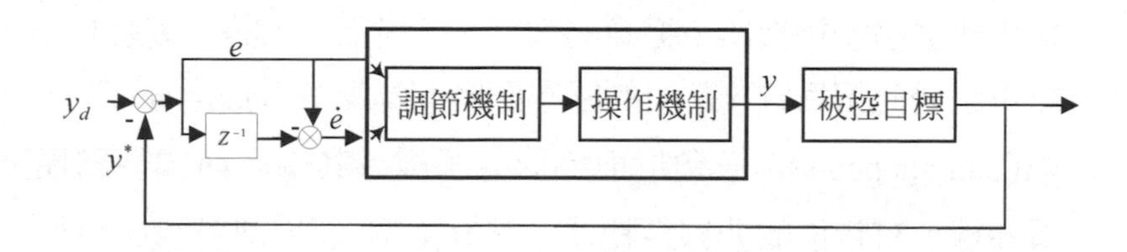

圖 6.1 雙輸入單輸出的回授控制系統架構圖

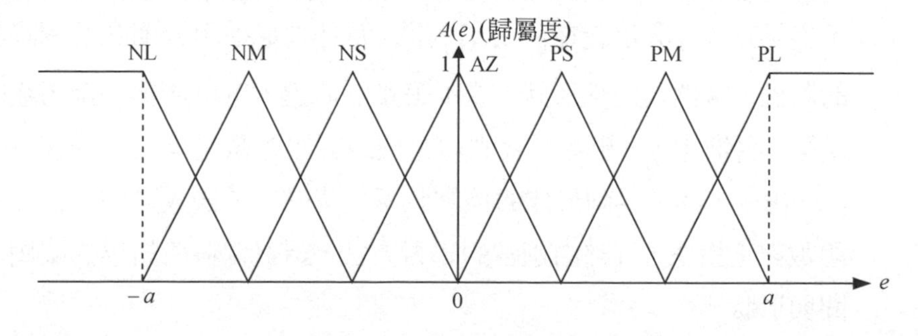

圖 6.2 三角形歸屬函數圖

讀者可試想，當您在 PC 上玩電動開賽車時之情況，假設車子原本保持筆直方向等速行進時，您欲向左轉時，搖桿就向左偏，此一偏移量在電子訊號的觀點是電阻值大小的改變，即由零向正或負兩邊偏移；此一電阻值的改變，會被 PC 內部電子迴路轉爲適當的正或負電壓值，正的愈大表示愈往右偏，反之，愈往左偏。而此一受控訊號可爲方向、速度或加速度等。

【步驟 2】 定義歸屬函數的個數與形狀：在選完適當的受控訊號後，我們將爲此訊號定義歸屬函數的個數。習慣上我們會以 NL 表示負量偏大(negative large)、NM 表示負量適中(negative medium)、NS 表示負量偏小(negative small)、AZ 表示零偏量(approximately zero)、PL 表示正量偏大(positive large)、PM 表示正量適中(positive medium)、PS 表示正量偏小(positive small)等表示歸屬函數的狀態。繼而選取歸屬函數的形狀，我們以底邊等距的等腰三角形作爲歸屬函數，如圖 6.2 所示。語言變數個數增加雖有助於系統輸出趨於較線性化，但遠不及其所造成因法則庫急速膨脹後所造成推論愈趨複雜所擔負的效益。一般而言，語言變數均爲奇數個，以不超過七個爲宜。常用的歸屬函數有高斯式(Gaussian)型，又稱倒鐘型(bell-shaped)、三角形與梯形共三種。其中高斯式型爲連續式的平滑曲線，有較佳的非線性特性，其餘兩種在計算時比較容易。

【步驟 3】 將輸出入變數的論域設定在相對於零的等距兩邊：先決定輸出入變數的物理量變化範圍，再概略決定每一個歸屬函數涵蓋範圍，例如圖 6.2 所示爲誤差大小 e 定義在 $[-a, a]$ 區間，而且設定平均分佈之七個歸屬函數的狀態。當然其他種形狀，或不等距的底邊，也可作爲特定用途的歸屬函數。習慣上，一開始，我們均會假設歸屬函數是均勻分佈在論域的情況；爾後，爲了得到最佳的控制狀況，使得任一輸入點均有最佳的歸屬函數與它對應，可經由適當的學習方法，調整資料所對應的歸屬函數區間與形狀。

【步驟 4】 模糊化：爲了將感測器輸出的物理量，可爲電壓、溫度、電阻值等等，或是其它已知信號值，轉爲模糊控制器可接受的輸入型式，我們須將該感測器輸出的物理量藉助於歸屬函數的對映，以得到相對應的歸屬度。習慣上，模糊量值是界定在 0 到 1 之間。例如最合宜的溫度爲 25℃，其舒適度爲 1，而 20℃，舒適度爲 0；若以三角形作爲歸屬函數，則可推論出 23℃的舒適度應爲 0.6。又如以上述電動爲例，設搖桿擺動時，電阻值的電壓值落於±5 伏特之間，則當搖桿移至 3 伏特時，對 PS 歸屬函數的歸屬程度值約爲 0.2，對 PM 歸屬函數的歸屬程度值約爲 0.8（可利用相似三角形來計算），表示同時激發兩個語言變數。

<table>
<tr><td colspan="2"></td><td colspan="7">$\dot{e}$</td></tr>
<tr><td></td><td>y</td><td>NL</td><td>NM</td><td>NS</td><td>AZ</td><td>PS</td><td>PM</td><td>PL</td></tr>
<tr><td rowspan="7">e</td><td>NL</td><td colspan="4" rowspan="2">PL</td><td rowspan="2">PM</td><td colspan="2" rowspan="2">AZ</td></tr>
<tr><td>NM</td></tr>
<tr><td>NS</td><td colspan="2" rowspan="3">PM</td><td>PM</td><td>PS</td><td>AZ</td><td colspan="2" rowspan="3">NM</td></tr>
<tr><td>AZ</td><td>PS</td><td>AZ</td><td>NS</td></tr>
<tr><td>PS</td><td>AZ</td><td>NS</td><td>NM</td></tr>
<tr><td>PM</td><td colspan="2" rowspan="2">AZ</td><td rowspan="2">NM</td><td colspan="4" rowspan="2">NL</td></tr>
<tr><td>PL</td></tr>
</table>

圖 6.3　法則庫表示方法

【步驟 5】 法則庫的建立：模糊法則庫是由一組 If ~ Then 的模糊法則所組合而成的，以描述系統的輸入與輸出的關係。有二種方法可得到，一種是從專家的經驗中獲得，另一種是從樣本數據中，藉由學習或類聚方法訓練得來。然而，不是專家經驗不易獲得，就是過去經驗無法滿足新資訊的變異性。故第二種途徑是學術與業界較常採用的方法。以雙輸入單輸出系統爲例，模糊法則庫可以類似圖 6.3 之表格形式表示，其中第 i 條法則可表示如下：

$$R_i : \text{If } e \text{ is } A_{ij} \text{ and } \dot{e} \text{ is } B_{ij}, \text{ Then } y \text{ is } C_{ij}, i = 1,\ldots,n.\ j = 1,\ldots,m. \tag{6.1}$$

其中 A_{ij}, B_{ij} 及 C_{ij} 代表類似圖 6.2 所示之語言變數，假設有 m 個，n 代表法則總數。在圖 6.3 中，假設每個輸入變數有七個歸屬函數，故最多共有 $7^2 = 49$ 條模糊法則。亦即，若將輸入訊號 $\dot{e}$ 及 e 分別放在方形陣列的上方(垂直方向)與左方(水平方向)，如圖 6.3 所示。在圖 6.3 中間交集部份所形成的組合最多即有 49 條法則。然而若根據資料樣本或實際狀況，有些條件可能不存在，則這些相對應的法則可刪去，或相關法則可相互化簡，以減少法則的個數。

【步驟 6】 模糊推論：一個輸入訊號若同時激發兩條或更多的法則時，此一控制系統的輸出該如何拿捏呢？此一推論部分有如模擬人類的決策思維，以提出適當的因應對策。我們以$e,\dot{e}$爲輸入變數，y爲輸出變數爲例來說明。令法則表示法如(6.1)式所示，則：

第 1 條法則的前提滿足度或觸發強度(firing strength)：$\alpha_1 = A_1(e) \wedge B_1(\dot{e})$，其中$A_1(e)$爲輸入變數$e$在歸屬函數$A_1$的歸屬度，$B_1(\dot{e})$爲輸入變數$\dot{e}$在歸屬函數$B_1$的歸屬度；符號$\wedge$表示交集運算子，可表示爲$A_1(e)$與$B_1(\dot{e})$的乘積或取其較小者，即$\alpha_1 = A_1(e) \cdot B_1(\dot{e})$，如圖 6.4 所示，或$\alpha = \min[A_1(\mathrm{e}), B_1(\dot{e})]$，如圖 6.5 所示。同理，我們可得到第 2 條到第 49 條法則的前提滿足度，分別爲$\alpha_2, \alpha_3, \ldots, \alpha_{49}$。

接著，將前提部份的觸發強度反應到結論部份的模糊集合，以求得各條法則的推論結果。第 1 條法則的推論結果：$C_1'(y) = \alpha_1 \wedge C_1(y) \quad, y \in Y$，其中$C_1'(y)$是將結論輸出的歸屬函數(模糊集合)$C_1(y)$在輸出論域以$\alpha_1$爲依據切割(cut)而成的。同理，我們可得到第 2 條到第 49 條法則的推論結果，分別爲$C_2', C_3', \ldots, C_{49}'$。因此，整體系統所有法則推論的結果爲各條法則之統合(aggregation)運算，即整體推論輸出爲$C(y) = C_1' \vee C_2' \vee \ldots \vee C_{49}'$，其中符號$\vee$表示聯集運算子。各條法則推論方式若取極大值，則可得$C(y) = \max[C_1', C_2', \ldots, C_{49}']$。此一整體推論結果，$C(y)$，仍爲一種續斷式(pointwise)或模糊集合式的歸屬函數，須經下一級做解模糊化的步驟，方可用來推動實際的物理裝置。從以上分析知道，在模糊系統中，若有訊號輸入時，所有的法則是同時且平行地激發，有些法則被觸發到，有些法則部份被觸發到，然而多數法則是沒有被觸發到，如圖 6.6 所示。

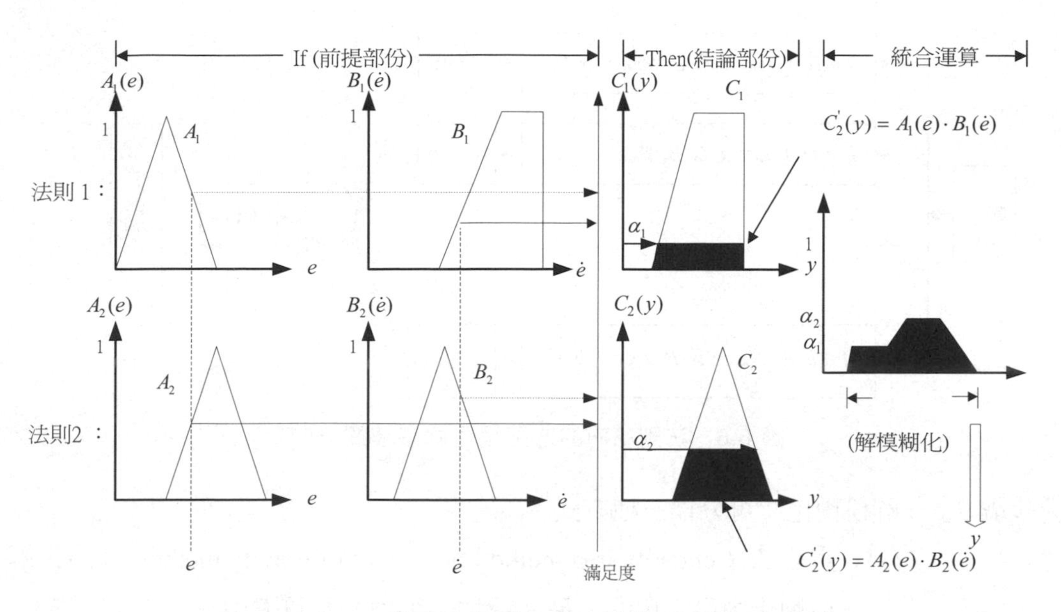

圖 6.4　滿足度為前提部份乘積法之推論法

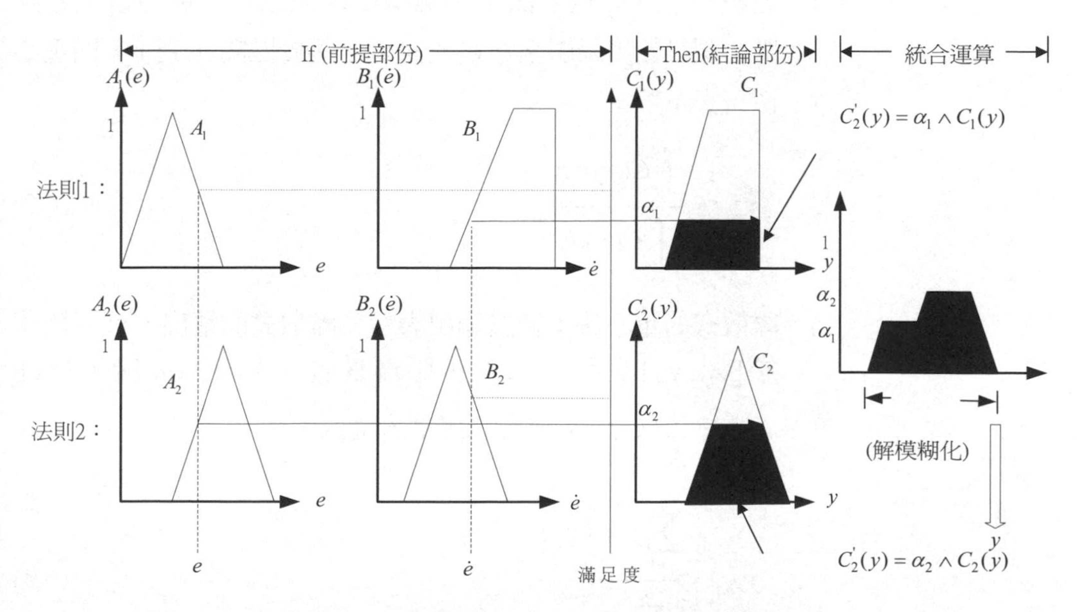

圖 6.5　滿足度為前提部份最小值之推論法

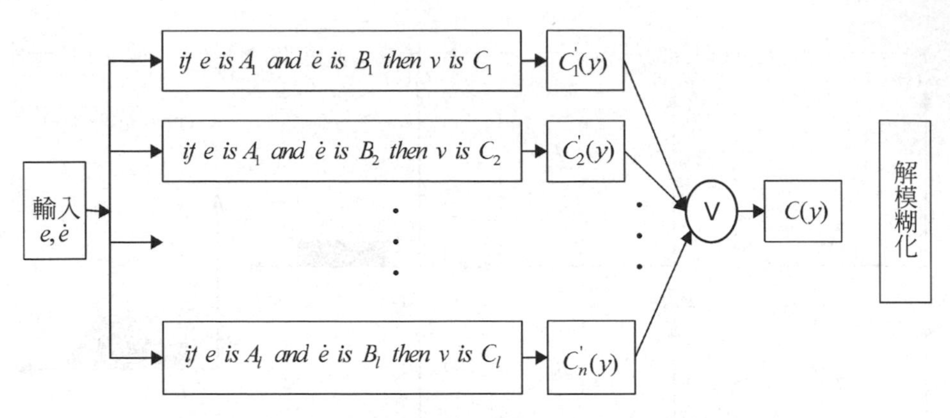

圖 6.6　法則庫内的法則是可同時被觸發的

【步驟 7】　解模糊化：可分爲三種方式。

(1)　重心法(Center of area method 或 Center of gravity method)：這是解模糊化中最常用的，是一種加權平均的計算方法。

(a)　連續積分式的重心法：結論輸出的論域爲一種連續式的函數。假設輸出歸屬函數C的論域，落於區間 a 到 b，則重心法可表示爲：

$$y_{coa} = \frac{\int_a^b C(y)y\,dy}{\int_a^b C(y)dy} \tag{6.2}$$

(b)　離散式的重心法：結論輸出表示爲離散式的輸出，且論域落於$[y_L, y_R]$之間，每一步距爲Δ寬，共分爲q段，亦即$q = \frac{y_R - y_L}{\Delta} + 1$，則重心法可表示爲：

$$y_{coa} = \frac{\sum_{j=1}^{q} y_j C(y_j)}{\sum_{j=1}^{q} C(y_j)} \tag{6.3}$$

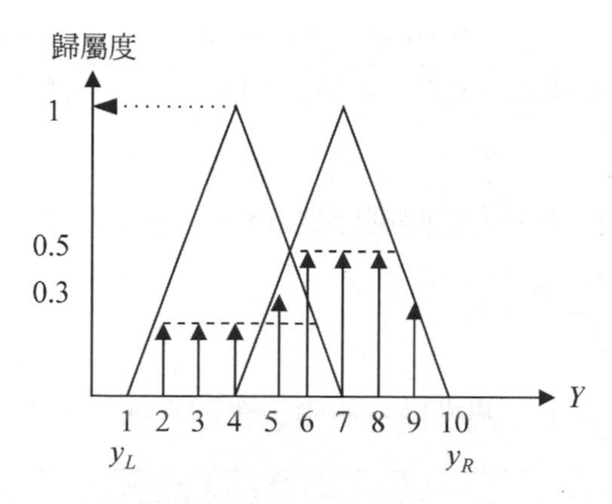

圖 6.7　重心法與最大均值法之計算範例

(2) 最大均值法(Mean of maximum)：此亦爲一種離散式的計算法，根據所定的前提滿足度 α 或歸屬函數的歸屬度最大值以上的部份，對此歸屬函數作切割，而以這些論域(y_j)歸屬度 $C(y_j)$ 的平均值表示之，即，

$$y_{mom} = \sum_{j=1}^{l} \frac{y_j}{l},$$

其中 l 是大於或等於前提滿足度 α 或所定的歸屬度的個數。

(3) 結論輸出爲前提變數的函數：設共有 n 條法則，第 i 條法則爲：
R_i : *If* e is A_i and $\dot{e}$ is B_i ,*Then* y is $f_i(e,\dot{e})$, $i = 1,2,3,...,n.$

若前提滿足度爲 α_i ，則 $y = \dfrac{\sum_{i=1}^{n} \alpha_i f_i(e_i, \dot{e}_i)}{\sum_{i=1}^{n} \alpha_i}$ 。

【例 6-1】

試以圖 6.7 計算重心法與最大均值法。

《解》

(1) 重心法：
論域範圍在[1,10]，步距爲 1，共分 10 段，故

$$y_{doc} = \frac{1*0+(2+3+4)*0.25+(5+9)*0.3+(6+7+8)*0.5+10*0}{0+0.25+0.25+0.25+0.3+0.5+0.5+0.5+0.3+0} = 5.95$$

(2) 最大均值法：

在該論域區間中最大的歸屬度爲 0.5，分別落於刻度 6、7、8 共 3 個，故

$$y_{mom} = \frac{6+7+8}{3} = 7$$

綜合上面所述，一個模糊系統應包含四大部份，以圖 6.8 表示之。

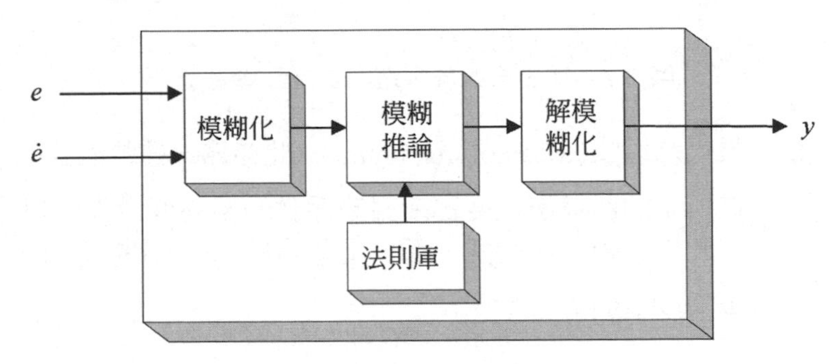

圖 6.8　模糊系統方塊圖

6.3　推論模式[2]

模糊法則是由前提部份的輸入變數與語言變數及結論部份的輸出變數與語言變數所組成。大體上說，雖有四種模糊法則的形式，但主要差異在結論部份的語言變數形式有所不同，且其中的一種，可視爲另一種的特例。因此，習慣上，大家仍將模糊法則分爲三種，分別以 Type I、Type II 及 Type III 表示之。以下針對三種推論模式分述如下：

1. Type I：單値式(singleton) 推論法則: 設第 i 條模糊法則表示如下：

$$R_i \ : \text{If } x_1 \text{ is } A_{i1} \text{ and} \cdots \text{and } x_m \text{ is } A_{im}, \text{Then } y \text{ is } w_i$$

其中 w_i 為單值型式，如圖 6.9 所示。這是三種推論法中最常用的，也是 Mamdani 教授最初應用上所使用的。推論輸出以重心法表示為

$$y=\frac{\sum_{i=1}^{n} w_i \alpha_i}{\sum_{i=1}^{n} \alpha_i},$$

此法之優點是控制法則的結論部分簡單明瞭，較易理解，而其缺點則是控制法則的個數往往較多。

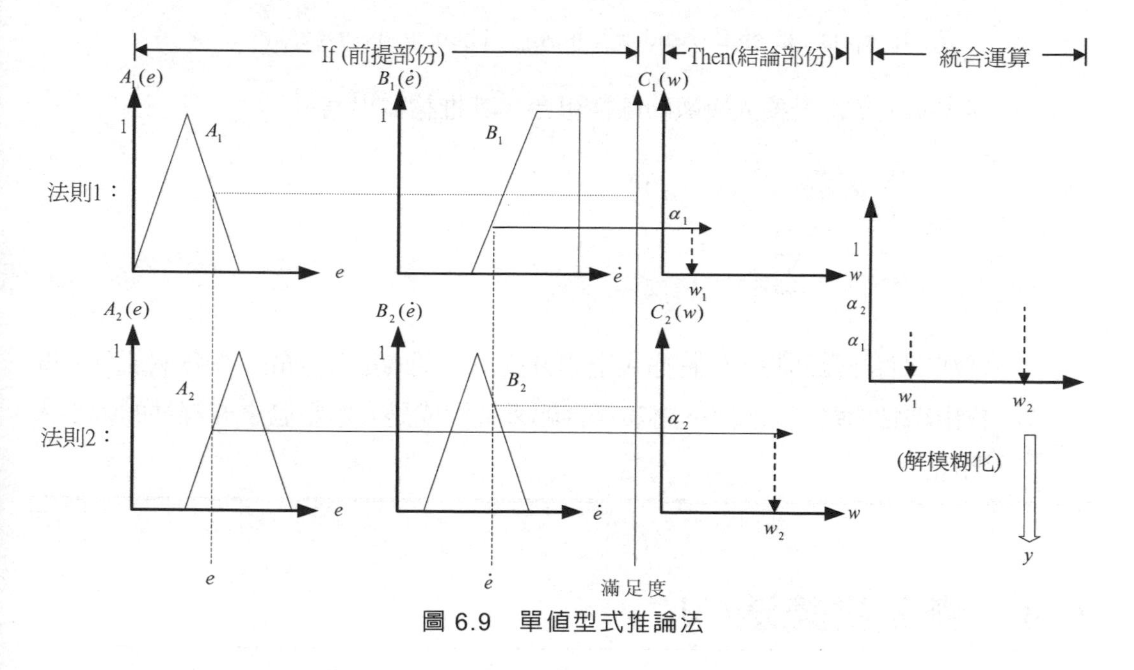

圖 6.9　單值型式推論法

2. Type II：語意式(linguistic) 推論法則可細分為下列兩種：

(1) 第一種:簡稱為 Mamdani 模糊法則，模糊法則為

$$R_i \ \text{:If } x_1 \text{ is } A_{i1} \text{ and} \cdots \text{and } x_m \text{ is } A_{im}, \text{Then } y \text{ is } B_i$$

其中 B_i 為語意式之形式。如圖 6.4 所示。

(2) 第二種：簡稱為 Tsukamoto 模糊法則，其模糊法則一如上式，但結論部份的語言變數僅為單調的遞增或遞減式的模糊集合(或歸屬函數)。因其反函

數存在，故可利用前提滿足度反應到結論部份，產生單值式的輸出，其推論結果可表示成

$$y=\frac{\sum_{i=1}^{n}\alpha_i B_i^{-1}(\alpha_i)}{\sum_{i=1}^{n}\alpha_i}$$

3. Type III：線性(linear)模糊法則，為 Takagi 和 Sugeno 所提出，模糊法則形式為：

R_i : If x_1 is A_{i1} and $\cdots$ and x_m is A_{im} , Then y is $f_i(x_i, x_2, ..., x_m)$

其中結論部份是輸入變數的線性組合。其推論輸出為

$$y=\frac{\sum_{i=1}^{n}\alpha_i f_i(x_i, x_2, ..., x_m)}{\sum_{i=1}^{n}\alpha_i}$$

當法則有好幾個時，會將輸入空間分割為模糊的部分空間，在各個部分空間找出線性的輸出入關係，將其集合起來就變成是表示整體之非線性的輸出入關係。

6.4 查表推論法[3]

我們以上述介紹過的基本模糊推論法來設計查表推論法。仍以雙輸入 e 與 $\dot{e}$ 及單輸出 y 的控制系統來說明查表推論法的建制。為方便說明，各輸出入變數均為 3 個語言變數(linguistic labels)，分別為負(negative 或簡寫為 N)，零(zero 或簡寫為 Z)，正(positive 或簡寫為 P)。圖 6.10 是此控制系統歸屬函數的形狀與論域區間，即 e 的論域範圍在-3 與 3 之間，$e\in[-3,3]$；$\dot{e}$ 的論域範圍在-1 與 1 之間，$\dot{e}\in[-1,1]$；y 的論域範圍在-6 與 6 之間，$y\in[-6,6]$。其控制法則的通式仍以公式(6.1)表示之。在此例中，每個輸入變數有 3 個語言變數，故共有 $3^2=9$ 個組合控制法則。圖 6.11 是將

這些法則以表格形式表式之，以形成法則庫。例如：第 8 條法則可表示如下：

$$R_8 : \textit{If } e \text{ is } \textit{POSITIVE} \text{ and } \dot{e} \text{ is } \textit{ZERO}, \textit{Then } y \text{ is } \textit{POSITIVE}.$$

輸出變數 y 之論域爲等距分佈，故在圖 6.10 最下圖的輸出論域取樣點(或水平軸上的刻度點)的論域刻度值大小分別爲：

$$Y = [-6, -4.5, -3, -1.5, 0, 1.5, 3, 4.5, 6]，$$

又各條法則在論域水平軸上刻度值所對應歸屬度大小分別爲：

$C_1'(y) = [1, 1, 1, 0.5, 0, 0, 0, 0, 0]$；
$C_2'(y) = [1, 1, 1, 0.5, 0, 0, 0, 0, 0]$；
$C_3'(y) = [0, 0, 0, 0.5, 1, 0.5, 0, 0, 0]$；
$C_4'(y) = [1, 1, 1, 0.5, 0, 0, 0, 0, 0]$；
$C_5'(y) = [0, 0, 0, 0.5, 1, 0.5, 0, 0, 0]$；
$C_6'(y) = [0, 0, 0, 0, 0, 0.5, 1, 1, 1]$；
$C_7'(y) = [0, 0, 0, 0.5, 1, 0.5, 0, 0, 0]$；
$C_8'(y) = [0, 0, 0, 0, 0, 0.5, 1, 1, 1]$；
$C_9'(y) = [0, 0, 0, 0, 0, 0.5, 1, 1, 1]$。

【例 6-2】

設 e 之輸入爲-2.1 且 $\dot{e}$ 之輸入爲 0.5，試用步距式重心法計算出該控制系統的推論輸出爲何？

《解》

計算輸入 e 及 $\dot{e}$ 於第 1 條法則所對應歸屬度及觸發強度 α_1 與第 1 條法則的推論結果，$C_1'(y) = \alpha_1 \wedge C_1(y)$：

即 $A_1(-2.1) = 1; B_1(0.5) = 0; \alpha_1 = 0; C_1'(y) = \alpha_1 \wedge C_1(y) = [0, 0, 0, 0, 0, 0, 0, 0, 0]$;

同理，計算輸入 e 及 $\dot{e}$ 於第 2 至第 9 條法則所對應歸屬度及觸發強度 $\alpha_2, \alpha_3, ..., \alpha_9$ 與第 2 至第 9 條法則的推論結果 $C_2', C_3', ..., C_9'$：

$A_1(-2.1) = 1;\ B_2(0.5) = 0;\ \alpha_2 = 0; C_2'(y) = \alpha_2 \wedge C_2(y) = [0, 0, 0, 0, 0, 0, 0, 0, 0]$;
$A_1(-2.1) = 1; B_3(0.5) = 1; \alpha_3 = 1; C_3'(y) = \alpha_3 \wedge C_3(y) = [0, 0, 0, 0.5, 1, 0.5, 0, 0, 0]$;

$A_2(-2.1)=0;\ B_1(0.5)=0;\ \alpha_4=0; C_4^{'}(y)=\alpha_4 \wedge C_4(y)=[0,0,0,0,0,0,0,0,0]$;

$A_2(-2.1)=0;\ B_2(0.5)=0;\ \alpha_5=0; C_5^{'}(y)=\alpha_5 \wedge C_5(y)=[0,0,0,0,0,0,0,0,0]$;

$A_2(-2.1)=0;\ B_3(0.5)=1;\ \alpha_6=0; C_6^{'}(y)=\alpha_6 \wedge C_6(y)=[0,0,0,0,0,0,0,0,0]$;

$A_3(-2.1)=0;\ B_1(0.5)=0;\ \alpha_7=0; C_7^{'}(y)=\alpha_7 \wedge C_7(y)=[0,0,0,0,0,0,0,0,0]$;

$A_3(-2.1)=0;\ B_2(0.5)=0;\ \alpha_8=0; C_8^{'}(y)=\alpha_8 \wedge C_8(y)=[0,0,0,0,0,0,0,0,0]$;

$A_3(-2.1)=0; B_3(0.5)=1; \alpha_9=0; C_9^{'}(y)=\alpha_9 \wedge C_9(y)=[0,0,0,0,0,0,0,0,0]$。

故整體推論結果 $C(y)$：

$C(y)=\max[C_1^{'},C_2^{'},...,C_9^{'}]$=[0, 0, 0, 0.5, 1, 0.5, 0, 0, 0]

藉由解模糊化重心法得到推論結果為：

$$y=\frac{[0.5*(-1.5)+1*(0)+0.5*(1.5)]}{(0.5+1+0.5)}=0,$$

亦即正好吻合圖 6.11 第 3 條法則所示，即

R_3 : *If* e is *NEGATIVE* and $\dot{e}$ is *POSITIVE*, *Then* y is *ZERO*.

【例 6-3】

設e之輸入為-0.9 且$\dot{e}$之輸入為 0.2，試用步距式重心法計算出該控制系統的推論輸出為何？

《解》

計算輸入e及$\dot{e}$於第 1 條法則所對應歸屬度及觸發強度α_1與第 1 條法則的推論結果, $C_1^{'}(y)=\alpha_1 \wedge C_1(y)$ ：即

$A_1(-0.9)=0.45,\ B_1(0.2)=0,\ \alpha_1=0,\ \ C_1^{'}(y)=\alpha_1 \wedge C_1(y)=[0,0,0,0,0,0,0,0,0]$;

同理，計算輸入e及$\dot{e}$於第2至第9條法則所對應歸屬度及觸發強度$\alpha_2,\alpha_3,...,\alpha_9$與第 2 至第 9 條法則的推論結果$C_2^{'},C_3^{'},...,C_9^{'}$ ：

$A_1(-0.9)=0.45,\ B_2(0.2)=0.6,\ \alpha_2=0.45,$

$C_2^{'}(y)=\alpha_2 \wedge C_2(y)=[0.45,0.45,0.45,0.45,0,0,0,0,0]$;

$A_1(-0.9)=0.45,\ B_3(0.2)=0.4,\ \alpha_3=0.4,$

$C_3^{'}(y)=\alpha_3 \wedge C_3(y)=[0,0,0,0.4,0.4,0.4,0,0,0]$;

$A_2(-0.9)=0.55,\ B_1(0.2)=0,\ \alpha_4=0,$

$C_4^{'}(y)=\alpha_4 \wedge C_4(y)=[0,0,0,0,0,0,0,0,0]$;

$$A_2(-0.9)=0.55,\ B_2(0.2)=0.6,\ \alpha_5=0.4,$$
$$C_5^{'}(y)=\alpha_5 \wedge C_5(y)=[0,0,0,0.4,0.4,0.4,0,0,0];$$
$$A_2(-0.9)=0.55, B_3(0.2)=0.4,\ \alpha_6=0.4,$$
$$C_6^{'}(y)=\alpha_6 \wedge C_6(y)=[0,0,0,0,0,0.4,0.4,0.4];$$
$$A_3(-0.9)=0,\ B_1(0.2)=0,\ \alpha_7=0,$$
$$C_7^{'}(y)=\alpha_7 \wedge C_7(y)=[0,0,0,0,0,0,0,0,0];$$
$$A_3(-0.9)=0, B_2(0.2)=0.6,\ \alpha_8=0,$$
$$C_8^{'}(y)=\alpha_8 \wedge C_8(y)=[0,0,0,0,0,0,0,0,0];$$
$$A_3(-0.9)=0,\ B_3(0.2)=0.4,\ \alpha_9=0,$$
$$C_9^{'}(y)=\alpha_9 \wedge C_9(y)=[0,0,0,0,0,0,0,0,0];$$

故整體推論結果$C(y)$爲：

$$C(y)=\max[C_1^{'},C_2^{'},...,C_9^{'}]=[0.45,0.45,0.45,0.45,0.4,0.4,0.4,0.4,0.4]$$

藉由解模糊化重心法得到推論結果爲：

$$y=\frac{[0.45*(-6)+0.45*(-4.5)+0.45*(-3)+0.45*(-1.5)+0.4*(0)+0.4*(1.5)+0.4*(3)+0.4*(4.5)+0.4*(6)]}{(-6)+(-4.5)+(-3)+(-1.5)+(0)+(1.5)+(3)+(4.5)+(6)}$$
$$=-0.19736$$

【例 6-4】

承上，若輸入變數e的水平軸上刻度的間距爲 0.75，輸入變數$\dot{e}$的水平軸上刻度的間距爲 0.25，而輸出變數y的水平軸上刻度的間距爲 1.5。重新作上題。我們將上例計算出所有情況的推論結果，並以圖 6.12 表示出來。

注意：若輸入變數的量值，並非上述的取樣點(或水平軸上的刻度點)時，可用內差法來計算。對於一個已定義完整的知識庫，且其輸入變數量值的大小，也在特定的範圍之內，則我們可依據本推論查表法，預先算出控制器的推論結果，並燒入 EPROM 或線上(on line) 燒入 FLASH 內(如 PC 線上更改 BIOS 一般)。現有 EPROM 或 FLASH 最通用的容量爲 2M Byte，應已足夠應付各種情況。

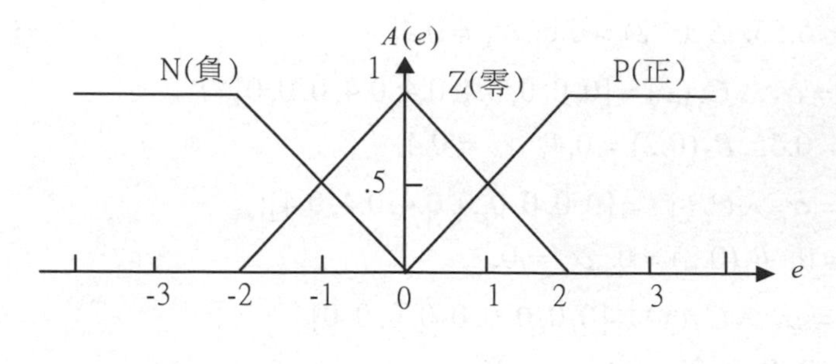

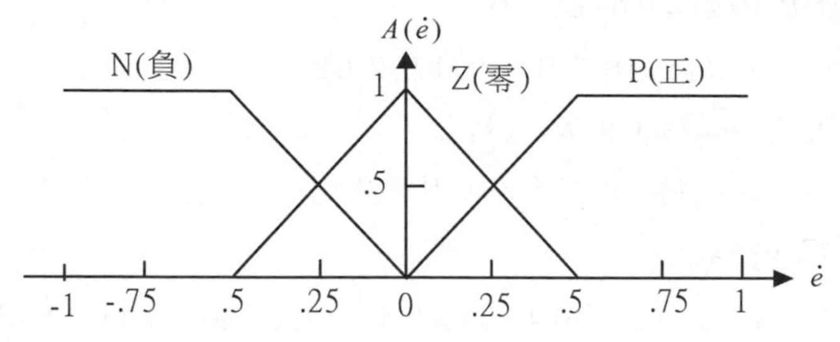

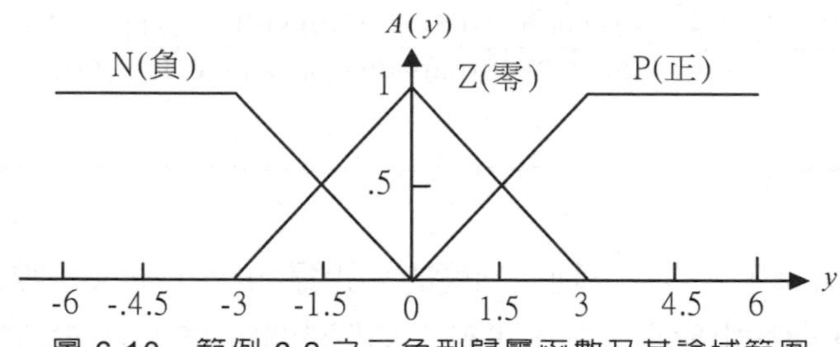

圖 6.10　範例 6.2 之三角型歸屬函數及其論域範圍

y \ e		$\dot{e}$		
		N	Z	P
e	N	N 1	N 2	Z 3
	Z	N 4	Z 5	P 6
	P	Z 7	P 8	P 9

圖 6.11　範例 6.2 之法則庫，方格右下的數字表示第幾條法則

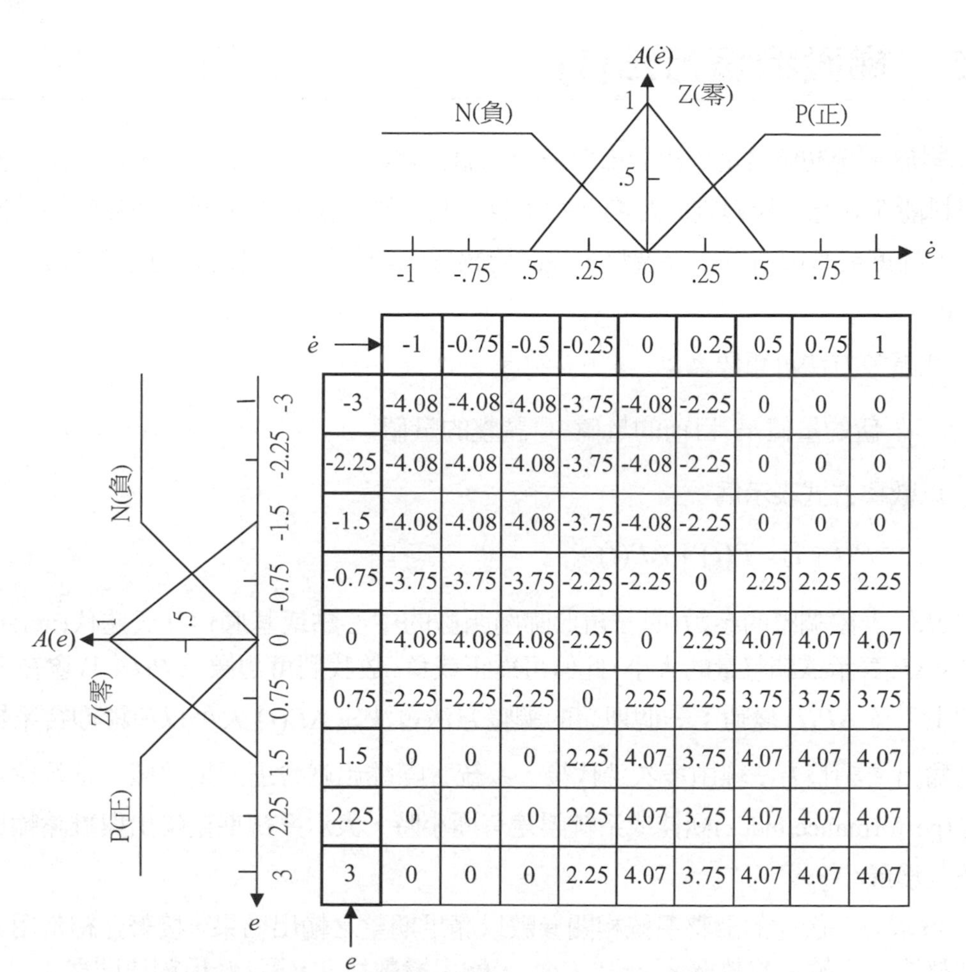

e \ ė	-1	-0.75	-0.5	-0.25	0	0.25	0.5	0.75	1
-3	-4.08	-4.08	-4.08	-3.75	-4.08	-2.25	0	0	0
-2.25	-4.08	-4.08	-4.08	-3.75	-4.08	-2.25	0	0	0
-1.5	-4.08	-4.08	-4.08	-3.75	-4.08	-2.25	0	0	0
-0.75	-3.75	-3.75	-3.75	-2.25	-2.25	0	2.25	2.25	2.25
0	-4.08	-4.08	-4.08	-2.25	0	2.25	4.07	4.07	4.07
0.75	-2.25	-2.25	-2.25	0	2.25	2.25	3.75	3.75	3.75
1.5	0	0	0	2.25	4.07	3.75	4.07	4.07	4.07
2.25	0	0	0	2.25	4.07	3.75	4.07	4.07	4.07
3	0	0	0	2.25	4.07	3.75	4.07	4.07	4.07

圖 6.12　範例 6.2 所有情況的推論結果

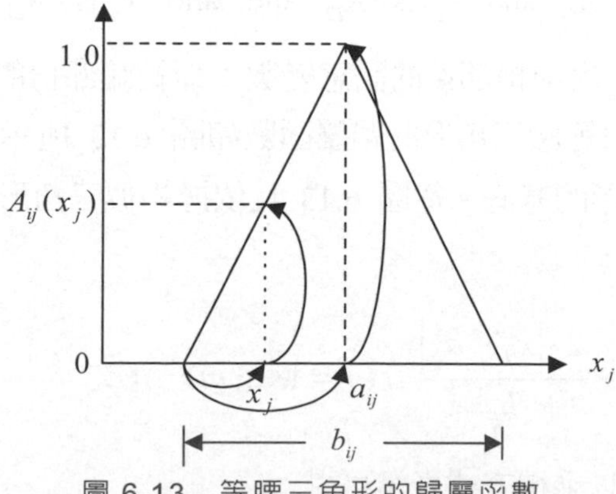

圖 6.13　等腰三角形的歸屬函數

6.5 梯度調整方法[1]

對於系統初值給定等距分佈於論域之語言變數，如圖 6.2 所示，是無法使得輸入資料能夠對應到最適宜的歸屬函數；故這些歸屬函數就得透過一些參數調整的方法，如梯度或基因演算法來調整，以改變歸屬函數的形狀與區間，以達成最佳的對應狀態。

此調整方法可想像為：

新的量値 = 目前的量値 + 調整的量値

以數學方式表示為：

$$P(t+1) = P(t) + \Delta P(t) \tag{6.4}$$

其中 P 代表欲調整的參數(如三角形歸屬函數的中心點或基底)；t 表迭代(iteration)次數；ΔP 表示欲調整量的大小，此值可為正或負。故我們可想像為 $P(t+1)$ 會在 $P(t)$ 量値上下依 $\Delta P(t)$ 變動；一個理想的調整方法會決定 $\Delta P(t)$ 大小以追蹤迎合系統的期望輸出。調整方法經由多次迭代後，系統實際輸出就會逼近期望値。當系統效能指標(performance index)極佳或系統誤差有極小時，表示系統期望輸出與推論輸出之間誤差為最小。

為求有系統化的調整系統相關參數以滿足期望之輸出結果，接著介紹常用之梯度調整法。設輸入變數為 $x_1, x_2, \ldots, x_m$，輸出變數為 y，第 i 條模糊法則為：

$$R_i: \text{If } x_1 \text{ is } A_{i1} \text{ and } x_2 \text{ is } A_{i2} \text{ and...and } x_m \text{ is } A_{im}, \text{Then } y \text{ is } w_i$$

其中，$A_{i1}, A_{i2}, \ldots, A_{im}$ 表前提部份的語意變數；而結論部份的輸出値 w_i 是單値型且是可調的。令前提部份等腰三角形的歸屬函數如圖 6.13 所示，其中，a_{ij} 表三角形的中心點，b_{ij} 表三角形的基底。從圖 6.13 且依據相似三角形的算法，輸入點 x_j 的歸屬度為：

$$A_{ij}(x_j) = 1 - \frac{2 \cdot |x_j - a_{ij}|}{b_{ij}}, \quad (j = 1, \ldots, m) \tag{6.5}$$

前提部分滿足度 μ_i 若以乘積方式表達可得：

$$\mu_i = A_{i1}(x_1)\cdot A_{i2}(x_2)\cdot\ldots\cdot A_{im}(x_m) = \prod_{j=1}^{m} A_{ij}(x_j) \tag{6.6}$$

其中 $A_{ij}(x_j)$ 表示變數 x_j 在模糊集 A_{ij} 上之歸屬度。因系統可能有多條法則同時被驅動，經推論後，若以重心法表示，可得如下之輸出：

$$y = (\sum_{i=1}^{n} \mu_i w_i) / \sum_{i=1}^{n} \mu_i \tag{6.7}$$

承如上述所言，梯度調整法就是找尋一組向量 **P** 所組成的效能指標 $E(\mathbf{P})$，使得 $E(\mathbf{P})$ 有極小值，此一向量 **P** 就是即將被調整的參數，表示爲 $\mathbf{P} = (p_1, p_2, ..., p_z)$。亦即，參數調整的方向是往效能指標的梯度(表示爲 $\frac{\partial E}{\partial p_1}, \frac{\partial E}{\partial p_2}, ..., \frac{\partial E}{\partial p_z}$)的反方向修正，才能將系統期望輸出與推論輸出的差距降到最低，故參數的調整法則可表示爲：

$$p_i(t+1) = p_i(t) - \gamma \frac{\partial E}{\partial p_i} \quad (i = 1, ..., z) \tag{6.8}$$

其中，t 表迭代次數(或學習次數)；γ 表學習速率，其值一般均設定在 $0 < \gamma < 1$ 之間。

接著我們定義效能指標爲系統期望輸出與推論輸出之差爲誤差函數 E：

$$E = \frac{1}{2}(y - y_d)^2 \tag{6.9}$$

其中 y_d 爲期望輸出值。將公式(6.6)與(6.7)代入上式，改寫誤差函數爲：

$$E = \frac{1}{2}\left(\frac{\sum_{i=1}^{n}(\prod_{j=1}^{m} A_{ij}(x_j))\cdot w_i}{\sum_{i=1}^{n}(\prod_{j=1}^{m} A_{ij}(x_j))} - y_d\right)^2 \tag{6.10}$$

因三角形歸屬函數的中心點(a_{ij})、基底(b_{ij})及結論的歸屬度 w_i，均爲待調整之參數，將各欲調整的參數依參數調整法(6.8)式重新改寫爲：

$$a_{ij}(t+1) = a_{ij}(t) - \gamma_a \frac{\partial E}{\partial a_{ij}} \tag{6.11}$$

$$b_{ij}(t+1)=b_{ij}(t)-\gamma_b \frac{\partial E}{\partial b_{ij}} \tag{6.12}$$

$$w_i(t+1)=w_i(t)-\gamma_w \frac{\partial E}{\partial w_i} \tag{6.13}$$

其中，γ_a、γ_b、γ_w 分別代表歸屬函數中心點與基底及結論部份推論值的學習速率。而中心點的梯度，$\frac{\partial E}{\partial a_{ij}}$，可藉由偏微分中的鏈鎖法則(chain rule)來表示，即

$$\frac{\partial E}{\partial a_{ij}}=\frac{\partial E}{\partial y}\frac{\partial y}{\partial \mu_i}\frac{\partial \mu_i}{\partial A_{ij}}\frac{\partial A_{ij}}{\partial a_{ij}} \tag{6.14}$$

將上述各相關偏微分項代入(6.14)，中心點的梯度可改寫爲：

$$\frac{\partial E}{\partial a_{ij}}=\frac{\mu_i}{\sum_{i=1}^{n}\mu_i}\cdot(y-y_d)\cdot(w_i-y)\cdot \operatorname{sgn}(x_j-a_{ij})\cdot\frac{2}{b_{ij}\cdot A_{ij}(x_j)} \tag{6.15}$$

將上式(6.15)代入(6.11)，新的中心點可改寫爲：

$$a_{ij}(t+1)=a_{ij}(t)-\frac{\gamma_a\cdot\mu_i}{\sum_{i=1}^{n}\mu_i}\cdot(y-y_d)\cdot(w_i-y)\cdot \operatorname{sgn}(x_j-a_{ij})\cdot\frac{2}{b_{ij}\cdot A_{ij}(x_j)} \tag{6.16}$$

同理將基底的梯度依鏈鎖法則表示如(6.17)式：

$$\frac{\partial E}{\partial b_{ij}}=\frac{\partial E}{\partial y}\frac{\partial y}{\partial \mu_i}\frac{\partial \mu_i}{\partial A_{ij}}\frac{\partial A_{ij}}{\partial b_{ij}} \tag{6.17}$$

將上述各相關偏微分項代入(6.17)，基底的梯度可改寫爲：

$$\frac{\partial E}{\partial b_{ij}}=\frac{\mu_i}{\sum_{i=1}^{n}\mu_i}\cdot(y-y_d)\cdot(w_i-y)\cdot\frac{1-A_{ij}(x_j)}{A_{ij}(x_j)}\cdot\frac{1}{b_{ij}} \tag{6.18}$$

將上式代入(6.12)，新的基底可改寫爲：

$$b_{ij}(t+1) = b_{ij}(t) - \frac{\gamma_b \cdot \mu_i}{\sum_{i=1}^{n} \mu_i} \cdot (y - y_d) \cdot (w_i - y) \cdot \frac{1 - A_{ij}(x_j)}{A_{ij}(x_j)} \cdot \frac{1}{b_{ij}} \tag{6.19}$$

同理將結論歸屬度的梯度依鏈鎖法則表示如(6.20)式：

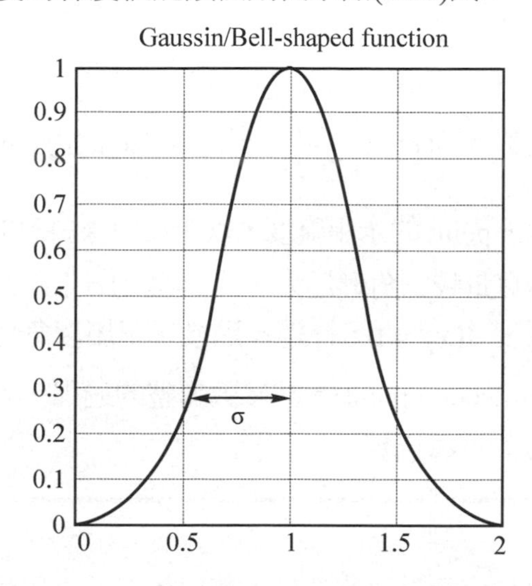

圖 6.14　高斯型歸屬函數的外觀形狀

$$\frac{\partial E}{\partial w_i} = \frac{\partial E}{\partial y} \frac{\partial y}{\partial w_i} \tag{6.20}$$

將上述各相關偏微分項代入(6.20)，結論歸屬度的梯度可改寫為：

$$\frac{\partial E}{\partial w_i} = \frac{\mu_i}{\sum_{i=1}^{n} \mu_i} \cdot (y - y_d) \tag{6.21}$$

將上式代入(6.13)，新的結論部份推論值可改寫為：

$$w_i(t+1) = w_i(t) - \frac{\gamma_w \cdot \mu_i}{\sum_{i=1}^{n} \mu_i} \cdot (y - y_d) \tag{6.22}$$

公式(6.16)、(6.19)及(6.22)將會適應性地(adaptively)改變被調整的參數往誤差函數的梯度的反方向逼進，直到誤差函數小於某一臨界值(threshold)或已達預設的迭代次數爲止。

看完三角形參數的調整後，另一種連續型的歸屬函數名爲高斯(Gaussian)或倒鐘型(bell-shaped)，其描述方程式如公式(6.23)，而外觀形狀如圖 6.14 所示，

$$A(x) = \exp(-\frac{(x-m)^2}{\beta}) \tag{6.23}$$

上式中 m 表函數的中心點，而 $\sigma = \left(\frac{\beta}{2}\right)^{1/2}$ 稱爲 inflection point，表示在 σ 值時，高斯函數中心點到 infection point 的水平寬度，以作爲曲線斜率的控制。此類型歸屬函數所需之偏微分等的計算量較三角形爲大。圖 6.14 的 σ 爲 0.3，m=1，由圖中，可看出在中心點時其歸屬度 $A(x)=1$，經過 σ 點後，歸屬度急速下滑。故此型的調整參數爲中心點 m 與 σ (inflection point)。其參數調整的過程，讀者可自行推導或參考[3]的第 231 頁至 238 頁的推導過程。

【例 6-5】

綜合上述，以下將梯度調整法的迭代步驟用於五階之單輸入單輸出函數來說明期望輸出與推論輸出用於函數逼近之調整過程：

$$y = 3x(x-1)(x-1.9)(x+0.7)(x+1.8), \quad -1.5 \le x \le 0.5 \tag{6.24}$$

【步驟 1】 函數論域在[-1.5, 0.5]，採用五個(當然七個也可以)三角形歸屬函數如圖 6.2 所示，並用 Type I 的推論方式。其中心點分別爲 $\{-1.55, -1, -0.45, 0.10, 0.56\}$，基底爲 0.55，設定 γ_a=0.000005、γ_b=0.000005、γ_w=0.02 並以每 0.02 單位爲輸入點取樣間距，分別計算各輸入點的期望(眞正的)輸出並隨機設定各輸入點模糊法則結論部份的推論值 w_i；

【步驟 2】 將訓練樣本之輸入資料 x_j，其中($1 \le j \le m$)，藉由公式(6.5)至(6.7)，計算輸入資料之歸屬度 $A_{ij}(x_j)$，法則前提滿足度 μ_i，用重心法計算系統的推論輸出 y 並計算與累加該筆資料之誤差於總誤差；

【步驟 3】 藉由公式(6.16)、(6.19)來調整三角形歸屬函數的中心點與基底；用公式

(6.22)調整結論部份的推論值 w_i；

【步驟 4】 重覆步驟 2 的模糊推論，直到所有訓練樣本均已輸入至系統；

【步驟 5】 計算誤差函數是否小於某一臨界值或已達設定的迭代次數，否則回到步驟 2。

6.6 類聚調整方法(fuzzy c-means)[5]

提出此類聚法則之目的是爲了分析已知數據的分佈情形，以便掌握數據的性質，由分佈的中心點作爲設定初始歸屬函數的中心點。類聚分析在圖樣辨識的問題中，扮演著非常重要的角色，一般而言，類聚的問題可分爲以下兩種[8]：

1. 將 N 個圖樣分成 K 個類聚(Clusters)；
2. 將 N 個圖樣群分成 K 個類聚，而每一個圖樣群有 P 個圖樣。

這兩種問題的差異在於，前者只針對單一圖樣來分類，而後者則針對含有多個圖樣的圖樣群來分類。

對於第二種類聚問題，最重要的應用就是光學中文字形辨識(Chinese optical character recognition; OCR)系統的大分類，由於中文字數非常龐大(N >5000)，而且每一個中文字在樣本的選取上，可能包含不同的字體或雜訊。因此，在一般的中文字形辨識系統中，最常利用的技巧就是將待辨識的中文字分成幾大類(K >1)，然後再設計一樹狀分類器(tree classifier)來細分每一大類。

類聚分析所採用的方法，可約略分爲階層式與非階層式兩種。其中，階層式分群法主要是利用分離(splitting)或是合併(merging)的方式，將圖樣集合由一大群細分成幾個小群，再將每個小群分成更小的族群；或是經由相反程序，將每個圖樣慢慢合併成一大群。這種方法的優點在於分群的過程當中，我們可依據實際需要，來選擇適當的分群結果。而非階層式分群法的特色，就是將圖樣集合依據某種(或資料點至類聚中心點)效能指標，直接分割成我們所要的群數。亦即，令效能指標達到最佳，以達到最好的分群結果，以下要介紹的 fuzzy c-means 類聚法，就是這種典型的範例。

在敘述 fuzzy c-means 類聚之前，先對問題做一些定義：

1. 一個由 $x_1, x_2, \ldots, x_n$ 點所形成的一個圖樣集合 X，我們將其表示爲：$X = \{x_1, x_2, \ldots, x_n\}$。而將圖樣集合 X 做 c 群的模糊分割，而每一群的類聚名稱，以 A_i 來表示之，我們將其表示爲：$P = \{A_1, A_2, \ldots, A_c\}$，其中，$1 \le i \le c$。
2. 上述之定義須滿足：
   (1) $\sum_{i=1}^{c} A_i(x_k) = 1$；此意義爲對特定點 x_k，在所有各分群裡，從第一群到第 c 群歸屬度的總合爲 1。
   (2) $0 < \sum_{k=1}^{n} A_i(x_k) \le n$；此意義爲若有 n 個點，最多只能分割爲 n 群。

我們以下例來描述上述的定義：

【例 6-6】

設有 3 點 x_1, x_2, x_3 所形成的一個圖樣集合 X，我們以 $X = \{x_1, x_2, x_3\}$ 表示之。此 3 點被分割爲 2 群(或類聚)，滿足(b)項，即 A_1 與 A_2，$P = \{A_1, A_2\}$；各點對各群的歸屬度分別爲：

$$A_1 = 0.6/x_1 + 1/x_2 + 0.1/x_3 \;;$$
$$A_2 = 0.4/x_1 + 0/x_2 + 0.9/x_3 \text{。}$$

亦即 x_1 在 A_1 類聚的歸屬度爲 0.6，而在 A_2 類聚的歸屬度爲 0.4，總合爲 1，滿足(a)項。

以下我們將上述理論擴張到多維空間。

對於一個由 $\mathbf{x}_1, \mathbf{x}_2, \ldots, \mathbf{x}_n$ 向量所形成的一個圖樣集合 $\mathbf{X}$，我們將其表示爲：$\mathbf{X} = \{\mathbf{x}_1, \mathbf{x}_2, \ldots, \mathbf{x}_n\}$。其中向量 $\mathbf{x}_k$ 的一般表示式爲：$\mathbf{x}_k = [x_{1k}, x_{2k}, \ldots, x_{pk}] \in \Re^p$，其中 $k \in \mathrm{N}_n$。

而理想的分群法則是希望將 n 個點或 K 個族群完全分離，使得在同一族群中的圖樣特徵或相似性，高於其他族群；而所謂的特徵或相似性，就是該點到類聚中心點的歸屬度大小，故歸屬函數與類聚中心點位置就是 fuzzy c-means 所要求的。爲了求得最佳解，我們定義效能指標，以監控調整過程。

假設在 P 維空間中，已有 c 群的模糊分割(注意：在 fuzzy c-means 中，類聚的個數是已知，只求歸屬函數與類聚中心點位置)，即 $P=\{A_1, A_2, ..., A_c\}$ ，且模糊分割的中心點位置為 $\mathbf{v}_1, \mathbf{v}_2, ..., \mathbf{v}_c$ ，而第 i 個類聚中心點的一般式為：

$$\mathbf{v}_i = \frac{\sum_{k=1}^{n}[A_i(\mathbf{x}_k)]^m \mathbf{x}_k}{\sum_{k=1}^{n}[A_i(\mathbf{x}_k)]^m} \tag{6.25}$$

其中 m 為類聚加權值，作為類聚間的分離指數；當 $m \to \infty$ 時，分群結果愈模糊，而 $m \to 1$ 時，分群結果愈明顯。m 值大小尚無任何理論上的判斷標準，一般取 2。注意由上式知，類聚中心點 $\mathbf{v}_i$ 是資料點 $\mathbf{x}_k$ 在類聚 A_i 的加權平均值；且與資料點 $\mathbf{x}_k$ 在類聚 A_i 歸屬度的 m 冪次方有關。因 $0 \le A_i(\mathbf{x}_k) \le 1$ (依上述之定義(2).a)，且經過 m 的冪次方後，造成離類聚 A_i 愈遠的資料點其歸屬度(代表特徵或相似性)更加速變小。

為求最佳類聚中心點，藉由資料點 $\mathbf{x}_k$ 至類聚中心點 $\mathbf{v}_i$ 之距離與資料點歸屬於某一類聚之程度，定義效能指標為：

$$J_m(P) = \sum_{k=1}^{n}\sum_{i=1}^{c}[A_i(\mathbf{x}_i)]^m \left\|\mathbf{x}_k - \mathbf{v}_i\right\|^2 \tag{6.26}$$

其中 $\|\cdot\|$ 表示在 P 維空間中的內積模(inner product-induced norm)；而 $\|\mathbf{x}_k - \mathbf{v}_i\|^2$ 表示 $\mathbf{x}_k$ 至 $\mathbf{v}_i$ 的距離。此效能指標 $J_m(P)$ 是一種量測方法，亦即將所有類聚，所屬類聚內的所有資料點與各類聚中心點距離的加總。當 $J_m(P)$ 愈小，表示分割的效果愈好。因此 fuzzy c-means 也就是在找 $J_m(P)$ 的極小值，故類聚問題也是最佳化問題。由於類聚中心 $\mathbf{v}_i$ 與歸屬函數 A_i 互為因果關係，因此 fuzzy c-means 的演算法是一種反覆的迭代(iteration)計算。以下為 fuzzy c-means 的演算法執行步驟：

【步驟 1】 設定初始迭代次數 $t=0$ 及給定各資料點在模糊分割的初值，$A_i(\mathbf{x}_k)$；

【步驟 2】 依公式(6.25)計算各類聚中心點 $\mathbf{v}_1, \mathbf{v}_2, ..., \mathbf{v}_c$ ，並選擇參數 m ；

【步驟 3】 以下列式子計算且更新模糊分割 $A_i^{(t+1)}(\mathbf{x}_k)$ ：

對所有 $\mathbf{x}_k \in \mathbf{X}$,

$$若 \left\|\mathbf{x}_k-\mathbf{v}_i^{(t)}\right\|^2>0 \quad 則 \quad A_i^{(t+1)}(\mathbf{x}_k)=\left[\sum_{j=1}^{c}\left(\frac{\left\|\mathbf{x}_k-\mathbf{v}_i^{(t)}\right\|^2}{\left\|\mathbf{x}_k-\mathbf{v}_j^{(t)}\right\|^2}\right)^{\frac{1}{m-1}}\right]^{-1}; \qquad (6.27)$$

$$若 \left\|\mathbf{x}_k-\mathbf{v}_i^{(t)}\right\|^2=0 且 i\in I\subseteq N_c 則 \sum_{i\in I}A_i^{(t+1)}(\mathbf{x}_k)=1;$$

$$若 \left\|\mathbf{x}_k-\mathbf{v}_i^{(t)}\right\|^2=0 且 i\in N_c-I 則 A_i^{(t+1)}(\mathbf{x}_k)=0。$$

【步驟 4】 比較前後兩次的分割之差距，

若 $\max\limits_{i\in N_c,k\in N_n}|A_i^{(t+1)}(\mathbf{x}_k)-A_i^{(t)}(\mathbf{x}_k)|<\varepsilon$ 則停止分類，

否則繼續進行步驟 2，直到執行至預設之迭代次數後停止。

【例 6-7】

我們以下列的 15 點資料，在分爲 2 個類聚的情況下，計算各類聚的中心點。假設模糊分割的初值爲[5]：

$$A_1=0.854/x_1+0.854/x_2+\ldots+0.854/x_{15};$$

$$A_2=0.146/x_1+0.146/x_2+\ldots+0.146/x_{15}$$

k	1	2	3	4	5	6	7	8	9	10	11	12	13	14	15
x_{k1}	0	0	0	1	1	1	2	3	4	5	5	5	6	6	6
x_{k2}	0	2	4	1	2	3	2	2	2	1	2	3	0	2	4

《解》

繪出該 15 個資料點分佈如下圖所示：

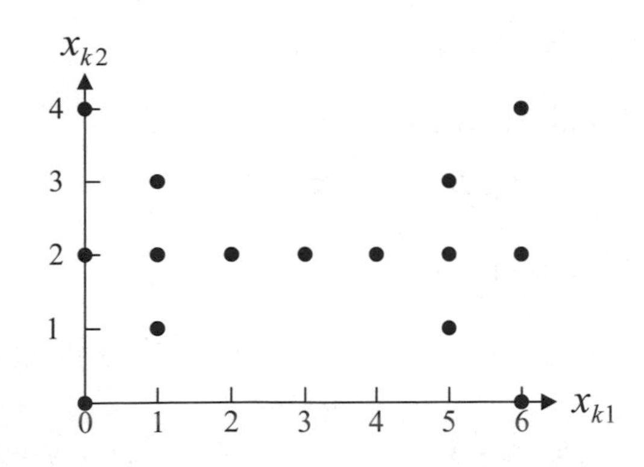

圖 6.15 Fuzzy c-means 中 15 個資料點分佈圖

因分為 2 個類聚，故 $c=2$，令 $m=1.25, \varepsilon=0.01$。經步驟 1 至步驟 4 的 6 次迭代計算後，$\varepsilon=0.064<0.01$，達到停止運算臨界值，此時各資料點於迭代次數 t=6 時之歸屬度如下：

k	1	2	3	4	5	6	7	8	9	10	11	12	13	14	15
$A_1(\mathbf{x}_k)$	0.99	1	0.99	1	1	1	0.99	0.47	0.01	0	0	0	0.01	0	0.01
$A_2(\mathbf{x}_k)$	0.01	0	0.01	0	0	0	0.01	0.53	0.99	1	1	1	0.99	1	0.99

此時，2 個類聚的中心點分別為：

$$\mathbf{v}_1=(0.88,2) \text{ 及 } \mathbf{v}_2=(5.14,2)$$

習 題

[6.1] 重做例題 6.5，但模糊分割的初值改為[5]：

$$A_1=0.8/x_1+\ldots+0.8/x_8+0.2/x_9\ldots+0.2/x_{15}\text{；}$$

$$A_2=0.8/x_1+\ldots+0.8/x_8+0.2/x_9\ldots+0.2/x_{15}\text{。}$$

[6.2] 重做習題 6.1 但將 c 改為 3 與 4。

[6.3]　設有兩條模糊法則如下述[6,7]：

R_1 : If x is A_1 and y is B_1 , Then z is C_1 ；

R_2 : If x is A_2 and y is B_2 , Then z is C_2 。

其個別歸屬函數描述如下：

$$A_1(x)=\begin{cases}\dfrac{x-2}{3}, & 2\le x\le 5\\ \dfrac{8-x}{3}, & 5<x\le 8\end{cases},\quad A_2(x)=\begin{cases}\dfrac{x-3}{3}, & 3\le x\le 6\\ \dfrac{9-x}{3}, & 6<x\le 9\end{cases};$$

$$B_1(y)=\begin{cases}\dfrac{y-5}{3}, & 5\le y\le 8\\ \dfrac{11-y}{3}, & 8<y\le 11\end{cases},\quad B_2(y)=\begin{cases}\dfrac{y-4}{3}, & 4\le y\le 7\\ \dfrac{10-y}{3}, & 7<y\le 10\end{cases};$$

$$C_1(z)=\begin{cases}\dfrac{z-1}{3}, & 1\le z\le 4\\ \dfrac{7-z}{3}, & 4<z\le 7\end{cases},\quad C_2(z)=\begin{cases}\dfrac{z-3}{3}, & 3\le z\le 6\\ \dfrac{9-z}{3}, & 6<z\le 9\end{cases};$$

當輸入變數 $x=4$ 及 $y=8$ 時，請用法則前提滿足度 α 分別為最小值法與乘積法，配合重心法與最大均值法計算其推論輸出 z^* 。

參考文獻

[1] H. Nomura, I. Hayashi, and N. Wakami, "A learning method of fuzzy inference rules by descent method," *Proc. FUZZ-IEEE*, pp.203-210, 1992.

[2] C.-C. Lee, "Fuzzy logic in control system: fuzzy logic controller, Part II," *IEEE Trans. on Systems*, *Man, and Cybernetics*, vol. 20, No. 2, pp.427-430, 1990.

[3] R.R. Yager and D.P. Filev, *Essentials of fuzzy modeling and control*, Interscience Press, pp.123-129, New York, USA, 1998.

[4] W.M. Buijtenen, G. Schram, R. Babuska, and H.B. Verbruggen, “Adaptive Fuzzy Control of Satellite Attitude by Reinforcement Learning,” *IEEE Trans. System on Fuzzy Systems*, vol. 6, no. 2, pp.185-193, 1998.

[5] G.J. Klir and B. Yuan, *Fuzzy sets and fuzzy logic: theory and applications*, Prentice Press, pp.358-362, New Jersey, USA, 1995.

[6] R.R. Yager and L.A. Zadeh, *An introduction to fuzzy logic applications in intelligent systems*, Kluwer Academic Press, Massachusetts, USA, 1992.

[7] 蘇木春、張孝德，機器學習：類神經網路、模糊系統，以及基因演算法則，全華科技圖書公司，第二版，89 年 3 月。

[8] 林昇甫、洪成安，神經網路入門與圖樣辨識，全華科技圖書公司，第二版，85 年 5 月。

[9] 孫宗瀛、王欽輝、侯志陞，Fuzzy 工學，全華科技圖書公司，81 年 12 月。

Chapter 7

模糊化類神經網路

蘇木春

國立中央大學　資訊工程系

7.1 前 言

兩條建立智慧型機器的途徑：一是利用從下而上的類神經網路；另一條路徑就是採用從上而下的模糊系統。類神經網路的最大優點是：它具有學習的能力，但缺點在於它從許多的範例中所歸納出來的概念，是隱藏在一組網路參數中，對我們人類來說，太過抽象而無法理解。模糊系統的優點是，它提供我們一條便捷的路徑，可以善加利用人類處理事物的經驗法則來處理許多工作，更重要的是，它可以提供我們邏輯上的解釋。可是建立模糊系統的瓶頸，就在於那些必要的模糊規則是從何而來？因為要建立一個完整且有效的模糊規則庫(rule base)是無法單靠人類口語所給予的經驗法則來建立的。因此，如何整合類神經網路與模糊系統雙方面的優點，是近幾年來在相關領域中十分重要的研究課題。

7.2 類神經網路

科學界的許多研究者，一直期望能夠設計出一部能像人類大腦一樣，能夠學習及具有智慧的機器，如此一來，許多複雜難解、或有生命危險等高難度的工作，便可以交由此等智慧型的機器來完成。然而如何藉助生物神經系統處理資訊的模式及架構，來設計出有智慧的機器是一大挑戰。

人類的大腦是由大約 10^{11} 個神經細胞 (nerve cells) 所構成，每個神經細胞又經由約 10^4 個突觸 (或譯為 胞突纏絡) (synapses) 與其它神經細胞互相聯結，成為一個高度非線性且複雜但具有平行處理能力的資訊處理系統。至於我們要如何向生物神經網路借鏡呢？當然，第一步是設法模仿單一生物神經元的運作模式，由於整個生物神經元的運作實在是太複雜了，而且還有許多我們目前還不瞭解的地方，因此我們必須做某種程度的簡化，以便將其為何具有資訊處理能力的關鍵結構萃取出來，使得「類神經元」(artificial neuron) 能具有生物神經元相似的單獨處理資訊的能力。

雖然在 1943 年，McCulloch 和 Pitts 已提出第一個類神經元的運算模型 [1]，但是這種類神經元採用的是固定的鏈結值及閥值，因此，沒有所謂的學習能力。不久之後，神經心理學家 Hebb 提出一種理論，他認爲學習現象的發生，乃在於神經元間的突觸產生某種變化 [2]。Rosenblatt 將這兩種創新學說結合起來，孕育出所謂的感知機(perceptron) [3]。基本上，感知機是由具有可調整的鍵結值 (synaptic weights) 以及閥值 (threshold) 的單一個類神經元 (neuron) 所組成。感知機是各種類神經網路中，最簡單且最早發展出來的類神經網路模型，通常被用來做爲分類器(classifier)使用。一個單層的感知機架構可以百分之百地將線性可分割的資料正確分類，但對於線性不可分割的資料而言，卻無法百分之百成功辨識，爲了達成此目的，多層的感知機架構是個變通的方法，問題是在 60 年代的當時，並沒有一個較理想的訓練演繹法可以訓練多層的感知機，由於實際上我們遭遇到的問題通常是線性不可分割的資料，因此感知機的能力便被懷疑，導致研究的中斷，這個問題的解決方法(倒傳遞演算法)是直到 80 年代才被發現，由於這個演繹法的出現，使得類神經網路的研究又再度蓬勃發展。

7.2.1 多層感知機網路

在本章節中我們要介紹類神經網路發展史上相當重要的多層前饋式網路 (Multilayer Feedforward Networks)。基本上，此種網路的輸入層由一組感應器所構成，一層或一層以上的隱藏層，以及一層的輸出層，輸入信號以前饋方式由輸入層傳向輸出層，其中以“多層感知機 (multilayer perceptrons)” 或稱爲“倒傳遞類神經網路 (backpropagation networks)”最被廣泛應用。

圖 7.1 所示爲具有兩層隱藏層的多層感知機網路架構圖。多層感知機的網路學習方式是採用「監督式學習」(supervised learning)，網路的訓練演算法是由屬於錯誤更正學習法則的「倒傳遞演算法」來訓練網路的鍵結值，也可以視爲是最小均方法 (LMS 演算法) 的一種推廣。以下公式的推導及符號用法係參照文獻 [4]-[5]。

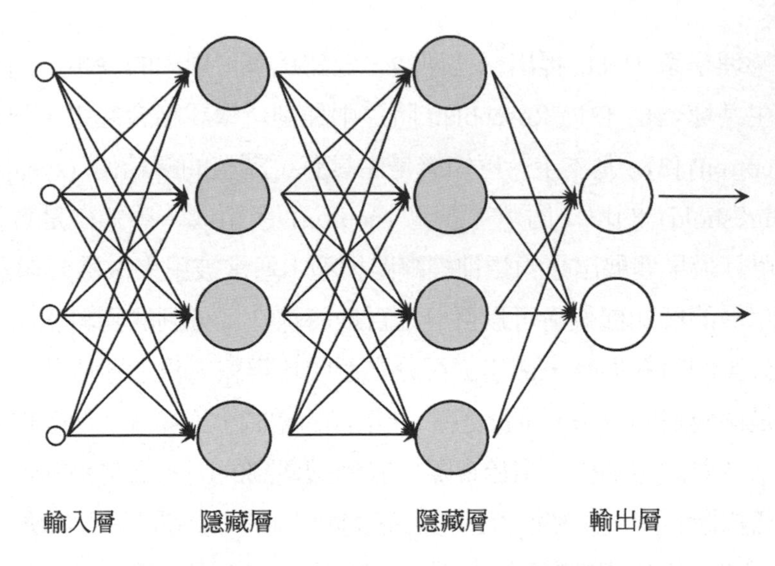

圖 7.1 具有兩層隱藏層的多層感知機網路架構圖(本圖摘自[5])

首先第 j 個類神經元在第 n 次學習循環時的輸出是由下式所計算而得：

$$v_j(n)=\sum_{i=0}^{P} w_{ji}(n)y_i(n) \quad (\text{或 } v_j(n)=\sum_{i=0}^{P} w_{ji}(n)x_i(n)) \tag{7.1}$$

$$y_j(n)=\varphi(v_j(n)) \tag{7.2}$$

其中 p 是第 j 個類神經元的輸入維數(不包括閥值項)。$w_{ji}(n)$ 表示在第 n 次學習循環時，由第 i 個類神經元(或第 i 維輸入圖樣)聯結至第 j 個類神經元的鍵結值。而聯結至固定的輸入值，-1，的鍵結值，w_{j0}，就是第 j 個類神經元的閥值，θ_j。$\varphi(\cdot)$ 表示第 j 個類神經元的活化函數 (activation function)。

我們定義瞬間誤差平方函數 $E(n)$ (就是所有輸出層類神經元的平方差瞬間值總合)爲：

$$E(n)=\frac{1}{2}\sum_{j\in C} e_j^2(n)=\frac{1}{2}\sum_{j\in C}(d_j-y_j(n))^2 \tag{7.3}$$

其中集合 C 是包含所有輸出層類神經元的子集合，d_j 是第 j 個類神經元的期望輸出。令 N 爲輸入訓練資料的個數，則均方差函數定義爲：

$$E_{av}=\frac{1}{N}\sum_{n=1}^{N} E(n) \tag{7.4}$$

對於給定的訓練資料集合，我們可以用瞬間誤差平方函數 $E(n)$ 或均方差函數 E_{av} 來代表網路學習此訓練資料的效能指標，這兩者的差異性只是在於一個是"圖樣學習(pattern learning)"，另一個是"批次學習(batch learning)"。而網路訓練的目標就是要將 $E(n)$ 或 E_{av} 最小化。爲了簡化推導過程中的符號使用複雜度，以下我們採用 $E(n)$ 當作網路訓練的效能指標。

就如同最小均方法，倒傳遞演算法對鍵結值 $w_{ji}(n)$ 的修正量 $\Delta w_{ji}(n)$ 和梯度的估測值，$\partial E(n) / \partial w_{ji}(n)$，成正比關係。根據鍊鎖率(chain rule)，我們可將梯度表示爲：

$$\frac{\partial E(n)}{\partial w_{ji}(n)} = \frac{\partial E(n)}{\partial v_j(n)} \frac{\partial v_j(n)}{\partial w_{ji}(n)} \tag{7.5}$$

根據式(7.1)我們可得

$$\frac{\partial v_j(n)}{\partial w_{ji}(n)} = \frac{\partial}{\partial w_{ji}(n)} \left[\sum_{i=0}^{p} w_{ji}(n) y_i(n) \right] = y_i(n) \tag{7.6}$$

在此我們定義

$$\delta_j(n) = -\frac{\partial E(n)}{\partial v_j(n)} \tag{7.7}$$

那麼鍵結值 $w_{ji}(n)$ 的修正量 $\Delta w_{ji}(n)$ 就可以寫成

$$\Delta w_{ji}(n) = \eta \delta_j(n) \cdot y_i(n) \tag{7.8}$$

其中 η 是學習率參數。因此我們可以根據下式來調整鍵結值

$$w_{ji}(n+1) = w_{ji}(n) + \Delta w_{ji}(n) = w_{ji}(n) + \eta \delta_j(n) y_i(n) \tag{7.9}$$

由式(7.9)可知，要得到鍵結值修正量 $\Delta w_{ji}(n)$，就得先求出 $\delta_j(n)$。我們可以依據第 j 個類神經元所在的位置，來區分爲以下兩種情形：

一、第 j 個類神經元是輸出層的類神經元：

由於位於輸出層的類神經元的期望輸出值是已知的，所以我們可以根據式(7.1)-式(7.3)得到 $E(n)$ 與 $v_j(n)$ 的關係，所以

$$\begin{aligned}\delta_j(n) &= -\frac{\partial E(n)}{\partial v_j(n)} = -\frac{\partial E(n)}{\partial y_j(n)}\frac{\partial y_j(n)}{\partial v_j(n)} \\ &= -\frac{\partial}{\partial y_j(n)}\left[\frac{1}{2}\sum_{j\in c}\left(d_j(n)-y_j(n)\right)^2\right]\cdot\frac{\partial\left(\varphi\left(v_j(n)\right)\right)}{\partial v_j(n)} \\ &= \left(d_j(n)-y_j(n)\right)\varphi'\left(v_j(n)\right)\end{aligned} \tag{7.10}$$

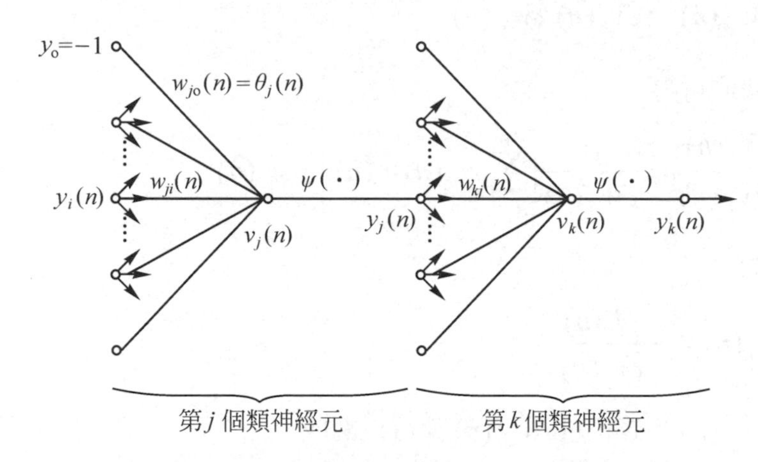

圖 7.2　當第 j 個類神經元是隱藏層的類神經元時的多層感知機模型(本圖摘自[5])

二、第 j 個類神經元是隱藏層的類神經元

由於隱藏層的類神經元沒有其本身期望輸出值的資訊，因此其誤差函數的計算，必須由其所直接連結的類神經元以遞迴的方式爲之；此種計算方式也是倒傳遞演算法最複雜的部份。如圖 7.2 所示，當第 j 個類神經元是隱藏層的類神經元時，對此第 j 個類神經元之 $\delta_j(n)$ 的定義仍然是：

$$\delta_j(n) = -\frac{\partial E(n)}{\partial y_j(n)}\frac{\partial y_j(n)}{\partial v_j(n)} = -\frac{\partial E(n)}{\partial y_j(n)}\varphi'(v_j(n)) \tag{7.11}$$

現在的問題是$\partial E(n)/\partial y_j(n)$該如何求得？因爲我們無法一眼看出$E(n)$與$y_j(n)$的函數關係，因此必須想辦法先找出$y_j(n)$與輸出層的類神經元的關係後，才能求出$\partial E(n)/\partial y_j(n)$。從圖 7.2 我們發現$y_j(n)$是透過$w_{kj}(n)$來聯結第 k 個輸出類神經元，因此，我們再一次使用鍊鎖率(chain rule)來計算$\partial E(n)/\partial y_j(n)$，推導如下：

$$\frac{\partial E(n)}{\partial y_j(n)} = \sum_k \frac{\partial E_n(n)}{\partial v_k(n)}\frac{\partial v_k(n)}{\partial y_j(n)} = \sum_k \frac{\partial E(n)}{\partial v_k(n)} w_{kj}(n) \tag{7.12}$$

既然我們剛才假設第 k 個類神經元是輸出層的類神經元，所以根據式(7.10)可得

$$\frac{\partial E(n)}{\partial v_k(n)} = -\delta_k(n) = -(d_k(n) - y_k(n))\varphi'(v_k(n)) \tag{7.13}$$

將式(7.11)與式(7.13)代入式(7.12)可得：

$$\delta_j(n) = \varphi'(v_j(n))\sum_k \delta_k(n) w_{kj}(n) = \varphi'(v_j(n))\sum_k (d_k(n) - y_k(n))\varphi'(v_k(n)) w_{kj}(n) \tag{7.14}$$

在計算每一個類神經元的區域梯度函數，$\delta(n)$，時，需要知道該類神經元活化函數，$\varphi(\cdot)$，微分的資訊。而要使其微分值存在，活化函數必須是**連續可微分**的。在多層感知機裡，活化函數最常使用的是對數型式的「sigmoidal 函數」，對第 j 個類神經元而言，定義如下：

$$y_j(n) = \varphi(v_j(n)) = \frac{1}{1+\exp(-v_j(n))}, \quad -\infty < v_j(n) < \infty \tag{7.15}$$

其中$v_j(n)$是第 j 個類神經元的內部激發狀態。由式(7.15)可知，該類神經元的輸出值範圍是$0 \le y_j \le 1$。將式(7.15)對第 j 個類神經元的內部激發狀態，$v_j(n)$，偏微分可得：

$$\begin{aligned}\frac{\partial y_j(n)}{\partial v_j(n)} &= \varphi'\left(v_j(n)\right) \\ &= \frac{\exp\left(-v_j(n)\right)}{\left[1+\exp\left(-v_j(n)\right)\right]^2}\end{aligned} \tag{7.16}$$

將式(7.15)代入式(7.16)消去指數項，$\exp\left(-v_j(n)\right)$，可以得到活化函數的偏微分爲：

$$\varphi'\left(v_j(n)\right) = y_j(n)[1-y_j(n)] \tag{7.17}$$

現在我們將上述倒傳遞演算法的推導過程作一個總結：

一、如果第 j 個類神經元是輸出層的類神經元

$$\begin{aligned}\delta_j(n) &= e_j(n)\varphi'\left(v_j(n)\right) \\ &= \left(d_j(n)-O_j(n)\right)O_j(n)\left(1-O_j(n)\right)\end{aligned} \tag{7.18}$$

其中$O_j(n)$是第 j 個類神經元(位於輸出層)的實際輸出值。

二、如果第 j 個類神經元是隱藏層的類神經元

$$\begin{aligned}\delta_j(n) &= \varphi'\left(v_j(n)\right)\sum_k \delta_k(n)w_{kj}(n) \\ &= y_j(n)\left(1-y_j(n)\right)\sum_k \delta_k(n)w_{kj}(n)\end{aligned} \tag{7.19}$$

倒傳遞演算法的計算過程可區分爲兩個階段，第一個階段是前饋階段，算出每個類神經元的輸出；第二個階段是倒傳遞階段。在前饋階段時，網路的鍵結值向量皆保持不變，每個類神經元依序計算對於輸入向量所產生之輸出值。相反地，在倒傳遞階段的計算過程裡，起始於網路的輸出層，依序地將誤差信號往回傳遞，以遞迴的方式計算每一個類神經元的區域梯度函數，並且在此遞迴運算的過程中，依照式(7.18)-式(7.20)來計算鍵結修正量：

$$\begin{pmatrix}\text{鍵結值}\\ \text{修正量}\\ \Delta w_{ji}(n)\end{pmatrix} = \begin{pmatrix}\text{學習率}\\ \text{參數}\\ \eta\end{pmatrix} \cdot \begin{pmatrix}\text{區域}\\ \text{梯度函數}\\ \delta_j(n)\end{pmatrix} \cdot \begin{pmatrix}\text{第}j\text{個類神經元}\\ \text{的輸入向量}\\ y_i(n)\end{pmatrix} \tag{7.20}$$

倒傳遞演算法的學習過程應於何時終止呢？一個合理的想法就是找到 $\underline{w}^*$ 使得 $\partial E(n)/\partial \underline{w}^* = 0$。問題是，要能找到這組解並不容易，所以通常我們可以設定倒傳遞演算法的終止條件爲：

1. **當鍵結值向量的梯度向量小於一事先給定之閥值時則予以終止**。這種方法的缺點是可能需要很長的學習時間；且需要額外的計算量來計算鍵結值向量的梯度向量。另一個替代方式是當整體的誤差函數，$E_{av}(\underline{w})$，趨於收斂時，停止演算法的學習過程。因此倒傳遞演算法的終止條件也可以是：
2. **在學習循環裡的均方差值小於一事先給定之誤差容忍值時(或辨識率大於一事先給定之下限)則予以終止**。我們也可以將上述方法改爲，在學習循環裡的各別均方差的最大值小於一事先給定之誤差容忍值時則予終止。另一種網路的終止方式是：
3. **當學習循環的次數達到一最大值時予以終止**。以上終止條件可一起搭配使用，以達到學習的目的。

當我們想利用多層感知機來解決問題時，首先必須解決的問題是**(1)該用幾層的架構？以及(2)每一層的類神經元的數目是多少**？實際上，上述兩個問題都沒有一個經過嚴謹分析後所提供的解答，通常都是以嘗試錯誤法來尋找最佳結構。但是，**理論上，感知機只需要兩層架構，再加上隱藏層上的類神經元數目夠多的話，此感知機的輸出便可逼近任意連續函數，亦即可以成爲“通用型逼近器(universal approximator)”[6]-[8]**。

至於如何測試網路的推廣能力(generalization)是否良好？通常我們將所搜集到的資料以隨機的方式分爲訓練集與測試集，利用訓練集的資料來調整網路的鍵結值—即訓練網路，然後再用測試集的資料來驗證網路的推廣能力，因爲網路從未見過測試集的資料，若網路反應良好，則表示推廣能力強，至於訓練集與測試集的大小比例該選取多少，則沒有一定的規範。

多層感知機的應用十分廣泛，我們無法一一列舉，因此，以下介紹的是一些常見的應用：心臟病的診斷 [9]、聲納波的辨識 [10]、語音辨認 [11] 控制器設計 [12]-[13]、系統鑑別 [14]、NETtalk [15]、無人駕駛車 [16]、手寫郵遞區號碼辨識 [17] 等等。

雖然多層感知機的應用十分廣泛，但是此種類神經網路的一項最大缺點就是無法提供邏輯上的解釋，在許多的應用上 ，譬如說，在醫學的診斷上，邏輯上的解釋是十分重要的，否則，單靠一個黑盒子般的類神經網路輸出，是無法說服病人該不該接受某種醫療措施的。因此，有許多學者便希望能從訓練好的類神經網路的鍵結值中萃取出明確或模糊規則來，以便建立專家系統或模糊系統。

7.2.2 放射狀基底函數網路

所謂的"放射狀基底函數網路 (radial basis function network, 簡稱爲 RBFN)"是一種層狀的類神經網路[18]-[19]，基本上其網路架構如圖 7.3 所示，爲兩層的網路；假設輸入維度是 p，以及隱藏層類神經元的數目是 J，那麼網路的輸出可以表示成：

$$\begin{aligned} F(\underline{x}) &= \sum_{j=1}^{J} w_j \varphi_j(\underline{x}) + \theta \\ &= \sum_{j=0}^{J} w_j \varphi_j(\underline{x}) \end{aligned} \tag{7.21}$$

其中 $\underline{x} = (x_1, \cdots, x_p)^T$ 代表輸入向量，w_j 代表第 j 個隱藏層類神經元到輸出類神經元的鍵結值，$\theta = w_0$ 代表可調整的偏移量，$\varphi_j(\underline{x})$ 代表計算第 j 個隱藏層類神經元輸出值的基底函數，相對於所謂的活化函數，而必須注意的是，輸出層的類神經元所使用的活化函數是線性的函數，以及 $F(\underline{x})$ 代表網路的輸出函數。高斯函數爲較常被使用到的基底函數：

$$\varphi_j(\underline{x}) = \exp\left(-\frac{\| \underline{x} - \underline{m}_j \|^2}{2\sigma_j^{\,2}}\right) \ , \quad j = 1, 2, \cdots, J \tag{7.22}$$

其中 σ_j 及 $\underline{m}_j = (m_{j1}, \cdots, m_{jp})^T$ 都是屬於放射性基底函數的可調整參數。

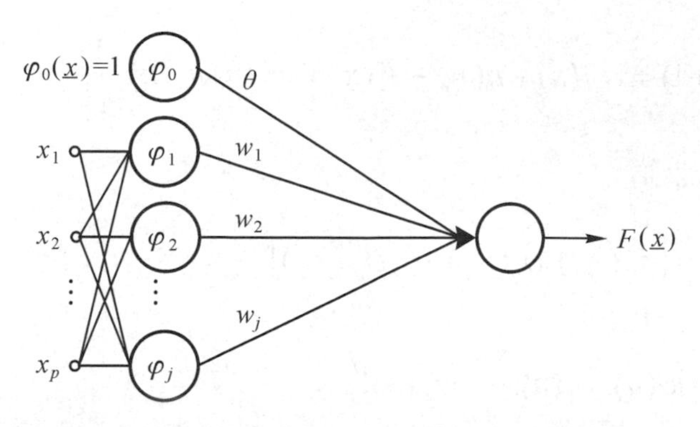

圖 7.3　放射狀基底函數網路的架構(本圖摘自[5])

假設訓練集中有 N 個輸入-輸出對 $(\underline{x}_1, y_1), \cdots, (\underline{x}_N, y_N)$，我們想要訓練上述的放射狀基底函數網路，來完成此種函數逼近的工作。由於此種網路的每一層類神經元所執行的工作性質都不相同，隱藏層類神經元執行非線性的空間轉換，他們將輸入向量 $\underline{x}_i = (x_{i1}, \cdots, x_{ip})^T$ 轉換成 $\underline{\varphi}(\underline{x}_i) = (\varphi_0(\underline{x}_i), \varphi_1(\underline{x}_i), \cdots, \varphi_J(\underline{x}_i))^T$；而輸出類神經元執行的是，將此轉換後的向量作線性組合，亦即執行 $\sum_{j=0}^{J} w_j \varphi_j(\underline{x}_i)$ 的計算。所以放射狀基底函數網路的訓練方式，可以有不同於多層感知機的訓練方式，目前已有各種有關訓練放射狀基底函數網路的演算法被廣泛地探討，它們大部分包含了兩個階段的學習過程：首先是在隱藏層中節點的學習，接著是在輸出節點的學習。隱藏層中節點的學習主要是使用非監督式的方法 (如群聚分析演算法則) 來調整基底函數的可調參數；而輸出節點則是採監督式的方法 (如最小平方法或梯度法則) 來調整 w_j。

當然，訓練效果最好的是將所有參數都一起調整，此時，我們便可利用非監督式的方法來初使化基底函數的可調參數，再利用倒傳遞演算法則的方式調整所有網路參數，基本上，就是往均方誤差函數的梯度反方向調整。以式(7.22)中的高斯函數爲網路的基底函數爲例，所推導而得的調整公式如下：

$$\underline{w}(n+1) = \underline{w}(n) + \eta(y_n - F(\underline{x}_n))\underline{\varphi}(\underline{x}_n) \tag{7.23}$$

$$\underline{m}_j(n+1) = \underline{m}_j(n) + \eta(y_n - F(\underline{x}_n))w_j(n)\varphi_j(\underline{x}_n)\frac{1}{\sigma_j^3}(\underline{x}_n - \underline{m}_j(n)) \tag{7.24}$$

$$\sigma_j(n+1)=\sigma_j(n)-\eta(y_n-F(\underline{x}_n))w_j(n)\varphi_j(n)\frac{1}{\sigma_j^3}\left\|\underline{x}_n-\underline{m}_j(n)\right\|^2 \quad (7.25)$$

其中

$$\underline{\varphi}(\underline{x}_n)=\left[\varphi_0(\underline{x}_n),\varphi_1(\underline{x}_n),\cdots,\varphi_J(\underline{x}_n)\right]^T \quad (7.26)$$

$$\varphi_0(\underline{x}_n)=1 \quad (7.27)$$

$$\underline{w}(n)=\left[\theta(n),w_1(n),\cdots,w_J(n)\right]^T \quad (7.28)$$

基本上，放射狀基底函數網路有快速學習的好處，因此可以作為即時系統(real time)，但缺點是隱藏層類神經元的數目可能會很多，所以，需要較大的記憶空間來儲存相關的參數值。此外，放射狀基底函數網路的輸出可逼近任意連續函數，亦即可以成為"通用型逼近器(universal approximator)" [20]-[21] 。

事實上，**放射狀基底函數網路可以視為實現一個模糊系統的網路基礎架構 [5]**。在某種意義上，放射狀基底函數網路中隱藏層的節點數目可以對應成模糊系統裡的規則數目；式(7.22) 中的高斯基底函數則對應成模糊歸屬函數；網路的輸出就是一個中心平均解模糊化機構(center average defuzzifier)。因此，從訓練好的放射狀基底函數網路的鍵結值中可以萃取出以下之模糊規則：

If $\underline{x}$ is A^j
Then $F(\underline{x})$ is w_j (7.29)

其中 A^j 代表一個擁有歸屬函數 $\varphi_j(\underline{x})$ 之模糊集合。

7.3 模糊系統

模糊系統(fuzzy system)已廣泛地應用於自動控制、圖樣識別(pattern recognition)、決策分析(decision analysis)、以及時序信號處理等方面。一般而言，要設計一個模糊系統，基本上可歸納出下列兩種方式：

1. **最直接的方式就是經由詢問人類專家而得**：將專家的知識與經驗以"If-Then- 的語言陳述形式來表達。

2. 經由訓練法則：首先收集一組輸入輸出的資料集合，再利用適當的鑑別技術來建構模糊系統。

然而由人類專家所指定的語意式模糊規則所建立的模糊系統，若直接應用於工程上，則略顯粗糙且通常不能達到所需的精確度，其理由如下：

1. 當人類專家試著將其專業知識轉成語意式模糊規則時，一些重要的資訊可能會遺漏；換句話說，人類專家往往無法完整地提供所有必需的語意式模糊規則，以致於規則庫的不完全，所以無法處理所有可能面對的情況。
2. 雖然語意式的模糊規則提供了一個快速建立模糊系統的方法，然而其效果則深受(1)規則庫的完全與否，以及(2)所使用的歸屬函數是否能正確地反應出輸入/輸出變數間的模糊關係所影響。

因此第二種方式 (經由訓練法則方式) 較爲被廣泛採用，當然兩者也可混合使用。利用資料集合設計模糊系統時，必須定義規則的數目，前鑑部和後鑑部的架構，歸屬函數以及其他相關的參數，此種作法往往牽涉到如何分割輸入及輸出變數空間，以及如何建立模糊規則中前鑑部以及後鑑部之相對映關係。這些方法所建立起來的模糊規則，可以依照輸入空間的切割方式分成以下兩類：

1. 均勻式切割法：圖 7.4 說明了此種均勻式切割模糊空間的方法；此種方法的主要缺點是若輸入向量的維度很高時，會導致模糊規則的數目增長得很快，產生計算耗時及記憶空間龐大的問題。

2. 非均勻式切割法：爲了克服均勻式切割法的缺點，我們其實可以直接切割整個模糊空間成許多個模糊集合，而不是在每一輸入維度上切割，這個概念可以用圖 7.5 來加以說明。這種方法雖然可以有效地降低所需的規則數目、以及反映出變數間的關連性，但付出的代價有二：(1)增加後續建模 (modeling) 工作的困難度（即規則數目的選定及歸屬函數的參數之調整等工作）；(2) 此種模糊規則較不易解讀。

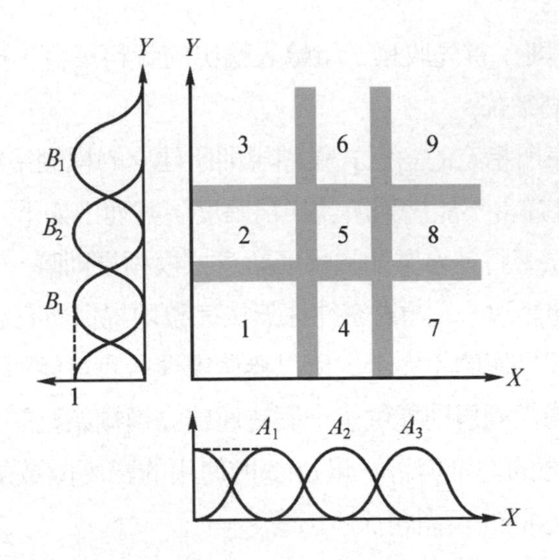

圖 7.4　均匀式切割法(本圖摘自[5])

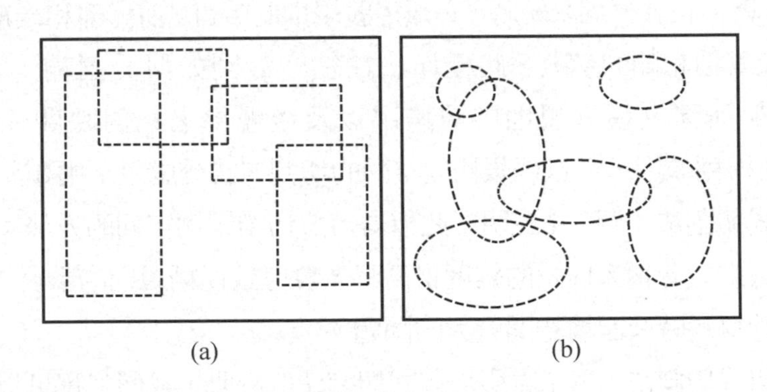

圖 7.5　非均匀式切割法(本圖摘自[5])

7.4　模糊化類神經網路

至於如何從訓練資料中萃取出模糊規則呢？可行的方法是利用類神經網路的學習特質，想辦法從數值型資料中，藉著鍵結值的調整，歸納出相關的輸入/輸出關係，然後，再從網路的鍵結值中，萃取出模糊規則來。這些方法基本上可以用圖 7.6 來說明，我們可以想辦法讓類神經網路中隱藏層類神經元的輸入/輸出關係，表現爲：

1.　均匀式切割法：

模糊規則 R^j ：If $(x_1 \text{ is } A_1^j)\text{AND}(x_2 \text{ is } A_2^j)\text{AND}\ldots\text{AND}(x_p \text{ is } A_p^j)$

Then $y \text{ is } B^j$ (7.30)

或

2. 非均勻式切割法：

模糊規則 R^j ：If $\underline{x} \text{ is } A^j$

Then $y \text{ is } B^j$ (7.31)

的型式；而輸出類神經元扮演的角色即爲去模糊化單元；網路的訓練即是找出最佳的參數解。

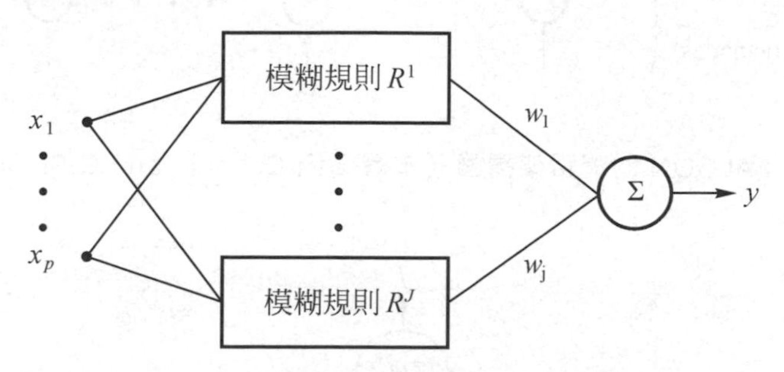

圖 7.6 模糊化之類神經網路(本圖摘自[5])

因此如何結合類神經網路(neural network)的學習能力來設計一個模糊系統已受到各個研究領域的關注，例如：模糊適應性學習控制網路(fuzzy adaptive learning control systems)[22] (圖 7.7)、倒傳遞模糊系統(back-propagation fuzzy systems)[23]-[24](圖 7.8)、適應性類神經模糊推論系統(adaptive neuro-fuzzy inference systems)[25] (圖 7.9)、模糊多維矩形複合式類神經網路(fuzzy hyperrectangular composite neural networks)[26]-[27]、以自我組織特徵映射圖爲基礎之模糊系統(self-organizing feature map-based fuzzy systems) [28]-[29]等等。各個模糊化類神經網路都各有優缺點及其本身強調的重點。

以下章節只介紹"模糊化多維矩形複合式類神經網路" 及 "以自我組織特徵映射圖爲基礎之模糊系統" 這兩種模糊化類神經網路，其餘之模糊化類神經網路請參考相關文獻。

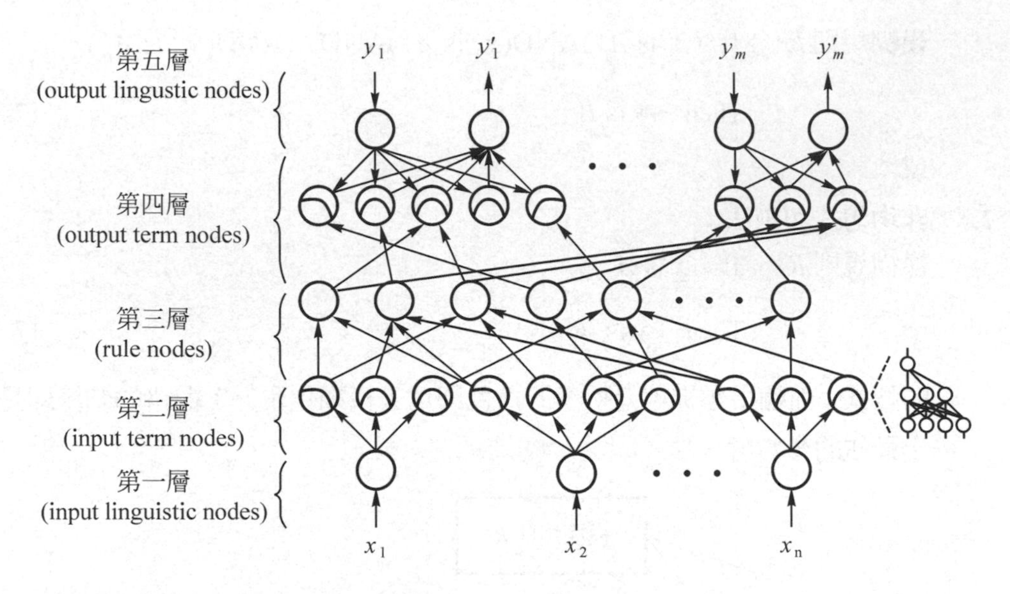

圖 7.7　模糊系統 FALCON 的網路架構圖（本圖摘自 C.T. Lin and C.S. George Lee [22]）

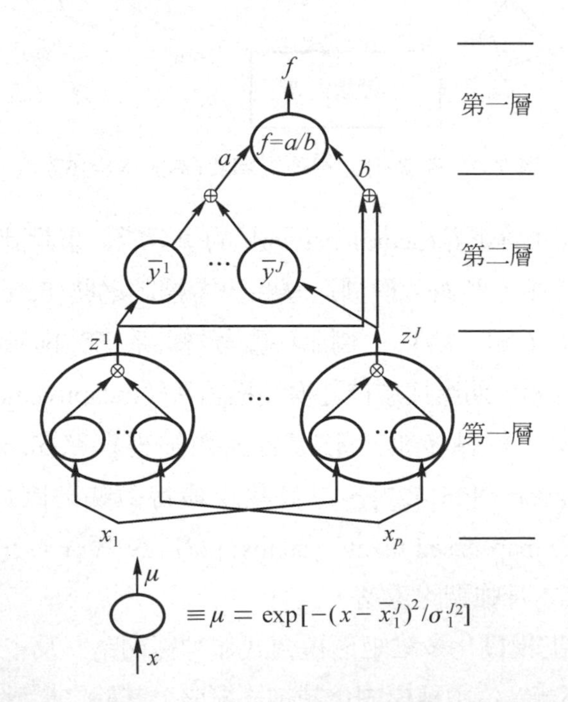

圖 7.8　「模糊邏輯系統的網路化表示法」之網路架構（本圖摘自 L.-X. Wang [24]）

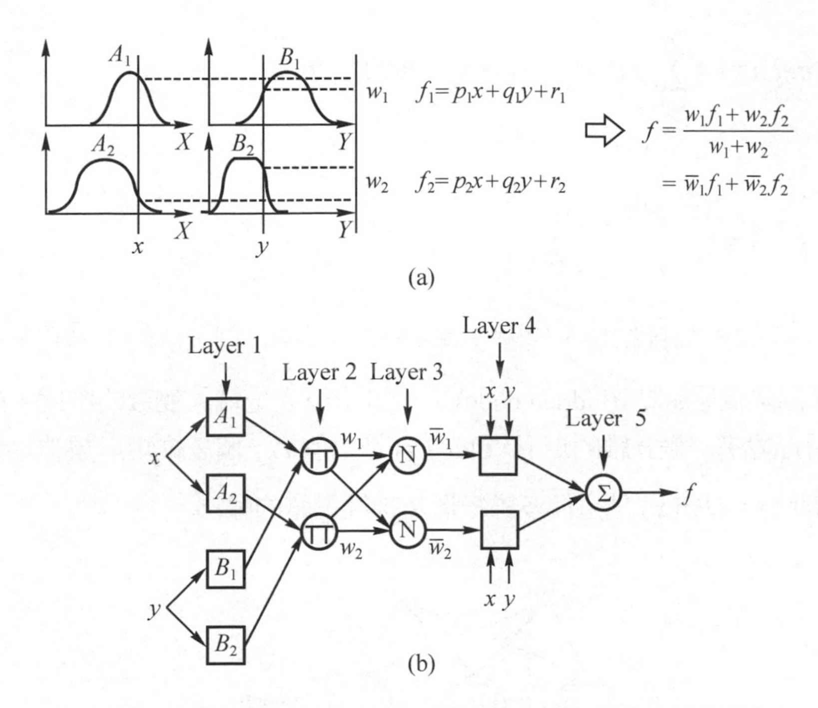

圖 7.9　(a)函數式模糊規則的模糊推論過程；(b)相對應於函數式模糊規則的 ANFIS 架構（本圖摘自 J.-S. Roger Jang *et. al.* [25]）

7.4.1　模糊化多維矩形複合式類神經網路

在介紹模糊多維矩形複合式類神經網路(Fuzzy HyperRectangular Composite Neural Networks 簡稱爲 FHRCNNs)之前，我們先介紹多維矩形複合式類神經網路[30]-[31] (HyperRectangular Composite Neural Networks 簡稱爲 HRCNNs) 。

7.4.1.1　多維矩形複合式類神經網路

多維矩形複合式類神經網路的輸出入函式可以用下列的方程式來描述，其隱藏節點是一個多維矩形複合式的類神經元，如圖 7.10 所示：

$$Out(\underline{x}) = f(\sum_{j=1}^{J} Out_j(\underline{x}) - \eta), \tag{7.32}$$

$$Out_j(\underline{x}) = f(net_j(\underline{x})), \tag{7.33}$$

$$net_j(\underline{x}) = \sum_{i=1}^{p} f((M_{ji} - x_i)(x_i - m_{ji})) - p \tag{7.34}$$

其中

$$f(x) = \begin{cases} 1 & if \quad x \geq 0 \\ 0 & if \quad x < 0 \end{cases} \tag{7.35}$$

M_{ji} 和 m_{ji} 是可調整的鍵結值，代表一個 p 維矩形在第 i 個維度的上界和下界，下標 j 代表第 j 個隱藏層節點 (hidden node) 的索引值，p 是輸入變數的維度，亦即在每一個隱藏層節點有一個 n 維的矩形，$Out_j(\underline{x})$ 是這個第 j 個多維矩形類神經元的輸出 (其值非 0 即 1)，$Out(\underline{x})$ 是這個多維矩形類神經網路的輸出。

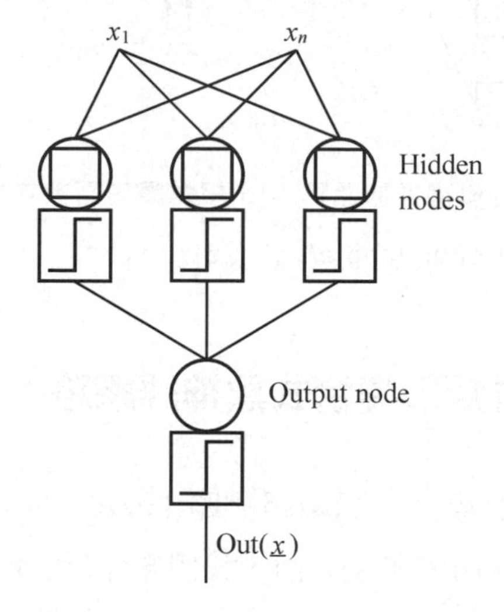

圖 7.10　多維矩形複合式類神經網路 HRCNN 之圖形表示法

假設此類神經網路有 J 個隱藏層節點時，我們可以從鍵結值中萃取出以下之分類規則：

$$
\begin{aligned}
&IF(\underline{x} \in [m_{11}, M_{11}] \times ... \times [m_{1p}, M_{1p}]) \\
&THEN \quad Out(x) = 1 \text{；} \\
&\quad \vdots \\
&IF(\underline{x} \in [m_{J1}, M_{J1}] \times ... \times [m_{Jp}, M_{Jp}]) \\
&THEN \quad Out(x) = 1 \text{；} \\
&ELSE \quad Out(x) = 0 \text{；}
\end{aligned}
\tag{7.36}
$$

7.4.1.2 監督式決定導向學習演算法

我們利用如圖 7.11 所示的監督式決定導向學習 (Supervised Decision-Directed Learning，簡稱 SDDL) 演算法來訓練這個多維矩形複合式類神經網路，這個監督式決定導向學習演算法會產生一個兩層的前饋式網路，而且在訓練過程中可依需要逐步增加隱藏層的節點，在訓練完成之後，所有的圖樣均能被正確地辨識，同時分類規則能夠很容易地以 If-Then 的形式萃取出來。

首先，所有的訓練圖樣將被區分爲兩群，分別爲 (1) 我們想要獲得知識的**正例** (positive pattern)，及 (2) 相對於正例的**負例** (counterexample)。在正群中任意地選取一個種子圖樣 (seed pattern) 作爲初始知識 (initial concept) 之後，此初始知識是以一個包含了此種子圖樣的多維矩形來表現 (此一初始多維矩形必須不能包含任何負例)，接著持續地推廣此初始知識 (generalization) 以包含所有的正例。當此初始多維矩形爲了學習 (包含)下一個正例，它必須被擴展以便將此正例包含在多維矩形內，但若所擴展的多維矩形包含了負例，這個被擴展的多維矩形必須縮小以排除所被包含的所有負例，但有一基本原則—此多維矩形不能縮小到無法包含原先的多維矩形，這是要確保每一個多維矩形至少辨識出一個圖樣。此一擴展又縮小的過程一直會被重復到所有正例都被處理過，此一多維矩形就代表一個隱藏層節點，只要還有其他正例未被辨識出 (即被此一多維矩形所包含)，則此演算法會自動在剩餘之正例中選取另一個種子圖樣重復上述擴展又縮小的過程，直到全部的正例均被辨識出爲止，此過程可以用圖 7.12 說明。

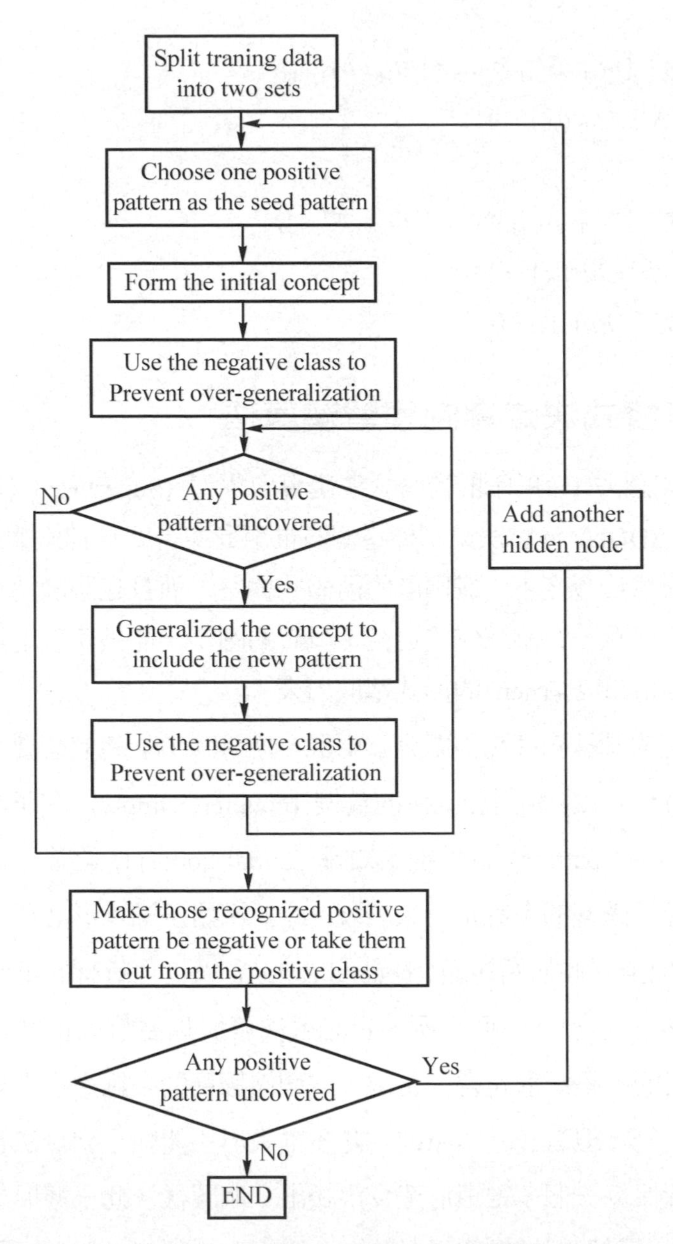

圖 7.11　監督式決定導向學習演算法

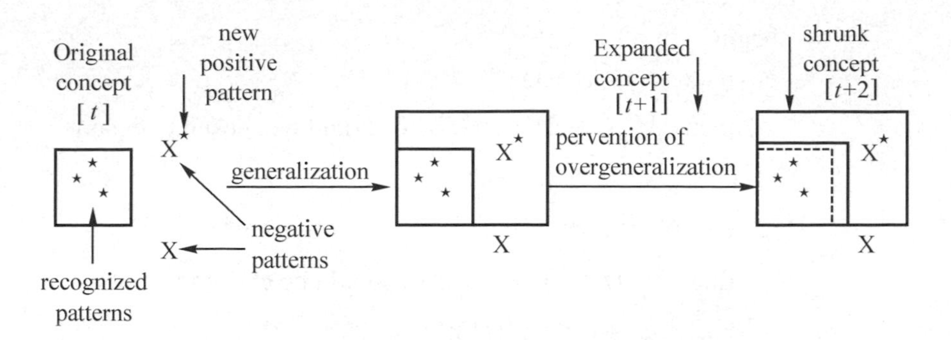

圖 7.12　監督式決定導向學習演算法的圖例說明

此監督式決定導向學習演算法的好處是在訓練完成之後，所有的圖樣均能被正確地辨識，但付出的代價是計算量會隨著訓練資料數目的增加而增加。此外，隱藏層節點的數目和圖樣分佈的特性大大有關，最差的情況就是隱藏層節點的數目會和正例數目一樣多。最後附上此監督式決定導向學習演算法中最重要的兩個虛擬程式碼 (pseudo codes)：

Procedure of generalization (多維矩形的擴展)

begin ($\underline{x}$ is a positive pattern)

for i from 1 to dimensions-of-input

begin

if $x_i > M_{ji}(t)$

then $M_{ji}(t+1) = x_i + \varepsilon$;

else if $x_i < m_{ji}(t)$

then $m_{ji}(t+1) = x_i - \varepsilon$;

end;

end;

end;

Procedure of prevention-of-overgeneralization　(多維矩形的縮小)

begin ($\underline{x}$ is a counterexample)

for i from 1 to dimensions-of-input

begin

if $x_i < M_{ji}(t+1)$

then $M_{ji}(t+2) = x_i - \delta$ (δ should be chosen to ensure

$x_i - \delta \geq M_{ji}(t)$);

else if $x_i > m_{ji}(t+1)$

then $m_{ji}(t+2) = x_i + \delta$ (δ should be chosen to ensure

$x_i + \delta \leq m_{ji}(t)$);

end;

end;

end;

最後，由多維矩形複合式類神經網路萃取出來的規則，可依該規則認得的圖樣多寡依序排列，以代表此規則的重要行性。

7.4.1.3 模糊化多維矩形複合式類神經網路

基本上，「模糊化多維矩形複合式類神經網路(Fuzzy HyperRectangular Composite Neural Networks 簡稱 FHRCNNs)」是將「多維矩形複合式類神經網路模糊化之後而得到的 [26]-[27]。模糊化多維矩形複合式類神經網路(FHRCNN)的圖形表示法如圖 7.13 所示，其中採用了一個特殊的歸屬函數 $m_j(\underline{x})$，來代替式（7.35）所定義之硬限制器函數 $f(x)$ 。歸屬函數 $m_j(\underline{x})$ 是用來量測輸入資料與多維矩形間的相似程度性。

模糊化多維矩形複合式類神經網路的數學表示法如下：

$$Out(\underline{x}) = \sum_{j=1}^{J} w_j m_j(\underline{x}) + \theta \tag{7.37}$$

$$m_j(\underline{x}) = \exp\left\{ -s_j^2 \left[per_j(\underline{x}) - per_j \right]^2 \right\} \tag{7.38}$$

$$per_j = \sum_{i=1}^{p} \left(M_{ji} - m_{ji} \right) \tag{7.39}$$

以及

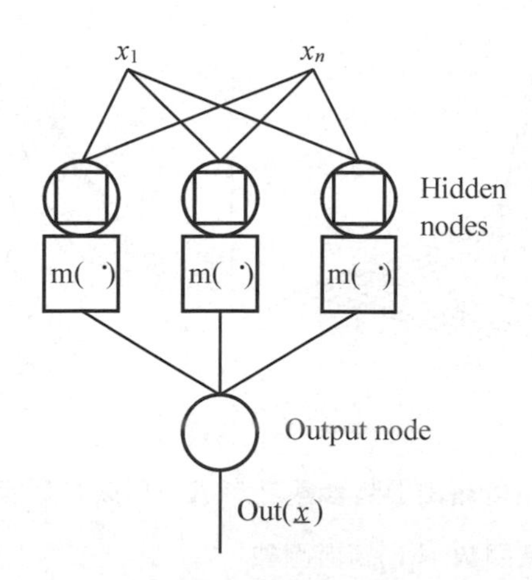

圖 7.13　模糊化多維矩形複合式類神經網路 FHRCNN 之圖形表示法

$$per_j(\underline{x}) = \sum_{i=1}^{p} \max\left(M_{ji} - m_{ji}, x_i - m_{ji}, M_{ji} - x_i\right) \tag{7.40}$$

其中 w_j 是隱藏層中第 j 個類神經元到輸出類神經元的鍵結值，s_j 是歸屬函數中的敏感因子，θ 是一個可調整的偏移量；很明顯地，我們可以發現 FHRCNN 的輸出函數，是 J 個模糊規則的線性加權組合。另外，必須強調的是，由式（7.38）至式（7.40）中可以發現，歸屬函數 $m_j(\underline{x})$ 比傳統的高斯函數更具有彈性，因爲歸屬函數 $m_j(\underline{x})$ 可以藉由調整參數的方式，形成類似步階函數或是高斯函數，如圖 7.14(a)與圖 7.14(b)所示。網路經過充分訓練之後，我們可以從鍵結值中萃取出以下的模糊規則：

$$\begin{aligned} &\text{If } \left(\underline{x} \text{ is } HR_1\right) \quad \text{Then } \; Out(\underline{x}) \text{ is } w_1; \\ &\cdots \\ &\text{If } \left(\underline{x} \text{ is } HR_J\right) \quad \text{Then } \; Out(\underline{x}) \text{ is } w_J. \end{aligned} \tag{7.41}$$

其中 HR_j 代表由 $[m_{j1}, M_{j1}] \times \cdots \times [m_{jp}, M_{jp}]$ 所定義的模糊集合，其相關之歸屬函數是 $m_j(\underline{x})$。輸出類神經元執行的是類似「中心平均法」之去模糊化運算。

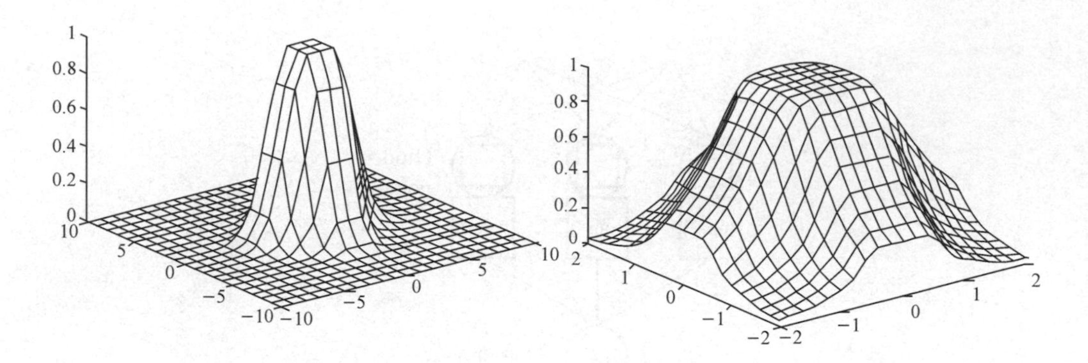

圖 7.14 歸屬函數 $m_j(\underline{x})$ 可以藉由調整參數之方法，形成類似步階函數或高斯函數形成之歸屬函數。(a)步階函數；(b)高斯函數

至於參數的調整方法，我們可利用倒傳遞演算法則的方式訓練網路，基本上，就是要最小化以下的目標函數：

$$E=\frac{1}{2}(Out(\underline{x})-d(\underline{x}))^2 \tag{7.42}$$

根據梯度坡降法，對於相關參數所推導得到之調整公式如下：

$$w_j(n+1)=w_j(n)-\eta\frac{\partial E}{\partial w_j(n)}=w_j(n)+\eta(Out(\underline{x})-d(\underline{x}))m_j(\underline{x}) \tag{7.43}$$

$$\theta(n+1)=\theta(n)-\eta\frac{\partial E}{\partial\theta(n)}=\theta(n)+\eta(Out(\underline{x})-d(\underline{x})) \tag{7.44}$$

$$\begin{aligned}s_j(n+1)&=s_j(n)-\eta\frac{\partial E}{\partial s_j(n)}\\&=s_j(n)+\eta(Out(\underline{x})-d(\underline{x}))w_j(n)m_j(\underline{x})(-2s_j(n))(Per_j(\underline{x})-Per_j)^2\end{aligned} \tag{7.45}$$

$$\begin{aligned}M_{ji}(n+1)&=M_{ji}(n)-\eta\frac{\partial E}{\partial M_{ji}(n)}=M_{ji}(n)+\eta\frac{\partial E}{\partial Out(\underline{x})}\frac{\partial Out(\underline{x})}{\partial m_j(\underline{x})}\frac{\partial m_j(\underline{x})}{\partial M_{ji}(n)}\\&=M_{ji}(n)+\begin{cases}\eta(Out(\underline{x})-d(\underline{x}))w_jm_j(\underline{x})s_j^2(n)2(Per_j(\underline{x})-Per_j) & if\quad x_i>M_{ji}(\text{n})\\0 & o.w.\end{cases}\end{aligned} \tag{7.46}$$

$$m_{ji}(n+1)=m_{ji}(n)-\eta\frac{\partial E}{\partial m_{ji}(n)}=m_{ji}(t)+\eta\frac{\partial E}{\partial Out(\underline{x})}\frac{\partial Out(\underline{x})}{\partial m_j(\underline{x})}\frac{\partial m_j(\underline{x})}{\partial m_{ji}(n)}$$

$$=m_{ji}(n)+\begin{cases}\eta(Out(\underline{x})-d(\underline{x}))w_j m_j(\underline{x})(-s_j^2(n))2(Per_j(\underline{x})-Per_j) & if \quad x_i<m_{ji}(\mathrm{n})\\ 0 & o.w.\end{cases}$$

(7.47)

其中η為學習率(learning rate)。

7.4.1.4 模擬結果

我們希望能夠設計一控制器，使得倒車入庫能以自動化方式完成，目地是要將電腦模擬車順利地停入所指定的位置[5],[32]，電腦模擬車的動態方程式如下：

$$x(n+1)=x(n)+\cos[\phi(n)+\theta(n)]+\sin[\theta(n)]\sin[\phi(n)] \tag{7.48}$$

$$y(n+1)=y(n)+\sin[\phi(n)+\theta(n)]-\sin[\theta(n)]\cos[\phi(n)] \tag{7.49}$$

$$\phi(n+1)=\phi(n)-\arcsin\left[\frac{2\sin[\theta(n)]}{b}\right] \tag{7.50}$$

其中$\phi(n)$是模型車與水平軸的角度，b 是模型車的長度，x 與 y 是模型車的座標位置，$\theta(n)$是模型車方向盤所打的角度，我們以圖 7.15 來表示所模擬的系統，且對模擬的輸入輸出變數限制如下：

$$\begin{cases}\phi(n)\in[-90^\circ,270^\circ]\\ x(n)\in[0,20]\\ \theta(n)\in[-40^\circ,40^\circ]\\ (x_f,\phi_f)=(10,90^\circ)\end{cases} \tag{7.51}$$

其中$(x_f,\phi_f)=(10,90^\circ)$代表模型車最後必須停止於位置為 10，與水平軸的角度為 90°的指定位置上。

我們以實數型基因演算法則來訓練一個模糊化多維矩形複合式類神經網路[32]，並且實際收集了 26 個成功的範例來讓網路學習。網路訓練完成之後的學習成果如圖 7.16；圖 7.16 是以初始狀態(x_0,ϕ_0)=(0,30)、(15,120)、以及(12.5,30)時，模型車倒車入庫的軌跡圖。

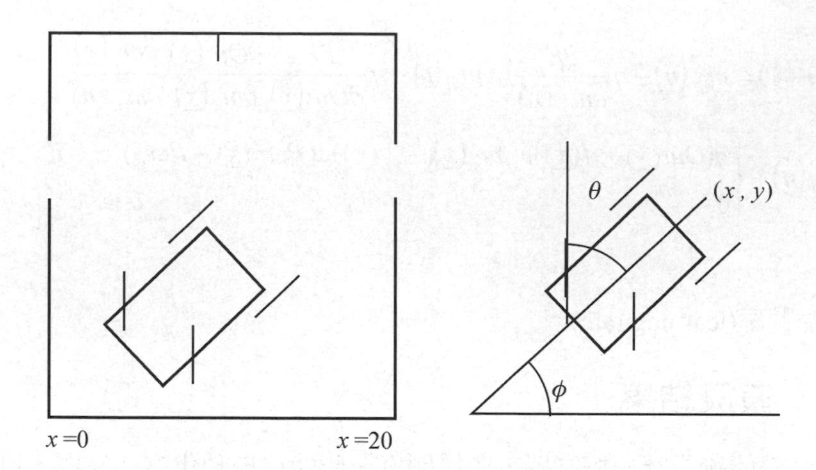

圖 7.15 模擬之倒車入庫系統示意圖(本圖摘自[5])

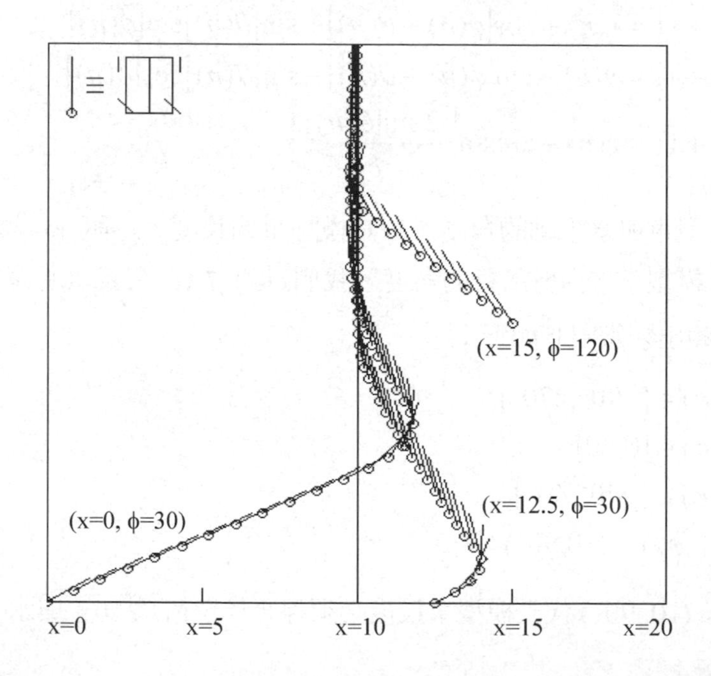

圖 7.16 以初始狀態(x_0,ϕ_0)=(0,30)、(15,120)、以及(12.5,30)時，模型車倒車入庫的軌跡圖(本圖摘自[5])

7.4.2 以自我組織特徵映射圖為基礎之模糊系統

建構模糊系統最普遍的一個鑑別技術就是以群聚分析爲基礎(clustering-based)的方法[33]-[35]。大部分的方式都是先利用群聚分析的演算法則分析該資料集合，每一個群聚均代表著一個規則，然後以最小平方法(least-squares method)或梯度法(gradient-based method)來調整系統的參數。但是如何定義出**最佳的群聚數目**卻是一個關鍵的問題，此外，一個很重要的問題就是— **一個群聚對應一個模糊規則是否合適？**

要回答這些問題，我們必須探討資料集合給予那些可使用的訊息。首先，僅根據資料集合提供的資訊，我們並不一定可以找出最佳的群聚數目。例如當我們嘗試建立一個模糊化類神經網路系統來建構 $g(\underline{x}): R^n \rightarrow R$ 時，可以分爲下列兩種情況討論：

1. **對於任何輸入** $\underline{x} \in R^n$**，皆可以得到一相對應的輸出** $g(\underline{x})$：我們通常會對輸入空間作一均勻的分割，得到一組輸入/輸出對(input-output pairs)的資料集合。以這種情形而言，其輸入空間並沒有群聚的趨勢，故欲找出最佳的群聚數目就顯得不實際，如圖 7.17 所示。當然，我們也可以將輸入/出對的資料合併成單一向量再進行分群，有可能此時會有群聚的趨勢，但不保證此群聚的結果會導致好的模糊化類神經網路系統。然而通常輸入資料和輸出資料都是分別作分群的，至今沒有一個經過數學分析的報告顯示該採用何種方式較好 — 是在輸入空間予以分群？或在輸入/輸出合併空間分群？也就是說，目前並沒有任何的分析方法可以告訴我們在什麼樣的情況下，對輸入/輸出空間作分群會比只對輸入空間作分群來得好。

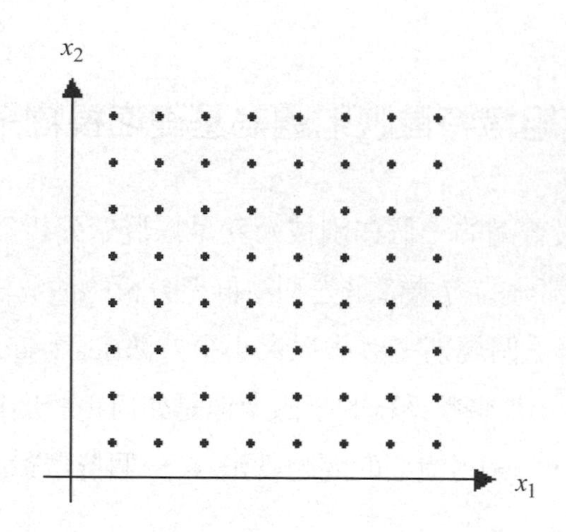

圖 7.17　輸入空間成均勻分佈情形的例子，故沒有群聚的趨勢(本圖摘自[29])

2. **我們擁有固定數量的輸入-輸出對$(\underline{x}_i, g(\underline{x}_i))$，其中$\underline{x}_i \in R^n$並不是可以任意地被選取：**這種限制條件常發生在控制系統的問題上，對控制系統而言，爲了系統的穩定度，必須避免任意地選取輸入值。對於這類情形，輸入的資料通常有可能可以被分成許多群聚，所以此時嘗試找尋最佳的群聚數就較爲合理。

3. **大部分的以群聚分析法則爲基礎的方法，都將一個群聚視爲一個規則。**但問題是，即使是在同一個群聚的輸入資料也可能會有非常不一樣的反應。圖 7.18 是一個 9 組輸入/輸出對被分成三個群聚的例子，如果我們對此三個群聚分別使用三個規則來對應以建構一個模系統，我們會發現非常不容易定義這三個規則後鑑部的架構，因爲這個例子裡，相似的輸入資料可以有非常不一樣的反應。從以上的分析可見，要找出最佳的群聚數目是非常困難的問題。

相似的輸入可以有非常不一樣的反應(本圖摘自[29])。

選取合適的規則數目（即群聚數目）對實現一個模糊系統而言是非常重要的，因爲太多的規則會增加模糊系統的複雜度和計算量，而過少的規則則可能造成模糊系統解決問題的能力不足。在許多實際的問題中，通常都需要大量的規則來建構一個完整的規則庫。

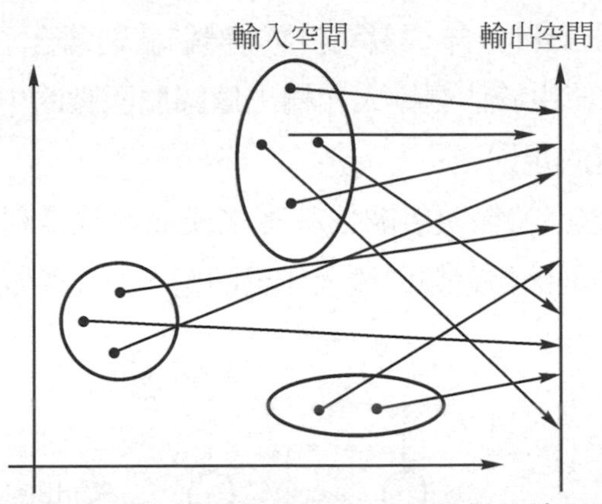

圖 7.18　利用輸入-輸出對建構模糊若-則規則的例子，相似的輸入可以有非常不一樣的反應(本圖摘自[29])

在傳統的方式中，所有的規則會同時被使用於輸出的計算中，往往大量的規則會造成計算量過於龐大，然而並非所有的規則都會對某個特定的刺激有反應。因此，一個可行的解決方法就是提供一些足夠的規則，但並不同時使用它們，只有那些對某筆輸入資料最有反應的規則才會對系統的明確輸出值的計算有所貢獻。一種解決此種問題的簡單方法是將所有模糊規則按照它們的啓動強度排序，然後只挑前幾個啓動強度強的模糊規則予以啓動，以便計算模糊系統的明確輸出值，此種方法的好處是簡單，但須浪費計算量於啓動強度**排序的過程**。

7.4.2.1　系統架構

本章節所介紹的"以自我組織特徵映射圖爲基礎之模糊系統 (self-organizing feature map-based fuzzy system)"就是基於以上概念所提出的 [28]-[29]。特徵映射圖 (feature map) 的向量量化 (vector quantization property) 的特性可以讓我們很容易地找到一組最具代表性的群聚中心（即模糊規則的前鑑部），並配合其**拓撲保留 (topology preserving property)** 的特性選擇出一組對某個特定輸入最具影響力的規則。雖然許多的研究學者也曾經使用自我組織特徵映射圖來作模糊建模的工作 [36]-[39]，但他們使用自我組織特徵映射圖的原因都不相同。在[36]中，其利用於將所有的輸入/輸出對資料分類到重疊的模糊集合中；[37]是利用適應性自我組織特徵映射圖來決定一個已知輸入資料集合的最佳群聚數目；[38]則訓練一個自我組織特徵映射圖來對輸入/輸出資料分群，該網路中的鍵結值則蘊含了輸入和輸出之間關係的資訊；最後[39]首先使用於估測輸入和輸出值歸屬函數的中心，然後拓撲保留的特性被利用來合併所有的規則。

我們提出的自我組織特徵映射圖爲基礎之模糊系統是利用二維架構排列規則節點，並使得鄰近的規則節點對類似輸入作出回應，系統架構如圖 7.19 所示。

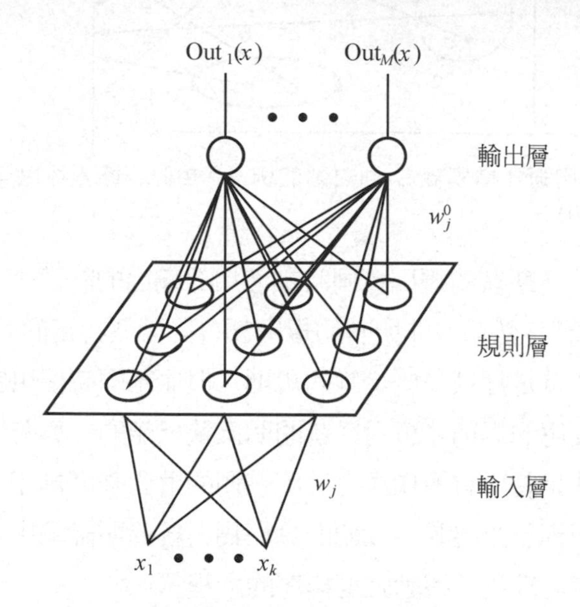

圖 7.19　以自我組織特徵映射圖為基礎之模糊系統的架構

此以自我組織特徵映射圖爲基礎之模糊系統的輸出可由下面的式子計算得到：

$$Out(\underline{x}) = \sum_{j \in S_{j^*}} c_j m_j(\underline{x}) + \theta \tag{7.52}$$

其中

$$m_j(\underline{x}) = \exp\left(-\frac{\left\|\underline{x} - \underline{w}_j\right\|^2}{2\sigma_j^2}\right) \tag{7.53}$$

式子中的c_j爲連接隱藏層中第j個節點和輸出層之間的鍵結值；$\underline{w}_j$爲隱藏層中第j個節點的鍵結向量；j^*表示對輸入$\underline{x}=(x_1,\cdots,x_p)^T$最有反應的得勝者神經元；$S_{j^*}$表示得勝者的鄰域集合；$\theta$是一個用來控制偏差(bias)的參數；而$\sigma_j$是一個調節的參數，可用來控制歸屬函數$m_j(\underline{x})$遞減的速度。

在此我們要強調的是僅僅只有得勝者以及其所對應的鄰域神經元，才對模糊系統整體輸出的計算有貢獻，因此，其中有許多的計算負載可以減輕。此以自我組織特徵映射圖爲基礎之模糊系統經過訓練後，所萃取出來的模糊規則可以表示成：

$$\begin{aligned}&If\quad \left(\underline{x}\in HS_1\right)\\&Then\quad Out\left(\underline{x}\right)\quad is\quad c_1;\\&\cdots\\&If\quad \left(\underline{x}\in HS_{M\times N}\right)\\&Then\quad Out\left(\underline{x}\right)\quad is\quad c_{M\times N};\end{aligned}\tag{7.54}$$

其中$M\times N$爲網路的大小。此模糊規則的前鑑部可視爲一個模糊高維球體$HS_j:\left\|\underline{x}-\underline{w}_j\right\|^2=$常數。

7.4.2.2 訓練演算法

這個以自我組織特徵映射圖爲基礎之模糊系統的訓練過程分成以下三個階段：

第一階段：自我組織特徵映射圖的形成 (feature map forming)。

第二階段：模仿式學習 (imitating learning)。

第三階段：採掘式學習 (exploitative learning)。

接著下來，我們將依序對此三個訓練過程來加以討論說明。

第一階段：自我組織特徵映射圖的形成

自我組織特徵映射圖演算法的主要目標，就是以特徵映射的方式，將任意維度的輸入向量，映射至一維或二維的特徵映射圖上 [40]。此演算法則如下：

步驟一：鍵結值之初始化

將鍵結值向量$\underline{w}_j(0)$，以隨機方式設定其值，$M \times N$是類神經元的個數。為了加速訓練的過程，在此我們採用了文獻[41]所提出的初始化方式來初始化鍵結值向量。

步驟二：呈現輸入向量

從訓練集中隨機選取一筆資料輸入此網路。

步驟三：篩選得勝者類神經元

以最小歐幾里德距離的方式，找出在時間k的得勝者類神經元j^*：

$$j^* = \arg\min_j \left\| \underline{x}(k) - \underline{w}_j \right\| \ , \quad j = 1, \cdots, M \times N \tag{7.55}$$

步驟四：調整鍵結值向量

以下列公式調整所有類神經元的鍵結值向量：

$$\underline{w}_j(k+1) = \underline{w}_j(k) + \eta(k)\pi_{j,j^*}(k)\left[\underline{x}(k) - \underline{w}_j(k)\right] \tag{7.56}$$

其中

$$\pi_{j,j^*}(k) = \exp\left(-\frac{d_{j^*,j}^2}{2\sigma(k)^2}\right) \tag{7.57}$$

$$\sigma(k) = \sigma_0 \exp\left(-\frac{k}{\tau_1}\right) \tag{7.58}$$

以及

$$\eta(k) = \eta_0 \exp\left(-\frac{k}{\tau_2}\right) \tag{7.59}$$

$\eta(k)$是學習率函數，$\pi_{j,j^*}(k)$是得勝者類神經元j^*的鄰近區域函數，兩者都是離散時間k的函數。

步驟五：回到步驟二

直到特徵映射圖形成時才終止演算法則。

第二階段：模仿式學習

經過第一階段非監督式學習後，在這裡我們提出了一個模仿式學習(Imitating learning)的方法來初始化連接鍵結值 (c_j) 以及調節參數 (σ_j)。其基本概念非常簡單，當一個毫無經驗的初學者要嘗試學習某項技能時，我們都知道比較有效率的方式是，由一個有經驗的指導者指導初學者，開始的時候，初學者一定會先觀察指導者的行爲，然後再去模仿指導者如何執行該項技能。有了以上的初步想法，激發了我們使用以下的方法來初始化這個以自我組織特徵映射圖爲基礎之模糊系統的相關參數。

首先我們將每一個輸入樣本輸入到經過訓練的自我組織特徵映射圖，並找出所對應的得勝者神經元(如神經元 j^*)，在此所得到之得勝者的相關參數則利用以下公式來進行調整：

$$c_{j^*}(new) = \frac{P_{j^*}(old)}{P_{j^*}(old)+1} c_{j^*}(old) + \frac{1}{P_{j^*}(old)+1} d(\underline{x}) \tag{7.60}$$

$$\sigma_{j^*}(new) = \max(\sigma_{j^*}(old), \|\underline{x} - \underline{w}_{j^*}\|) \tag{7.61}$$

$$P_{j^*}(new) = P_{j^*}(old) + 1 \tag{7.62}$$

其中 $d(\underline{x})$ 表示對輸入向量 $\underline{x}$ 的期望輸出值；P_{j^*} 表示在第二階段（模仿式學習）的競爭過程中神經元 j^* 的得勝次數；而這三個參數(c_{j^*}，σ_{j^*}，以及 P_{j^*})的初始值均爲零。在此有一點要強調的是，若當所有的輸入資料集合都已輸入到自我組織特徵映射圖之後，有些神經元的調節參數 σ_{j^*} 的值若仍爲零的話，我們會將它們設定成一個很小的數值(如 0.01)。

第三階段：採掘式學習

經過了模仿式學習的訓練之後，此初步建構的模糊系統已擁有了粗略的能力，可以對曾發生過的狀況做出大略正確的反應，接著就是應該讓此初步建構的模糊系統採掘 (細調) 出更正確的規則來。在這個階段裡，我們利用了梯度坡降演算法則(gradient descent algorithm)爲基礎，來對此模糊系統進行細調的動作，而最主要的目標就是為了要最小化以下的目標函數：

$$E = \frac{1}{2}(Out(\underline{x}) - d(\underline{x}))^2 \tag{7.63}$$

根據梯度坡降法，對於相關參數所推導得到之調整公式如下：

$$c_j(n+1) = c_j(n) + \eta(d(\underline{x}) - Out(\underline{x}))m_j(\underline{x}) \quad for \quad j \in S_{j^*} \tag{7.64}$$

$$\theta(n+1) = \theta(n) + \eta(d(\underline{x}) - Out(\underline{x})) \quad for \quad j \in S_{j^*} \tag{7.65}$$

$$\underline{w}_j(n+1) = \underline{w}_j(n) + \eta(d(\underline{x}) - Out(\underline{x}))c_j(n)m_j(\underline{x})\frac{(\underline{x} - \underline{w}_j(n))}{\sigma_j^2(n)} \quad for \quad j \in S_{j^*} \tag{7.66}$$

$$\sigma_j(n+1) = \sigma_j(n) + \eta(d(\underline{x}) - Out(\underline{x}))c_j(n)m_j(\underline{x})\frac{\left\|\underline{x} - \underline{w}_j(n)\right\|^2}{\sigma_j^3(n)} \quad for \quad j \in S_{j^*} \tag{7.67}$$

此外，我們要強調的一點是我們提出的這個以自我組織特徵映射圖為基礎之模糊系統，還可以選擇下列中任何一種方式進行調整：

1. 我們固定 $\underline{w}_j$ 以及 σ_j 的值，只對 c_j 進行調整。
2. 我們固定 $\underline{w}_j$ 的值，並對 σ_j 以及 c_j 進行調整。
3. 我們同時對 $\underline{w}_j$，σ_j 以及 c_j 進行調整。

7.4.2.3 模擬結果

我們所使用的例子是一個有關分類(classification)的問題，設想我們擁有 550 筆資料集合，如圖 7.20 所示 [28]。這些資料點分別屬於 3 個不同的類別，並可大略地分類成四大組。根據前面所提的訓練方法，我們首先利用自我組織特徵映射圖演算法則產生四個不同大小的映射圖，分別為 2×2，3×3，6×6，以及 9×9。然後利用模仿式學習法建立四個粗略的模糊系統，再經過採掘式學習 100 次的疊代，我們的四個網路分別得到的辨識率為 67.27%，92.73 %，97.45 %，以及 99.82 %。為了說明我們系統的效能，我們也分別產生了 4，9，36，以及 81 個隱藏節點的四個放射狀基底函數網路來進行比較。我們首先利用 *k-means* 演算法則初始化基底函數的中心位置（群聚中心的位置），至於連接鍵結值以及調整的參數都採隨機的方式初始化，我們將比較的結果列在表 7.1 中。

這裡我們要說明一點是利用 4 個隱藏節點的放射狀基底函數網路是完全不可行的，這個例子也同時說明了一個狀況，利用最佳化的群聚（此例爲 4）來決定模糊規則的數目是不恰當的。很明顯的，我們提出的系統不論在辨識率或學習速度上都比一維架構的類神經模糊系統來得優秀。另一方面，我們爲了要證明所提出的模仿式學習法的有效性，我們將分別利用隨機初始法以及模仿式學習法的辨識結果列於表 7.2 中，從中我們可以很容易地發現利用模仿式學習法可以大大地提高學習的效率（加速學習的過程）。

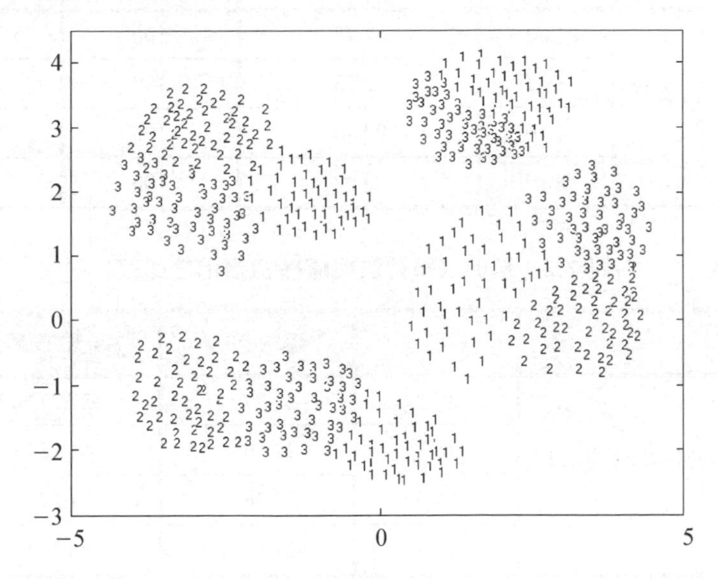

圖 7.20　550 筆二維資料集合(本圖摘自[28])

表 7.1　辨識率的比較

	規則數	辨識率 (%)	訓練次數	時間 (秒)
放射狀基底函數網路	4	57.27	100	2.95
		59.64	300	8.81
	9	79.09	100	5.80
		89.09	300	16.66
	36	94.72	100	21.79
		97.27	300	63.45
	81	97.63	100	48.31
		99.09	200	95.32
以 SOM 爲基礎之模糊系統	2×2	67.27	100	4.43
	3×3	92.73	100	6.59
	6×6	97.46	100	14.62
	9×9	99.82	100	26.98

表 7.2　模仿式學習法與隨機初始化之比較

	規則數	隨機方式	模仿式學習法
以 SOM 爲基礎之模糊系統	2×2	21.27 %	27.27 %
	3×3	22.36 %	44.18 %
	6×6	26.36 %	81.27 %
	9×9	24.18 %	86.36 %

7.5　結　論

本章我們介紹了所謂的模糊化類神經網路系統，基本上，模糊化類神經網路系統結合了類神經網路(學習能力)與模糊系統(模糊邏輯)兩者的優點。我們介紹了各種常見的模糊化類神經網路系統，各有其優缺點，至於該如何選擇，則需視問題而定。

本章之部份內容及圖表皆摘錄自文獻 [4]-[5]，讀者可詳閱此文獻，以便獲得更詳盡之內容。

習　題

[7.1] 1. 訓練一個有兩個隱藏層節點的 RBF Network 來實現 XOR。
2. 訓練一個有四個隱藏層節點的 RBF Network 來實現 XOR，其中，每一個放射性基底函數中心是由每一個輸入資料所決定的。
3. 比較(a)、(b)結果的異同處。

[7.2] 證明或說明放射狀基底函數網路如何可以實現一個模糊系統的網路基礎架構。

[7.3] 自行設計一個 3 群的分類問題（如圖 7.20）並以自我組織特徵映射圖爲基礎之模糊系統來實現一個分類器。

參考文獻

[1] W. S. McCulloch, and W. Pitts, “A logical calculus of the ideas immanent in nervous activity,” Bulletin of Mathematical Biophysics, vol. 5, pp. 115-133, 1943.

[2] D. O. Hebb, *The Organization of Behavior : A Neuropsychological Theory*, Wiley, New York, 1949.

[3] F. Rosenblatt, “The perceptron : A probabilistic model for information storage and organization in the brain,” Psychological Review, vol. 65, pp. 386-408, 1958.

[4] S. Haykin, *Neural Networks : A Comprehensive Foundation*, Macmillan College Publishing Company, Inc., 1994.

[5] 蘇木春 張孝德, 機器學習：類神經網路、模糊系統、以及基因演算法, 全華科技圖書公司, 2000.

[6] G. Cybenko, “Approximation by superpositions of a sigmoidal function,” Mathematics of Control, Signals, and Systems, Vol. 2, pp. 303-314, 1989.

[7] K. Funahashi, “On the approximate realization of continuous mappings by neural networks,” Neural Networks, Vol. 2, pp. 183-192, 1989.

[8] K. Hornik, M. Stinchcombe, and H. White, “Universal approximation of an unknown mapping and its derivatives using multilayer feedforward networks,” Neural Networks, Vol. 3, pp. 551-560, 1990.

[9] W. Baxt, “The applications of the artificial neural networks to clinical decision making,” In Conference on Neural Information Processing Systems - Natural and Synthetic, November 30 - December 3, Denver, CO, 1992.

[10] R. P. Gorman, T. J. Sejnowski, “Analysis of hidden units in a layered network trained to classify sonar targets,” Neural Networks, Vol. 1, pp. 75-89, 1988.

[11] S. Renals, N. Morgan, M. cohen, H. Franco, H. Bourlard, “Improving statistical speech recognition,” IJCNN, Vol. 2, pp. 302-307, Baltimore, MD, 1992.

[12] P. J. Werbos, “Backpropagation and neurocontrol : A review and prospectus,” IJCNN, Vol. 1, pp. 209-216, Washington, DC., 1989.

[13] D. Nguyen and B. Widrow, “The truck backer-upper: An example of self-learning in neural networks,” IJCNN, Vol. 2, pp. 357-363, Washington, DC, 1989.

[14] K. S. Narendra and K. Parthasarathy, “Identification and Control of dynamical systems using neural networks,” IEEE Trans. on Neural Networks, Vol. 1, pp. 4-27, 1990.

[15] T. J. Sejnowski and C. R. Rosenberg, “Parallel networks that learn to pronounce English text,” Complex Systems, Vol. 1, pp. 145-168, 1987.

[16] D. A. Pomorleau, “ALVINN : An autonomous land vehicle in a neural network,” in Advances in Neural Information Processing Systems I, ed. D. S. Touretzky, pp. 305-313, San Mateo : Morgan Kaufmann, 1989.

[17] Y. LeCun, B. Boser, J. S. Denker, D. Heuderson, R. E. Howard, W. Hubbard, and L. D. Jackel, "Backpropagation applied to handwritten zip code recognitions," Neural Computation, Vol. 1, pp. 541-551, 1989.

[18] J. Moody and C. Darken, "Fast learning in networks of locally-tuned processing units," Neural Comput., Vol. 1, pp. 281-294, 1989.

[19] M. J. D. Powell, "Radial basis functions for multivariable interpolation: A review," in Algorithms for Approximation, eds., J. C. Mason and M. G. Cox, Oxford University Press, pp. 143-167, 1987.

[20] T. Poggio and F. Girosi, "Networks for approximation and learning," IEEE Proc., Vol. 78, No. 9, pp. 1481-1497, 1990.

[21] E. J. Hartman, J. D. Keeler, and J. M. Kowalski, "Layered neural networks with Gaussian hidden units as universal approximations," Neural Comp., Vol. 2, pp. 210-215, 1990.

[22] C. T. Lin, and C. S. George Lee, *Neural Fuzzy Systems : A Neuro-Fuzzy Synergism to Intelligent Systems*, Prentice-Hall International, Inc., 1996.

[23] L. -X. Wang and J. H. Mendel, "Back-propagation fuzzy systems as nonlinear dynamic system identifiers," Proc. IEEE Int. Conf. On Fuzzy Systems, San Diego, pp. 1163-1170, 1992.

[24] L. X. Wang, A Course in Fuzzy Systems and Control, Prentice Hall, Inc., 1997.

[25] J.-S. R. Jang, C.-T. Sun, and E. Mizutani, *Neuro-Fuzzy And Soft Computing*, Prentice-Hall International, Inc., 1997.

[26] M. C. Su and C. J. Kao, "A neuro-fuzzy approach to system identification," 1994 International Symposium on Artificial Neural Networks, pp. 495-500, Taiwan, 1994.

[27] M. C. Su, "Identification of Singleton fuzzy Models via fuzzy hyper-rectangular composite NN," in Fuzzy Model Identification: Selected Approaches, H. Hellen doorn and D. Driankov, Eds. pp. 215-250, 1997.

[28] M. C. Su and C. Y. Tew, "A self-organizing feature-map-based fuzzy system," in IEEE International Conference on Neural Networks, vol. 5, pp. 20-25, Italy, 2000.

[29] 趙志運, 以自我組織特徵映射圖爲基礎之類神經模糊系統, 淡江大學電機工程系, 碩士論文, 2001.

[30] M. C. Su, *A Novel Neural Network Approach to Knowledge Acquisition*, Ph.D. Thesis, University of Maryland, College Park, August, 1993.

[31] M. C. Su, "A fuzzy rule-based approach to spatio-temporal hand gesture recognition," in IEEE Trans. on Systems, Man, and Cybernectics, Part C: 2000.

[32] M. C. Su and H. T. Chang, "A neuro-fuzzy approach to designing controllers by learning from examples," 1996 International Fuzzy Systems and Intelligent Control Conference, 1996.

[33] R. Babuška and H. B. Verbruggen, "Constructing Fuzzy Models by product Space Clustering," in Fuzzy Model Identification: Selected Approaches, H. Hellen doorn and D. Driankov, Eds., Springer-Verlag, pp. 53-90, 1997.

[34] M. -K. Park, S. -H. Ji, E. -T. Kim, and M. Park, "Identification of Takagi-Sugeno Fuzzy Models via Clustering and Hough Transform," in Fuzzy Model Identification: Selected Approaches, H. Hellen doorn and D. Driankov, Eds., Springer-Verlag, pp. 91-119.

[35] M. Delgado, M. A. Vila, and A. F. Gomez-Skarmeta, "Rapid Prototyping of Fuzzy Models Based on Hierarchical Clustering," in Fuzzy Model Identification: Selected Approaches, H. Hellendoorn and D. Driankov, Eds., Springer-Verlag, pp. 121-161.

[36] V. Vergara and C. Moraga, "Optimization of Fuzzy Models by Global Numeric Optimization," in Fuzzy Model Identification: Selected Approaches, H. Hellen doorn and D. Driankov, Eds., Springer-Verlag, pp. 251-278.

[37] F. Azam and H. F. VanLandingham, “Adaptive self organizing feature map neuro-fuzzy technique for dynamic system identification,” 1998 IEEE ISIC/CIRA/ISAS Joint Conference, pp. 337-341, Maryland, U.S.A., 1998.

[38] F. Zia and C. Isik, “Neuro-Fuzzy Control Using Self-Organizing Neural Nets,” in IEEE International Conference on Fuzzy Systems, vol. 1, pp. 70 –75, Orlando, 1994.

[39] T. Nishina, M, Hagiwara, and M. Nakagawa, “Fuzzy Inference Neural Networks which Automatically Partition a Pattern Space and Extract Fuzzy If-Then Rules,” in IEEE International Conference on Fuzzy Systems, vol. 2, pp. 1314 –1319, Orlando, 1994.

[40] T. Konohen, Self-Organization and Associative Memory, 3rd ed. New York, Berlin: Springer-Verlag, 1989.

[41] M. C. Su, T. K. Liu, and H. T. Chang, “An efficient initialization scheme for the self-organizing feature map algorithm,” in IEEE Int. Joint Conference on Neural Networks, Washington D.C., 1999.

[41] M. C. Su, T. K. Liu, and H. T. Chang, “An efficient initialization scheme for the self-organizing feature map algorithm,” in International Joint Conference on Neural Networks, Washington, D. C., 1999.

Chapter 8

模糊邏輯與基因演算法

孫春在

國立交通大學　資訊工程學系

8.1 前 言

在本章中我們將介紹基因演算法（Genetic Algorithms）的工作原理，以及它和模糊系統的幾種結合方式。首先我們在 8.2 節中描述一個基本的基因演算法運作流程，看人工系統如何透過遺傳的機制達到適應環境的目標。接下來，我們在 8.3 節中說明如何使用基因演算法來調整模糊推理系統，包括模糊規則庫與歸屬函數。8.4 節則是探討基因演算法中的模糊參數，包括基因交換率和突變率，以增進演化的效率。我們在 8.5 節中引入多倍體這個生物界十分常見的結構，並且看它如何與模糊的觀念巧妙結合，使一個系統可以由簡單的起點很自然地演變成適當複雜的形式，並達到我們所希望的表現。有了這些基礎，我們進一步在 8.6 節裡探討模糊規則庫結構的演化，包括規則的數量與分佈問題。其次，我們再介紹另外一種結合模糊規則庫與演化概念的方法，也就是第 8.7 節的模糊分類者系統，這是將經濟生態的演化機制引入模糊系統，使得有用的規則能夠自動生成，且互相連結成一個有機體。最後，在 8.8 節中，我們要介紹如何觀察基因演算法的演化過程，並且說明它的重要性以及目前所遭遇的瓶頸。

8.2 基因演算法

基因演算法是由賀蘭（John Holland）在 1960 年代時首先提出來，並且於 1960 與 1970 年代在密西根大學與其學生及同儕所發展[1]。基因演算法的原理大致取法於自然界生物演化的機制，也就是生物學家達爾文（Charles Darwin）提出的「物競天擇，適者生存」的演化論。生物演化表現於一代比一代更適應該物種的生活環境，而不是朝著一個已知的最佳解移動。基因演算法則是把生物界演化的機制抽象出來，應用在學習適應、乃至於搜尋最佳解的問題上面，讓系統朝著更佳的方向自我演化。由於基因演算法是一通用性的學習和最佳解找尋工具，因此除了在學術界的研究，它也被廣泛運用於各個領域的不同問題之上[2,3,4]。在實際應用上，基因演算法具有下列幾項特色：

1. 基因演算法是一個高度平行搜尋的程序，可以實做於平行處理平台上，做大量的平行運算以加速搜尋的速度。
2. 基因演算法可以運用在連續（continuous）與非連續（discrete）的最佳化問題。
3. 基因演算法是隨機的（stochastic）搜尋方法，所以比較不會如一般搜尋演算法般容易掉入區域最佳值（local optima）的陷阱內。

基因演算法的重點是個體在環境中的適應度（fitness）以及相應的演化機制：基因交換、基因突變、基因複製。基因演算法的設計大致可以分爲六個步驟來探討，包括基因編碼、群體規模、評估標準、個體選擇與複製機制、基因突變機制、基因交換機制等，如圖 8.1 所示，以下就分別加以說明。

基因編碼（gene encoding）：首先我們必須找到基因編碼的模式，在自然界中遺傳物質 DNA 所帶的訊息是由一串核酸鹽基（共四種）所構成，但在基因演算法的應用中當然不必受此限制。在實作中常以一字串代表某一個體，而每一字元就是一個基因。此字串一般以染色體（chromosome）稱之。每一基因可爲實數、整數、或是一個位元，這要由實際待解的問題來決定。例如設計一個模糊決策系統時，若某一決策因素只有兩種可能，那麼選擇位元（0 與 1）的表示方式是最簡單的辦法。又如要找一組加權平均的最佳權重值，而且數值是正負一定範圍內的整數的話，那麼基因就用整數表示比較恰當。

在做基因編碼時有幾點注意事項。首先，在使用二進位編碼時，爲避免一個位元的突變造成對應參數值的劇烈變化，可以使用格雷碼代替常用的 BCD 碼。所謂的格雷碼（Gray Code）就是說每一數值與前後數值在編碼上只有一個位元的差異。例如用三個位元以字串〔000〕表示數值 0，〔001〕爲數值 1，〔011〕爲 2，〔010〕爲 3，〔110〕爲 4，〔100〕爲 5，〔101〕爲 6，〔111〕爲 7 便是一組灰階數。

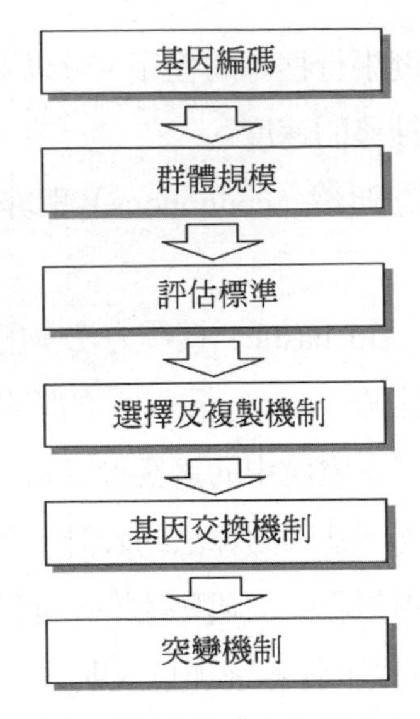

圖 8.1　基因演算法的設計步驟

其次，在基因演算法中，我們在產生下一代時，所用的染色體變異機制，如基因交換或是基因突變，有可能使新產生的染色體變成不符合解的規定。例如新數值不在我們所要的範圍之內，或是各基因的排列組合與某些限制條件產生抵觸。當然，我們可以在不合規定的基因值出現時用其他方法來加以校正，使基因演算法能繼續運作下去，但一般而言這是欠缺效率的作法。最好還是在設計基因編碼時就注意，使變異操作元對此基因編碼有所謂的封閉性。

群體規模（population size）：其次我們要決定的是每一世代要用多少個體去進行演化。一般而言，基因演算法中每一世代的個體數目是固定的。個體數量太少則演化極爲緩慢，因爲不容易產生夠好的個體作爲演進的基礎；但數量太多則計算量十分龐大。此外，群體規模也要配合個體基因的長度。這是因爲長度爲 n 的基因編碼可視爲一個在 n 維空間中的搜尋問題，這時如果群體規模太小，則很容易陷入局部最佳解的困境，而無法充分發揮基因演算法的效果。例如當使用一個個體來表示一個模糊規則庫時，因爲規則數量眾多，常會造成很長的基因鏈，此時就必須注意到這個問題。

個體的評估（evaluation）：評估的目的是提供一個選擇的標準，使得演化具有方向性。最簡單的評估方式是定義一個由各基因所組合而成的函數，將各個體的基因值代入此函數，所得到的評估結果就是該個體的適存度。但在比較複雜的工程問題裡，有時不易定義出這樣一個簡單形式的函數，而必須用其他方法產生適存度值。例如最直接的方法是將個體的基因值（參數組）代入一個實驗機構或是等價的模擬程式，用實驗或模擬結果來當作適存度。由於實驗或模擬的成本通常遠大於計算一個函數，在使用這種評估方式時必須仔細考慮其與基因演算法結合後的計算複雜度。

選擇與複製（selection and reproduction）：在評估之後，接下來就是挑出那些我們認爲有助於優化或適應目標的個體，使其享有較大的機率，可以複製到下一世代。基因演算法中常用來模擬天擇的選擇機制有很多種，常用的「輪盤法」是設計一個輪盤，上面每一格代表一個個體，而其面積與該個體的適存度成正比。接下來，假定每一世代有 P 個個體，我們就可以轉動 P 次輪盤。若某一格上面落了 k 個球，就表示該個體可複製 k 份進入下一世代。如此，下一世代中我們仍然有 P 個個體。

但是在選擇時除了個體的表現之外，常需連帶考慮其他因素。例如有些應用的性質是多目標的決策，此時選擇的標準通常不應設定爲各目標平均值越高越好（即使平均值是可以定義的）。相反的，應考慮各目標之間的均衡性，也就是當挑選了在某項目標上得分高的個體之後，應優先考慮在其他目標表現良好的個體，以保持整個群體的多樣性（diversity）。如果忽略了這一點，則各個體將太快趨向於類似，而失去了結合不同優點以構成各方面都表現良好的個體的機會。

個體的複製，是基因演算法中產生後代的基本方法。這是因爲親代既然已經接受了環境的考驗，表示在其中的基因一定具有某方面的優勢，所以就利用複製這個方法，將其保留下來。 但是，同樣的個體爲何要複製數份呢？這是因爲我們希望由表現較好的個體藉由變異產生更好的個體出來，也就是下面要討論的突變和基因交換。總之，適存度較高的個體有較高的機率被選擇出來，也因此有比較好的機會繁衍出不同的下一代；適應度較低的被選擇的機會也就較小，但還是有機會，不會過早就被剝奪參加競爭的權利。此外，爲避免出現退化的現象，在許多的基因演算法應用中都將每一世代的最佳個體無條件複製到下一代，而不受機率左右。

基因交換機制（crossover mechanism）：基因交換的目的是爲了讓個體互相交換有用的資訊，以使得新個體有可能組合出更高的適存度，以達到不斷演化的目標。一般而言，都是隨機挑選兩個個體，然後二者交換一段基因鏈，形成兩個新的個體。

如果交換的那一段基因位置是相連的，則在多次基因交換後就可能產生基因組。這是因爲位置越接近的基因越不容易被基因交換機制打散，所以相鄰的一群基因可能因其集體表現良好而在競爭中生存下來。這對於想由演化結果中解讀出某些訊息的設計者而言是很有價値的。從另一個角度來看，如果在設計基因編碼時已知某些基因之間互有關連，則應將它們放在相鄰的位置，以期有較高的機率形成優良的基因組。在自然界中，高等生物常常藉由交配而達到基因交換目的。交配後的子代，將混合親代的特性，交配的目的是在於希望能夠製造出同時兼具親代優點的新個體。然而子代亦可能同時遺傳親代的缺點，所以交配不一定保証能造出更好的子代，但是透過天擇的結果，較差的子代自然會被淘汰。 基因演算法中，仍然保留了自然界中基因交換的機制，以達成混合二個體優點的目的。在實作上，常用的基因交換機制有圖 8.2 所示的兩類方法。在實際的應用時，究竟該採用何種基因交換的方法，將依問題與基因編碼方法而定。

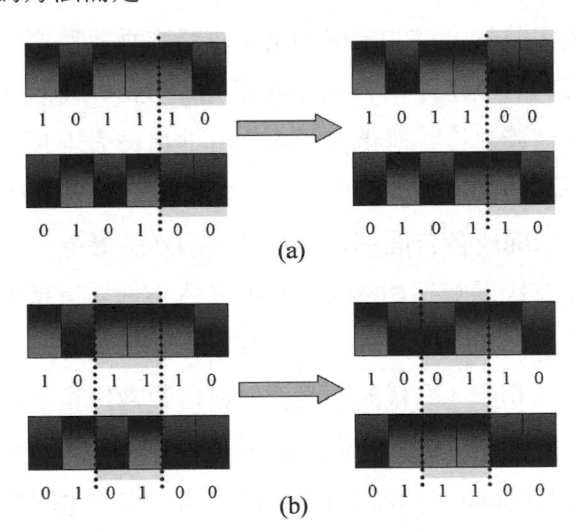

圖 8.2　常用的兩種基因交換機制：(a) one-point crossover; (b) two-point crossover

基因突變機制（mutation mechanism）：最簡單的突變方式是隨機選取一些個體，再隨機在其上挑選某些基因，更動其基因值。在某些應用中，亦可挑選一個體上的兩個基因，交換其位置；或是挑選一段基因，倒置其順序，都可以達到引進新品種的效果。基本上突變的機率可隨演化過程的進行而逐漸降低，因爲在演化後期如果突變率太高，則可能破壞好不容易找到的優良基因結構。此外，突變的機率也可以動態向上下調整，例如持續一段時間個體沒有什麼進步時，就可以將突變率調大，以期產生更多變化。

8.3 演化式模糊系統

在前面幾章中提到，模糊推理系統(Fuzzy inference system)是一個建立在模糊集合(fuzzy set)上的推理機制，這樣的推理系統，其特性是具有仿照人類專家判斷事件做出反應的能力。要建立這樣的系統，關鍵之一是模糊集合的定義，其中尤其是歸屬函數(membership function)的描述；而關鍵之二，則是規則庫(rule base)的設計。模糊推理系統的規則庫包含了相當多提供系統本身並行參考的模糊規則(fuzzy rule)，假設我們已經對所有待處理的事件描述了歸屬函數，面對這些事件，接下來的工作就是設計系統的規則庫，而事件越多，規則庫就越龐大複雜。本節討論如何自動產生規則庫，即將介紹的「演化式模糊系統」(Evolutionary Fuzzy Inference System)，是一個簡單、有效率而且易於實行的方法。

我們先簡略回顧前面章節的相關內容：模糊推理系統使用模糊集合表示系統面對的事件，當系統接受輸入值，首先要做事件的比對，也就是依各模糊集合的歸屬函數產生不同的激發值(fire strength)，這些激發值讓規則庫中的每條規則有相對的回應，綜合所有回應值之後，系統得到其輸出值。

在規則庫中的是一條又一條的「若...(則...)」規則(if-then rule)，其中「若」的事件是觸發規則的條件，稱爲「前題」(antecedent)，任何型式的模糊系統(如 Mamdani, Sugeno, 以及 Tsukamoto 模型)，都必須在其規則之中定義這些事件，以及代表它們的模糊集合。而「則」的部分，是規則的回應項，稱爲「結論」(consequence)，在常用的模糊系統中，Mamdani model 和 Tsukamoto model 將這結論部分也定義爲事件，所以由規則推及結論事件時，系統必須同時參考這些對應事件的模糊集合做反模糊化(defuzzication)，以得到輸出值；相對的是 Sugeno model，這個模型在規則中不定義結論部分，改用一個線性公式計算前提部分的激發值來取得輸出。舉例來說，當我們設計一個車速控制系統，其規則可能是「若車速快且和前車距離近，則減速」、

「若車速慢且和前車距離遠，則加速」等等；而當設計一個模糊控制的洗衣機，其規則可能定義爲「若衣物很重且水質濁度高」、「若衣物輕且水質濁度不高」等等。

以上列出的都是具有兩個輸入變項的推理系統，這種前題部分由兩組事件組成的模糊規則庫，可以用平面的模糊規則表來表示，如同圖 8.3 所示，是一個 5x5 的模糊規則表。圖 8.3 所列的兩個輸入變項是 X1 和 X2，兩者各別符合(激發)五個事件(模糊集合)，第一個變項對應的事件，以語意描述是「低、略低、平常、略高、高」(low, below average, average, above average, high)，第二個變項則是「很小、小、中間、大、很大」(very small, small, middle, large, very large)，這樣的模糊規則表畫分了 25 個行動項。就含有結論部分的模型而言，假定行動項是由 7 個語意値來界定的，如常見的「強反向回應、反向回應、弱反向回應、一般回應、弱正向回應、正向回應、強正向回應」(NL, NM, NS, ZE, PS, PM, PL)，每條規則於是會有 7 種結論可以選擇，規則庫的組合型式會有 7 的 25 次方的可能。另一方面，就不含結論部分的模型而言，行動項改爲以激發值的線性合成來表示，即 A0+A1FM(X1)+A2FM(X2) 的形式，如果三個實數（A0, A1, A2)都由 8bits 來合成的話，規則庫的組合型式會有 24 的 25 次方的可能。

圖 8.3　待完成的模糊規則表

X1 \ X2	low	below average	average	above average	high
very small	NL	NS	PM	NM	ZE
Small	NS	ZE	ZE	NS	PS
Middle	NS	NL	ZE	PS	PL
Large	ZE	PS	PL	PM	PS
very large	PM	PL	PS	PS	PL

將上述例子一般化，假設規則庫的前題部分由 n 組事件組成，而且對於這 n 個變項各別定義了 E1, E2,..., En 個事件，這樣的模糊系統在規則庫中會有 E1x E2x…x En 條規則。再假設每條規則的行動項可有 m 種選擇，於是，規則庫的組合型式會有 m 的 (E1x E2x…x En) 次方的可能。由於可能的組合型式是如此的龐

大，要設計這樣的規則庫，適合藉由「演化式計算」的方法完成，以下介紹的「演化式模糊系統」將規則庫視爲染色體，而行動項視爲基因值，這樣的編碼方式是一個很容易理解，且容易實行的方法。

圖 8.4 展示「演化式模糊系統」的工作流程，在這裡我們所採用的編碼原則將規則庫中的所有區塊，也就是圖 8.3 規則表中的欄位，視爲一單位基因，於是個體的染色體就是所有區塊的集合。另外，將待選擇的行動項編碼，便是染色體上的基因值。在「初始階段」中，必須依設定的編碼原則產生初始群體，這些初始個體進入「評估階段」後，便接受大量的測試資料並各自依染色體上的設定產生回應，這些回應值的總合表現決定了該個體的適存度，之後，在「選擇階段」中，我們依個體適存度選取親代， 進行突變、交換、複製基因等遺傳操作，於是產生下一世代的新群體，繼續重複進行「評估階段」等等，直到產生理想的規則庫。

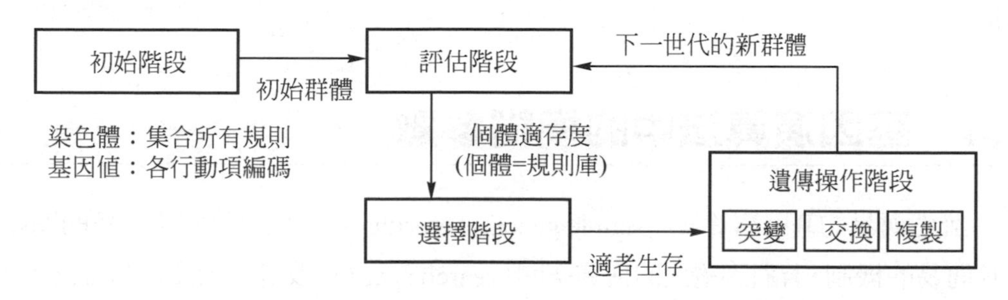

圖 8.4 演化式模糊系統的基本流程

除了易於理解與實行之外，演化式模糊系統也是一個有效率的系統，因爲它涵蓋了所有存在的規則，並找尋這些規則中行動項的最佳組合。值得一提的是，爲了使演化更爲合理而有效率，我們可以經由專家建議，先建立某些專家規則，亦即將規則庫中的某些區塊填上固定不變的行動項，然後再使用上述方法，將其他空白的區塊視爲基因，進行初始編碼、評估、選擇等步驟[5]。

演化式模糊系統另一個必須加強探討的地方，是規則庫的化簡[6]。越簡潔的規則庫，通常可以帶來更有效的工作效率以及更高的可讀性，但若採用上述的編碼方式，我們會擁有一個所有(E1x E2x…x En)條規則都具備的大型規則庫，事實上，某些規則其實是可忽略(don't care)的。另外，在規則的激發方面，未必每條規則都必須完整考慮前題部分的 n 個變項，亦即，某些規則可以不考慮某些變項，而在這些變項是任意値時都適用。以上兩種減化規則庫的方式，都可以藉由修改後的編碼達成：

1. 爲了要刪除可忽略的規則，在基因値的給定上，我們多考慮一種 don't_care 情況，也就是改原來的 m 種選擇成 (m+1) 種選擇，在演化結果上，基因値被賦予 don't_care 的規則，即可刪除。
2. 爲了要省略前題部分的某些變項，在染色體的設計上，我們也將這(E1x E2x…x En)條規則擴增爲(E1+1)x(E2+1)x…x(En+1) 條規則，新加入的欄位也是代表 don't_care，也就是該條規則不考慮某些變項的情況。

修改編碼原則之後，必須再搭配有效的評估方式才能發揮去蕪存菁的功用。我們必須在評估階段中，確切的引導演化朝向精簡規則庫的方向，而爲了實現此一目標，可以更新評估方式，使得出現越多 don't_care 的個體可以在適存度上獲得額外的加分。

8.4 基因演算法中的模糊參數

雖然簡易的基因演算法（simple genetic algorithms），已可以解決許多的問題，但其簡易的機制，若遇到過大的搜尋空間（search space），或是開始搜尋的位置不佳，即不好的初始群體，經常不能在可容忍的時間內找到我們要的答案。所以，爲了再提高其解題的能力及演化收斂的速度，有許多的方法被提出來[7,8,9]。這些方法可歸納如下：

1. **使用進階基因編碼**：這方法能讓問題的轉換，更加具有彈性，除了在 8.2 節中提到的灰階碼外，我們在下面二節也將談到有關進階基因編碼的應用。
2. **利用既有的知識產生初始群體**：如此在初期就能從較佳的搜尋點開始找起，可以省下許多的計算時間，促加速演化的收斂。
3. **建構更佳的評估函數**：這樣才能指引我們的基因演算法向一個更正確的方向進行演化，以期更有效的達到我們想要的演化目的。
4. **使用進階的基因運算子**：基因運算子主要包含了基因交換和突變，在簡易的基因演算法中並沒有考慮是否會破壞原本已經演化出重要的基因區塊

（building block）。爲避免演化中重要的基因區塊遭破壞，有許多的方法被提出來。

5. **適當的選擇參數**：基因演算法中有二個重要的參數，基因交換率和突變率，這也是我們這一節所要講的重點。針對不同的演化情況，必需要有適當的參數值，才能增益演化時的效率，加快演化的速度。

在上一節中，我們看到基因演算法如何應用在模糊系統中。基因演算法成功的展現其適應性，調整出模糊系統中所需要的最佳參數值。這一節，我們將換一個方向，介紹如何利用模糊邏輯來適時地調整基因演算法中的二個主要的參數，基因交換率和突變率。這兩個參數的調整在演化時占有十分重要的地位。例如在演化初期，我們需要較多不同的物種來競爭，此時，這兩個參數就可調大些；相反的，在演化快要結束時，我們不希望好的結果有太劇烈的變化，所以通常會把這兩個參數調小些。但有時候，若到一個穩態，但這個穩態並不是我們想要的結果，這表示進入到了一個區域最佳解（local optimum），所以我們又需將參數再調大些，以期能跳出這個區域之外。另外，突變率通常要比基因交換率來得小很多，不然我們好不容易達到較佳的狀態，又很容易被突變到較差的狀態了。

以上述說基因交換率和突變率調整的要點就可以利用模糊邏輯控制器（fuzzy logic controller）來實作它，利用模糊邏輯的適應性，來加速整個系統的收斂。如圖 8.5 所示的方法，我們叫做模糊邏輯控制的基因演算法（fuzzy logic controlled genetic algorithms）[10]。

圖中有兩個在每代都去調整基因交換率和突變率的機制：模糊基因交換控制器和模糊突變控制器。f(t)是指第 t 代各個物種適存度的平均值，在輸入 Σ 加總前給一個正號，f(t-1)是指第 t-1 代各個物種適存度的平均值，且在輸入 Σ 加總前給一個負號。另外，Δf(t)是第 t 代 Σ 加總後的結果，Δf(t-1)是第 t-1 代 Σ 加總後的結果。再來看Δc(t)是經模糊基因交換控制器之推理所送出的值，相對的，Δm(t)是模糊突變控制器所推理出來的值。利用這二個值就當做這一代的基因交換率與突變率。

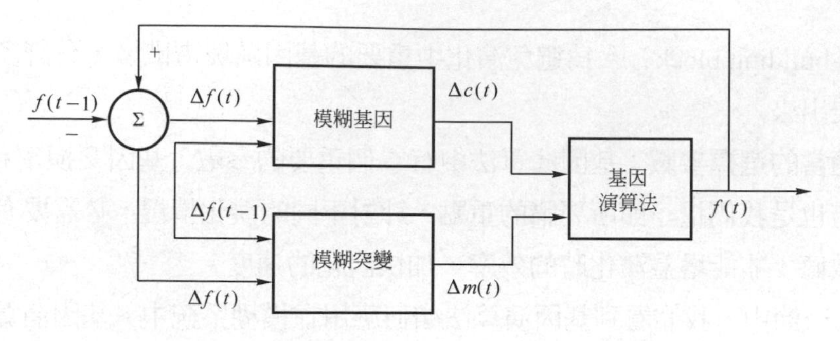

圖 8.5 模糊邏輯控制的基因演算法流程圖

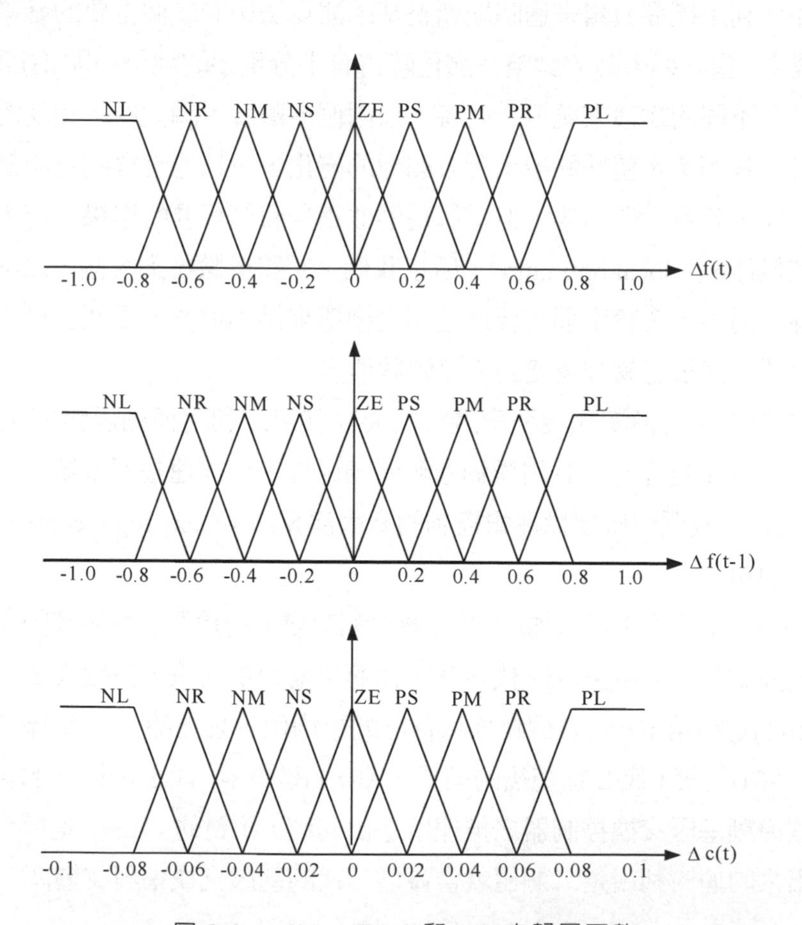

圖 8.6 Δf(t)、Δf(t-1)和Δc(t)之歸屬函數

我們若觀察到平均的適存度下降，則增加基因交換率，反之，則減少基因交換

率。底下，我們將描述實作一模糊基因交換控制器所需的要素。

模糊基因交換控制器的輸入與輸出：輸入是連續兩代的平均適存度的改變量Δf(t-1)和Δf(t)。輸出則是基因交換率的增減量Δc(t)。

Δf(t-1)、Δf(t)和Δc(t)的歸屬函數：圖 8.6 爲一可能的歸屬函數，其中平均適存度改變量均正規化（normalize）到一個區間，Δf(t-1)和Δf(t)屬於[-1.0, 1.0]，Δc(t)屬於[-0.1, 0.1]。

模糊決策表（fuzzy decision table）：根據專家的知識或是實驗的結果，可定義出該問題的模糊決策表，如表 8.1。NL 是負的方向大者，NR 是負的方向較大者，NS 是負的方向小者，NM 是負的方向中者，PM 是正的方向中者，PR 是正的方向較大者，PL 是正的方向大者。

表 8.1　一個模糊決定表的例子

Δf(t) \ Δf(t-1) ; Δc(t)	NL	NR	NM	NS	ZE	PS	PM	PR	PL
NL	NL	NR	NR	NM	NM	NS	NS	ZE	ZE
NR	NR	NR	NM	NM	NS	NS	ZE	ZE	PS
NM	NR	NM	NM	NS	NS	ZE	ZE	PS	PS
NS	NM	NM	NS	NS	ZE	ZE	PS	PS	PM
ZE	NM	NS	NS	ZE	ZE	PS	PS	PM	PM
PS	NS	NS	ZE	ZE	PS	PS	PM	PM	PR
PM	NS	ZE	ZE	PS	PS	PM	PM	PR	PR
PR	ZE	ZE	PS	PS	PM	PM	PR	PR	PL
PL	ZE	PS	PS	PM	PM	PR	PR	PL	PL

有了這幾個要素，就可以透過模糊推理系統，得出一個Δc(t)，而我們此代的基因交換率則爲上一代的基因交換率加上Δc(t)。

因爲模糊突變控制器和模糊基因交換控制器的實作有異曲同工之妙，在此，簡略提出幾個相異之處，完整的模糊突變控制器的實作流程將留作習題練習。模糊突變控制器是基於若在連續的兩代平均適存度改變非常小，則突變率將會被增加，直到再連續的兩代平均的適存度開始增加爲止；但若是連續兩代的平均適存度減小，則突變率也將會被同步減小。

模糊突變控制器的輸入與模糊基因交換控制器是相同的，但是輸出的突變增減量Δ m(t)是不同的。這是因爲在做正規化的時候，所考慮到的範圍應該要比Δ c(t)來得小。因爲我們不希望好不容易演化出來的個體，改變的機率太大，而使整體的平均適存度有較高降低的風險，這樣反而並未向最佳解的路上走去。歸屬函數的設計則是相同的。

8.5 模糊多倍體

自然界中大多數生物的染色體結構，是由雙倍體（diploidy）或是更一般化的形式—多倍體（polyploidy）所構成的。然而考量實作的便利性，典型的基因演算法採用了單倍體結構；但卻因此侷限了基因演算法適應變化環境的能力。在這一節中，我們將討論多倍體基因演算法的實作方式與其應用。

8.5.1 單倍體、雙倍體與多倍體

在自然界的雙倍體結構中，染色體是以成對的形式出現的；換言之，雙倍體是由兩條單倍染色體配對所組成的。雙倍體中的每一條單倍體都包含了一組的遺傳資訊，並且對應到相同的生物功能。多倍體是比雙倍體更一般化的形式，它是由兩條或兩條以上的單倍染色體所組成的。除了多倍體以外，自然界中的生物也常出現複數染色體（multiple chromosome）的形式。所謂的複數染色體指的是生物完整的遺傳資訊分散記錄在一組對應到不同生物功能的單倍體或多倍體中。大部分的高等生物均同時包含了複數染色體與多倍體兩種結構。舉例來說，人類有 23 對的染色體，其中每一對染色體就是雙倍體，而 23 組染色體也就是複數染色體。單倍體、雙倍體與多倍體的示意圖如圖 8.7 所示

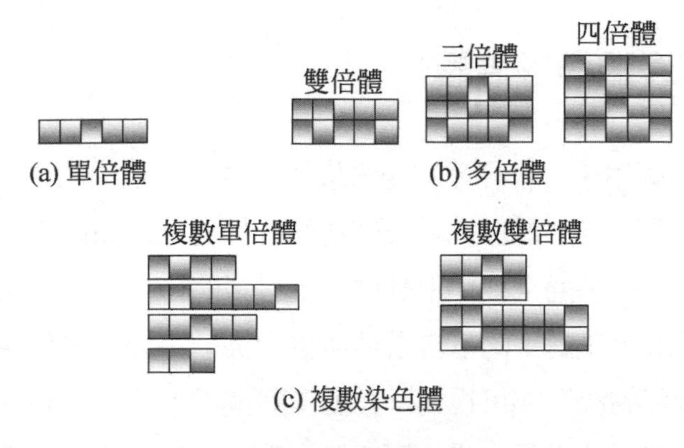

圖 8.7　各種染色體結構示意圖

自然界中的多倍體染色體結構與其顯隱性機制幫助生物在反覆變化的環境中生存。如前所述，多倍體中記錄了一組以上的遺傳資訊，這些遺傳資訊描述了生物個體的基因型（genotype），也間接決定了生物體實際的外顯性狀 — 表現型（phenotype）。對一個生物個體而言，由於基因型中描述同一性狀的每一組基因不一定會完全相同，此時則必須透過顯隱性機制將基因型解譯爲表現型。當基因型產生互相抵觸的時候，生物體將表現顯性的性狀。

由於顯性基因具有表現上的優勢，而某些的隱性性狀甚至會妨礙生物在目前的環境下生存，那麼爲什麼還需要隱性基因呢？這主要基於兩個理由：第一，爲了保持整個生物族群基因的多樣性，而基因的多樣性正是演化的基礎。第二，提高整個生物族群對環境更迅速的適應能力。隱性的基因可以記錄生物的另一條生存策略，是過去演化的遺跡。透過複雜的生化反應，顯隱性的關係可能在生存環境劇變時而發生改變；也就是說，原先的隱性性狀將有可能在環境改變時表現出來，而提供了生物體動態的生存策略。當生存環境反覆的改變時，具有顯隱性機制的雙倍體將較單倍體將能更迅速的適應環境 [2]。

8.5.2 模糊理論與多倍體

在現實世界的應用中，有許多問題的最佳解並不是唯一的，而是隨著環境的改變動態變化的，我們稱這一類的問題爲動態策略問題（dynamic-strategy problems）。舉例來說：一個好的棋手通常會採用動態的下棋策略，他會依照目前棋局的狀況，到現在所花的時間或者是對手的下棋習慣與棋力強弱等因素來決定目前所該採取的下棋策略。股票投資的決策亦可視爲一動態策略問題，投資人往往也會依照當時的政治經濟基本面，選擇使用保守或積極的投資策略。對於棒球或籃球等運動而言，教練往往也會依照目前領先或落後的幅度，球員的體力與身心狀況，選擇不同的進攻與防守模式。這一類的問題常常出現在日常生活中，也往往需要較高的智慧能力來解決。

對建構一個人工智慧系統而言，解決動態策略問題是一大挑戰。早期的人工智慧研究偏重知識的擷取，而之後的研究則強調增強機器學習與適應環境的能力，近年來亦有部分的研究開始探索如何使智慧型系統提供動態策略。自然界中的多倍體機制非常適合應用在這一類的問題上，在這一小節當中，我們將介紹以解決動態策略問題爲目標的模糊多倍體模型 [11][12]。

典型的基因演算法使用單倍染色體描述生物個體，每一個單倍染色體均對映到生物個體的一組生存策略，也就是問題的其中一個可能的解。若使用多倍體結構將可以提供個體對應到一個以上生存策略的能力。模糊多倍體模型便是應用這個概念，使用多倍染色體代替單倍染色體，使個體能有多個生存策略。

如圖 8.8 所示，在模糊多倍體模型中，基因型與表現型的對應是運用模糊顯隱性來控制的。在許多的工程問題中，不同的環境狀態之間並沒有明確的界線，而模糊歸屬函數則非常適合描述這個現象。模糊多倍體模型利用多倍體結構記錄幾個特定環境狀態下的生存策略，再利用環境的感測資料與模糊歸屬函數決定多倍體中每一段染色體的表現程度。與眞實生物不同的是自然的顯隱性關係是明確的，而模糊顯隱性則是用模糊歸屬函數描述顯隱性的關係。

模糊顯隱性的歸屬函數的決定可已有兩類方式：第一類是採用固定的模糊歸屬函數。如圖 8.9(a)所示，整個環境狀態等分爲幾個等分，多倍體中的每一段負責其中的一個等分。第二類則是透過演化的方式，動態調整模糊顯隱性的關係。如圖 8.9(b)所示，我們可以對多倍體中的每一段增加幾個基因，用來記載該段基因的模糊顯隱性歸屬函數。

模糊多倍體的突變與交換等機制的設計與傳統的基因演算法相似，大部分過去所針對傳統基因演算法所發展的遺傳運算子，稍加修改後便可套用在模糊多倍體模型上。圖 8.10 與圖 8.11 列出了幾種多倍體模型中突變與交換運算。

8.5.3 演化合適的多倍體結構

模糊多倍體提供了較傳統更複雜的染色體結構、較大的遺傳記憶空間與較詳細的基因編碼方式，使得個體能夠執行更複雜的功能。但是，也由於多倍體的編碼方式提供了較大的記憶能量，也因此使得整體的搜尋空間加大，而使得演化的效率降低。如何選擇合適大小的多倍體結構，而能使個體效能與演化效率取得平衡，便成爲模糊多倍體模型的一個重要議題。

解決這個問題的第一個方法是使用結構延展 (structural expansion) [13]：在演化的最初期採用單倍體結構，演化一段時間之後再將所有個體逐步成更複雜的結構。這個方法將使得演化由搜尋空間較小的單倍體，循序漸進往更複雜的雙倍體、三倍體等結構演化。

第二個方法是採用更有效、更一般化的結構自我演化模型 [14]，這個模型允許不同結構的個體同時並存在同一世代中，再透過演化天擇的機制使得具有較佳適存度的個體生存下來，而達到結構自然演化的目的。結構自我演化模型模型修改了交換運算子，而使得不同結構的個體能夠執行交換運算。結構變異（structural variation）爲結構自我演化模型的基礎。爲了避免演化持續過度的複雜化，結構變異隨機的選擇結構複雜化與結構簡單化，如圖 8.12 與圖 8.13 所示。在實作上，結構變異可以透過修改突變的機制來完成，使得一部份的突變不再是只改變基因的內容，而是改變染色體的結構。運用結構自我演化模型將可使得選擇最合適結構的問題題透過演化來解決。

除了多倍體結構之外，自然界還有其他許多與演化有關的機制與現象；這些現象都可以作爲設計新的演化計算模型的參考。畢竟，自然界的生物已經有了億萬年以上的演化經驗；在解決問題的時候，不斷地師法自然，也許才是最有效的。

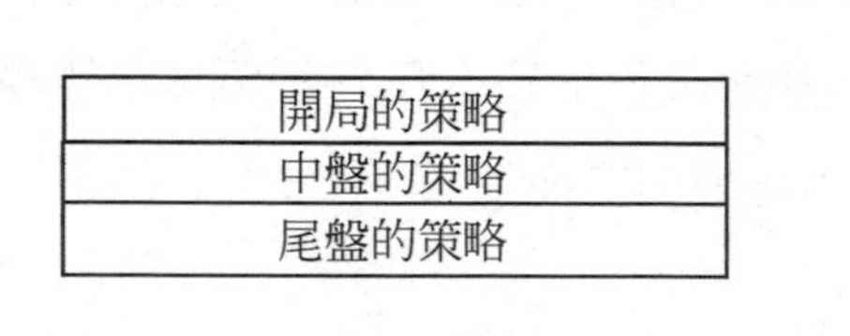

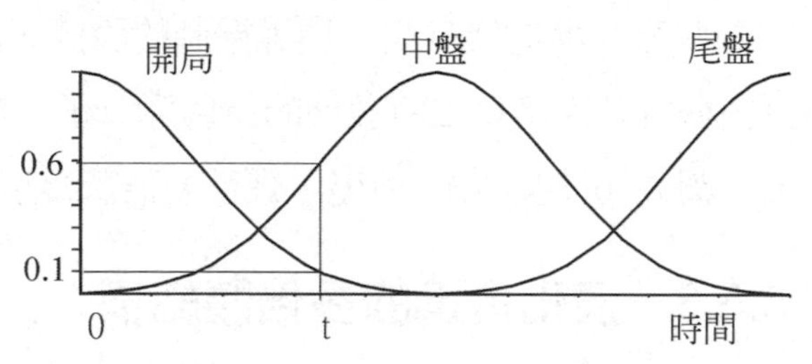

圖 8.8　模糊顯隱性。以下棋為例，編碼在多倍體中的下棋策略以及其依時間而控制表現模糊關係函數

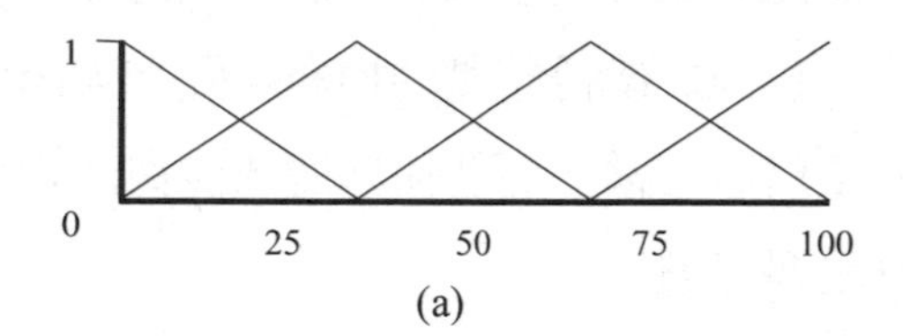

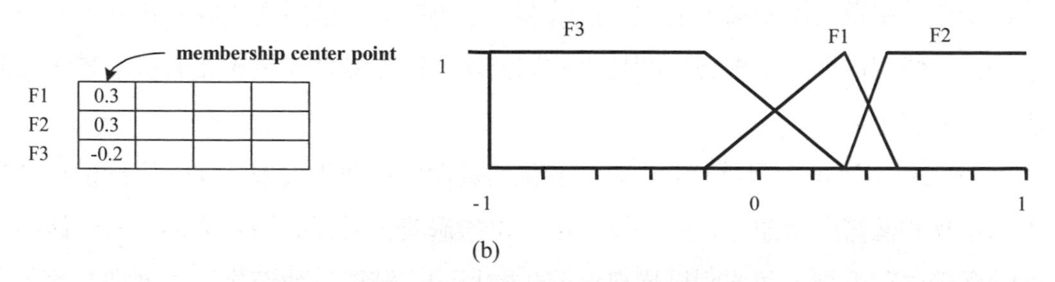

圖 8.9　固定模糊顯隱性與動態模糊顯隱性

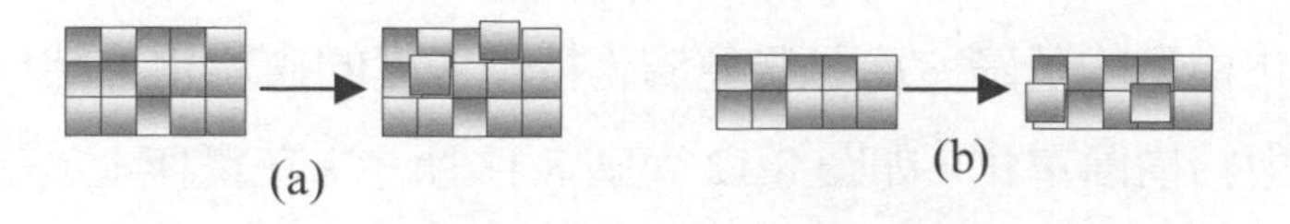

圖 8.10　多倍體的突變運算

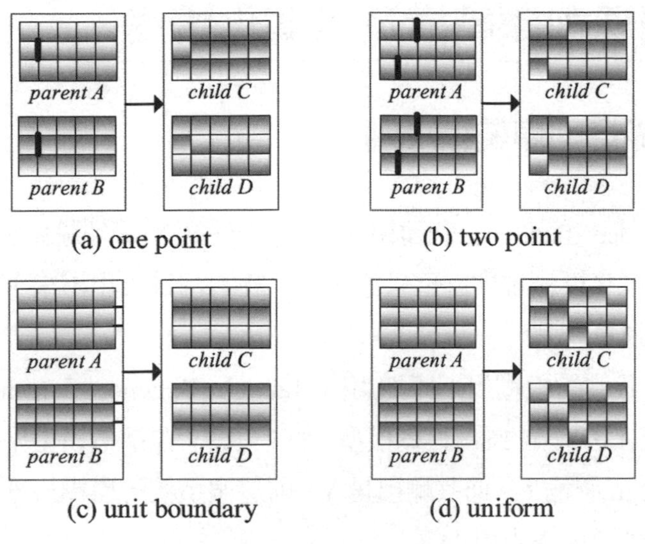

圖 8.11　多倍體的交換運算

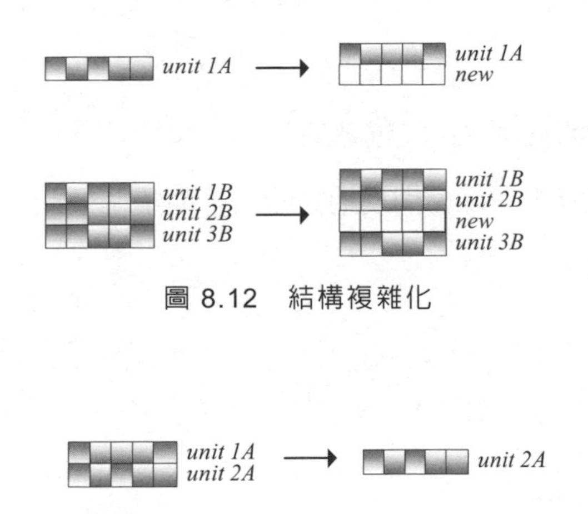

圖 8.12　結構複雜化

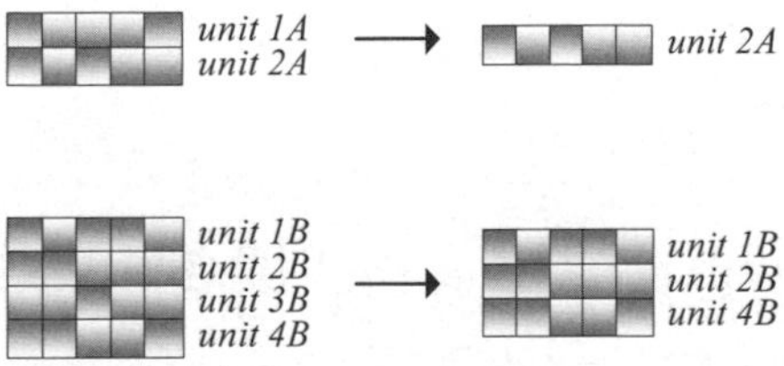

圖 8.13　結構簡單化

8.6 模糊規則庫結構及其演化適應

8.6.1 模糊規則庫結構識別

模糊識別（identification）和建模（modeling）是模糊理論中很重要的一部份，因為它可以利用幾條模糊規則就可以把一個系統的行為表現出來，而不需要透過複雜的數學方程式運算。

在本節中，我們的模糊規則庫採用由 Takagi、Sugeno 和 Kang 所共同提出的 Sugeno 模糊模型（也稱為 TSK 模糊模型）[15, 16]。在這個模型中，它假設一個系統擁有 $x_1 \sim x_m$ 共 m 個輸入，而其輸出是 Y，則這個系統的模糊規則庫中的每一條模糊規則都是以下列形式來表現：

第 i 條模則規則：

如果 x_1 是 A^i_1 而且 x_2 是 A^i_2…而且 x_m 是 A^i_m

則 y^i 是 $a^i_0+a^i_1x_1+a^i_2x_2+\ldots+a^i_mx_m$

這只是模糊規則庫中一條模糊規則的輸出，而整個模糊規則庫的輸出就是：

$$Y = \frac{\sum w^i y^i}{\sum w^i}$$

其中

$$w^i = \prod_{j=1}^{m} \mu_{A^i_j}\left(x_j\right)$$

w^i 就是第 i 條模糊規則的啓動強度，μ 則是各模糊規則中各模糊子集的歸屬函數。

在這裡，我們知道最大的困難在於決定模糊規則中的參數、模糊規則的數目、以及該如何透過模糊規則適當地分割輸入空間（input space）。這裡我們介紹二種方法：結構識別（structure identification）、參數識別（parameters identification）。

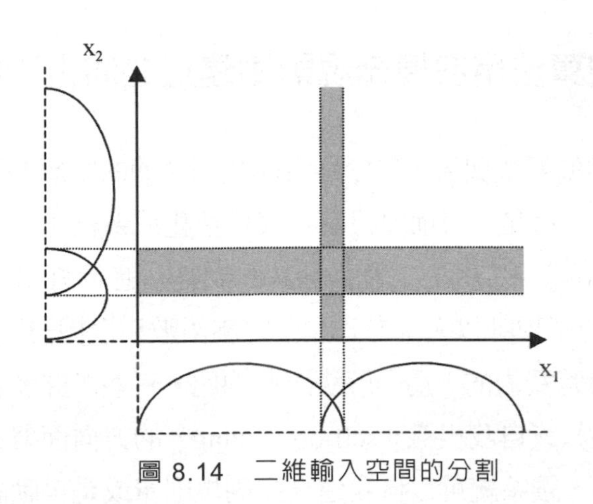

圖 8.14　二維輸入空間的分割

結構識別

在圖 8.14 的二維輸入空間中，橫軸爲輸入 x1，縱軸爲輸入 x2。我們透過四個歸屬函數，可以將輸入空間分割爲四部份，但每部份的交界是模糊的。除此之外，我們還可以分割成如下頁圖 8.15 所示的結構[6, 17, 18]。

參數識別

我們可以用數學的矩陣來看待輸入 X、輸出 Y，則整個模糊規則庫的輸出 Y 可以視爲 X・A，其中 A 是我們所要解出的參數矩陣。我們利用虛反矩陣（Pseudoinvese）的技巧可以解出：$A = (X^TX)^{-1}X^TY$。

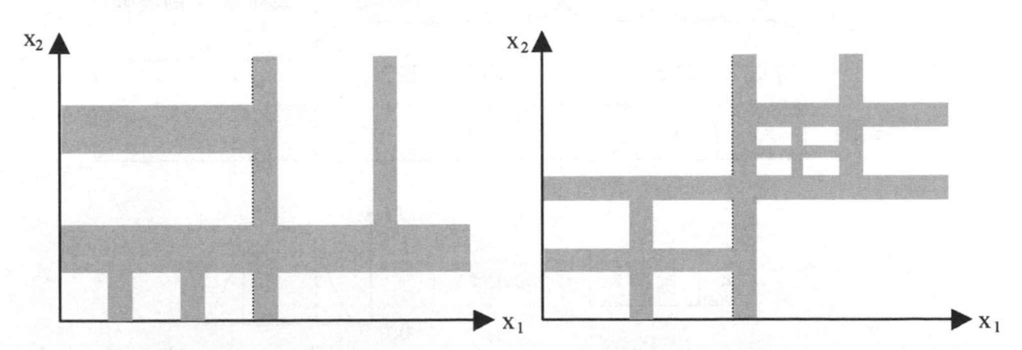

圖 8.15　左圖為模糊 k-d 樹（Fuzzy k-d Tree），右圖為多層次模糊分割（Multi-Level Fuzzy Grid）。在二維空間中，右圖又稱為模糊四分樹（Fuzzy Quad Tree）

8.6.2 基因演算法用於模糊規則庫建立之演化適應

一個模糊規則庫的好壞與否，在於是否能找到合適的歸屬函數與模糊規則，以達成系統所需的要求。可是，目前並沒有一套標準化或系統化的作法，只能靠領域專家（domain experts）和系統工程師密切合作，進行知識擷取（knowledge extraction），再由系統工程師以人工方式調整歸屬函數和模糊規則。

這些工作都是費時費力的，爲了解決這些問題，有些研究者朝向模糊系統的自我學習（self-learning）或自我組織（self-organizing）的方向而努力著。他們希望藉由一些自我學習策略，讓系統可以自我建立模糊規則庫或是自動調整歸屬函數。再者，也希望這種透過自我學習或自我組織建立的模糊系統，可以表現超越人工設計建立的系統，甚至是原來的領域專家，進而擷取知識回饋給人類社會。要達到這個目標，基因演算法就是一個很合適的方法 [19]。

一般模糊規則庫中的模糊規則就如同圖 8.14 所示的形式，在設計這樣的模糊規則庫時，通常會碰上的問題就是：決定了模糊規則，不知如何調整其中的歸屬函數；另外就是知道歸屬函數，可是卻難以找到合適的模糊規則。

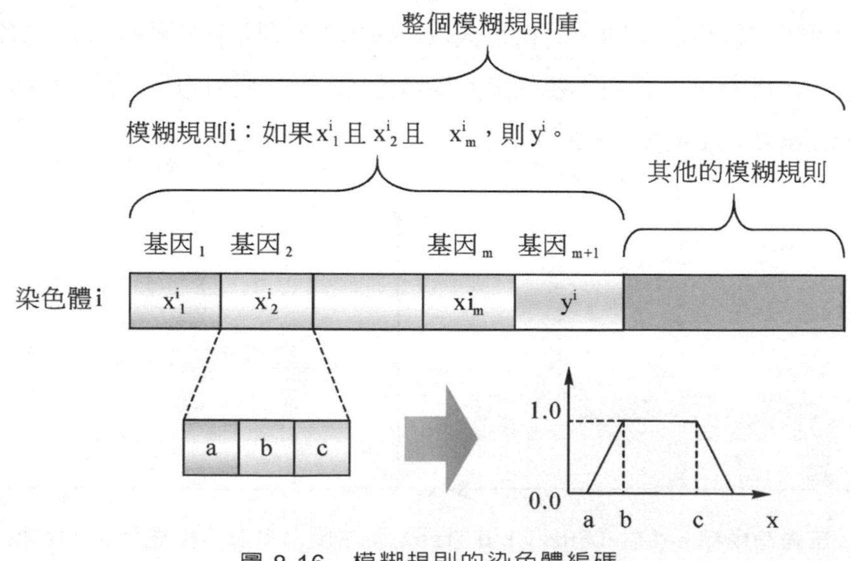

圖 8.16 模糊規則的染色體編碼

固定模糊規則，調整歸屬函數

對於第一種情況，我們可以將整個模糊規則庫編碼成一條基因演算法中的染色體。如圖 8.16 所示，染色體 i 中的基因 $_1$、基因 $_2$ ... 基因 $_m$ 對映到模糊規則的 m 個輸入，而基因 $_m$ 則對映到模糊規則的輸出 y^i，其餘的模糊規則也以同樣方式編碼。而將歸屬函數編碼成基因的方法，則依不同歸屬函數的性質而異，在圖 8.16 中，我們是採用等腰梯形的歸屬函數，因此，只需要將三個座標 a、b、c 編碼到基因中即可。

我們定義了基因演算法中的基因、染色體，形成了模糊規則庫的染色體族群，接下來可以利用基因演算法幫我們找出效能最佳的染色體，也就是模糊規則庫。至於基因演算法中很重要的適存度之評估函數應該如何定義？最直接的作法就是以系統輸出和目標值的誤差平方和倒數，作爲染色體的適存度。當然，還有很多不同的作法，需要視系統應用而決定適合的函數，才可以建立效能良好的模糊規則庫。

固定歸屬函數，調整模糊規則

當歸屬函數已經決定，我們也可以利用基因演算法去自動建立模糊規則庫。基因演算法是隨機性的多點搜尋法，擁有較佳的搜尋效率。我們可以將已知的歸屬函數編碼，利用基因演算法來決定模糊規則庫中每一條模糊規則的內容。

舉例而言，我們欲建立一個單輸入單輸出的模糊規則庫，其中輸入 x 有二個歸屬函數 A_1、A_2，輸出 y 也有二個歸屬函數 B_1、B_2。假設，我們的模糊規則庫中有二條模糊規則如下：

模糊規則 1：如果 x 是 x_1，則 y 是 y_1；

模糊規則 2：如果 x 是 x_2，則 y 是 y_2。

其中，x_1、x_2 是 A_1 或 A_2，y_1、y_2 是 B_1 或 B_2。我們將這二條模糊規則中的八個參數編碼爲基因，則整個模糊規則庫就形成一條染色體。同樣地，我們就可以利用基因演算法幫我們找出最好的一組解，也就是最佳表現的模糊規則庫了。

要讓系統可以自我建立、調適模糊規則庫，除了搭配基因演算法之外，還可利用類神經網路、分類元系統等機制，這將在以後的章節敘述。

8.7 模糊分類者系統

模糊分類者系統（Fuzzy Classifier System）是根據賀南[20]的分類者系統加入模糊邏輯的概念而來。在基因演算法的基礎之上，分類者系統是賀南提出的另一個演化式計算模型，他模擬人類心靈的思考過程，將外界給予心靈的刺激以訊息來代表，使用「若-則」(If -then)形式的規則庫以及訊息佈告欄讓規則庫內「若-部」(If -part)符合佈告欄內訊息的規則互相拍賣競逐訊息，得標的規則獲得激發的權利並可將自己「則-部」（Then -part）的訊息公佈在佈告欄上，最後訊息再次被轉化成心靈對於外界的回應。外界環境在接受到回應後，會產生一個回饋（feed-back）給系統，根據這個回饋可判定此系統表現的分數（credit），這個分數是所有激發規則所共同表現出來的，因此應該依照某種原則由這些規則來分享。賀南設計了一套桶隊接力法的演算法來分配這個分數，而累積比較多分數的規則在下一回合就較容易競標到訊息。

賀南的分類者系統模擬人類的推理思考過程，並以位元字串(bit-string)來表示各種不同的規則和訊息，在一定回合後將每個規則視爲染色體，該規則所累積的分數視爲它的適存度，如此以基因演算法演化規則庫藉以尋找更佳的規則。但由於分類者系統完全是由位元字串所構成，它並無法處理連續型的輸入值，在模糊邏輯的研究興盛之後，便有不少研究人員提出將模糊邏輯的推理能力與分類者系統的自動演化規則能力相結合的方法，這便是一般通稱爲模糊分類者系統的模型。到目前爲止一共有三個不同的模糊分類者系統被提出，本節所介紹的是 Valenzuela 最早於 1991 年提出的模型[21, 22]。圖 8.17 是它的示意圖。

圖中的模糊分類者系統運作方式大致如下：首先將外部環境對於此系統連續性數值的輸入模糊化(fuzzification)，這些模糊化後的訊息置於訊息佈告欄中由許多模糊規則來競標，Valenzuela 將規則用來競標的分數稱爲強度(strength)，得標的規則可以激發而將自己的訊息置於佈告欄，而此訊息被活化(activated)的程度則與產生它的規則之強度和此規則被激發的程度成正比。當有對外部作用的訊息產生後，此系統將其去模糊化(defuzzification)並且回應給外界，外界對於此回應的回饋則依照各訊息被活化的程度等比例分配給訊息，而後再依同一原則分配給產生它們的規則。經過一定時間後，再用基因演算法來演化出新的規則。以下我們將依序詳細說明每一步驟的運算方式。

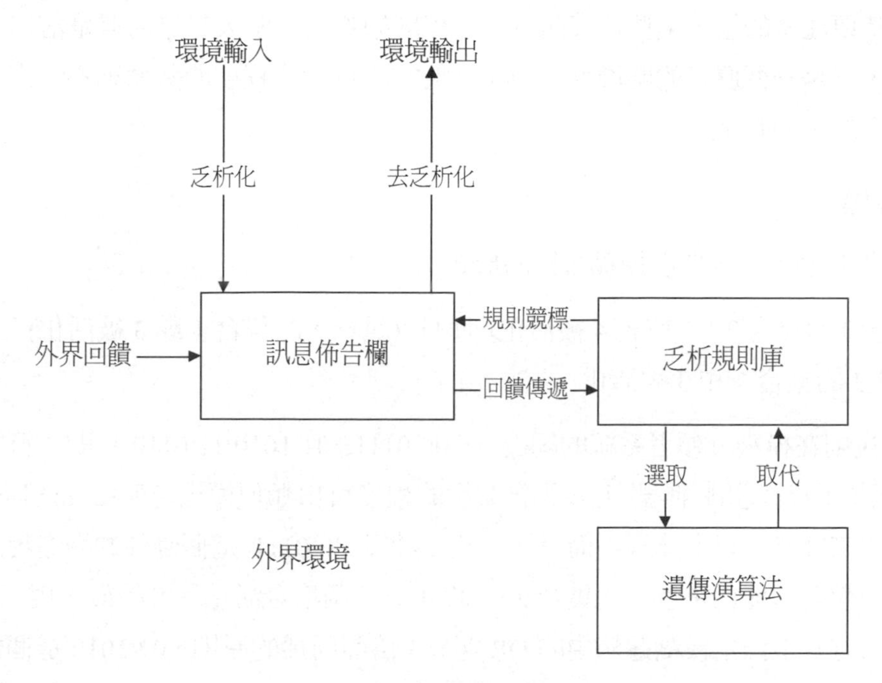

圖 8.17　模糊分類者系統運作流程

模糊化

系統訊息可分爲三種：輸入訊息、內部訊息、輸出訊息。其中輸入訊息即需要模糊化，所有的訊息都有一個訊息編號，和數個模糊集合，輸入訊息的模糊集合的歸屬函數即可用來當作模糊化的依據。輸出訊息的歸屬函數則可用來去模糊化。而內部訊息的模糊集合並無定義歸屬函數。它只有一個數值代表此集合被活化的程度。例如訊息 0 是個輸入訊息，它有四個模糊集合，其歸屬函數分別爲 U_1，U_2，U_3，U_4 若某一時刻此訊息的輸入值爲 x 則其經過模糊化後的活化程度爲 $U_1(x)$，$U_2(x)$，$U_3(x)$，$U_4(x)$。所有模糊化後活化程度不爲零的訊息都可置於佈告欄。此四個訊息在模糊分類者系統編碼如下 00:1000，00:0100，00:0010，00:0001，「:」前面爲訊息編號，後面爲模糊集合的標號。注意前者爲二進位數字表示，後者只是單純的位元位置表示。

歸屬函數的選用可依照不同應用而決定，讀者可參照本書的相關章節。只要確定一個輸入訊息的所有歸屬函數合起來能夠包含這個訊息的所有可能輸入範圍即可。同時要注意的是，這些代表訊息活化程度的數值在輸入訊息而言是落在 0 到 1 的區間，它是一個眞正的歸屬度，但是其他的訊息活化程度的數值則不一定，它有可能是大於 1 的數字。

規則競標

首先我們看一條典型模糊規則的形式：

若 (訊息 0 的集合 2，3 或者 4 被活化) 而且 (訊息 1 的集合 1 或 3 被活化)
則 訊息 3 的集合 2 和 3 被活化

此規則在模糊分類者系統的編碼爲: 00:0111&01:1010/11:0110。其中/符號用來區隔規則的「若-部」和「則-部」此規則被激發的程度可用類似模糊邏輯中 mini-max 的推論方法來計算。以上述規則而言，系統先計算 00:0111 這個條件的激發程度，這個條件的激發程度爲訊息 0 的集合 2，3 和 4 這三個集合活化程度的最大值。這種取最大值的方式很像是模糊邏輯中的 OR 運算。依照同樣的原則，01:1010 這個條件也可算出激發程度。接下來，用來計算這條規則整體激發程度則取兩個條件激發程度的最小值，這可類比爲模糊邏輯中的 AND 運算。

若此規則的「若-部」所使用到的訊息有在佈告欄，且其相對應的集合活化程度不爲零，則此規則經計算出來的激發程度大於零，如此便可將自己的「則-部」所用到的訊息置於公佈欄上。 這些訊息的活化程度除了跟此規則的激發程度成正比，它也跟此規則的強度有關。計算方式如下：

$$B=k\cdot S\cdot a\cdot(1+N(\delta^2_{noise}))$$

B 是此規則的激發程度，K 是一個常數，S 是此規則的強度，a 是此規則被激發的程度，$N(\delta^2_{noise})$則爲一以零爲中心的常態分佈雜訊函數，其變異差爲 δ^2_{noise}，此一雜訊函數將機率的效果加入系統中。

以上述規則爲例，此規則獲得激發後可將 11:0110 所代表的訊息置於佈告欄。11:0110 代表訊息 3 的第二，第三個模糊集合都應該被活化，其活化的程度即爲此規則的激發程度 B 的二分之一(共有兩個集合在分享 B 的值)。若此規則欲活化的某一個訊息的某一個集合已經事先被其他規則活化了，則此規則將本身分配到活化此訊息的值再累加上去。

去模糊化

模糊分類者系統經過輸入的模糊化，和一連串的規則競標之後，若產生輸出訊息則需要將此訊息去模糊化，由原本代表活化程度的數值轉換成眞正對外界作用的物理量。去模糊化和一般模糊邏輯系統的方式大同小異。假設訊息 3 爲一個輸出訊息，它有四個模糊集合各自的歸屬函數分別爲 U_1， U_2， U_3， U_4，經過一連串的規則競標後，此四個模糊集合的活化程度爲 a_1， a_2， a_3， a_4。 此系統先將此四個歸屬函數合成一個，然後再用一般的去模糊方法來去模糊化。此合成函數 F 的定義爲 $F(x)=Max(a_1 \cdot U_1(x),\ a_2 \cdot U_2(x),\ a_3 \cdot U_3(x),\ a_4 \cdot U_4(x))$ 對於所有的 x。 其中 Max 是個傳回它自己的最大參數的函數。此函數相當於將每個模糊集合的歸屬函數乘上它的活化程度後取其聯集。 此函數 F 再經一般的去模糊化處理即可得到一個相對應的物理量對外界反應。

回饋的分配

Valenzuela 剛提出模糊分類者的時候，這個系統只能處理監督式學習的情況，也就是說系統必須知道正確的輸出才能據此調整規則。後來他更進一步提出強化式學習(Reinforcement learning)的模型，處理系統只能知道輸出的好壞，而無法得知正確的輸出爲何的情況。本節就介紹他處理強化式學習的方法。對於此系統來說所有知道的資訊就是它此次輸出的好壞分數，這個分數被依照活化程度的比例分配給所有的輸出訊息。分配到輸出訊息之後，分數則在訊息與規則之間傳遞，一直傳到輸出訊息爲止。分數的分配實際上就可達到調整規則強度的作用。分數如何由訊息傳到規則和由規則傳到訊息如下所述。

訊息到規則

訊息的分數依照比例分給所有參與活化它的規則，依據每條規則給予它的活化程度來分配。

規則到訊息

一條規則所分到的分數依照它「若-部」的每個條件的激發程度做反比例的分配。這是因爲我們將每個條件的激發程度取最小值做此規則的激發程度，故現在應該給予較小激發程度的條件較多的分數。而每個條件的分數則依照它所包含的模糊集合的活化程度等比例分配。

基因演算法運算

經過一定時間的模糊化，規則競標，去模糊化和回饋分配之後。在此系統的規則其強度都已經受到調整。有用的規則其強度逐漸增強，不適用的規則則相反。與分類者系統相同的，模糊分類者系統也應用基因演算法以演化出新的規則。每隔固定時間系統便執行一定數目的基因演算法運算。一個基因演算法運算是指依照強度選出一對規則，加以突變和互換染色體，產生新的一對規則用以取代強度較弱的規則。每次執行基因演算法的時間間隔和每次基因演算法運算的次數都是系統的參數，可視情況調整。當然，也應該特別注意不能產生出不合法的規則。

經過了這些步驟的計算，模糊分類者可以漸漸調整規則的強度，正確的規則得到加強，錯誤的規則消弱而被新的規則取代，新的規則由基因演算法由好的規則中演化出來，在系統的表現漸趨穩定，並到某個可接受的範圍之後，我們可把規則競標中所用的競標雜訊漸漸變小(讓其變異差趨近於零)並且將執行基因演算法的時間間隔和基因演算法的運算次數漸漸拉長和減少。如此就可得到一個穩定而表現良好的模糊分類者系統。結合模糊邏輯和分類者系統的方式有許多種可能性，就現有的三種模型也有很多修改和擴充的方法，依照實際應用的不同而定。讀者若有興趣可參考他們的論文 [22, 23, 24] 。

8.8 瞭解基因演算法之演化過程

基因演算法是一個原則簡單，但變化多樣的演算法。在「物競天擇、適者生存」的簡單概念下，解決了各式各樣工程上、科學上的問題。而相關的研究論文，更是成千上萬。其中一個大家感興趣的問題是：如何瞭解其運算的過程。本節將討論如何分析並瞭解基因演算法之演化過程。

8.8.1 為何要瞭解演化過程

基因演算法有非常多的運算及設定，例如基因編碼的方式、交換、突變、選擇、複製的機制等等。每一種運算都會影響演化的結果，且不同的運算之間，也會互相影響。若能瞭解演化過程，即可得知各個不同的機制對演化的影響，有助於快速找出更好的解答。然而，要瞭解基因演算法的演化過程，並不是一件簡單的事情。

基因演算法和類神經網路一樣，都是所謂的黑盒演算法（black-box algorithm）。黑盒演算法的意思是，其計算過程是封閉、無法瞭解的。直到演算結束，其結果才會爲人所知。基因演算法中，染色體不斷經過交換、突變，直到產生最佳的染色體爲止。研究者僅知道，這條染色體是由染色體間互相交換、突變，逐世代演化而來，卻無法得知這樣的結果，是因何而來。

基因演算法演化過程之所以難以瞭解，其原因有下列數個：

資料量龐大、關係複雜：基因演算法的設定中，群體中常會有數十到數萬條染色體、每個染色體內有多個基因。而群體通常會經過數十，甚至數百、數千個世代的演化，才能產生出最後的結果。因此一個基因演算法的演化過程中，會產生非常大量的資訊，且資料之間的關係複雜，不易用一般方法分析。

影響演化過程的因素太多：舉凡交換率、突變率、交換的機制、選擇的機制等等。若某樣因素有些許的變動，都可能對演化結果造成劇烈的影響。

8.8.2 如何分析瞭解演化過程

以往分析基因演算法的方法中，最常見的就是實驗、統計的方法。實驗的方法，簡單來說，就是控制各種變因、參數，不斷地執行基因演算法，來觀察其效能，找出各種參數對基因演算法的影響。統計的方法，則有著名的馬可夫鏈（Markov Chain）分析。

隨著資料採礦（data mining）、及資訊視覺化技術的發展，目前，演化過程的分析，有了更進一步的發展：利用資訊視覺化（information visualization）的技術，來呈現基因演算法的演化過程，供研究者分析。資訊視覺化就是將抽象的資訊，化為實際的圖形、位置關係、顏色，讓人類可以在短時間內，發現可能很難用電腦來分析的資訊。針對大量、複雜的資料時，資訊視覺化的方法尤其能發揮功能[25]。

許多研究，都在論述如何利用視覺化，來呈現基因演算法的演化過程。不同的視覺化技巧，所呈現出來的資訊也不盡相同。某些方法可以看出整個族群的演化趨勢，而某些方法則著重在單一個體或基因的觀察。大致說來，可用不同的角度，來將演化過程的視覺化分類。這些角度分別為：適存度、基因、染色體、以及問題空間（problem space）。以下將針對這些不同的角度，說明其特點。

從適存度的角度

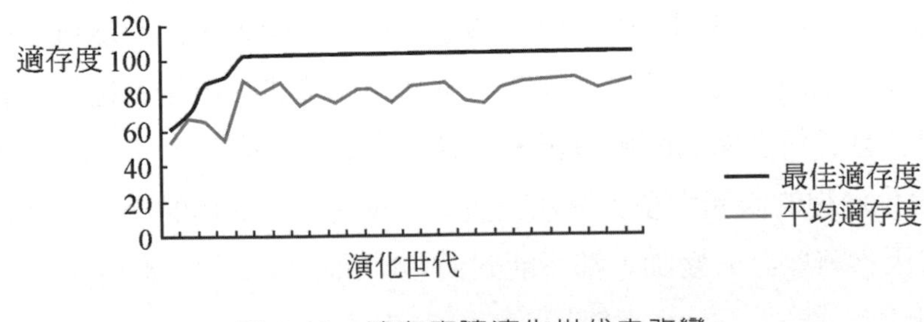

圖 8.18 適存度隨演化世代之改變

一般最常用來觀察演化過程的方式，是檢視族群中，染色體的適存度(fitness)，隨演化世代的改變，如圖 8.18 所示。由此圖可看出演化過程中，基因演算法找出解答的過程。例如在某一個階段後，演化就趨於平緩。由於族群內染色體的數量通常很多，因此只能呈現出整個族群的平均適存度，以及最佳的適存度。此圖雖然可以瞭解染色體適存度隨世代的改變，卻無法從中得知造成適存度變化的眞正原因，以及群體中，適存度大小的分佈。

從個別基因的角度

除了觀察適存度的改變之外，觀察特定基因在演化中的影響，也是很重要的。在某些基因演算法中，並非所有的基因都是同等重要。因此從這個角度可以判定，哪一個基因對演化的影響較大。

除了個別基因對演化的影響不同之外，基因之間互相的關係，也是一項重要議題。不同的基因之間，可能互相會有關連，也就是所謂的建構區塊(building block)。建構區塊是基因演算法中，很重要的一項假設。但截至目前爲止，尚未有公認的方法，可將建構區塊視覺化。

從染色體的角度

染色體可說是基因演算法中的基本單位。例如複製、選擇等機制，都以染色體爲單位來進行。而交換、突變等，雖牽涉到染色體內部的基因，但是交換、突變之後的結果，還是需要以染色體爲單位，來評估其適存度。因此，此角度的視覺化，可以清楚地將基因演算法的運作原理呈現出來。對於剛開始使用基因演算法的研究者來說，幫助非常大。以下舉出一實際的例子。

圖 8.19 是一個簡易的基因演算法教學工具[26]。其中每隻瓢蟲代表一個個體，下面的四個方塊，代表四個不同基因，分別控制眼睛大小、甲殼顏色、是否有花紋、腳的長短等特徵。演化過程中的事件，例如個體交配，產生新個體、個體突變、或個體被環境淘汰的情況，都可動態地呈現出來。經由此工具，可清楚知道基因演算法如何在一開始隨機選取的群體中，經由交換、突變、複製、等機制，慢慢找出最佳的解答。

圖 8.19　基因演算法教學工具

從問題空間的角度

當基因演算法的基因編碼確定之後，就形成一個問題空間。假設染色體有 N 個基因，就會形成一個 N 維的問題空間。每個染色體，都代表空間上的一點（或向量）。在基因演算法一開始時，染色體是隨機給定，因此染色體大都會均勻分佈在問題空間中。隨著演化的進行，染色體的分佈，慢慢集中到某個區域或某幾個區域。若能分析出問題空間的特性，例如哪些部分是適存度較高的區域、或哪些部分可能只是相對極值，可以讓研究者較容易找出通往最佳解的搜尋路徑。

此角度的視覺化，是基因演算法分析中，常會用到的方法。但由於人類的視覺無法接受維度太高的問題空間，因此，大多數有關問題空間的視覺化，都會將多維空間，轉換成二或三維的空間，以便讓人們觀察。例如 Dybowski、Collins 及 Weller 提出的 Sammon Mapping[27]，即爲一例。

各種不同的方法，都有其特點，若要瞭解整個演化過程的全貌，單從一個角度是不夠的。研究者必須瞭解各種角度所呈現的資訊，並得知不同角度之間的關係。

8.8.3　演化過程視覺化所遇到的瓶頸

不同角度的視覺化，可讓研究者從不同的切入點，來瞭解演化過程。然而，由視覺化的方法，來分析演化過程，卻受限於下列幾項因素：

1. 視覺化是非常主觀的方法。同樣的資料，用不同的方法所呈現出來的資訊，可能會不一樣。即使是同一張圖表，由不同人來觀察，所推論出的結論也可能會有差異。
2. 資訊超荷（information overload）的問題。由於人腦視覺認知上的限制，無法一次接收太多不同種類的資訊。尤其是基因演算法的演化過程中，內含的資訊量過於龐大。因此絕對無法只用一種視覺化的方法，就將所有資訊一次呈現，並讓觀察者一目了然。折衷的辦法是，從不同的角度切入，讓每種角度只呈現某些重要的因素。若要窺得整個演化過程的全貌，必須瞭解每個角度所呈現的資訊。

這兩個缺點，由於都牽涉到人類的參與，因此，要解決這方面的問題，利用模糊理論是很自然的事情。目前已有人在從事這方面的研究。例如 Last 及 Kandel 提出，利用模糊理論，將人類認知過程自動化，以解決資訊超荷的問題[28]。

另一方面，人處理資訊的方式，和電腦是不一樣的。視覺化的方式，可以將電腦精確運算所得之複雜結果，以人類可以瞭解的方式呈現，讓人腦從中認知推理，找出電腦難以發現的資訊或規則。一旦發現重要資訊後，必須有機制讓所發現的規則或資訊，有系統地回饋到系統，或演算法，使其效能更好。由於人所產生的，一定是質化的資訊，而非量化的資訊。如何將人類所推理出的質化資訊，轉化成量化的數據，以供系統或演算法運用，將是未來值得探討的問題，而且也是模糊理論可以應用的地方。

8.9 後 記

本章由交通大學學習科技實驗室的博士班同學協力完成，從 8.2 節到 8.8 節，分別由廖英宏、魏志達、朱彥煒、吳明達、謝崇祥、許景竑、吳旭智主筆。實驗室的伙伴們在做研究之餘，有機會合作這一章，留下教學相長的記錄，將是大家共同的美好回憶。

習　題

[8.1] 請試著寫出四位元的灰階碼（Gray Code）對照表。

[8.2] 請試著回答基因交換與基因變異在基因演算法做搜尋時所扮演的角色，以及他們提供的功能，並請作一詳細的比較與說明。

[8.3] 當演化式模糊系統面對三個前題，依序定義成 3, 5, 7 個事件，而規則的結論部分則有 5 個行動項。此時依原始的編碼，以及修正後的編碼，各會存在多少可能的規則庫組合型式？

[8.4] 如果想簡化前題變項，但又不希望加入 don't_care 項以致增加染色體長度，可否藉由其他歸納整理的方法，完成相同的目的？

[8.5] 請試著寫個程式，如 8.4 節第二段所敘，比較整個演化都固定的和有彈性的基因交率和突變率對基因演算法效能的影響。

[8.6] 仿照 8.4 節中模糊基因交換控制器的實作要素及對模糊突變控制器的說明，寫出模糊突變控制器的實作流程要點。

[8.7] 同第一題，請再加入模糊邏輯的機制相互比較對效能上的影響。

[8.8] 請舉出三個在日常生活中需要動態決策的問題。

[8.9] 請比較基因演算法中多倍體模型與單倍體模型的異同與各自適用時機。

[8.10] 模糊規則庫的輸入空間中有數種不同的分割方式，請試著比較它們的適用時機。

[8.12] 請設計一台模糊控制洗衣機的演化機制，它可以依布量多寡、布質柔硬自動決定水流強弱、洗衣時間，假設有足夠且適用的訓練資料。

[8.13] 模糊分類者系統在去模糊化所用的合成函數與一般的歸屬函數不同，有哪些模糊邏輯中的去模糊化方法可用在這裡？爲什麼？

[8.14] 在計算規則激發程度所用的取最小値和取最大値可類比爲模糊邏輯的 OR 和 AND 運算，可否有其他的運算方式用來取代它們？

[8.15] 請列出以適存度的角度，將基因演算法視覺化之優缺點。

[8.16] 8.8 節提到的四種不同角度的視覺化，以及在視覺化時，會遇到的兩種限制。試比較這兩種限制，對四種角度視覺化的影響爲何。

參考文獻

[1] John H. Holland. *Adaptation in natural and artificial systems*. University of Michigan Press, Michigan, 1975.

[2] David E. Goldberg. *Genetic Algorithms in Search, Optimization and Machine Learning*. Addison-Wesley, Reading, MA, 1989

[3] Melanie Mitchell, *An Introduction to Genetic Algorithms*. MIT Press, 1997.

[4] Thomas Back. *Evolutionary Algorithms in Theory and Practice.* Oxford University Press, New York, 1996.

[5] H. Nomura, et al. A self-tuning method of fuzzy Reasoning by Genetic Algorithm. Proc. of the Int'l Fuzzy Systems and Intelligent Control Conf., pp.236-245, 1992.

[6] C. T. Sun, Rule-base structure identification in an adaptive-network-based fuzzy inference system, IEEE Transactions on Fuzzy Systems, Vol. 2, No. 1, pp.64 –73, 1994.

[7] L. Davis. *Handbook of Genetic Algorithms*. Van Nostrand Reinhold, 1991.

[8] Proceedings of the International Conference on Genetic Algorithms. 3rd (1989) , 4th (1991), 5th (1993).

[9] Y. H. Song, G. S. Wang, A. T. Johns, and P. Y. Wang. Improved Genetic Algorithms with Fuzzy Logic Controlled Crossover and Mutation. UKACC International Conference on Control, 1996.

[10] P. Y. Wang, G. S. Wang, Y. H. Song, and A. T. Johns. Fuzzy Logic Controlled Genetic Algorithms. Proceedings of the Fifth IEEE International Conference on Fuzzy Systems, Vol. 2, pp.972 –979, 1996.

[11] C.-T. Sun and M.-D. Wu. Multi-Stage Genetic Algorithm Learning In Game Playing. Proceedings of the 1994 1st International Joint Conference of NAFIPS/IFIS/NASA, pp.223-227, 1994.

[12] C.-T. Sun and M.-D. Wu. Fuzzy Multi-Staged Genetic Algorithm In Stock Investment Decision, in Methodologies for the Conception, Design, and Application of Intelligent Systems. Proceedings of the 4th International Conference on Soft Computing (IIZUKA' 96). Vol. 2, pp.507-10, 1996.

[13] J.-S. R. Jang, C.-T. Sun and E. Mizutani. *Neuro-Fuzzy and Soft Computing.* Prentice Hall, 1997

[14] M.-D. Wu and C.-T. Sun. Fuzzy Polyploidy with Adaptive Genetic Structure. Unpublished.

[15] M. Sugeno and G. T. Kang. Structure identification of fuzzy model. Fuzzy Sets and Systems, Vol. 28, pp.15-33, 1988.

[16] T. Takagi and M. Sugeno. Fuzzy identification of systems and its applications to modeling and control. IEEE Transactions on Systems, Man, and Cybernetics, Vol. 15, pp.116-132, 1985.

[17] Jim C. Bezdek. *Pattern recognition with fuzzy objective function algorithms.* Plenum Press, New York, 1981.

[18] Enrique H. Ruspini. Recent development in fuzzy clustering. In *Fuzzy set and possibility theory*, pp.133-147. North Holland, 1982.

[19] Zbigniew Michalewicz. Evolutionary Computation: Practical Issues. Proceedings of 1996 IEEE International Conference on Evolutionary Computation. IEEE Press, 1996.

[20] L. B. Booker, D. E. Goldberg, and J. H. Holland. Classifier Systems and Genetic Algorithms. Artificial Intelligence, Vol. 40, 235-282, 1989.

[21] M. Valenzuela-Rendon. The fuzzy classifier system: A classifier system for continuously varying variables. Proceedings of the Fourth International Conference on Genetic Algorithms, 1991.

[22] M. Valenzuela-Rendon. The fuzzy classifier system: Motivations and first results. Proceeding of the international workshop parallel problem solbing from nature, Berlin: Springer-Verlag, 1991.

[23] Alexandre Parodi and Pierre Bonnelli. A new approach to fuzzy classifier system. Proceeding of the Fifth International Conference on GA, 1993.

[24] B. Carse, T. C. Fogarty. A Fuzzy Classifier System Using the Pittsburgh Approach. In *Parallel Problem Solving from Nature--PPSN III,* Springer-Verlag, 1994.

[25] William B. Shine and Christoph F. Eick. Visualization of Evolution of Genetic Algorithm Search Processes. Proc. IEEE International Conference on Evolutionary Computation, pp.367-372, 1997.

[26] Ming-Da Wu. http://cindy.cis.nctu.edu.tw/ec99/simpack/tutorial/tutorial/html. 1999.

[27] Trevor D. Collins, Understanding Evolutionary Computation: A Hands on Approach. Proc. 1998 IEEE International Conference on Evolutionary Computation, pp.564-569, 1998.

[28] M. Last and A. Kandel. Automated Perceptions in Data Mining. Proc. IEEE International Fuzzy Systems Conference, pp.190-197, 1999.

Chapter 9

模糊控制器設計之應用

林進燈
國立交通大學　電機暨控制工程學系
鄧清政
國立交通大學　電機暨控制工程學系

9.1 模糊控制的基本原理

模糊集合的觀念最早是在 1965 由扎德(L.A. Zadeh)教授所提出。接下來，Mamdani 以及他的研究群在受到 Zadeh 的鼓勵下，設計了一個由模糊參數以及模糊法則所組成的控制器，成功的模擬了人類推理的方法並得到不錯的控制結果。於是 M. Sugeno，一位深深被這種模糊法則及推論所吸引的工程師，便開始於日本展開了一連串的研究與應用，而使得模糊邏輯控制器(Fuzzy Logic Controller，以下簡稱 FLC)得到世人的重視。基本上說來，FLC 的主要優點在於它可以應用在當受控體太過於複雜或難以用數學模式表示的狀況，以及控制器的設計可以直接用幾條反映專家經驗的模糊法則所表示。如此一來，FLC 實在是既具智慧又富人性化了，這也就難怪近年來 FLC 在理論及應用的研究上始終蓬勃發展了。

以下圖 9.1 所示為一反饋控制系統。考慮控制器的目的在使系統輸出 y_p 維持在一設定點 sp。令 FLC 的二個輸入變數分別為誤差 e 以及誤差變化 Δe，定義如下：

$$e(n) = sp(n) - y_p(n) \tag{9.1}$$

及

$$\Delta e = e(n) - e(n-1) = -\left(y_p(n) - y_p(n-1)\right) \tag{9.2}$$

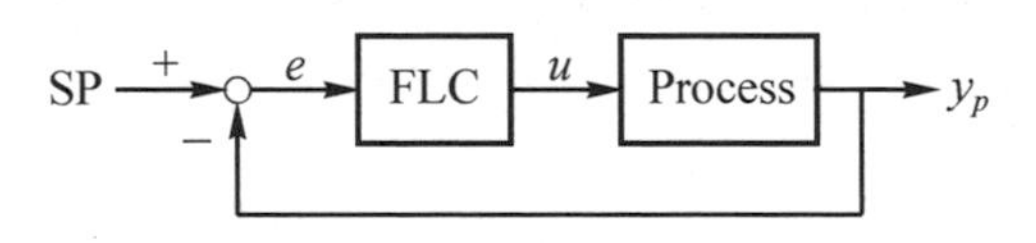

圖 9.1 反饋控制系統基本圖

一般而言，一 FLC 分成輸入空間模糊分割(Fuzzy partition)，模糊推論，推論整合，以及解模糊化(Defuzzification)四個步驟(如圖 9.2 所示)。以下即分別針對此四個程序加以說明。

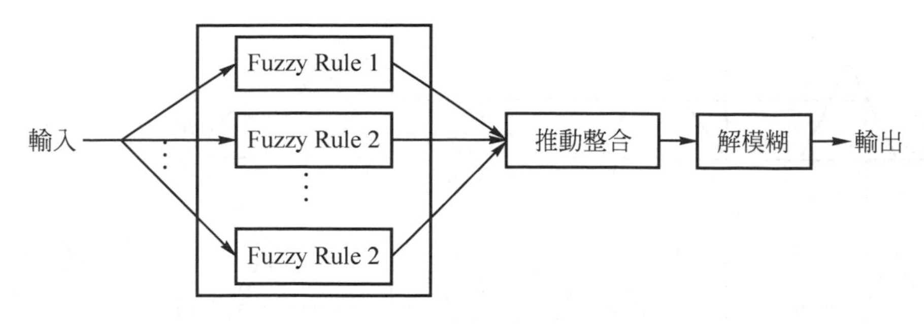

圖 9.2　FLC 的主要程序

首先，為了將操作者的經驗轉換成 IF-THEN 的控制法則，我們首先要將 FLC 的輸入空間加以模糊分割。譬如，若想要將誤差 e 分割三個區域，圖 9.3 是其中的一種分析情形。明顯地，由圖 9.3 可見模糊集合 Small，Medium 和 Big 都有某種程度的重疊，這正好符合現實生活的狀況。在本例中，同樣地，我們也對另一輸入變數 Δe 作模糊分割。

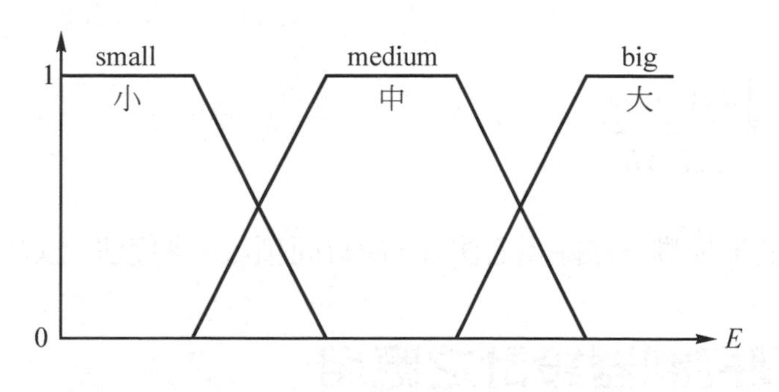

圖 9.3　輸入空間分割

根據輸入變數作模糊空間分割後，我們可以藉由專家經驗來設計模糊法則如下：

$$R_j：\text{IF}\ \ x_1\ \text{is}\ A_{j1},\ x_2\ \text{is}\ A_{j2},\ldots\ldots.., x_n\ \text{is}\ A_{jn}\ \text{then}\ y\ \text{is}\ B_j \qquad (9.3)$$

其中$1 \le j \le m$，而 A、B 都是模糊集合。假設對每一法則使用 Max-Min 合成方法，圖 4 說明了推論的方法(以 m=2，n=2 為例)：其中 x_1^0 及 x_2^0 輸入的單一數值，B_1 及 B_2 分別為經由法則 1 及法則 2 推理出之結果(採用 MIN 運算)。假設我們再將每一法則之推論結果 B_j' 作 MAX 運算，即可得 B'，如圖 9.4 所示。

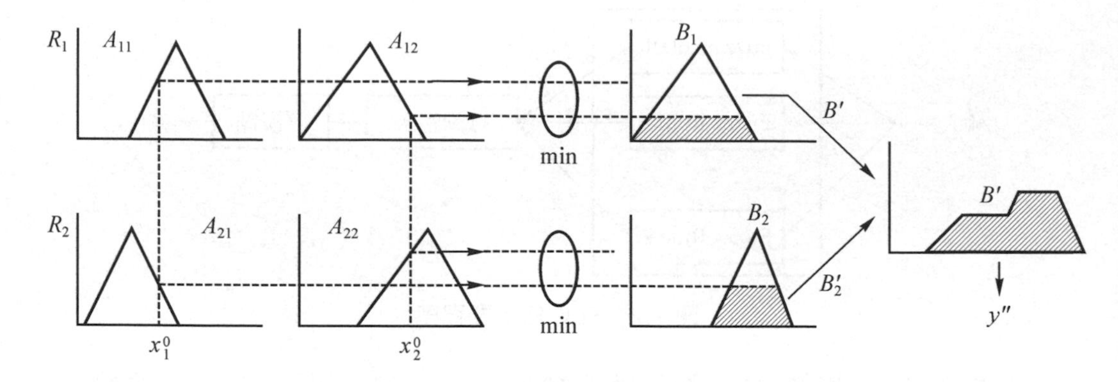

圖 9.4 利用 Max-Min 合成法及重心法所做之推論過程

綜合以上的運算方法，我們常稱之 MAX-MIN 合成運算。由於推論合成結果 B' 是一模糊集合，最後爲了要得到一單一數值輸出，故模糊集合 B' 必須做解模糊化 (Defuzzify)。解模糊化的其中一種方法，我們稱爲重心法(Center of Gravity Method)，其定義如下

$$y^0 = \frac{\int \mu_{B'}(y) y dy}{\int u_{B'}(y) dy} \tag{9.4}$$

目前常見的解模糊方法除重心法外，尚有面積法、高度法，以及最大平均法等。

9.2 模糊控制器設計之應用

9.2.1 模糊控制洗衣機

於此例子中，我們所要利用模糊控制的控制對象爲洗衣機的清洗時間。

1. 定義輸入輸出變數

首先我們先決定受控系統有哪些操縱狀況是必須被觀察、量測的。而於此例中我們可以定義模糊控制參數如下：

假設輸入爲洗滌衣物的污泥及油污，輸出爲清洗時間，其中依據污穢的程度及清洗時間的長短，分別定義這三個參數如下：

污泥=｛SD，MD，LD ｝

油污=｛NG，MG，LG ｝

清洗時間=｛VS，S，M，L，VL ｝

其意義如下：

SD(Small Dirty，污泥少),MD(Medium Dirty，中等污泥),LD(Large Dirty，多污泥)

NG(No Grease，無油污), MG(Medium Grease，中等油污), LG(Large Grease 多油污)

VS(Very Short，時間很短), S(Short，時間短), M(Medium，時間中等)

L(Long，長時間),VL(Very Long，很長時間)

2. 模糊分割

首先將依據輸出入變數的量測及操作範圍作模糊分割，其中圖 9.5-9.7 爲此三個參數的歸屬函數(membership function)，污泥的討論範圍爲以 0 到 200 間的數字來表示，而清洗時間則以 0 分鐘到 60 分鐘爲其討論範圍。

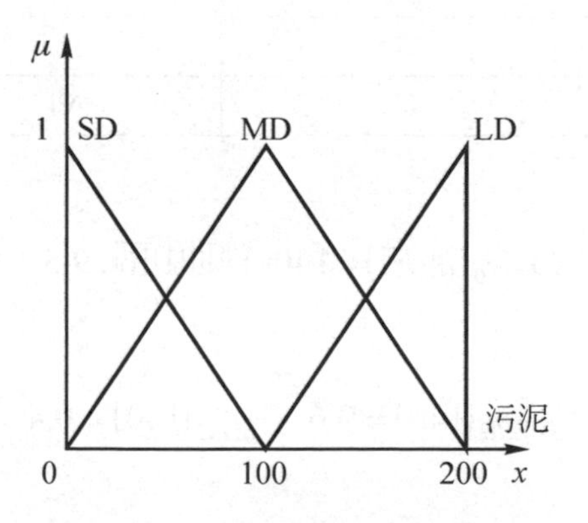

圖 9.5 輸入參數污泥的歸屬函數

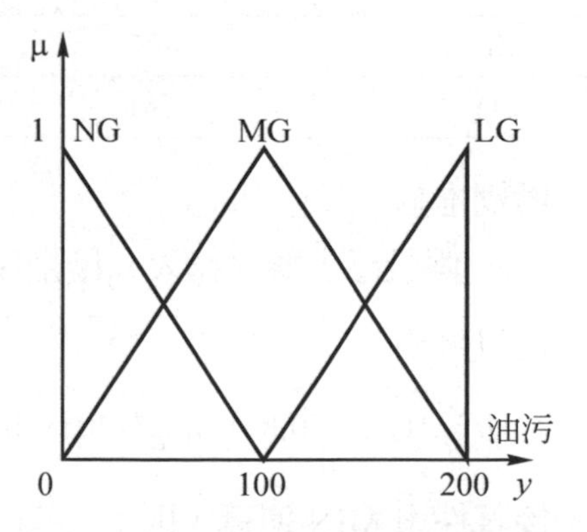

圖 9.6 輸入參數油污的歸屬函數

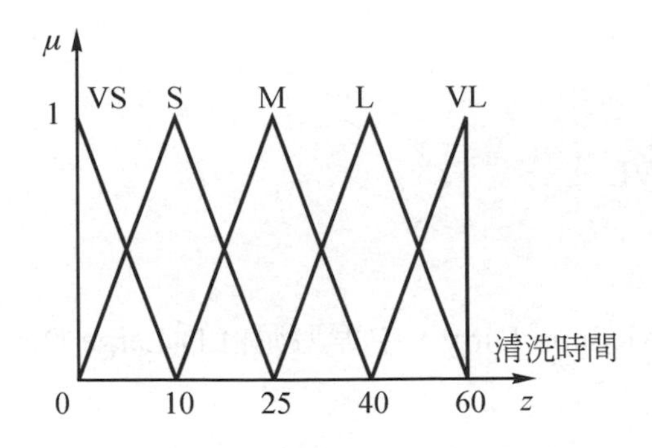

圖 9.7　輸出參數清洗時間的歸屬函數

3.　設計控制規則庫

依據經驗及專家的知識，轉譯成語言化的控制規則。

例如：IF 衣物的污泥少且沒有油污，THEN 清洗時間很短。

(IF x is SD and y is NG ,THEN z is VS。)

此例中我們使用的控制規則如下：

油污 ╲ 污泥	NG	MG	LG
SD	VS	M	L
MD	S	M	L
LD	M	L	VL

4.　模糊推論

假設感應器之輸入 $x_0(\text{污泥})=120, y_0(\text{油污})=140$，則由圖 9.5，圖 9.6 可以得到

$$\mu_{MD}(120)=0.8\text{，}\ \mu_{LD}(120)=0.2\text{，}\ \mu_{MG}(140)=0.6\text{，}\ \mu_{LG}(140)=0.4$$

接著採用 MIN 運算，則：

	0	$\mu_{MG}(140)=0.6$	$\mu_{LG}(140)=0.4$
0	0	0	0
$\mu_{MD}(120)=0.8$	0	min(0.8,0.6)=0.6= $\mu_M(z)$	min(0.8,0.4)=0.4= $\mu_L(z)$
$\mu_{LD}(120)=0.2$	0	min(0.2,0.6)=0.2= $\mu_L(z)$	min(0.2,0.4)=0.2= $\mu_{VL}(z)$

再依據推論的結果作 MAX 運算，圖 9.4 爲此推論過程

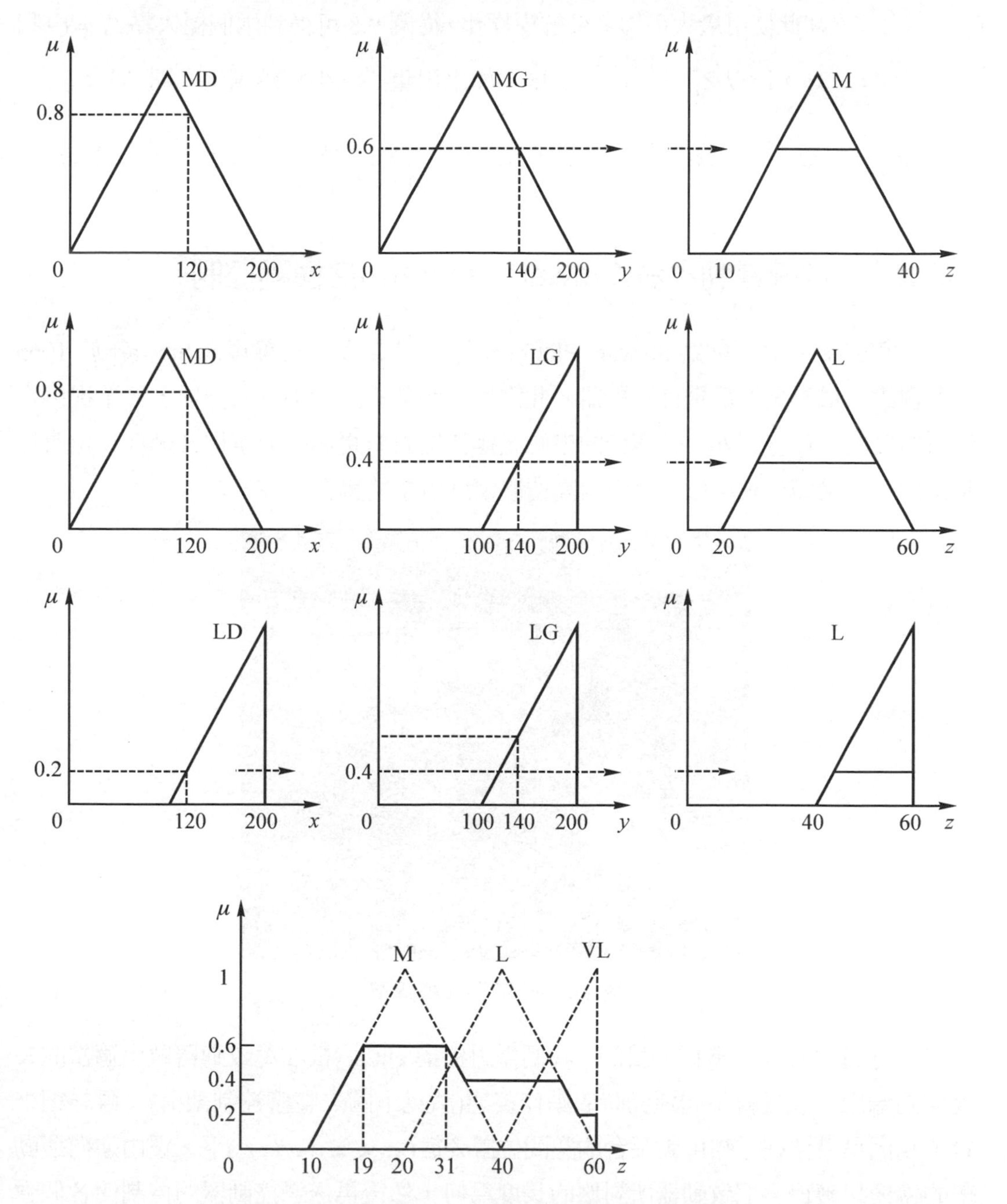

圖 9.8　利用 Max-Min 和乘法及重心法之推論過程

5. 解模糊化

在此使用最大平均法來解模糊化，從圖 9.8 可得到兩個極大點 $\zeta_1 = 19$ 和 $\zeta_2 = 31$，所以 $Z_m^* = \dfrac{19+31}{2} = 25$。如果用重心法來解模糊化，則

$$Z_{COA}^* = \frac{0.6\times19 + 0.6\times20 + 0.6\times31 + 0.4\times34 + 0.4\times40 + 0.4\times52 + 0.2\times56}{0.6+0.6+0.6+0.4+0.4+0.4+0.2} = 32.4$$

9.2.2 六軸運動平台(Stewart Platform)之模糊控制

六軸運動平台又稱爲 Stewart Platform(如下圖所示)，爲英國人 Stewart 於 1965 年所提出，最早用途爲飛行模擬器。此六軸平台架構爲一平行操作器，除了提供六個自由度的操作空間外，較傳統的串聯式操作器具有更高的力重比、剛性和位置控制精度，故被廣泛應用於高負載、高位置精度需求的場合。

圖 9.9 六軸平台機構圖

爲了達到控制此機構的目的，我們需對機構中的六根油壓致動器做出適當的長度控制輸出，以獲得不同運動時的動作姿態(請見下圖之整體控制架構)。再詳細來看，我們是希望在已知可動平台的空間位置姿態(x, y, z, α, β, γ)下，經由逆向運動學的轉換以獲得各個致動器所對應的長度爲何，然後再透過控制器的控制使各個致動器移至所需的長度，這樣便能達到任意控制此機構動作的效果。以下分成數個段

落更詳細的描述整體控制機制的作法。

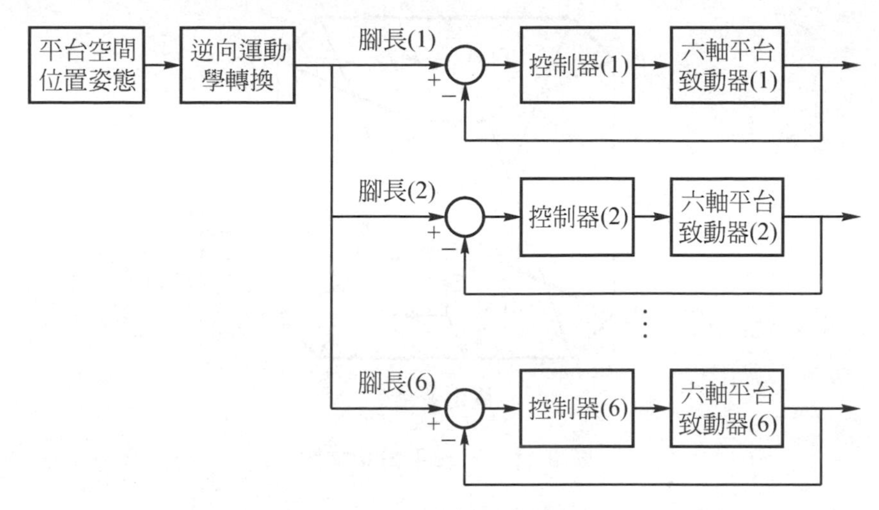

圖 9.10　制訊號流程圖

(1) 空間座標定義與逆向運動學的轉換

如上圖所示，為了達成機構控制的效果，初步而言我們需對可動平台的空間位置姿態$(x, y, z, \alpha, \beta, \gamma)$做適當的長度轉換，不過在進行此所謂的逆向運動學轉換前，我們需先對平台整體的空間座標定義作個探討，這樣才能導得正確的轉換公式。

一般型的六軸平台架構如下圖所示，由可動平台、固定平台及六支致動器所構成，為了運動學數學分析的方便，我們定義了兩個座標系統$\{P\}$、$\{B\}$，分別位於可動與固定平台的中心位置。位置 $\mathbf{P_1}$ 至 $\mathbf{P_6}$ 以座標系統$\{P\}$表示，為致動器與可動平台的連接點，而位置 $\mathbf{B_1}$ 至 $\mathbf{B_6}$ 則以座標系統$\{B\}$表示，為致動器與固定平台的連接點。$\mathbf{B_i}$ 至 $\mathbf{P_i}$ 的距離即為各致動器的長度，$i = 1 \ldots 6$。

在定義平台之座標系後，我們則更進一步瞭解可動平台在空間中的位置姿態$(x, y, z, \alpha, \beta, \gamma)$描述的意義為何。這裡我們是以其座標系$\{P\}$中心相對於固定平台座標系$\{B\}$的平移量(translation)和旋轉量(orientation)來表示，以(x, y, z)表示平台對座標系$\{B\}$中 X, Y, Z 軸的平移量，而(α, β, γ)表示平台對座標系$\{B\}$中 X, Y, Z 軸的旋轉量 roll, pitch 和 yaw。之後則可經過適當的數學座標轉換及向量運算，將已知可動平台位置姿態$(x, y, z, \alpha, \beta, \gamma)$，推導出各個致動器相對應的長度為何。

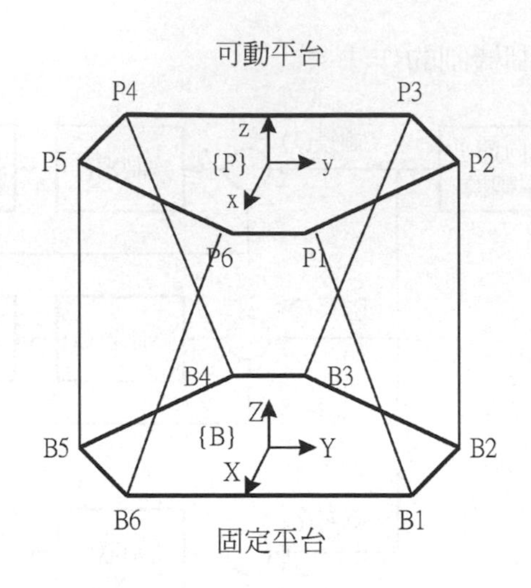

圖 9.11　六軸平台架構圖

(2) 控制器的設計

在能已知所欲控制的六根致動器的腳長後，下一步便是控制器的設計(請見控制訊號流程圖)。目前我們使用的控制器有兩種，一是 PI 型的硬體位置控制器，另一則是採用 PD-like 型模糊位置控制器，其模糊控制規則的表示式如下：

$$\textbf{IF } e_k \textbf{ is A and } \Delta e_k \textbf{ is B} \quad \textbf{THEN } u_k \textbf{ is C}$$

其中 e_k 爲腳長位置誤差量，Δe_k 爲腳長位置誤差的變化量，u_k 則爲控制量。我們所設計的 PD-like 型模糊位置控制器，其相關輸入、輸出變數的歸屬函數如圖 9.12 至圖 9.14 所示，模糊規則庫如表 9.1 所示。其中我們使用的符號定義爲：

ZE：Zero　L：Large　M：Medium　S：Small
P：Positive　N：Negative

在模糊規則庫部份，我們是依循下列三個原則來設計的：

1. 我們使用的油壓致動器可作雙向運動，其是藉由輸入電壓的正負號來決定運動方向，所以我們在設計規則庫時採用對稱性的方式。
2. 我們主要是以位置誤差量來決定輸出控制激發量的大小與方向，而位置誤差變化量的影響較小，其僅會改變輸出控制激發量的大小。
3. 當位置誤差量很小(Small)且位置誤差變化量爲反方向時，爲了避免油壓致動器產生過大的超越量(overshoot)，因此其控制激發量屬於輸出歸屬函數的零(Zero)區域。

表 9.1　模糊控制器規則庫

誤差變化量 / 誤差量	**LN**	MN	ZE	MP	LP
LN	SN	SN	LN	MN	SN
MN	SN	SN	MN	MN	SN
ZE	ZE	ZE	ZE	ZE	ZE
MP	SP	MP	MP	SP	SP
LP	SP	MP	LP	SP	SP

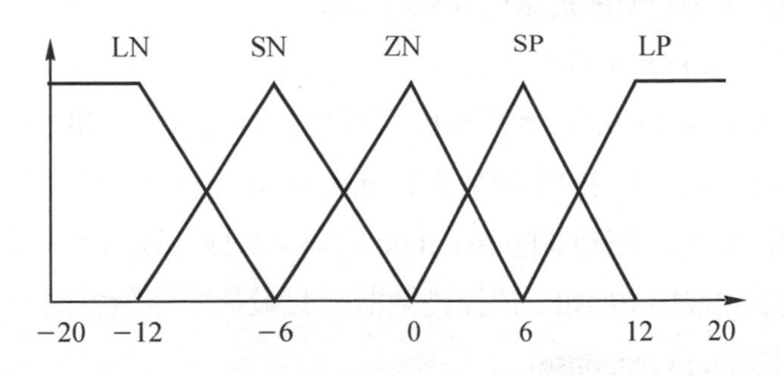

圖 9.12　腳長位置變數誤差量的歸屬函數

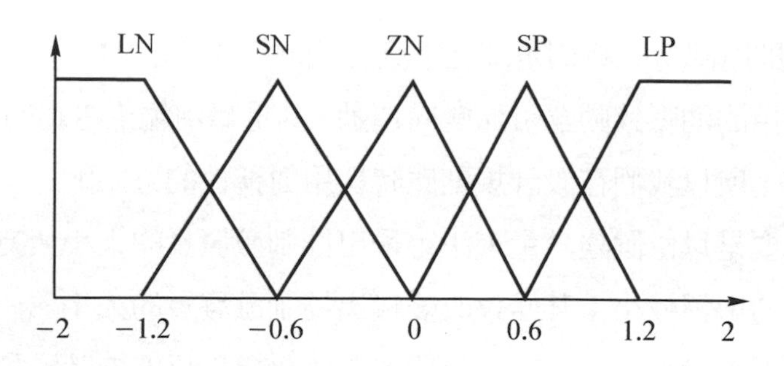

圖 9.13　腳長誤差變數變化量的歸屬函數

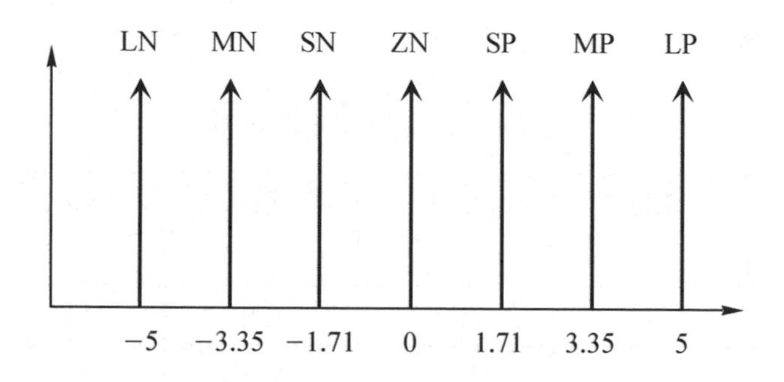

圖 9.14　輸出控制變數的歸屬函數

(3) 實驗結果(Experiment Results)

我們將針對現有的 PI 型硬體控制器與設計的 PD-like 模糊控制器作(a)步階響應、(b)梯階響應以及(c)軌跡追蹤的比較、分析。

1. 步階響應(step response)

   圖 9.15 和圖 9.16 分別爲 PI 型硬體控制器和 PD-like 模糊控制器的步階響應與誤差圖。其中 PI 控制器的 rise time 約爲 1.5 秒、穩態誤差爲 2.1527 mm。而 PD-like 控制器的 rise time 約爲 0.9 秒、穩態誤差爲 1.0979 mm。我們可明顯觀察出 PD-like 模糊控制器擁有較佳的步階響應。

2. 梯階響應(ramp response)

   圖 9.17 和圖 9.18 分別爲 PI 型硬體控制器和 PD-like 模糊控制器的梯階響應與誤差圖。其中 PI 控制器梯階響應的誤差量約爲 PD-like 控制器的 2 倍。明顯地 PD-like 模糊控制器也擁有較佳的梯階響應。

3. 軌跡追蹤(path tracking)

圖 9.19 和圖 9.20 分別為 PI 型硬體控制器和 PD-like 模糊控制器的軌跡追蹤與誤差圖。其中 PI 控制器軌跡追蹤的誤差量約為 PD-like 控制器的 2 倍，所以 PD-like 控制器提供較佳的軌跡追蹤能力。

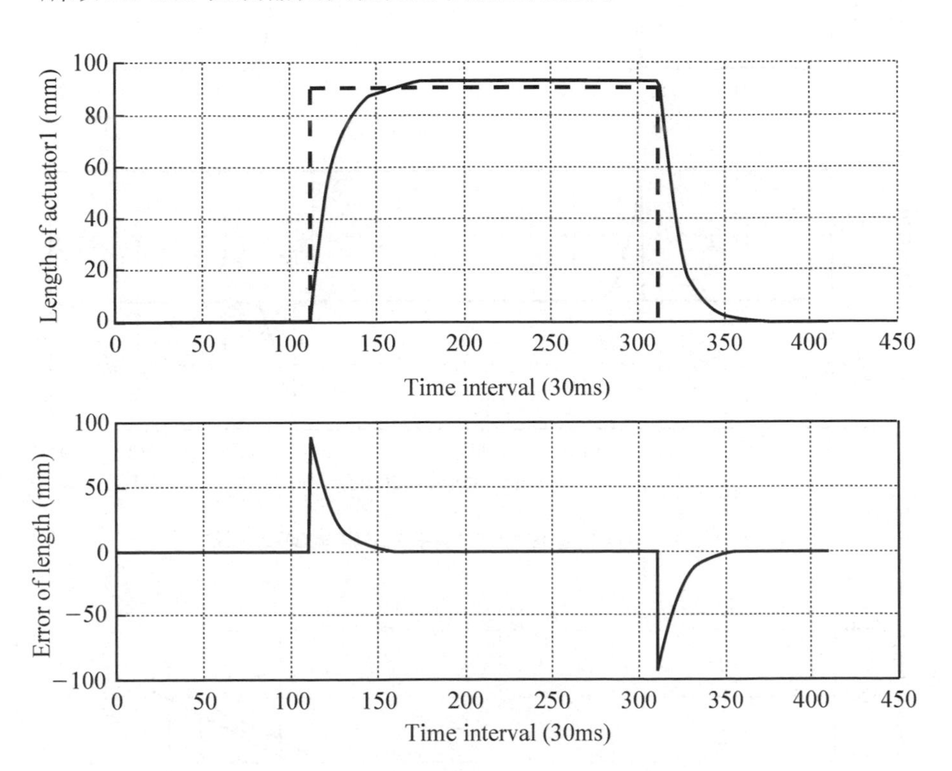

圖 9.15 PI 型硬體控制器的步階響應與誤差

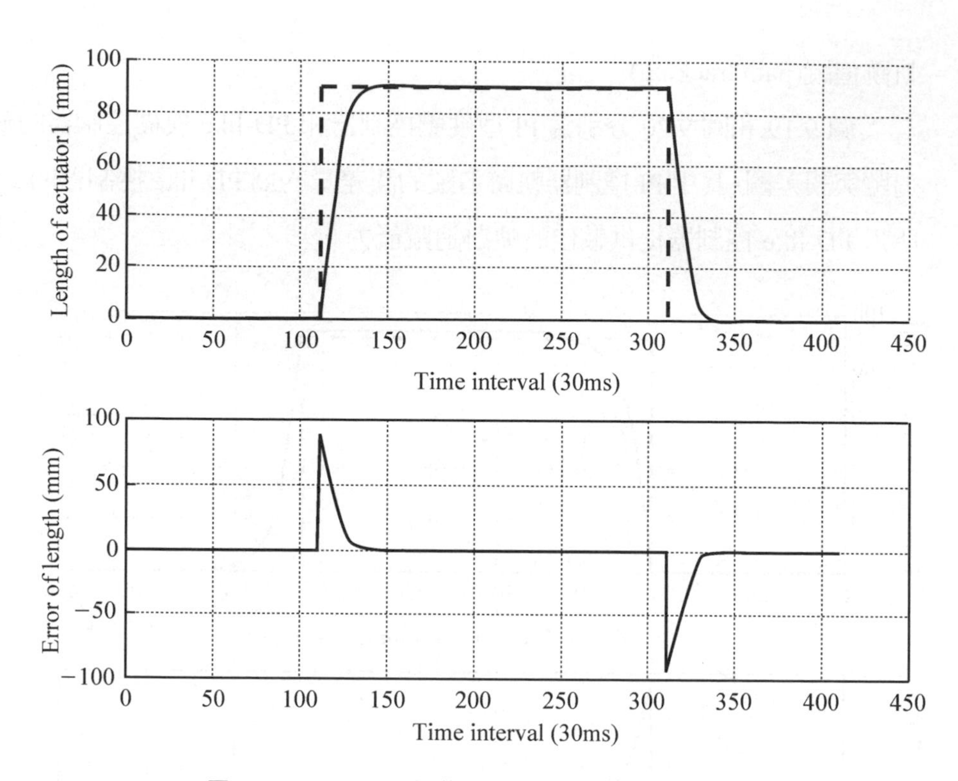

圖 9.16　PD-like 模糊控制器的步階響應與誤差

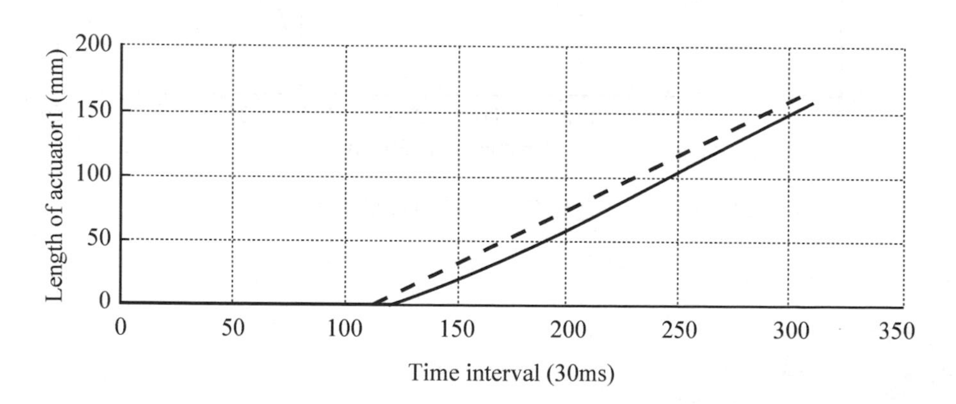

圖 9.17　PI 型硬體控制器的梯階響應與誤差

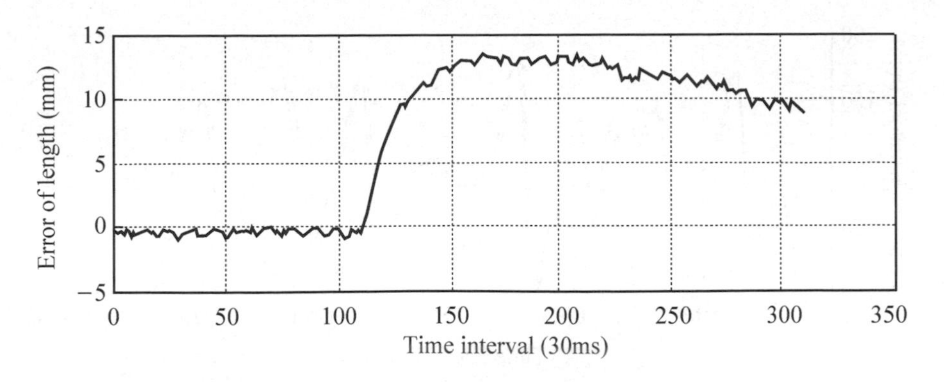

圖 9.17　PI 型硬體控制器的梯階響應與誤差(續)

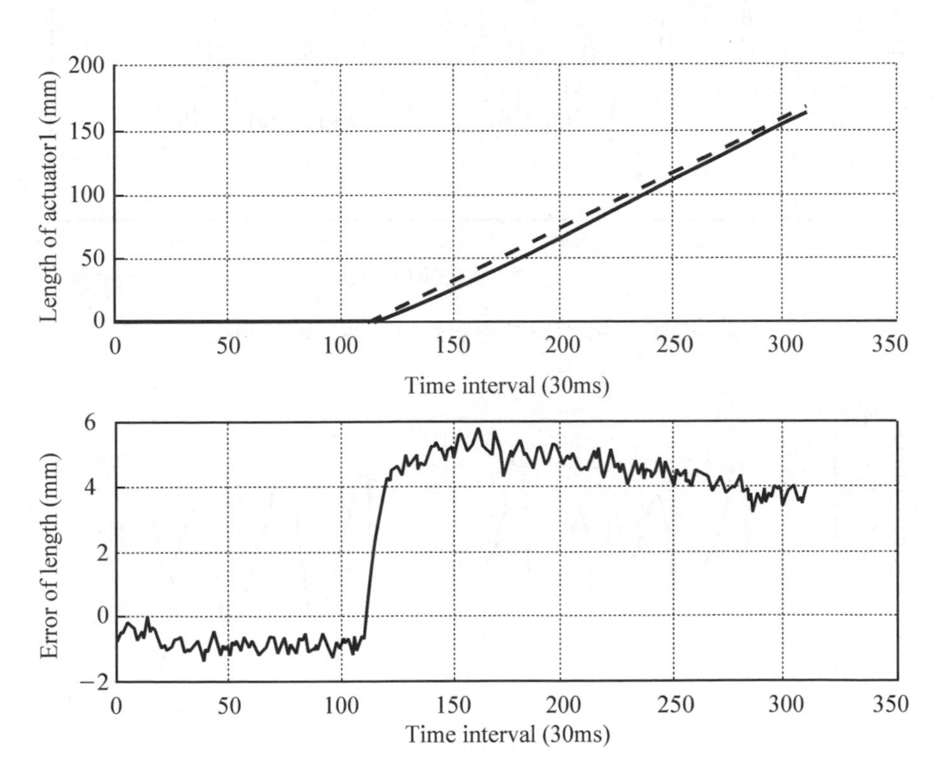

圖 9.18　PD-like 模糊控制器的梯階響應與誤差

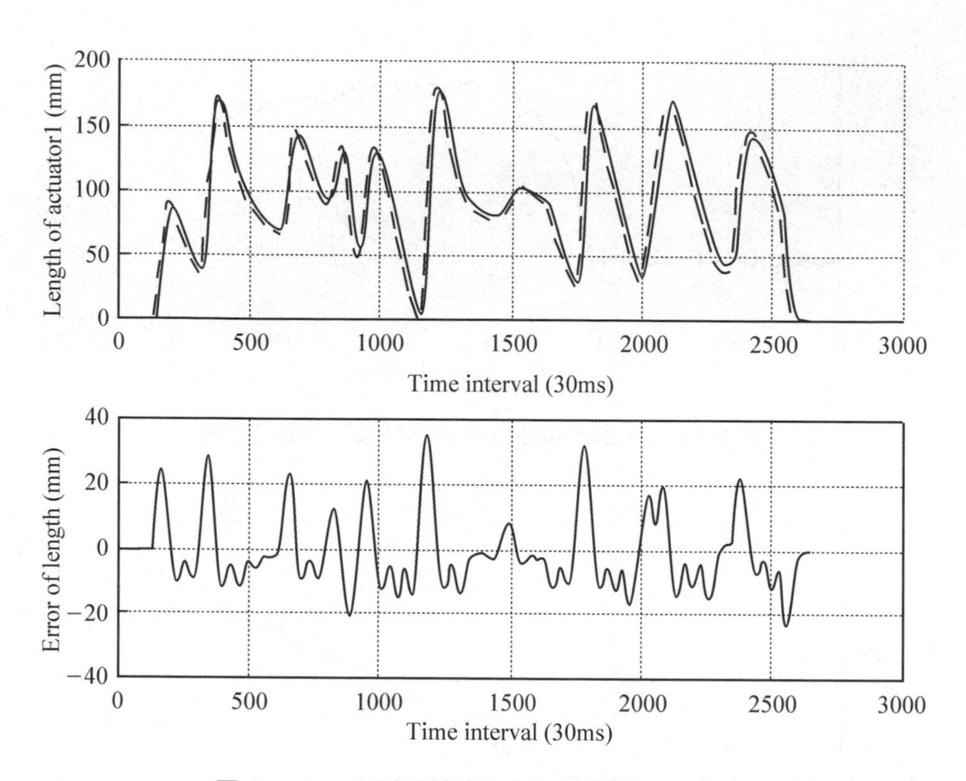

圖 9.19　PI 型硬體控制器的軌跡追蹤與誤差

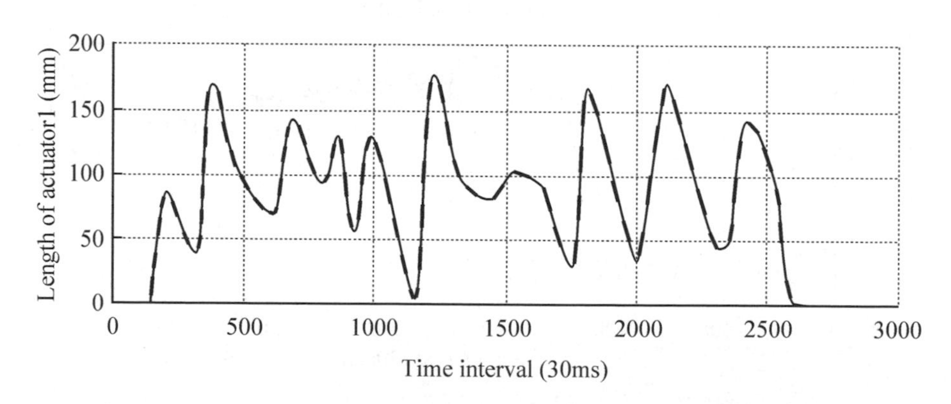

圖 9.20　PD-like 模糊控制器的軌跡追蹤與誤差

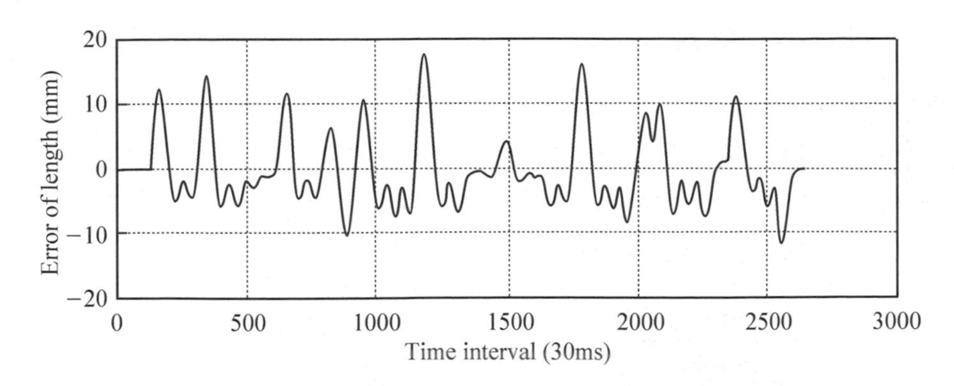

圖 9.20　PD-like 模糊控制器的軌跡追蹤與誤差(續)

9.3　古典控制器與模糊控制器之等值關係

雖然 FLC 可以展現非線性的特性且與傳統的 PID 控制器比較起來，更具有高度的適用性及強健性。然而，由於傳統線性控制理論的高度發展，這使得 FLC 的線性理論或特性之研究顯得迫切。何以故？這是因爲此種理論的建立，將可以使 FLC 設計者能利用傳統控制理論爲基礎，先行設計一滿足需求的 FLC，然後再進而利用相關的 FLC 設計方法以得到一更佳的設計結果。

不少的文獻曾探討當設計一 FLC 時，使用怎樣的模糊運算、模糊推論以及模糊法則才能使輸出與輸入變數間存在一線性的關係[1,2]。然而，卻一直沒有得出明確、直接的結果，以致於當給定一 PD 或 PI 控制器，仍無法直接明確地設計相對應的 FLC。我們將整合目前的研究結果，藉由考慮 FLC 輸出及輸出變數之操作範圍，推導出 PD 型、PI 型及 PID 型控制器與 FLC 之間的等值關係。

9.3.1　PD 型控制器與 FLC 間的等值關係

(1) 一種特殊的 PD 型 FLC

考慮圖 9.1 之反饋控制系統，其控制器的目的在使系統輸出 y_p 維持在一設定點 sp。如式(9.1)及(9.2)，FLC 的二個輸入變數分別爲誤差 e 以及誤差變化 Δe。首先，我們將一 PD 控制器表示成

$$u(n)=K_p e(n)+K_D \Delta e(n) \tag{9.5}$$

假設 $e(n)$，$\Delta e(n)$ 以及 $u(n)$ 的操作範圍分別是 $OR_e=[-a_e,a_e]$，$OR_d=[-a_d,a_d]$，以及 $OR_u=[-a_u,a_u]$。如圖 9.21 所示，我們將 OR_e，OR_d 及 OR_u 分別用 m, m,及 $2m$-1 個模糊集合作模糊空間分割。令 e_i,d_j,u_k 分別表示模糊集合 E_i ,D_j ,U_k 的中心點(Center of support)，則可得

$$e_i=\frac{(2i-m-1)a_e}{m-1} \tag{9.6}$$

$$d_j=\frac{(2j-m-1)a_d}{m-1} \tag{9.7}$$

及

$$u_k=\frac{(k-m)a_u}{m-1} \tag{9.8}$$

其中我們考慮 m 爲不等於 1 的奇數的情形。

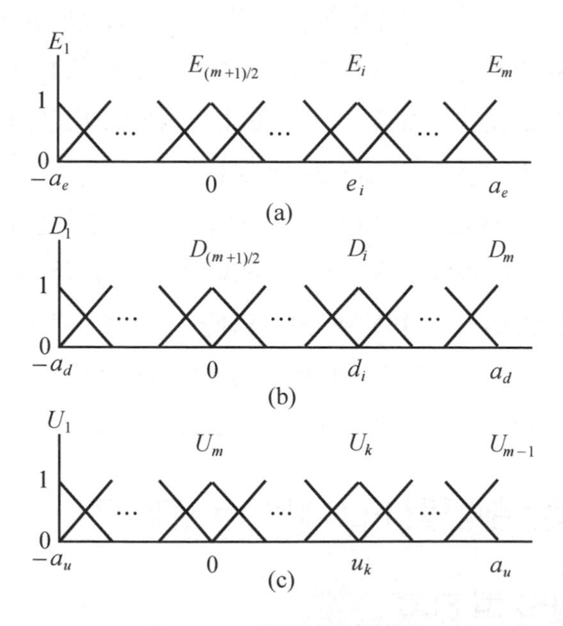

圖 9.21　模糊空間分割

經過輸入、輸出空間模糊分割後，我們設計模糊法則如表 9.2 所示。對任一模糊法則，我們可寫成

$$\text{IF } e(n) \text{ is } \mathrm{E}_i \text{ and } \Delta e(n) \text{ is } \mathrm{D}_j \text{ ,THEN } u(n) \text{ is } \mathrm{U}_k \tag{9.9}$$

其中　$k=i+j-1$。

表 9.2　模糊法則

$\Delta e(n) \backslash e(n)$	E_1	…	E_i	E_{i+1}	…	E_m
D_1	U_1	…	U_i	U_{i+1}	…	U_m
:	:		:	:		:
D_j	U_j	…	U_{i+j-1}	U_{i+j}	…	U_{m+j-1}
D_{j+1}	U_{j+1}	…	U_{i+j}	U_{i+j+1}	…	U_{m+j}
:	:		:	:		:
D_m	U_m	…	U_{i+m-1}	U_{i+m}	…	U_{2m-1}

如此一來，當採用乘積推理法則(product inference rule)以及重心法作解模糊，則可得輸出

$$u(n)=\frac{\sum u_k\left[\left(u_{E_i}(e(n))\right)\left(u_{D_j}(\Delta e(n))\right)\right]}{\sum\left(u_{E_i}(e(n))\right)\left(u_{D_j}(\Delta e(n))\right)} \tag{9.10}$$

對任一輸入 $e(n)$，$e(n)\in OR_e$，存在一整數 i，$1\le i\le m$ 使得 $e_i \le e(n)\le e_{i+1}$。同理，對一 $\Delta e(n)$，$\Delta e(n)\in OR_d$，存在一整數 j 滿足 $d_j \le \Delta e(n)\le d_{j+1}$，$1\le j\le m$。於是我們發現 $e(n)$ 分別以隸屬度 p 以及 $1\text{-}p$ 隸屬於模糊集合 E_i 及 E_{i+1}；而 $\Delta e(n)$ 以隸屬度 q 以及 $1\text{-}q$ 隸屬於 D_j 及 D_{j+1}，其中

$$p=\frac{e(n)-e_{i+1}}{e_i-e_{i+1}} \quad \text{及} \quad q=\frac{\Delta e(n)-d_{j+1}}{d_j-d_{j+1}} \tag{9.11}$$

由前面的討論以及式(9.10)，我們可很明顯的得知最多有 4 條法則會被激發，而產生輸出

$$u(n)=\frac{u_{i+j-1}pq+u_{i+j}p(1-q)+u_{i+j}(1-p)q+u_{i+j+1}(1-p)(1-q)}{pq+p(1-q)+(1-p)q+(1-p)(1-q)} \tag{9.12}$$

由於式(9.12)的分母爲 1，(9.12)式可簡化爲

$$u(n)=u_{i+j-1}pq+u_{i+j}p(1-q)+u_{i+j}(1-p)q+u_{i+j+1}(1-q) \quad (9.13)$$

我們接著將式(9.6)、(9.7)及(9.11)代入(9.13)式得

$$u(n)=\frac{a_u}{m-1}\left(1+i+j+\frac{(m-1)e(n)-(2i-m+1)a_e}{2a_e}+\frac{(m-1)\Delta e(n)-(2j-m+1)a_d}{2a_d}-m\right) \quad (9.14)$$

最後，我們得到最後的重要結果如下：

$$u(n)=\frac{a_u}{2a_e}e(n)+\frac{a_u}{2a_d}\Delta e(n)\text{，其中 }e(n)\in OR_e\text{，}\Delta e(n)\in OR_d \quad (9.15)$$

歸納以上的結果，我們可證明以下的定理。

<u>**定理 1**</u>：假設一 PD 型 FLC 的輸入/輸出變數，$e(n)$，$\Delta e(n)$及$u(n)$之操作範圍 $OR_e=[-a_e,a_e]$，$OR_d=[-a_d,a_d]$，以及$OR_u=[-a_u,a_u]$分別被 m，m 及 $2m$-1 個模糊集合所分割(如圖 9.21 所示)，則此 FLC 的輸出將與一 PD 控制器具

$$K_p=\frac{a_u}{2a_e} \text{ 及 } K_d=\frac{a_u}{2a_d} \quad (9.16)$$

的輸出相同。註：需使用表 9.2 的控制法則及(9.10)式。

由定理 1，我們發現一重要的事實，那就是 m 值大小並不影響 FLC 之輸出。我們也證明了當一 FLC 使用了特殊的模糊運算、推理及法則，則必存在一 PD 控制器，使兩者之輸出值相同。

(2) 調節因子(Scaling Factor，以下簡稱 SF)效應

在這裡，我們將考慮一 FLC 含有輸入及輸出 SFs 的情形。當調整一 FLC 的效能時，SFs 可說是最重要的參數了，這是因爲改變了 SFs 將使得整個系統的轉移函數(transfer function)的極點(pole)和零點(zero)發生變動，這也就是何以改變 SFs 可以對整個封閉系統的動態行爲產生如此重大的影響了[3-5]。令 S_e，S_d，及 S_u 是 SFs，她們可使變數$e(n)$，$\Delta e(n)$及$u(n)$的操作範圍 OR_e，OR_d 及 OR_u 轉移至正規化(normalized)操作範圍，比方說[-1,1]。很明顯地，變數轉移前後的運算如下：

$$e^*(n)=S_e e(n)\text{，}\Delta e^*(n)=S_d\Delta e(n)\text{，and }u(n)=S_u u^*(n) \quad (9.17)$$

圖 9.22 是如此的 FLC 的實現圖，以下定理將證明圖 9.22 之 FLC 與定理 1 之 FLC 兩者間的等值性。

<u>**定理 2**</u>：假若圖 9.22 的 FLC 設定 SFs 如下：

$$S_e = \frac{1}{a_e} \text{，} S_d = \frac{1}{a_d} \text{，及} S_u = a_u \tag{9.18}$$

其輸出將與定理 1 之 FLC 之輸出相同。(註)

(註)在圖 9.1-9.3 所示的 FLC 中，有關模糊法則推論及模糊分割的對象此時為 $e^*(n)$，$\Delta e^*(n)$，及 $u^*(n)$。

證明：由(9.15)式可知、假若我們將前面討論的變數，$e(n)$，$\Delta e(n)$及$u(n)$，分別以$e^*(n)$，$\Delta e^*(n)$及$u^*(n)$取代，則可得

$$u^*(n) = 0.5e^*(n) + 0.5\Delta e^*(n) \text{，for } e^*(n), \Delta e^*(n), u^*(n) \in [-1,1] \tag{9.19}$$

將(9.17)式代入(9.19)，得

$$u(n) = 0.5S_u S_e e(n) + 0.5S_u S_e \Delta e(n) \tag{9.20}$$

可見當 SFs 如(9.18)式所設定時，(9.20)式與(9.15)式是相同的。

由定理 2 我們得到一個結果，那就是改變 SFs 的值，其實就是改變了 $e(n)$，$\Delta e(n)$及$u(n)$的操作範圍。

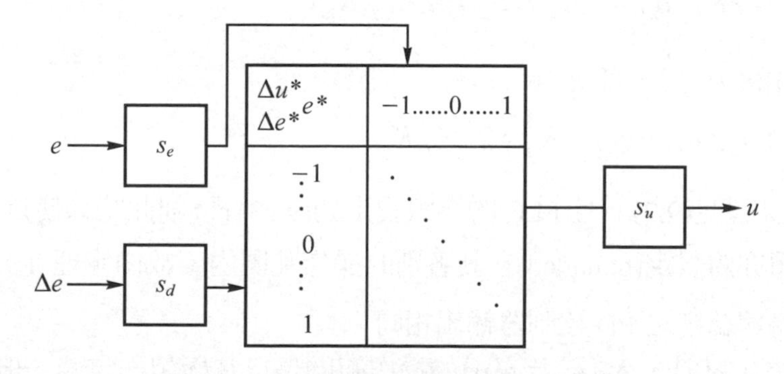

圖 9.22　含輸入及輸出 SFs 的 FLC

(3) 如何使一 FLC 與一給定的 PD 控制器等值？

在這裡，我們將試著針對一任意給定的 PD 控制器，探討如何設計出與之等值對應的 FLC。在前面我們已探討了兩種方法以使一 FLC 的輸出將與一 PD 控制器的輸出相同。我們也發現了一 FLC 的輸入及輸出變數的操作範圍是定常數增益 K_p 及 K_D 的主要因素。此外，我們要特別提出一點，那就是定理 1 及定理 1 都是在 $e(n)$，$\Delta e(n)$ 及 $u(n)$ 在其各別的操作範圍內才成立的。

對一個實際被應用於控制一受控體的 PD 控制器而言，我們可以測量其輸入及輸出訊號的極值，定義如下：

$$|e|_{\max} = \max|e(n)|,\ \ |\Delta e|_{\max} = \max|\Delta e(n)|,\ \ |u|_{\max} = \max|u(n)| \tag{9.21}$$

有了(9.1-9.20)式，我們可建立以下的定理：

<u>**定理 3**</u>：對任一如(9.5)式所示的 PD 控制器而言，若其極值訊號量測如(9.22)式，則假如存在一 λ，$\lambda > 0$ 使得

$$\lambda K_D \geq |e|_{\max}, \lambda K_p \geq |\Delta e|_{\max}, \text{及} 2\lambda K_D K_p \geq |u|_{\max} \tag{9.22}$$

則此 PD 控制器的輸出將與定理 1 所示之 FLC 之輸出相同，其中後者 FLC 之參數選擇如下：

$$a_e = \lambda K_D, a_d = \lambda K_p \text{及} a_u = 2\lambda K_D K_p \tag{9.23}$$

證明：由(9.16)式，可得

$$a_e : a_d : a_u = K_D : K_p : 2\lambda K_D K_p \tag{9.24}$$

因此，若存在 λ 滿足(9.22)，且 FLC 的參數設定如(9.23)式，則此時即使是 $e(n)$，$\Delta e(n)$ 及 $u(n)$ 的極值亦將限定(bounded)在其各別的操作範圍內。故由定理 1，我們可得知 FLC 的輸出將與給定之 PD 控制器輸出相同。

一般而言，$e(n)$，$\Delta e(n)$ 及 $u(n)$ 的操作範圍是以其極值作定義。但從定理 3，我們卻發現如果我們設定 $OR_e = \left[-|e|_{\max}, |e|_{\max}\right]$，$OR_d = [-|\Delta e|_{\max}, |\Delta e|_{\max}]$，以及 $OR_u = [-|u|_{\max}, |u|_{\max}]$，則我們設計所得的 FLC，將很難與給定的 PD 控制器有相同大小的輸出。此外，我們強調一點，那就是 λ 的存在是必然的，然而，選擇太大

的λ值卻是無太大的意義的。相反的，如果選定一恰使(9.22)式滿足的λ值，則當受控體一旦改變時，很可能λ值又得重設了。

例：我們將以 m=3 來說明兩個 PD 控制器之等值關係。

首先，將誤差e之歸屬函數，分割爲三個E_1、E_2、E_3，如下圖所示。

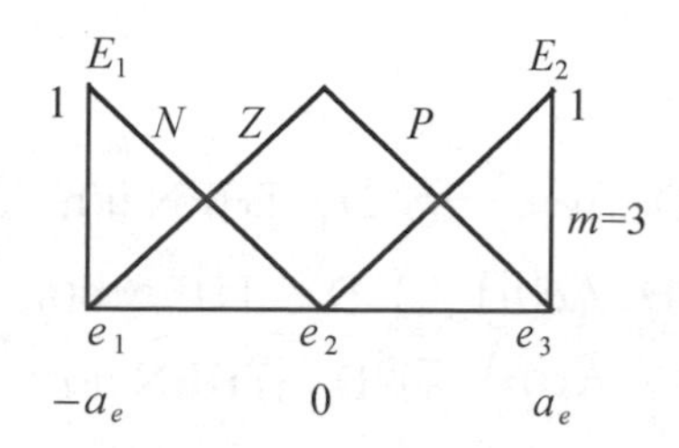

因爲$e_i=\dfrac{(2i-m-1)a_e}{m-1}$，若 m=3，我們可以得到$e_i=(i-2)a_e$，所以$e_1=-a_e$，$e_2=0$，$e_3=a_e$。同理，誤差變化量$\Delta e$之歸屬函數也分割爲三個，$D_1$、$D_2$、$D_3$，如下圖所示。

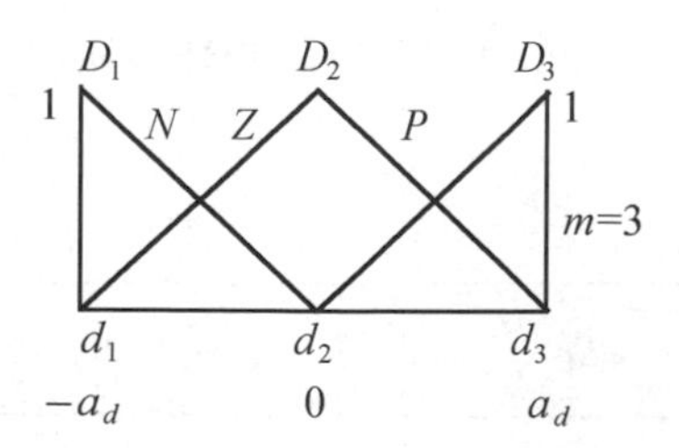

因爲$d_j=\dfrac{(2j-m-1)a_d}{m-1}$，若 m=3，我們可以得到$d_j=(j-2)a_d$，所以$d_1=-a_d$，$d_2=0$，$d_3=a_d$，輸出$u$之歸屬函數則分割爲五個，如下圖所示。

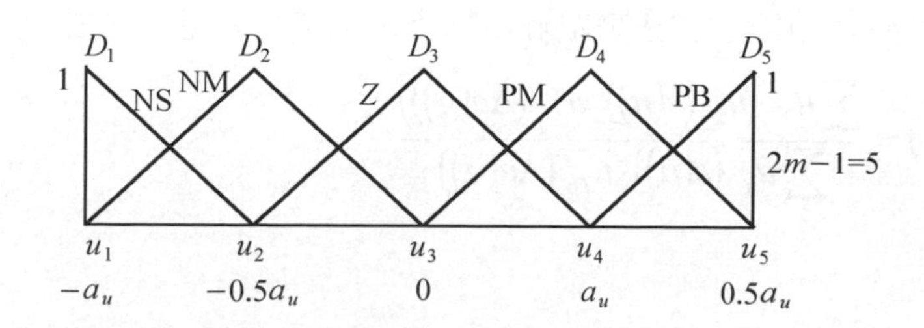

這裡，$u_k = \dfrac{(k-m)a_u}{m-1}$，$k = i + j - 1$，若 m=3，我們可以得到$u_k = \dfrac{(k-3)a_u}{2}$，所以$u_1 = -a_u$，$u_2 = -0.5a_u$，$u_3 = 0$，$u_4 = 0.5a_u$，$u_5 = a_u$。模糊規則則可以設計成下列九條。

IF e(n) 爲 E_i AND $\Delta e(n)$ 爲 D_j ,**THEN** u(n) 爲 U_k，其中

$$k = i + j - 1 \tag{9.25}$$

亦即 IF e(n) 爲 E_1 AND $\Delta e(n)$ 爲 D_1 ,THEN u(n) 爲 U_1

IF e(n) 爲 E_2 AND $\Delta e(n)$ 爲 D_2 ,THEN u(n) 爲 U_2

IF e(n) 爲 E_3 AND $\Delta e(n)$ 爲 D_3 ,THEN u(n) 爲 U_3

IF e(n) 爲 E_4 AND $\Delta e(n)$ 爲 D_4 ,THEN u(n) 爲 U_4

IF e(n) 爲 E_5 AND $\Delta e(n)$ 爲 D_5 ,THEN u(n) 爲 U_5

IF e(n) 爲 E_6 AND $\Delta e(n)$ 爲 D_6 ,THEN u(n) 爲 U_6

IF e(n) 爲 E_7 AND $\Delta e(n)$ 爲 D_7 ,THEN u(n) 爲 U_7

IF e(n) 爲 E_8 AND $\Delta e(n)$ 爲 D_8 ,THEN u(n) 爲 U_8

IF e(n) 爲 E_9 AND $\Delta e(n)$ 爲 D_9 ,THEN u(n) 爲 U_9

現以表格表示如下：

$\Delta e(n)$ \ $e(n)$	E_1	E_2	E_3
D_1	U_1	U_2	U_3
D_2	U_2	U_3	U_4
D_3	U_3	U_4	U_5

我們若以"乘積-和-重心"法來做解模糊化，則輸出u可以寫成

$$u(n) = \frac{\sum u_k \cdot \left(u_{E_i}(e(n)) \cdot u_{D_j}(\Delta e(n))\right)}{\sum u_{E_i}(e(n)) \cdot u_{D_j}(\Delta e(n))} \tag{9.26}$$

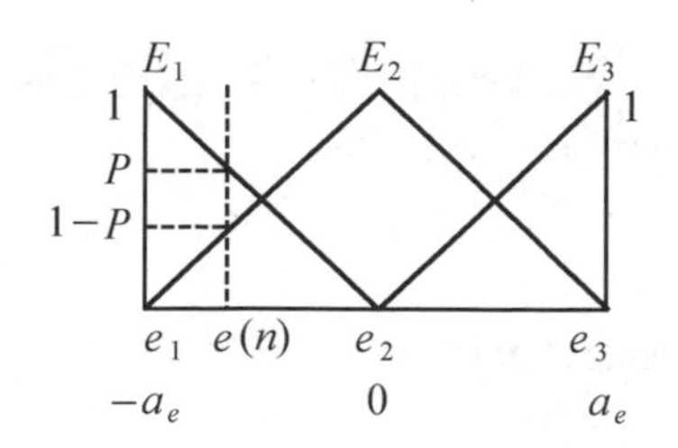

令 $p=\dfrac{e(n)-e_{i+1}}{e_i-e_{i+1}}$，如上圖所示。同理，也令 $q=\dfrac{\Delta e(n)-d_{j+1}}{d_j-d_{j+1}}$。因為最多只有四條規則可以被 $e(n)$ 和 $\Delta e(n)$ 所激發，所以 $u(n)$ 可以寫成

$$u(n)=\frac{u_{i+j-1}pq+u_{i+j}p(1-q)+u_{i+j}(1-p)q+u_{i+j+1}(1-p)(1-q)}{pq+p(1-q)+(1-p)q+(1-p)(1-q)} \tag{9.27}$$

這裡 $u_k=\dfrac{(k-3)a_u}{2}$，$k=i+j-1$。所以

$$\begin{aligned} u(n)&=\frac{a_u}{2}\big[(i+j-1-3)pq+(i+j-3)p(1-q)\\ &\quad+(i+j-3)(1-p)q+(i+j+1-3)(1-p)(1-q)\big] \\ &=\frac{a_u}{2}[i+j-p-q-2] \end{aligned} \tag{9.28}$$

因為

$$p=\frac{e(n)-e_{i+1}}{e_i-e_{i+1}}=\frac{e(n)-(i-1)a_e}{(i-2)a_e-(i-1)a_e}=\frac{e(n)-(i-1)a_e}{-a_e}$$

$$q=\frac{\Delta e(n)-(j-1)a_d}{-a_d}$$

所以

$$u(n)=\frac{a_u}{2}\left[i+j-2+\frac{e(n)-(i-1)a_e}{a_e}+\frac{\Delta e(n)-(j-1)a_d}{a_d}\right]$$

最後，我們得到的模糊 PD 控制器之輸入關係為

$$u(n)=\frac{a_u}{2a_e}e(n)+\frac{a_u}{2a_d}\Delta e(n)\text{，其中 }e(n)\in OR_e\text{，}\Delta e(n)\in OR_d \tag{9.29}$$

因爲經典 PD 控制器爲

$$u(n)=K_p e(n)+K_D\Delta e(n) \tag{9.30}$$

所以如果我們選擇 $K_p=\frac{a_u}{2a_e}$ 以及 $K_d=\frac{a_u}{2a_d}$，就可以得到模糊 PD 控制器等值於經典 PD 控制器的結論。

9.3.2 PI 型控制器與 FLC 間的等值關係

(1) 一種特殊的 PI 型 FLC

我們同樣考慮如圖 9.1 的反饋控制系統，首先，我們將一 PI 控制器表示成

$$\Delta u(n)=K_I e(n)+K_P\Delta e(n) \tag{9.31}$$

其中 $e(n)$、$\Delta e(n)$ 如式(9.1)、(9.2)所示。

如同第一部分中 PD 型 FLC 的設計，我們亦假設 $e(n)$，$\Delta e(n)$ 以及 $\Delta u(n)$ 的操作範圍分別是 $OR_e=[-a_e,a_e]$，$OR_d=[-a_d,a_d]$，以及 $OR_u=[-a_u,a_u]$。如圖 9.21 所示，我們將 OR_e，OR_d 及 OR_u 分別用 m, m,及 $2m$-1 個模糊集合作模糊空間分割。令 e_i,d_j,u_k 分別表示模糊集合 E_i,D_j,U_k 的中心點，則可得 e_i、d_j 及 u_k 如式(9.5-9.7)，其中我們考慮 m 爲不等於 1 的奇數的情形。

經過輸入、輸出空間模糊分割後，我們亦設計模糊法則如表 9.1-1 所示。對任一模糊法則，我們可寫成

$$\text{IF } \mathbf{e(n)} \textbf{ is } \mathbf{E}_i \textbf{ and } \Delta e(n) \textbf{ is } \mathbf{D}_j\text{ ,THEN } \Delta u(n) \textbf{ is } \mathrm{U}_k \tag{9.32}$$

其中 $k=i+j-1$。同樣地，如此一來，當採用乘積推理法則以及重心法作解模糊，則可得 $\Delta u(n)$ 如下

$$\Delta u(n)=\frac{\sum u_k\left[\left(u_{E_i}(e(n))\right)\left(u_{D_j}(\Delta e(n))\right)\right]}{\sum\left(u_{E_i}(e(n))\right)\left(u_{D_j}(\Delta e(n))\right)} \tag{9.33}$$

對任一輸入 $e(n)$，$e(n)\in OR_e$，存在一整數 i，$1\le i\le m$ 使得 $e_i \le e(n)\le e_{i+1}$。同理，對一 $\Delta e(n)$，$\Delta e(n)\in OR_d$，存在一整數 j 滿足 $d_j \le \Delta e(n)\le d_{j+1}$，$1\le j\le m$。於是我們發現 $e(n)$ 分別以隸屬度 p 以及 1-p 隸屬於模糊集合 E_i 及 E_{i+1}；而 $\Delta e(n)$ 以隸屬度 q 以及 1-q 隸屬於 D_j 及 D_{j+1}，其中

$$p=\frac{e(n)-e_{i+1}}{e_i-e_{i+1}} \quad 及 \quad q=\frac{\Delta e(n)-d_{j+1}}{d_j-d_{j+1}} \tag{9.34}$$

由式(23)、(34)及(34)可得

$$\Delta u(n)=\frac{u_{i+j-1}pq+u_{i+j}p(1-q)+u_{i+j}(1-p)q+u_{i+j+1}(1-p)(1-q)}{pq+p(1-q)+(1-p)q+(1-p)(1-q)} \tag{9.35}$$

其中式(35)中的分母爲 1。我們接著將(5)、(6)、(7)及(34)代入(35)式得

$$\begin{aligned}\Delta u(n)&=\frac{a_u}{m-1}\left(1+i+j+\frac{(m-1)e(n)-(2i-m+1)a_e}{2a_e}+\frac{(m-1)\Delta e(n)-(2j-m+1)a_d}{2a_d}-m\right)\\&=\frac{a_u}{2a_e}e(n)+\frac{a_u}{2a_d}\Delta e(n)\end{aligned} \tag{9.36}$$

其中 $e(n)\in OR_e,\Delta e(n)\in OR_d$。歸納以上的結果，我們可證明以下的定理。

定理 3：假設一 PI 型 FLC 的輸入/輸出變數，$e(n)$，$\Delta e(n)$ 及 $\Delta u(n)$ 之操作範圍 $OR_e=[-a_e,a_e]$，$OR_d=[-a_d,a_d]$，以及 $OR_u=[-a_u,a_u]$。如圖 9.21 所示，我們將 OR_e，OR_d 及 OR_u 分別用 m, m,及 2m-1 個模糊集合所分割(如圖 9.21 所示)，則此 FLC 的輸出將與一 PI 控制器具

$$K_p=\frac{a_u}{2a_d} \quad 及 \quad K_I=\frac{a_u}{2a_e} \tag{9.37}$$

的輸出相同。註：需使用表 9.2 的控制法則及(9.33)式。

(2) 調節因子效應

如前面敘述，我們亦於此考慮一 FLC 含有輸入及輸出 SFs 的情形。同樣地，令 S_e，S_d，及 S_u 是 SFs，使得變數 $e(n)$，$\Delta e(n)$ 及 $\Delta u(n)$ 的操作範圍 OR_e，OR_d 及 OR_u 轉移至正規化操作範圍。則變數轉移前後的運算如下：

$$e^*(n)=S_e e(n)\text{，}\ \Delta e^*(n)=S_d\Delta e(n)\text{，and}\ \ \Delta u(n)=S_u\Delta u^*(n) \qquad (9.38)$$

以下定理將證明圖 9.23 之 FLC 與定理 3 之 FLC 兩者間的等值性。

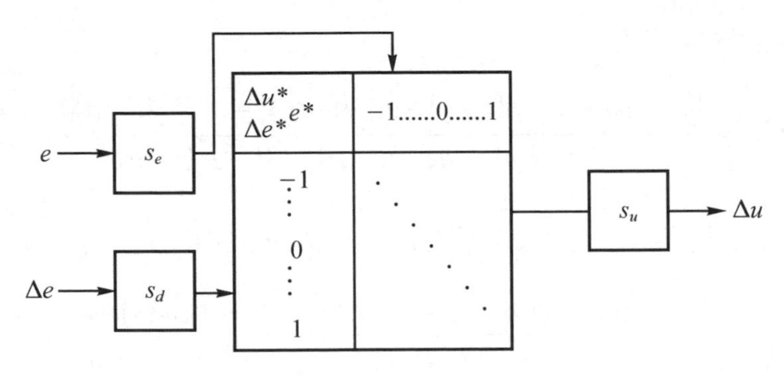

圖 9.23　含輸入及輸出 SFs 的 FLC

<u>定理 4</u>：假若圖 9.23 的 FLC 設定 SFs 如下：

$$S_e=\frac{1}{a_e}\text{，}\ S_d=\frac{1}{a_d}\text{，及}\ S_u=a_u \qquad (9.39)$$

其輸出將與定理 3 之 FLC 之輸出相同。(註)

(註) 在圖 9.23 所示的 FLC 中，有關模糊法則推論及模糊分割的對象此時爲 $e^*(n)$，$\Delta e^*(n)$，及 $\Delta u^*(n)$。

證明：將式(9.36)中的變數，$e(n)$，$\Delta e(n)$ 及 $\Delta u(n)$ 以 $e^*(n)$，$\Delta e^*(n)$ 及 $\Delta u^*(n)$ 取代，則可得

$$\Delta u^*(n)=0.5e^*(n)+0.5\Delta e^*(n)\text{，for}\ \ e^*(n),\Delta e^*(n),\Delta u^*(n)\in[-1,1] \qquad (9.40)$$

將(9.38)式代入(9.39)，得

$$\Delta u(n)=0.5S_uS_e e(n)+0.5S_uS_e\Delta e(n) \qquad (9.41)$$

可見當 SFs 如(9.39)式所設定時，(9.41)式與(9.36)式是相同的。故我們可得到若

改變 SFs 的值，其實就是改變了$e(n)$，$\Delta e(n)$及$\Delta u(n)$的操作範圍。

(3) 如何使一 FLC 與一給定的 PI 控制器等值？

在此，我們亦將試著針對一任意給定的 PI 控制器，探討如何設計出與之等值對應的 FLC。定義輸入及輸出訊號的極值如下：

$$|e|_{\max} = \max|e(n)|,\ \ |\Delta e|_{\max} = \max|\Delta e(n)|,\ \ |\Delta u|_{\max} = \max|\Delta u(n)| \tag{9.42}$$

由(9.42)式，我們建立以下的定理：

<u>**定理 5**</u>：對任一如(9.31)式所示的 PI 控制器而言，若其極值訊號量測如(9.42)式，則假如存在一λ，$\lambda > 0$使得

$$\lambda K_P \ge |e|_{\max}, \lambda K_I \ge |\Delta e|_{\max}, \text{及} 2\lambda K_P K_I \ge |\Delta u|_{\max} \tag{9.43}$$

則此 PI 控制器的輸出將與定理 3 所示之 FLC 之輸出相同，其中後者 FLC 之參數選擇如下：

$$a_e = \lambda K_P, a_d = \lambda K_I \quad \text{及} a_u = 2\lambda K_P K_I \tag{9.44}$$

證明：由(9.37)式，可得

$$a_e : a_d : a_u = K_P : K_I : 2\lambda K_P K_I \tag{9.45}$$

因此，若存在λ滿足式(9.43)，則此時即使是$e(n)$，$\Delta e(n)$及$\Delta u(n)$的極值亦將限定(bounded)在其各別的操作範圍內。故由定理 3，我們可得知 FLC 的輸出將與給定之 PI 控制器輸出相同。

9.3.3 PID 型控制器與 FLC 間的等值關係

首先我們令 FLC 的 3 個輸入變數分別為誤差e、誤差變化Δe，以及誤差e之積分$\int edt$為ie，輸出則為u。接著我們將一 PID 控制器表示成

$$u = \alpha e + \beta \Delta e + r\int edt \tag{9.46}$$

假設e，Δe以及ie的操作範圍分別為

$$e1 \le e \le e2\ ，\ \Delta e1 \le \Delta e \le \Delta e2\ ，\ ie1 \le ie \le ie2 \tag{9.47}$$

將此操作範圍分割爲兩個模糊集合，即如圖 9.24 所示。

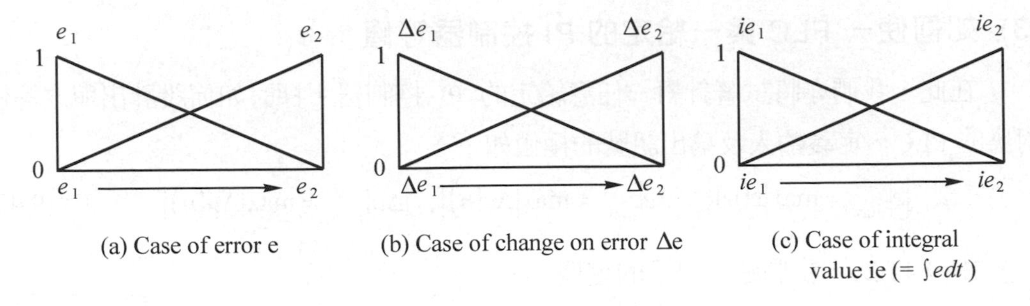

(a) Case of error e　(b) Case of change on error Δe　(c) Case of integral value ie (= $\int edt$)

圖 9.24　e、Δe 及 ie 之模糊空間分割

經過輸入、輸出空間模糊分割後，我們設計模糊法則如下，

Rule 1: $e1$ and $\Delta e1$ and $ie1$ → $u1$

Rule 2: $e2$ and $\Delta e2$ and $ie2$ → $u2$

Rule 3: $e3$ and $\Delta e3$ and $ie3$ → $u3$

Rule 4: $e4$ and $\Delta e4$ and $ie4$ → $u4$

Rule 5: $e5$ and $\Delta e5$ and $ie5$ → $u5$

Rule 6: $e6$ and $\Delta e6$ and $ie6$ → $u6$

Rule 7: $e7$ and $\Delta e7$ and $ie7$ → $u7$

Rule 8: $e8$ and $\Delta e8$ and $ie8$ → $u8$

其中 $u1$ 爲使得 $u1 = \alpha e1 + \beta\Delta e1 + rie1$ 成立之實數，$u2$ ～ $u8$ 亦爲如此。如此一來，當採用積和重心法(product-sum-gravity method)作解模糊，且令 a、b、c 各爲 e、Δe 及 ie 之模糊集合的隸屬度，則可得輸出

$$u = \frac{\begin{array}{l} abcu1 + ab(1-c)u2 + a(1-b)cu3 + a(1-b)(1-c)u4 \\ +(1-a)bcu5 + (1-a)b(1-c)u6 + (1-a)(1-b)cu7 + (1-a)(1-b)(1-c)u8 \end{array}}{\begin{array}{l} abc + ab(1-c) + a(1-b)c + a(1-b)(1-c) + (1-a)bc \\ +(1-a)b(1-c) + (1-a)(1-b)c + (1-a)(1-b)(1-c) \end{array}} \tag{9.48}$$

$$= abcu1 + ab(1-c)u2 + a(1-b)cu3 + a(1-b)(1-c)u4$$

$$+(1-a)bcu5 + (1-a)b(1-c)u6 + (1-a)(1-b)cu7 + (1-a)(1-b)(1-c)u8$$

$$= \alpha e + \beta\Delta e + \gamma\int edt$$

其中 $a=u_{e1}(e)=\dfrac{e2-e}{e2-e1}$， $b=u_{\Delta e1}(\Delta e)=\dfrac{\Delta e2-\Delta e}{\Delta e2-\Delta e1}$， $c=u_{ie1}(e)=\dfrac{ie2-ie}{ie2-ie1}$。則這個 FLC 便可視爲一個 PID 控制器。

以上爲將操作範圍分割爲兩個模糊集合的情形，若我們將 e 分割爲 m 個模糊集合，Δe 分割爲 n 個模糊集合，ie 分割爲 p 個，如圖 9.25 所示。

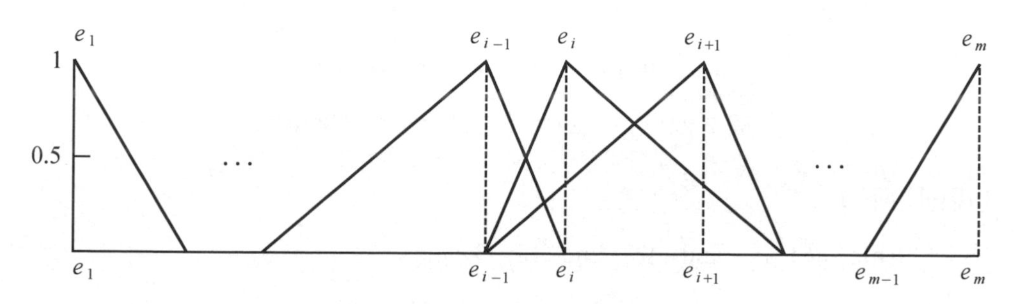

(a) m fuzzy sets for error e

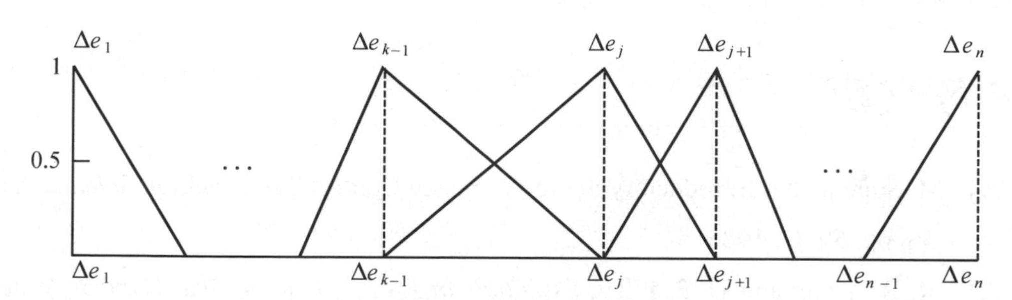

(b) n fuzzy sets for change error Δe

圖 9.25　e、Δe及 ie之模糊空間分割

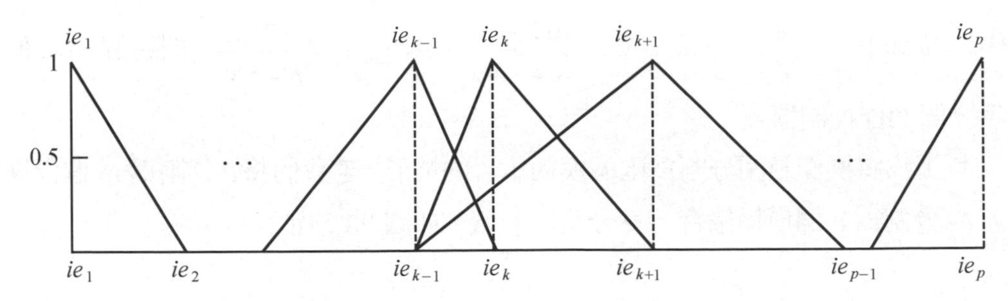

(c) p fuzzy sets for integral value ie

圖 9.25　e、Δe及 ie 之模糊空間分割(續)

則其規則如下：

Rule ijk: $\tilde{e}_{\tilde{i}}$ and $\tilde{\Delta}\tilde{e}_{\tilde{j}}$ and $\tilde{i}\tilde{e}_{\tilde{k}} \rightarrow u_{ijk}$

其中 $u_{ijk} = \alpha e_i + \beta \Delta e_j + \gamma ie_k$，$i = 1,...,m,\ \ j = 1,...,n\ \ and k = 1,...p$。接著，同樣利用積和重心法作解模糊，便可得到此 PID 控制器。

參考文獻

[1] M. Sugeno, "In Introductory Survey of Fuzzy Control," *Information Science*, Vol. 36, pp. 59-83, 1985.

[2] R. R. Yager and D. P. Filev, *Essentials of Fuzzy Modeling and Control*, Wiley, New York, 1994.

[3] W. C. Daugherity, B. Rathakrishnan, and J. Yen, "Performance Evaluation of a Self-tuning Fuzzy Controller," *Proc. of the 1st IEEE Int. Conf. On Fuzzy Systems*, San Diego, pp. 389-397, 1992.

[4] M. Maeda and S. Murakami, "A Self-tuning Fuzzy Controller," *Fuzzy Sets and Systems*, Vol. 51, pp. 29-40, 1992.

[5] T. J. Procyk and E. H. Mamdami, "A Linguistic Self Organizing Process Controller," *Automatica*, Vol. 15, pp. 15-30, 1979.

Chapter 10

模糊派屈網路

李允中

國立中央大學　　資訊工程系

劉豐瑞

大葉大學　　環境工程系

10.1 前　言

派屈網路(Petri Nets)是由 C. A. Petri 於 1962 年的博士論文中首先提出，後來再經由 A. W. Holt、F. Commoner、M. Hack 與其他在 MIT 的研究人員在 1968 年至 1976 年的研究，才形成理論的基礎[T. Murata, 1989]。派屈網路是一個同時具有圖形化及數學化的正規模擬工具：

1. 以一個圖形化的模擬工具而言，它利用代幣(token)來摸擬系統的動態及同步行爲，具有如 flow charts、block diagrams 及 networks 等可以被用來當作視覺化的模擬方法。
2. 以一個數學化的模擬工具而言，它以建立狀態方程式(state equation)、代數方程式及其他數學模式的方式來處理與分析系統的行爲。

派屈網路可應用於許多的系統模擬，特別是在模擬與研究具有同步性的(concurrent)、平行式的(parallel)、分散性的(distributed)、非定性的(non-deterministic)、異步性的(asynchronous)或隨機性的(stochastic)之資訊系統，例如工廠自動化(factory automation)、效能評估(performance evaluation)、通訊協定驗證(communication protocol verification)、分散式軟體系統規格與設計(distributed software system specification and design)、辦公室資訊系統(office information system)與可程式化邏輯系統(programmable logic)等。近年來，派屈網路與人工智慧技術的結合逐漸成爲一個重要的研究方向，在本章中將介紹以模糊化的派屈網路來模擬法則式推理的各種方法。

10.2 派屈網路

10.2.1 派屈網路的圖形結構

派屈網路由兩種基本元素所組成，即位置(place)與轉置(transition)，並存在射線(arc)可由位置連向轉置或由轉置連向位置，而形成一個網路。若以圖形表示，則位置畫成圓圈，轉置畫成條狀。射線以箭頭表示，具方向性，且上附有權重(正整數)，而權重 k 的射線可以被解譯成一組 k 個並行的射線。通常附有權重 1 之射線，其上之權重的標記 1 是被省略的。標記 (marking) M 是一個含有 m 個元素的向量，其中 m 是位置的個數，而它的第 p 個元素 M(p)被 指定一個非負的整數 k 來代表位置 p 的狀態，換言之，該位置 p 內含有 k 個代幣(token)。若以圖形表示時，以放置 k 個黑點在位置 p 的圓圈內來代表 k 個代幣。一個派屈網路的初始狀態以初始標記 M_0 來表示。

現在我們來介紹派屈網路的正式定義：

定義 10-1　派屈網路(Petri nets)

一個派屈網路具有五個要素，PN=(P,T, F, W, M_0)

1. $P=\{p_1, p_2, \ldots, p_m\}$ 是一個有限個數位置的集合，
2. $T=\{t_1, t_2, \ldots, t_n\}$ 是一個有限個數轉置的集合，
3. $F\subseteq(P\times T)\cup(T\times P)$ 是一個射線的集合，
4. $W: F\rightarrow\{1, 2, 3, \ldots\}$ 是一個權重方程式，
5. $M_0=\{M(p_1),M(p_2),\ldots,M(p_m)\}: P\rightarrow\{0, 1, 2, \ldots\}$ 是一個初始標記，其中 $M(p_i)$ 代表在位置 p_i 內代幣的數目。

【例 10-1】

下列是一個有名的化學式子：

$$2H_2 + O_2 \rightarrow 2H_2O \tag{10-1}$$

以派屈網路的圖形表示法來模擬氫、氧分子結合成水，如圖 10.1。圖 10.1(a) 代表氫、氧分子結合成水前的狀態-初始標記-位置 p_1 代表 H_2 分子，而其內的兩個代幣代表存在兩個單元的 H_2 分子；位置 p_2 代表 O_2 分子，而其內的兩個代幣代表存在兩個單元的 O_2 分子；位置 p_3 代表 H_2O 分子；轉置 t_1 代表氫、氧分子結合成水的整個事件 H_2 分子，位置 p_1、p_2 相對於轉置 t_1 而言稱爲輸入位置(input place)，記爲 $I(t_1)=\{p_1、p_2\}$，或是 $\bullet t_1$；而位置 p_3 相對於轉置 t_1 而言稱爲輸出位置(output place)，記爲 $O(t_1)=\{p_3\}$，或是 $t_1\bullet$；轉置 t_1 相對於位置 p_1、p_2 而言稱爲輸出位置(output transition)，記爲 $p_1 \bullet$，或是 $p_2 \bullet$；而 t_1 相對於位置 p_3 而言稱爲輸入位置(input transition)，記爲 $\bullet p_3$；而由位置 p_1 連接至位置 p_2 的射線上之權重值 2 代表引發氫、氧分子結合成水的整個事件時，H_2 分子所需的個數。，位置 p_1 代表 H_2 分子。圖 10.1 (b)表示氫、氧分子結合成水後的狀態。

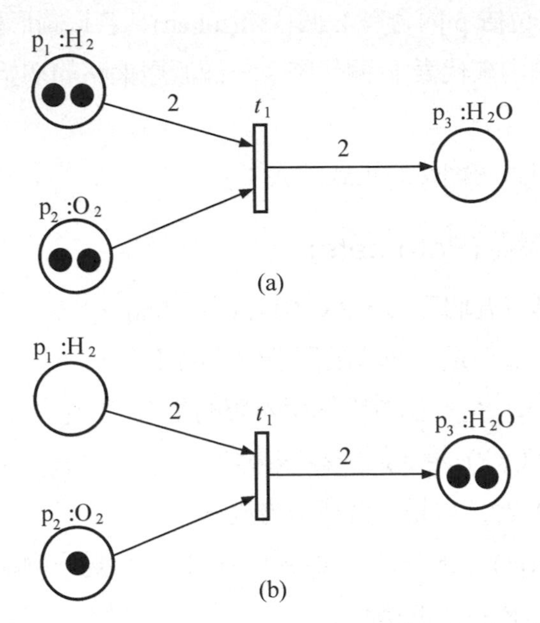

圖 10.1　派屈網路模擬氫、氧分子結合成水之實例：(a)氫、氧分子結合成水前的狀態-初始標記；(b)氫、氧分子結合成水後的狀態

由例題 10.1 我們可以大略對派屈網路的圖形化模擬方式有一個概念，但隨之而來的問題是，要如何詮釋位置與轉置的意義。一般說來，使用者會根據問題的型態來對位置與轉置賦予不同的意義，表 10.1 列出了一般常見的詮釋方式。通常以條件(conditions)及事件(events)的概念來詮釋，其中位置表示條件，而轉置表示事件，一個轉置(事件)的輸入及輸出位置分別表示事件的前條件(preconditions)及後條件(postconditions)。而當有代幣出現在某位置內時可解譯成此時該位置代表的條件是成立的。再以例題 10.1 爲例，轉置 t_1 代表氫、氧分子結合成水的事件，而圖 10.1(a)正代表了這個事件的前條件都具備了，如果事件被引發(例如將氫氣引燃)，則產生了後條件，如圖 10.1 (b)。

表 10.1　一些典型的位置與轉置的詮釋

輸入位置(Input Places)	轉置(Transitions)	輸出位置(Output Places)
Preconditions	Event	Postconditions
Input data	Computation step	Output data
Input signals	Signal processor	Output signals
Resources needed	Task or job	Resources released
Conditions	Clause in logic	Conclusion(s)
Buffers	Processor	Buffers

10.2.2 派屈網路的數學表示法

一個派屈網路的圖形結構，亦可以數學的模式來表示：乃是利用關聯矩陣(incidence matrix)來表示圖形結構，以標記(marking)來表示圖形結構的狀態(及各位置含有代幣的數目)。

定義 10-2 關聯矩陣(Incidence matrix)

假設一個派屈網路具n個轉置與m個位置，則定義其關聯矩陣$A = [a_{ij}]$爲一$n \times m$的矩陣，其中之元素a_{ij}爲整數，定義如下

$$a_{ij} = a^{+}_{ij} - a^{-}_{ij} \tag{10.2}$$

其中$a^{+}_{ij} = w(t_i,p_j)$)表示從轉置t_i到位置p_j的射線上之權重值，$a^{-}_{ij} = w(p_j,t_i)$)表示從位置p_j到轉置t_i的射線上之權重值。我們再以圖 10.1 爲例，其關聯矩陣 A 應爲下式

$$A = \begin{array}{c} \begin{matrix} p_1 & p_2 & p_3 \end{matrix} \\ \begin{bmatrix} -2 & -1 & 2 \end{bmatrix} t \end{array} \tag{10.3}$$

透過此關聯矩陣，就可完全表示派屈網路的圖形結構，而其狀態則需透過標記來表示之，例如圖 10.1(a)爲初始狀態，其標記爲

$$M_0=[2 \quad 2 \quad 0] \tag{10.4}$$

而圖 10.1(b)之標記爲

$$M_1=[0 \quad 1 \quad 2] \tag{10.5}$$

10.2.3 派屈網路的動態行為

一般而言，許多系統的動態行爲可以系統的狀態及狀態的改變來描述。爲了模擬一個系統的動態行爲，在派屈網路內的狀態或標記是依據以下的引發規則(transition firing rule)來改變：

1. 假如一個轉置 t 的每個輸入位置 $p \in I(t)$皆含至少 w(p,t)個代幣，則轉置 t 稱爲待發的(enabled)，而 w(p,t)表示從位置 p 到轉置 t 的射線上之權重值。
2. 一個待發的轉置不一定會引發(fire)，它通常依據實際是否發生此一事件而定。
3. 當一個待發的轉置 t 引發時，將會從轉置 t 的每個輸入位置 p 移走 w(p, t)個代幣，並加入 w(t, p)個代幣至轉置 t 的每個輸出位置 $p \in O(t)$，其中 w(t,p)表示從位置 p 到轉置 t 的射線上之權重值。

以圖 10.2 爲例，圖 10.2 之初始標記 M_0 爲

$$M_0=[2 \quad 0 \quad 0 \quad 0] \tag{10.6}$$

其中轉置 t_1 已經待發了，但並不一定被引發。轉置 t_1 引發後，轉置 t_1 的輸入位置 p_1 移走 2 個代幣，而轉置 t_1 的輸出位置 p_2 與位置 p_2 加入 1 個代幣，形成新的標記 M_1=[0 1 1 0]。而接著轉置 t_3 已經待發了，引發後，形成新的標記 M_2=[1 1 0 2]。以此類推，接著轉置 t_2 已經待發了，引發後，我們可得形成新的標記 M_3= M_0=[2 0 0 0]，可依此繼續循環。標記之間的轉換關係，代表著一種動態行爲，稱爲引發序列(firing sequence) σ，可以下式表示之：

$$\sigma = M_0\, t_1\, M_1\, t_3\, M_2\, t_2\, M_3 \tag{10.7}$$

或簡化爲

$$\sigma = t_1\, t_3\, t_2 \tag{10.8}$$

另外，我們也可以狀態方程式(state equation)來表示標記之間的關係，如下的定義。

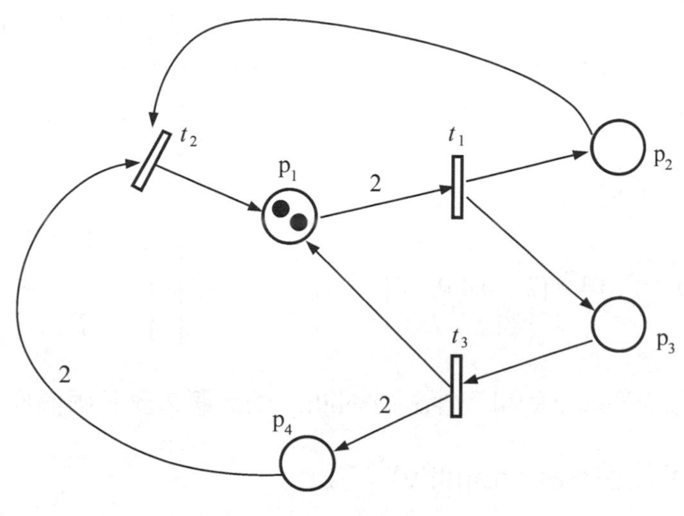

圖 10.2　派屈網路範例

定義 10-3　狀態方程式(state equation)

假設有一個 $1\times n$(n 是轉置的個數)向量 u_k，第 h 個元素為 1，其他元素皆為 0，代表引發序列內第 k 個被引發的轉置為 t_h，則狀態方程式定義如下式：

$$M_d = M_0 + \sum_{k=1}^{d} u_k A \tag{10.9}$$

其中 M_0 為初始標記，A 為關聯矩陣。以圖 10.2 為例，圖 10.2 之關聯矩陣 A 為

$$A = \begin{array}{c} \\ \\ \end{array} \begin{matrix} p_1 & p_2 & p_3 & p_4 \end{matrix} \\ A = \begin{bmatrix} -2 & 1 & 1 & 0 \\ 1 & -1 & 0 & -2 \\ 1 & 0 & -1 & 2 \end{bmatrix} \begin{matrix} t_1 \\ t_2 \\ t_3 \end{matrix} \tag{10.10}$$

而引發序列為

$$\sigma = M_0\, t_1\, M_1\, t_3\, M_2\, t_2\, M_3 \tag{10.11}$$

所以，向量 u_k 應表示為

$$u_1=[1 \quad 0 \quad 0];\ u_2=[0 \quad 0 \quad 1];\ u_3=[0 \quad 1 \quad 0] \tag{10.12}$$

標記 M_1 可下式而得

$$[0 \quad 1 \quad 1 \quad 0]=[2 \quad 0 \quad 0 \quad 0]+[1 \quad 0 \quad 0]\begin{bmatrix}-2 & 1 & 1 & 0\\ 1 & -1 & 0 & -2\\ 1 & 0 & -1 & 2\end{bmatrix} \tag{10.13}$$

或是標記 M_3 可下式而得

$$[2 \quad 0 \quad 0 \quad 0]=[2 \quad 0 \quad 0 \quad 0]+[1 \quad 1 \quad 1]\begin{bmatrix}-2 & 1 & 1 & 0\\ 1 & -1 & 0 & -2\\ 1 & 0 & -1 & 2\end{bmatrix} \tag{10.14}$$

我們還可以透過如下的可及性(reachability)的定義來表示兩個標記間關聯性：

定義 10-4　可及性(reachability)

假設存在著一組引發序列，使得一個標記的派屈網路可由標記 M 推進至標記 M'，則標記 M'稱由標記 M 可及的(reachable)。

定義 10-5　可及性組(reachability set)

某個具有初始標記 M_0 的派屈網路之所有可及性的標記的集合，稱為可及性組 $R(M_0)$。

定義 10-6　可及性圖形(reachability graph)

某個具有初始標記 M_0 的派屈網路之可及性圖形，由兩種元素組成：

1. 節點：為可及性組中之一標記，
2. 射線：一個標記 M_n 連可經由某個轉置的引發而進行至標記 M_{n+1}，則在可及性圖形中以一個射線由標記 M_n 連至標記 M_{n+1}。

我們可利用可及性圖形的觀念，以圖 10.3 來展現圖 10.2 內的派屈網路各種的動態行為的可能性。

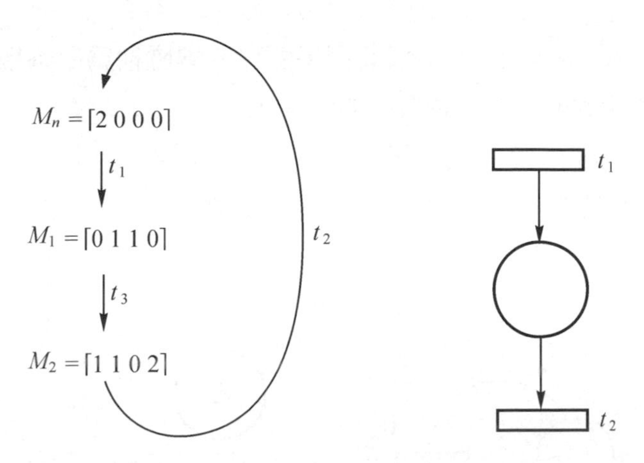

圖 10.3　可及性圖形　　圖 10.4　起源轉置 t_1 與沒入轉置 t_2

10.2.4　派屈網路的特殊名詞

在本節中，我們將介紹一些特殊的名詞。

1. 起源轉置(source transition)：一個沒有輸入位置的轉置稱爲起源轉置，它是無條件待發的，如圖 10.4 中的轉置 t_1。
2. 沒入轉置(sink transition)：一個沒有輸出位置的轉置稱爲沒入轉置，它是無法產生代幣的，如圖 10.4 中的轉置 t_2。
3. 自我迴路(self-loop)：一個位置同時是某個轉置的輸入與輸出位置，則稱爲自我迴路，如圖 10.5 的情況。
4. 單純派屈網路(pure Petri nets)：一個沒有自我迴路的派屈網路稱爲單純派屈網路。
5. 普通派屈網路(ordinary Petri nets)：一個派屈網路內的所有射線上之權重值皆爲 1 稱爲普通派屈網路。
6. 標記的派屈網路(marked Petri nets)：一個派屈網路內含有代幣時稱爲標記的派屈網路。
7. 衝突(conflict)：一個派屈網路內有兩個以上的轉置有相同的輸入位置時，使得任一個代幣在該位置時無法確定引發何轉置，稱爲衝突，如圖 10.6 的情況。

8. 同時性(concurrency)：兩個沒有因果關係的轉置稱爲同時性的(concurrent)，如圖 10.7 中的轉置 t_1 與轉置 t_2 的情況。
9. 混亂(confusion)：當衝突與同時性混在一起出現時，稱爲混亂，如圖 10.8 中的轉置 t_1 與轉置 t_3 爲同時性的，卻又與轉置 t_2 爲衝突的情況。

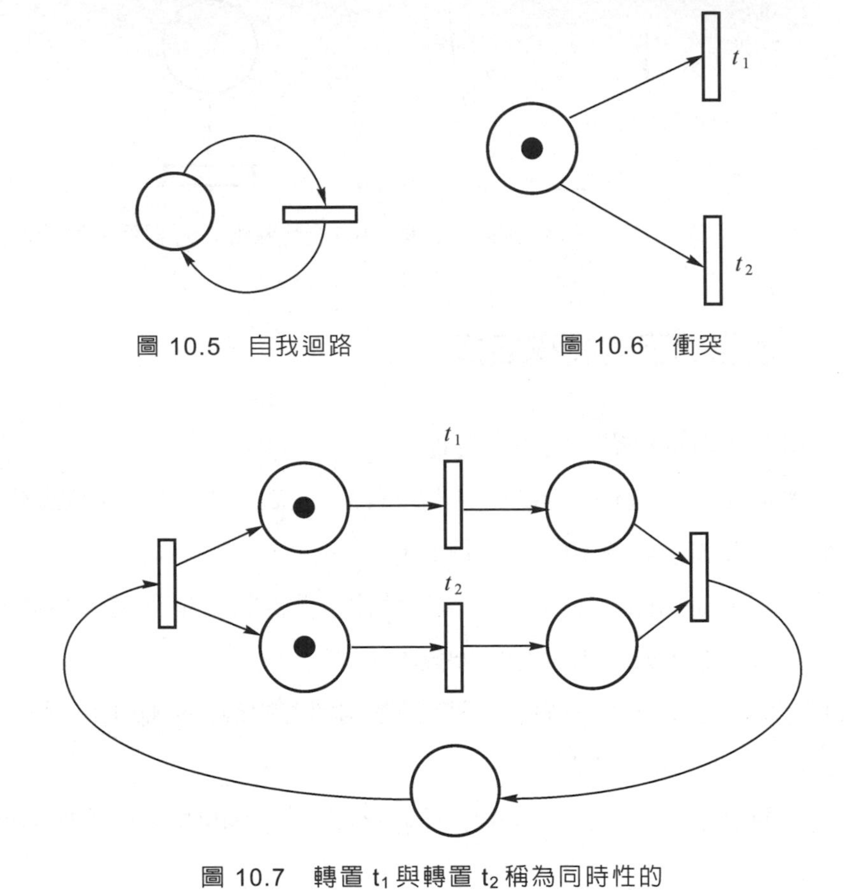

圖 10.5　自我迴路

圖 10.6　衝突

圖 10.7　轉置 t_1 與轉置 t_2 稱為同時性的

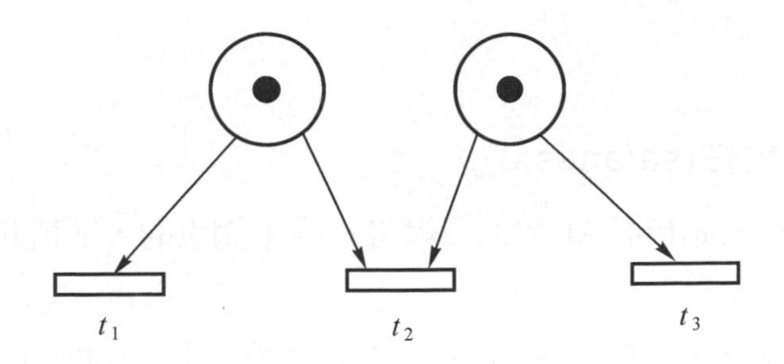

圖 10.8　轉置 t_1 與轉置 t_3 為同時性的，卻又與轉置 t_2 為衝突的情況，稱為混亂

10.2.5　派屈網路的性質

派屈網路不僅是一個模擬工具，更可利用其強大的分析功能來分析被模擬的系統。例如，許多研究者將知識驗證(knowledge verification)的問題對應至派屈網路的分析功能來進行。在本節中，我們將介紹一些派屈網路的性質及其分析的方法，由於篇幅的關係，介紹的範圍限於標記的派屈網路，至於派屈網路的結構性質，讀者可參考文獻。

10.2.5.1　圍束性(boundedness)

定義 10-7　圍束性(boundedness)

如果某個具有初始標記 M_0 的派屈網路，其可及性組 $R(M_0)$ 內之任一標記 M 內之任一元素 M(p)，皆小於或等於一正整數 k，則稱此派屈網路為 k-圍束的(k-bounded)。

具有圍束特性的派屈網路，在模擬具有有限的物品的系統是很重要的，例如，製造系統內的任何單元，不論是商品或是硬體資源，皆不可能是無限制的。另外，具有圍束特性的派屈網路代表了有限的系統，唯有有限的系統才能被寫成程式或是被驗證。

我們可以利用可及性組與可及性圖形來分析具有初始標記 M_0 的派屈網路之圍束性質：如果其可及性組 $R(M_0)$為有限的，則可知其具有圍束性；而其可及性圖形內之所有數值皆小於或等於一正整數 k，則稱此派屈網路為 k-圍束的。例如，圖 10.3 為圖 10.2 內的派屈網路之可及性圖形，其最大之數值為 2，因此我們得知此為 2-圍束的派屈網路。

定義 10-8　安全性(safeness)

如果某個具有初始標記 M_0 的派屈網路，爲 1-圍束的，則稱此派屈網路爲安全的(safe)。

在某些以代幣來表示條件成立或不成立的系統之中，1-圍束的派屈網路似乎是必須的，例如在模擬邏輯時，超過一個以上的代幣表示著同一命題成立多次，是不恰當的。圖 10.7 就是一個安全的派屈網路，因爲在任一位置內的代幣數永遠小於 1。

10.2.5.2　活轉性(liveness)

定義 10-9　活轉性(liveness)

如果某個具有初始標記 M_0 的派屈網路，不論已進行至任一標記 M，皆可找到一組引發序列，使得任一轉置被引發，則稱此派屈網路爲活轉的(live)。

討論派屈網路的活轉性，主要是避免死鎖(deadlock)的問題，派屈網路的死鎖代表沒有任何的轉置被待發，而具有活轉性的派屈網路可以確保在任何標記下，依然可找到一個轉置被待發。事實上，活轉性的性質不止避免了死鎖的問題，它更防止了派屈網路任何一部份的停滯。簡而言之，如果一個派屈網路不是活轉的，代表了被模擬的系統可能有兩種情況，一爲系統嚴重的不一致(inconsistency)，不然就是系統本身不具有循環性(cyclical)的行爲。

例如，圖 10.2 與圖 10.7 內的派屈網路即爲活轉的，因爲每一個轉置在任何標記下皆可找到一組引發序列來被引發。但是，圖 10.1 內的派屈網路即非爲活轉的，因爲在引發轉置 t1 後，派屈網路就是死鎖的了。

10.2.5.3　可逆性(reversibility)

定義 10-10　可逆性(reversibility)

如果某個具有初始標記 M_0 的派屈網路，不論已進行至任一標記 M，皆可回到初始標記 M_0，則稱此派屈網路爲可逆的(reversible)。

這個可逆的性質可以幫助我們推論被模擬的系統行爲是循環的，這在某些系統是需要的。

值得注意的是，上述的三種派屈網路的性質-圍束性、活轉性與可逆性，是相互獨立的。換言之，一個可逆的派屈網路可能是活轉的或非活轉的，也可能是圍束的或非圍束的。例如，圖 10.9 內的派屈網路即爲活轉的，但卻不是圍束的也不是可逆的。

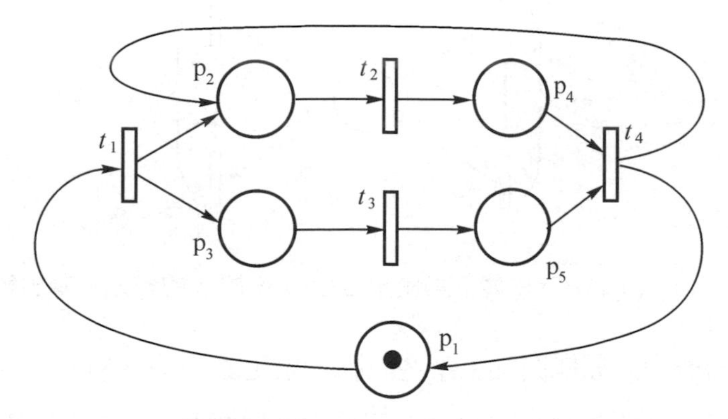

圖 10.9　一個活轉的、非圍束的、非可逆的派屈網路

10.2.6 派屈網路的分類

我們在前幾節中曾介紹普通派屈網路(ordinary Petri nets)，在本節中所討論之分類皆針對普通派屈網路而言，即一個派屈網路內的所有射線上之權重值皆爲 1 之派屈網路。在進行分之前，我們先介紹下列定義：

1, $\bullet t = \{p|(p,t) \in F\}$，轉置 t 的輸入位置之集合

2. $t\bullet = \{p|(t,p) \in F\}$，轉置 t 的輸出位置之集合

3. $\bullet p = \{p|(t,p) \in F\}$，位置 p 的輸入轉置之集合

4. $p\bullet = \{p|(p,t) \in F\}$，位置 p 的輸出轉置之集合

5. $|\bullet t| =$ 轉置 t 的輸入位置之個數

上述的定義方式可參考圖 10.10，圖 10.10 (a)爲轉置 t 的輸入與輸出位置，圖 10.10 (b)位置 p 的輸入與輸出轉置。

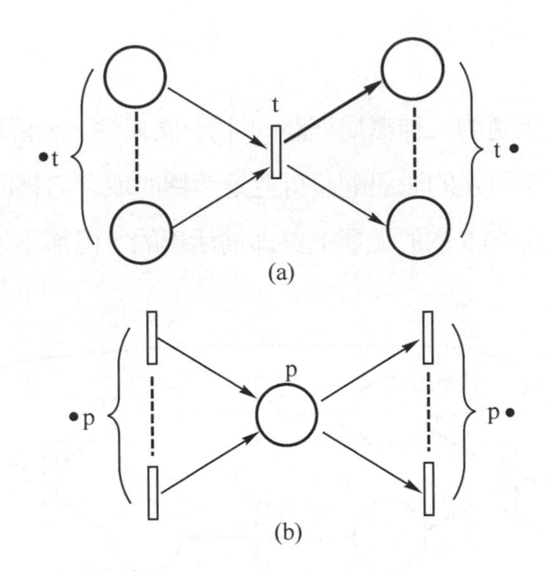

圖 10.10 (a)轉置 t 的輸入與輸出位置(b)位置 p 的輸入與輸出轉置

我們現在將普通派屈網路加上某些限制，來定義一些分類。

1. 狀態機器(state machine)(SM)：一個普通派屈網路，其中每一個轉置皆只有一個輸入位置與輸出位置。換言之，

$$|\bullet t| = |t\bullet| = 1 \text{ for all } t \in T \tag{10.15}$$

狀態機器之特性為可以模擬衝突，但不能模擬同時性之系統。

2. 標記的圖形(marked graph)(MG)：一個普通派屈網路，其中每一個位置皆只有一個輸入位置與輸出轉置。換言之，

$$|\bullet p| = |p\bullet| = 1 \text{ for all } p \in P \tag{10.16}$$

標記的圖形之特性為可以模擬同時性，但不能模擬衝突之系統。

3. 自由選擇網路(free-choice net)(FC)：一個普通派屈網路，其中每一個由位置出發的射線，不是唯一的輸出射線，就是輸出轉置之唯一的輸入射線。換言之，

$$|p\bullet| \le 1 \text{ or } \bullet(p\bullet) = \{p\} \text{ for all } p \in P \tag{10.17}$$

也就是

$$p_1\bullet \cap p_2\bullet \neq \varnothing \Rightarrow \ |p_1\bullet| = |p_2\bullet| = 1 \text{ and } p_1\bullet = p_2\bullet \quad \text{for all } p_1,p_2 \in P \quad (10.18)$$

4. 延伸的自由選擇網路(extended free-choice net)(EFC)：一個普通派屈網路，其中

$$p_1\bullet \cap p_2\bullet \neq \varnothing \Rightarrow \ p_1\bullet = p_2\bullet \quad \text{for all } p_1,p_2 \in P \quad (10.19)$$

5. 非對稱選擇網路(asymmetric choice net)(AC)：又稱爲簡單網路(simple net)，爲一個普通派屈網路，其中

$$p_1\bullet \cap p_2\bullet \neq \varnothing \Rightarrow \ p_1\bullet \subseteq p_2\bullet \text{ or } p_2\bullet \subseteq p_1\bullet \quad \text{for all } p_1,p_2 \in P \quad (10.20)$$

圖 10.11 就是這些普通派屈網路之分類。

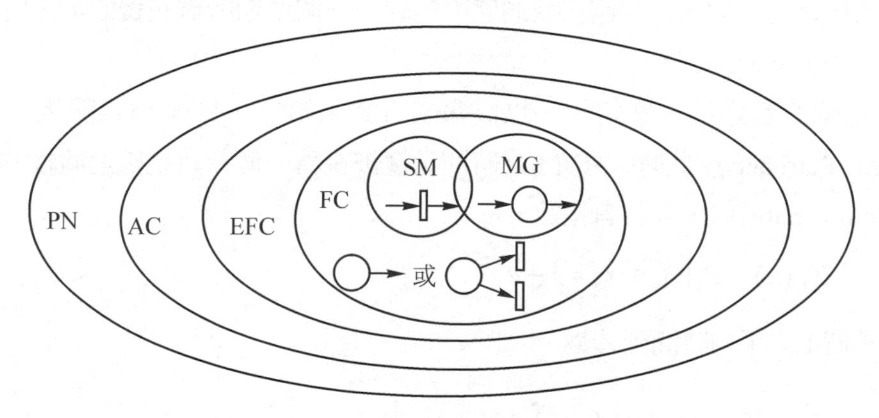

圖 10.11　普通派屈網路之分類

10.2.7 改良式的派屈網路

在本節中，我們將介紹改良式的派屈網路，包含時間派屈網路(timed Petri nets)與高階派屈網路(high-level Petri nets)。

10.2.7.1 時間派屈網路(timed Petri nets)

在某些動態系統如效能評估(performance evaluation)或是排程問題(scheduling problem)，會特別需要考慮時間的因素，因此。就發展了時間派屈網路。所謂時間派屈網路，是指轉置或位置會有時間延遲(time delay)的設計。當這些時間延遲是確知的，則又稱爲確定的時間派屈網路(deterministic time Petri nets)。一般而言，針對週期性的確定的時間派屈網路，我們感興趣的是一個週期所需花費的最短時間，稱爲週期時間(cycle time) τ 。

若是時間延遲是不確定的，以機率的方式來給定，則又稱爲隨機派屈網路(stochastic Petri nets)。此時，轉置 t_i 之時間延遲被視爲一個非負整數連續性的隨機變數(random variable)X，其具有指數分佈

$$F_X(x) = \Pr[X \le x] = 1 - e^{-\lambda_i x} \tag{10.21}$$

因此，轉置 t_i 之平均時間延遲爲

$$\overline{d_i} = \int_0^{\infty}[1 - F_X(x)]dx = \int_0^{\infty} e^{-\lambda_i x} dx = \frac{1}{\lambda_i} \tag{10.22}$$

其中，λ_i 爲轉置 t_i 的引發速率。

10.2.7.2 高階派屈網路(high-level Petri nets)

高階派屈網路通常又稱述詞/轉置網路(predicate/transition nets)或顏色派屈網路(colored Petri nets)等等。高階派屈網路之基本精神，在於每一個代幣是獨立的，附有各自的顏色，稱爲顏色的代幣(colored token)。此外，射線上會有標籤(label)，用來說明何種顏色之代幣與其多少數量可以參與轉置之引發。我們以一個述詞/轉置網路爲例，來說明高階派屈網路與傳統派屈網路有何不同。

【例 10-2】

假設有以下之陳述

IF 2x AND <x,y> AND <y,z> THEN <x,z> AND e

a, a, d, d, <a, b>, <b, c>, <d, a> (10.23)

其中，x, y, z 為變數。以圖 10.12(a)之高階派屈網路，用來模擬上述之陳述。每一個射線都具有一個標籤(label)，用來說明何種顏色之代幣與其多少數量可以參與轉置 t 之引發，與引發後將產生何種顏色與其多少數量之代幣，例如 2x, <x, y>+<y, z>, <x, z>與 e。每一個代幣是獨立的，附有各自的顏色，例如 a, a, d, d, <a, b>, <b, c>, <d, a>。圖 10.12(b)代表，當 x=a,y=b,c=z，轉置 t 引發後之情形。此時將有兩個相同顏色之代幣由位置 p_1 中移除，而兩個不同顏色之代幣<x, y>與<y, z>由位置 p_2 中移除，位置 p_3 將獲得一個新的代幣<x, z>，而位置 p_4 將獲得一個新的代幣 e。圖 10.12(c)代表，當 x=d,y=a,c=b，轉置 t 引發後之情形。

如果一個高階派屈網路之代幣數是有限的，則此高階派屈網路通常可視為一個被折疊的派屈網路。因此，一個高階派屈網路通常可以被展開成通常一個一般的派屈網路，只要將每個位置展開成一組位置，每個轉置展開成一組轉置，而將相同顏色之代幣放入展開的位置。例如，圖 10.12(a)之高階派屈網路，被展開成通常一個一般的派屈網路，如圖 10.13。

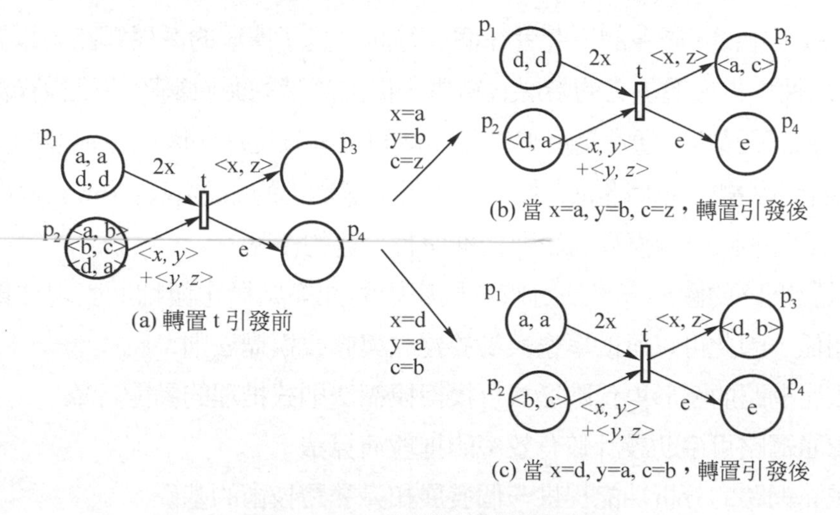

圖 10.12 高階派屈網路實例

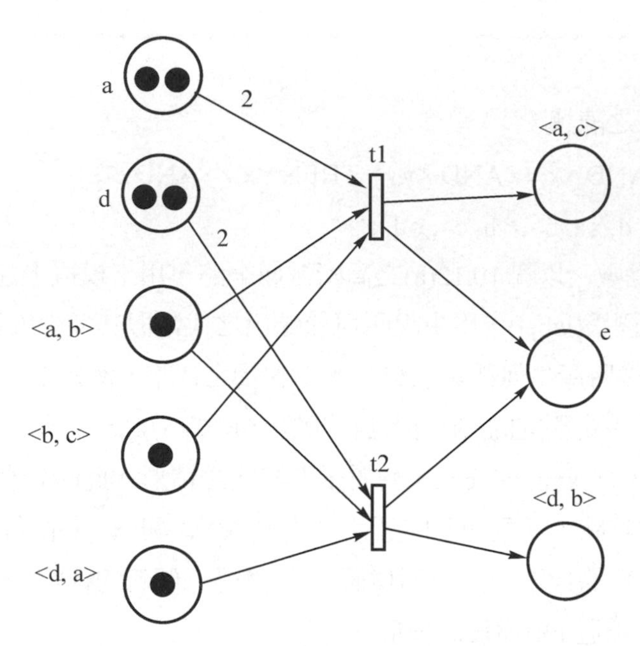

圖 10.13　由圖 10.12(a)之高階派屈網路展開之派屈網路

10.3　模糊派屈網路

過去數十年間，許多的研究者在個個方面改良了傳統的派屈網路，以擴大派屈網路的實用性，例如增加它的階層式結構，提出高階的派屈網路或是模糊派屈網路等等。模糊派屈網路，通常是用來模擬模糊的法則式推理，因此在很多的文獻中，我們可以看到模糊派屈網路的定義中亦涵蓋了邏輯中的命題(proposition)的概念。

模糊派屈網路模擬模糊的法則式推理有下述的優點：

1. 派屈網路的圖形表示法可將法則庫內的知識結構化與輔助表現法則之間的關係，因此可以幫助專家較易於建立與修改模糊法則。
2. 派屈網路的圖形與代數形式可模擬模糊法則式推理的動態行爲。
3. 派屈網路可協助設計較有效率的推理演算法。
4. 派屈網路的分析功能提供一個發展知識驗證技術的基礎。
5. 派屈網路可模擬法則之間的同時性，這對即時系統而言相當重要。

在接下來的幾節中，我們將介紹幾種典型的模糊派屈網路架構。第一種架構是由 C. G. Looney[C. G. Looney, 1988]首先提出的模糊派屈網路，用來模擬模糊的法則式推理；第二種架構是由 S. M. Chen 等人[S. M. Chen 等人, 1990]提出以模糊派屈網路來當作一種知識表現法，後來亦有許多的研究學者，採用與 S. M. Chen 等人類似的模糊派屈網路，例如 S.K. Yu[S. K. Yu 等人,1995]、A. Konar 等人[A. Konar 等人,1996]、D. S. Yeung 等人[D. S. Yeung 等人,1998]、X. Li 等人[X. Li 等人,2000]與 S. M. Chen[S. M. Chen,2000]；第三種架構是由 H. Scarpelli 等人[H. Scarpelli 等人,1996]提出了以高階模糊派屈網路來模擬模糊推理，並提出了一個模糊推理演算法，以協助實作。第四種架構是由 J. Lee 等人[J. Lee 等人,1999]提出了以模糊派屈網路爲基底的專家系統架構，來模擬模糊推理。除此之外，J. Cardoso 等人[J. Cardoso 等人,1999]尚有編著一本論文集，專門討論派屈網路中可能出現的模糊性。

10.3.1 模糊派屈網路型態(一) – C. G. Looney 的架構[C. G. Looney, 1988]

1988 年，C. G. Looney 首先提出了模糊派屈網路，並將其視爲一種新型態的類神經網路，來模擬模糊的法則式推理，並進行決策。自此之後，不論是在派屈網路或人工智慧領域，都有多位學者提出不同型態的模糊派屈網路。在本節中，我們先介紹 C. G. Looney 的架構。

10.3.1.1 模糊推理架構

C. G. Looney 將 0 與 1 之間的數值稱爲模糊值，在他的推理機制中，也並沒有模糊集合等等的概念，因此，與其說 C. G. Looney 所模擬的法則式推理是一種模糊邏輯，倒不如說是一種多值邏輯(multivalued logic)來得恰當，其推理機制如下：

$$\begin{array}{l} r_1 \ \wedge \ r_2 \ \rightarrow \ r_4, \quad c_1 \\ r_2 \qquad\qquad\qquad\ , \quad c_2 \\ \underline{r_3 \qquad\qquad\qquad\ , \quad c_3} \\ \qquad\qquad\quad r_4, \quad c_4 \end{array} \tag{10.24}$$

其中，r_1~r_4 爲(模糊)命題，c_1~c_4 爲介於 0 與 1 之間的數值，代表對某命題成立的信

賴程度，而 c_4 的算法為

$$c_4 = \min\{c_1, c_2, c_3\} \tag{10.25}$$

C. G. Looney 所採用的模糊推理法相當簡單，以 min 處理 AND，而以 max 處理 OR 的問題，因此，他提出了一個矩陣的方法來有效率的進行推理。我們以下個例子來說明這個方法。

【例 10-3】

假設有四個命題

r_1: battery is down;

r_2: starter solenoid doesn't function;

r_3: starter will not turn when switched on;

r_4: starter turns but does not turn engine over.

它們之間的關係如下：

$$r_1 \rightarrow r_3, \quad 0.75$$
$$r_2 \rightarrow r_4, \quad 0.66$$

則可以一個法則矩陣 R 來代表，如下：

$$R = \begin{bmatrix} 1 & 0 & 0 & 0 \\ 0 & 1 & 0 & 0 \\ 0.75 & 0 & 1 & 0 \\ 0 & 0.66 & 0 & 1 \end{bmatrix} \tag{10.26}$$

其中，R(i,j)代表我們對命題 r_i 與命題 r_j 之間的引伸關係的信賴程度，換言之，即是我們對法則的信賴程度。

此外，我們可將對所有命題的信賴程度，組成一個向量，例如，則當我們對 r_1 的成立的信賴程度是 0.5 時，可得如下的向量：

$$\begin{bmatrix} 0.5 \\ 0 \\ 0 \\ 0 \end{bmatrix} \tag{10.27}$$

若我們將式(10.17)與(10.18)做 max-min 合成，即可得一個新的向量，代表推理後我們對所有命題的信賴程度，如下式：

$$\begin{bmatrix} 1 & 0 & 0 & 0 \\ 0 & 1 & 0 & 0 \\ 0.75 & 0 & 1 & 0 \\ 0 & 0.66 & 0 & 1 \end{bmatrix} \begin{bmatrix} 0.5 \\ 0 \\ 0 \\ 0 \end{bmatrix} = \begin{bmatrix} 0.5 \\ 0 \\ 0.5 \\ 0 \end{bmatrix} \tag{10.28}$$

若此時我們再加上對 r_2 的成立的信賴程度是 0.9 時，可推論得

$$\begin{bmatrix} 1 & 0 & 0 & 0 \\ 0 & 1 & 0 & 0 \\ 0.75 & 0 & 1 & 0 \\ 0 & 0.66 & 0 & 1 \end{bmatrix} \begin{bmatrix} 0.5 \\ 0 \\ 0.5 \\ 0.9 \end{bmatrix} = \begin{bmatrix} 0.5 \\ 0.66 \\ 0.5 \\ 0.9 \end{bmatrix} \tag{10.29}$$

10.3.1.2 模糊派屈網路架構

為了模擬上述的推理機制，C. G. Looney 將傳統的派屈網路進行以下幾點的改良：

1. 提出模糊真值代幣(fuzzy truth token)，將其代表我們對命題的信賴程度，因此，其標記 T 之元素亦是模糊數值的(0 與 1 之間的數值)。
2. 每一個轉置內含一個門檻值(threshold)，用來決定轉置是否引發的最低限度。
3. 為了避免衝突(conflict)的問題，並配合推理的機制，當含有一個代幣的位置有兩個或以上的輸出轉置時，這個代幣可同時引發所有的轉置。

我們以一個例子，來說明 C. G. Looney 的推理方法與其模糊派屈網路之間的對應關係。

【例 10-4】

假設某個法則式系統有四條法則與兩個事實

$$
\begin{aligned}
&Rule-1: \quad r_1 \wedge r_2 \quad \rightarrow \quad r_4 \\
&Rule-2: \quad r_4 \quad \rightarrow \quad r_6 \\
&Rule-3: \quad r_5 \quad \rightarrow \quad r_3 \\
&Rule-4: \quad r_5 \quad \rightarrow \quad r_1 \\
\\
&Fact-1: \quad r_2, \quad 0.8 \\
&Fact-2: \quad r_5, \quad 0.5
\end{aligned}
\tag{10.30}
$$

我們可以將其轉化成一個模糊派屈網路，如圖 10.14。其中，位置 p_i 代表命題 r_i，而轉置 t_i 則代表第 i 個法則，而位置內的代幣代表了命題的成立，而我們對成立的信賴程度，則以模糊標記 T 來表示。

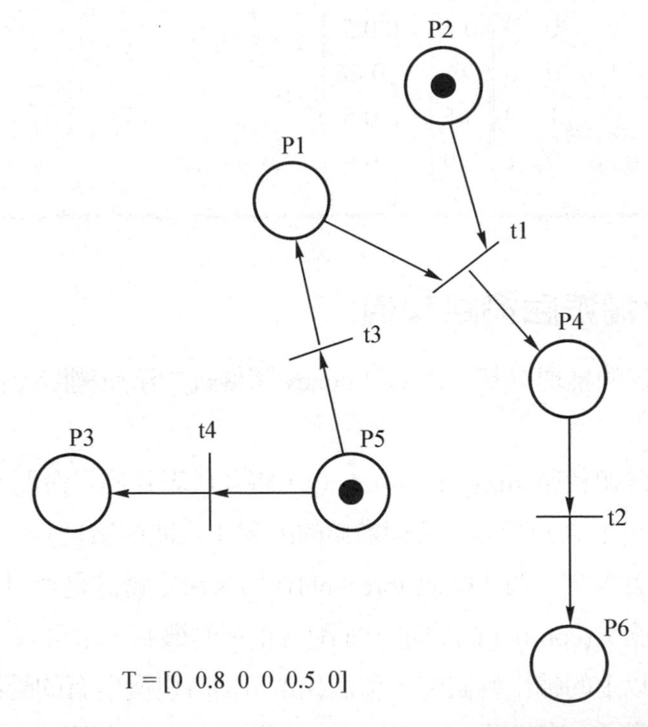

圖 10.14　C. G. Looney 的模糊派屈網路實例

此外，C. G. Looney 也發展了一套利於實做的演算法，而這個演算法的思考方式就是要不斷演化出新的標記 T，有興趣的讀者可以參考文獻。經過這個演算法的

計算，我們可以獲得最後的標記 T，如下

$$T = [0.5 \quad 0.8 \quad 0.5 \quad 0.5 \quad 0.5 \quad 0] \tag{10.31}$$

C. G. Looney 雖然是模糊派屈網路的先鋒，但他設計的模糊派屈網路確有很多的缺點：(1)我們曾經提過，C. G. Looney 爲了配合多值邏輯的推理機制，做過三點的改良。其中，將標記納入模糊值，使得原來的分析方法無法適用。(2)此外，爲了避免衝突的問題，C. G. Looney 設計當含有一個代幣的位置有兩個或以上的輸出轉置時，這個代幣可同時引發所有的轉置。並且，在轉置引發後並不移除輸入位置內的代幣。這個些作法嚴重違反了原派屈網路的精神，使得 C. G. Looney 模糊派屈網路不是一個擴充自原派屈網路的架構，而只是一個類派屈網路的新網路架構。

10.3.2 模糊派屈網路型態(二) – S. M. Chen 等人的架構[S. M. Chen 等人, 1990]

1990 年，S. M. Chen 等人提出了以模糊派屈網路作爲一種知識表現法，來模擬模糊法則，並提出了一個模糊推理演算法，以協助實作。

10.3.2.1 模糊推理架構

S. M. Chen 等人將模糊推理機制分成三種型態：

型態(一)：

$$\begin{array}{ccc} r_1 \wedge r_2 \wedge r_3 & \rightarrow & r_4, \quad \mu_1 \\ r_1 & & , \quad y_1 \\ r_2 & & , \quad y_2 \\ r_3 & & , \quad y_3 \\ \hline & r_4 \quad , \quad y_4 & \end{array} \tag{10.32}$$

其中，r_1~r_4為模糊命題，其形式分別為"Xi is Fi"，其中 X 是口語化變數(linguistic variable)，而 F 是模糊集合。μ_1為確定性因子(certainty factor)，是介於 0 與 1 之間的數值，用來代表對某法則成立的信賴強度，y_1~y_4為介於 0 與 1 之間的數值，代表對某模糊命題的眞實程度，而 y4 的算法為

$$y_4 = \min\{y_1, y_2, y_3\} * \mu_1 \tag{10.33}$$

型態(二)：

$$\begin{array}{l} r_1 \quad \rightarrow \quad r_2 \wedge r_3 \wedge r_4, \quad \mu_1 \\ \underline{r_1 \qquad\qquad\quad , \qquad y_1} \\ \qquad r_2 \qquad , \; y_2 \\ \qquad r_3 \qquad , \; y_3 \\ \qquad r_4 \qquad , \; y_4 \end{array} \tag{10.34}$$

其中，r1~r4 為模糊命題，μ_1為確定性因子，y_1~y_4為介於 0 與 1 之間的數值，代表對某模糊命題的眞實程度，而 y_2~y_4的算法為

$$\begin{aligned} y_2 &= y_1 * \mu_1 \\ y_3 &= y_1 * \mu_1 \\ y_4 &= y_1 * \mu_1 \end{aligned} \tag{10.35}$$

型態(三)：

$$\begin{array}{l} r_1 \vee r_2 \vee r_3 \quad \rightarrow \quad r_4 \quad \mu_1 \\ \qquad r_1 \qquad\qquad\quad , \; y_1 \\ \qquad r_2 \qquad\qquad\quad , \; y_2 \\ \underline{\qquad r_3 \qquad\qquad\quad , \; y_3} \\ \qquad r_4 \qquad , \; y_4 \end{array} \tag{10.36}$$

其中，r_1~r_4為模糊命題，μ_1為確定性因子，y_1~y_4為介於 0 與 1 之間的數值，代表對某模糊命題的眞實程度，而 y_4的算法為

$$y_4 = \max\{y_1, y_2, y_3\} * \mu_1 \tag{10.37}$$

10.3.2.2 模糊派屈網路架構

為了模擬上述的推理機制，S. M. Chen 等人正式的定義了一個模糊派屈網路：

定義 10-11 模糊派屈網路(Fuzzy Petri nets)

一個模糊派屈網路具有八個要素，FPN=(P, T, D, I, O, f, α, β)

1. P= $\{p_1, p_2, \ldots, p_n\}$ 是一個有限個數位置的集合，
2. T = $\{t_1, t_2, \ldots, t_m\}$ 是一個有限個數轉置的集合，
3. D = $\{d_1, d_2, \ldots, d_n\}$ 是一個有限個數命題的集合，
4. I：T $\rightarrow$ P 是一個輸入方程式，指定由轉置至位置的對應關係，
5. O：T $\rightarrow$ P 是一個輸出方程式，指定由轉置至位置的對應關係，
6. f: T $\rightarrow$ [0,1]是一個關聯方程式，指定每一個轉置一個介於 0 與 1 之間的數值，
7. α：P $\rightarrow$ [0,1]是一個關聯方程式，指定每一個位置一個介於 0 與 1 之間的數值，
8. β：P $\rightarrow$ [0,1]是一個關聯方程式，指定位置與命題的雙向對應關係。

我們現在以一個簡單的例子，來說明 S. M. Chen 等人的模糊推理與其模糊派屈網路之間的對應關係。

【例 10-5】

假設某個模糊法則與相關事實如下

Rule-1: IF d_1 THEN d_2, 0.9

Fact-1: d_1, 0.9

其中

d_1: it is hot.

d_2: the humidity is low

它們以 S. M. Chen 等人的模糊派屈網路模擬後，其模糊派屈網路之對應關係如下

P = $\{p_1, p_2\}$,

T = $\{t_1\}$,

$D = \{\text{it is hot, the humidity is low}\}$,

$I(t_1) = \{p_1\}, O(t_1) = \{p_2\}$,

$f(t_1) = 0.9$,

$\alpha(p_1) = 0.9, \ \alpha(p_2) = 0$,

$\beta(p_1) =$ it is hot,

$\beta(p_2) =$ the humidity is low.

而其模糊派屈網如圖 10.15。

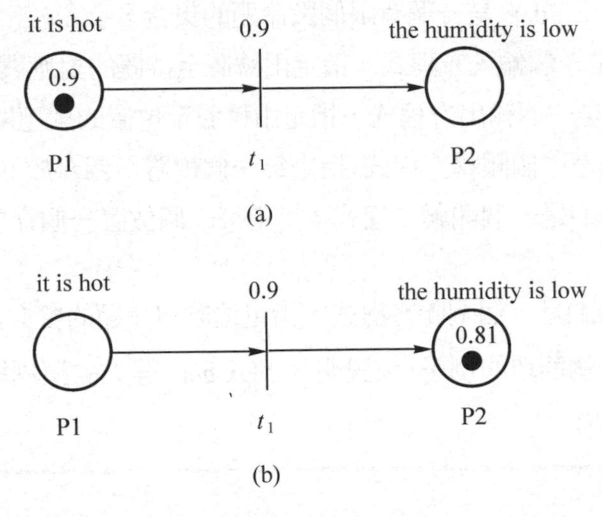

圖 10.15　S. M. Chen 等人的模糊派屈網路實例(a)法則引發前(b)法則引發後

我們現在以下列幾個例子，來說明如何以 S. M. Chen 等人的模糊推理來模擬各種推理型態。

【例 10-6】

假設某個型態(一)之模糊法則與相關事實如下

Rule-1: IF (d_1 AND d_2 AND d_3) THEN d_4, $\mu = 0.9$

Fact-1: d_1, y_1=0.9

Fact-2: d_2, y_2=0.8

Fact-3: d_3, y_3=0.7

則其對應之模糊派屈網路為圖 10.16。

【例 10-7】

假設某個型態(二)之模糊法則與相關事實如下

Rule-1: IF d_1 THEN (d_2 AND d_3 AND d_4), $\mu = 0.9$

Fact-1: d_1, y_1=0.8

則其對應之模糊派屈網路為圖 10.17。

【例 10-8】

假設某個型態(三)之模糊法則與相關事實如下

Rule-1: IF (d_1 OR d_2 OR d_3) THEN d_4, $\mu = 0.9$

Fact-1: d_1, y_1=0.7

Fact-2: d_2, y_2=0.9

Fact-3: d_3, y_3=0.8

則其對應之模糊派屈網路為圖 10.18

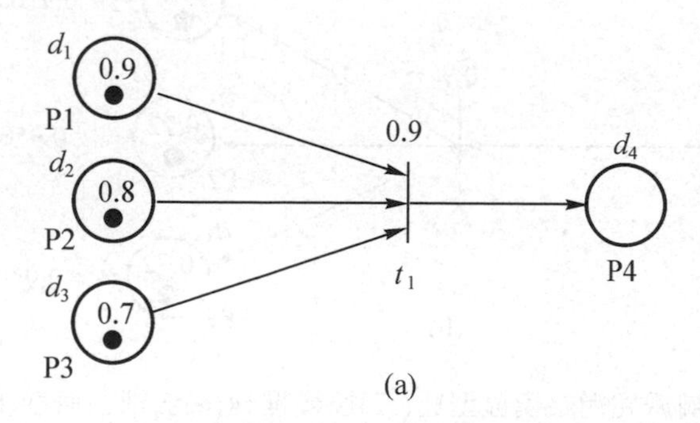

圖 10.16 模糊派屈網路模擬型態(一)模糊推理(a)法則引發前(b)法則引發後

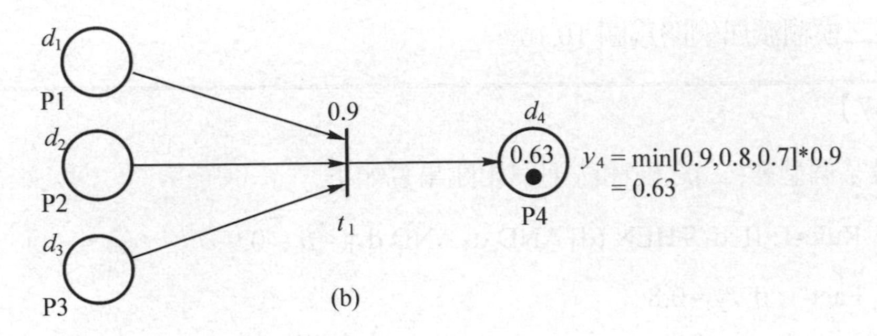

圖 10.16 模糊派屈網路模擬型態(一)模糊推理(a)法則引發前(b)法則引發後(續)

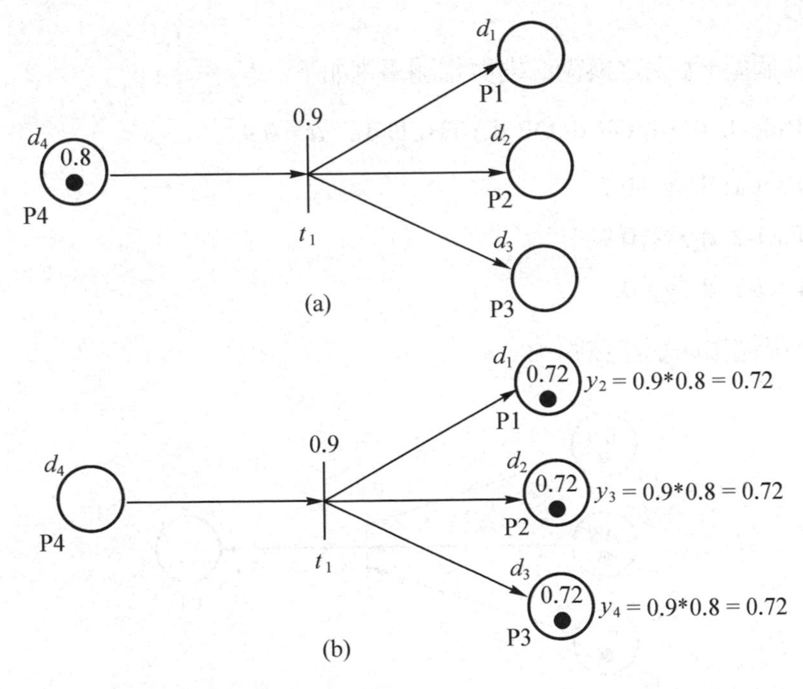

圖 10.17 模糊派屈網路模擬型態(二)模糊推理(a)法則引發前(b)法則引發後

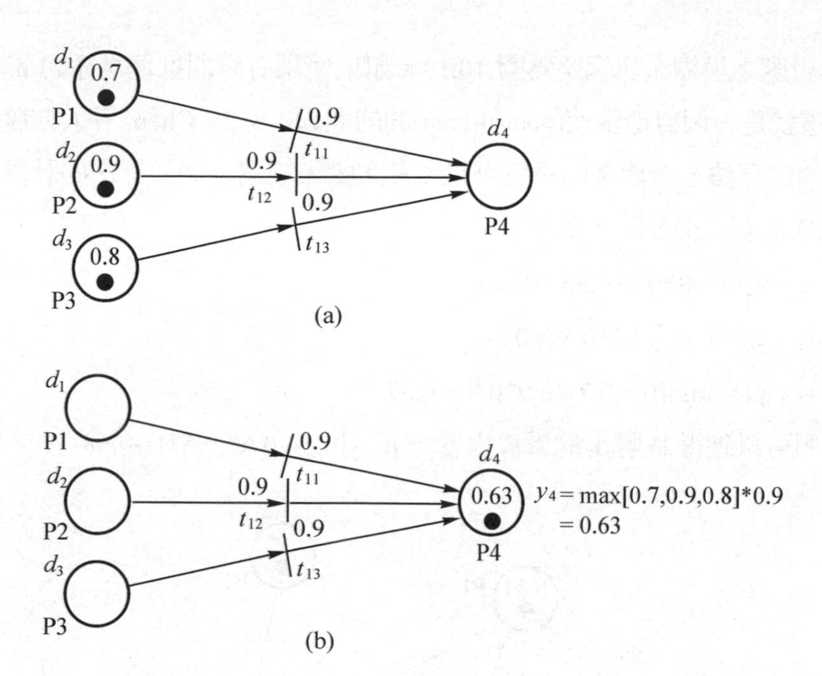

圖 10.18　模糊派屈網路模擬型態(三)模糊推理(a)法則引發前(b)法則引發後

【例 10-9】

假設某個模糊法則庫與相關事實如下

Rule-1: IF d_1 THEN d_2,　$\mu_1 = 0.85$

Rule-2: IF d_2 THEN d_3,　$\mu_2 = 0.80$

Rule-3: IF d_2 THEN d_4,　$\mu_3 = 0.80$

Rule-4: IF d_4 THEN d_5,　$\mu_4 = 0.90$

Rule-5: IF d_1 THEN d_6,　$\mu_5 = 0.90$

Rule-6: IF d_6 THEN (d_4 AND d_9),　$\mu_6 = 0.95$

Rule-7: IF (d_1 AND d_8) THEN d_7,　$\mu_7 = 0.90$

Rule-8: IF d_7 THEN d_4,　$\mu_8 = 0.90$

Fact-1: d_1, $y_1=0.8$

Fact-2: d_8, $y_2=0.7$

則其對應之模糊派屈網路為圖 10.19。如果使用者只問推理後命題 d_4 的眞實程度為何，這就是一個目標驅使(goal-driven)的的問題，S. M. Chen 等人亦發展了一個目標驅使的演算法，有興趣的讀者可以參考文獻。經過這個演算法的計算，我們可以歸納獲得 d_4 有三個途徑，如下

1. t_5-t_6：$y_4 = 0.8*0.9*0.95 = 0.68$
2. t_1-t_3：$y_4 = 0.8*0.85*0.8 = 0.54$
3. t_7-t_8：$y_4 = \min[0.8,0.7]*0.9*0.9 = 0.57$

最後，我們可以獲得命題 d_4 的眞實程度 $= \max[0.54,0.68,0.57] = 0.68$

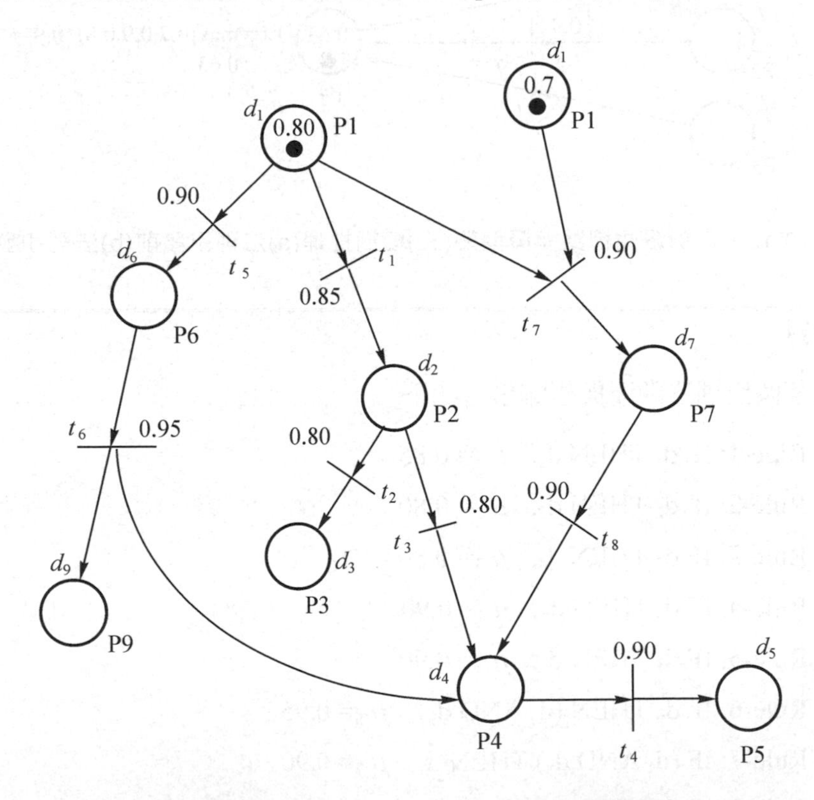

圖 10.19　模糊派屈網路模擬模糊推理實例

後來亦有許多的研究學者，採用與 S. M. Chen 等人類似的模糊派屈網路，只是針對某些 S. M. Chen 等人的方法的缺失進行改良，例如 S. K. Yu[S. K. Yu 等人,1995]、A. Konar 等人[A. Konar 等人,1996]、D. S. Yeung 等人[D. S. Yeung 等

人,1998]、X. Li 等人[X. Li 等人,2000]與 S. M. Chen[S. M. Chen,2000]。

10.3.3 模糊派屈網路型態(三) – H. Scarpelli 等人的架構[H. Scarpelli 等人,1996]

1996 年，H. Scarpelli 等人提出了以高階模糊派屈網路來模擬模糊推理，並提出了一個模糊推理演算法，以協助實作。

10.3.3.1 模糊推理架構

H. Scarpelli 等人採用 L. A. Zadeh 所提出的模糊推理法[L. A. Zadeh,1975]：

$$\begin{array}{l} r_1 \wedge r_2 \wedge r_3 \quad \rightarrow \quad q_1 \\ \qquad r_1' \\ \qquad r_2' \\ \qquad r_3' \\ \hline \qquad\qquad q_1' \end{array} \tag{10.38}$$

其中，r_1~r_3 與 r_1'~r_3'爲模糊命題，其形式分別爲"X_i is F_i"與"X_i is F_i'"，其中 X_i 是口語化變數(linguistic variable)，而 F_i 與 F_i'是模糊集合。q_1 與 q_1'爲模糊命題，其形式分別爲"Y_1 is G_1"與"Y_1 is G_1'"，其中 Y_1 是口語化變數(linguistic variable)，而 G_1 與 G_1'是模糊集合，而 G_1'的算法爲

$$G_1' = (F_1' \times F_2' \times F_3') \circ (F_1 \times F_2 \times F_3 \rightarrow G_1) \tag{10.39}$$

其中，$\circ$爲合成運算子(compositional operator)，$\rightarrow$爲隱喻運算子(implication operator)。

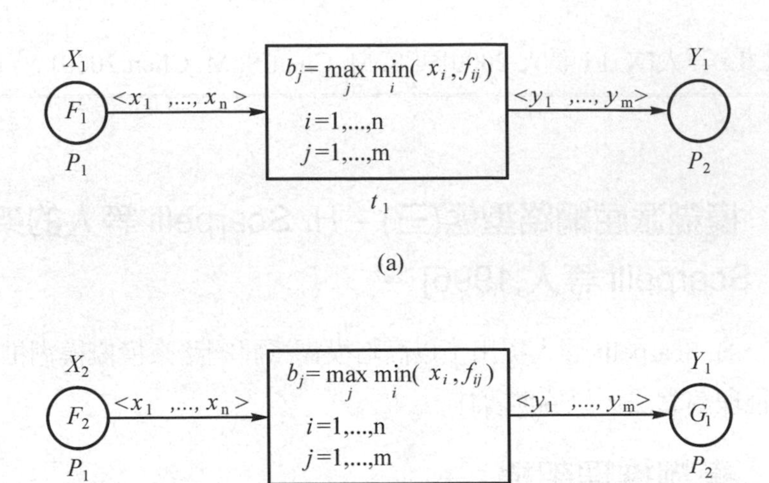

圖 10.20　H. Scarpelli 等人的高階模糊派屈網路實例(一)-轉置內之刻記為合成法則：(a)法則引發前(b)法則引發後

10.3.3.2　高階模糊派屈網路架構

H. Scarpelli 等人定義了高階模糊派屈網路，與傳統派屈網路的不同，又下列幾項元素：

1. 射線上增加了標籤(labeling)，那是含有多個變數的組合；
2. 轉置內增加了刻記(inscription)，那是一個公式，當轉置引發後，用來進行計算。這個公式通常爲三種類型：(a)合成法則(composition rule)；(b)連接(conjunction)；(c)結合(aggregation)；
3. 代幣附加了一組數值，使代幣成爲一個有結構的物件，也就是模糊集合；
4. 標記稱爲模糊標記。

我們現在以一個簡單的例子，來說明 H. Scarpelli 等人的模糊推理與其高階模糊派屈網路之間的對應關係。

【例 10-10】

假設某個模糊法則與相關事實如下

Rule-1: IF X_1 is F_1 THEN Y_1 is G_1

Fact-1: X_1 is F_1'

其中 X_1 是口語化變數、F_1 與 F_1'是模糊集合，假設這些模糊集合所在之論域爲離散的，記爲$<x_1,\ldots,x_n>$，這就是在射線上的標籤，而 F_1 記爲$<a_1,\ldots,a_n>$，F_1'記爲$<a_1',\ldots,a_n'>$，其中 $\mu_{F1}(xi)=ai$，$\mu_{F1}'(xi)=ai'$。Y_1 是口語化變數，G_1 與 G_1'是模糊集合，假設這些模糊集合所在之論域爲離散的，記爲$<y_1,\ldots,y_n>$，這就是在射線上的標籤，而 G_1 記爲$<b_1,\ldots,b_n>$，G_1'記爲$<b_1',\ldots,b_n'>$，其中 $\mu_{G1}(yi)=bi$，$\mu_{G1}'(yi)=bi'$。而法則形成之模糊關係 $R(x_i,y_j)$，記爲 $f_{ij}=R(x_i,y_j)=x_i\rightarrow y_j$，其中→爲隱喻運算子。它們以 H. Scarpelli 等人的高階模糊派屈網路模擬後，其模糊派屈網如圖 10.20。其中，位置 p_1 與 p_2 代表口語化變數 X_1 與 X_2，其論域被標籤在射線之上，而模糊推理之公式被刻記在轉置之內，模糊事實被模擬成代幣 F_1'，記爲$<a_{1'},\ldots,a_{n'}>$。

【例 10-11】

假設某個模糊法則與相關事實如下

Rule-1: IF (X_1 is F_1) AND (X_2 is F_2) THEN Y_1 is G_1

Fact-1: X_1 is F_1'

Fact-2: X_2 is F_2'

其中，X_1 是口語化變數、F_1 與 F_1'是模糊集合，假設這些模糊集合所在之論域爲離散的，記爲$<x_1^1,\ldots,x_n^1>$，這就是在射線上的標籤，而 F_1 記爲$<a_1^1,\ldots,a_n^1>$，F_1'記爲$<a_1'^1,\ldots,a_n'^1>$，其中 $\mu_{F1}(x_i^1)=a_i^1$，$\mu_{F1'}(x'^1_i)=a'^1_i$。X_2 是口語化變數、F_2 與 F_2'是模糊集合，假設這些模糊集合所在之論域爲離散的，記爲$<x_1^2,\ldots,x_n^2>$，這就是在射線上的標籤，而 F_2 記爲$<a_1^2,\ldots,a_n^2>$，F_2'記爲$<a_1'^2,\ldots,a_n'^2>$，其中 $\mu_{F2}(x_i^2)=a_i^2$，$\mu_{F2'}(x'^2_i)=a'^2_i$。Y_1 是口語化變數，G_1 與 G_1'是模糊集合，假設這些模糊集合所在之論域爲離散的，記爲$<y_1,\ldots,y_n>$，這就是在射線上的標籤，而 G_1 記爲$<b_1,\ldots,b_n>$，G_1'記爲$<b_1',\ldots,b_n'>$，其中 $\mu_{G1}(yi)=bi$，$\mu_{G1}'(yi)=bi'$。而法則形成之模糊關係 $R(x_i,y_j)$，記爲 $f_{ij}=R(x_i,y_j)=x_i\rightarrow y_j$，其中→爲隱喻運算子。它們以 H. Scarpelli 等人的高階模糊派屈網路模擬後，其模糊派屈網如圖 10.21。

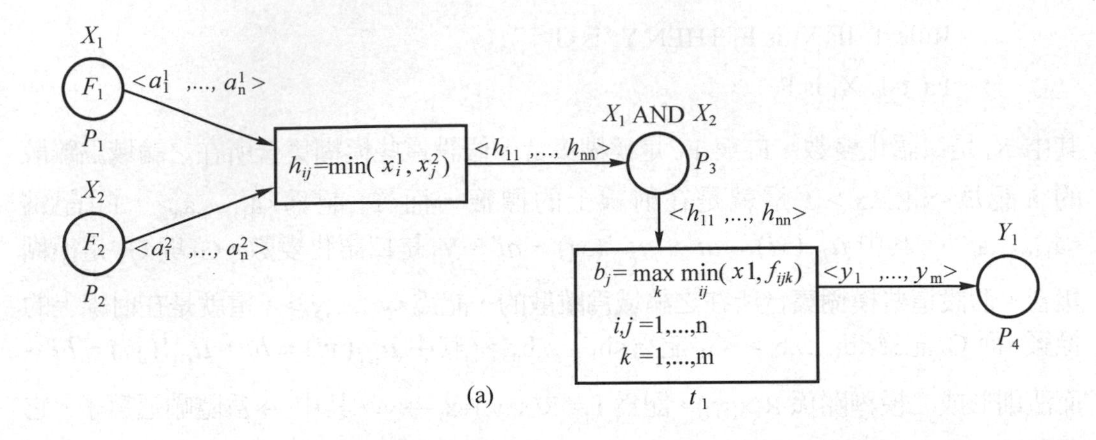

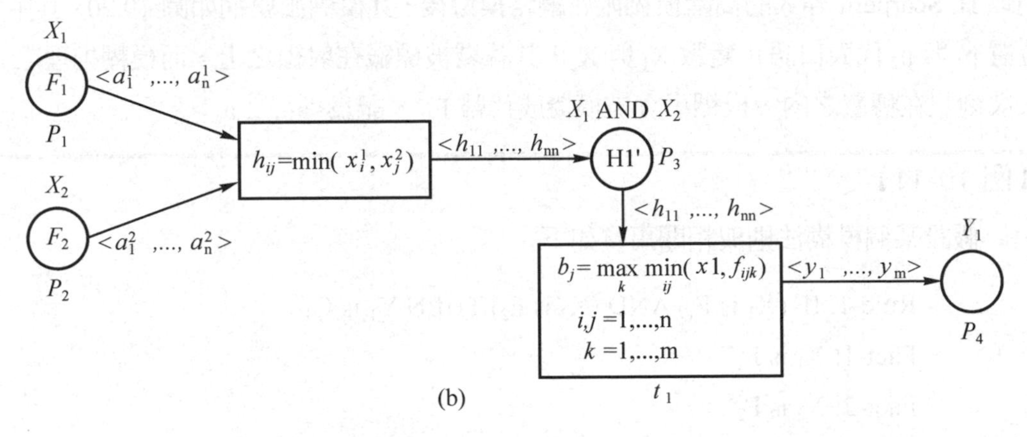

圖 10.21　H. Scarpelli 等人的高階模糊派屈網路實例(二)-轉置內之刻記為連接：(a)法則引發前(b)法則引發後

【例 10-12】

假設某個模糊法則庫與相關事實如下

Rule-1: IF X_1 is F_1 THEN Y_1 is G_1

Rule-2: IF X_2 is F_2 THEN Y_1 is G_1

Fact-1: X_1 is F_1'

Fact-2: X_2 is F_2'

其中，X_1 是口語化變數、F_1 與 F_1'是模糊集合，假設這些模糊集合所在之論域爲離散的，記爲$<x_1^1,\ldots,x_n^1>$，這就是在射線上的標籤，而 F1 記爲$<a_1^1,\ldots,a_n^1>$，F1'記爲$<a_1'^1,\ldots,a_n'^1>$，其中 $\mu_{F1}(x_i^1)=a_i^1$，$\mu_{F1'}(x'^1_i)=a'^1_i$。X_2 是口語化變數、F_2 與 F_2'是模糊集合，假設這些模糊集合所在之論域爲離散的，記爲$<x_1^2,\ldots,x_n^2>$，這就是在射線上的標籤，而 F_2 記爲$<a_1^2,\ldots,a_n^2>$，F_2'記爲$<a_1'^2,\ldots,a_n'^2>$，其中 $\mu_{F2}(x_i^2)=a_i^2$，$\mu_{F2'}(x'^2_i)=a'^2_i$。Y_1 是口語化變數，G_1 與 G_1'是模糊集合，假設這些模糊集合所在之論域爲離散的，記爲$<y_1,\ldots,y_n>$，這就是在射線上的標籤，而 G_1 記爲$<b_1,\ldots,b_n>$，G_1'記爲$<b_1',\ldots,b_n'>$，其中 $\mu_{G1}(yi)=bi$，$\mu_{G1}'(yi)=bi'$。而法則形成之模糊關係 $R(x_i,y_j)$，記爲 $f_{ij}=R(x_i,y_j)=x_i\rightarrow y_j$，其中$\rightarrow$爲隱喻運算子。它們以 H. Scarpelli 等人的高階模糊派屈網路模擬後，其模糊派屈網如圖 10.22。

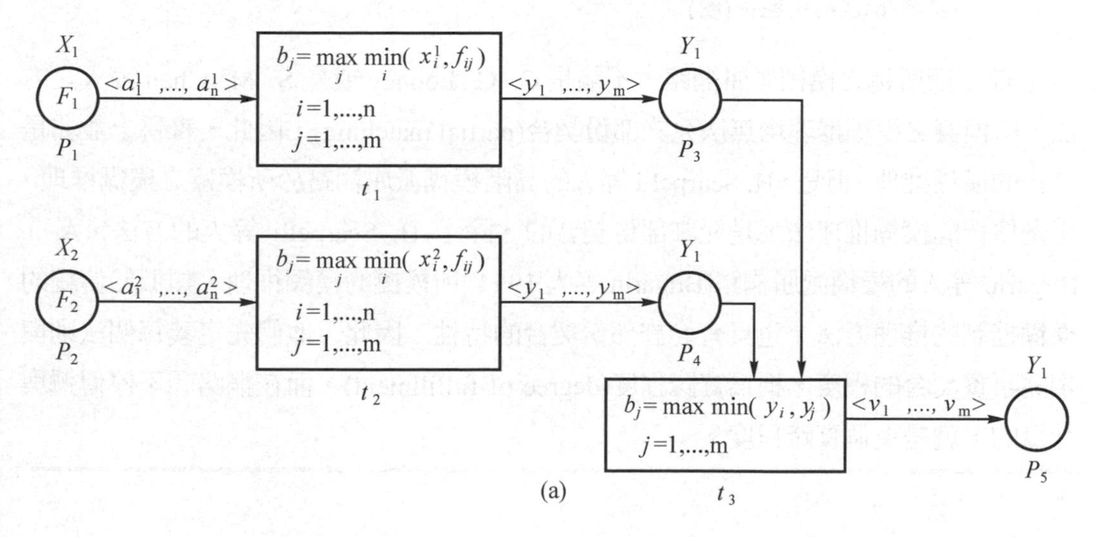

圖 10.22　H. Scarpelli 等人的高階模糊派屈網路實例(三)-轉置內之刻記為結合：(a)法則引發前(b)法則引發後

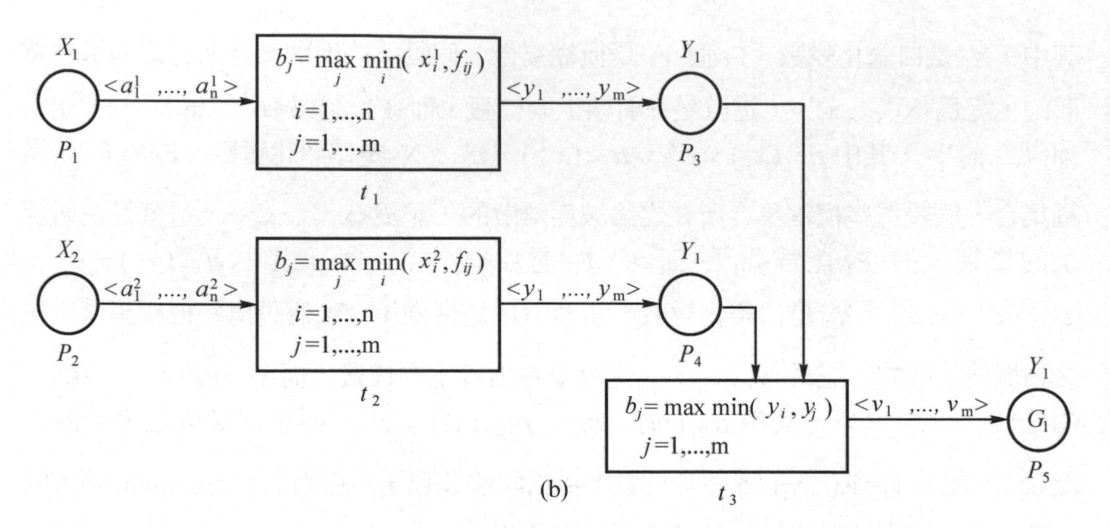

圖 10.22 H. Scarpelli 等人的高階模糊派屈網路實例(三)-轉置內之刻記為結合：(a)法則引發前(b)法則引發後(續)

前二節所述之模糊派屈網路，不論是 C. G. Looney 或是 S. M. Chen 等人之方法，所模擬之模糊推理均無法允許部份契合(partial matching)，因此，實質上並非是眞正的模糊推理。但是，H. Scarpelli 等人的高階模糊派屈網路於所模擬之模糊推理，正是傳統的模糊推理法，是允許部份契合的。除了 H. Scarpelli 等人的方法，A. J. Bugarin 等人的模糊派屈網路[Bugarin 等人 1994]所模擬的模糊推理，類似於傳統的模糊控制的推理方法，也具有允許部份契合的特性。因此，他們先定義每個法則與相關事實契合的程度，稱爲實踐程度(degree of fulfillment)，而在網路間不停傳遞與計算的，就是這個實踐程度。

10.3.4 模糊派屈網路型態(四) – J. Lee 等人的架構[J. Lee 等人,1999]

1999 年，J. Lee 等人提出了以模糊派屈網路爲基底的專家系統架構，來模擬模糊推理，並提出了一個模糊推理演算法，以協助實作。

10.3.4.1 模糊推理架構

J. Lee 等人提出以眞值評定的模糊命題爲不確定的不精確資訊之表達，因此，模糊集合展現了不精確資訊的意義，而模糊眞值代表了不確定性。根據此表達方式而發展的推理法有三個步驟：第一、將眞值評定的模糊法則與事實視爲一組附有必然性下界與可能性上界之古典命題的集合體。第二、以下節發展之可能性推理法進行推理。第三、將推理後的結果整合成一個結論，換言之，將一組的古典集合整合爲一個模糊集合，將一組的必然性與可能性整合爲一個模糊眞值。

10.3.4.1.1 可能性推理(possibilistic reasoning)

J. Lee 等人已提出一個可能性推理(possibilistic reasoning)架構，適用於附有必然性(necessity: N_r)下界與可能性(possibility: Π_r)上界之古典命題(r)，如下：

$$\begin{array}{ll} (r_1 \wedge r_2 \wedge r_3) \to q, & (N_{(r_1 \wedge r_2 \wedge r_3)\to q}, \Pi_{(r_1 \wedge r_2 \wedge r_3)\to q}) \\ r_1, & (N_{r_1}, \Pi_{r_1}) \\ r_2, & (N_{r_2}, \Pi_{r_2}) \\ r_3, & (N_{r_3}, \Pi_{r_3}) \\ \hline \multicolumn{2}{c}{q, \quad (N_q, \Pi_q)} \end{array} \tag{10.40}$$

上式中 r_i 與 q 代表古典命題；N_{ri}，N_q 與 $N_{r1\wedge r2\wedge r3\to q}$ 代表必然性度量之下界；Π_{ri}，Π_q 與 $\Pi_{r1\wedge r2\wedge r3\to q}$ 代表可能性度量之上界。

爲了推導上式中的 N_q 與 Π_q，J. Lee 等人根據 N. J. Nilsson 的 probabilistic entailment [N. J. Nilsson,1986]的概念，已提出一個名爲 possibilistic entailment 的方法。透過此方法，可導得結論：如果 $\max\{\Pi_{ri}, \Pi_{r1\wedge r2\wedge r3\to q}\}=1$，則 $N_q = \min\{N_{r1\wedge r2\wedge r3\to q}, \min\{N_{r1}, N_{r2}, \ldots, N_{rn}\}\}$ 與 $\Pi_q = \Pi_{r1\wedge r2\wedge r3\to q}$。當多個具有相同結論的法則被引發時，這些不同信心程度的結論(如 $q,(N_{qi}, \Pi_{qi})(i=1\sim n)$)必須被整合，如 $N_q = \max\{N_{q1}, N_{q2}, \ldots, N_{qn}\}$ 與 $\Pi_q = \max\{\Pi_{qi}, \Pi_{q2}, \ldots, \Pi_{qn}\}$。

10.3.4.1.2 法則式系統內的不確定性與不精確性

J. Lee 等人提出眞值評定的模糊命題(truth-qualified fuzzy proposition)，來表達不確定的不精確資訊，如

$$(r,\tau) \tag{10.41}$$

上式中，r 代表模糊命題，如下之形式〝X is F〞(X 是變數，F 是在論域 U 內的模糊集合)；τ 是模糊眞值(fuzzy truth value)的上界，其隸屬度函數 $\mu_\tau(t)$ 的意義爲〝r 的眞實程度是 t 的可能性〞。模糊集合用來表達不精確性，而模糊眞值用來表達不確定性。

爲了發展眞值評定的模糊命題的推理，J. Lee 等人透過 λ-cut 的觀點，將眞值評定的模糊命題 (r,τ) 視爲一組附有必然性下界與可能性上界之古典命題的集合體 $\{(r_\lambda,(N_{r\lambda},\Pi_{r\lambda})),\lambda\in(0,1]\}$，其中 $N_{r\lambda}=1-\max\{\mu_\tau(t)\mid t\in[0,\lambda)\}$ 與 $\Pi_{r\lambda}=\max\{\mu_\tau(t)\mid t\in[\lambda,1]\}$。分解後的單元亦可依下式組合回原眞值評定的模糊命題。模糊集合的組合式：$\mu_F(u)=Sup\{\lambda\mu_{F\lambda}(u)\mid\lambda\in(0,1]\}$。而 τ 的重組需透過 the principle of minimum specificity：$\mu_\tau(t)=Inf\{\mu_{\tau(\lambda)}(t)\mid\lambda\in(0,1]\}$ 而 $\mu_{\tau(\lambda)}(t)=\Pi_{\gamma\lambda}$ if $t\geq\lambda$ or $1-N_{r\lambda}$ if $t<\lambda$。

J. Lee 等人提出眞值評定的模糊命題的推理模式(J. Lee 等人, 2000)：

$$\begin{array}{ll} (r_1\wedge r_2\wedge r_3)\rightarrow q, & \tau_1 \\ r_1', & \tau_2 \\ r_2', & \tau_3 \\ r_3', & \tau_4 \\ \hline q', & \tau_5 \end{array} \tag{10.42}$$

上式中 r_i，r_i'(i=1~3)，q 與 q'代表模糊命題且具有下列形式"X_i is F_i", "X_i is F_i' ", "Y is G"與"Y is G' "；τ_i(i=1~5)是模糊評估且定義爲 $\mu_{\tau j}(t)$。F_i 與 F_i'是論域爲 U_i 的模糊集合；G 與 G'是論域 V 爲的模糊集合。三個步驟推導得 q'與 τ_5。

步驟一：轉換

透過我們在上節提及的轉換法，(10.41)式可被轉至成一組附有必然性下界與可能性上界之古典命題的推理形式，如下

$$\frac{\begin{array}{ll} ((r_1 \wedge r_2 \wedge r_3) \rightarrow q)_\lambda, & (N_{((r_1 \wedge r_2 \wedge r_3) \rightarrow q)\lambda}, \Pi_{((r_1 \wedge r_2 \wedge r_3) \rightarrow q)\lambda}) \\ r_{1\lambda}', & (N_{r1'\lambda}, \Pi_{r1'\lambda}) \\ r_{2\lambda}', & (N_{r2'\lambda}, \Pi_{r2'\lambda}) \\ r_{3\lambda}', & (N_{r3'\lambda}, \Pi_{r3'\lambda}) \end{array}}{q', \quad (N_{q'\lambda}, \Pi_{q'\lambda})} \tag{10.43}$$

上式中

$$N_{(r_1 \wedge r_2 \wedge r_3) \rightarrow q)_\lambda} = 1 - \max\{\mu_{\tau 1}(t) \mid t \in [0, \lambda)\}$$
$$N'_{r_{\lambda i}} = 1 - \max\{\mu_{\tau(i+1)}(t) \mid t \in [0, \lambda)\}$$
$$\Pi_{((r_1 \wedge r_2 \wedge r_3) \rightarrow q)_\lambda} = \max\{\mu_{\tau 1}(t) \mid t \in [\lambda, 1]\}$$
$$\Pi'_{r_{i\lambda}} = \max\{\mu_{\tau(i+1)}(t) \mid t \in [\lambda, 1]\}$$

步驟二：推理

1. 計算 q'_λ：G'_λ 的計算是透過 compositional rule of inference：

$$G_\lambda' = (F1' \times F2' \times F3')_\lambda \text{ o } (F1 \times F2 \times F3 \rightarrow G)_\lambda \tag{10.44}$$

2. 計算 $N'_{q\lambda}$ 與 $\Pi'_{q\lambda}$：(10.42)式在語意上同等於

$$\frac{\begin{array}{ll} (r_1'{}_\lambda \wedge r_2'{}_\lambda \wedge r_3'{}_\lambda) \rightarrow q'_\lambda, & (N_{(r_1'{}_\lambda \wedge r_2'{}_\lambda \wedge r_3'{}_\lambda) \rightarrow q_\lambda}, \Pi_{((r_1'{}_\lambda \wedge r_2'{}_\lambda \wedge r_3'{}_\lambda) \rightarrow q_\lambda}) \\ r_{1\lambda}', & (N_{r1'\lambda}, \Pi_{r1'\lambda}) \\ r_{2\lambda}', & (N_{r2'\lambda}, \Pi_{r2'\lambda}) \\ r_{3\lambda}', & (N_{r3'\lambda}, \Pi_{r3'\lambda}) \end{array}}{q', \quad (N_{q'\lambda}, \Pi_{q'\lambda})} \tag{10.45}$$

其中

$$N_{(r_1'{}_\lambda \wedge r_2'{}_\lambda \wedge r_3'{}_\lambda) \rightarrow q'_\lambda} = 1 - \max\{\pi(u_1, ..., u_n, v) \mid (u_1, ..., u_n, v) \notin (F'_{1\lambda} \wedge ... \wedge F'_{n\lambda}) \rightarrow G'_\lambda\}$$
$$\Pi_{((r_1'{}_\lambda \wedge r_2'{}_\lambda \wedge r_3'{}_\lambda) \rightarrow q'_\lambda} = \max\{\pi(u_1, ..., u_n, v) \mid (u_1, ..., u_n, v) \in (F'_{1\lambda} \wedge ... \wedge F'_{n\lambda}) \rightarrow G'_\lambda\}$$

而其中 $\pi(u_1, u_2, u_3, v)$ 是一個分佈於 $U_1 \times U_2 \times U_3 \times V$ 上的可能性分佈，由 the principle of minimum specificity 導得如下：

$$\pi(u_1,u_2,u_3,v)=\min_{\lambda}\pi_{\lambda}(u_1,u_2,u_3,v)$$
$$\pi_{\lambda}(u_1,u_2,u_3,v)=\Pi_{((r_1\wedge r_2\wedge r_3)\to q)_{\lambda}} \quad if\ (u_1,u_2,u_3,v)\in(F1\times F2\times F3\to G)_{\lambda}$$
$$or \quad 1-N_{((r_1\wedge r_2\wedge r_3)\to q)_{\lambda}} \quad if\ (u_1,u_2,u_3,v)\notin(F1\times F2\times F3\to G)_{\lambda}$$

上節的可能性推理應用於(10.44)式，可導出：

$$N_{q'_{\lambda}}=\min\{N_{(r_1'_{\lambda}\wedge r_2'_{\lambda}\wedge r_3'_{\lambda})\to q'_{\lambda}},N_{r_1'_{\lambda}},N_{r_2'_{\lambda}},N_{r_3'_{\lambda}}\}$$
$$\Pi_{q'_{\lambda}}=\Pi_{(r_1'_{\lambda}\wedge r_2'_{\lambda}\wedge r_3'_{\lambda})\to q'_{\lambda}}$$

步驟三：結合

推理完成後，分解的單元亦可依下式結合成眞值評定的模糊命題。模糊集合的組合式：

$$\mu_{G'}(u)=Sup\{\lambda\mu_{G'_{\lambda}}(u)\mid\lambda\in(0,1]\}$$

而π_5的重組式：

$$\mu_{\tau_5}(u)=Inf\{\mu_{\pi_5(\lambda)}(t)\mid\lambda\in(0,1]\}$$
$$\mu_{\tau_5(\lambda)}(t)=\Pi_{q'_{\lambda}} \quad if\ t\geq\lambda \quad or \quad 1-N_{q'_{\lambda}} \quad if\ t<\lambda$$

10.3.4.2　模糊派屈網路

一個典型的派屈網路釋譯方式，是將一個位置視爲一個狀態，一個轉置視爲一個狀態與狀態間的因果關係，而一個代幣在某一個位置內可視爲宣稱此位置代表之狀態成立的一個事實。然而，眞實世界的問題是常常伴隨著不精確的或不確定的資訊，例如：

1. 狀態是模糊的；
2. 模糊狀態間的因果關係是不確定的；
3. 描述眞實狀態的事實是模糊的，且與原位置的模糊值是部份契合；
4. 對描述眞實狀態的事實的信心並不完全。

爲考慮上述的情形，J. Lee 等人正式提出新的模糊派屈網路，如下：

定義 10-12　模糊派屈網路(Fuzzy Petri nets)

一個模糊派屈網路具有 5 部份，$FPN=(FP,UT,F,W,M_0)$

1. $FP=\{(p_1,F_1),(p_2,F_2),\ldots,(p_m,F_m)\}$是一模糊位置的集合，其中 p_i 代表模糊狀態，而 F_i 代表此模糊狀態的模糊集合，其論域爲 U。
2. $UT=\{(t_1,\tau_1),(t_2,\tau_2),\ldots,(t_n,\tau_n)\}$是一不確定轉置的集合，其中 t_i 代表模糊狀態間的因果關係，而 τ_i 是一個模糊眞值，代表對此因果關係的不確定性。
3. $F\subseteq(P\times T)\cup(T\times P)$ 是一個射線的集合，
4. $W: F\rightarrow\{1, 2, 3, \ldots\}$ 是一個權重方程式，
5. $M_0=\{M(p_1),M(p_2),\ldots,M(p_m)\}: P\rightarrow\{0, 1, 2, \ldots\}$ 是一個初始標記，其中 $M(p_i)$ 代表在位置 p_i 內代幣的數目。

每一個代幣皆附以一對模糊集合(F_i', τ_i)，J. Lee 等人稱之爲不確定的模糊代幣。模糊位置內含有不確定的模糊代幣時，可被釋譯爲一個描述模糊狀態的不確定的模糊事實。以圖 10.23 舉例說明之：三個模糊狀態被模擬爲三個模糊位置 (p_1, p_2, p_3)，它們之間不確定的因果關係以不確定轉置 (t_1)模擬，兩個關於描述模糊狀態的不確定的模糊事實被模擬成兩個不確定的模糊代幣。系統的行爲可以系統狀態與它們的變化來描述。爲了模擬模糊系統的動態行爲，模糊派屈網路 marking 的變化是根據引發法則。一個不確定轉置被引發之後，所有輸入模糊位置內的所有不確定的模糊代幣皆被移除，而新的不確定的模糊代幣將被適當的放置於輸出模糊位置內，而其模糊集合與模糊眞值的計算是根據模糊推理的機制。圖 10.23 說明了引發前後的情形。

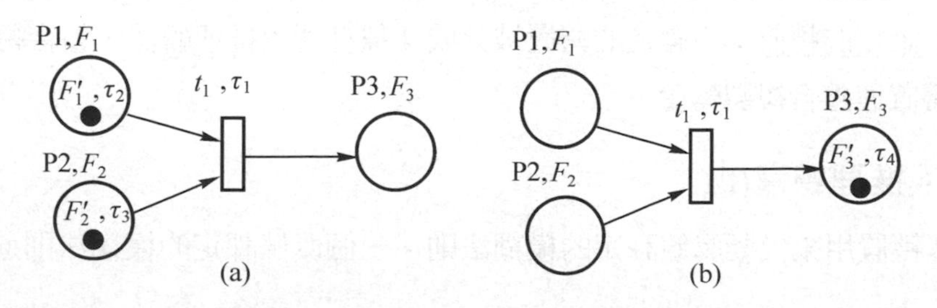

圖 10.23　J. Lee 等人之模糊派屈網路實例 (a) t_1 引發前 (b) t_1 引發後

10.3.4.3 模糊派屈網路的分析

兩個派屈網路的主要分析方法，coverability tree 與 state equation，可被應用於分析模糊派屈網路。分析的目的可使我們對系統的行爲有更深層的瞭解。

Coverability Tree 可展示所有模糊派屈網路的 reachability set。給定一個模糊派屈網路後，可根據文獻[T. Murata, 1989]的演算法建立 marking 的樹狀結構。一些行爲特性如 boundedness, safeness, 與轉置的 deadlock 皆可以此法分析。一個 bounded 模糊派屈網路，其 coverability tree 稱爲 reachability tree。

State Equation 用來解決 reachability problem，換言之，判定某一給定的 marking 是否爲屬於 reachability set。

10.3.4.4 模糊法則式推理與模糊派屈網路

在模糊法則式推理機制內，三個主要構件爲模糊命題(fuzzy Proposition)、眞值評定的模糊法則(truth-qualified fuzzy rule)與模糊事實(truth-qualified fuzzy fact)，可被模擬爲模糊 place, 不確定轉置與不確定的模糊代幣。不確定的轉置被分成 4 種型態：推理轉置，整合轉置，複製轉置與整合複製轉置。爲了避免在模擬的過程中，派屈網路內衝突的問題造成困擾，J. Lee 等人採用了派屈網路的一個子分類-marked graph。marked graph 內的位置只允許一個輸入轉置與一個輸出轉置。模糊法則式推理與模糊派屈網路的對應關係詳述如下：

1. 模糊的位置：模糊位置對應於模糊命題。不確定的轉置的輸入位置與輸出位置代表眞值評定的模糊法則的前提與結論。
2. 不確定的模糊代幣：不確定的模糊代幣表示眞值評定的模糊事實。
3. 不確定的轉置：不確定的轉置被分成 4 種型態：推理轉置，整合轉置，複製轉置與整合複製轉置。

型態一：推理轉置(t^i)

推理轉置用來模擬眞值評定的模糊法則。一個眞值評定的模糊法則通式如下：

$$(r_1 \wedge r_2 \wedge \ldots \wedge r_n) \rightarrow q, \tau_1 \tag{10.46}$$

上式中 r_i(i=1~n)與 q 具有下列形式”X_i is F_i”與”Y is G’ “。圖 10.24 中，推理轉置 t_1^i

被引發之後，所有輸入模糊位置內的所有不確定的模糊代幣皆被移除，而新的不確定的模糊代幣將被適當的放置於輸出模糊位置內，而其模糊集合與模糊眞值的計算是根據上節的三個步驟：(1)轉換：透過λ-cut 的觀點，將眞值評定的模糊事實與模糊法則視爲一組附有必然性下界與可能性上界之古典命題的集合體，(2)推理：可能性推理應用於這些被轉換後的古典命題，(3)結合：將推論完的的結論結合成模糊集合與模糊眞值。

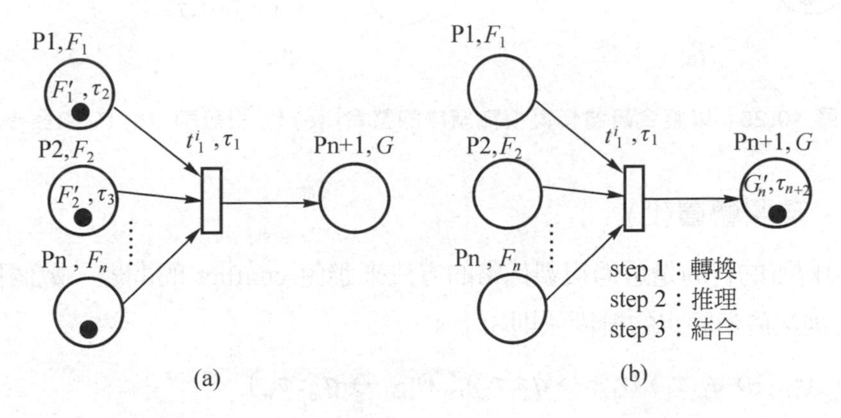

圖 10.24　以模糊派屈網路模擬模糊法則式推理 (a) t^i_1 引發前 (b) t^i_1 引發後

型態二：整合轉置(t^a)

整合轉置用來整合具有相同變數的結論並連結具有相同變數的前提。數個具有相同變數的結論之眞值評定的模糊法則如下：

$$(r_1 \to q_{11}, \tau_1), (r_2 \to q_{12}, \tau_2), \ldots (r_m \to q_{1m}, \tau_m) \tag{10.47}$$

上式 q_{1i}'(i=1~m)具有下列形式"Y_1 is G_{1i}'"。圖 10.25 中，整合轉置 t_1^a 被引發之後，所有輸入模糊位置內的所有不確定的模糊代幣皆被移除，而新的不確定的模糊代幣將被適當的放置於輸出模糊位置內，而其模糊集合與模糊眞值的計算是根據三個步驟：(1)轉換：透過λ-cut 的觀點，將眞值評定的模糊事實與模糊法則視爲一組附有必然性下界與可能性上界之古典命題的集合體，(2)整合：可能性整合應用於這些被轉換後的古典命題，(3)結合：將推論完的的結論結合成模糊集合與模糊眞值。

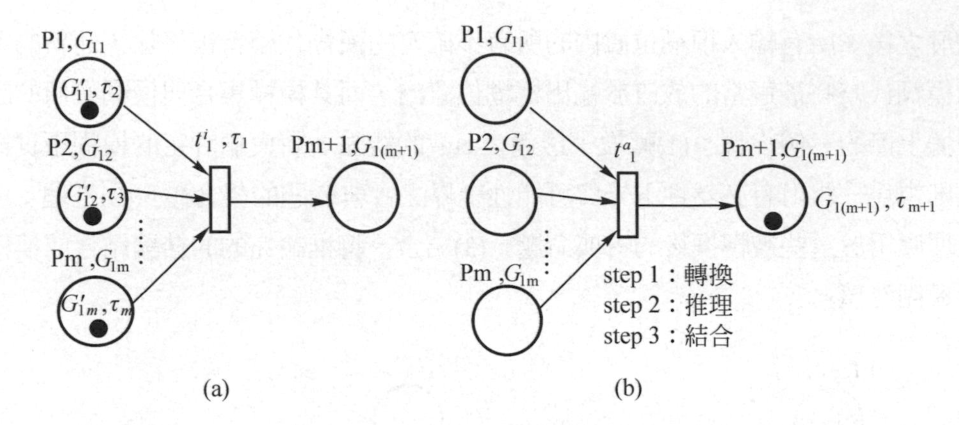

圖 10.25　以整合轉置模擬模糊結論的整合 (a) $t^a{}_1$ 引發前 (b) $t^a{}_1$ 引發後

型態三：複製轉置(t^d)

複製轉置的目的是透過複製代幣的方法來避免 conflict 的問題。數個具有相同變數的前提之眞值評定的模糊法則如下：

$$(r_{11} \rightarrow q_1, \tau_1),(r_{12} \rightarrow q_2, \tau_2),...(r_{1m} \rightarrow q_m, \tau_m) \tag{10.48}$$

上式 r_{1i}'(i=1~m)具有下列形式"X_i is F_{1i}' "。圖 10.26 中，複製轉置 $t_1{}^d$ 被引發之後，所有輸入模糊位置內的所有不確定的模糊代幣皆被移除，而相同的不確定的模糊代幣將被適當的放置於輸出模糊位置內，而其模糊集合與模糊眞值的值不變。

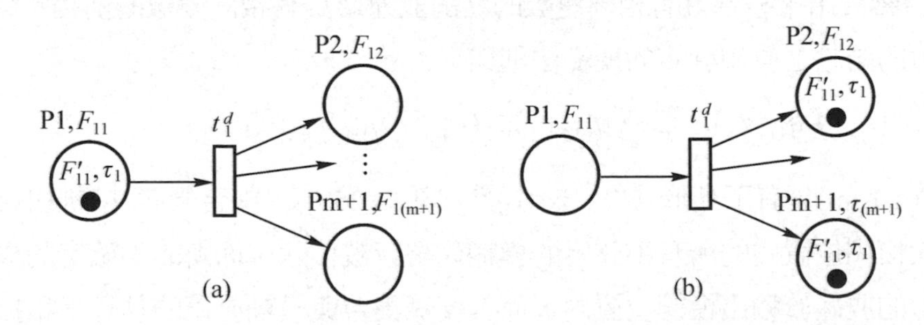

圖 10.26　複製轉置(a) $t^d{}_1$ 引發前 (b) $t^d{}_1$ 引發後

型態四：整合複製轉置(t^{ad})

整合複製轉置是整合轉置與複製轉置的綜合體，用來整合具有相同變數的結論並連結所有具有相同變數的前提。數個具有相同變數的結論之眞值評定的模糊法則如下：

$$(r_1 \to q_{11}, \tau_1), (r_2 \to q_{12}, \tau_2), ...(r_m \to q_{1m}, \tau_m)$$

$$(q_{1(m+1)} \to s_1, \tau_{m+1}), (q_{1(m+2)} \to s_2, \tau_{m+2}), ..., (q_{1(m+n)} \to s_n, \tau_{m+n}) \quad (10.49)$$

上式 q_{1i}'(i=1~m+n)具有下列形式"Y_1 is G_{1i}'"。圖 10.27 中，整合複製轉置 t_1^{ad} 被引發之後，所有輸入模糊位置內的所有不確定的模糊代幣皆被移除，而新的不確定的模糊代幣將被適當的放置於輸出模糊位置內，而其模糊集合與模糊眞值的計算是根據三個步驟：(1)轉換：透過 λ-cut 的觀點，將眞值評定的模糊事實與模糊法則視爲一組附有必然性下界與可能性上界之古典命題的集合體，(2)整合：可能性整合應用於這些被轉換後的古典命題，(3)結合：將推論完的的結論結合成模糊集合與模糊眞值。三個步驟之後，再行複製，其模糊集合與模糊眞值的值不變。

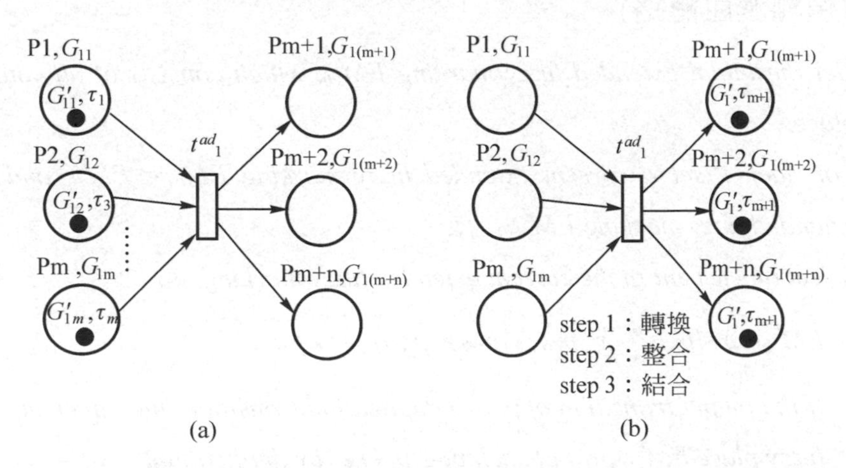

圖 10.27　整合複製轉置 (a) t^{ad}_1 引發前 (b) t^{ad}_1 引發後

10.3.4.5 演算法

為改進模糊法則式推理的執行效率，如何使得模糊事實快速正確的找到可引發的模糊法則是關鍵所在。而模糊派屈網路利用其網路結構的特性，正提供了達成如此目標的可能性。本節將介紹以模糊派屈網路為基礎的模糊法則式推理的演算法。J. Lee 等人先定義 extended fuzzy marking(FM^E)：FM^E 是由 extended fuzzy place ($FM^E(p_i)$)組成的向量，定義如下：

$$FM^E(p_i)=[p_i,F_i',\tau_i,p_i\bullet,\bullet(p_i\bullet)\backslash\{p_i\},(p_i\bullet)\bullet] \tag{10.50}$$

上式中 F_i' 與 τ_i 是在 p_i 內的代幣的模糊集合與模糊眞值；$p_i\bullet$ 是 p_i 的輸出轉置。由上式，我們可知：(1)在 p_i 內的代幣的模糊集合與模糊眞值(F_i', τ_i)，(2)其他需要共同參與引發 $p_i\bullet$ 的位置($\bullet(p_i\bullet)\backslash\{p_i\}$)，(3)引發後模糊的值如何計算($p_i\bullet$ 的型態)，(4)$p_i\bullet$ 引發後代幣往何處去($(p_i\bullet)\bullet$)。

J. Lee 等人演算法的目的就是計算 extended fuzzy marking 的演化，如下：

演算法(模糊派屈網路)

1. *Get the initial extended fuzzy marking* $FM^E{}_0$, *which consists of all source fuzzy places.*
2. *For each i, set a current extended fuzzy marking* $FM^E{}_c = FM^E{}_i$, *and the next extended fuzzy marking* $FM^E{}_{i+1}=\{\}$.
3. *Select an element of the current extended fuzzy marking,*

   $FM^E{}_c(p_j)=[p_j,F_j',\ \tau_j,p_j\bullet,\bullet(p_j\bullet)\backslash\{p_j\},(p_j\bullet)\bullet]$

4. (1) *If the output transition of* p_j *is a duplication transition, then infer the extended fuzzy place* $FM^E{}_{i+1}(p_k)$ *of each* $p_k\in(p_j\bullet)\bullet$ *by duplication.*

   (2) *Else If the output transition of* p_j *is an inference transition, and the extended fuzzy place of each* $p_l\in\bullet(p_j\bullet)\backslash\{p_j\}$ *exists in* $FM^E{}_c$, *then infer the extended fuzzy place* $FM^E{}_{i+1}(p_k)$ *of* $p_k=(p_j\bullet)\bullet$ *by (i)transformation, (ii)inference, and (iii) Composition.*

(3) *Else If the output transition of p_j is an aggregation transition, and the extended fuzzy place of each $p_l \in \bullet(p_j \bullet)\backslash\{p_j\}$ exists in $FM^E{}_c$, then infer the extended fuzzy place $FM^E{}_{i+1}(p_k)$ of $p_k=(p_j \bullet)\bullet$ by (i)transformation, (ii)aggregation, and (iii) Composition.*

(4) *Else If the output transition of p_j is an aggregation-duplication transition, and the extended fuzzy place of each $p_l \in \bullet(p_j \bullet)\backslash\{p_j\}$ exists in $FM^E{}_c$, then infer the extended fuzzy place $FM^E{}_{i+1}(p_k)$ of each $p_k=(p_j \bullet)\bullet$ by (i)transformation, (ii)aggregation, and (iii)Composition.*

End If

5. (1) *If the output transition of p_j is fired, then insert the inferred extended fuzzy place $FM^E{}_{i+1}(p_k)$ into the next extended fuzzy marking $FM^E{}_{i+1}$.*

   (2) *Else insert this element $FM^E{}_c(p_j)$ and each $FM^E{}_c(p_j)$ $(p_l \in \bullet(p_j \bullet)\backslash\{p_j\})$ into the next extended fuzzy marking $FM^E{}_{i+1}$.*

   End If

6. *Delete the element $FM^E{}_c(p_j)$ and each $FM^E{}_c(p_j)$ $(p_l \in \bullet(p_j \bullet)\backslash\{p_j\})$ from the current extended fuzzy marking.*
7. *Repeat step 3 to step 6 until no element is in the current extended fuzzy marking.*
8. *Repeat step 2 to step 7 until all output transitions in the current extended fuzzy marking are not fired.*

10.3.4.6 模糊派屈網路之專家系統 (Fuzzy Petri Net Based Expert System)

J. Lee 等人提出模糊派屈網路之專家系統(FPNES)是一套架構在網路上，採行 Client/Server 模式，並利用 Java 物件導向語言來實作設計的派屈網路系統。FPNES 以 PC 的 32 位元 Windows 作業系統爲其發展環境，並以 Web 瀏覽器- Netscape 及 Alibaba WWW Server 與 Clients/Server 模式實現 FPNES 在網路上的應用。FPNES 的伺服端主要是處理各種來自客戶端使用者的訊息，諸如存取檔案資料。而客戶端則是實際與使用者互動之介面，主要可分爲三個次系統：繪製次系統、執行次系統與分析次系統。其中繪製次系統主要包括了檔案處理、派屈網路的物件的繪製。執行次系統則是以代幣動態移動的方式展現。而分析次系統可進行依據本論文理論建立的模糊推理，與派屈網路的分析。

【例 10-13】

假設有 7 個眞值評定的模糊法則與 3 個眞值評定的模糊事實，如下：

Rule-1 1: IF (X_2 is large) THEN (X_4 is large), very true

Rule-2: IF (X_1 is very large) THEN (X_4 is small), true

Rule-3: IF (X_1 is fairly small) THEN (X_5 is fairly large), fairly true

Rule-4: IF (X_1 is fairly small) THEN (X_6 is large), very true

Rule-5: IF (X_4 is large) THEN (X_6 is very large), fairly true

Rule-6: IF (X_3 is small) AND (X_4 is large) THEN (X_6 is fairly large), very true

Rule-7: IF (X_5 is fairly large) AND (X_6 is very large) THEN (X7 is small), true

Fact-1: (X_1 is fairly small), very true

Fact-2: (X_2 is very large), true

Fact 3: (X_3 is very small), true

上式中，X_i 是變數，而 very large, large, fairly large, very small, small, fairly small 是論域在 0 與 1 之間模糊集合。

上述的法則與事實模擬成模糊派屈網路，如圖 10.28。譬如，在法則 1 中，"X_2 is *large*"的模糊命題模擬爲模糊位置 (p_1,*L*) (i.e. *L*: *large*)，而"X_4 is *large*"的模糊命題模擬爲模糊位置 (p_2, *L*)，而整個法則以推理轉置 (t_1^i,*VT*)(i.e. *VT*: *very true*) 模擬。*Fact 1* 被放置於 p_{17} 中，其值爲(*FS,VT*)(i.e. *FS: fairly small*)，在 FPNES 的設計中，可依需求顯示更詳細的資訊。而圖 10.29 顯示 FPNES 系統執行過程

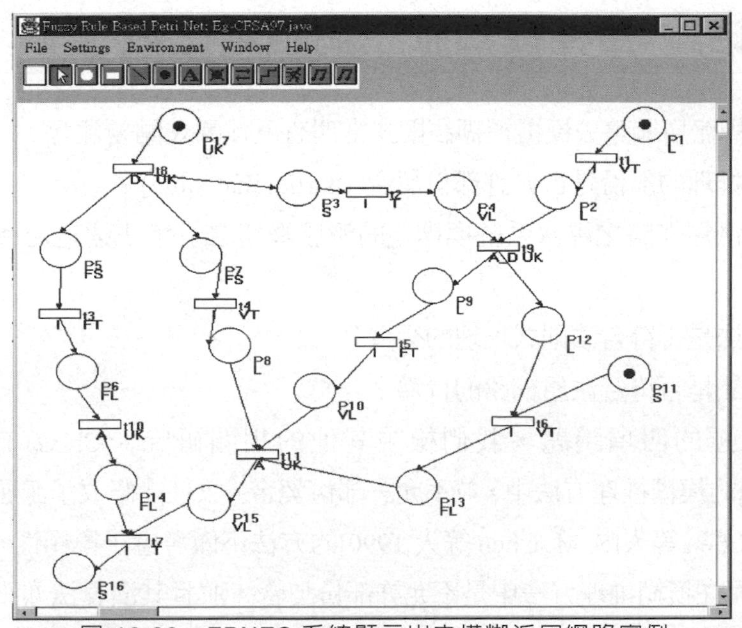

圖 10.28 FPNES 系統顯示出之模糊派屈網路實例

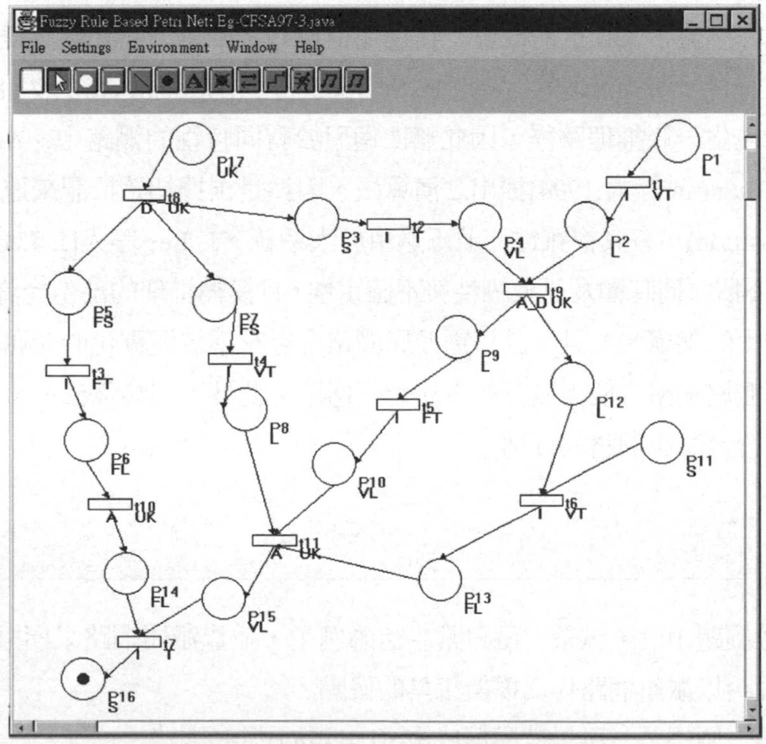

圖 10.29 FPNES 系統顯示出之模糊派屈網路執行過程

10.4 結論-各種模糊派屈網路之比較

利用模糊派屈網路去模擬模糊法則式推理有下述的幾點要注意：

1. 模糊推理的部份是否允許部份契合 (partial matching)？
2. 模糊派屈網路之專家系統模糊化的派屈網路之引發法則是否遵循原派屈網路？
3. 演算法是否符合法則式推理的行爲？
4. 演算法是否符合派屈網路的行爲？

根據上述的四項議題，我們檢視其他的相關研究。C. G. Looney[C. G. Looney,1988]的模糊推理方法中，並不允許部份契合，並且亦修改了派屈網路之引發法則。S. M. Chen 等人[S. M. Chen 等人,1990]的方法不僅考慮了模糊性，亦考慮了不確定性，然而在模糊推理方法中是不允許部份契合，並且其演算法亦不符合法則式推理的行爲。A. Konar 等人[A. Konar 等人,1996]的方法是基於 SS. M. Chen 的方法來延伸，因此亦承襲了 Chen 的缺點：在模糊推理方法中是不允許部份契合，並且其演算法亦不符合法則式推理的行爲。H. Scarpelli 等人[H. Scarpelli 等人,1996]之演算法因爲只能產生一條推理路徑，因此無法適用於有同時性的網路中。A. J. Bugarin 等人[A. J. Bugarin 等人,1994]提出之演算法，因爲是根據初始標記來建立連結轉置(linking transition)，有其複雜性，並不適用於大系統。J. Lee 等人[J. Lee 等人,1999]之模糊派屈網路，同時顧及了模糊性與不確定性，且模糊推理的部份允許部份契合，是一個比較大的架構。並且，其模糊派屈網路之專家系統模糊化的派屈網路之引發法則遵循原派屈網路，使得原分析方法皆可適用。此外，其演算法符合法則式推理的行爲，亦符合派屈網路的行爲。

習 題

[10.1] 參考例題 10.1，試舉一個日常生活的例子，並以派屈網路來模擬之。

[10.2] 試說明以派屈網路作爲模擬工具的優點。

[10.3] 試舉一個例子，可以被模擬成衝突(conflict)派屈網路。

[10.4] 試說明何謂標記的圖形(marked graph，MG)。

[10.5] 試說明發展模糊派屈網路的理由。

[10.6] 在第 10.2.4.2 節中定義之模糊派屈網路與傳統的派屈網路有何異同。試以圖形與文字說明第 10.2.4.2 節中之模糊派屈網路的引發規則。

參考文獻

[1] A.J. Bugarin and S. Barro. Fuzzy reasoning supported by Petri nets. *IEEE Transactions on Fuzzy Systems*, 2(2): 135-150, 1994.

[2] J. Cardoso and H. Camargo. Fuzziness in Petri Nets, Physica-Verlag, Heidelberg, 1999.

[3] S.M. Chen, J.M. Ke, and J.F. Chang. Knowledge representation using fuzzy Petri nets. *IEEE Transaction on Knowledge and Data Engineering,* 2(3):311-319, 1990.

[4] S.M. Chen. Fuzzy backward reasoning using fuzzy Petri nets. *IEEE Transactions on Systems, Man, and Cybernetics-Part B: Cybernetics*, 30(6): 846-859, 2000.

[5] A. Konar and A.M. Mandal. Uncertainty management in expert systems using fuzzy Petri nets. *IEEE Transaction on Knowledge and data Engineering*, 8(1):96-105, 1996.

[6] J. Lee, K. F. R. Liu and W. Chiang, A Fuzzy Petri Net Based Expert System and Its Application to Damage Assessment of Bridges. *IEEE Transactions on Systems, Man, and Cybernetics-Part B: Cybernetics*, Vol.29, No.3, 350-370, June 1999.

[7] J. Lee, K. F. R. Liu and W. Chiang. A Possibilistic-Logic-Based Approach to Integrating Imprecise and Uncertain Information. *Fuzzy Sets and Systems,* 113(2): 309-322, 2000.

[8] X. Li, W. Yu and F. Lara-Rosano. Dynamic knowledge inference and learning under adaptive fuzzy Petri net framework.. *IEEE Transaction on Systems, Man, and Cybernetics-Part C: Applications and Reviews*, 30(4): 442-450, 2000.

[9] C. G. Looney. Fuzzy Petri nets for rule-based decisionmaking. *IEEE Transaction on Systems, Man, and Cybernetics*, 18(1): 178-183, 1988.

[10] T. Murata. Petri nets: properties, analysis and applications. *Proceedings of the IEEE*, 77(4):541-580, 1989.

[11] N. J. Nilsson. Probabilistic logic. *Artificial Intelligence*, 28(1):71-87, 1986.

[12] H. Scarpelli, F. Gomide, and R. Yager. A reasoning algorithm for high level fuzzy Petri nets. *IEEE Transaction on Fuzzy Systems*, 4(3): 282-294, 1996

[13] D. S. Yeung and E. C. C. Tsang. A multilevel weighted fuzzy reasoning algorithm for expert systems. *IEEE Transaction on Systems, Man, and Cybernetics-Part A: Systems and Humans*, 28(2):149-158, 1998.

[14] S. T. Yu. Knowledge representation and reasoning using fuzzy Pr/T net-systems. *Fuzzy Sets and Systems*, 75(1):33-45, 1995.

[15] L. A. Zadeh. A theory of approximate reasoning. In Machine Intellifence, 149-194. New York: Halstead Press, 1979.

Chapter 11

模糊物件導向塑模

- 李允中

  中央大學資訊工程學系　　教授

- 郭忠義

  台北科技大學資訊工程學系　　助理教授

- 李文廷

  高雄師範大學軟體工程學系　　助理教授

- 李信杰

  中央大學資訊工程學系　　博士後研究員

- 薛念林

  逢甲大學資訊工程學系　　副教授

11.1 前　言

使用模糊邏輯擴充物件導向塑模(object-oriented modeling, OOM)技術以擷取非正式且無法精確描述的需求爲近來物件導向塑模研究發展的重點(請見參考文獻[16]模糊物件導向塑模的調查)。

J. Rumbaugh 和同事[18]提出物件導向塑模爲根據眞實世界概念並以自然語言描述的模型來思考解決問題的方法。而 Lotfi Zadeh 在[25]中指出所有使用自然語言描述的概念其本質上都是近乎模糊不清的。許多研究學者如 K. Lano [13]和 D. Dubois 等人[7]進一步主張有模糊成員數值的物件類別可爲自然語言描述的架構以用來描述眞實世界的概念。

同時，XML 是一種在網際網路資料處理上新興且具有優勢的資料格式。XML 對於組織間的溝通能夠迅速的建立爲元文法(metagrammar)，這讓需求分析者、系統設計者與軟體發展者能夠更專注於：(1)以 XML 來表現所規劃的資訊模式；與(2)描述 XML 與處理它的系統之間的關係。

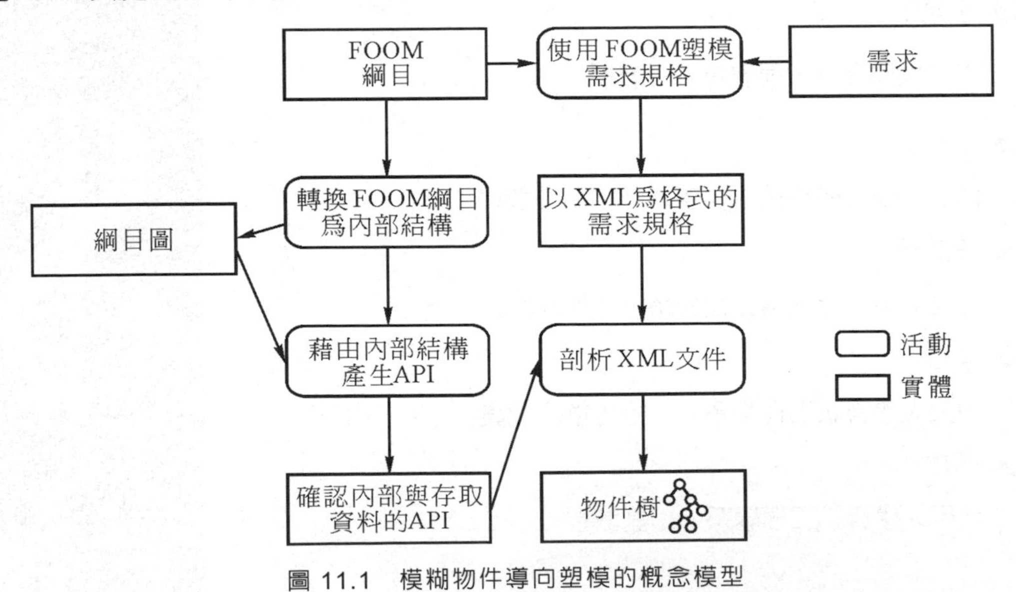

圖 11.1　模糊物件導向塑模的概念模型

在本章中，根據先前使用模糊邏輯為基礎來表示不精確需求的相關研究[14][15][17]，我們提出模糊物件導向塑模技術(簡稱 FOOM)使用 XML 格式來獲得與分析不精確的需求(方法概觀如圖 11.1)，方法步驟描述如下：(1)指定塑模不精確需求包含的可能模糊型態。(2)調查採用模糊概念於物件導向特性的潛在影響。(3)定義 FOOM 綱目來規劃以 XML 為格式的需求規格。(4)以自動化的方式轉換 FOOM 綱目成為一組確認 XML 文件內容合法化與資料存取的應用程式介面。

在模糊物件導向塑模技術中，一些被要求用來塑模不精確使用者需求的模糊特性定義如下：

1. 具有不精確範圍的類別為描述具有相同屬性、相同運作(operation)與相同關係的一群物件。
2. 被封裝在類別中具有語言詞(linguistic terms)的規則為用來描述屬性間的關係。
3. 在類別中一個具有語言值(linguistic value)或是典型值(typical value)的屬性範圍定義了擁有這個屬性的類別實體所擁有的值。
4. 物件與類別之間(即 *ISA* degree)與子類別與父類別之間(即 *AKO* degree)的參與度等級(membership degree)，可以對應到區間[0,1]。
5. 一個物件實體的類別，在它們之間的關聯可能會有參與的程度。
6. 利用三種型別來幫助塑模不精確的需求：實體(entity)、控制(control)與介面(interface)，並定義模糊實體(fuzzy entity)的新型別來描述不精確需求的語意。

根據上述的主要特性(包含模糊集合、模糊屬性、模糊法則和模糊關連)使用 XML 綱目來定義物件導向塑模綱目，以建構需求規格與確認模型。

此外，綱目圖(schema graph)是 FOOM 綱目結構的內部表現形態，並且作為 FOOM 綱目與用來確認 XML 文件內容合法化與資料存取應用程式介面的橋樑。經由綱目圖所產生的應用程式介面，可以用來解析 XML 文件，以處理 XML 文件的結構與確認內容是否為合法及存取物件樹(object tree)的資料。物件樹是經由解析 XML 文件後的結果，它是一種類似樹(tree-like)的結構。這個樹具有零個或多個元素(element)物件為它的子節點，且最高層的文件(document)實體為這個樹的根(root)。每個元素(element)物件又以遞迴的方式包含零個或多個屬性(attribute)與文字型元素

(text element)。在元素物件中，有取得(get)和設定(set)兩種方法。物件樹爲 XML 文件的內部表示方式。應用程式介面可讀取物件樹的資訊確認 XML 文件內容合法化與存取 XML 文件的資料。

我們選擇了會議排程問題[23]做爲例子，來描述我們所提出的方法。

我們將在第二節中詳細介紹模糊物件塑模技術。在第三節中談到 FOOM 綱目的內部表現形態。在第四節中介紹用來轉譯 XML 綱目成爲應用程式介面的演算法。最後，則會再第五節中總結方法的優點。

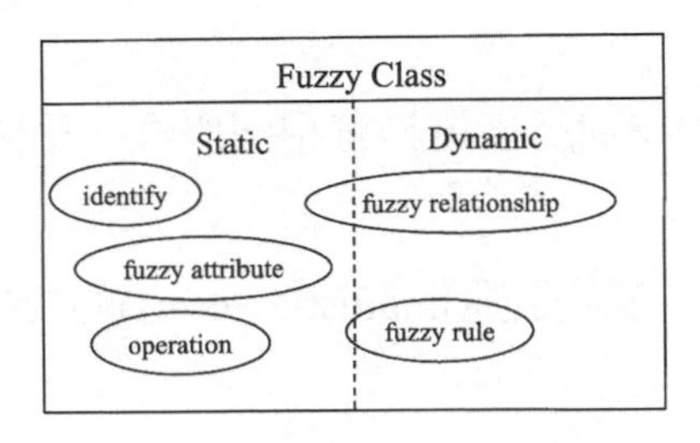

圖 11.2　模糊類別中封裝的屬性

11.2　模糊物件導向塑模技術

模糊物件導向塑模(Fuzzy Object-Oriented Modeling 或 FOOM)是一種分析不精確需求的模示化方法。FOOM 擴展了傳統的物件導向塑模到以下幾個範圍：(1) 擴展類別(class)到具有相同特性的模糊類別(fuzzy class)，(2) 封裝(encapsulate)類別中的模糊規則(fuzzy rules)來描述屬性間的關係，(3) 藉由靜態與動態的特性來評估模糊參與度(memberships)，(4) 將類別之間不明確的模糊關聯(fuzzy association)模式化。

11.2.1　模糊類別

傳統上，我們使用類別來描述一群共有的屬性、運算和關係的物件。爲了塑模在使用者需求中不精確的特性，我們擴充類別來描述一組模糊集合的物件(稱爲模糊類別)，這些物件有相似的屬性、運算和關係。例如，一堆有趣的書籍或一班聰明的學生。在會議排程者系統中，類別 ImportantParticipant 塑模成模糊類別，用以描述參與者的重要程度。

如圖 11.2，FOOM 中的模糊類別為包含一群可分類為靜態特性(static properties)或動態特性(dynamic properties)的封裝(encapsulation)。靜態特性包含識別碼(identifier)、屬性(attributes)與運算(operations)，為物件在生命週期中的完整特徵(feature)。另一方面，動態特性則為物件短期生命週期中非必要的特徵，包含模糊規則(fuzzy rules)與模糊關連(fuzzy relationships)。

因為模糊類別為一群具有相同靜態特性(包含屬性、運算)和相似動態特性(關連與規則)的物件集合，模糊類別的實體成員參與度等級(membership degree)依賴於其特性，特別是屬性和連結屬性的值。在我們的例子中，一個會議參與者屬於類別 ImportantParticipant 的程度依賴於他的狀態與他所參與會議的角色。

屬性之模糊範圍：屬性的定義域(domain)為這個屬性可能會採取的所有值的集合，與它所在的類別無關。而類別中屬性的範圍(range)定義為一個類別成員可採取的屬性所允許的值[10]。在類別 C 的屬性 a_i 其範圍定義為 $R(a_i, C)$。在 FOOM，類別中屬性的範圍之模糊程度則由語言詞或典型值決定。

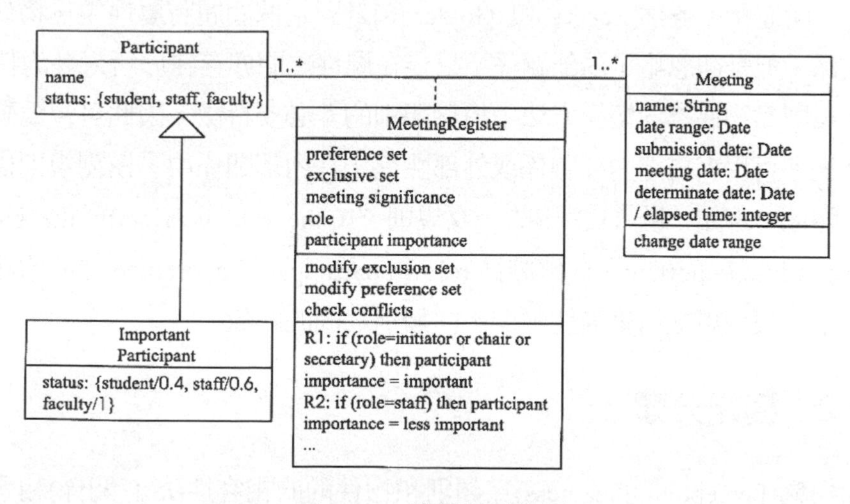

圖 11.3　模糊類別範例

1. 一個類別可經由其屬性所使用的語言詞而模糊化。例如，類別 YoungMan 的屬性 age 有模糊範圍，因爲一個人以它的年紀來說可以是年輕(young)或非常年輕(very young)。
2. 因爲屬性的某些值爲非典型的(相較於其他的值較不可能發生)所以屬性其範圍是模糊的，因而，我們給予每個屬性的典型值爲 3。在我們的例子裡，類別 ImportantParticipant 擁有一個屬性 status 其模糊範圍爲{學生/0.4, 職員/ 0.7, 教師/1}。代表教師爲重要參與者，學生爲典型值 0.4 的重要參與者。

有趣的是，一個明確(crisp)類別可能包含擁有模糊範圍的屬性。例如，類別 MeetingRegister 爲擁有模糊範圍屬性 participant importance 之明確類別。

模糊規則

在物件導向分析中包含模糊規則可以增進分析模型的語意。使用模糊規則爲處理不精確的一種方法，規則中的條件部分(conditional part)和/或結論部分包含語言變數(linguistic variables)。明確的說，模糊類別中的模糊規則扮演兩種重要的角色：指定屬性間內部的關係與更明確地描述驅動(triggers)，而這兩種通常被目前的物件導向分析方法所忽略。雖然 Eckert 和 Golder [8]針對這個問題將屬性視爲物件以描述其內部關係，但是卻忽略了內部關係不只存在屬性之間亦存在於所封裝的特性中。

模糊規則爲物件導向塑模方法中模糊類別的非必要特徵，因此可視爲動態的特性。模糊規則可用來描述內部關係或外部關係。在內部關係中，模糊規則描述類別中屬性的關係。例如，圖 11.3 中的一條規則“if the role is a staff, the participant importance is less important”描述屬性 role 和 participant importance 之間的關係。在外部關係中，模糊規則用來描述兩個不同類別之間的關係。

11.2.2 模糊分類

感知模糊(Perceptual fuzziness)爲類別和物件的的相容性(*ISA* 關係)和類別和其子類別的類別參與度。在模糊物件導向塑模中，我們允許感知模糊的存在以擴充明確類別參與度爲模糊類別參與度。在這節中，將詳細說明繼承(inheritance)的概念以及它如何影響感知模糊。我們也提出一個創新的方法計算物件相對於類別和子類別相對於父類別的參與度等級。

11.2.2.1 子類別與子型態(Subclassing and subtyping)

繼承在物件導向分析與設計中扮演重要的角色。一般來說，繼承分為兩種不同的概念，包含實作繼承(implementation inheritance)與子型態繼承(subtyping inheritance)[4]。實作繼承指的是子類別和其父類別間共享表示方式與實作的程式碼。相反地，子型態指的是子類別和其父類別間就他們的介面而言有某些型態的一致性。子類別與類別如何實作有關，也就是藉由重用全部或某些父類別的運算建構一個新的類別[2]。一般而言，子類別可由如下方式建構：

1. 擴充(Extension)：新增一個新的運算
2. 重定義(Redefinition)：維持原本的介面但重新實作特定的方法
3. 限制(Restriction)：繼承一部份的運算(為原本運算的子集合)

另一方面，一個型態定義了一個抽象的介面並被視為物件行為的規格[1][8]。分為三種型態關係：子型態(subtype)，相同型態(same type)和父型態(supertype)。在規格層級，子型態/父型態的關係可被視為替換原則(principle of substitutability)的弱形式(weak form)[4]。*S* 為 *T* 的子型態假如將預期為型態 *T* 的物件替換成型態 *S* 的物件並不會產生型態錯誤。

為了保證替換原則的弱形式，需增加下列語法條件：

1. 子型態需至少提供其父型態所有的運算。
2. 針對子型態的每個運算，其父型態對應的運算需有同樣個數的參數和回傳結果。
3. 父型態運算的參數型態需和子型態運算的參數型態一致。
4. 子型態運算的回傳結果型態需和父型態運算的回傳結果型態一致。

子類別對其父類別而言可能會有不同的型態關係：子型態、相同型態或父型態。假如子類別並沒有繼承其父類別的行為，則會發生問題：當一個子程式(subprogram)預期傳入父類別的物件卻傳入子類別的物件，則子程式會產生非預期的結果。在模糊物件導向塑模中，子類別保證為父類別的子型態或相同型態，如此以符合替換法則的弱形式。

11.2.2.2 類別和子類別間的感知模糊度

傳統上，類別和子類別間的 *AKO* 關係爲明確的。也就是子類別的實體也是父類別的實體。在模糊物件導向塑模中，子類別的實體可能爲某種程度的父類別實體。也就是說，*AKO* 關係的等級範圍由 0 到 1。

因爲 FOOM 符合替換原則的弱形式，子類別的建構可透過擴充新運算、重定義繼承的運算、新增新屬性或修改繼承屬性的範圍。子類別和其父類別間的 *AKO* 等級可藉由檢驗以下情況而決定：

1. 運算或屬性的擴充：在這個案例中，子類別的一個實體擁有其父類別所有的屬性，且也被視爲父類別的一個實體。類別之間的 *AKO* 等級爲 1。
2. 繼承運算的重定義：在這個案例中，只有定義運算的實作，子類別的實體依然擁有其父類別的型爲。因此，子類別的一個實體視爲其父類別的一個實體。
3. 繼承屬性範圍的修改：在 FOOM 中，父類別和子類別的屬性範圍允許爲模糊，因此父類別的屬性範圍在某種程度上可包含子類別的屬性範圍。在這個案例中，子類別的實體在一定程度上爲其父類別實體。

藉由評估靜態特性與動態特性可計算出物件相對於類別或子類別相對於父類別的感知模糊度。同時也要了解並非所有的屬性一定與感知模糊度有關。根據我們的例子，藉由檢查所參與會議的屬性 status 與 participant importance 可獲得一個人相對於類別 ImportantParticipant 的參與度等級。其他特性例如地址、偏愛的集合(preference set)或排除的集合(exclusive set)和感知模糊度無關。會影響感知模糊度的屬性稱爲專注焦點(Focus Of Attention, *FOA*)屬性。因此屬性 status 分類爲靜態 *FOA* 屬性，participant importance 爲動態 *FOA* 屬性。

FOA 屬性的重要性顯示屬性相對於感知模糊度的關連程度。舉例來說，如果要檢驗是否爲重要參與者，則屬性 participant importance 較屬性 status 更爲相關。因此，指派屬性 participant importance 爲較高的重要性。我們使用分析結構流程(Analytic Hierarchy Process, AHP)[19]根據相對重要程度成對的(pairwise)比較屬性以決定屬性的重要性。我們使用 $CRI(a_i, C)$代表 *FOA* 屬性 a_i 對於類別 C 的感知模糊度。完成 AHP 的流程後，屬性的重要性被正規化。也就是$\Sigma_{ai\in FOA(C)}CRI(a_i, C)=1$，其中 $FOA(C)$爲針對類別 C 的 *FOA* 屬性的集合。

在父類別中的類別參與度等級說明了 *FOA* 屬性的重要性和父類別中類別的 *FOA* 屬性範圍的包含等級。假設類別 *C* 爲類別 *D* 的父類別，則類別 *D* 中的類別 *C* 之參與度等級表示爲 *AKO(D,C)* 且定義爲：

$$AKO(D,C)=\sum_{a_i\in Att(C)\cap FOA(C)} CRI(a_i,C)\times AKO_{a_i}(D,C) + \sum_{E_k\in A(C)}\Big(\sum_{b_j\in Att(\langle C,E_k\rangle)\cap FOA(C)} CRI(b_j,C)\times AKO_{b_j}(D,C)\Big)$$

其中 *A(C)* 爲和 *C* 有關的類別集合，*Att(C)* 爲 *C* 中的屬性集合，*Att(<C, Ek>)* 爲類別 *C* 和 *Ek* 間建立的關聯<*C, Ek*>中的連結屬性集合。$AKO_{ai}(x, C)$等級爲相對於屬性 a_i 的 *AKO* 等級，$AKO_{bj}(x, C)$則爲相對於連結屬性 b_j 的 *AKO* 等級。

爲了計算 $AKO_{ai}(D, C)$，我們也檢查 $R(a_i, C)$的模糊度是否爲語言詞或典型值。

1. 在語言詞的案例中，參與度等級定義爲 $R(a_i, D)$到 $R(a_i, C)$中的模糊包含度 (fuzzy inclusion)。

   $$AKO_{ai}(D, C) = INC_I(R(a_i, C) \mid R(a_i, D))$$

   模糊集合的包含等級定義爲：

   $$INC_I(A|B) = \|A\cap B\|/\|B\|$$

   其中 $INC_I(A|B)=1$ 若且爲若 $A\supset B$, $INC_I(A|B)=0$ 若且爲若 $A\cap B=\phi$，因此，$ISA_{ai}(D, C)=1$ 若且爲若類別 *D* 中 a_i的範圍包含在類別 *C* 中 a_i的範圍，彼此無交集則 $ISA_{ai}(D, C)=0$。

2. 在典型值的案例中，參與度等級定義爲基於 Godel 模糊隱含(fuzzy implication)[5]的模糊包含度。

   $$AKO_{ai}(D, C) = INC_G(R(a_i, C) \mid R(a_i, D))$$

   模糊集合 *A* 和 *B* 間的模糊包含度 *INCG(A|B)* 定義爲：

   $$INC_G(A\mid B)=inf_s(\mu_B(s)\to\mu_A(s))\text{，}where\ \mu_B(s)\to\mu_A(s) = \begin{cases}1 & if\ \mu_B(s)\le\mu_A(s)\\ \mu_A(s) & otherwise\end{cases}$$

其中 $INC(R(a_i, C) \mid R(a_i, D))=1 \Leftrightarrow \forall s,\ \mu_R(a_i, D)(s) \le \mu_R(a_i, C)(s)$，子類別屬性 a_i 的範圍包含於其父類別相對應的範圍。更明確的說，子類別藉由指派屬性的範圍繼承父類別的屬性。

當計算 $AKO_{bj}(D, C)$時也需檢視 $R(b_i, <C, E_k>)$的模糊度是否爲語言詞或典型值。

1. 在語言詞的案例中，參與度定義爲 $R(b_j, <D, E_k>)$到 $R(b_j, <C, E_k>)$之中的模糊包含度：

$$AKO_{bj}(D,C) = INC_I(R(b_j, <C, E_k>) \mid R(b_j, <D, E_k>))$$

2. 在典型值的案例中，則爲：

$$AKO_{bj}(D,C) = INC_G(R(b_j, <C, E_k>) \mid R(b_j, <D, E_k>))$$

11.2.2.3 類別和物件間的感知模糊度

物件和類別間的類別參與度爲明確的，也就是說，物件和類別間的 *ISA* 不是 1 就是 0。在 FOOM 中，物件和類別間允許感知模糊度。一個物件可以某種程度上屬於一個類別。在會議排程者系統中，一個人可在某種程度上屬於類別 ImportantParticipant。

物件和類別間的 *ISA* 等級可以明顯的(explicitly)或隱含的(implicitly)建立[2]。在[11]中，*ISA* 等級可以明顯的給予並用來推導物件屬性的值。因此，物件可從基礎類別(base classes)中分享部分的屬性。在 FOOM 中，*ISA* 等級被類別的結構所隱含的決定(如圖 11.4)。

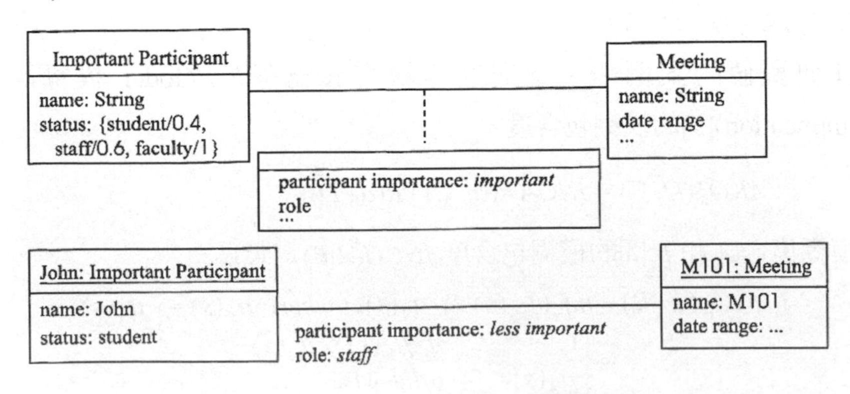

圖 11.4 *ISA* 關係的感知模糊度範例

在模糊類別 C 中物件 x 的參予度等級爲 $ISA(x, C)$且定義爲

$$ISA(x,C) = \sum_{a_i \in Att(C) \cap FOA(C)} CRI(a_i, C) \times ISA_{a_i}(x,C)) + \sum_{E_k \in A(C)} (\sum_{b_j \in Att(\langle C, E_k \rangle) \cap FOA(C)} CRI(b_j, C) \times ISA_{b_j}(x,C))$$

其中 $ISA_{ai}(x, C)$爲相對於屬性 a_i，類別 C 中物件 x 的參與度等級。$ISA_{bj}(x, C)$爲相對於連結屬性 b_j 的參與度等級。靜態特性(物件屬性)與動態特性(連結屬性)皆需要用來計算類別中物件的參與度等級。

爲了計算 $ISA_{ai}(x, C)$，我們需要檢查 $R(a_i, C)$的模糊度爲語言詞或典型值型態。

1. 在語言詞形態案例中，參與度等級定義爲類別 C 屬性 a_i 範圍中的 x 值之包含等級，也就是

   $$ISA_{ai}(x,C) = INC_I(R(a_i, C) \mid V(a_i, x))$$

   其中 $V(a_i, x)$爲針對 a_i 的 x 值。

2. 在典型值的案例中，參與度等級定義爲$\mu_{R(ai, C)}V(a_i, x)$，如下：

   $$ISA_{ai}(x,C) = \mu_{R(ai, C)}V(a_i, x)$$

同樣的，爲了計算連結屬性的參與度等級，我們也需要檢查連結屬性值之範圍模糊度其形態爲語言詞或典型值。

1. 在語言詞的案例中，參與度等級定義爲 b_j 針對$<C, E_k>$中 b_j 範圍裡之連結$<x, e>$所採用的值之包含等級。其中 e 爲連結物件 x 的 E_k 之實體：

   $$ISA_{bj}(x,C) = INC_I(R(a_i, C, E_k) \mid V(a_i, <x, e>))$$

2. 在典型值的案例中，則

   $$ISA_{bj}(x,C) = \mu_{R(ai, <C, <Ek>)}V(a_i, x)$$

在我們的例子裡，假設在會議排程者系統裡有以下資訊：

R(status, ImportantParticipant)={student/0.4, staff/0.6, faculty/1.0}

R(participant importance, <ImportantParticipant, Meeting>)= important

V (status, John)="student"

V (role, John)="staff"

V(participant importance, <John, M101>)= less important

CRI(status, ImportantParticipant)= 0.3

CRI(participant importance, ImportantParticipant)= 0.7

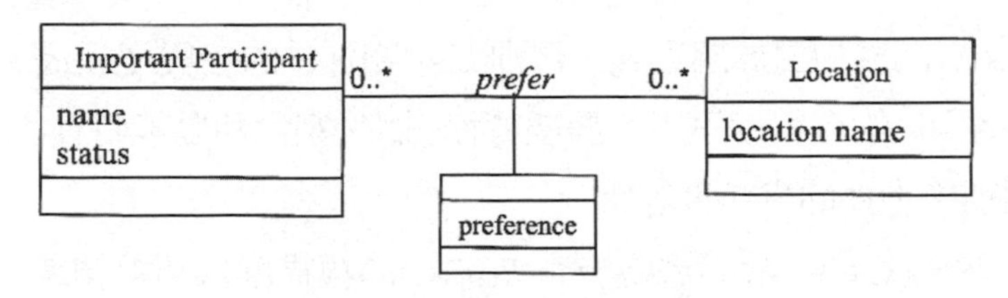

圖 11.5 模糊關連的例子

V(participant importance, John)的值由規則“假設角色爲職員，則參與者重要性爲較不重要(if the role is staff, the participant importance is less important)”。爲了計算參與者 John 相對於類別 ImportantParticipant(縮寫爲 IP)的成員度等級，我們首先計算 *FOA* 屬性 status 和 participant important (縮寫爲 pi)。

$$ISA_{status}(\text{John, IP})= \mu_R\,(\text{status, IP})(\text{student})=0.4;\ 且$$

$$ISA_{pi}(\text{John, IP})=INC(\text{important} \mid \text{less important})=0.6$$

因此我們得到

$$\begin{aligned} ISA(\text{John, IP}) &= CRI(\text{status, IP}) \times ISA_{status}(\text{x, IP})+ CRI(\text{pi, IP}) \\ &\quad \times \text{ISApi}(\text{x}, <\text{IP, Meeting}>) \\ &= 0.54 \end{aligned}$$

需要注意的是 John 的重要等級是根據參與的會議所動態決定。上述的例子描述“John 針對會議 M101 爲較重要或較不重要(more or less)的 important participant (因爲等級是 0.54)”。

11.2.3 不確定的模糊關聯

連結(links)與關聯(associations)爲建立物件和類別間關係的工具。連結爲物件實體間具體或概念上的聯繫。例如：約翰工作於(work-for)某科技公司。關聯描述擁有共同結構或共同語意的一組連結。例如：一個人工作於(work-for)一間公司。傳統的物件導向方法只有介紹明確的關聯，也就是一個物件不是有關聯就是無關聯。

一般來說，使用者需求沒有確定和精確的關聯知識，再者使用者的觀察有時是不確定和不精確的。所以，在需求分析階段，不精確和不確定的管理是一個重要的議題。不精確和不確定資訊的分類最好的解釋可以參考 Dubois and Prade [6]：不精確意謂著一個屬性的值缺乏明顯的邊界。而不確定則是對模糊資訊的信賴指標。

FOOM 允許塑模不確定的模糊關聯，不精確的關聯表示一個物件參與關聯到一個程度，而不確定是指關聯的信心程度。爲了表達不精確的關聯，FOOM 設計一個特殊的連結屬性表示物件參與一個關聯的強度。模糊眞值，例如 true、fairly true 和 very true，用來表達不確定性的容量和眞實程度的可能性。

一個 x 和 y 的連結是一個關聯 R 的實體，在 FOOM 的正規表達爲：

$$(\text{link attribute}, \langle x, y\rangle, \text{degree of participation}, \tau),$$

第一個元素是關聯的連結屬性，一個連結 $\langle x, y\rangle$ 的值表示一個連結屬性參與關聯 R 的程度。其值是一個語言式的詞，例如 very high、high or low。模糊求值 s 是模糊關聯的信心程度，其值是模糊眞值。

例如，一個會議重要的參與者能夠辨識其對會議地點的喜好，以及喜好的強度(請見圖 11.5)。有時不能確定一個參與者是否比較喜好一個特定的會議地點。在會議排程系統中，要塑模一個重要參與者和會議地點的關聯，解決需求衝突以做出最多人覺得方便的排程，不確定的模糊關聯是一個很好的工具。一個連結屬性 preference 指示喜好的程度。(preference, <John, L102>, strong, very true)描述 John 和 L102 的連結，意思是 John 強烈的喜好地點 L102 是 very true。

在 FOOM 也可以表達不精確資訊的限制(constraints)，稱爲軟性限制(soft constraints)。例如需求：“a meeting location should be as convenient as possible for all important participants”在 prefer 和 take place 關聯上塑模成軟性限制。

11.2.4 多型(Polymorphism)

多型是物件導向方法最重要的特性之一。多型的概念是一個運算(operation)可以運用在不同的類別中，亦即，相同的運算在不同類別中有不同的形式。許多技術可以支援多型，例如重載(overloading)、強制(coercions)、參數多型和包含(inclusion)多型[2]。

包含多型適用於 FOOM，允許一個功能運作在一個型態範圍。其型態範圍由子型態(subtyping)關係決定。亦即，定義在一個型態的運算也可以運作在子型態中。FOOM 是代換(substitutability)原則的弱形式，亦即定義在父類別的運算可以視爲多型運算。

11.2.5 運用型別(stereotypes)強化 FOOM

運用三種型別[4]來擴展 FOOM，包括實體(entity)、控制(control)與介面(interface)。實體類別的功用是規劃那些在系統中會維持一段長時間的資訊，以及典型的使用案例(use case)。所有跟此資訊的相關行爲(behavior)都應放置於實體類別中。介面類別規範系統中依賴介面與使用者互動的動作與資訊。控制類別規範不依賴於其他類別的功能(functionality)。基本上，包含在不同類別之間運作的行爲，會設計專門的實體物件予以運算。

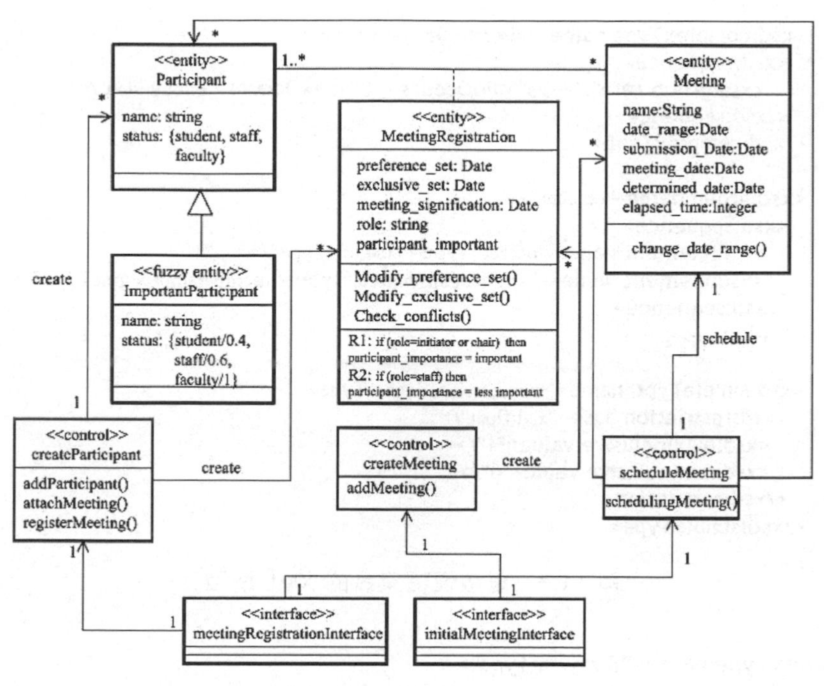

圖 11.6　會議排程系統使用 FOOM 的範例

本方法新定義一個可以擷取不精確需求的新型別，稱爲模糊實體(fuzzy entity)。模糊實體類別是一種具有相同屬性、運算與關係的實體類別。以會議排程(meeting schedule)系統爲例，在圖 11.6 中，有兩個介面類別，三個控制類別與四個實體類別。介面類別描述輸入與輸出的格式(forms)。控制類別規範不受限於其他類別的控制行爲，例如 CreateParticipant 類別指定增加參與者與登記會議的行爲。因爲 person 屬於 ImportantParticipant 這個類別的程度是依據其 status 與 role 決定，所以 ImportantParticipant 類別可以定義爲模糊實體類別。

```
<xsd:complexType name="discrete-fuzzy-setType">
  <xsd:sequence>
    <xsd:group ref="objects" minOccurs= "0" maxOccurs="unbounded"/>
  </xsd:sequence>
</xsd:complexType>

<xsd:group name="objects">
  <xsd:sequence>
    <xsd:element name="object" type="xsd:anyType"/>
    <xsd:element name="membership-degree" type="membership-degreeType"/>
  </xsd:sequence>
</xsd:group>

<xsd:simpleType name="membership-degreeType>
  <xsd:restriction base="xsd:float"/>
    <xsd:maxInclusive value="1"/>
    <xsd:minInclusive value="0"/>
  </xsd:restriction>
</xsd:simpleType>
```

圖 11.7　離散模糊集合的 XML 綱目

```
<xsd:complexType name="fuzzy-setType">
  <xsd:sequence>
    <xsd:element name="point" type="pointType" minOccurs= "0" maxOccurs="unbounded"/>
  </xsd:sequence>
</xsd:complexType>

<xsd:complexType name="pointType">
  <xsd:sequence>
    <xsd:element name="f-value" type="xsd:anyType"/>
    <xsd:element name="membership-degree" type="membership-degreeType"/>
  </xsd:sequence>
</xsd:complexType>
```

圖 11.8　連續模糊集合的 XML 綱目

11.3　對映 FOOM 到 XML 綱目

爲了使用 XML 塑模不精確需求，必須運用 XML 綱目定義 FOOM 綱目，包括 FOOM 關鍵特性如模糊集合、模糊屬性、模糊規則、模糊關聯等。

11.3.1 FOOM 綱目

FOOM 綱目很適合描述不精確需求的語法和語意。模糊詞(fuzzy term)的基本元素是使用成員函式(membership function)描述的模糊集合。有兩種模糊集合：離散(discrete)與連續(continuous)型態。離散模糊集(discrete fuzzy set)是多個物件的集合，每一個物件都有其參與程度。在一個正規化的參與度實例中，參與度的範圍在 0.0 到 1.0 之間。連續模糊集(continuous fuzzy set)採取[22]中假設由連續模糊集中近似相連的點間形成的成員函式曲線定義。每一個點賦予一個唯一的參與度，並以實際數值(real number)代表參與度，稱爲 f_value。特定的 f_values 間的參與度是以插入法(interpolation)計算。

```
<fuzzy-set>
  <point>
    <f-value> 150 </f-value>
    <membership-degree> 0.0 </membership-degree>
  </point>
  <point>
    <f-value> 165 </f-value>
    <membership-degree> 1.0 </membership-degree>
  </point>
  <point>
    <f-value> 175 </f-value>
    <membership-degree> 1.0 </membership-degree>
  </point>
  <point>
    <f-value> 190 </f-value>
    <membership-degree> 0.0 </membership-degree>
  </point>
</fuzzy-set>
```

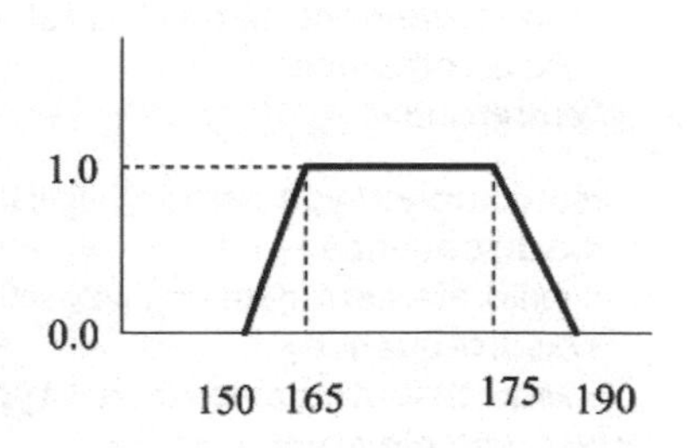

圖 11.9 連續模糊集合的範例

```
<xsd:complexType name="fuzzy-attributeType">
  <xsd:sequence>
    <xsd:element name="name" type="xsd:string"/>
    <xsd:element name="fuzzy-range" type="fuzzy-rangeType"/>
  </xsd:sequence>
</xsd:complexType>

<xsd:complexType name="fuzzy-rangeType">
  <xsd:choice>
    <xsd:group ref="linguistic-valueGroup"/>
    <xsd:group ref="typical-valueGroup"/>
  </xsd:choice>
</xsd:complexType>

<xsd:group name = "linguistic-valueGroup">
  <xsd:sequence>
   <xsd:element name="linguistic-value" type="linguistic-valueType" maxOccus="unbounded"/>
  </xsd:sequence>
</xsd:group>

<xsd:group name = "typical-valueGroup">
  <xsd:sequence>
    <xsd:element name="typical-value" type="typical-valueType" maxOccus="unbounded"/>
  </xsd:sequence>
</xsd:group>

<xsd:complexType name="linguistic-valueType">
  <xsd:sequence>
    <xsd:element name="fuzzy-set" type="fuzzy-setType"/>
  </xsd:sequence>
  <xsd:attribute name="name" type="xsd:string" use="required"/>
</xsd:complexType>

<xsd:complexType name="typical-valueType">
  <xsd:sequence>
    <xsd:element name="t-degree" type="membership-degreeType"/>
  </xsd:sequence>
  <xsd:attribute name="name" type="xsd:string" use="required"/>
</xsd:complexType>
```

圖 11.10　模糊屬性的 XML 綱目

兩種模糊集合的型態以 XML 綱目格式描述(請見圖 11.7 和圖 11.8)。圖 11.7 表示離散模糊集合 XML 綱目的定義。它包含 0 到多組元素“object”與元素“membership_degree”。型態爲“object”的元素可以是字元資料或由其在 XML 綱目中宣告爲型態“xsd：anyType”的子元素組成。元素“membership_degree”的值在 0.0 到 1.0 之間。其型態為 XML 綱目中定義為 float 的 simpleType，並且限制 simpleType 的範圍在 1.0 (maxInclusive) 與 0.0 (minInclusive)之間。圖 11.8 為使用 XML 綱目定義的連續模糊集。連續模糊集以及模糊數值與區間可以描述為多個點的集合，而此集合定義為具有一組元素“f_value”與“membership_degree”的“complexType”元素。圖 11.9 為連續模糊集的例子。

模糊屬性(fuzzy attribute)對映到一組元素“name”與元素“fuzzy_range”(請見圖 11.10)。標籤“name”可以用任何字串型態表現屬性名稱。FOOM 中的模糊屬性是類別中語言值與獨特值的範圍，用來定義這個類別實體的屬性所允許值的集合。圖 11.10 中定義屬性的模糊範圍可以是 linguistic_values 或是 typical_values 的集合。每個 linguistic_value 包含一個 fuzzy_set 的描述與一個屬性 name。每個 typical_value 包含一個標籤 t_degree，它是一種 membership_degree 的型態，並有一個與 linguistic_value 一樣的屬性“name”。圖 11.11 是一個含有“status”的 typical_value 模糊屬性的例子，這個 typical_value 包含了“student”、“staff”與“faculty”。

<<entity>> ImportantParticipant
name:String status:{student/0.4, staff/0.6, faculty/1.0}
String get_Status() float get_Degree()

```
<fuzzy-attribute>
  <name> status </name>

  <fuzzy-range>

    <typical-value name="student">
      <t-degree> 0.4 </t-degree>
    </typical-value>

    <typical-value name="staff">
      <t-degree> 0.6 </t-degree>
    </typical-value>

    <typical-value name="faculty">
      <t-degree> 1.0 </t-degree>
    </typical-value>

  </fuzzy-range>

</fuzzy-attribute>
```

圖 11.11　以 XML 格式描述模糊類別與模糊屬性的範例

使用模糊法則(fuzzy rule)處理那些具有條件(condition)部分與(或)結果(conclusion)部分的不精確資訊(語言值)。模糊法則對映到一組 if 元素與 then 元素。if 元素包含一個以上的條件元素，這些條件元素由一序列的變數(variable)、運算子(operator)與陳述(statement)元素組成。陳述元素的型態包含一序列的值(value)、連接(connector)與其他陳述元素。模糊法則對映到 XML 綱目顯示在圖 11.12。圖 11.13 爲一個使用 XML 標示模糊法則的例子。

模糊關聯(fuzzy association)對映到以 XML 定義的關聯型態，是一種複雜型態。模糊關聯的內容是一序列的 Description 、AssociationName、LinkAttribute、AssocitionEnd、AssocitionEnd、DegreeOfParticipation、PossibilityDegree 元素。連結屬性的值是連結參與在此關聯的程度。PossibilityDegree 是模糊關聯的信心程度(confidence level)，其值是一個模糊眞值(fuzzy truth value)。圖 11.14 顯示 XML 綱目定義的模糊關聯的例子。

```
<xsd:complexType name="fuzzy-ruleType">
  <xsd:sequence>
    <xds:element name="if" type="ifType"/>
    <xsd:element name="then" type="thenType"/>
  </xsd:sequence>
</xsd:complexType>

<xsd:complexType name="ifType">
  <xsd:sequence>
    <xsd:element "condition" type="conditionType"/>
  </xsd:sequence>
</xsd:complexType>

<xsd:complexType name="conditionType">
  <xsd:sequence>
    <xsd:element name="variable" type="variableType"/>
    <xsd:element name="operator" type="operatorType"/>
    <xsd:element name="statement" type="statementType"/>
  </xsd:sequence>
  <xsd:attribute name="property"
       type="propertyType" use="required"/>
</xsd:complexType>

<xsd:simpleType name="variableType">
  <xsd:extension base="xsd:anyType"/>
</xsd:simpleType>

<xsd:simpleType name="propertyType"/>
  <xsd:restriction base ="xsd:string">
    <enumeration value="fuzzy-attribute"/>
    <enumeration value="attribute"/>
  </xsd:restriction>
</xsd:simpleType>

<xsd:complexType name="statementType">
  <xsd:choice>
    <xsd:element name="value" type="valueType"/>
    <xsd:group ref ="statementgroup">
  </xsd:choice>
</xsd:complexType>

<xsd:group name="statementgroup">
  <xsd:sequence>
    <xsd:element name="value" type="valueType"/>
    <xsd:element name="connector" type="connectorType"/>
    <xsd:element name="statement" type="statementType"/>
  </xsd:sequence>
</xsd:group>

<xsd:complexType name="thenType">
  <xsd:sequence>
    <xsd:element name="variable" type=variableType"/>
    <xsd:element name="assignment" type="assignmentType"/>
    <xsd:element name="hudges" type="hudgeType"/>
    <xsd:element name="fuzzy-set" type="fuzzy-setType"/>
  </xsd:sequence>
  <xsd:attribute name="property"
       type="propertyType" use="required"/>
</xsd:complexType>
```

圖 11.12 模糊規則的 XML 綱目

```
If (role = initiator or chair or secretary)
    then participant important = more important
```

```
<fuzzy-rule>
  <if>
    <condition>
      <variable> role </variable>
      <operator> = </operator>
     <statement>
        <value> initiator </value>
        <connector> or </connector>
        <statement>
          <value> chair </value>
          <connector> or </connector>
          <value> secretary </value>
        </statement>
      </statement>
    </condition>
  </if>
  <then>
     <variable property= "fuzzy-attribute"> participant important </variable>
      <assignment/>
      <hudges>
          <modifier> more </modifier>
       <hudges>
       <fuzzy-set name="important" />
  </then>
</fuzzy-rule>
```

圖 11.13 模糊規則的範例

```
<xsd:complexType name="AssociationType">
  <xsd:sequence>
    <xsd:group ref="description"/>
   <xsd:element name="link-attribute" type="nameType" minOccurs="0"/>
   <xsd:element name="association-end" type="association-endType"/>
   <xsd:element name="association-end" type="association-endType"/>
   <xsd:element name="degree-of-participant" type="membership-degreeType" minOccurs="0"/>
   <xsd:element name="possibility-degree" type="possibility-degreeType" minOccurs="0"/>
  </xsd:sequence>
</xsd:complexType>
```

圖 11.14 模糊關聯的 XML 綱目

11.4 轉換 XML 綱目到一組應用程式介面(APIs)

本節將討論經由綱目圖(schema graph)轉換 FOOM 綱目到一組 APIs，此組 APIs 可確認 XML 文件內容合法化與提供資料存取的功能。綱目圖是 DTD 圖(DTD graph) [20]型態的擴展，是 XML 綱目結構的中介表現(intermediate representation)。

11.4.1 綱目圖(Schema graph)

綱目圖是一個具有方向性(directed)、型態(typed)、雙向性(bipartite)的圖，包含四種不同的節點：元素、文字元素、屬性與運算子，以及連接一個節點到另一節點間表現具有包含關係的連結。

1. 一個元素節點有其名稱與型態資訊。元素節點擁有零個或多個子節點。每個子節點的型態可以是元素、字文元素、屬性或運算子。
2. 文字元素節點與屬性節點各有其名稱、型態資訊與型態的限制。型態資訊可以是字串字元或是其他定義在 XML 綱目中的資料型態(即 float)。此外，元素節點與文字元素節點都有一組相關聯的屬性節點集合。
3. 運算子節點是用來表現那些定義在 XML 綱目中的運算子“*”(零或多個元素)、“+”(一個或多個元素)、“?”(選擇性的)和“|”(或)。

綱目圖的正規(formal)定義如下：

定義

1. 一個綱目圖(schema graph, *SG*)定義爲六個元素；

   $SG=(E, TE, AN ,O, A, R)$

   $E=\{e_i(t_i)|i=1...n\}$是一組有限元素節點，t_i 表示元素節點 E_i 的型態。$TE=\{tej(tj, cj)|j=1...m\}$是一組有限文字元素節點集合，$t_j$ 文字元素節點 te_j 的型態，c_j 表示 t_j 的限制。$AN=\{an_k(t_k, c_k)|k=1...p\}$是一組有限的屬性節點集合，$t_k$ 表達屬性節點 ank 的型態，ck 表示 t_k 的限制。$O=\{o_l(_{tl})|\ l=1...q\}$是一組有限運算節點集合，$t_l$ 表示運算節點 o_l 的型態。$A\subset(E\times(E\cup TE\cup AN\cup O))\cup(O\times(E\cup TE\cup AN\cup O)$是一組弧的集合。$R\subset\{E\cup TE\}$是一組根節點的集合。

圖 11.15 是圖 11.10 中模糊屬性 schema 的綱目圖範例。在圖 11.15 中，有一個六元素節點、四個文字元素節點、三個屬性節點與四個運算子節點。除了運算子節點外，每一個節點都有一個 name 與它相符合的型態資訊。例如，linguistic_value 節點是一個元素節點，它的型態與它的 name 一樣。membership_degree 節點是一個文字節點，它的型態是"float"。此外，文字元素節點和屬性節點不只有型態資訊，也包含它們所具有的限制(constraint)。例如，"membership_degree"節點的型態爲具有範圍爲 0 到 1 之間的"float"型態。

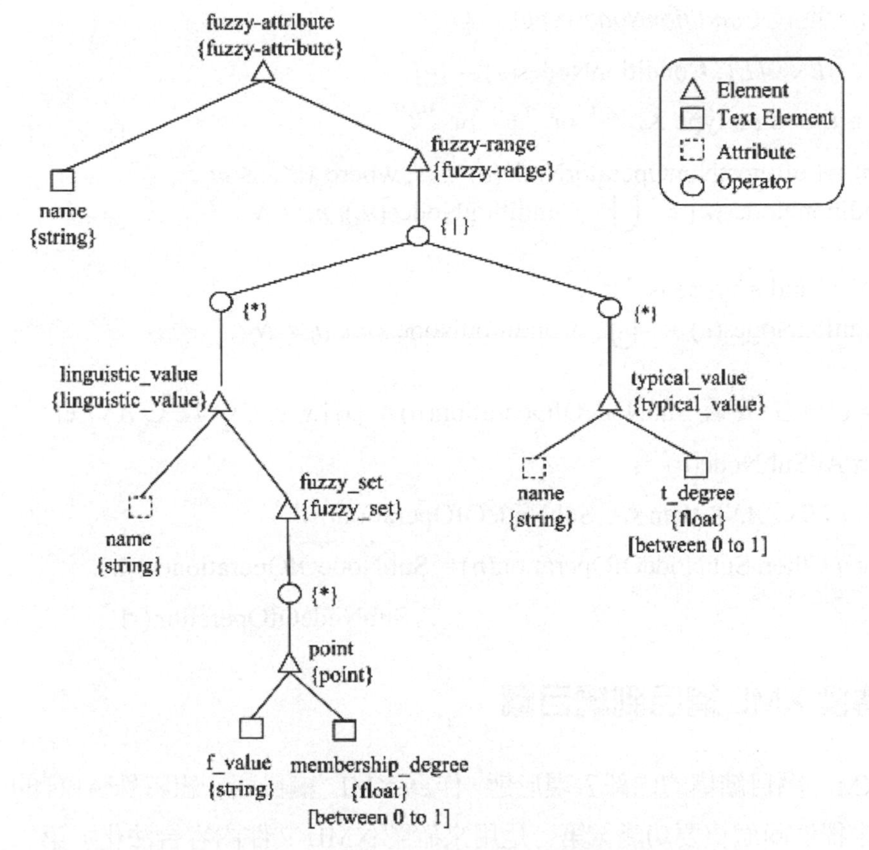

圖 11.15　模糊屬性綱目的綱目圖

2. 給一個綱目圖(schema graph) SG，使得 $e \in E$，定義 SN = AllSubNode(e)，此處 $SN=\{sn_i|i=1\ldots n\}\subset\{E\cup TE\cup AN\cup O\}$，若 SN 是 SG 中的 e 所有直接子節點的集合。

3. 給一個綱目圖(schemagraph)SG，使得 $e \in E$，定義 LN = LeftmostSubNode(e)，此處 $LN \in \{E \cup TE \cup O\}$，若 LN 是 SG 中的 e 直接子元素、文字元素或運算子節點的最左邊。
4. 給一個綱目圖(schemagraph)SG，使得 $e \in E$，定義 LNO=LeftmostNonOperatorNode(e)，此處 $LNO \in \{E \cup TE\}$，若 LNO 是 SG 中的 e 直接子元素、文字元素的最左邊。
5. 給一個綱目圖(schema graph)SG，使得 $e \in \{E \cup TE \cup O\}$, $N = \{n_j \in \text{AllSubNode}(e) | j = 1 \ldots m\}$，定義 *ConditionNodes*($e$)如下：
   (1) if $e \in \{E \cup TE\}$; ConditionNodes(e) = $\{e\}$
   (2) if $e \in O$ and e's type is “*” or “+” or “?”,
   let n_r = LeftmostNonOperatorNode(e) $\in N$, where $1 \le r \le m$
   $$\text{ConditionNodes}(e) = \bigcup_{k=1..r} \text{ConditionNodes}(n_k),\ n_k \in N$$
   (3) if $e \in O$ and e's type is “|”,
   $$\text{ConditionNodes}(e) = \bigcup_{j=1..m} \text{ConditionNodes}(n_j),\ n_j \in N$$
6. 使得 $n \in O$ in G，定義 SubNodeOfOperation(n) = $\{x_i | x_i \in E \cup TE \cup AN\}$如下：
   for all $s \in$ AllSubNode(n),
   if $s \in \{E \cup TE \cup AN\}$, then $s \in$ SubNodeOfOperation(n)
   else if $s \in O$, then SubNodeOfOperation(n) = SubNodeOfOperation(n) $\cup$ SubNodeOfOperation(s)

11.4.2 轉換 XML 綱目到綱目圖

綱目圖是 XML 綱目結構的內部表現形態，作爲 XML 綱目與一組特殊 APIs 的橋樑。這組 APIs 提供兩個重要功能，第一是用來確認 XML 文件內容合法化，第二則提供 XML 文件資料的存取。綱目圖主要的設計概念，是藉由解析(parse)一份 XML 綱目來產生這種內部表現型態，其包含四種節點型態：元素、文字元素、屬性與運算子。元素節點是由宣告爲“complexType”標籤建構而成。屬性節點與文字元素節點是由元素的內容模式(content model)建構而成，而此內容模式的各個節點型態皆爲

“simpleType”型態。運算子節點則藉由在內容模式中元素的出現次數決定。演算法 1 簡單描述如何從一個 XML 綱目轉換成綱目圖。

演算法 1　轉換 XML 綱目到綱目圖

1. create a null graph G and set point ← null;
2. for each simpleType S_j element declared in XML schema
   (a) construct the mapping table between the simpleType's name and it's type and constraint information for the constructing of the text element or attribute nodes.
3. for each complexType element E_i declared in XML schema
   (a) create an element node e_i in G;
   (b) set point ← e_i;
   (c) if this complexType consists a <choice> tag
      (i) create a operator node o_i(“|”);
      (ii) create an arc from point to o_i;
      (iii) point ← o_i
   (d) for all the attribute AN_l declared in E_i
      (i) create an attribute node an_l;
      (ii) find this node's type and constraints information from the mapping table;
      (iii) assign the type and constraints information to an_l node;
      (iv) create an arc from point to an_l
   (e) for all element E_k declared in the content mode of E_i
   (f) if E_k's type is complexType then create a element node e_k; else if E_k's type is simpleType then create a text element node te_k; and assign it the type and constraint information form the mapping table;
      (i) if E_k's number of instance are more than zero, then

- create an operator node o_k(“*”);
- create two arcs from point to o_k and from o_k to e_k or te_k;

(ii) else if E_k's number of instance are more than one, then
- create an operator node o_k(“+”);
- create two arcs from point to o_k and from o_k to e_k or te_k;

(iii) if E_k's number of instance is one or zero, then
- create an operator node o_k(“?”);
- create two arcs from point to o_k and from o_k to e_k or te_k;

(g) for each element E_k declared in E_i

(i) set point ← e_k;

(ii) repeat the step 3 until no element has been declared in the content model of E_i

11.4.3 產生用於確認內容合法化與資料存取的 APIs

自動產生一組 APIs 以提供兩個重要功能，一是用來確認內容合法化(content validation)，亦即，確認一份 XML 文件是否爲它所對應的 XML 綱目的定義。第二組功能是提供資料存取(data access)，亦即，用來取得(get)與設定(set)包含在 XML 文件中的資料。這組 APIs 可以解析 XML 文件成爲物件樹(object tree)，而物件樹是一種內部的表現結構，可以確認其是否合法，並提供 XML 文件資料的存取。定義這組 APIs 三個基本法則描述如下：

1. 若對應到節點“*”，則應用 while loop。
2. 若對應到節點“+”，則應用 do while。
3. 若對應到節點“|”，則應用 if then else。

轉換的關鍵設計，首先定位那些在綱目圖中元素節點，利用其屬性(attribute)、建構子(constructor)與方法(method)，建構可以用來確認內容合法化與資料存取的類別。演算法 2 與演算法 3 描述 APIs 產生的演算法則。

演算法 2　產生確認內容合法化與資料存取的 API

input：schema graph *SG*, output：a set of APIs for XML document validation and data access.

for each root node $r_i \in R$ in *SG* processes the following steps, until all the root nodes are visited.

1. set the current node (v) as r_i.
2. if v is not visited
   (a) if $v \in \{TE \cup AN\}$ then set r is visited and goto step 1.
   (b) if $v \in O$ then set v as visited and for each node in AllSubNode(v) to repeat the step 2.
   (c) if $v \in$ E then
      (i) to create a class named by v'*s* name
      (ii) to generate a set of attributes, constructor and operations of this class by using Algorithm 3with taking v as input.
      (iii) to set v as visited, and for each node in AllSubNode(v) to repeat the step 2.

演算法 3　建立類別內容

input：$r \in \{E \cup TE \cup AN \cup O\}$, output：a set of attributes, constructor and operations statements in a class.

for all $s_j \in$ AllSubNode(r)

1. if $s_j \in E$
   (a) to insert an attribute in this class named $\_s_j$ and declare it's type as s_j class;
   (b) to apply the if-statement to check if it's data type is correct and validation according to the schema graph;
   (c) to insert an operation [public s_j getS_j();] and an operation [public void setgetS_i(s_j, s);]

2. if $s_j \in \{TE \cup AN\}$

(a) to insert an attribute in this class named *_sj* and declare it's type as *sj's* type;

(b) to apply the if-statement to check if it's data type is correct and validation according to the schema graph;

(c) to insert an operation [public s_j*'s* type getS_j();] and an operation [public void set S_j(s_j's type *s*);]

3. if $s_j \in O$

(a) if s_j*'s* type is '*'

(i) to apply the while-loop-statement to check if it is validation. The condition part of the while-loop-statement is the set of ConditionNodes(s_j).

(ii) for all $ss_k \in$ SubNodeOfOperator(s_j)

- to insert an attribute in this class named $\_ss_k$ and declare it's type as Vector;

- to insert an operation [public Vector getSS_j(); and an operation [public void setSS_j (Vector ss);

(b) if s_j*'s* type is '+'

(i) to apply the do-while-statement to check if it is validation. The condition part of the do-while-statement is the set of ConditionNodes(s_j).

(ii) for all ss_k [SubNodeOfOperator(s_j)

- to insert an attribute in this class named $\_ss_k$ and declare it's type as Vector;

- to insert an operation [public Vector getSS_j()] and an operation [public void setSS_j (Vector *ss*);]

(c) if s_j*'s* type is '|'

(i) to apply the if-then-elseif-statement to check if it is validation. The condition part of the if-then-elseif-statement is the set of

ConditionNodes(s_j).

(ii) to recall this algorithm with taking s_j as it's input.

(d) if s_j's type is '?'

(i) to apply the if-statement to check if it is validation. The condition part of the if-statement is the set of ConditionNodes(s_j).

(ii) recall this algorithm with taking s_j as it's input.

在圖 11.15 綱目圖中，fuzzy_set 這個綱目描述從綱目圖到它所相對應 APIs 的轉換(見圖 11.16)。首先產生一個 fuzzy_set 類別，它包含一個屬性：_point。此類別是包含一組 point 元素的集合，因此，其屬性型態必須宣告爲 Vector。建構一個 while 迴圈來確認這份 XML 文件是否擁有一個“point”元素標籤。假如結果是眞(true)，將建立一個新的 point 物件，並加入_point 這個 Vector 中作爲它的新元素。最後完成資料存取 APIs(get 方法與 set 方法)的建立。與 fuzzy_set 類別一樣，“point”元素包含一對“f_value”元素與“membership_degree”元素，因此，建立一個 point 類別，擁有兩個屬性：_f_value 與_membership_degree，其資料型態分別爲 String 與 float。point 類別的建構子，首先確認這份 XML 文件是否擁有一個“f_value”元素標籤。假如結果爲眞，設定這個元素標籤_f_value 的值，如果爲否(false)則回傳一個不合法的訊息。接下來，除了要確認元素標籤“membership_degree”是否存在，在指定_f_value 屬性的新值之前，還需要確認它所被設定的值是否符合其在綱目圖中所規定的限制(即 float 值是否爲 0 到 1 之間)。最後建立各個屬性所擁有的 get 方法與 set 方法，如此便完成 point 類別，並依照這個流程產生所有的 APIs。

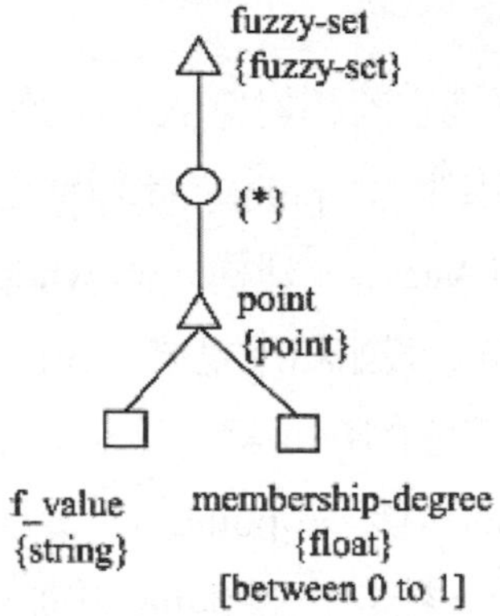

```
fuzzy-set
{fuzzy-set}

{*}

point
{point}

f_value          membership-degree
{string}         {float}
                 [between 0 to 1]
```

```
class fuzzy_set {
  //attribute
  Vector _point;

  //constructor
  fuzzy_set() {
    while (element.getTag()=="point") {
        _point.add(new Point());
        element=element.getNextElement();
    }
  }

  //operation
  public Vector getPoint() {return _point;}
  public void setPoint(Vector point) {this._point = point;}
}

class Point {
  //attribute
  String _f_value;
  float _membership_degree;

  //constructor
  Point() {
    if (element.getTag()=="f-value") {
      this._f_value = element.getValue();
      element=element.getNextElement();
    } else {Error("This is not a validated XML docuement");}
    if (element.getTag()=="membership-degree") {
      float f = Float.parseFloat(element.getValue());
      if (f >=0 && f <=1)
        {this._f_degree = f;}
      else {Error("This is not a validated XML docuement");}
      element=element.getNextElement();
    } else {Error("This is not a validated XML docuement");}
  }

  //operation
  public String getF_value() {return this._f_value;}
  public String getMembership_degree()
    {return this._membership_degree;}
  public void setF_value(String f_value)
    {this._f_value = f_value;}
  public void setMembership_degree(float membership_degree)
    { this._membership_degree = membership_degree; }
}
```

圖 11.16　模糊集合的綱目圖和對應的 APIs

11.5 結論

如同 Borgida 等人[3]所言，一個好的需求模型方法應該考慮自然語言描述這個議題。再者，Zadeh 指出幾乎所有自然語言的概念在本質上都是模糊不精確的[25]。本章提出：(1)結合模糊概念於物件導向系統以塑模不精確需求，(2)運用 XML 格式定義 FOOM 綱目以塑模 FOOM 需求規格，並且整合型態(stereotypes)符號以利塑模不精確需求，(3)透過綱目圖轉換 FOOM 綱目產生一組 APIs，提供自動化的內容確認與資料存取功能。

使用本章提出的方法可以辨識好幾種模糊的使用者需求：模糊類別、模糊規則、模糊屬性、感知模糊和不確定的模糊關聯。本章提出的方法其最大效益在於，擴充物件導向技術以管理使用者最根本的數種模糊性需求。FOOM 綱目能夠有效的表達不精確的需求：藉由 XML 綱目定義 FOOM 綱目，發展者能夠塑模出不精確的需求，並且轉成 XML 文件，最後使用轉譯(rendering)機制轉成軟體發展規格文件，包括程式原始碼。再者，根據 XML 綱目自動導出一組 APIs，使得發展 XML 剖析器更為容易。

參考文獻

[1] M. Ancona, Inheritance and subtyping, in：Proceedings of the Symposium on Applied Computing, 1991, pp. 382-388.

[2] B.S. Blair, Object-Oriented Languages, Systems, and Applications, Pitman, London, 1991.。

[3] A. Borgida, S. Greenspan, J. Mylopoulos, Knowledge representation as the basis for requirements speci®cation, Computer (1985) 82-91.。

[4] R.G. Clark, Type safety and behavior inheritance, Information and Software Technology 37 (10) (1995) 539-545.。

[5] D. Dubois, H. Prade, Fuzzy Sets and Systems：Theory and Applications, Academic Press, NewYork, NY, 1980.。

[6] D. Dubois, H. Prade, Possibility Theory：An Approach to Computerized Processing of Uncertainty, Plenum Press, New York, NY, 1988.

[7] D. Dubois, H. Prade, J.P. Rossazza, Vagueness, typicality and uncertainty in class hierarchies, International Journal of Intelligent Systems 6 (1991) 161-183.

[8] G. Eckert, P. Golder, Improving object-oriented analysis, Information and Software Technology 36 (2) (1994) 67-86.

[9] D. Florescu, D. Kossmann, Storing and querying XML data using an RDMBS, IEEE Data Engineering Technology Bulletin 22 (3) (1999).

[10] R. George, R. Srikanth, F.E. Petry, B.P. Buckles, Uncertainty management issue in the object-oriented data model, IEEE Transitions on Fuzzy Systems 4 (2) (1996) 179-192.

[11] I. Graham, Fuzzy objects：inheritance under uncertainty, in：Object Oriented Methods, Addison-Wesley, Reading MA, 1994, pp. 403-433.

[12] I. Jacobson, Object-Oriented Software Engineering：A Use Case Driven Approach, Addison-Wesley, Reading, MA, 1992.

[13] K. Lano, Combining object-oriented representations of knowledge with proximity to conceptual prototypes, in：Proceedings of Computer Systems and Software Engineering, 1992, pp. 442-446.

[14] J. Lee, J.Y. Kuo, Fuzzy decision making through trade-off analysis between criteria, Information Science：An International Journal 107 (1998) 107-126.

[15] J. Lee, J.Y. Kuo, New approach to requirements trade-off analysis for complex systems, IEEE Transactions on Knowledge and Data Engineering 10 (4) (1998).

[16] J. Lee, J.Y. Kuo, N.L. Xue, A note on current approaches to extending fuzzy logic to object-oriented modeling, International Journal of Intelligent Systems 16 (7) (2001) 807–820.

[17] J. Lee, N.L. Xue, J.Y. Kuo, Structuring requirement specifications with goals, Information and Software Technology 43 (2001) 121–135.

[18] J. Rumbaugh, M. Blaha, W. Premerlani, F. Eddy, W. Lorensen, Object-Oriented Modeling and Design, Prentice-Hall, 1991.

[19] T.L. Saaty, The Analytic Hierarchy Process, McGraw-Hill, New York, NY, 1980.

[20] J. Shanmugasundaram, K. Tufte, G. He, C. Zhang, D. DeWitt, J. Naughton, Relational databases for querying xml documents：limitations and opportunities, Proceedings of the 25th International Conference on Very Large Data Bases (1999).

[21] J. Suzuki, Y. Yamamoto, Toward the interoperable software design models：quartet of UML, XML, DOM and CORBA, Proceedings of the Fourth IEEE International Symposium and Forum on Software Engineering Standards (1999).

[22] K. Turowski, U. Weng, Representing and processing fuzzy information— an XML-based approach, Knowledge-Based Systems 15 (1–2) (2002) 67–75.

[23] A. van Lamsweerde, R. Darimont, P. Massonet, Goal-directed elaboration of requirements for a meeting scheduler problems and lessons learnt, Technical Report RR-94-10, Universite Catholique de Louvain, Departement d'Informatique, B-1348 Louvain-la-Neuve, Belgium, 1994.

[24] V. Wuwongse, M. Manzano, Fuzzy conceptual graphs, in：G.W. Minean, B. Moulin, J.F. Sowa (Eds.), Conceptual Graphs for Knowledge Representation, 1993, pp. 430-449.

[25] L.A. Zadeh, Test-score semantics as a basis for a computational approach to the representation of meaning, Literacy Linguistic Computing 1 (1986) 24-35.

Chapter 12

模糊決策系統

- 曾國雄

  國家講座教授

  交通大學管理學院教授　　國科會特約研究員

- 邱華凱

  國防大學　　統計系講師

12.1 前　言

自從 1965 年加州大學查德(Zadeh)教授提出模糊集合理論以來，歷經三十餘年諸多學者的相繼投入研究，其理論方法已日臻完善，並已廣泛應用於自然與工程科學、人文與社會科學、生物與醫學等各領域中。本章內容主要介紹模糊集合理論在多屬性決策及多目標決策等領域已發展並廣爲應用之方法與模式，並輔以實證案例幫助學習者對該方法與模式能深入瞭解。

在傳統的集合論中，元素 x 與集合 A 的關係以二元極值描述。若元素 x 屬於集合 A(記作 $x \in A$)；反之，元素 x 不屬於集合 A(記作 $x \notin A$)。因此，元素 x 與集合 A 的特徵函數可表示如下：

$$\chi_A = \begin{cases} 1 & x \in A \\ 0 & x \notin A \end{cases} \tag{12.1}$$

模糊集合 $\tilde{A}$ 則以歸屬函數 $\mu_{\tilde{A}}$ 表達元素 x 屬於模糊集合 $\tilde{A}$ 的程度，亦即

$$\mu_{\tilde{A}}(x) : X \to [0,1] \tag{12.2}$$

其中[0,1]表示由 0 到 1 區間內所有實數值(以下 $\tilde{A}$ 以 A 表示)。如此則將元素與集合的關係由二元極值擴展爲多元極值。人類思考形式常常受個人及(或)社會屬性影響，對同一事物以主觀之感知、偏好、表達，不同個體間可能存在極大的差異，而模糊理論正可以輔助人類對於此具有模糊特性的實質環境作更適切的判斷與決策。

繼 Zadeh 提出模糊理論之後，Bellman and Zadeh(1970)提出模糊環境下決策行爲的基本觀念與數學模式，其後有更多的學者受其啓發而發展出的決策方法如雨後春筍般，以應用於解決實質環境的問題，諸如公共設施與投資的評估與規劃、公司選擇權決策、環保設施及相關議題的探討等。基本上，決策問題的組成要素包括最終目標、次目標、考慮層面、關鍵性準則(或屬性)、所有可行方案(或策略)等，而所蒐集的資料包括質化、量化、或兩者混合的形式。另一方面，所考慮的諸多準則往往相互衝突，準則之間又可能存在交互關係之乘法或替代效果。因此，如何選擇適切的評估方法或規劃模式？如何評定各準則的相對重要性(爲求統一以下均以權重

稱之)？如何評估所有可行方案的績效值？及如何得到準則與方案的綜合效用值？此在考驗著決策者的智慧。

從文獻得知，已經有許多的方法及模式被應用於處理多準則之決策問題，12.2 節將回顧模糊環境下決策行爲的基本觀念。12.3 節探討模糊多屬性決策內涵，及該領域中最常被使用的一些評估方法，並輔以相關研究例證說明。12.4 節探討模糊多目標決策內涵，及該領域中相關的規劃模式與啓發式觀念，並輔以範例說明。12.5 節探討模糊群體決策的方法等，本系統內容頗多未能詳細一一列舉，對於有興趣於此相關領域的研究者，於本章末所列之參考文獻可提供莫大助益。

12.2 模糊環境下的決策行為

人類個體或群體對身處的實質環境，會因爲個人屬性如性別、職業、年齡、成長及教育背景、嗜好、...，及社會屬性，如社區型態、文化、民族特性等因素影響，而產生不同的感認值。如何在目標系統(身處環境)達到欲求目標，例如公司企業追求最高利潤、最低成本、最好的品質水準、最大的顧客滿意度等。首先，必須先釐清到底有多少的準則(或屬性)對於最終目標的達成具有關鍵性影響。其次，蒐集適當的資料，以瞭解所考慮之準則(或屬性)對於目標系統的反應或影響。再者，建立所有可行方案(或策略)集合，以確保最終目標的達成。另一方面，必須選擇適當的方法，以便針對可行方案(或策略)進行評估及排序，最後篩選最佳方案付諸行動。因爲人類實質環境之決策問題往往涉及多個層面，決策或評估參與者必須廣納各領域人員以兼顧所有利害關係人之權益，又因爲參與者的感認值可能存在極大差異性，而所蒐集的資料未必是大量的或足夠的，因此上述的決策行爲具有其多準則性、衝突性、模糊性與不明確性。

有關模糊環境下決策行爲與思考的代表性鉅著，首推 Bellman and Zadeh(1970) 在 Management Science 期刊所發表的文章。基本上，大多數的多準則決策問題包括(1)方案集合；(2)準則集合；(3)預期感認值或出象；(4)偏好結構；(5)資訊；(6)目標集合等。而 Hwang and Yoon(1981)根據其研究成果，將多評準決策(Multiple Criteria

Decision Making; MCDM)問題區分為兩類：多屬性決策(Multiple Attribute Decision Making; MADM), 及多目標決策(Multiple Objective Decision Making; MODM)。前者主要應用在「評估面／選擇面」，通常包含有限個可行方案，並在其中選擇最優方案以付諸行動，或針對各備選方案進行優勢排序；後者則主要應用在「規劃面／設計面」，通常探討在不同的限制條件下如何追求多個目標的達成，且為最佳化解集合。鑑於 MCDM 問題具有多準則性、衝突性等特質，且在評估或規劃過程，透過主觀認知之語意表達追求群體決策，或所蒐集資料具備模糊性，因此，我們將模糊環境下的決策問題區分為兩種類型，以彰顯模糊理論在模糊多準則決策問題之重要，並補充傳統多評準決策問題相關方法或模式之內容，亦即：模糊多屬性決策(Fuzzy Multiple Attribute Decision Making; FMADM), 及模糊多目標決策(Fuzzy Multiple Objective Decision Making; FMODM)。

12.3 模糊多屬性決策

自從 Bernoulli(1678)提出以效用函數反映人類欲求的概念，及 von Neumann and Morgenstern(1947)發表競局理論與人類經濟行為的模式以來，開啓了學者對多屬性決策領域之研究。至 Zadeh(1965)提出模糊集合理論，更增廣人類行為在多屬性決策領域之探索。其後，Bellman and Zadeh(1970)將模糊集合理論應用在多屬性決策方面，其後歷經諸多學者的相繼投入，陸續發展許多相關理論與方法，並廣泛應用在解決實務問題上。多屬性決策體系的發展歷程整理如圖 12.1，另外，有許多文獻與書籍是值得參考的，例如 Chen and Hwang(1992)及 Zimmerman(1985; 1987)等。

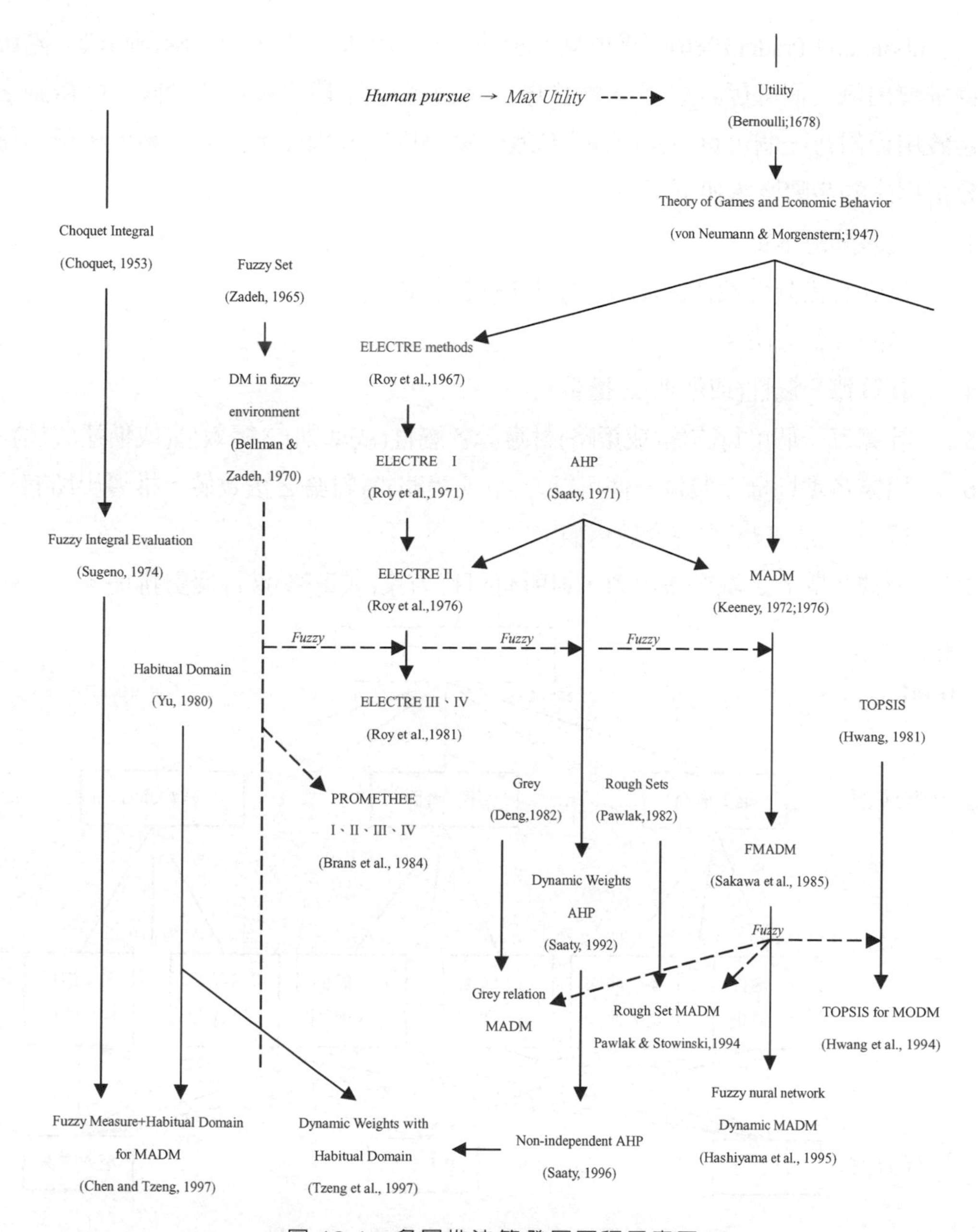

圖 12.1 多屬性決策發展歷程示意圖

Dubois and Prade(1980)認爲模糊多屬性決策內容基本上可分爲兩個階段，階段一爲推導出每一個可行方案(或策略)的綜合效用值，階段二爲根據階段一所得到之綜合效用值對每一個可行方案(或策略)進行優勢排序。因此，模糊多屬性決策的層級分析程序的步驟概述如下：

1. 定義問題本質。
2. 建立層級分析架構(如圖 12.2)以便進行評估。
3. 當的評估方法。
4. 計算每一屬性(或準則)之權重。
5. 計算每一個可行方案(或策略)對應於各屬性(或準則)之績效值(或稱達成值)。
6. 根據各準則權重及每一個可行方案(或策略)所對應之績效值，推導出所有可行方案(或策略)之綜合效用值。
7. 依據步驟 6 之綜合效用值，對所有可行方案(或策略)進行優勢排序。

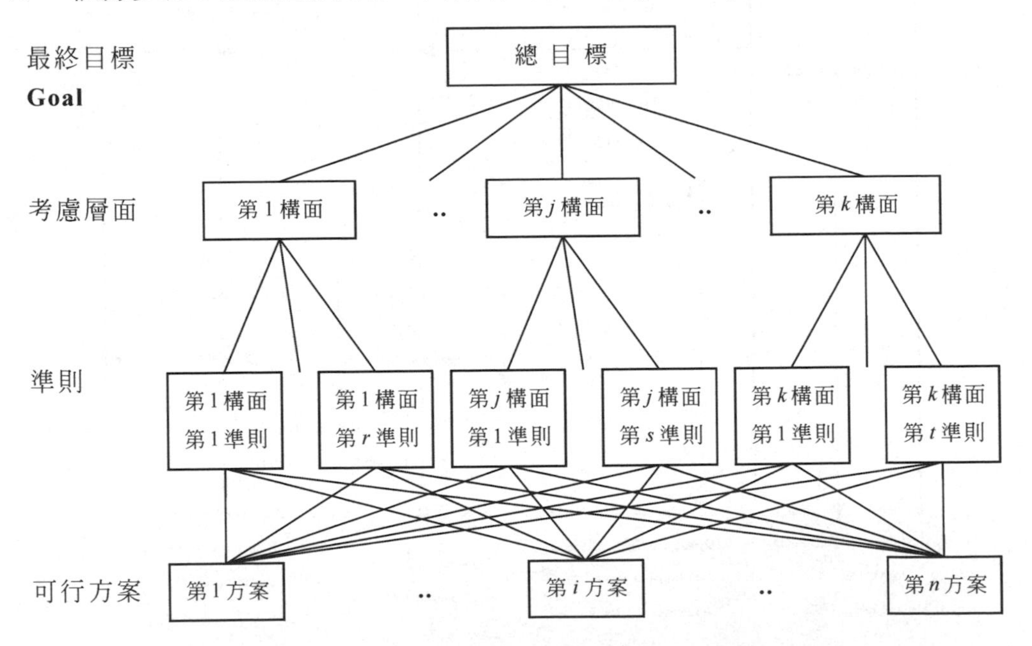

圖 12.2　模糊多屬性決策之層級分析架構

基於模糊多屬性決策中，在蒐集及分析過程所使用的資料可能具備明確性或模糊性，因此本文依據此輸出入資料的特性，將模糊多屬性決策分爲十種類型：

類型一、 所有評估準則間爲獨立性關係，各準則權重爲明確性資料，但各方案的績效評估值爲模糊性資料。

類型二、 所有評估準則間爲獨立性關係，各準則權重爲模糊性資料，但各方案的績效評估值爲明確性資料。

類型三、 所有評估準則間爲獨立性關係，各準則權重及各方案的績效評估值皆爲模糊性資料。

類型四、 所有評估準則間爲獨立性關係，各準則權重爲混合型資料(即部份爲明確性，部份爲模糊性)，但各方案的績效評估值爲明確性資料。

類型五、 所有評估準則間爲獨立性關係，各準則權重爲混合型資料，但各方案的績效評估值爲模糊性資料。

類型六、 部份評估準則間爲非獨立性關係，各準則及各方案的資料特性與類型一相同。

類型七、 部份評估準則間爲非獨立性關係，各準則及各方案的資料特性與類型二相同。

類型八、部份評估準則間爲非獨立性關係，各準則及各方案的資料特性與類型三相同。

類型九、部份評估準則間爲非獨立性關係，各準則及各方案的資料特性與類型四相同。

類型十、 部份評估準則間爲非獨立性關係，各準則及各方案的資料特性與類型五相同。

如果所有評估準則間爲獨立性關係，則各準則權重及各方案綜合績效評估值的計算，只要按傳統的簡單加法型方式處理即可；如果部份或所有評估準則間爲非獨立性關係時，此種問題即爲非加法型多屬性決策問題，此時各準則權重及各方案綜合績效評估值的計算，不再具備傳統的加法型特性，也就是說各準則間可能存在乘法性或替代性。在 12.3.3 節將針對此種非加法型決策問題，參考 Keeney and Raiffa(1976)的乘法型效用函數理論及 Sugeno(1974)的模糊積分技術，提出非加法型模糊積分方法。

從文獻回顧得知，學者們已經發展出許多多屬性決策的評估方法，並且在實務個案中得到很好的驗證成果。Lahdelma et al.(2000)依據所運用的決策模型分類如下：

1. 以價值或效用函數爲基礎的方法，如多屬性效用理論(Multiple Attribute Utility Theory;MAUT)(Keeney and Raiffa,1976; Merkhofer and Keeney,1987; Teng and Tzeng, 1994; Tzeng et al.,1996)，分析層級程序法(Analytic Hierarchy Process;AHP)(Saaty,1977; 1980)，區間型 AHP 法(Salo and Hämäläinen,1992)，資料包絡法(Data Envelopment Analysis;DEA)(Oral et al.,1991)，隨機多目標分析法(Stochastic Multiple Objective Analysis;SMAA)(Lahdelma et al.,1998)，結合資料包絡法之隨機多目標分析法(SMAA-D)(Lahdelma et al.,1999)。
2. 優勢排序法，如 ELECTRE(Elimination et Choice Translating Reality)方法(Siskos and Hubert,1983; Grassin,1986; Roy and Bouyssou,1986; Barda et al.,1990; Roy,1991; Hokkanen et al.,1995; Hokkanen and Salminen,1997a; 1997b)，PROMETHEE(Preference Ranking Organization Methods for Enrichment Evaluations)方法(Brans et al.,1984; Brans and Vincke, 1985; Briggs et al.,1990; Stam et al.,1992; Salminen et al.,1998)，灰關聯模型(Grey Relation Model)(Deng,1982; Tzeng and Tsaur,1994)，TOPSIS 方法(Hwang and Yoon,1981; Chen and Hwang,1992; Lai et al.,1994)，VIKOR 方法(Opricovic,1998; Tzeng et al.,2000)等。

從文獻得知，多屬性決策問題的評估及優勢排序方法有很多種，本章僅介紹一些較常被使用的模糊決策方法，並列舉適當的例證補充說明，以幫助初學者進一步瞭解方法的內容及操作。

12.3.1 模糊層級分析程序(Fuzzy Hierarchical Analysis Process)

在模糊多屬性決策中，各方案優勢排序的依據爲綜合效用值，而準則權重的計算則爲評估程序之首要工作。各準則權重給與方式，依決策環境不同而異，衡量方法也有許多種，較常被使用的有：迴歸分析法、相關分析法、資料包絡分析法(DEA; Charnes et al.,1978; Bowlin et al.,1985)、點指派法(Point Assignment; Eckenrode,1965)、無差異權宜替代法(Indifference Trade-off Method; Keeney & Nair,1977)、固有向量法(Eigenvector Method)、權重最小平方法(Weighted Least Square Method; Chu et al.,1979)、幾何平均法(Geometric Mean Method; Buckley,1985; Cook & Kress, 1988)、熵值法(Entropy Method; Hwang and Yoon,1981; Zeleny,1982)、LINMAP 法(Linear Programming Techniques for Multidimensional Analysis of Preference; Hwang & Yoon,1981)、互動式評估法(Interactive Weight Assessment; Mond & Rosinger, 1985)、重心法(Centralized Weights; Solvymosi & Dombi,1986)、極值權重法(Extreme Weight Approach; Voogd,1983)、隨機權重法(Random Weight Approach; Voogd, 1983)、對數勝算比法(Log-odds Method; Nutt,1980)。本節僅介紹固有向量法，其他方法可參考上述相關文獻。

分析層級程序(AHP)爲 Saaty 於 1971 年所創，其目的在解決埃及國防部運輸應變計畫問題，利用層級結構將複雜問題由高層次往低層次分解，並加以層級結構化。AHP 法的作業程序有四：(1)建立層級關係；(2)建立各層級之成對比較矩陣；(3)求解各層級之權重並檢定一致性；(4)求解各方案之優勢比重值，以進行方案之優勢排序(曾國雄、王丘明, 1993; 曾國雄、鄧振源, 1989)。

依 Saaty(1980)建議，將評比尺度劃分爲九尺度(如表 12.1)，而後從事成對比較。若成對比較矩陣 A 爲 $n \times n$ 矩陣，則只需計算 $n(n-1)/2$ 個評比值，因 A 矩陣爲正互倒矩陣，可表示如下：

$$A=\left[a_{ij}\right]=\begin{cases}1,2,3,4,5,6,7,8,9 & , \quad i<j \\ 1 & , \quad i=j \\ 1/a_{ij} & , \quad i>j\end{cases} \tag{12.3}$$

各層級的相對權重值則利用固有向量方式求解，若有 m 個準則，則權重向量 $w=(w_1,w_2,...,w_m)^T$ ，w_i 即爲準則 i 之權重，成對比較後式(12.2)恆成立

$$(A-\lambda_{\max}I)w=0 \tag{12.4}$$

至於評比結果是否滿足一致性，Saaty 提出一致性指標(Consistency Index, 即 $CI=\dfrac{\lambda_{\max}-n}{n-1}$)予以衡量，根據其經驗，若 $CI\leq 0.1$ 時表示矩陣內評比值符合一致性。

表 12.1　AHP 評比尺度表

尺度	絕強	絕強 | 極強	極強	極強 | 強	強	強 | 稍強	稍強	稍強 | 等強	等強
權重	9:1	8:1	7:1	6:1	5:1	4:1	3:1	2:1	1:1
尺度	等強 | 稍弱	稍弱	稍弱 | 弱	弱	弱 | 極弱	極弱	極弱 | 絕弱	絕弱	
權重	1:2	1:3	1:4	1:5	1:6	1:7	1:8	1:9	

此外，Buckley(1985)提出幾何平均數法取代 Saaty 的算術平均數法，計算群體決策中各準則最後的模糊相對權重值。經文獻實證得知，Buckley 的幾何平均數法可精確得到各準則最後的模糊相對權重值，且可避免 Saaty 的方法所衍生的一致性問題。以明確集合爲例，假設一個 $m\times m$ 的正互倒矩陣 $A=[a_{ij}]$ 係由 m 位參與評估者的主觀判斷值兩兩成對比較所構成，其中 a_{ij} 表示第 i 準則與第 j 準則的成

對比較值，而第 i 準則的幾何平均值可表示為：$r_i = \left(\prod_{j=1}^{m} a_{ij}\right)^{1/m}$，則第 i 準則最後正規化(normalization)的相對權重值可表示為：$w_i = r_i \big/ (r_1 + \cdots + r_m)$.

Buckley 將明確集合的幾何平均數法概念擴展到模糊集合，假設一個 $m \times m$ 的模糊正互倒矩陣 $\widetilde{A} = [\widetilde{a}_{ij}]$ 係由 m 位參與評估者的主觀模糊判斷值兩兩成對比較所構成，則第 i 準則的幾何平均值計算如式(12.5)，最後正規化的模糊相對權重值計算如式(12.6)，其中 $\oplus$ 及 $\otimes$ 分別表示兩個模糊數的加法及乘法運算子。

$$\tilde{r}_i = (\tilde{a}_{i1} \otimes \tilde{a}_{i2} \otimes \cdots \otimes \tilde{a}_{im})^{1/m} \tag{12.5}$$

$$\tilde{w}_i = \tilde{r}_i \otimes (\tilde{r}_1 \oplus \tilde{r}_2 \oplus \cdots \oplus \tilde{r}_m)^{-1} \tag{12.6}$$

【例 12-1】(Buckley 1985)

某政府部門欲瞭解各種能源資源的相對重要性，以便作為未來十年能源政策制定的參考，首先選定四種可能的能源：核能(A_1)、水力(A_2)、化石燃料(A_3)、及太陽能(A_4)，評估委員會由各領域的專業人士所組成，包括能源專家、政府主管機關人員、軍事專家、產業及學術界專家等。利用群體決策方法擬訂兩項評估準則：政策經濟性因素(C_1)考慮成本、國際收支平衡等，軍事及國防因素(C_2)考慮自主性、供給性、可利用性等。層級分析架構如圖 12.2 所示，經蒐集所有參與者的主觀模糊語意判斷，建立模糊正互倒矩陣如表 12.2。

Buckley 利用模糊幾何平均數法計算各方案的最後模糊相對權重值如下，其中 $\widetilde{f}_i$ 表方案 A_i 的最後模糊相對權重值。

$$\widetilde{f}_1 = (0.032,0.062,0.089,0.178)，\widetilde{f}_2 = (0.165,0.314,0.524,1.000)，$$
$$\widetilde{f}_3 = (0.159,0.316,0.490,0.962)，\widetilde{f}_4 = (0.031,0.061,0.092,0.180)$$

表 12.2 四種能源相對權重評估之模糊正互倒矩陣

準則	各方案在對應準則之模糊判斷成對比較矩陣*				
		A_1	A_2	A_3	A_4
C_1	A_1	(1,1,1,1)	(1/7,1/6,1/6,1/5)	(1/6,1/5,1/5,1/4)	(1,1,1,1)
	A_2	(5,6,6,7)	(1,1,1,1)	(1,1,2,2)	(4,4,6,6)
	A_3	(4,5,5,6)	(1/2,1/2,1,1)	(1,1,1,1)	(3,4,5,6)
	A_4	(1,1,1,1)	(1/6,1/6,1/4,1/4)	(1/6,1/5,1/4,1/3)	(1,1,1,1)
		A_1	A_2	A_3	A_4
C_2	A_1	(1,1,1,1)	(1/5,1/5,1/3,1/3)	(1/6,1/6,1/6,1/5)	(1/2,1/2,3/2,3/2)
	A_2	(3,3,5,5)	(1,1,1,1)	(1/2,1/2,1,1)	(6,6,6,7)
	A_3	(5,6,6,6)	(1,1,2,2)	(1,1,1,1)	(8,9,9,9)
	A_4	(2/3,2/3,2,2)	(1/7,1/6,1/6,1/6)	(1/9,1/9,1/9,1/8)	(1,1,1,1)
			C_1	C_2	
		C_1	(1,1,1,1)	(1,2,2,3)	
		C_2	(1/3,1/2,1/2,1)	(1,1,1,1)	

* 本表模糊判斷成對比較矩陣內所有元素皆以梯形模糊數($\alpha,\beta,\gamma,\delta$)表示。

從各方案的最後模糊相對權重值，可將四種能源歸成兩類：$H_1=\{A_2,A_3\}$ 及 $H_2=\{A_1,A_4\}$。H_1 係由水力及化石燃料所組成的集合，具有較高的相對權重值，可能是該類能源的安全性較能為人們所信賴，可以作為未來十年(遠程計劃)的主要能源來源；H_2 係由核能及太陽能所組成的集合，其相對權重值較 H_1 低許多，可能是該類能源的不安全性(A_1)或不易儲存性(A_4)比較無法獲得人們所喜愛(如圖 12.3)。

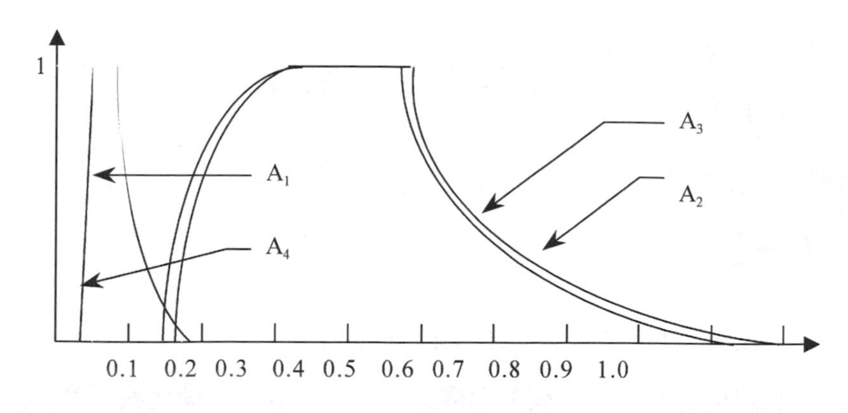

圖 12.3　各方最終權重值之歸屬函數分佈

12.3.2　模糊簡單加權法(Fuzzy Simple Additive Weighting Method)

Churchman and Ackoff(1954)首先利用簡單加權法處理公司股票選擇權問題，簡單加權法可能是最有名而廣爲應用在多屬性決策問題的一種方法。在模糊多屬性決策問題中，如果所考慮的各準則之間存在相互獨立關係時(傳統上大多數文獻都作此假設)，當我們計算出各準則的相對權重後，就可以利用簡單加權法導出各方案的綜合效用值，作爲所有備選方案優勢排序之依據。

模糊簡單加權法在模糊多屬性決策問題之處理步驟如下：

1. 蒐集所有參與評估者之模糊語意判斷，假設決策者指派 m 個準則，則定義模糊權重向量爲 $\tilde{\boldsymbol{w}} = (\tilde{w}_1, \tilde{w}_2, ..., \tilde{w}_m)^T$；
2. 假設 $\tilde{X}_{ij}$ 爲 i 方案 j 準則之原始模糊判斷資料，定義 $\tilde{r}_{ij}$ 爲對應各準則正規化後之無單位模糊比較尺度。當準則爲效益時，其線性轉換尺度爲：

$$\tilde{r}_{ij} = \frac{\tilde{X}_{ij}}{\tilde{X}_j^{\;*}} \qquad j = 1,2,...,m \tag{12.7}$$

其中，$\tilde{X}_j^{\;*} = \max_i \tilde{X}_{ij}$，且 $0 \le \tilde{r}_{ij} \le 1$。

若準則爲成本或工程費用時，其線性轉換尺度則爲：

$$\tilde{r}_{ij} = \frac{1/\tilde{X}_{ij}}{1/\tilde{X}_j^{\,*}} = \frac{\min_i \tilde{X}_{ij}}{\tilde{X}_{ij}} = \frac{\tilde{X}_j^{\min}}{\tilde{X}_{ij}} \qquad j = 1,2,\ldots,m \tag{12.8}$$

3. 利用式(12.9)計算各方案之模糊綜合效用值$\tilde{U}_i$；

$$\tilde{U}_i = \sum_j \tilde{w}_j \tilde{r}_{ij} \tag{12.9}$$

4. 最優方案A^*可定義如下：$\tilde{A}^* = \{\tilde{U}_i \mid \max_i \tilde{U}_i\}$。

相較於明確集合而言，模糊準則權重 $\tilde{w}_j$ 、無單位模糊比較尺度 $\tilde{r}_{ij}$ 、及模糊綜合效用值$\tilde{U}_i$等計算過程都比較複雜，爲了便於對所有方案進行優勢排序，一般的作法是將模糊資料轉換成非模糊化值(Best Nonfuzzy Performance; BNP)，例如中心面積法(Center of Area; COA，又稱重心法)，然後針對 BNP 值作方案的優勢排序。

【例 12-2】

Tzeng and Wang(1993)以基隆港改善方案的選擇爲例，比較七種多屬性決策方法，包括 AHP 法、線性指派法、簡單加權法、層級加權法、TOPSIS 法、ELECTRE III 與 ELECTRE IV 等，並就各評估方法的優勢排序結果進行討論。該研究以明確集合方式處理所有資料，本範例沿用該四項評估準則：工程困難度(C_1)、環境影響度(C_2)、消除港口擁擠度(C_3)、益本比(C_4)。其中 C_1、C_2、C_3 爲質化資料，C_4 爲量化資料。研究中有 15 位專家學者參與評估，C_1、C_2、C_3 由評估者提供其模糊語意判斷，C_4 由研究人員從主管機關蒐集各方案的量化數據。爲符合實際調查中評估者的模糊語意判斷之特性，本範例首先以三角模糊數將模糊語意判斷資料模糊化，對應於各準則權重之模糊尺度定義如表 12.3。其次，利用算術平均數總計所有評估者的模糊語意判斷資料，得到各準則的最終模糊權重如下：

$\tilde{w}_1 = (0.094,0.148,0.261)$，$\tilde{w}_2 = (0.202,0.305,0.419)$

$\tilde{w}_3 = (0.261,0.364,0.458)$，$\tilde{w}_4 = (0.103,0.182,0.291)$

再者，建立各方案在各準則的模糊評估值矩陣 $\tilde{\boldsymbol{D}} = [\tilde{x}_{ij}]$ ，其中 $\tilde{x}_{ij}$ 表第 i 方案在第 j 準則之模糊評估值，爲避免各準則單位尺度的影響，將上列矩陣轉換成無單位的模糊比較尺度矩陣 $\tilde{\boldsymbol{R}} = [\tilde{r}_{ij}]$ 如下：

$$\tilde{R} = \begin{bmatrix} (0.010,0.049,0.145) & (0.022,0.102,0.233) & (0.145,0.283,0.458) & (0.034,0.101,0.226) \\ (0.031,0.082,0.203) & (0.067,0.170,0.326) & (0.087,0.202,0.356) & (0.034,0.101,0.226) \\ (0.052,0.115,0.261) & (0.112,0.237,0.419) & (0.087,0.202,0.356) & (0.080,0.182,0.291) \\ (0.010,0.016,0.087) & (0.022,0.034,0.140) & (0.203,0.364,0.458) & (0.034,0.101,0.226) \\ (0.073,0.148,0.261) & (0.157,0.305,0.419) & (0.029,0.121,0.254) & (0.011,0.020,0.097) \end{bmatrix}$$

最後，利用式(12.7)模糊簡單加權法總計各方案之模糊綜合效用值如下：

$$\tilde{U} = \begin{bmatrix} (0.212,0.536,1.061) \\ (0.220,0.555,1.111) \\ (0.332,0.737,1.326) \\ (0.270,0.516,0.910) \\ (0.270,0.595,1.031) \end{bmatrix}$$

另一方面，爲便於對各方案進行優勢排序，本例中引用 COA 法將各方案之模糊綜合效用值作非模糊化處理，最後得到各方案之模糊綜合效用值 BNP 值爲：$\boldsymbol{U} = (0.603, 0.629, 0.798, 0.566, 0.603)^T$。因此，各方案之優勢排序結果爲：$A_3 \succ A_5 \succ A_2 \succ A_1 \succ A_4$，其中 $a \succ b$ 表 a 方案優於 b 方案。此結論與 Tzeng and Wang(1993)以明確集合方法處理評估資料的研究結果相同，惟本範例將模糊語意表達轉換成模糊尺度資料，較符合現實環境中語意判斷具模糊性之特質。

表 12.3　各準則模糊語意表達對應之三角模糊數轉換尺度

語意表達之三角模糊數轉換尺度	各準則語意變數定義			
	工程困難度(C_1)	環境影響度(C_2)	消除港口擁擠度(C_3)	益本比(C_4)
$\tilde{1} \equiv (1,1,3)$	最難	最嚴重	差	0.328~0.711
$\tilde{3} \equiv (1,3,5)$	較難	較嚴重	良	0.711~1.065
$\tilde{5} \equiv (3,5,7)$	難	嚴重	優	1.065~1.367
$\tilde{7} \equiv (5,7,9)$	中等	輕微	較優	1.367~1.722
$\tilde{9} \equiv (7,9,9)$	容易	最輕微	最優	1.722~2.010
$\tilde{2},\tilde{4},\tilde{6},\tilde{8}$	介於各模糊語意尺度之中間值			

12.3.3 模糊積分技術

在模糊多屬性決策問題中，如果各評估準則之間具備相互獨立性關係時，一般係以模糊簡單加權法總計各準則權重與對應各方案之績效評分，而導出綜合效用值並進行各方案之優勢排序。然而，在大多數的實際問題中各評估準則不必然具備相互獨立性關係，也就是說準則之間可能存在乘法或替代效果。本節參考 Keeney and Raiffa(1976)的多屬性效用理論及 Sugeno(1974)的模糊積分概念，提出非加法型模糊積分技術，以放寬傳統方法中要求所有評估準則必須相互獨立性的假設限制。

Sugeno(1974)首先將模糊集合理論及Choquet測度的概念，導入傳統的Lebesgue積分，推導出模糊測度與模糊積分，最大貢獻在於將傳統集合論的加法型性質放寬。本節僅就實務應用領域需要，作簡要的陳述，在 Dubois and Prade(1980)、Grabisch(1995)、Hougaard and Keiding(1996)等文獻中，有更詳細而嚴謹的說明及驗證。

定義 12.3.3.1

令 X 爲具有 σ-代數性質之一可測度集合，$\aleph$ 爲 X 的部份集合，則在 $(X,\aleph)$ 可測度空間之模糊測度 g 以集合函數定義爲 $g:\aleph \to [0,1]$，該模糊測度滿足以下性質：

1. $g(\phi)=0, g(X)=1$；
2. 對所有 $A,B \in \aleph$，若 $A \subseteq B$，則 $g(A) \le g(B)$(單調性)。

當任一模糊測度滿足上述性質時，稱 $(X,\aleph, g)$ 爲模糊測度空間。再者，從單調性條件，可推論得到：

$$g(A \cup B) \ge \max\{g(A), g(B)\}, \text{ 及 } g(A \cap B) \le \min\{g(A), g(B)\}$$

第一個不等式的等號若成立時，亦即 $g(A \cup B) = \max\{g(A), g(B)\}$，則稱集合函數 g 爲可能性測度(Zadeh 1978)；第二個不等式的等號若成立時，亦即 $g(A \cap B) = \min\{g(A), g(B)\}$，則稱集合函數 g 爲必然性測度。

定義 12.3.3.2

令簡單函數$h=\sum_{i=1}^{n}a_i\cdot 1_{A_i}$，其中$1_{A_i}$表集合$A_i$的特徵函數，$A_i\in\aleph,\ i=1,\cdots,n$；$A_i$爲兩兩互斥，且$M(A_i)$爲 A_i 的測度，則h的 Lebesque 積分定義如下：

$$\int h\cdot dM=\sum_{i=1}^{n}M(A_i)\cdot a_i \tag{12.10}$$

定義 12.3.3.3

令$(X,\aleph,g)$爲模糊測度空間，則 Sugeno 定義模糊測度 $g:\aleph\to[0,1]$ 對應於簡單函數 h 的積分如下：

$$\int h(x)\circ g(x)=\vee_{i=1}^{n}(h(x_{(i)})\wedge g(A_{(i)}))=\max_i\min\{a_i^{'},g(A_i^{'})\} \tag{12.11}$$

式中$h(x_{(i)})$爲特徵函數1_{A_i}的線性組合，使得：$A_1\subset A_2\subset\cdots\subset A_n$，且$A_i^{'}=\{x\mid h(x)\geq a_i^{'}\}$。

定義 12.3.3.4

令 $(X,\aleph,g)$爲模糊測度空間，則模糊測度 $g:\aleph\to[0,1]$ 對應於簡單函數 h 的 Choquet 積分如下：

$$\int h(x)\cdot dg\cong\sum_{i=1}^{n}\left[h(x_i)-h(x_{i-1})\right]\cdot g(A_i) \tag{12.12}$$

符號定義同前，且$h(x_{(0)})=0$。

Keeney and Raiffa(1976)針對多屬性決策問題，考慮實質環境中屬性間並不必然存在相互獨立的情況，亦即存在相關性質時，而提出乘法型效用函數理論，改進過去一般研究中要求屬性間必須互斥且相互獨立的不合理假設。後續有許多學者將其理論發展成非加法型多屬性評估技術(亦稱 super-additive 的評估技術，爲冪集合(power set)的加法型評估方法)，並在實務驗證中得到很好的結論，相關文獻諸如 Ralescu and Adams(1980)、Chen et al.,(2000)、Chen and Tzeng(2001)等。

令 g 爲定義在冪集合 $P(x)$上的模糊測度，並且滿足定義 12.3.3.1 的性質，則下列的性質必然成立：

$$\forall A, B \in P(X), A \cap B = \phi \text{，}$$
$$\Rightarrow g_\lambda(A \cup B) = g_\lambda(A) + g_\lambda(B) + \lambda g_\lambda(A) g_\lambda(B) \quad \text{for } -1 \le \lambda < \infty \quad (12.13)$$

設宇集合 $X = \{x_1, x_2, \cdots, x_n\}$，則模糊測度密度函數 $g_i = g_\lambda(\{x_i\})$ 可表示如下：

$$g_\lambda(\{x_1, x_2, \cdots, x_n\}) = \sum_{i=1}^{n} g_i + \lambda \sum_{i_1=1}^{n-1} \sum_{i_2=i_1+1}^{n} g_{i_1} \cdot g_{i_2} + \cdots + \lambda^{n-1} \cdot g_1 \cdot g_2 \cdots g_n$$
$$= \frac{1}{\lambda} \left| \prod_{i=1}^{n} (1 + \lambda \cdot g_i) - 1 \right| \quad (12.14)$$

式中 λ 稱爲替代效果參數，且 $-1 \le \lambda < \infty$。假設在一評估個案中選定兩項評估準則，準則 A 及準則 B，根據上述性質，下列三種情況之一必然成立。

1. 若 $\lambda > 0$，則 $g_\lambda(A \cup B) > g_\lambda(A) + g_\lambda(B)$ 成立。稱準則 A 與準則 B 具有相乘效果；
2. 若 $\lambda = 0$，則 $g_\lambda(A \cup B) = g_\lambda(A) + g_\lambda(B)$ 成立。稱準則 A 與準則 B 具有相加效果；
3. 若 $\lambda < 0$，則 $g_\lambda(A \cup B) < g_\lambda(A) + g_\lambda(B)$ 成立。稱準則 A 與準則 B 具有替代效果；

令 h 爲定義在模糊測度空間 $(X, \aleph)$ 的可測集合函數，假設下列遞減關係成立，即 $h(x_1) \ge h(x_2) \ge \cdots \ge h(x_n)$，則模糊測度 $g(\cdot)$ 對應於可測函數 $h(\cdot)$ 的模糊積分可定義如下(Ishii & Sugeno, 1985)，表示如圖 12.4。

$$\int h \cdot dg = h(x_n) \cdot g(H_n) + [h(x_{n-1}) - h(x_n)] \cdot g(H_{n-1}) + \cdots + [h(x_1) - h(x_2)] \cdot g(H_1)$$
$$= h(x_n) \cdot [g(H_n) - g(H_{n-1})] + h(x_{n-1}) \cdot [g(H_{n-1}) - g(H_{n-2})] + \cdots + h(x_1) \cdot g(H_1) \quad (12.15)$$

式中 $H_1 = \{x_1\}, H_2 = \{x_1, x_2\}, \cdots, H_n = \{x_1, x_2, \cdots, x_n\} = X$。另外，如果 $\lambda = 0$ 且 $g_1 = g_2 = \cdots = g_n$ 成立時，則可測函數 $h(\cdot)$的遞減關係 $h(x_1) \ge h(x_2) \ge \cdots \ge h(x_n)$ 變成非必要條件。

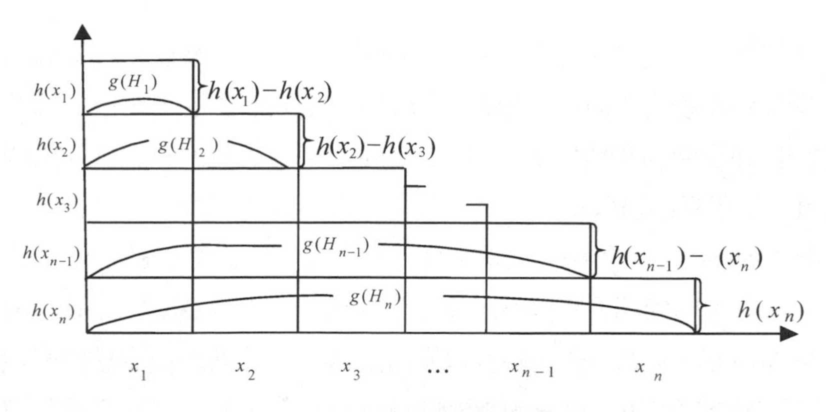

圖 12.4 模糊積分示意圖

在模糊多屬性決策的實務問題中，宇集合 $X=\{x_1,x_2,\cdots,x_n\}$ 可表示所有評估準則所成集合，而準則間並不必然存在互斥且相互獨立的關係。根據本研究結果(Chiou and Tzeng, 2001; 2002)，在推導各方案的最終(模糊)綜合效用值之前，首先利用(模糊)因子分析將原來的準則架構(可能歸屬於不同的考慮層面中)萃取出有限個共同因子，此步驟亦稱準則關係重組，在同一個共同因子內的各準則具備相關性，而相異的共同因子之間則呈獨立性。前者具備相關性準則的(模糊)綜合效用值，可利用模糊積分技術導出。再者，當所有共同因子的綜合效用值均以模糊積分技術個別導出後，再利用(模糊)簡單加權法總計各方案的最終(模糊)綜合效用值，最後便可以進行方案優勢排序。

【例 12-3】

Chiou and Tzeng(2002)參考 Sugeno 積分定義 λ 模糊測度，並利用非加法型模糊積分技術，評估台灣水產品加工業發展資源化(或稱綠色工程)的策略。首先參考 AHP 模式建立模糊層級分析架構，其次利用腦力激盪法(brainstorming)與情境描述(scenario writing)方式從企業活動、政府角色、與社會經濟影響之三個層面擬定 12 項評估準則，及 8 項企業發展策略。第三步驟爲以模糊多準則評估問卷方式調查評估者的意見，評估委員包括學術界、主管機關專業人士、業者代表、及加工廠附近居民代表共有 15 位。第四步驟爲資料回收後利用三角模糊數尺度轉換所有參與評估者的主觀模糊語意判斷，再利用模糊幾何平均數法(Buckley, 1985)整合所有參與評估者的評估值，得到各準則的最終相對權重値及各發展策略之績效評估值。

考慮各準則間不必然存在相互獨立的關係，第五步驟為利用模糊因子分析將原來的評估準則架構進行準則關係重組，萃取出 4 個共同因子，在同一個共同因子內的各準則具備相關性，而相異的共同因子之間則呈獨立性。前者具備相關性準則的綜合效用值，利用模糊積分技術導出。再者，當所有共同因子的綜合效用值均以模糊積分技術個別導出後，再利用簡單加權法總計各方案最終的綜合效用值。

為了比較各準則的相對重要性，本書以非模糊化的 COA 方法計算各準則最終模糊權重的 BNP 值。並利用此法將各項發展策略在各準則的模糊績效表現值非模糊化，便於總計綜合效用值，最後的步驟就是針對各方案的最終綜合效用值進行方案優勢排序。

在本研究中引用替代效果參數 λ 表達準則之間呈相關性或獨立性的關係，此參數值的取得有兩種方式，一為透過問卷調查，一為研究者設定。本研究採取後者，已知 $-1 \le \lambda < \infty$，作者設計某些特定的 λ 值，觀察得知各發展策略的優勢排序順序會隨著 λ 的不同而有變化。當 $\lambda < 0$ 時表示準則間具替代性效果(呈負相關)；當 $\lambda = 0$ 時表示準則間具相加效果(呈獨立性)；而當 $\lambda > 0$ 時表示準則間具相乘效果(呈正相關)。

12.3.4 ELECTRE 方法

ELECTRE(Elimination et Choice Translating Reality)方法最早係由法國巴黎大學 Roy 教授提出構想，Benayoun et al.(1966)根據此構想提出以流量觀念表達方案的事前優勢關係，並納入模式中找出方案間的核心解或優勢排序，此後經過許多學者的投入研究而發展出各種模式，較常被引用的有 ELECTRE I、ELECTRE II、ELECTRE III、ELECTRE IV、ELECTRE IS、ELECTRE A 等，模式的選擇端視多屬性決策問題的本質、相關限制條件而定，評估結果亦可能因所選擇模式的不同而有差異。本節將介紹 ELECTRE I、ELECTRE II、ELECTRE III、ELECTRE IV 各方法內容。

ELECTRE I

ELECTRE I 模式由 Roy(1968)所提出，該模式主要在於求取核心解，無法作優勢排序，其前提條件爲眞實準則及部份優勢關係已知。之後，Roy 又提出 ELECTRE IS 模式以改善 ELECTRE I 所衍生的核心解一致性問題。ELECTRE I 方法內容概述如下：

首先定義名詞、符號、及事前優勢關係：

$A=\{a_i \mid i=1,2,\ldots,m\}$：$m$ 個替選方案；
$g=\{g_j \mid j=1,2,\ldots,n\}$：$n$ 個評估準則；
$g_j(a_i)$：方案 a_i 在準則 j 的評估值(偏好值)；
$J^+(a,b)$：a 方案優於 b 方案的準則集合；
$J^=(a,b)$：a 與 b 方案無差異的準則集合；
$J^-(a,b)$：b 方案優於 a 方案的準則集合；
J：所有準則集合；
$a \succ b$：a 方案優於 b 方案的優勢關係；
w_j：準則 j 的相對權重值。

其次，ELECTRE I 方法評估步驟如下：

1. 建立滿意度指標(concordance index)-- 選擇方案 a 而不選方案 b，令決策者至少滿意的程度，計算公式如下：

$$c(a,b)=\frac{\sum_{j\in J^+(a,b)} w_j+\frac{1}{2}\sum_{j\in J^=(a,b)} w_j}{\sum_{j\in J} w_j}\text{；其中，}0\le c(a,b)\le 1 \qquad (12.16)$$

2. 建立不滿意度指標(discordance index)-- 選擇方案 a 而不選方案 b，令決策者最大不滿意的程度，計算公式如下：

$$d(a,b)=\frac{\max_{j\in J^-(a,b)} |g_j(a)-g_j(b)|}{\max_{j\in J} |g_j(a)-g_j(b)|}\text{；其中，}0\le d(a,b)\le 1 \qquad (12.17)$$

3. 方案優劣成對比較 – 計算 $c(a,b)$與 $d(a,b)$後，徵詢決策者的意見，作爲評定方案 a 與方案 b 優劣比較之依據，其評定標準如下：

$$\text{若}\begin{cases} c(a,b) \geq p \\ d(a,b) \leq q \\ \sum_{j \in J^+(a,b)} w_j \geq \sum_{j \in J^-(a,b)} w_j \end{cases} \quad \text{則方案 } a \text{ 優於方案 } b\text{；}$$

p 表示方案 a 優於方案 b 的最小滿意水準，稱 $a \succ b$ 的最小門檻；q 表示方案 a 有某些準則劣於方案 b，稱 $b \succ a$ 的最大不滿意水準(門檻)，p 與 q 值由決策者決定。

4. 求核心解(kernel solution)N –方案經成對比較後即可決定兩方案間的優劣順序關係，將方案集合 A 分成兩個集合(N 與 $A \backslash N$)，其中 N 集合中至少有一元素較 $A \backslash N$ 集合中的元素爲佳，但 N 集合中的元素無法排序，亦即：

(1) $b \in A \setminus N, a \in N \Rightarrow a \succ b$；

(2) $a,b \in N \Rightarrow a,b$ 無法排序。

集合 N 稱爲核心解，爲方案集合 A 的部份集合，核心解內的方案優於核心解外的方案，而核心解內的方案稱爲非劣解(non-inferior solution)，亦即分不出優劣。

ELECTRE I 的缺點有二：一爲只能找到核心解，對於核心解內的方案無法將其排序；二爲滿意度指標與不滿意度指標的訂定並不能完全反映決策者的偏好結構。

ELECTRE II

因考慮 ELECTRE I 只能求得核心解，無法求解所有方案的部份優勢排序，故 Roy and Bertier(1973)重新定義滿意度指標與不滿意度指標而提出 ELECTRE II 方法。再者，Moscarola and Roy(1977)參考 ELECTRE I、II 等方法，針對銀行部門(或分行)的某些特殊問題而發展出 ELECTRE A 模式。關於 ELECTRE II 方法步驟如下：

1. 建立滿意度指標(concordance index)-- 選擇方案 a 而不選方案 b，令決策者至少滿意的程度，計算公式如下：

$$c(a,b)=\frac{\sum_{j\in J^{+}(a,b)} w_j+\sum_{j\in J^{=}(a,b)} w_j}{\sum_{j\in J} w_j} \tag{12.18}$$

建立不滿意度指標(discordance index)-- 選擇方案 a 而不選方案 b，令決策者最大不滿意的程度，計算公式如下：

$$d(a,b)=\frac{\max_{j\in J^{-}(a,b)} |g_j(a)-g_j(b)|}{\max_{j\in J}(g_j(b),\theta_j)} \tag{12.19}$$

其中 θ_j 表示決策者對於準則 j 所使用的 R 度參數，用以表達決策者對於準則 j 所在意的程度，亦即允許決策者對於不同重要程度的準則可以反映其偏好。

2. 決定強勢與弱勢相關：

(1) 強勢相關(strong relationship)

若 $\begin{cases} c(a,b)\geq p \\ d(a,b)\leq q \\ \sum_{j\in J^{+}(a,b)} w_j \geq \sum_{j\in J^{-}(a,b)} w_j \end{cases}$ 則方案 a 優於方案 b；

(2) 弱勢相關(weak relationship)

若 $\begin{cases} c(a,b)\geq p^0 \\ d(a,b)\leq q^0 \\ \sum_{j\in J^{+}(a,b)} w_j \geq \sum_{j\in J^{-}(a,b)} w_j \end{cases}$ 則方案 a 優於方案 b；

其中，$0\leq p^0\leq p\leq 1$ 且 $0\leq q^0\leq q\leq 1$。

3. 方案排序方式：

(1) 強勢排序($V_1(x)$)程序：

假設G_s爲滿足強勢相關的方案集合，G_w爲滿足弱勢相關的方案集合，令y表示G_s的部份集合，則強勢排序的步驟如下：

(a) 令k=0, $y^{(0)} = G_s$；

(b) 從G_s中找出非劣解，令其方案集合爲D；

(c) 從D集合中找出滿足弱勢相關的方案集合U；

(d) 從U集合中找出非劣解，令其方案集合爲B；

(e) 最佳方案集合爲$A^{(k)} = (D \setminus U) \cup B$，式中$D \setminus U = \{x \mid x \in D, x \notin U\}$；

(f) 對於每一個 $x \in A^{(k)}$，其強勢排序爲$V_1(x) = k + 1$；

(g) 令 $y^{(k+1)} = y^{(k)} - A^{(k)}$；

(h) 若 $y^{(k+1)} = \phi$，則停止；否則，令k=k+1返回步驟(b)。

(2) 弱勢排序($V_2(x)$)程序：

(a) 逆轉強勢相關G_s與弱勢相關G_w的優劣關係；

(b) 與強勢排序相同運算步驟，計算得順序$a(x)$；

(c) 調整$a(x)$得到弱勢排序$V_2(x) = 1 + a_{\max} - a(x), \quad x \in A$，$a_{\max} = \max a(x)$；

(3) 最後排序($V(x)$)：定義爲取強勢排序與弱勢排序的平均，亦即$V(x) = [V_1(x) + V_2(x)]/2, \quad x \in A$；若$V(x)$愈小表示方案$x$愈具優勢性。

ELECTRE II的缺點有三：一爲方案多時，強勢關係與弱勢關係將極爲複雜，增加強勢排序與弱勢排序的困難度；二爲p、q、p^0、q^0等值爲主觀決定，如欲進行敏感度分析，須同時改變其值；三爲未考慮決策過程的不確定性因素。

ELECTRE III

考慮決策過程的不確定性因素，Roy(1977; 1978)再提出 ELECTRE III 方法，將明確集合的部份優勢關係擴充到模糊部份優勢關係的情況，並加入可靠度(credibility)於方案排序上，較ELECTRE I、II的確定性優勢關係更符合實際。因爲多屬性決策問題大多具備模糊性，因此以ELECTRE III 及ELECTRE IV兩種方法較常被引用。本小節參考 Hokkanen and Salminen(1997a)的研究，將 ELECTRE III 方法內容概述如后(如圖 12.5)，若需對該模式的理論內容及操作更進一步瞭解，可參考 Hwang and Yoon(1981)、Roy(1991)、Tzeng and Wang(1993)、Tsaur and Tzeng(1991)、Teng and Tzeng(1994)等文獻。

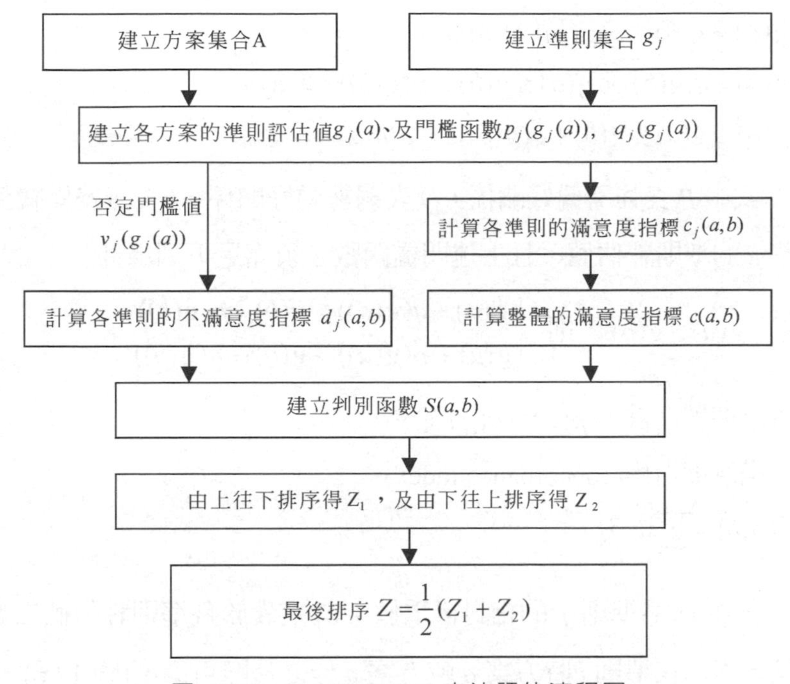

圖 12.5 ELECTRE III 方法評估流程圖

首先定義偏好決策的門檻值如下：

p_j：偏好門檻值(preference threshold)，表示對準則 j 而言，若方案 a 優於方案 b，則其準則評估值之差異必須大於此門檻值；

q_j：無差異門檻值(indifference threshold)，表示對準則 j 而言，若方案 a 與方案 b 的準則評估值之差異若未超過此門檻值，則稱此二方案無差異；

v_j：否定門檻值(veto threshold)，表示對準則 j 而言，若方案 a 的準則評估值小於方案 b 的準則評估值(假設準則 j 的評估值爲愈大愈好)，而欲否定方案 a 優於方案 b，則其準則評估值之差異必須大於此門檻值。

其次，ELECTRE III 的評估步驟爲：

1. 建立門檻函數(threshold)

 假設 $p(g)$ 及 $q(g)$ 分別表示偏好及無差異門檻值，若 $g(a) \geq g(b)$，使得

$$g(a) > g(b) + p(g(b)) \Leftrightarrow aPb\ ;$$
$$g(b) + q(g(b)) < g(a) \leq g(b) + p(g(b)) \Leftrightarrow aQb\ ;$$
$$g(b) \leq g(a) \leq g(b) + q(g(b)) \Leftrightarrow aIb$$

 式中 P 表強勢偏好關係，Q 表弱勢偏好關係，I 表無差異關係，$g(a)$ 表方案 a 的準則評估值。且上述門檻函數必須滿足下列條件：

若 $g(a) > g(b)$，則 $\begin{cases} g(a) + q(g(a)) > g(b) + q(g(b)) \\ g(a) + p(g(a)) > g(b) + p(g(b)) \end{cases}$；

對所有準則而言，$p(g) > q(g)$。

2. 建立滿意度指標(concordance index)

$$c(a,b) = \sum_{j \in J} w_j \delta_j \tag{12.20}$$

 式中 w_j 爲準則 j 的相對權重值；δ_j 定義於各準則評估值之非遞減單調函數，表示在準則 j 時方案 a 較方案 b 佳之邊際可靠度(圖 12.6)。

$$\delta_j(a,b) = \begin{cases} 0 & g_j(b) - g_j(a) \geq p_j \\ \dfrac{p_j - [g_j(b) - g_j(a)]}{p_j - q_j} & q_j \leq g_j(b) - g_j(a) \leq p_j \\ 1 & g_j(b) - g_j(a) \leq q_j \end{cases} \tag{12.21}$$

3. 建立不滿意度指標(discordance index)：定義於各準則評估值之非遞增單調函數，使得(圖 12.7)

$$d_j(a,b) = \begin{cases} 0 & g_j(b) - g_j(a) \leq p_j \\ \dfrac{p_j - [g_j(b) - g_j(a)]}{p_j - q_j} & p_j \leq g_j(b) - g_j(a) \leq v_j \\ 1 & g_j(b) - g_j(a) \geq v_j \end{cases} \tag{12.22}$$

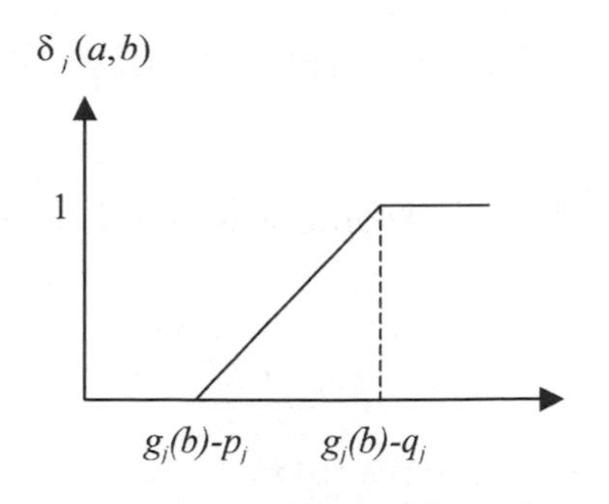

圖 12.6 滿意度指標示意圖

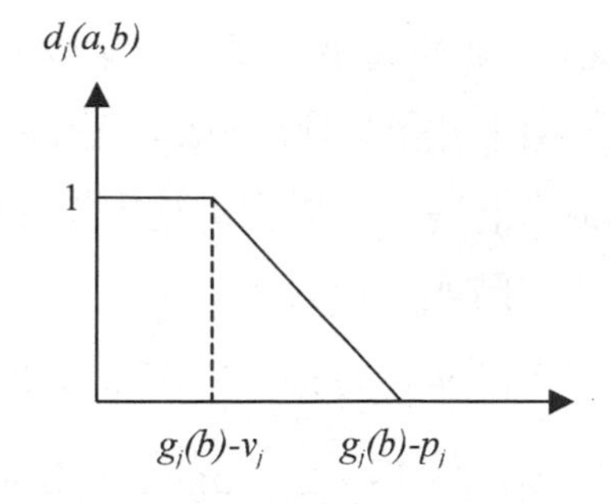

圖 12.7 不滿意度指標示意圖

4. 建立可靠度指標(credibility index) $\delta(a,b)$

$$\delta(a,b)=\begin{cases} c(a,b) & if \quad d_j(a,b)\le c(a,b) \quad \forall j\in J \\ c(a,b)\cdot\prod_{j\in J^*}\dfrac{1-d_j(a,b)}{1-c(a,b)} & if \quad d_j(a,b)>c(a,b) \end{cases} \tag{12.23}$$

式中，$J^*=\{j\in J\,|\,d_j(a,b)>c(a,b)\}$。且可靠度可以反映兩個方案的優劣趨勢，Roy 建議由決策者建立一判別函數 $S(\lambda)$ 作爲優劣判斷的基準。

5. 方案排序

(1) 由上往下排序(Downward)程序($Z_1(x)$)

(a) 假設 $A^{(k)}$ 表示所有方案集合，$\delta(a,b)$ 表示可靠度矩陣，$S(\lambda)$ 爲判別函數，令 k=0，l=1；

(b) 計算

$$\lambda_0=\max_{(a,b)\in A}\delta(a,b)\;;\quad \lambda_1=\max_{\delta(a,b)<\lambda_0-S(\lambda_0)}\delta(a,b)$$

(c) 所有方案成對比較，若 $\delta(a,b)>\lambda_1$，且 $\delta(a,b)>\delta(b,a)+S(\lambda_0)$，則方案 a 優於方案 b；

(d) 令 $P_b(a)$ 表 a 方案優於 b 方案的準則個數，$F_b(a)$ 表 a 方案劣於 b 方案的準則個數，$Q_b(a)$ 表 $P_b(a)-F_b(a)$ 之值。

(e) 求 $\max Q_b(a)$，令 a 方案集合爲 $U^{(k)}$，若 $U^{(k)}$ 的方案個數大於 2，則求 λ_{l+1} 並返回步驟(c)，直到 $\lambda_{l+1}=0$ 時，則至步驟(f)；若 $U^{(k)}$ 的方案個數小於 2，則至步驟(f)；

(f) 此時 $U^{(k)}$ 集合的排序爲 $Z_1(x)=k+1$；

(g) $A^{(k+1)} = A^{(k)} - U^{(k)}$，若 $A^{(k+1)} = \varphi$，則停止；否則，返回步驟(b)。

(2) 由下往上排序(Upward)程序($Z_2(x)$)

(a) 計算過程同由上往下排序程序，惟將步驟(e)改爲求 $\min Q_b(a)$，可得暫時順序 $a(x)$；

(b) 調整 $a(x)$ 而得到由下往上排序結果

$Z_2(x) = 1 + a_{\max} - a(x), \quad x \in A$，式中 $a_{\max} = \max a(x)$；

(3) 最後排序($Z(x)$)：取由上往下排序結果與由下往上排序結果的平均值，亦即：$Z(x) = [Z_1(x) + Z_2(x)]/2, \quad x \in A$。

關於上述由上往下排序與由下往上排序的操作步驟可參見 Vincke(1992)所述。雖然 ELECTRE III 方法已考慮決策過程的不確定性，然而因其計算過程複雜，且基於考慮準則權重的獲得不易，若由決策者主觀給定又恐失客觀性，因此，Roy and Bouyssou(1983)遂提出 ELECTRE IV 方法，以簡化 ELECTRE III 方法，並且在評估過程中捨棄相對權重值的輸入；雖然如此，並不表示所有的準則權重都相等。

ELECTRE IV

ELECTRE IV 方法採虛擬順序關係建構同一準則的偏好結構，包括絕對偏好(P)、弱偏好(Q)、及無差異(I)三種關係，並利用方案的模糊優勢關係，求出各方案的可靠度，依據可靠度判別方案的優劣關係，評估方法的內容概述如下：

1. 成對方案偏好關係

(1) 就單一準則 j 而言，定義 p_j、q_j、v_j 分別表示偏好、無差異、否定門檻函數，方案 a 與方案 b 的虛擬順序關係可分爲(如圖 12.8)：

$$g_j(b) \le g_j(a) - p_j \Rightarrow g_j(a) - g_j(b) \ge p_j \Leftrightarrow aPb$$

$$g_j(a) - p_j \le g_j(b) \le g_j(a) - q_j \Rightarrow \begin{cases} g_j(a) - g_j(b) \ge q_j \\ g_j(a) - g_j(b) \le p_j \end{cases} \Leftrightarrow aQb$$

$$g_j(a) - q_j \le g_j(b) \le g_j(a) + q_j \Rightarrow \begin{cases} g_j(a) - g_j(b) \le q_j \\ g_j(b) - g_j(a) \le q_j \end{cases} \Leftrightarrow aIb$$

$$g_j(a) + q_j \le g_j(b) \le g_j(a) + p_j \Rightarrow \begin{cases} g_j(b) - g_j(a) \ge q_j \\ g_j(b) - g_j(a) \le p_j \end{cases} \Leftrightarrow bQa$$

$$g_j(a)+p_j \le g_j(b) \Rightarrow g_j(b)-g_j(a) \ge p_j \Leftrightarrow bPa$$

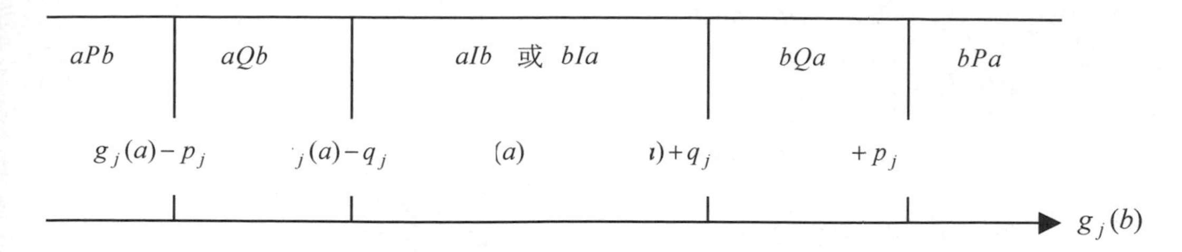

圖 12.8 ELECTRE IV 方案偏好關係示意圖

(2) 就所有準則而言，定義 $M_p(a,b)$、$M_q(a,b)$、$M_i(a,b)$ 分別表示 aPb、aQb、aIb 的準則個數，且令 $M_o(a,b)=M_o(b,a)$ 表示 a 與 b 兩方案無法比較之準則個數，則方案間的優勢關係條件如下：

(a) 準優勢關係 S_q (Quasi-dominance)

$$aS_qb \Leftrightarrow \begin{cases} M_p(b,a)+M_q(b,a)=0 \\ M_i(b,a)\le 1+M_i(a,b)+M_p(a,b)+M_q(a,b) \end{cases} \tag{12.24}$$

(b) 正典優勢關係 S_c (Canonical-dominance)

$$aS_cb \Leftrightarrow \begin{cases} M_p(b,a)=0 \\ M_q(b,a)\le M_p(b,a) \\ M_q(b,a)+M_i(b,a)\le 1+M_i(a,b)+M_p(a,b)+M_q(a,b) \end{cases} \tag{12.25}$$

(c) 虛擬優勢關係 S_p (Pseudo-dominance)

$$aS_pb \Leftrightarrow \begin{cases} M_p(b,a)=0 \\ M_q(b,a)\le M_p(a,b)+M_q(a,b) \end{cases} \tag{12.26}$$

(d) 否定優勢關係 S_v (Veto-dominance)

$$aS_vb \Leftrightarrow \begin{cases} if \quad M_p(b,a)=0 \\ if \quad M_p(b,a)=1 \quad and \quad no \quad bPV_ja, \ \forall j \\ and \quad M_p(a,b)\ge m/2 \end{cases} \tag{12.27}$$

式中，$bPV_ja \Leftrightarrow g_j(b)\ge g_j(a)+v_j(g_j(a))$。

2. 可靠度指標 $\delta(a,b)$ (credibility index)

$$\delta(a,b)=\begin{cases}1, & if \quad aS_q b\\ 0.80, & if \quad aS_c b\\ 0.60, & if \quad aS_p b\\ 0.35, & if \quad aS_v b\end{cases} \tag{12.28}$$

3. 方案排序

(1) 決定 λ 值

$\lambda_{k+1}=\max\limits_{(a,b)\in D_k}\delta(a,b)$，其中 $D_k=\{\delta(a,b)<\lambda_k-S(\lambda_k)\}$；

$S(\lambda_k)=\alpha+\beta\cdot\lambda_k$，

Roy(1984)建議在可靠度指標滿足上述定義之情況下，取 $\alpha=0.30$，$\beta=-0.15$。

(2) 進行 λ 檢定：當 $\delta(a,b)>\lambda$ 及 $\delta(a,b)>\delta(b,a)+S[\delta(a,b)]$，則定義 a 方案優於 b 方案；

(3) 篩選：總結各方案優劣個數，將得分數最高的方案挑選出來，然後再比較其餘方案，此步驟中先由上往下篩選，再由下往上篩選；

(4) 比較二種篩選結果，整合後訂出部份排序。

雖然到目前爲止，已經發展出很多種 ELECTRE 方法，然而該如何選擇適當的模式，爲評估者或決策者較爲關心的議題，Roy(1991)針對問題本質提出其選擇模式的建議，包括考慮所需的事前偏好資訊(滿意水準、不滿意水準、無差異門檻值、偏好門檻值、否定門檻值、判別函數)、準則相對權重(確定性或虛擬的)、事前的部份優勢排序資訊、問題型態及最後資訊(求核心解或方案排序)。

從文獻得知，ELECTRE 方法被認爲是極有效的決策輔助方法，應用領域也很廣，例如公共政策的投資與規劃、運輸設施的投資與規劃、環境保護問題等(Nijlamp 1974; Siskos and Hubert 1983; Grassin 1986; Roy and Bouyssou 1986; Tzeng and Shiau 1987; Barda et al., 1990; Roy 1991; Teng and Tzeng 1994; Hokkanen and Salminen 1994; 1995; 1997c, Hokkanen et al., 1995; Salminen et al., 1998)。

【例 12-4】(Tzeng and Wang 1993)

本範例爲利用多準則決策方法評估基隆港改善方案之選擇，問題背景如例 12.2 所述，假設有四項評估準則$(C_i, i=1,2,3,4)$及五個備選方案 $(A_i, i=1,2,3,4,5)$，Tzeng and Wang 同時利用 ELECTRE III 及 ELECTRE IV 方法進行評估作業並與其他評估方法作比較。首先引用 AHP 法獲得各準則相對權重值，w =(0.1471, 0.2928, 0.3871, 0173)^T，然後依本節所述 ELECTRE III 評估程序進行各方案優勢排序，在該研究中亦選定不同的門檻值進行敏感性分析，作者發現，各方案優勢排序結果會因門檻值的不同而有差異(如表 12.4 所示)。綜合各方案優勢排序結果，可將所有備選方案概分爲兩群，第一群具有較高且確定性優勢順序的方案集合，即$H_1=\{A_3 \succ A_5 \succ A_2\}$，第二群則爲較低優勢順序的方案集合，即$H_2=\{A_1, A_4\}$；另外，$H_2$群內各方案間的優勢順序並不明顯。

在實際決策過程中，各準則相對權重獲得不易或過於主觀認定恐有失客觀性，Tzeng and Wang 嘗試將各準則相對權重值捨棄，然後依本節所述 ELECTRE IV 評估程序進行各方案優勢排序，並且選定不同的門檻值進行敏感性分析，作者發現，各方案優勢排序結果不會因門檻值的不同而有明顯地差異(如表 12.5 所示)。綜合各方案優勢排序結果，A_3具有最高的優勢順序值，可能是最佳方案，其次爲A_5，第三爲A_2，而A_4與A_1兩方案則無法比較。

表 12.4　ELECTRE III 方法評估結果

	p_1	p_2	q_1	q_2	v_1	v_2	p_1	p_2	q_1	q_2	v_1	v_2
C_1	1.01	0.10	2.00	0.30	3.00	0.32	2.01	0.10	2.00	0.30	3.00	0.30
C_2	2.03	0.10	3.00	0.11	3.00	0.41	2.01	0.10	2.00	0.30	3.00	0.30
C_3	1.02	0.14	2.00	0.23	3.00	0.31	2.01	0.10	2.00	0.30	3.00	0.30
C_4	1.03	0.21	2.00	0.13	3.00	0.22	1.03	0.21	1.00	0.13	3.00	0.22
R_1	A_3，A_5						A_3					
R_2	A_1，A_2						A_2，A_5					
R_3	A_4						A_1，A_4					
R_4	---						---					
R_5	---						---					

	p_1	p_2	q_1	q_2	v_1	v_2	p_1	p_2	q_1	q_2	v_1	v_2
C_1	3.01	0.10	3.00	0.30	2.00	0.30	2.01	0.20	2.00	0.30	1.00	0.30
C_2	3.01	0.10	3.00	0.30	2.00	0.30	1.01	0.20	2.00	0.10	1.00	0.20
C_3	3.01	0.10	3.00	0.30	2.00	0.30	2.01	0.20	2.00	0.15	1.00	0.40
C_4	1.03	0.21	1.00	0.13	2.00	0.22	1.03	0.21	1.00	0.13	2.00	0.22
R_1	A_3						A_3					
R_2	A_1，A_2，A_5						A_5					
R_3	A_4						A_2					
R_4	---						A_1，A_4					
R_5	---						---					

* R_i 表示評估結果爲第 i 個優勢順序的各方案。

表 12.5　ELECTRE IV 方法評估結果

	p	q	p	q	p	q	p	q
C_1	3	1	2	1	1	0.5	1	0.5
C_2	3	1	2	1	1	0.5	1	0.5
C_3	3	1	2	1	1	0.5	1	0.5
C_4	1	0.5	1	0.5	0.5	0.4	1	0.5
R_1	A_3		A_3		A_3		A_3	
R_2	A_5		A_5		A_5		A_5	
R_3	---		---		---		A_2	
R_4	---		---		---		---	
R_5	---		---		---		---	

* R_i 表示評估結果為第 i 個優勢順序的各方案。

12.3.5　PROMETHEE 方法

Barns et al.(1984,1985)針對多屬性決策問題，利用流量觀念提出另一種新的優勢排序方法，稱為 PROMETHEE 方法(Preference Ranking Organization methods for Enrichment Evaluations)，目前已發展的有四種方法：PROMETHEE I 係以方案間的流出量及流入量關係，判斷所有可行方案的部份優勢順序；PROMETHEE II 則以方案間的淨流量，判斷所有可行方案的整體優勢順序；因考慮準則型態為連續型分配而方案間的流量值很相近時，可能存在無差異關係，而提出 PROMETHEE III 的區間排序方式;PROMETHEE IV 則針對各可行方案間呈連續性關係或方案集合可由個別方案累加組合之情況，例如產品種類增加與否的選擇、投入金額多寡的投資組合等實際問題。茲將 PROMETHEE 方法主要內容概述如下：

首先定義多屬性決策問題的方案集合 $A=\{a_i \mid i=1,2,\ldots,m\}$，評估準則集合 $g=\{g_j \mid j\in J, J=\{1,2,\ldots,n\}\}$，$g_j(a_i)$ 表示方案 a_i 在準則 j 的評估值，假設決策目標為求各方案在各評估準則的表現值極大化，亦即：

$$Max\{g_1(a_i), g_2(a_i), \cdots, g_j(a_i), \cdots, g_n(a_i) \mid a_i \in A\}$$

若有 a、b 兩方案，對所有準則而言，滿足 $\{g_j(a) \geq g_j(b), \quad \forall j \in J\}$，且不等式中至少有一組嚴格關係成立，亦即$\{g_j(a) > g_j(b), \quad \exists j \in J\}$，則稱 a 方案優於 b 方案。Barns et al.(1984)將 PROMETHEE 方法程序，區分三個階段進行方案優勢排序：

階段一、 針對偏好關係的相關參數選擇適當的準則型態；

階段二、 針對調查或決策者偏好資料按各準則特性，決定各方案在各準則條件之評估表現值；

階段三、 利用流量觀念及方案在各準則條件之評估表現值，進行方案評估與排序。

首先，Barns et al.(1984,1985)根據評估準則的經濟意義及相關參數，建立六種一般化準則型態(如表 12.6)，表中 q 爲無差異門檻值，表示準則評估值$g_j(a_i)$定義爲無差異關係之最大容忍值； p 爲強勢偏好門檻值，表示準則評估值$g_j(a_i)$定義爲強勢偏好關係之最小容忍值；σ 爲常態分配的標準差。

其次，定義$f_j(a,b)$爲決策者對 a、b 兩方案在準則 j 的偏好強度，$\pi(a,b)$爲對所有準則而言，決策者對 a、b 兩方案($a,b \in A$)的偏好強度指標，且 $0 \leq \pi(a,b) \leq 1$ 恒成立；

$$\pi(a,b) = \frac{1}{n}\sum_{j=1}^{n} f_j(a,b) \tag{12.29}$$

則定義任一方案 a 的流量關係如下(圖 12.9)：

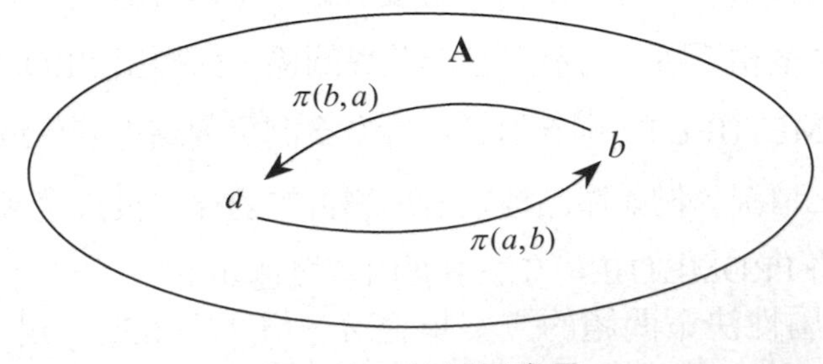

圖 12.9　流量示意圖

表 12.6　一般化準則型態(Brans et al., 1984)

準則類型	定義	圖示	參數
類型 I. 一般偏好關係	$H(d)=\begin{cases}0, & d=0;\\ 1, & \lvert d\rvert>0.\end{cases}$	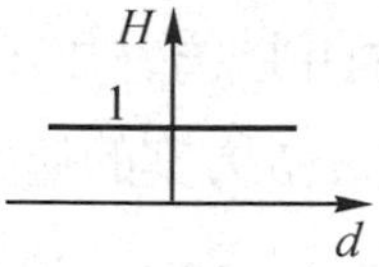 H, 1, d	--
類型 II. 準偏好關係	$H(d)=\begin{cases}0, & \lvert d\rvert\le q;\\ 1, & otherwise.\end{cases}$	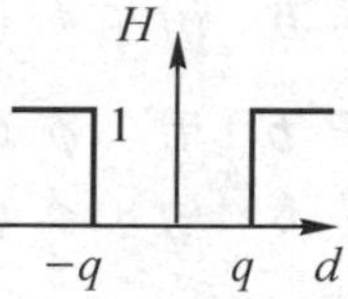 H, 1, −q, q, d	q
類型 III. 簡單線性偏好關係	$H(d)=\begin{cases}\dfrac{\lvert d\rvert}{p}, & \lvert d\rvert\le p;\\ 1, & \lvert d\rvert>0.\end{cases}$	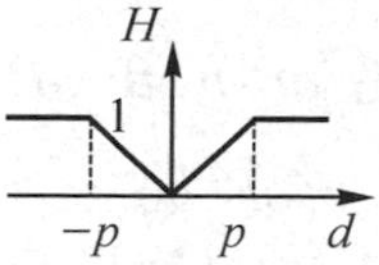 H, 1, −p, p, d	p
類型 IV. 階梯型偏好關係	$H(d)=\begin{cases}1, & \lvert d\rvert\le q;\\ 1/2, & q<\lvert d\rvert\le p;\\ 1, & otherwise.\end{cases}$	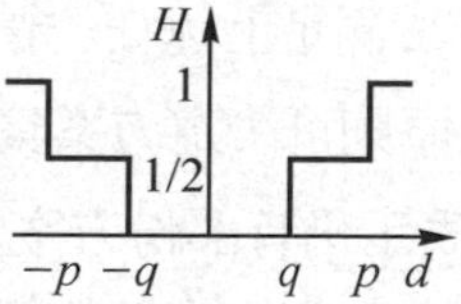 H, 1, 1/2, −p, −q, q, p, d	p, q
類型 V. 具無差異區間之線性偏好關係	$H(d)=\begin{cases}0, & \lvert d\rvert\le q;\\ \dfrac{\lvert d\rvert-q}{p-q}, & q<\lvert d\rvert\le p;\\ 1, & otherwise.\end{cases}$	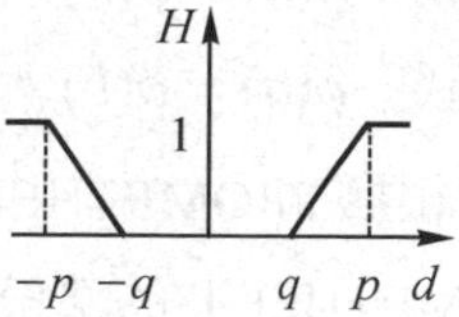 H, 1, −p, −q, q, p, d	p, q
類型 VI. 高斯偏好關係	$H(d)=1-\exp\{-\dfrac{d^2}{2\sigma^2}\}$	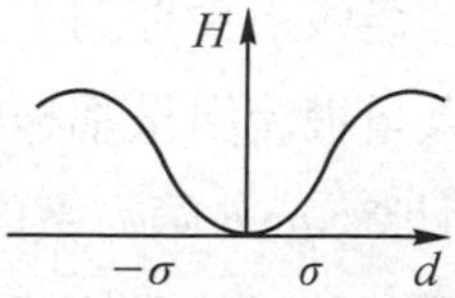 H, −σ, σ, d	σ

1. 流出量：$\phi^+(a)=\sum_{b\in A}\pi(a,b)$；
2. 流入量：$\phi^-(a)=\sum_{b\in A}\pi(b,a)$；
3. 淨流量：$\phi(a)=\phi^+(a)-\phi^-(a)$。

PROMETHEE 方法中，定義流出量愈大且流入量愈少的方案爲較佳，根據流量關係可決定 a、b 方案的偏好關係如下，其中 P 與 I 分別表示優勢及無差異關係，

$$\begin{cases} aP^+b & iff \quad \phi^+(a)>\phi^+(b); \\ aI^+b & iff \quad \phi^+(a)=\phi^+(b); \end{cases} \tag{12.30}$$

$$\begin{cases} aP^-b & iff \quad \phi^-(a)<\phi^-(b); \\ aI^-b & iff \quad \phi^-(a)=\phi^-(b); \end{cases} \tag{12.31}$$

PROMETHEE I 定義所有方案的部份偏好順序 (P^I,I^I,R) 決定原則如下：

1. 若滿足 $\{aP^+b$ 且 $aP^-b\}$ 或 $\{aP^+b$ 且 $aI^-b\}$ 或 $\{aI^+b$ 且 $aP^-b\}$，則稱 a 優於 $b(aP^Ib)$ (12.32)
2. 若滿足 aI^+b 且 aI^-b，則稱 a、b 無差異(aI^Ib) (12.33)
3. 若無法滿足上述任一情況，則稱 a、b 無法比較(aRb) (12.34)

從以上原則可決定方案集合 A 中所有方案的部份優勢順序，但是當 aRb 情況存在時，則表示仍有部份方案無法決定其優勢順序。因此，PROMETHEE II 引用淨流量觀念，可決定出所有方案的整體優勢順序 (P^{II},I^{II})，其原則如下：

1. 若滿足 $\phi(a)>\phi(b)$，則稱 a 優於 $b(aP^{II}b)$ (12.35)
2. 若滿足 $\phi(a)=\phi(b)$，則稱 a、b 無差異$(aI^{II}b)$ (12.36)

決策者根據 PROMETHEE II 原則，似乎較容易得到所有方案的優勢順序關係；然而，PROMETHEE I 的部份排序原則，允許部份方案的優勢關係爲無法比較，在某些情況下卻是較爲合理的。另一方面，在 PROMETHEE I、II 方法中，當 a、b 兩方案的流入量與流出量都嚴格相等時，稱 a、b 兩方案無差異；然而，若準則型態爲連續型分配時，a、b 兩方案的流量值可能發生很相近的情形，PROMETHEE III 以區間觀念闡釋此種無差異的情況。

對方案 a 在特定準則的評估值，可以區間$[x_a, y_a]$表示，x_a 與 y_a 爲區間的上、下臨界值，PROMETHEE III 定義所有方案的整體優勢順序(P^{III}, I^{III})決定原則如下：

1. 若滿足$\{x_a > y_b\}$，則稱 a 優於 $b(aP^{III}b)$ (12.37)
2. 若滿足$\{x_a \le y_b$ 且 $x_b \le y_a\}$，則稱 a、b 無差異$(aI^{III}b)$ (12.38)

其中，區間 $[x_a, y_a]$ 定義如下，α 爲區間臨界值 x_a 、y_a 與中心值 $\bar{\varphi}(a)$ (淨流量的平均數)的距離參數(通常，$\gamma > 0$)，n 爲評估準則的個數：

$$\begin{cases} x_a = \bar{\phi}(a) - \gamma\sigma_a \\ y_a = \bar{\phi}(a) + \gamma\sigma_a \end{cases} \tag{12.39}$$

$$\bar{\varphi}(a) = \frac{1}{n}\sum_{b\in A}(\pi(a,b) - \pi(b,a)) = \frac{1}{n}\varphi(a) \tag{12.40}$$

$$\sigma_a^2 = \frac{1}{n}\sum_{b\in A}(\pi(a,b) - \pi(b,a) - \bar{\varphi}(a))^2 \tag{12.41}$$

另外，γ 值愈小表示兩方案的強勢順序關係愈明顯；當 $\gamma = 0$ 時，優勢順序(P^{III}, I^{III})與(P^{II}, I^{II})結果相同。事實上，γ 的選擇端視個案而定，例如爲了避免有太多的無差異方案產生，通常會要求區間平均長度小於兩個相臨區間中心值的距離，一般情況取 $\gamma = 0.15$ 。值得一提的是，在 PROMETHEE III 方法中，P^{III} 仍然具備遞移性(P^{I} 、P^{II} 亦同)，但是，I^{III} 則不必然具備遞移性，此種特性有助於區別無差異方案的優勢順序。例如 a、b、c 三個方案，假設 $aI^{III}b$ 與 $bI^{III}c$ 皆成立，但是 $aI^{III}c$ 卻不成立，而是 $aP^{III}c$ 成立(如圖 12.10)。

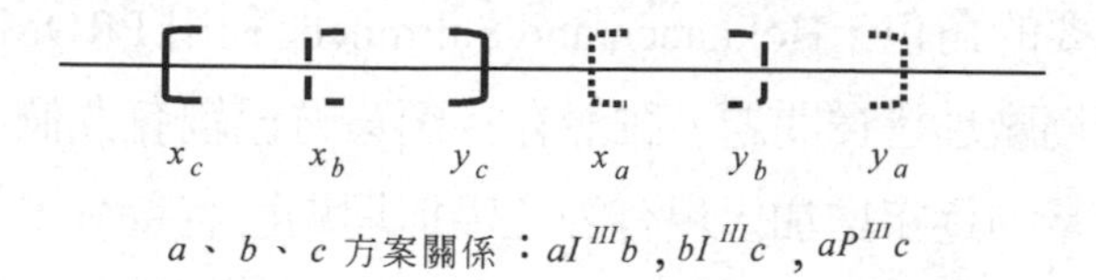

a、b、c 方案關係：$aI^{III}b$，$bI^{III}c$ ，$aP^{III}c$

圖 12.10　PROMETHEE III 非遞移性釋例

PROMETHEE IV 係將 PROMETHEE II 方法延伸到當可行方案間爲連續形關係時情況，令 a、b 方案的偏好函數爲 $h(d) = f_h(a,b)$ ，且 $d = f_h(a) - f_h(b)$，$h = 1,2,...,n$ ，定義連續形方案集合 A 的流出量(φ^+)、流入量(φ^-)、與淨流量(φ)三者分別爲：

$$\phi^{+}(a)=\int_{A}\pi(a,b)db \tag{12.42}$$

$$\phi^{-}(a)=\int_{A}\pi(b,a)db \tag{12.43}$$

$$\phi(a)=\phi^{+}(a)-\phi^{-}(a) \tag{12.44}$$

事實上，上述連續函數的偏好強度指標 $\pi(a,b)$ 的積分值不容易計算，因此，Brans et al. 建議簡化如下：

$$\phi^{+}(a)=\int_{A}f_{h}(a,b)db \tag{12.45}$$

$$\phi^{-}(a)=\int_{A}f_{h}(b,a)db \tag{12.46}$$

$$\phi(a)=\frac{1}{n}\sum_{h=1}^{n}\left[\phi_{h}^{+}(a)-\phi_{h}^{-}(a)\right] \tag{12.47}$$

假設準則函數 $\phi(a)$ 為表 12.6 之類型 I 至類型 V 型態，且定義在實數 [0,1] 區間，當 f_h 為逐段線性(piecewise linear)或二次式形式(quadratic)時，上述連續函數的積分過程變得很複雜，通常會利用數值積分方法處理。另外，在多準則決策問題中，如果無差異門檻函數 q 及強勢偏好門檻函數 p 為模糊性資料時(p、q 定義如表 12.6 類型 II 至 V)，則必須修正相關的 PROMETHEE 優勢排序方法以符合實際。

【例 12-5】(Hokkanen and Salminen 1997c)

環境影響評估(Environmental Impact Assessment；EIA)在公共設施投資與相關議題中經常扮演著重要的角色，Hokkanen and Salminen 利用 PROMETHEE 方法評估芬蘭東方垃圾處理場廠址選擇問題。雖然在芬蘭東方已經有九個一般垃圾處理場，但隨著人口、垃圾量的逐年增加，現有的垃圾掩埋場已容量有限，因此主管當局擬再興建新的垃圾處理場，但是在環保意識高漲的國內欲執行此一措施並不容易，除了符合 EIA 法令為基本要求外，還必須與居民充分溝通以取信於民。作者提出多屬性決策的 PROMETHEE 方法作為輔助決策工具，有 156 位各相關領域的利害關係人參與該項評估計畫，經過多次討論與意見交換擬定 4 個因素包括 14 項準則，針對 4 個可能區域進行分析評估。

在該計畫中所考慮因素有經濟、技術、自然環境、人因介面與環境適應度之因素，各方案在評估準則之表現值有質化資料，亦有量化資料，計畫中利用 PROMETHEE I 及 PROMETHEE II 兩種方法，相關門檻值由 28 位決策者共同決定，最後將該計畫評估結果與 EIA 方式相比對，驗證 PROMETHEE 方法在此類環保議題的適用性。

12.3.6 灰關聯模型

灰色系統理論係由大陸華中理工學院鄧聚龍教授於 1982 年提出，主要探討「少樣本不確定」的問題，不同於研究「大樣本不確定」的機率論與統計學，也不同於研究「認知不確定」的模糊集合理論。在某些情況如環境的變化劇烈，或受制於外在環境的嚴格阻礙時，樣本的蒐集非常不易，或過去的資料對於劇變的未來難以提供預測上的有利資訊，灰色系統理論依據信息覆蓋特性，建立灰朦朧集基礎，探討現實環境中少樣本不確定的問題。灰色系統理論的基本原理有：

1. 差異信息原理 – 凡信息必有差異，差異代表信息。
2. 解的非唯一性原理 – 導因於資訊不完全、不確定。
3. 最少信息原理 – 灰色系統理論主要探討「少樣本不確定」的問題。
4. 信息根據認知原理 – 凡是作爲認知的根據，均爲信息。
5. 新息優先原理 – 新信息較舊信息在未來預測上扮演更重要的角色。
6. 灰性不滅原理 – 人類思維有灰特徵，具階段性，信息覆蓋可以無限延拓。

灰色系統理論允許數據爲任意分佈，利用灰生成、灰關聯、灰建模等手段，達到灰評估、灰預測、灰決策等作爲(Deng 1985; 1988; 1989)。該理論目前已被廣泛應用於各領域，例如醫學診斷與技術診斷(Kuhnell and Luo 1991;1992)、電機系統控制(Wen, 1995)、影像壓縮與圖像(Huang and Wu 1993)、多屬性決策與多目標規劃(Tzeng and Tsaur 1994, Chang 1997)。本節針對灰關聯應用於多屬性決策作相關理論與實例介紹。

定義 12.3.6.1

令 X 爲灰關聯因子空間，$x_0 \in X$ 爲參考列，$x_i \in X$ 爲可比較序列，$x_0(k)$ 及 $x_i(k)$ 分別表示 x_0 及 x_i 在第 k 個因子的數，若 $\gamma(x_0(k), x_i(k))$ 與 $\gamma(x_0, x_i)$ 爲實數且滿足以下四項灰色理論公理，則稱 $\gamma(x_0(k), x_i(k))$ 爲灰關聯係數，$\gamma(x_0, x_i)$ 爲灰關聯度表示 $\gamma(x_0(k), x_i(k))$ 的平均值。

1. 規範性公理

   $0 < \gamma(x_0, x_i) \leq 1, \forall k$；

   $\gamma(x_0, x_i) = 1$ 若且唯若 $x_0 = x_i$，

   $\gamma(x_0, x_i) = 0$ 若且唯若 $x_0, x_i \in \phi$；ϕ 表空集合。

2. 偶對稱性公理

   $x, y \in X$，$\gamma(x, y) = \gamma(y, x)$ 若且唯若 $X = \{x, y\}$。

3. 整體性公理

   $\gamma(x_i, x_j) \overset{often}{\neq} \gamma(x_j, x_i)$ 若且唯若 $X = \{x_i \mid i = 0,1,2,\ldots,n\}, n > 2$。

4. 接近性公理

   $|(x_0(k), x_i(k))|$ 表示 $x_0(k)$ 及 $x_i(k)$ 的距離函數，$\gamma(x_0(k), x_i(k))$ 會隨著該值的增加而減少，亦即兩點間的距離愈大則其接近性愈低。

Deng 定義灰關聯係數如下：

$$\gamma(x_0(k), x_i(k)) = \frac{\min_i \min_k \Delta_i(k) + \zeta \max_i \max_k \Delta_i(k)}{\Delta_i(k) + \zeta \max_i \max_k \Delta_i(k)} \tag{12.48}$$

其中，$\Delta_i(k) = |x_0(k) - x_i(k)|$ 表示參考序列與比較序列在第 k 因子的距離，ζ 爲辨識係數 ($\zeta \in [0,1]$)，表示背景值和待測物之間的對比。

定義 12.3.6.2

若 $\gamma(x_0, x_i)$ 滿足灰關聯四項公理，則稱 γ 爲灰關聯圖像。

定義 12.3.6.3

若 Γ 爲整體灰關聯圖像，$\gamma \in \Gamma$ 滿足灰關聯四項公理，且 X 爲灰關聯因子集合，則稱 (X,Γ) 爲灰關聯空間，γ 爲 Γ 的某特定圖像。

定義 12.3.6.4

令 (X,Γ) 爲灰關聯空間，且若 $\gamma(x_0,x_j),\gamma(x_0,x_p),\cdots,\ \gamma(x_0,x_q)$ 等灰關聯圖像滿足 $\gamma(x_0,x_j) > \gamma(x_0,x_p) > \cdots > \gamma(x_0,x_q)$ 關係，則可得到灰關聯順序如下：$x_j \succ x_p \succ \cdots \succ x_q$ 。

【例 12-6】

Chiou and Tzeng(2001)延續例 12.3 有關水產加工業者資源化發展策略評估問題，結合灰關聯模型與統計因子分析、模糊積分技術，探討不同的(λ,ζ)組合時各項發展策略之優勢排序變化，其中λ爲評估準則間替代效果參數，ζ爲辨識係數。作者利用因子分析重組評估準則，萃取出四個共同因子，再利用模糊積分計算同一因子內的模糊權重值及對應各項發展策略之模糊評估值；再者，計算各項發展策略因子對應於各因子之灰關聯係數，最後導出各項發展策略的灰關聯度，並據以建立優勢排序(結合灰關聯模型的模糊層級分析系統如圖 12.11 所示)。

本研究放寬傳統上令各評估準則爲獨立性的假設條件，且考慮各項發展策略對應於各因子的權重值並不相等，作者將各因子之灰關聯係數結果各因子之權重值而導出灰關聯度，較符合實際問題之特性。再者，作者調整辨識係數 ζ 以觀察觀測值與灰關聯空間的關係，同時利用不同的替代效果參數λ，觀察各項發展策略的優勢排序。作者亦引用非模糊化 COA 方法，將各因子模糊權重及模糊績效表現值轉換成 BNP 值，便於排出各評估準則的相對重要度及各項發展策略的優勢排序，確爲有效的評估方式。

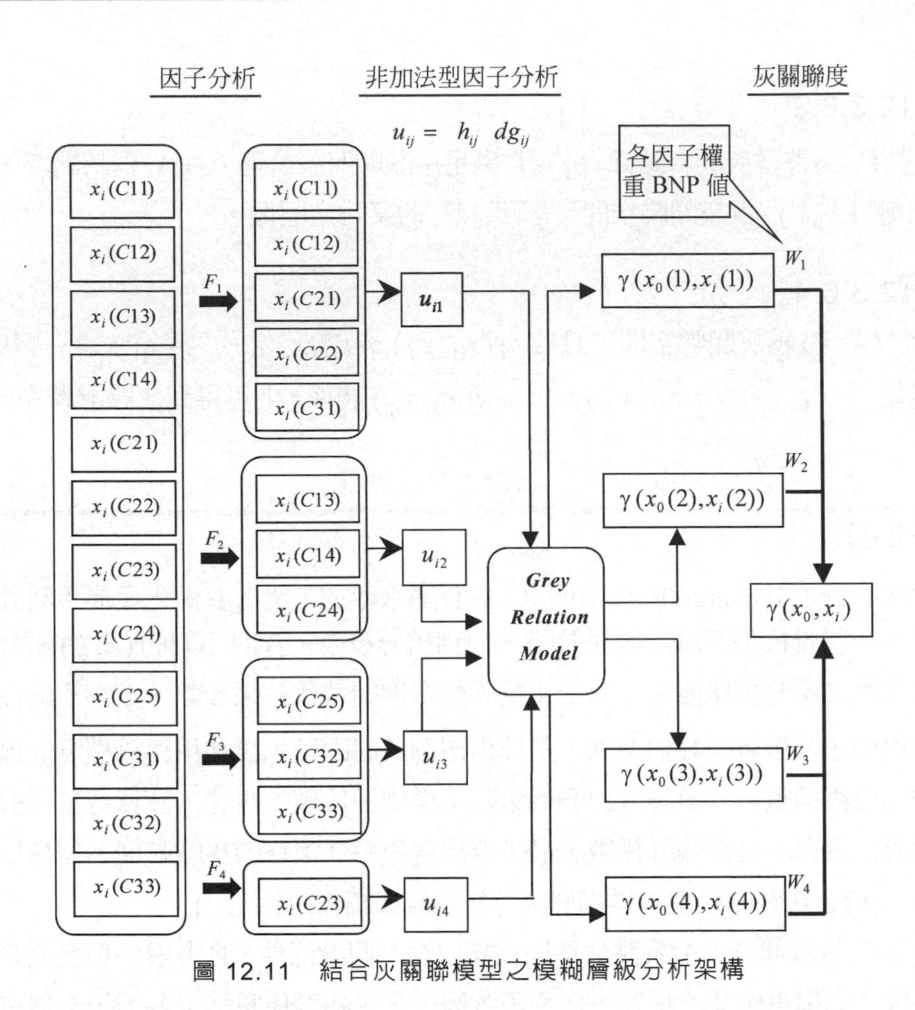

圖 12.11　結合灰關聯模型之模糊層級分析架構

12.3.7　TOPSIS 方法

Hwang and Yoon(1981)利用妥協解觀念而發展出多屬性決策的另一種評估方法，稱爲 TOPSIS 法(Technique for Order Preference by Similarity to Ideal Solution)，所選定的妥協解必須滿足與正理想解距離最短且與負理想解距離最遠的條件。再者，Lai et al.(1994)應用此妥協解觀念建立多目標決策的數學規劃模式，下一節再作深入介紹。

令多準則決策問題的方案集合 $A=\{a_i \mid i=1,2,...,m\}$，而評估準則集合 $g=\{g_j \mid j=1,2,...,n\}$，則 TOPSIS 的程序基本上可分爲六個步驟：

步驟一、 令 x_{ij} 表第 i 方案在第 j 準則的評估值，則正規化決策矩陣 $R=[r_{ij}]$ 可計算如下：

$$r_{ij}=\frac{x_{ij}}{\sqrt{\sum_{i=1}^{m}x_{ij}^2}}\text{，其中}\begin{cases}i=1,2,...,m\\j=1,2,...,n\end{cases} \tag{12.49}$$

步驟二、 假設各準則權重值爲 $\{w_j \mid j=1,2,...,n\}$，則各方案加權正規化決策矩陣 $V=[v_{ij}]$ 可計算如下：

$$v_{ij}=w_j\cdot r_{ij}\text{，其中，}\sum_{j=1}^{n}w_j=1\text{。} \tag{12.50}$$

步驟三、 定義正理想解集合 A^+ 與負理想解集合 A^- 如下：

$$\begin{aligned}A^+&=\{(\max_i v_{ij}\mid j\in J),(\min_i v_{ij}\mid j\in J')\mid i=1,2,...,m\}\\&=\{v_1^+,v_2^+,...,v_j^+,...,v_n^+\}\end{aligned} \tag{12.51}$$

$$\begin{aligned}A^-&=\{(\min_i v_{ij}\mid j\in J),(\max_i v_{ij}\mid j\in J')\mid i=1,2,...,m\}\\&=\{v_1^-,v_2^-,...,v_j^-,...,v_n^-\}\end{aligned} \tag{12.52}$$

其中，$\begin{cases}J=\{j=1,2,...,n\mid j\text{ 爲對應於極大值化之準則}\}\\J'=\{j=1,2,...,n\mid j\text{ 爲對應於極小值化之準則}\}\end{cases}$

步驟四、 計算各決策方案與正理想解幾何距離 S_j^+ 及與負理想解之幾何距離 S_i^-：

$$S_i^+=\sqrt{\sum_{j=1}^{n}(v_{ij}-v_j^+)^2}\text{，}i=1,2,...,m \tag{12.53}$$

$$S_i^-=\sqrt{\sum_{j=1}^{n}(v_{ij}-v_j^-)^2}\text{，}i=1,2,...,m \tag{12.54}$$

步驟五、計算各決策方案 a_i 與正理想解集合 A^+ 的相對貼近度值：

$$c_i^+=\frac{S_i^-}{S_i^++S_i^-}\text{，}i=1,2,...,m\text{；}0\le c_i^+\le 1 \tag{12.55}$$

步驟六、對各決策方案進行優勢排序。

假設在 MCDM 問題中只有兩項評估準則$\{g_1, g_2\}$，則正理想解集合 A^+ 與負理想解集合 A^- 的求解並不困難，如果方案 a_1 爲具備與 A^+ 的加權幾何距離最短且與 A^- 的加權幾何距離最遠，此時 a_1 即爲最佳妥協解，其他方案的優勢排序則依據其與 A^+ 距離大小決定，距離愈小者優勢順序較高(如圖 12.12)。

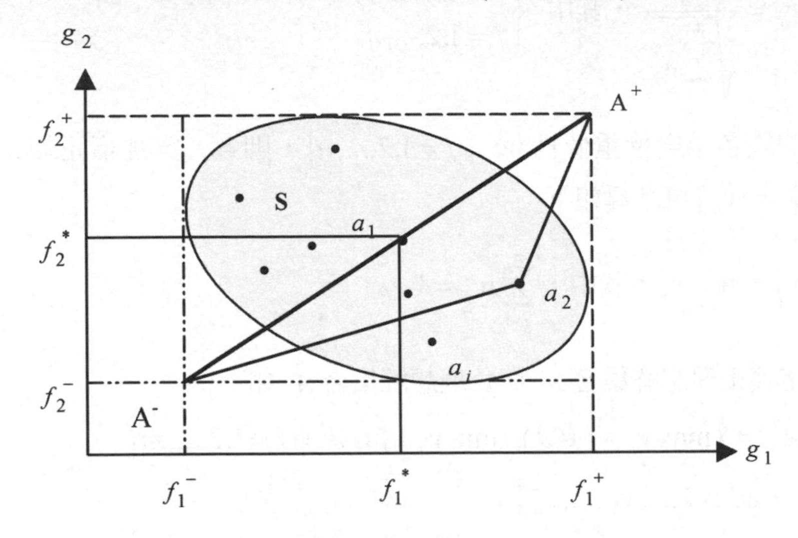

*S 表可行解區域

圖 12.12　兩項準則時 TOPSIS 妥協解集合示意圖

【例 12-8】

本範例參考 Tzeng and Tsaur(1994)的研究，以戰機採購評選個案(Hwang and Yoon 1981)爲例，結合灰關聯模型及 TOPSIS 方法而提出一種新方法解決多屬性決策問題，假設某國家欲從美國及美洲地區採購數種戰鬥機，根據資料蒐集顯示有 4 種機型可供買方選擇(A_i, i=1,2,3,4)，另一方面決策評估小組擬定 6 項評估準則如下：(1)最大飛航速度(C_1)、最大空運範圍(C_2)、最大承載量(C_3)、最小採購成本(C_4)、最大可靠度(C_5)、最大機動性(C_6)。

原始決策矩陣 $\boldsymbol{D}=[x_{ij}]$，其中 x_{ij} 表示第 i 種機型在第 j 項評估準則的表現值，作者首先將原始決策矩陣正規化得到正規化決策矩陣 $\boldsymbol{R}=[r_{ij}]$；其次根據評估準則的特性及式(12.51-12.52)所述，得到正理想解集合 A^+ 與負理想解集合 A^-；步驟三依據各方案在各準則的評估表現值，分別對應於正理想解集合 A^+ 與負理想解集合 A^-，計算各方案在各準則的灰關聯係數；步驟四結合各準則權重值 $\boldsymbol{w} = (0.2, 0.1, 0.1, 0.1, 0.2, 0.3)$與步驟三結果，導出各方案對應於正理想解集合 A^+ 與負理想解集合 A^- 的灰關聯度，並利用式(12.55)得到各方案的貼近度；步驟五則進行各方案的優勢排序。上述各步驟計算結果如下：

1. 原始決策矩陣：

$$\boldsymbol{D} = \begin{bmatrix} 2.0 & 1500 & 20000 & 5.5 & 5 & 9 \\ 2.5 & 2700 & 18000 & 6.5 & 3 & 5 \\ 1.8 & 2000 & 21000 & 4.5 & 7 & 7 \\ 2.2 & 1800 & 20000 & 5.0 & 5 & 5 \end{bmatrix}$$

2. 正規化後決策矩陣：

$$\boldsymbol{R} = \begin{bmatrix} 0.4671 & 0.3662 & 0.5056 & 0.5069 & 0.4811 & 0.6708 \\ 0.5839 & 0.6591 & 0.4550 & 0.5990 & 0.2887 & 0.3727 \\ 0.4204 & 0.4882 & 0.5308 & 0.4147 & 0.6736 & 0.5217 \\ 0.5139 & 0.4394 & 0.5056 & 0.4608 & 0.4811 & 0.3727 \end{bmatrix}$$

3. 正理想解集合向量：

$$\boldsymbol{A}^+ = \{0.5839, 0.6591, 0.5308, 0.4147, 0.6736, 0.6708\}$$

4. 負理想解集合向量：

$$\boldsymbol{A}^- = \{0.4204, 0.3662, 0.4550, 0.5990, 0.2887, 0.3727\}$$

5. 方案 $\boldsymbol{A}_i$ 與正理想解 $\boldsymbol{A}^+$ 的幾何距離矩陣：

$$\boldsymbol{\delta}(\boldsymbol{A}_i, \boldsymbol{A}^+) = \begin{bmatrix} 0.1168 & 0.2929 & 0.0253 & 0.0922 & 0.1925 & 0.0000 \\ 0.0000 & 0.0000 & 0.0758 & 0.1843 & 0.3849 & 0.2981 \\ 0.1635 & 0.1709 & 0.0000 & 0.0000 & 0.0000 & 0.1491 \\ 0.0701 & 0.2197 & 0.0253 & 0.0461 & 0.1925 & 0.2981 \end{bmatrix}$$

6. 方案 $\boldsymbol{A}_i$ 與負理想解 $\boldsymbol{A}^-$ 的幾何距離矩陣：

$$\boldsymbol{\delta}(\boldsymbol{A}_i, \boldsymbol{A}^-) = \begin{bmatrix} 0.0467 & 0.0000 & 0.0506 & 0.0922 & 0.1925 & 0.2981 \\ 0.1635 & 0.2929 & 0.0000 & 0.0000 & 0.0000 & 0.0000 \\ 0.0000 & 0.1221 & 0.0758 & 0.1843 & 0.3849 & 0.1491 \\ 0.0934 & 0.0732 & 0.0506 & 0.1382 & 0.1925 & 0.0000 \end{bmatrix}$$

7. 若取辨識係數 $\zeta = 0.20$，則得到方案 A_i 與正理想解 A^+ 的灰關聯係數矩陣：

$$\gamma(A_i, A^+) = \begin{bmatrix} 0.3973 & 0.2081 & 0.7528 & 0.4551 & 0.2857 & 1.0000 \\ 1.0000 & 1.0000 & 0.5037 & 0.2946 & 0.1667 & 0.2052 \\ 0.3201 & 0.3106 & 1.0000 & 1.0000 & 1.0000 & 0.3405 \\ 0.5235 & 0.2595 & 0.7528 & 0.6256 & 0.2857 & 0.2052 \end{bmatrix}$$

8. 辨識係數同上($\zeta = 0.20$)，得到方案 A_i 與負理想解 A^- 的灰關聯係數矩陣：

$$\gamma(A_i, A^-) = \begin{bmatrix} 0.6223 & 1.0000 & 0.6036 & 0.4551 & 0.2857 & 0.2052 \\ 0.3201 & 0.2081 & 1.0000 & 1.0000 & 1.0000 & 1.0000 \\ 1.0000 & 0.3868 & 0.5037 & 0.2946 & 0.1667 & 0.3405 \\ 0.4517 & 0.5125 & 0.6036 & 0.3577 & 0.2857 & 1.0000 \end{bmatrix}$$

9. 導出方案 A_i 與正理想解 A^+ 的灰關聯度集合向量：

$$\gamma(A_i^+) = \{0.5782, 0.4747, 0.5972, 0.3872\}$$

10. 導出方案 A_i 與負理想解 A^- 的灰關聯度集合向量：

$$\gamma(A_i^-) = \{0.4490, 0.7848, 0.4540, 0.5949\}$$

12. 計算各方案與正理想解 A^+ 的貼近度集合：

$$c(A_i^+) = \{0.4371, 0.6231, 0.4319, 0.6057\}$$

12. 進行方案的優勢排序：$A_2 \succ A_4 \succ A_1 \succ A_3$

在灰關聯模型中，辨識係數 ζ 表示觀測體與全體之比例，其值介於(0,1.0)區間，值愈大表示假設該觀測體表達整體資訊的比例愈高。事實上，本範例中，當辨識係數 $\zeta \le 0.10$ 時，各方案的優勢排序會改變，而爲：$A_4 \succ A_2 \succ A_3 \succ A_1$，而當辨識係數 $\zeta > 0.10$ 時，各方案的優勢排序均爲：$A_2 \succ A_4 \succ A_1 \succ A_3$。

12.4 模糊多目標決策

自從 Kuhn-Tucker(1951)提出向量最適化的觀念，及 Koopmans(1951)利用效率向量導出效率解的必要條件以來，使得多目標問題的求解獲得重大突破；其後，Charnes, Cooper and Ferguson(1955)提出目標規劃法；另外，ε 限制式法、權重法、SWT 法、妥協解等方法相繼提出以解決多目標決策問題(發展歷程如圖 12.13)。多目標決策方法的共同特性包括：(1)可量化的目標函數集合；(2)限制式集合；(3)目標函數間具有可替換性資訊。簡言之，多目標決策問題係由數組限制式及數組目標函數所組成的組合最適化求解問題。

模糊多目標決策方法，係結合模糊集合觀念與多目標決策技巧，將限制式、參變數及評估目標之模糊性加以考慮，在於發展啓發式求解方法，或利用數學規劃方式求取組合最佳解。Bellman and Zadeh(1970)所提出在模糊環境下多目標決策理論與觀念，爲此領域的代表作，其後眾所周知的方法與模式有：線性(非線性)規劃、目標規劃、整數(混合整數)規劃、交談式線性(非線性)規劃、二階段規劃方法、多階段規劃方法等。例如，Zimmermann(1978)利用 Bellman and Zadeh(1970)的 max-min 觀念提出當目標相互衝突時的模糊規劃方法；Yu and Zeleny(1972)提出妥協解方法；Lai et al.,(1994)利用妥協解觀念提出 TOPSIS 方法求解多目標決策問題。

另一方面，Charnes, Cooper and Rhodes(1978)提出多元輸出對多元輸入比之效率綜合指標值作爲衡量決策單位的效率，此即 DEA 觀念；其後，日本山口(1995)亦將 DEA 的輸出入值引進模糊數觀念。Yu and Seiford(1981)提出多目標多階段問題。1980 年代，Sakawa(1983； 1984a, 1984b)等發展許多模糊多目標規劃方法，有目標模糊，亦有參變數模糊，甚至有限制式之資源限制與模糊問題，引入 $\max_x \min_i \lambda$ (或 $\max_x \min_{ij} \lambda$)等觀念，此即爲使達成水準爲最大之觀念；1990 年代，Lee and Li(1993)針對多目標決策問題的明確性及模糊性，提出妥協解規劃方法及二階段多目標規劃理論。另外，Goldberg(1989,1992)提出基因演算法(Genetic Algorithms; GAs)作爲模糊多目標決策問題的求解工具。Zeleny(1986)以游伯龍教授所發表的習慣領域觀念，提出 De Novo 規劃之多目標設計問題；其後，Lee(1992)考慮模糊決策因素而推廣提出模糊 De Novo 規劃之多目標設計問題。

在模糊集合理論中，歸屬函數 $\mu(x)$ 表示元素 x 屬於集合的程度，模糊多目標線性規劃基本上包括以線性歸屬函數表達目標集合與限制式集合，不同於傳統的多目標線性規劃存在最佳明確解集合，兩者區別及較為深入的探討可參閱 Zimmermann (1978)、Werners(1987)、Martinson(1993)、Lee and Li(1993)等文獻。12.4.1 節將介紹一般化的模糊多目標線性規劃模式，12.4.2 節探討目標模糊的多目標線性規劃模式，12.4.3 節探討目標及限制式皆模糊的多目標線性規劃模式，12.4.4 節介紹兩階段模糊多目標線性規劃模式。

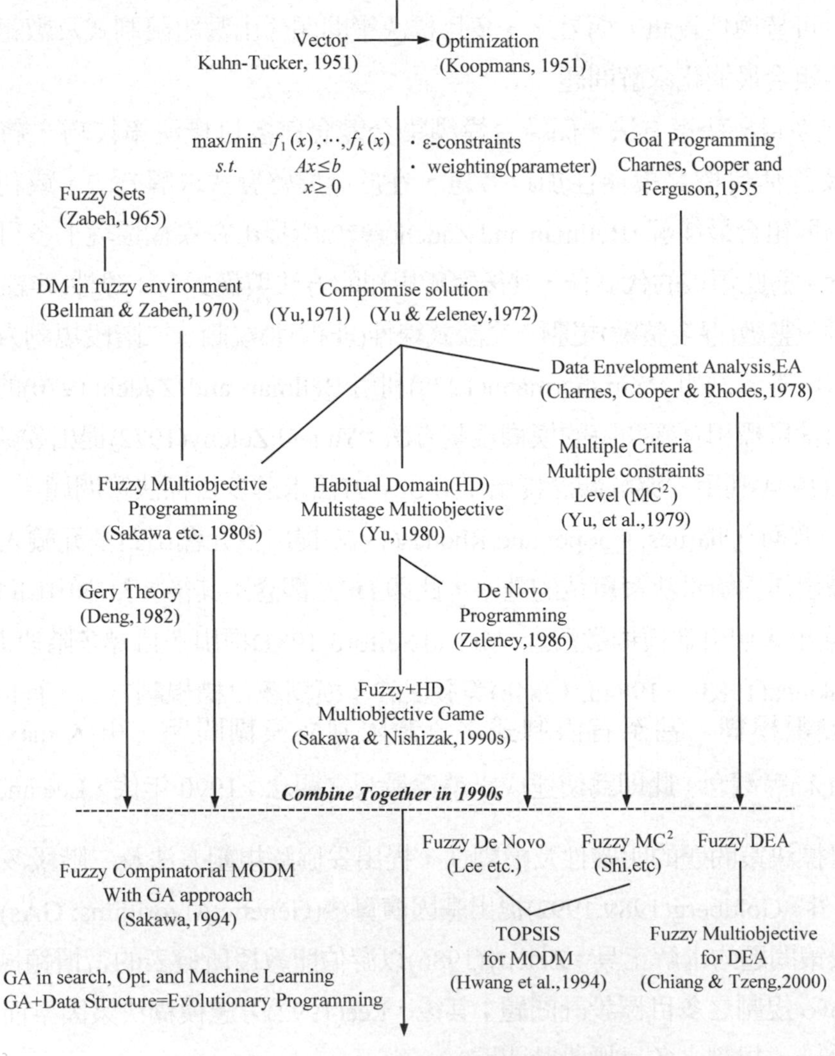

圖 12.13　多目標決策發展歷程示意圖

12.4.1 模糊多目標線性規劃模式

Zimmermann(1978)首先利用 Bellman and Zadeh(1970)模糊環境的決策理論及線性歸屬函數觀念，發展出模糊多目標線性規劃模式，其後相關模式則如雨後春筍般陸續被發展。模糊多目標線性規劃模式通常可表示如下：

$$
\begin{aligned}
&\max \ \ \tilde{\boldsymbol{z}}_k = \sum_{j=1}^{n} \tilde{\boldsymbol{c}}_{kj} \boldsymbol{x}_j, \ k = 1, \ 2, \ldots, \ q_1 \\
&\min \ \ \tilde{\boldsymbol{w}}_k = \sum_{j=1}^{n} \tilde{\boldsymbol{c}}_{kj} \boldsymbol{x}_j, \ k = q_1 + 1, \ \ldots, \ q \\
&s.t. \ \ \sum_{j=1}^{n} \tilde{\boldsymbol{a}}_{ij} \boldsymbol{x}_j \le \tilde{\boldsymbol{b}}_i, \ \ i = 1, \ 2, \ldots, \ m_1 \\
&\sum_{j=1}^{n} \tilde{\boldsymbol{a}}_{ij} \boldsymbol{x}_j \ge \tilde{\boldsymbol{b}}_i, \ \ i = m_1 + 1, \ \ldots, \ m_2 \\
&\sum_{j=1}^{n} \tilde{\boldsymbol{a}}_{ij} \boldsymbol{x}_j = \tilde{\boldsymbol{b}}_i, \ \ i = m_2 + 1, \ldots, \ m \\
&\boldsymbol{x}_j \ge 0, \ j = 1, \ 2, \ldots, \ n
\end{aligned}
\tag{12.56}
$$

其中，$\tilde{c}_{kj}$ 表示第 k 個目標的第 j 項模糊係數，$\tilde{a}_{ij}$ 爲第 i 個限制式的第 j 項模糊係數，而 $\tilde{\boldsymbol{b}}_i$ 爲第 i 個限制式的右手邊模糊函數。爲了便於瞭解，將式(12.56)模糊多目標線性規劃模式轉換成類似明確集合的多目標線性規劃模式如下：

$$
\begin{aligned}
&\max \ \ (\boldsymbol{z}_k)_\alpha = \sum_{j=1}^{n} (\boldsymbol{c}_{kj})_\alpha^U \boldsymbol{x}_j, \ k = 1, \ 2, \ldots, \ q_1 \\
&\min \ \ (\boldsymbol{w}_k)_\alpha = \sum_{j=1}^{n} (\boldsymbol{c}_{kj})_\alpha^L \boldsymbol{x}_j, \ k = q_1 + 1, \ \ldots, \ q \\
&s.t. \ \ \sum_{j=1}^{n} (\boldsymbol{a}_{ij})_\alpha^L \boldsymbol{x}_j \le (\boldsymbol{b}_i)_\alpha^U, \ \ i = 1, \ 2, \ldots, \ m_1, \ m_2 + 1, \ldots, \ m \\
&\sum_{j=1}^{n} (\boldsymbol{a}_{ij})_\alpha^U \boldsymbol{x}_j \ge (\boldsymbol{b}_i)_\alpha^L, \ \ i = m_1 + 1, \ \ldots, \ m_2 \\
&\boldsymbol{x}_j \ge 0, \ j = 1, \ 2, \ldots, \ n
\end{aligned}
\tag{12.57}
$$

式中，$(\boldsymbol{c}_{kj})_\alpha^U$ 及 $(\boldsymbol{c}_{kj})_\alpha^L$ 、$(\boldsymbol{a}_{ij})_\alpha^U$ 及 $(\boldsymbol{a}_{ij})_\alpha^L$ 、$(\boldsymbol{b}_i)_\alpha^U$ 及 $(\boldsymbol{b}_i)_\alpha^L$ 分別表示模糊數 $\tilde{\boldsymbol{c}}_{kj}$ 、$\tilde{\boldsymbol{a}}_{ij}$ 、$\tilde{\boldsymbol{b}}_i$ 的上下界，可利用 α-截集的選取以交談方式求解，此類型問題的相關應用與推導可參考 Zimmermann(1978)、Sakawa(1993)、Sakawa et al.(1995)、Shibano et al.(1996)、Shih et al.(1996)、Ida and Gen(1997)、Shih and Lee(1999)等文獻。

12.4.2 目標模糊的規劃問題

大多數的模糊目標規劃(Fuzzy Multiobjective Programming ;FMOP)模式可表示如下：

$$\begin{aligned} &\max_{\boldsymbol{x}} \quad [\tilde{f}_1(\boldsymbol{x}), \tilde{f}_2(\boldsymbol{x}), \cdots, \tilde{f}_k(\boldsymbol{x})] \\ &s.t. \quad \boldsymbol{A}\boldsymbol{x} \le \boldsymbol{b} \\ &\boldsymbol{x} \ge 0 \end{aligned} \tag{12.58}$$

其中，x 與 b 表決策變數及右手邊函數。

模糊目標規劃問題，可參考 Lai et al.(1994)所提出 TOPSIS 的妥協解觀念，定義模糊目標之歸屬函數如下：

$$\mu_{g_i}(\boldsymbol{x}) = \begin{cases} 1, & f_i(\boldsymbol{x}) > f_i^*(\boldsymbol{x}) \\ 1 - \dfrac{f_i^*(\boldsymbol{x}) - f_i(\boldsymbol{x})}{f_i^*(\boldsymbol{x}) - f_i^-(\boldsymbol{x})}, & f_i^-(\boldsymbol{x}) \le f_i(\boldsymbol{x}) \le f_i^*(\boldsymbol{x}) \\ 0, & f_i(\boldsymbol{x}) < f_i^-(\boldsymbol{x}) \end{cases} \tag{12.59}$$

$f_i^*(\boldsymbol{x})$ 與 $f_i^-(\boldsymbol{x})$ 分別表示正理想解及負理想解。將式(12.58)轉換成 λ 達成值表示方法：

$$\begin{aligned} &\max_{\boldsymbol{x}} \quad \lambda \\ &s.t. \quad \lambda \le \frac{f_i(\boldsymbol{x}) - f_i^-(\boldsymbol{x})}{f_i^*(\boldsymbol{x}) - f_i^-(\boldsymbol{x})}, \quad i = 1,2,\ldots,k \\ &\boldsymbol{A}\boldsymbol{x} \le \boldsymbol{b} \\ &\boldsymbol{x} \ge 0 \end{aligned} \tag{12.60}$$

另外，亦可利用 max-min 方法將式(12.58)轉換如下：

$$\max_{\boldsymbol{x}} \min_{i} \quad \lambda$$
$$s.t. \quad \boldsymbol{Ax} \le \boldsymbol{b} \tag{12.61}$$
$$x \ge 0$$

12.4.3 目標模糊且限制式模糊的規劃問題

若多目標決策問題的目標函數及限制式皆爲模糊式時，可將其數學規劃表示如下：

$$\max_{\boldsymbol{x}} \quad [\tilde{f}_1(\boldsymbol{x}), \tilde{f}_2(\boldsymbol{x}), \cdots, \tilde{f}_k(\boldsymbol{x})]$$
$$s.t. \quad \tilde{\boldsymbol{A}}\boldsymbol{x} \le \tilde{\boldsymbol{b}} \tag{12.62}$$
$$\boldsymbol{x} \ge 0$$

式中 x 爲決策變數，$\tilde{\boldsymbol{b}}$ 爲模糊右手邊函數。

首先，定義模糊目標及模糊限制式的歸屬函數如下(圖 12.14、圖 12.15)：

$$\mu_{g_i}(\boldsymbol{x}) = \begin{cases} 1, & f_i(\boldsymbol{x}) > f_i^*(\boldsymbol{x}) \\ \dfrac{f_i(\boldsymbol{x}) - f_i^-(\boldsymbol{x})}{f_i^*(\boldsymbol{x}) - f_i^-(\boldsymbol{x})}, & f_i^-(\boldsymbol{x}) \le f_i(\boldsymbol{x}) \le f_i^*(\boldsymbol{x}) \\ 0, & f_i(\boldsymbol{x}) < f_i^-(\boldsymbol{x}) \end{cases} \tag{12.63}$$

$$\mu_{C_j}(\boldsymbol{x}) = \begin{cases} 1, & (\boldsymbol{Ax})_j < b_j \\ \dfrac{(b_j + p_j) - (\boldsymbol{Ax})_j}{p_j}, & b_j \le (\boldsymbol{Ax})_j \le b_j + p_j \\ 0, & (\boldsymbol{Ax})_j > b_j + p_j \end{cases} \tag{12.64}$$

可將此類型問題轉換成 λ 達成值問題如下：

$$\max_{\boldsymbol{x}} \quad \lambda$$
$$s.t. \quad \lambda \le 1 - \frac{f_i(\boldsymbol{x}) - f_i^-(\boldsymbol{x})}{f_i^*(\boldsymbol{x}) - f_i^-(\boldsymbol{x})}, \; i = 1,2,...,k. \tag{12.65}$$

$$\lambda \le 1 - \frac{(\boldsymbol{Ax})_j - b_j}{p_j}, \quad j = 1,2,...,m.$$

$$\boldsymbol{x} \ge 0$$

另外，亦可利用 max-min 觀念將問題轉換如下：

$$\max_{\boldsymbol{x}} \min_{i,j} \quad \lambda$$

$$s.t. \quad \boldsymbol{x} \ge 0 \tag{12.66}$$

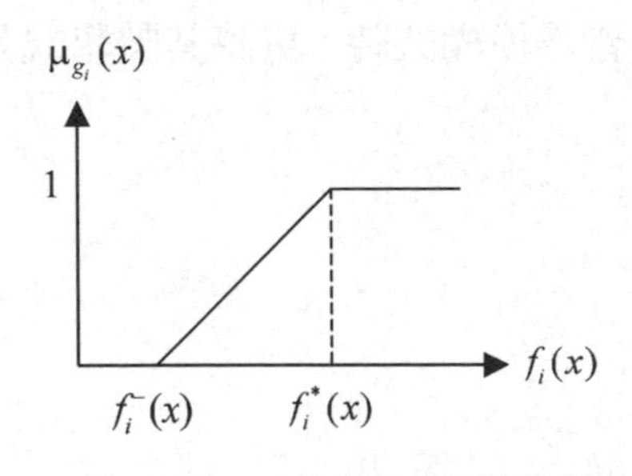

圖 12.14　模糊目標歸屬函數

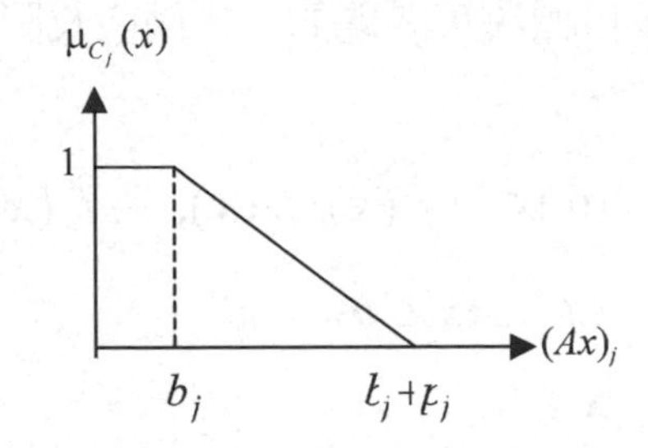

圖 12.15　模糊限制式歸屬函數

12.4.4　二階段方法求解模糊多目標線性規劃問題

模糊多目標決策問題通常包含二或更多個目標，因此可利用 Lee(1993)所發展的二階段模糊多目標規劃方法求解；首先，此類問題的數學規劃式如下：

$$\max_{\boldsymbol{x}} \quad [\tilde{f}_1(\tilde{\boldsymbol{c}}_1, \boldsymbol{x}), \tilde{f}_2(\tilde{\boldsymbol{c}}_2, \boldsymbol{x}), \cdots, \tilde{f}_{k_1}(\tilde{\boldsymbol{c}}_{k_1}, \boldsymbol{x})]$$

$$\min_{\boldsymbol{x}} \quad [\tilde{f}_{k_1+1}(\tilde{\boldsymbol{c}}_{k_1+1}, \boldsymbol{x}), \tilde{f}_{k_1+2}(\tilde{\boldsymbol{c}}_{k_1+2}, \boldsymbol{x}), \cdots, \tilde{f}_k(\tilde{\boldsymbol{c}}_k, \boldsymbol{x})]$$

$$s.t. \quad \tilde{\boldsymbol{A}}\boldsymbol{x} \Uparrow \tilde{\boldsymbol{b}} \tag{12.67}$$

$$\boldsymbol{x} \ge 0$$

式中“⇑”表示二元關係，定義如下：

$\{\Uparrow\} = \{>\} \vee \{\ge\} \vee \{\le\} \vee \{<\} \vee \{=\}$，“∨”表示“或”。

在階段一時，考慮將二階段模糊多目標規劃的限制式集合轉換成明確集合線性規劃模式如下：

$$\begin{aligned}
&\max_{\boldsymbol{x}} \quad [\tilde{f}_1(\tilde{\boldsymbol{C}}_{1\alpha}^{U}, \boldsymbol{x}), \tilde{f}_2(\tilde{\boldsymbol{C}}_{2\alpha}^{U}, \boldsymbol{x}), \cdots, \tilde{f}_{k_1}(\tilde{\boldsymbol{C}}_{k_1\alpha}^{U}, \boldsymbol{x})] \\
&\min_{\boldsymbol{x}} \quad [\tilde{f}_{k_1+1}(\tilde{\boldsymbol{C}}_{k_1+1\alpha}^{L}, \boldsymbol{x}), \tilde{f}_{k_1+2}(\tilde{\boldsymbol{C}}_{k_1+2\alpha}^{L}, \boldsymbol{x}), \cdots, \tilde{f}_k(\tilde{\boldsymbol{C}}_{k\alpha}^{L}, \boldsymbol{x})] \\
&s.t. \quad (\boldsymbol{A})_\alpha^L \boldsymbol{x} \le (\boldsymbol{b})_\alpha^U \\
&(\boldsymbol{A})_\alpha^U \boldsymbol{x} \ge (\boldsymbol{b})_\alpha^L \\
&\boldsymbol{x} \ge 0 \text{，} x \in X_\alpha
\end{aligned} \tag{12.68}$$

根據 Zimmermann(1978)的研究，參數 α 與 β 的關係如下：

1. α 與 β 均爲最佳解時，$\alpha = \beta$ ；
2. α 與 β 之間具有相互替代關係。

則式(12.66)可改寫如下：

$$\begin{aligned}
&\max_{\boldsymbol{x}} \quad \beta \\
&s.t. \quad \beta \le \mu_{g_{i(\max)}}(\boldsymbol{x}) \\
&\beta \le \mu_{g_{i(\min)}}(\boldsymbol{x}) \\
&\boldsymbol{x} \in X_\alpha
\end{aligned} \tag{12.69}$$

其中，

$$\mu_{g_{i(\max)}}(\boldsymbol{x}) = \frac{f_{i(\max)}(C_{i\alpha}^U, \boldsymbol{x}) - f_{i(\max)\alpha}^-}{f_{i(\max)\alpha}^* - f_{i(\max)\alpha}^-}, \ i = 1,2,\ldots,k_1;$$

$$\mu_{g_{i(\min)}}(\boldsymbol{x}) = \frac{f_{i(\min)\alpha}^- - f_{i(nin)}(C_{i\alpha}^L, \boldsymbol{x})}{f_{i(\min)\alpha}^- - f_{i(\min)\alpha}^*}, \ i = k_1+1, k_1+2,\ldots,k .$$

其次，利用反覆遞迴程序，當 $\alpha \cong \beta$ 可求得最適解，在階段二則只需求解 λ 值，使得 $\lambda = \min\{\alpha, \beta\}$ 。

Lee and Li(1993)針對模糊多目標規劃問題提出階段一求解程序如下：

步驟一、 設定誤差容忍值 τ，幅寬 ε 及 α 截集初始値(通常取 $\alpha = 1.0$)，反覆遞迴頻率 $t = 1$ ；

步驟二、 令 $\alpha = \alpha - t\varepsilon$ ，解 c-LP 問題，可得到 β 及 x ；

步驟三、 若 $|\alpha - \beta| \le \tau$ ，令 $\lambda = \min\{\alpha, \beta\}$ ，直接跳到步驟四；否則，回到步驟二。若幅寬 ε 太大時，則令 $\varepsilon = \varepsilon / 2$ ，$t = 1$ 回到步驟二；

步驟四、 解得 λ、α、β、x 等值，程序結束。

再者，利用階段一求得之α、β值，進入階段二解以下的 c-LP2 數學規劃式：

$$
\begin{aligned}
&\max \quad \bar{\beta} = \frac{1}{k}\sum_{i=1}^{k}\beta_i \\
&s.t. \quad \beta \le \beta_i \le \frac{f_{i(\max)}(C_{i\alpha}^{U}, \boldsymbol{x}) - f_{i(\max)\alpha}^{-}}{f_{i(\max)\alpha}^{*} - f_{i(\max)\alpha}^{-}}, \ i = 1,2,\dots,k_1; \\
&\beta \le \beta_i \le \frac{f_{i(\min)\alpha}^{-} - f_{i(nin)}(C_{i\alpha}^{L}, \boldsymbol{x})}{f_{i(\min)\alpha}^{-} - f_{i(\min)\alpha}^{*}}, \ i = k_1+1, k_1+2,\dots,k . \qquad (12.70) \\
&x \in X_\alpha, \ \beta_i, \beta \ \in [0,1]
\end{aligned}
$$

上述求解程序亦可參考 Ida and Gen(1997)文獻內容。

12.5 模糊群體決策

在前面章節中我們曾探討模糊多屬性決策問題及模糊多目標決策問題。模糊多屬性決策問題基本上包括準則集合、方案集合、考慮層面，進行評估與優勢排序；模糊多目標決策問題基本上包括目標函數、限制式、參變數等，進行啓發式或交談式求解程序。而準則、方案、目標、限制式、參變數等都是明確集合及模糊集合組合形式。無論是多屬性決策問題或多目標決策問題，都具有目標衝突性、複雜性、不確定性、以及群體決策性等特質。

決策爲管理的核心，若從行爲科學、管理科學及作業研究的角度觀察，一個比較完善的決策，其內涵應包括五個方面(游伯龍, 1985)：(1)方案集合；(2)準則集合；(3)預期感認值或出象；(4)偏好結構；(5)資訊。所有模糊環境的決策問題，必須兼顧各種利害關係人的權益，因此在決策過程中必須召集各領域的人員參與評估及決策，例如在公共設施投資規劃問題中，必須要有主管機關、使用人、非使用人、學者專家等各領域人員參與。而在此人員組織中，參與評估者往往各有其立場、目的、專業知識，衝突與妥協是決策必經的過程，如何整合眾人的意見而定出使全體利益最大化或損失最小化的決策，考驗決策者的智慧。本小節擬針對此群體決策問題，提出一些常被引用的方法，欲深入探討者可參考 Hwang and Lin(1987)的著作。

關於群體決策問題，已發展出許多的理論及方法，例如效用函數理論、社會選擇模式、競局理論、專家評估法、經濟等價理論、劇場寫作、腦力激盪、德爾菲法等。Hwang and Lin(1987)以系統化觀點將群體決策的理論及方法歸成三類(如表12.7)：社會選擇理論、專家判斷／群體參與、競局理論。簡言之，群體決策是一門藝術，除了對問題本質及內涵要有準確的瞭解以擬定決策方法與程序外，對參與評估及決策人員的特質、屬性也必須要有深入的認識，才能定出最適當的決策，同時亦兼顧所有利害關係人的權益。

表 12.7　群體決策理論及方法分類表

理論類型	應用方法及形式
社會選擇理論	投票選擇 社會選擇函數 社會福利函數
專家判斷 / 群體參與	啓發式對局與模擬構想 民意測驗及調查 系統結構模式 模擬方法 履行與控制
競局理論	正規形式償付函數 特徵函數形式

12.5.1　社會選擇理論

在群體決策問題中，社會選擇理論被應用最多也最廣泛，投票選擇則是其最常見的民主行爲方式，而多數者意見通常可以作爲群體決策傾向。雖然大多數的參與投票者會根據個人或所代表的群體的利益，在心目中建立效用函數，然後進行投票及計數，在群體規模較小且決策問題較單純時，投票及計數可以說是既簡單又有效率的方法；然而此種方式並非在所有問題中都可以輕易地使用，當問題複雜度很高，涉及層面很廣時，例如國際性能源問題、糧食問題、人口問題等，因爲涉及層面涵蓋經濟、政治、外交、文化、社會、種族等，利害關係人包括跨國界領域，因此很難利用投票及計數方式決定。

在多準則決策問題中，複雜性與衝突性爲其基本特質，而如何進行投票及計數方法，仍須視問題本質、特性、目標等及決策參與者的系統、規模而決定，Ross(1955)、Black(1958)、Mackenzie(1958)、Lakeman(1974)等著作對投票及計數方式的應用時機、範疇、及相關議題與構想，都有更深入的探討。

在社會選擇理論另外兩種常被應用的方法是社會選擇函數及社會福利函數。前者係基於投票系統的偏好特性而發展的方法，目的在於反映投票者對可行集合(例如準則、方案、目標、資源限制等)的偏好關係。目前已經發展且較常被引用的函數有：Condorcet 函數、Borda 函數、Copeland 函數、Nanson 函數、Dodgson 函數、Kemeny 函數、Cook and Seiford 函數、Fishburn 函數、Eigenvector 函數、Bernardo 函數等，各函數及方法的詳細內容可參考 Hwang and Lin(1987)著作或相關文獻。

社會福利函數的觀念最早由 Bergson(1938)所提出，而後由 Samuelson(1947)提出函數理論，探討社會選擇行爲時投票參與者的偏好相互衝突或矛盾之情況，並且提出解決方式。相關文獻可參考 Arrow(1963)、Luce and Raiffa(1957)、Rothenberg(1961)、Sen(1970)、Fisburn(1973)。

12.5.2 專家判斷／群體參與

多準則決策問題諸如公共設施投資、環保、教育、產業等範圍，都具備衝突性、複雜性，問題內涵除了涉及硬體設備、經濟、政治、工程技術外，可能還包括人(使用者、非使用者、其他利益群體)的因素，且此因素的重要程度可能超越其他各項因素，也可能是日後評斷今日決策的成敗及完美與否者，因此，如何透過專家判斷或群體參與，制定最佳決策，使得全體利益最大化，爲決策過程的高度藝術與智慧的發揮。

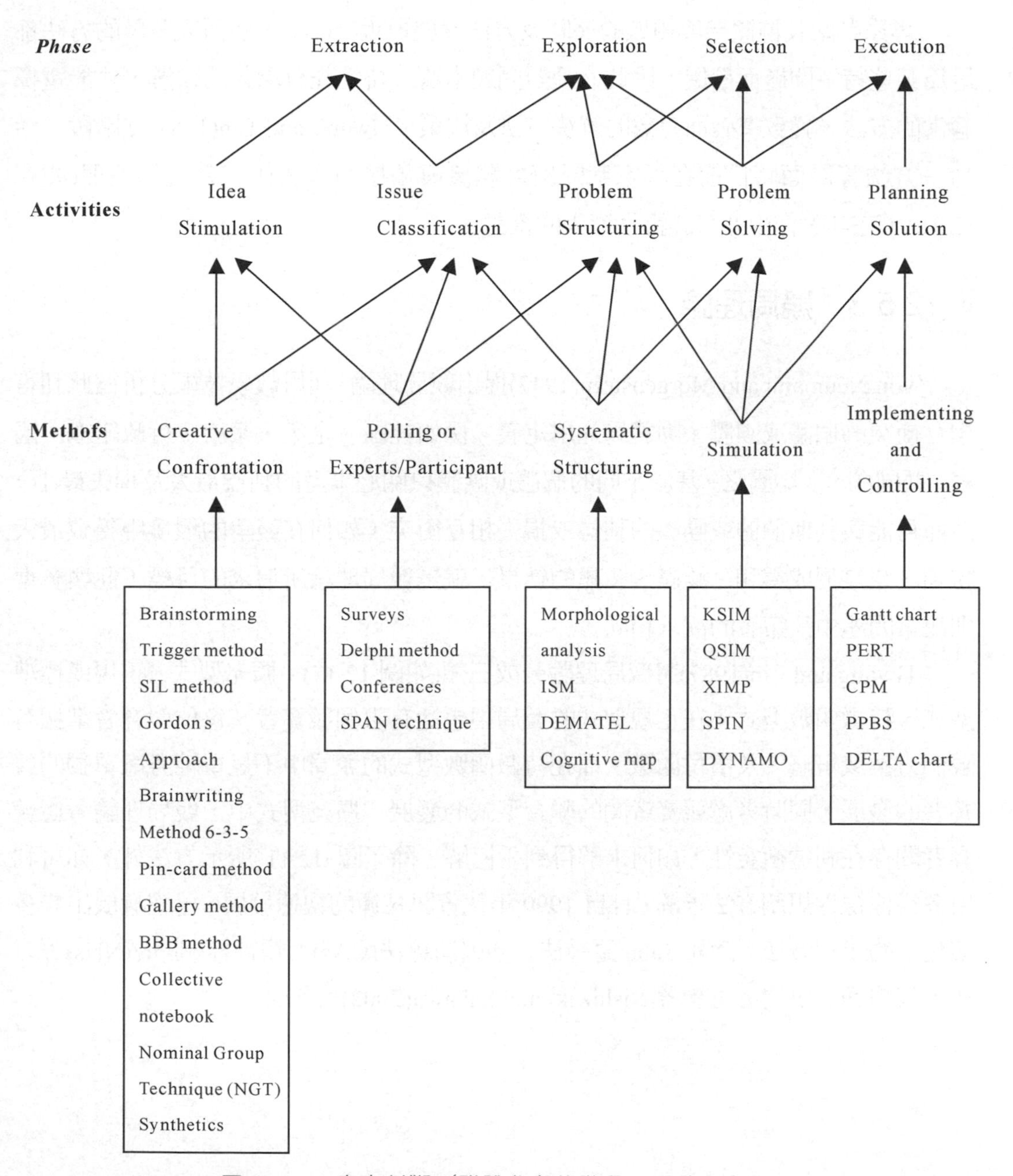

圖 12.16 專家判斷／群體參與的階段、活動、方法

專家判斷及群體參與領域的歷時及方法發展已近 70 年，然而大多數的方法都是爲某些特定問題而發展，因此必須對問題本質、特性先有深入的瞭解，才能選擇適當的方法，獲致準確而有效的解決方法及決策。Hwang and Lin(1987)從階段、活動、方法等層面將目前在專家判斷與群體參與領域的方法作有系統的整理(如圖 12.16)，在其著作中亦有詳盡且深入的探討。

12.5.3 競局理論

von Neumann and Morgenstern(1947)提出競局理論，利用數學技術分析彼此利害相互衝突的個體或團體，團體爲通用定義，例如社區、企業、家族、行政組織、國家、共同圈、...均屬之。基於不同的個體或團體只關心本身的利益最大及損失最小，然而可能與其他個體或團體的利益或損失相互衝突，如何在競爭的環境中獲致最大勝利、或是促成零和、雙贏、多贏的結果，就是競局理論所追求的目標，此與多準則決策問題中決策者的欲求相同。

Hwang and Lin(1987)將競局理論分成三類(如圖 12.17)：擴充型式、正規或標準型式、特徵函數型式。在正規型式的競局中包括有限個競賽者、每位競賽者掌握有限個方案或策略、及償付函數。而在特徵函數型式的競局中不是單純考慮單獨的競賽者的發展，同時考慮競賽者間的聯合型式的發展。擴充型式中，競局理論考慮競賽者間存在利益衝突性，如何求解得到妥協解，除了圖 12.11 所示方法外，亦可利用多目標線性規劃方法求解，且自 1990 年代資訊技術的快速發展，已經發展出許多演化式的求解方法，諸如 Tabu 蒐尋法、基因演算法(GAs)、類神經網路(ANNs)等方法，有興趣之研究者可參考 Nishizaki and Sakawa(2002)著作。

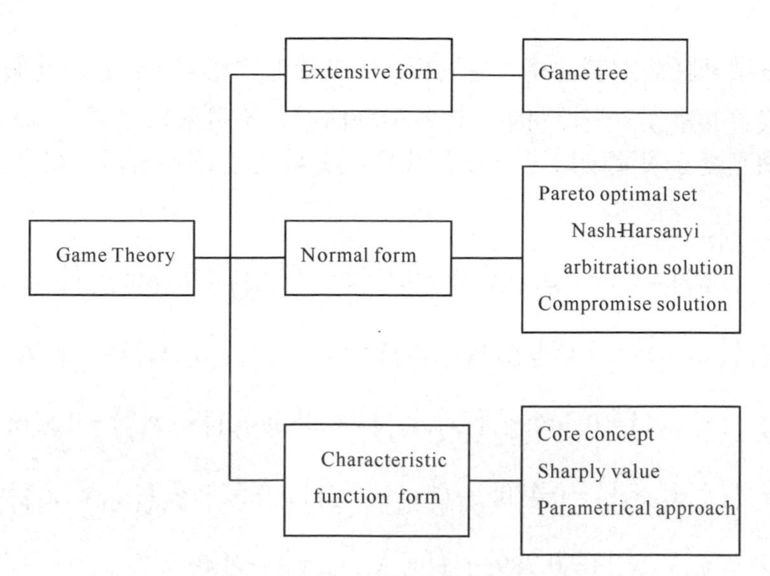

圖 12.17　競局理論的三種基本型式及方法

習　題

[12.1]　考慮四個方案(A_1、A_2、A_3、A_4)四項評估準則(x_1、x_2、x_3、x_4)的問題，調查所得之評估矩陣資料如下：

	x_1	x_2	x_3	x_4
A_1	60	90	90	50
A_2	60	50	80	90
A_3	90	80	60	70
A_4	80	70	70	80

假設各項評估準則具備相互獨立性且其相對重要程度相同，試分別以簡單加權平均數、灰關聯、TOPSIS 等方法建立上述各備選方案之優勢排序關係。

[12.2] 在多準則評估中屬性獨立性爲相當重要之基本假設，若忽略此假設可能會導致嚴重的錯誤。假設問題 1 之各項評估準則不具備相互獨立性，經衡量得其模糊測度 g_λ 矩陣如下表，試以模糊積分建立上述各備選方案之優勢排序關係。

$$g_\lambda\left(\{x_1\}\right)=0.063; g_\lambda\left(\{x_2\}\right)=0.102; g_\lambda\left(\{x_3\}\right)=0.186; g_\lambda\left(\{x_4\}\right)=0.219;$$

$$g_\lambda\left(\{x_1,x_2\}\right)=0.184; g_\lambda\left(\{x_1,x_3\}\right)=0.283; g_\lambda\left(\{x_1,x_4\}\right)=0.322;$$

$$g_\lambda\left(\{x_2,x_3\}\right)=0.344; g_\lambda\left(\{x_2,x_4\}\right)=0.385; g_\lambda\left(\{x_3,x_4\}\right)=0.526;$$

$$g_\lambda\left(\{x_1,x_2,x_3\}\right)=0.470; g_\lambda\left(\{x_1,x_2,x_4\}\right)=0.523; g_\lambda\left(\{x_1,x_3,x_4\}\right)=0.688;$$

$$g_\lambda\left(\{x_2,x_3,x_4\}\right)=0.789; g_\lambda\left(\{x_1,x_2,x_3,x_4\}\right)=1.0;$$

[12.3] 試說明 ELECTRE I、ÍI、III、IV 方法各模式之特性及其差異？

[12.4] 試說明 PROMETHEE I、ÍI、III、IV 方法各模式之特性及其差異？

[12.5] 假設電子商務的環境中包括資訊服務提供者(Information Service Provider)、供應商(Suppliers)、消費者(Customers)等三種角色，試從多準則決策角度設計此一供應鏈管理模式。

參考文獻

[1] 曾國雄、王丘明(1993)“多評準決策方法之比較與應用 – 以基隆港改善方案之選擇爲例”，*Journal of Chinese Institute of Engineers*, 10(1), 13-23.

[2] 曾國雄、鄧振源(1989)“層級分析法(AHP)的內涵特性與應用(上)(下)”，中國統計學報，第 27 卷第 6 期，頁 5-22；第 27 卷第 7 期，頁 1-20。

[3] 鄧振源(1990)“多評準決策規劃方法之概念性分析”，交通運輸，第 12 期，頁 131-163。

[4] 鄧振源(1992)，「相關性運輸投資計畫選擇之研究 – 非模糊與模糊多目標規劃方法」，博士論文，交通大學交通運輸研究所。

[5] 游伯龍(1985)，「行爲與決策：知己知彼的基礎與應用」，中央研究院經濟研究所，台北。

[6] Aczel, J., and Saaty, T.L.,(1983)"Procedures for synthesizing ratio judgments", *Journal of Mathematical Psychology*, 27(1), 93-102. Barda, O.H., Dupuis, J., and Lencioni, P.,(1990)"Multicriteria location of thermal power plant", *European Journal of Operational Research,* 45(3), 332-346.

[7] Arrow, K.J.,(1963)*Social Choice and Individual Values*, 2nd ed., Yale University Press, New Haven.

[8] Basak, I., and Saaty, T.L.,(1993)"Group decision making using the analytic hierarchy process", *Mathematical and Computer Modelling*, 17(1), 101-109.

[9] Bellman, R.E., and Zadeh, L.A.,(1970)"Decision making in a fuzzy environment", *Management Science*, 17(4), 141-164.

[10] Benayoun, R., Roy, B., and Sussman, N.,(1966)*Manual de reference du program ELECTRE*, Note de Synthese et Formation, Direction Scientifique SEMA, No.25, Paris.

[11] Bergson, A.,(1938)"A reformulation of certain aspects of welfare economics", *Quarterly Journal of Economics*, 52(2), 310-334.

[12] Black, D.,(1958)*The Theory of Committees and Elections*, Cambridge University Press, Cambridge.

[13] Bowlin, W.F., Charnes, A., Cooper, W.W. and Sherman, H.D.,(1985)"Data Envelopment Analysis and Regression Approaches to Efficiency Estimation and Evaluation," *Annuals of Operations Research*, 2(1), 113-118.

[14] Brans J.P., Mareschal, B. and Vincke, Ph.,(1984)"PROMETHEE: A new family of outranking methods in MCDM", *Operational Research*, 477-490.

[15] Brans J.P., and Vincke, Ph.,(1985)"A preference ranking organization method(The PROMETHEE Method for MCDM)", *Management Science*, 31(6), 647-656.

[16] Briggs, Th., Kunsch, P.L., and Mareschal, B.,(1990)"Nuclear waste management: an application of the multicriteria PROMETHEE methods", *European Journal of Operational Research*, 44(1), 1-10.

[17] Buckley, J.J.,(1985)"Fuzzy hierarchical analysis", *Fuzzy Sets and Systems*, 17(3), 233-247.

[18] Charnes, A., Cooper, W.W., and Ferguson, R.(1955)"Optimal estimation of executive compensation by linear programming," *Management Science*, 1(1), 138-151.

[19] Charnes, A., Cooper, W.W., and Rhodes, E.(1978)"Measuring the efficiency of decision making units," *European Journal of Operational Research*, 2(6), 429-444.

[20] Chen, S.J., and Hwang, C.L.,(1992)*Fuzzy Multiple Attribute Decision Making: Methods and Applications*, Springer-Verlag, NY.

[21] Chen, T.Y., Wang, J.C., and Tzeng, G.H.,(2000)"Identification of general fuzzy measures by genetic algorithms based on partial information", *IEEE Transactions on Systems, Man, and Cybernetics Part B: Cybernetics,* 30B(4), 517-528. .

[22] Chen, Y.W., and Tzeng, G.H.,(2001)"Using fuzzy integral for evaluating subjectively perceived travel costs in a traffic assignment model", *European Journal of Operational Research*, 130(3), 653-664.

[23] Chiou, H.K., and Tzeng, G.H.,(2002)"Fuzzy multicriteria decision-making approach to analysis and evaluation of green engineering for industry", *Environmental Management*, forthcoming.

[24] Chiou, H.K., and Tzeng, G.H.,(2001)"Fuzzy hierarchical evaluation with grey relation model of green engineering for industry", *International Journal of Fuzzy System*, 3(3), 466-475.

[25] Chu, A.T.W., Kalaba, R.E., and Spingarn, K.(1979)"A comparison of two methods for determining the weights of belonging to fuzzy sets," *Journal of Optimal Theory and Applications*, 27(7), 531-538.

[26] Churchman, C.W., and Ackoff, R.L.,(1954)"An approximate measure of value", *Journal of Operations Research Society of America*, 2(1), 172-187.

[27] Cook, W.D., and Kress, M.,(1988)"Deriving Weights from Pairwise Comparison Ratio Matrices: An Axiomatic Approach," *European Journal of Operational Research*, 37(2), 355-362

[28] Cook, W.D., and Seiford, L.M.,(1978)"Priority ranking and consensus formation", *Management Science*, 24(8), 1721-1732.

[29] Deng, J.,(1982)"Control problems of grey systems", *Systems and Control Letters*, 5(2),288-294.

[30] Deng, J.,(1985)*Grey System Fundamental Method*, Huazhoug University of Science and Technology, Wuhan, China(in Chinese).

[31] Deng, J.,(1988)*Grey System Book*, Sci-Tech Information Services, Windsor.

[32] Deng, J.,(1989)"Introduction of grey theory", *The Journal of Grey System*, 1(1), 1-24.

[33] Dubois, D., and Prade, H.,(1978)"Operations on fuzzy numbers", *International Journal of Systems Science*, 9(3), 613-626.

[34] Dubois, D., and Prade, H.,(1980)*Fuzzy Sets and Systems*, Academic Press, New York.

[35] Eckenrode, R.T.,(1965)"Weighting Multiple Criteria," *Management Science*, 12(3), 180-192.

[36] Fishburn, P.C.,(1973)*The Theory of Social Choice*, Princeton University Press, Princeton, New Jersey.

[37] Grabisch, M.,(1995)"Fuzzy integral in multicriteria decision making", *Fuzzy Sets and Systems*, 69(3), 279-298.

[38] Grassin, N.,(1986)"Constructing population criteria for the comparison of different options for a high voltage line route", *European Journal of Operational Research*, 26(1), 42-57.

[39] Hokkanen, J., and Salminen, P.,(1997a)"Choosing a solid waste management system using multicriteria decision analysis", *European Journal of Operational Research*, 98(1), 19-36.

[40] Hokkanen, J., and Salminen, P.,(1997b)"ELECTRE Ⅲ and Ⅳ decision aids in an environmental problem", *Journal of Multi-Criteria Decision Analysis*, 6(2), 215-226.

[41] Hokkanen, J., and Salminen, P.,(1997c)"Locating a waste treatment facility by multicriteria analysis", *Journal of Multi-Criteria Decision Analysis*, 6(2), 175-184.

[42] Hokkanen, J., Salminen, P., Rossi, E., and Ettala, M.,(1995)"The choice of a solid waste management system using the ELECTRE Ⅱ decision-aid method", *Waste Management and Research*, 13(2), 175-193.

[43] Hokkanen, J., Lahdelma, R., Miettinen, K., and Salminen, P.,(1998)"Determining the implementation order of a general plan by using a multicriteria method", *Journal of Multi-Criteria Decision Analysis*, 7(2), 273-284.

[44] Hougaard, J.L., and Keiding, H.,(1996)"Representation of preferences on fuzzy measures by a fuzzy integral", *Mathematical Social Sciences*, 31(1), 1-17.

[45] Hwang, C.L., and Yoon, K.,(1981)*Multiple Attribute Decision Making: Methods and Applications*, Springer-Verlag, NY.

[46] Hwang, C.L., and Lin M.J.,(1987)*Group Decision Making under Multiple Criteria : Methods and Applications*, Springer-Verlag, NY.

[47] Hwang, C.L., and Masud, A.S.M.,(1979)*Multiple Objective Decision Making: Methods and Applications*, Springer-Verlag, NY.

[48] Ida, K., and Gen, M.,(1997)"Improvement of two-phase approach for solving fuzzy multiple objective linear programming," *Journal of Japan Society for Fuzzy Theory and System*, 19(1), 115-121.(in Japanese)

[49] Ishii, K., and Sugeno, M.,(1985)"A model of human evaluation process using fuzzy measure", *International Journal of Man-Machine Studies*, 22(1), 19-38.

[50] Keeney, R.L., and Nair, K.,(1977)"Nuclear Sitting Using Decision Analysis," *Energy Policy*, 8(2), 223-231.

[51] Keeney, R.L. and Raiffa, H.,(1976)*Decisions with Multiple Objectives: Preferences and Value Tradeoffs*, John Wiley and Sons.

[52] Koopmans, T.C.,(1951), *Analysis of production and allocation*, Cowles Commission Monograph 13, Wiley, New York, 33-97.

[53] Kuhn, H.W., and Tucker, A.W.,(1951)"Nonlinear programming", *Proceedings of the second Berkeley Symposium on Mathematical Statistics and Probability*, University of California Press, Berkeley, 481-491.

[54] Lahdelma, R., Hokkanen, J., and Salminen, P.,(1998)"SMAA-stochastic multiobjective acceptability analysis", *European Journal of Operational Research*, 106(2), 137-143 .

[55] Lahdelma, R., Salminen, P., and Hokkanen, J.,(1999)"Combining stochastic multiobjective acceptability analysis and DEA", D.K.Desposits and C.Zopounidis(eds.), *Integrating Technology & Human decisions: Global bridges into the 21st century*. New Technologies Publications, Athens. 629-632.

[56] Lahdelma, R., Salminen, P., and Hokkanen, J.,(2000)"Using multicriteria methods in environmental planning and management", *Environmental Management*, 26(6), 595-605.

[57] Lai, Y.J., and Hwang, C.L.,(1994)*Fuzzy Multiple Objective Decision Making: Methods and Applications*, Springer-Verlag, NY.

[58] Lakeman, E.,(1974)*How Democracies Vote*, 4th ed., Faber and Faber Limited, London.

[59] Lee, E.S., and Li, R.J.,(1993)"Fuzzy Multiple Objective Programming and Compromise Programming with Pareto Optimum," *Fuzzy Sets and Systems*, 53(2), 275-288.

[60] Luce, R.D., and Raiffa, H.,(1957)*Game and Decision – Introductions and Critical Survey*, Wiley, New York.

[61] Mackenzie, W.J.M.,(1958)*Free Elections*, George Allen and Unwin Ltd., London.

[62] Martinson, F.K.,(1993)"Fuzzy vs. Minmax Weighted Multiobjective Linear Programming Illustrative Comparisons," *Decision Sciences*, 24(5), 809-824.

[63] Merkhofer, M.W., and Keeney, R.L.,(1987)"A multiattribute utility analysis of alternative sites for the disposal of nuclear waste", *Risk Analysis*, 7(2), 173-194.

[64] Mond, B., Roisinger, E.E.,(1975)"Interactive Weight Assessment in Multiple Attribute Decision Making," *European Journal of Operational Research*, 22(1),19-25.

[65] Moscarola, J., and Roy, B.,(1977)"Procedure automatic exam de dossiers fondee aur une segmentation trichotomique en presence de criteria multiples," *RAIRO Recherche Operationnelle* 11(2), 145-173.

[66] Nishizaki, I., and Sakawa, M.(2002)*Fuzzy and Multi-objective Games for Conflict Resolution*, Springer-Verlag, New York.

[67] Nutt, P.C.,(1980)"Comparing Methods for Weighting Decision Criteria," *Omega*, 8(2), 163-172.

[68] Opricovic, S.,(1998)*Multicriteria Optimization in Civil Engineering*, Faculty of Civil Engineering, Belgrade.

[69] Oral, M., Kettani, O., and Lang, P.,(1991)"A methodology for collective evaluation and selection of industrial R&D projects", *Management Science*, 37(7), 871-885.

[70] Ralescu, D.A., and Adams, G.,(1980)"Fuzzy integral", *Journal of Mathematical Analysis and Applications*", 75(2), 562-570.

[71] Ross, J.F.S.,(1955)*Elections and Electors*, Eyre and Spottiswoode, London.

[72] Rothenberg, J.,(1961)*The Measurement of Social Welfare*, Prentice-Hall, Inc., New Jersey.

[73] Roy, B.,(1991)"The outranking approach and the foundations of ELECTRE methods", *Decision Theory*, 31(1), 49-73.

[74] Roy, B. and Bertier, P.,(1973)*La method ELECTRE II – Une application au media-planning*, in OR'72, M. Ross(ed.), North-Holland Publishing Company, 291-302.

[75] Roy, B., and Bouyssou, B.,(1986)"Comparison of two decision-aid models applied to a nuclear power plant sitting example", *European Journal of Operational Research*, 20(2), 200-215.

[76] Roy, B., Slowinski, R., and Treichel, W.,(1992)"Multicriteria programming of water supply systems for rural areas", *Water Resources Bulletin*, 28(1), 13-31.

[77] Saaty, T.L.,(1977)"A scaling method for priorities in hierarchical structures", *Journal of Mathematical Psychology*, 15(3), 234-281.

[78] Saaty, T.L.,(1980)*The Analytic Hierarchy Process*, McGraw-Hill, New York .

[79] Sakawa, M.,(1983)"Interactive fuzzy decision making for multiobjective linear programming and its application", Proceedings of IFAC Symposium on Fuzzy Information, *Knowledge Representation and Decision Analysis*, 295-300.

[80] Sakawa, M.,(1984a)"Interactive fuzzy decision making for multiobjective nonlinear programming problems", *Interactive Decision Analysis*, Springer-Verlag, 105-112.

[81] Sakawa, M.,(1984b)"Interactive fuzzy goal programming for multiobjective nonlinear programming problems and its application to water quality management", *Control and Cybernetics*, 13, 217-228.

[82] Sakawa, M.,(1993)*Fuzzy Sets and Interactive Multiobjective Optimization.* Plnum Press, New York and London.

[83] Sakawa, M., Kato, K., Sundad, H., and Enda, Y.,(1995)"An Interactive fuzzy satificing method for multiobjective 0-1 programming problems through revised genetic algorithms," *Journal of Japan Society for Fuzzy Theory and System*, 17(2), 361-370.(in Japanese)

[84] Salminen, P., Hokkanen, J., and Lahdelma, R.,(1998)"Comparing multicriteria methods in the context of environmental problems", *European Journal of Operational Research*, 104(4), 485-496.

[85] Salo, A., and Hämäläinen, R.P.,(1992)*Processing Interval Judgments in the Analytic Hierarchy Process*, Springer-Varlag, New York.

[86] Samuelson, P.A.,(1947)Foundations of Economic Analysis, Harvard University Press, Cambridge.

[87] Sen, A.K.,(1970)Collecting Choice and Social Welfare, Holden-Day, Inc., San Francisco.

[88] Shibano, T., Sakawa, M., and Obata H.,(1996)"Interactive decision making for multiobjective 0-1 programming problems with fuzzy parameters through genetic algorithms," *Journal of Japan Society for Fuzzy Theory and System*, 18(6), 1144-1153.(in Japanese)

[89] Shih, H.S., Lai, Y.J., and Lee, E.S.,(1996)"Fuzzy approach for multiple-level programming problems," *Computers and Operation Researches*, 23(1), 73-91.

[90] Shih, H.S,. and Lee, E.S.,(1999)"Fuzzy multi-level minimum cost flow problems", *Fuzzy Sets and Systems*, 107(1), 159-176.

[91] Siskos, J., and Hubert, P.,(1983)"Multicriteria analysis of the impacts of energy alternatives: a survey and a new comparative approach", *European Journal of Operational Research*, 13(2), 278-299.

[92] Solvymosi, T., and Dombi, J.,(1986)"A Method for Determining the Weights of Criteria: The Centralized Weights," *European Journal of Operational Research*, 26(1),35-41.

[93] Stam, A., Kuula, M., and Cesar, H.,(1992)"Transboundary air pollution an Europe: an interactive multicriteria trade-off analysis", *European Journal of Operational Research*, 56(2), 263-277.

[94] Sugeno, M.,(1974)*Theory of Fuzzy Integrals and its Applications*, Doctorial Thesis, Tokyo Institute of Technology, Japan.

[95] Teng, J.Y., and Tzeng, G.H.,(1994)"Multicriteria evaluation for strategies of improving and controlling air quality in the super city: a case study of Taipei city", *Journal Environmental Management*, 40(2), 213-229.

[96] Tsaur, S.H., and Tzeng, G.H.,(1991)"A comparison of ELECTRE methods and application for parking lot building case study", *Transportation*, 14(1), 1-20.(in Chinese)

[97] Tsaur, S.H., Tzeng, G.H., and Wang, G.C.,(1997)"The application of AHP and fuzzy MCDM on the evaluation study of tourist risk", *Annals of Tourism Research*, 24(4), 796-812.

[98] Tzeng, G.H., Chen, J.J., and Yen, Y.K.,(1996)"The strategic model of multicriteria decision making for managing the quality of the environment in metropolitan Taipei", *Asia Journal of Environmental Management*, 4(1), 41-52.

[99] Tzeng, G.H., and Tasur, S.H.,(1994)"The multiple criteria evaluation of grey relation model", *The Journal of Grey System*, 6(2), 87-108.

[100]Tzeng, G.H., and Wang, C.M.,(1993)"A comparison and application of multicriteria decision methods – the choice of Leelung Harbour improvement alternatives", *Journal of the Chinese Institute of Industrial Engineers*, 10(1), 13-23.(in Chinese)

[101]Vincke, Ph.,(1992)*Multicriteria Decision-aid*, Wiley, New York.

[102]von Neumann, J., and Morgenstern, O.,(1947)*Theory of Games and Economic Behavior*, 2nd ed. Princeton University Press, Princeton, N.J.

[103]Voogd,H.,(1983)*Multicriteria Evaluation for Urban and Regional Planning*, Pion, London.

[104]Werners, B.,(1987), "Interactive Multiple Objective Programming Subject to Flexible Constraints," *European Journal of Operational Research*, 31(2), 342-349.

[105]Zadeh, L.A.,(1965)"Fuzzy Sets", *Information and Control*, 8(2), 338-353.

[106]Zadeh, L.A.,(1975)"The concept of a linguistic variable and its application to approximate reasoning, Parts 1, 2, and 3", *Information Sciences,* 8(2), 199-249; 8(3), 301-357; 9(1), 43-80.

[107]Zadeh, L.A.,(1978)"Fuzzy sets as a basis for a theory of possibility", *Fuzzy Sets Systems*, 1(1), 3-28.

[108]Zeleny, M.,(1982)*Multiple Criteria Decision Making*, McGraw-Hill, New York.

[109]Zimmermann, H.J.,(1978), "Fuzzy Programming and Linear Programming with Several Objective Functions," *Fuzzy Sets and Systems*, 1(1), 45-55.

[110]Zimmermann, H.J.,(1985)*Fuzzy Set Theory and Its Applications*, Kluwer, Nijhoff Publishing, Boston.

[111]Zimmermann, H.J.,(1987)*Fuzzy Set, Decision Making, and Expert System*, Kluwer, Nijhoff Publishing, Boston.

Chapter 13

模糊數學在土木工程上的應用

蔣偉寧
國立中央大學　土木工程系
陳震武
國立中央大學　土木工程系

「模糊集」是由 L. A. Zadeh 教授在 1965 年所提出。近年來;模糊數學在土木工程領域中,許多先進與專家已經將它應用於概括性推理、決策分析、控制等方面。而本文章將進行在土木應用之論文回顧。

13.1 結構工程

13.1.1 模糊控制 [20, 21, 26, 66, 84]

在工業控制上,對於複雜非線性或模式無法定義清楚之系統,傳統控制往往無法達到良好的控制效果,但有經驗之現場操作人員卻能控制得很好,採用模糊控制理論,便能將這些經驗予以實行。

研究方法:對結構系統,我們先決定模糊規則庫中規則之前件部、後件部之語句變數個數與種類;再則決定模糊控制規則的形式,並列出所有相關的規則;最後對任何的狀態輸入解模糊化。而一般模糊控制的控制法則具口語化和啓發性的知識,明瞭易懂,修改容易,運算亦簡單而快速,且由於模糊控制器是根據人的經驗所設計,具有強健性,能適應眞實變化的操作環境。故以模糊控制應用於結構控制上,爲一可行之方法。

13.1.2 橋梁損傷評估 [36, 38, 60, 61]

專家系統(Expert Systems)可收納專家智慧,模擬專家之推理行爲,因此,利用專家系統進行橋梁損傷評估,被視爲一個有前景的研究方向。然而,利用專家系統進行橋梁損傷評估,仍有數個重要議題需要提及,例如:(1)橋梁專家通常以自然語言的形式進行口語化之評估,而其中潛藏著不精確性,(2)不確定性(Uncertainty)與不精確性(Imprecision)之同時存在於評估過程,使得問題更趨複雜,(3)模糊法則式推理之效率需要改善,(4)詮釋機制可增強評估結果的信心。然而;模糊派屈網路基專家系統(Fuzzy Petri Net Based Expert System, FPNES)之架構,其涵蓋一個可處理不確定與不精確訊息的推理機制,模糊派屈網路(Fuzzy Petri Nets)可改進推理效率,而詮釋機置可促進評估結果之瞭解。

研究方法：基於可能性邏輯(Possibilistic Logic)，提出一個彙整不確定與不精確訊息的方法。因為模糊眞值(Fuzzy Truth Value)能表達一個模糊命題(Fuzzy Proposition)之眞實程度的可能性，因此，眞值評定的模糊命題(Truth-qualified Fuzzy Proposition)被用為不確定與不精確訊息的知識表達。

13.1.3 結構可靠度上的應用 [3, 74, 77]

在現行的結構可靠度分析裡，主要是針對系統的隨機性作為基本的考量，但是經由結構意外災害的實際統計結果顯示，實際建築物的破壞時機與建立在機率模式的破壞機率不合。其主要的原因是在評估的模式上遺漏了許多因素，例如：人為誤差及建築物的品質等等，雖然現行的可靠度分析是建立在嚴密的數學基礎上，但卻無法處理語言及模糊的訊息。

研究方法：利用模糊數學的方法來分析處理主觀上的模糊不確定因素，以模糊權重法進行複雜系統的細部分析，配合模糊關係法作結構的整體性評估，最後以組合熵值修正法來修正客觀部份的理想系統破壞機率，達到改進傳統可靠度分析中只考慮隨機性的不足，以求得更合理的評估結果，建立一套有效的可靠度評估方法。

13.1.4 鋼筋混凝土橋梁之目視檢測評估研究 [19, 29, 30]

由於橋梁本身的老化、外力的破壞等因素，使得橋梁損傷情形嚴重而影響到橋梁的結構安全，因此必須對橋梁進行整體性的檢測與評估，以其掌握橋梁的現況，才能針對損傷部分進行養護修復，確保橋梁的穩定與安全。由於橋梁的損傷評估需要仰賴橋梁專家的鑑定而專家人才的缺乏張是經驗的不完備，皆使得評估橋梁的工作有其困難與不便。

研究方法：藉由發展可將橋梁評估之事結構化的法則式前向推理專家系統，以收斂整理橋梁專家的評估知識經驗，並利用能處理專家系統模糊性語法的模糊邏輯與模糊推論模式，而發展展出橋梁損傷的評估法則與推論程序，針對橋梁損傷狀況進行評估，以期能診斷出橋梁的損傷程度與各構件的劣化情形，以提供建議橋梁養護與維修的方向，使評估系統能達到人類專家的評估結論。

13.1.5 結構安全性評估 [22, 38]

目前於計算結構物安全性上有兩個方向：理論上及經驗之近似分析，而可靠度分析為一種利用精確數學的理論分析法，並明確地考慮到結構物之不確定性及合成一些設計規範；但有以下幾點原因使其在實用上有困難。1.即使是簡單的結構物，其破壞模式也十分複雜，必須考慮很多破壞機構。2.有關結構狀態的所有因子，例如結構物品質、折舊或部分損壞，常不在分析之列，但這些因子對於結構物的安全有重大的影響。3.凡文字上或專家意見等此類模糊訊息或無法轉化成機率形式的訊息，無法適合可靠度之理論分析。

然而經驗近似法是在另一角度上以實驗數據提供破壞之評估，但應用在一群幾乎相同的結構物上，實驗方法無法考慮到同類結構物間之不同特殊特徵。

研究方法：引入模糊集概念來模擬相關於結構物之語意敘述影響因子，並探討一種作為理論近似法及經驗近似法之橋梁的近似分析法來決定結構物安全性，此近似法結合主觀的判斷及實驗數據以得到模糊系統之破壞可能性之近似評估法。

13.1.6 動態系統識別理論之建立 [7, 35, 69]

系統識別牽涉的理論與技術十分廣泛，而且隨著應用領域的開發與計算機的革命，以使這門原本單純的理論在數十年之後，已有相當之研究成果。但在這些研究中，基本上都以數學及統計學為理論基礎，因此一些高階非線性而又多變的方程式使計算的工作變的越複雜，尤其對於那些複雜而又充滿不確定性的系統，使得識別工作變的非常困難，即使獲得了數學函數也往往無法克服那些非隨機的不確定因素。

研究方法：將複雜的動態系統用模糊關係來識別，使整各式別的過程簡化，且模型將很快建立起來且不必考慮非線性的形式。

13.2 大地工程

13.2.1 評估土層分類與現地應力 [6, 9, 86]

現地應力對於其土壤的壓縮性、滲透性與剪力強度等工程性質均有重要影響；然而現地土層的初始應力，不管基礎設計或者土木結構物，在設計中一些有關土壤本身的參數並不是一個相當確定的值，只能說是一個範圍中，所以常對設計者因不知用哪個數值而困擾，尤其在大地工程更爲明顯。目前評估大地的初始應力狀態主要分爲垂直與水平向應力。

研究方法：將各種經驗法中之參數給予模糊化後進行分析，讓計算過程不像傳統集合中一個參數都是一個定值而是給予一模糊數來進行分析；藉由使用模糊集的觀念進行土層分類與現地應力值，並加以瞭解各種經驗法中之參數影響現地應力直之情形。將所有參數藉由多筆資料進行模糊性分析，這樣會對此場址的應力判斷更爲客觀，以便能使各種經驗法之現地應力值可供參考。

13.2.2 在邊坡穩定分析之應用 [5, 23, 45]

近幾年由於經濟快速成長，人類發展空間不再限制於狹小的平原地，而各類山坡地開發中不乏失敗的案件以釀成災害，因而使邊波穩定分析工作越顯重要。且有鑑於邊坡穩定分析中，常受到土壤參數的不確定性、孔隙水壓不易量測等等的限制，因此學者們將模糊集理論應用處理邊坡穩定分析中土壤參數的不確定性及地下水的問題。

研究方法：其主要的方法是利用類似統計分析的概念，建立土壤參數 C、Φ 值及地下水位的模糊集，再利用 α cut 將所建立的模糊集解模糊化，接著將相關資料（地下水位、C、Φ 值、單位重、地形……）輸入，再利用 VERTEX 方法進行模糊集的運算，而利用邊坡穩定分析方法所求取的安全係數，亦爲一模糊集，所以將根據專家意見（可經由問卷調查）所建立之語言變數，配合灰色理論中決定灰色聚類的方法，發展出一套客觀的決策方式，用以分析模糊穩定分析所得的結果，判定邊坡的安全與否。

13.2.3 土壤剪力參數之研究 [24, 40, 51, 71]

剪力參數（c，φ）乃是大地工程上不可或缺的設計用參數，一般而言都是以實驗來求得此參數值，但因實驗時影響的因素太多，使得所得到的c、φ 值的準確度受到了很大的懷疑。另一方面對於上述的影響因子，多年來即使已有許多學者做了深入的研究，在學理和經驗等各方面均已累積了相當程度，但又由於土壤太過複雜多變，這些知識經驗是否可以合理應用亦是一個難題。

研究方法：應用現今電腦科學中的新工具："專家系統"和"模糊理論"來探討其處理剪力參數研究的適用性和成效性，此研究的目標在以專家系統處理"知識眾多難以整合"的問題，另外以模糊理論來解決"知識中的不眞確性"。

13.2.4 推估單樁承載力 [8, 73]

在推估層狀土壤中單樁之靜態承載力時，由於存在相當多的不確定性；例如周圍土壤與樁身複雜的互制作用、施工時對樁身附近土壤之擾動影響、地下土層之分佈與其相關力學參數之變異性等等……。因此現有之單樁承載力推估公式大多是由現地試樁資料，經過統計分析與基本土壤力學觀念簡化而得的半經驗公式。應用這些公式時皆有相當限制且不同公式之推估結果常有差異，而且分析時所採用之參數之準確性與變異性皆會影響結果。

研究方法：主要是應用模糊集合概念，處理承載力推估公式本身之不確定性與輸入參數之變異性。先選擇幾種適宜之單樁承載力推估公式，由其靈敏度分析決定其權重，並假設輸入參數爲一種三角型對稱分佈之模糊集合；再則，利用頂點法(Vertex Method)及模糊加權平均法得到以模糊集合表示之單樁極限承載力結果，藉以推估最可能之極限承載力與可能之範圍。

應用此模式於不同型式樁與不同土壤之極限承載力推估公式，經與現地試樁結果比較，可得到較傳統單一公式更好之結果。

13.2.5 評估砂土之液化潛能 [5, 34, 52, 57, 75]

典型的大地工程設計問題，工程師通常需要先選擇合適的分析方法，再去估計土壤的參數，並解釋判斷分析的結果；然而，每一個分析步驟中都存在著不確定性，工程師通常採取 3 種方式。1.採取保守方法：亦即保守地估計土壤參數，採保守之安全係數；此法過程採確定模式，因而對不確定性之程度無法度量。2.平均值法：對參數之選擇採最佳值（平均值），與前法相同皆未考慮不確定因素。3.機率模式：將不確定性視爲隨機或頻率性，土壤參數以機率密度函數表示，分析之結果則視可承擔風險大小來決定可接受的發生機率。3 種方法中只有第 3 種有考慮不確定性。然而，機率模式只處理隨機分佈之問題，當隨機分佈無法滿足或資料不足以建立機率分佈時，這時採用模糊理論來處理才是最佳的選擇模式。

研究方法：首先決定液化評估方法並決定各參數不確定性之大小；藉選擇適當的歸屬函數，將決定液化評估模式予以模糊化爲模糊數。再則，利用不同之模糊運算方法，進行模糊化後之液化評估運算；並將模糊化後之評估結果予以解模糊化以求得確定值。最後由定義土壤是否液化之判定標準可以決定土壤之液化程度（高度液化、液化邊緣、不會液化）。

13.2.6 應力路徑三軸之控制系統 [12, 41, 70]

土壤在初始變形時對於小應力改變量反應平緩，但接近破壞時又將伴隨巨大應變量之雙重特性。因此土壤試驗可分爲應變控制(Strain Control)與應力控制(Stress Control)兩試驗系統；前者適於找出土壤強度特性，後者能較準確描繪出土壤應力與應變行爲。傳統的三軸試驗是應變控制式試驗，適於求取土壤強度參數但無法進行應力控制試驗，如 Ko 解壓、反覆 Ko 壓密和各種應力路徑試驗。 近年來自動土壤試驗已逐漸普及，但是由於無法事先知悉土壤特性，土壤反應與控制調整量間缺乏明確關係，試驗上仍然停留在以試誤(trial and error)的方式進行。此研究在於改良傳統三軸試驗儀爲自動化應力路徑三軸試驗系統，透過回饋控制(Feedback control)使得傳統三軸不再局限僅能進行應變控制之軸向壓縮試驗，且不同於以往土壤試驗試誤的控制方式。

研究方法：採取模糊集理論於系統決策，藉由模擬專家操作程序，控制系統將依據土壤反應以模糊推論回饋最佳的控制調整量。並蒐集足夠完整之試驗數據，以調整及修正模糊推論前件部、後件部之模糊控制參數與模糊規則庫，至控制誤差能快速且穩定的收斂爲止。

此種研究方式突破一般土壤試驗系統僅能採用應力控制或應變控制方式的限制，而同時擁有兩控制方式優勢，滿足土壤小變形階段對小應力改變反應平緩但接近破壞時又將急速滑動的雙重特性。

13.3 材料工程

13.3.1 敲擊回音檢測訊號之模糊識別 [18, 27, 64]

敲擊回音法(Impact-echo Method)是近年來所發展出的一種非破壞性試驗，它的主要功能是偵測混凝土內部的裂縫或瑕疵，此方法是利用應力波傳理論，因此儀器所接收到的訊號是接收點位置之變位歷時反應，裂縫存在時會有不同的變位歷時反應譜，進行訊號判讀時，一般是經過快速傅立葉變換(FFT) 成頻率域的頻譜加以判讀。敲擊回音試驗所得到的訊號經由 FFT ，將變位歷時反應波形變換成頻率波譜，然後經過計算即可得到裂縫深度與其頻率，亦即如果混凝土結構有裂縫存在時，敲擊回音試驗會激發其對應的頻率，因此進行敲擊回音試驗時，由頻率波譜上激發出來的頻率就可知道混凝土結構的完整性。理論上反應波譜的形態與裂縫深度之間存有一對一的對應關係，但其反應波譜所反映出來的結果並非有一對一的關係，所以實際上此種對應關係含有相當程度的不確定性。

研究方法：利用模糊集理論處理不確定性的能力，以混凝土版爲對象，試驗模擬混凝土版底部開裂之垂直裂縫，利用敲擊回音試驗建立特定反應波譜爲標準反應波譜模型，分別建立標準反應波譜的隸屬函數，以模式比對(pattern matching)方法對反應波譜進行模式識別反推裂縫深度。最後用歐氏距離法及夾角餘弦法這兩種數學方法和本文方法比較，結果顯示此方法較能提高辨識率。

13.3.2 鋪面(Pavement)表面狀況評估之應用 [13, 44]

準確的鋪面狀況評估，將能幫助鋪面工程師更掌握鋪面情況，進而使其不論在專案層級(Project Level)或網路層級(Network Level)的鋪面管理作業系統中，做出最適當的管理決策。也可使公路單位在龐大之養護範圍下，利用有限的預算並經由準確的鋪面情況評估，對鋪面進行最適當與經濟的養護與管理。

研究方法：將模糊集理論應用於鋪面表面狀況評估中，期望能解決現行鋪面狀況評估指標人爲判斷之不客觀及鋪面損壞項目其質化性質難以有效量化的缺失。首先先蒐集國內外之相關資料，設計出各種鋪面損壞型態對柔性鋪面狀況影響的權數評定表，再以訪談專家學者或請專家學者填寫問卷調查表的方式，用以獲得各種鋪面損壞型態對鋪面影響的權數；根據調查所得之資料，利用模糊集理論建立各種鋪面破壞型態的隸屬函數，再將各路段之路面現況資料，以模糊集理論建立之方法予以處理，以建立鋪面狀況的評估指數。此理論之指標最後可配合馬可夫鏈，用以預測鋪面狀況及應用於鋪面管理系統上。

13.3.3 評估鋪面裂縫破壞之應用 [13, 47, 65]

在台灣，鋪面常受到損壞而需重鋪，但卻沒有一個能夠快速且客觀的評估破壞種類及破壞嚴重程度的方法。因此如何能夠評估破壞的等級且決定何時鋪面已破壞到需修補，這兩個問題一直是工程師感到困擾的。

研究方法：首先可藉由影像處理的技巧得到鋪面的實際損害值，必加入類神經網路與模糊集合理論以對鋪面破壞種類與嚴重性加以分類，最後可以得到鋪面裂縫破壞種類及其嚴重性的評斷及預測法則。

13.3.4 高性能混凝土抗壓強度預測 [49, 85]

近年來，混凝土爲達高強度的目的，必須增加水泥用量及水灰比；但水泥量大增伴隨而生的缺點是高成本、高水化熱及乾縮、潛變量增加，因而降低混凝土的安全性與耐久性；若降低水灰比則會使新伴混凝土澆置困難，導致混凝土因擣實不良而產生蜂窩等嚴重缺失，而影響硬固混凝土之品質。有鑑於此，具有高強度及高工作性的高性能混凝土(High Performance Concrete; HPC)遂因應而生。HPC 除了傳統混凝土的水泥、骨材、水等材料外，再添加適量的波索蘭材料與強塑劑，如此多樣且複雜的材料組合，再加上伴合、灌注時的人為、環境等因素，使得 HPC 的性質十分敏感。故若要達到使用者的性能要求，對於材料的掌握變得相當重要。若能在混凝土試件前，初步預估混凝土的強度，便能在設計者的設計強度下，對於各項材料配比預先評估其量。然而，傳統以統計學的公式預測法，依水灰比或水膠比預測混凝土的強度，精度不甚理想。

研究方法：此研究結合模糊數學及類神經網路而提出模糊類神經網路推理模式，用以建立混凝土強度預測模型。將所取得的混凝土配比資料進行實例分析，其中包括：知識案例庫之取得與建立、知識表達方式、知識案例庫的分類及正規化方式，以進行學習及預測結果。

13.4 營建工程與管理

13.4.1 探討選址之研究 [32, 62, 63]

企業機構為了提昇企業競爭能力，所以需要設置營業據點，以因應實際所需。然而事業行銷網的擴展涉及營業據點之選擇，以作為其依經營目標制訂企業行銷網通路之依據。公營事業機構與一般企業機構一樣，對於企業經營均須瞭解市場需求，並依照事業機構之營運方針擬定營業目標，進而設置據點建構行銷網以找尋產品通路。事業及其分支單位據點的選定需要審慎抉擇，因為所選定之營業據點是其日後經營績效的重大影響因素之一。

研究方法：此研究旨在探討金融企業選擇營業據點的問題，由眾多的影響因素中篩選影響程度較高者，並透過模糊多目標規劃式的建立，以 LINDO 的電腦程式解出多目標規劃式的非劣解，並以此非劣解轉化作為供應廠商評選表現的基準值，各參加評選之廠商之表現值經與基準值比較排序後，作為決策者選擇營業據點之參考依據。

模糊多目標規劃式當中邊界條件限制式的求取，係依照模糊規則庫中影響因素所組成之模糊邏輯爲依據，採用語言變量轉換而成之操作値所建構。運用人類對事情慣有之模糊思考的特性，完成模糊多目標規劃式，再據以求解。此研究所採取的模糊多目標規劃之模式可以提供企業有別於以往慣用之經驗法則所建構據點的既成思考方式，而且該模糊多目標規劃除可用於事件成果之方案選擇外，尙可運用於事前之企劃案的選擇，對於企業之經營者或領導者實可藉助於該模糊多目標規劃法從事策定企業體內各項目標之綜合表現。

13.4.2 探討 BOT 計劃之投標評選 [4, 31]

此研究旨在建立 BOT(興建-營運-轉移)投標廠商評選指標，以供 BOT 投標評選之參考。此研究採用模糊多目標規劃法來建立出評審比較基準；其中利用模糊數將模糊多目標規劃簡化爲一般之多目標規劃來應用一般之程式求解。在多目標規劃式之部份，採用熵値係數法來建構多目標關係式；以模糊歸屬函數來解決評選時主觀意識表達不易之問題與評選因子不同單位之轉換，並藉模糊推論來建立評選因子限制條件式。在求解出妥協解後，將該妥協解設爲評選基準，應用供應商表現指標法之觀念，建立出投標廠商評審指標，提供 BOT 案評審委員會甄審投標廠商之參考依據。

13.4.3 大型工程之不保風險評估 [1, 48]

營造廠商推動工程專案時所面臨的工程風險，概略分爲「可保風險」與「不保風險」兩種。而可保風險是以保險的方式以其降低可能的風險，在保險業趨於完善的今日，應是最佳的規避策略。但是在營建工程保險契約中，卻有許多保險公司理賠範圍以外的不保風險，在這種情況下就必須採取適當措施，以降低風險所造成的損失或達成風險控制的目標。

研究方法：以模糊數學理論爲基礎，建立一個結合工程師與風險管理專家專業知識判斷的風險規避策略模式。就是針對營建工程不保風險，建立一套系統化確認、評估、處置工程風險的方法。其過程可分爲風險確認、風險分析與評估、風險規避策略、以及系統行政配合措施等四個階段。是一套可針對不同營建工程的風險管理系統化分析架構，並可作爲營造廠商推動營建工程時風險管理的依據。使一個營造廠商在開始進行一個工程專案，面對工程不保風險的不確定情況下，能夠合理選擇最佳之風險規避策略。因此，營造廠商在無法取得過去工程的統計資料、或者取得的資料不具統計特性時，藉由模糊數學理論可整合大多數專家的意見，將主觀的知識判斷經由嚴謹的推論與計算，轉爲令大家接受的客觀結論。

13.5 運輸工程

13.5.1 高速公路事件自動偵測之研究 [16, 28, 68]

若有完善且有效的高速公路意外事件自動偵測系統，不只可以藉由資訊之傳輸減少尾隨車輛發生二次追撞的機率，也可藉由意外事件管理系統及時疏導車流，降低不必要的道路擁擠與車輛延滯。由於事件自動偵測系統關係著行車效率、交通安全甚至是整體經濟安全，因此成爲運輸工程的重要研究課題。

研究方法：結合模糊理論與類神經網路發展出意外事件自動偵測演算法則，並探討模糊型態識別、模糊系統識別與倒傳遞類神經網路三種方法在事件自動偵測應用的效果。由模糊理論所發展出的事件自動偵測演算法計算簡單，可隨著車流狀態之需而改變其模糊關係，符合及時性的需要，並達到「自我學習」的功能。

13.5.2 模糊全觸動號誌控制模式之研究 [25, 72]

根據過去經驗顯示，大多數國家在都市交通號誌的設計與管理，概多採用觸動號誌控制，其主要原因在於觸動號誌的控制績效較定時號誌爲佳，且其硬體設備或控制邏輯均較適應性控制單純，所需成本與維護費用較經濟。惟以往觸動號誌大都依固定的最小綠燈時間、延伸時段及最大綠燈時間等控制參數運行，但以固定的控制參數去適應多變的車流型態，甚難發揮系統控制績效，亦可能導致控制負效用。因此，此研究重點在於建構模糊全觸動號誌控制模式來改進現有全觸動號誌之控制功能與彈性因應遽變的車流狀況。並加以控制時相的轉換與綠燈時間的延長、反應實際車流型態的變化，藉以改善控制判斷上的誤差。

研究方法：此研究分為四個步驟。1.模糊化介面：在全觸動號誌控制系統中，首先必須將相關資訊轉換成模糊值，亦即將偵測器所得的車流資訊模糊化；2.模糊知識庫：係將控制系統所需的輸入值及輸出值，藉由模糊理論轉換成語言變數的標準，並依人類思考模式對號誌控制之時制需求及經驗，構建控制的規則庫；3.推理引擎：係模糊控制的核心，即為模糊推論機構，它具有模擬人類做決策判斷的能力，根據人類特有的近似推理方式，延伸了應用模糊推論技術而實作出來的計算機構。而在智慧型全觸動號誌控制系統中，即依所建立的模糊化各方向之車輛需求度及衝突時相車輛停等情形，在模糊控制規則庫之控制規則下，藉由模糊推論引擎，推論其時相轉換的需求程度，作為時制運作中時相轉換的主要判斷決策函數；4.解模糊化介面：系統控制參數值經由模糊關係函數推論後，所得的控制決策值亦屬模糊值，為能發揮實際的控制功能，必須對決策模糊值轉換為明確的控制指標，作為控制的依據。

13.5.3 用路人最佳化單限旅次分佈 /出發時間 /路徑選擇模型 [10, 46]

在不同的道路資訊對用路人旅運選擇結果上，若只考慮以明確型動態旅運選擇模型來分析，無法考慮周全，若能在模型中加入不確定因素，以可能率分配來代表用路人對時間認知之本質上的的模糊性，以探討如何依據不明確的旅行時間資訊進行明確的出發時間 /路徑選擇決策問題，此乃此種問題所該討論之方向。

研究方法：此研究鬆弛用路人最佳選擇化原則之「用路人擁有完整資訊」與「流量型態穩定，不隨時間變化」兩項假設。由「主觀、不明確性、不完整資訊」的角度，探討不完全資訊下的動態用路最佳化單限旅次分佈 /出發時間 /路徑選擇問題。採用可能率分配來描述人類主觀認知的旅行時間，應用可能率規劃(Possibilistic Programming)的技巧，以變分不等式(Variational Inequalities)建構模型。此行前決策模型之最佳化條件則包括路徑選擇行為與旅次需求函數兩部分。並可藉由逐步固定路段間相互影響的巢劃對角演算法(Nested Diagonalization Method)求解之。值得注意的是，若出發時間固定，此模型即相當於模糊動態用路人最佳化單限旅次分佈 /出發時間 /路徑選擇模型。

13.5.4 交通量指派模式之模糊演算法探討 [55, 59, 79]

交通量路網指派模擬模式是都市運輸規劃、旅運需求分析的一大重要步驟，主要精神在於將區間旅次交通量，依據用路者路徑選擇行為，將旅次分派至最適路徑，構成交通量實質空間分佈，以成為供需研究、方案分析、路線評估、網路設計等……所需。

研究方法：此研究的目的為發展一考慮道路資訊影響下之交通量指派模式的模糊演算法--連續代表法，鬆弛了用路人擁有完整路網資訊的假設。此模糊演算法可將起迄對間的旅運次量指派至旅行時間不明確的路網上。假設用路人路徑選擇乃依據模糊旅行時間而定。更進而假設此主觀認知時間可以模糊數代表之，且與流量有關。而此關連性可透過模糊成本函數展現於演算法中。此模糊成本函數實為一模糊映射，可將路段流量映射為模糊旅行時間。而連續代表法中共用到四種模糊運算：模糊加法，模糊乘法、模糊比較與去模糊化。

13.6 水資源及海洋工程

13.6.1 模糊自迴歸模式於洪流量預測 [14, 15, 58, 87]

在進行水利防災規劃時，若事前就能預測洪水或非洪水期，將有力於行使各種對應政策，尤其河川與水庫之流量預測，對於防洪之操作更為重要。

研究方法：合併時間序列及模糊邏輯為模式的架構，建立進行模糊分析所需之模糊規則與隸屬函數。使此模式一方面能保有即時時變預測能力，一方面因有定律規則而能加強使用效率。這種對時流量資料進行模糊化的方式，其優點在於引用語言式的模糊變數來描述系統，而且利用模糊規則來描述系統變數間的關係，不必建立完整的數學模式，特別是適用於現實生活環境中數學模式不容易取得的非線性模式。

13.6.2 旬入流量預測之研究 [33, 81, 83]

旬流量的預報對水庫水量的分配而言相當重要，對水庫操作者而言，如果能更準確預測旬流量，對水庫水位之操作及水資源更有效率的運用有很大的幫助。但由於臺灣特殊的氣候和地形，夏季颱風影響下，使年雨量約有 78%集中於夏、秋兩季。旬流量要準確預測實在非常困難，預測的準確度都不高。

研究方法：利用灰色模糊系統模式預測石門水庫旬入流量。以微分水文灰色模式 DHGM、灰色源模型 GM(1,1)、ARX 模式三種模式作爲旬流量的預測。發現使用灰色源模型 GM(1,1)的旬流量預測效果最佳，尤其在非汛期時期，GM(1,1)的旬流量可準確預測，但在汛期期間，GM(1,1)因爲颱風對旬流量影響很大，旬流量預測不佳。故要結合灰色模糊理論模糊理論提出灰色模糊系統模式(GFSM)，找出颱風對石門水庫旬入流量之影響模糊隸屬度，配合灰色系統的預測以期增加旬流量推估之精準性，發現汛期的旬流量預測比 GM(1,1)要準確。

13.6.3 模糊動態規劃於水庫即時操作研究 [11, 76, 78]

台灣雨量分佈在時間與空間上不平均，因此河川流量時豐時枯，難以適應流域內目標的用水需求，而呈現水源不足及分配不均的現象。然而興建水庫來增加蓄水獲供水能力本來是解決之道；但因優良壩址多已開發殆盡，且新壩址難求，繼而在環保意識高張的前提下，如何妥善利用現有水庫，將豐水期之多於水量加以儲存，以供枯水期使用，藉以改善缺水情況達到供需平衡，這才是水資源規劃的重要工作。

然而水庫系統之操作通常是一複雜的多目標決策問題，且因各目標間可能互相衝突，且互爲不同單位，以致造成傳統數學處理多目標問題時，得就各目標函數不同的尺度進行選取。而模糊優選理論能考量目標函數中各目標程度上的差異，進而得各目標間的綜合評判指標。使我們可以從眾多方案中輕易選出最佳者，以進行優選，充分改善了以往決策問題對多目標狀況處理的困難。

研究方法：此研究採動態規劃模式進行水庫即時操作運轉，模式中以模糊優選理論來處理目標函數中多目標優選的部分，另以灰數來處理入流量、放水量及收益標的區間，以「灰色模糊動態規劃」來求取滿足多目標水庫長期操作的最佳方法。

13.6.4 集水區出流量之預測 [15, 56, 88]

由於集水區逕流發生過程，具有高度非線性及不確定性，常導致水文資料推估不易，而模糊理論與類神經網路可以針對其特性加以妥善的描述。因此以模糊邏輯法建立單流量站、多流量站、雨量站與出口流量站流量建立數組預測模式，而模糊邏輯之規則庫與隸屬函數，則利用類神經網路之自組織映射圖網路與反傳遞類神經網路分析推求。無論用模糊自組織映射圖網路、模糊反傳遞類神經網路或簡化型模糊反傳遞類神經網路，其評鑑結果證明模糊類神經網路的模式是可行的，且以模糊理論建構模式，其所構建之模糊規則庫，雖爲固定之定率規則庫，但於推估時，輸入時變資料，而推估得到時變資料，不需要因資料改變而反覆推估模式參數，在使用上，不僅方便，且推估之精確度亦很高。在各模式中。

13.6.5 模糊推論模式應用於洪水預測 [14, 43, 67]

由於洪水事件所導致的災害，常鉅大且無法計價，因此對於洪災的防制，無論是結構性或非結構性，皆爲政府有關機關所關切的主題之一。而良好的防災措施，端賴對洪水特性的認識及其量的推估。由於具有多變性的數學結構，可用來模擬難以物理方程式描述的複雜非線性關係。因此常與水文物裡模式或水文統計模式相互搭配結合，而形成一種新的洪水預測方法，故此一研究將藉由模糊數學來建立一集水區洪水流量預測模式。

研究方法：此研究藉由線性轉換函數法，配合參數顯著性檢定，設計模糊類神經網路模式，並由時序 ARIMA 模式建構各上游流量測站之洪水預測模式，以提供模糊類神經網路進行多時刻流量預測時所需之輸入資料。由此模式能有效地用在洪水事件的流量預測上。

13.7 測繪工程

13.7.1 遙測影像分類及變遷偵測之研究 [17, 42, 50, 82]

傳統上對衛星影像進行監督性分類時，均假設所選取之訓練區各類別像元爲純且均調，而分類的精度受訓練區品質之影響很大。現有的資源衛星影像受到解析度之限制，一個像元內可能含有多種地物類別，而像元的灰度值是綜合多種地物類別之光譜反應值而來，稱爲混雜像元。對台灣地區而言，因土地利用多元化，衛星影像的內容相當複雜，要在雜亂的影像中選取純且均調之訓練區非常不容易。

研究方法：此研究乃採監督性模糊分類法，其基本概念爲將模糊理論引入遙測影像監督性分類，使影像中各像元對各類別皆有其歸屬，在訓練階段能夠透過迭代而逐漸修正訓練區中像元對各類別之歸屬值，使訓練區容許類別混雜之情形存在。而此研究可將監督性模糊分類法應用於三種層面：1. 遙測影像分類：對內容複雜之影像進行分類，並以模擬影像、SPOT 影像以及 SAR 影像進行測試。2. 訓練區之自動化選取：由現有的土地覆蓋圖自動選取訓練區，利用監督性模糊分類法對衛星影像進行分類。3. 衛星影像變遷偵測：應用於分類後比較法變遷偵測，透過自動選取訓練區之方法，提升變遷偵測處理程序之自動化程度。

而此理論是以模糊理論爲基礎並配合高斯最大似然分類法展出監督性模糊分類法，此法具有不需選取均調訓練區之優點，能隨著不斷迭代逐漸修正訓練區像元的歸屬值，得到各類別正確的參數，進而得到整張影像模糊分類的結果。

13.7.2 G I S 影響圈(Buffer Zoning)及疊圈(Map Overlaying)之分析 [2, 37, 80]

G I S(Geographical Information Systems) 的應用很廣泛，舉凡空間資料分析及空間決策問題相關的工作，大多可用 G I S 完成。分析者或決策者使用發展成熟的 G I S 軟體，利用其一般化的資料輸入、處理、輸出的功能，可輕易完成繁雜的資料處理問題。但從以往研究中發現空間資料模糊性將造成「空間資料輸入時的模糊分類」、「空間區域分割時的模糊邊界」、「空間資料查詢時的模糊語意」及「空間決策支援時的偏好表示」等問題。

研究方法：就「空間距離關係表達問題」的解決而言，可以模糊理論爲基礎，提出「模糊空間距離關係分析模式」的概念，透過隸屬函數將空間距離關係轉換成具連續性的數值，並以語意變數來修飾基本的隸屬函數，以減少資訊的流失及滿足決策者的眞正需要。在緊急疏散民眾集結點設置問題的應用例子中，比較傳統疊圖分析法與模糊疊圖分析法配合模糊空間距離關係分析模式的分析結果，可驗證得後者確能提供較多的資訊，並使 GIS 系統具有較高的決策支援功能。

就提出「資料不精確、規則不明確的疊圖分析方法」而言，可以模糊理論爲基礎，提出「模糊推論疊圖分析法」，該方法透過隸屬函數轉換空間資料，以解決資料不精確問題，並以模糊關係的合成方法推論疊圖規則，以解決規則不明確問題。

習　題

13-1

[13.1] 目前在模糊控制研究上，爲了使模式不過於複雜，一般以剪力結構爲研究對象，其與眞實之結構有所差距；然而模糊控制對複雜或模式不明確之系統仍能處理，試討論如何應用模糊數學於非線性系統識別與非線性結構控制？

[13.2] 在結構控制中，時間延遲常造成結構不穩定而導致破壞，如何應用模糊控制解決時間延遲的問題，試討論之。

[13.3] 試說明若使用模糊集理論或模糊派屈網路之專家系統在橋樑損傷評估時有什麼優點，試與傳統的評估方式比較並討論之。

[13.4] 在結構可靠度的評估過程中，當面對實際且複雜系統的結構物，常需要有足夠的專家提供完整的資料庫，試討論以模糊理論於結構可靠度分析時，是否能克服專家的不足與資料庫的欠缺。

[13.5] 模糊專家系統已成功應用於許多鋼筋混凝土橋樑檢測評估，試討論如何應用在鐵路橋樑與其他結構物的檢測評估，並思考其可行性。

[13.6] 不同類的結構物，其破壞機構相異；試討論如何將模糊集理論應用在不同類的結構物安全性評估。

[13.7] 試討論動態模糊系統識別理論與靜態系統是別的差異；並思考何者較適合在識別複雜系統，並說明之。

13-2

[13.8] 以模糊集評估土層分類與現地應力時，場址因試驗資料不足而不能反映出本身場址之參數模糊數；試問如何精確瞭解每個試驗場之模糊數的差異，並討論之。

[13.9] 試說明爲什麼以模糊集評估土層分類時比傳統集合的考慮較合理。

[13.10] 文獻中以模糊集理論分析邊坡之穩定上，其建立的土壤參數之模糊集和是採用三角形的形狀，試思考可否採用不同形狀的模糊集合，並說明之。

[13.11] 若能進一步建立雨量與地下水位的關係，是否能將模糊集理論加以用來預測邊波的滑動，試討論其可行性。

[13.12] 大地工程師常須依賴有限的試驗資料或現地探勘的資料進行預測與分析以找出土壤剪力參數，試說明如何以模糊理論克服此問題。

[13.13] 文獻中以模糊集理論推估單樁承載力除應用在打擊式基樁外，試思考應用於其他形式基樁之可行性，如鑽掘式基樁、開口式鋼管樁、H 型樁等。

[13.14] 文獻中以模糊理論評估砂土液化潛能時，考慮各參數之不定性，但各參數之不定性乃考慮加減一個標準偏差之值，而這些參數之變異係數值之正確性將影響到考慮各參數之模糊性時之大小；試思考能否藉由模糊理論取得這些參數之變異係數值。

[13.15] 文獻中應力三軸之控制系統，試說明採用此模糊理論之控制方式是否會影響其有效應力路徑與強度，並思考是否合理。

13-3

[13.16] 文獻中敲擊回音檢測訊號判斷裂縫深度與走向已有成功的應用。吾人若要建立更完整的模糊識別系統，將可對波形的特徵擷取專家的知識建立規則庫，輔以模糊語詞的推論，試思考其研究方法與步驟。

[13.17] 在鋪面損壞項目對鋪面影響程度，及鋪面破壞之狀況評比等問題，模糊集理論實已提供有效的分析模式，然而對於從事相關研究的人員，若能取得交通量與軸重當量等與環境因素（如雨量）及維修經費等資料，將其與此模式結合，應能提供鋪面養護維修之優先方案，對鋪面管理系統之建立有莫大助益，試討論之。

[13.18] 文獻中使用模糊集理論於鋪面破壞種類、破壞嚴重度及維修程度等做預測時，有相當的可信度；若能以類神經網路爲輔，在影像處理時能學習並加以分類，以供此模糊理論作最佳的預策，此研究方向可供思考，試討論之。

[13.19] 以模糊理論預測高性能混凝土抗壓強度時，若能將其他的影響變數以數值方式來表現，例如養護溫度、輸送時間等，進而判定這些變數與混凝土強度之間的關係，是否能讓混凝土案例庫的知識表現更完整，並提高其強度預測的精度，試討論之。

[13.20] 以模糊理論作混凝土強度預測時，不同的隸屬函數對其預測的精度是否會有差異，試討論之。

13-4

[13.21] 試討論以模糊理論在選址應用上與傳統理論在選址時，有何差異，並說明其優缺點。

[13.22] 以模糊理論探討 BOT 計劃之投標評選，常以模糊歸屬函數來解決評選時主觀意識表達不易之問題，不同的隸屬函數是否會造成不同的評選結果，試討論兩者的關係。

[13.23] 請思考如何以模糊數學理論幫助營造廠商，在無法取得過去工程的統計資料下，找到適當的評估管理方式。

[13.24] 模糊數學在工程風險管理應用上，若能針對營建工程本身具備的性質進行特性分析，建構出工程特性與工程風險的關係，並加以找到最適當的規避策略，請討論其可行性。

13-5

[13.25] 以模糊理論應用於高速公路事件自動偵測上已有成功的發展，讀者可思考若改變偵測器的密度，或事件偵測演算法與偵測器的間距，將對此理論會有什麼結果產生，試討論之。

[13.26] 目前中山高速受限於硬體設備，資料所涵蓋的交通狀況有限且其代表性頗受爭議，請讀者思考是否有其他解決方式。

[13.27] 由於連續/預測型動態旅運選擇模型在眞實路網上求解困難，故文獻中致力於離散/預測型動態旅運選擇模型。此假設是否合理，或是否需要在何種條件下才合理，試說明之。

[13.28] 以模糊理論爲基礎的動態系統最佳化路徑選擇問題不一定要以系統總時間或成本最小化爲目標，讀者可以配合其他的交通控制策略，例如路網總車輛數目最小、路網服務水準最高、路網總延滯最小、尖峰擁擠時間最短等。

[13.29] 試以模糊理論繼續探討巢化對角法的收斂性，並加以改善動態旅運選擇問題的求解效率。

13-6

[13.30] 採用模糊自迴歸模式於洪流量預測，適用於現實生活環境中數學模式不容易取得的非線性模式；然而若考慮到複雜的颱風路徑與降雨量等問題時，試問是否還能以此理論架構準確預測流量，試討論之。

[13.31] 由於灰色系統模式尚有應用在突變預測和季節突變預測上，從事此方向的研究者將來可考慮將灰色理論應用在預測未來大洪水的來臨或何時會出現出現旱年和澇年的預測模式。

[13.32] 採用模糊動態規劃於水庫及時操作時，颱風季節之水庫入流量變異很大，試討論若能配合較短時距之流量預測模式，如日流量之預測模式或由降雨量直接推算入流量等方法，能否可更有效掌握未來水庫入流情況。

[13.33] 因爲預測入流量的準確度，將會影響操作的結果，試討論若在建立模式之前所做的流量預測模式，是否需考慮流量預測模式的準確性，以找尋更符合實際流況的預測系統。

[13.34] 從事此方向研究者，可以試著將遺傳演算法或類神經網路的觀念導入集水區或洪水預測的模式中，以建立一套更簡易且準確的預測模式，試討論之。

13-7

[13.35] 應用監督性模糊分類法於遙測影像分類雖然可以解決訓練區類別混雜的情形，但是若影像中某類別之像元完全不在選取訓練區當中，該類別之像元仍會被歸類於其他在光譜空間中最鄰近之類別；從事研究者可朝此不足之處尋求解決的方法，試討論之。

[13.36] 利用現有的土地覆蓋圖自動產生訓練區時，由於訓練區類別是由舊的土地覆蓋圖類別所產生，類別數目固定；若不同時期之土地覆蓋類別數有增減，此模糊分類法將不適用；從事此方向研究者可思考其解決的方法，試討論之。

[13.37] 研究者可朝利用現有的土地覆蓋圖與其他更高解析度之遙測影像自動更新 GIS 土地覆蓋圖層爲未來後續研究的方向。

[13.38] 模糊理論在 GIS 疊圈分析中，除了以 MIN-MAX 方法對各圖層的模糊舉振作概似的整合推理以外，試問是否能再用其他可行的方法，並討論這些方法在 GIS 上模糊推論疊圖分析法上的意義，以求能更合理的綜合推理各圖層的影響程度。

參考文獻

[1] 王明德，營建管理資訊系統需求之研究與雛形系統之設計，台灣營建研究中心，八十年九月。

[2] 王晉元、林誌銘，網格式地理資訊系統上模糊推論疊圖分析法之構建，土木水利工程學刊，第十卷，第二期，pp.233-242。

[3] 王鼎旭，「模糊數學在結構可靠度上的應用」，中央大學土木所碩士論文，1993。

[4] 王慶煌、黃裕鈞、葉文琦，以多目標規劃解析建築投資報酬與風險問題，中國土木水利工程學刊 11 卷 1 期 155-162 頁，1999。

[5] 李德河、古志生，地震土壤液化災害與防制對策，研考雙月刊 24 卷 3 期，頁 69-76, 2000。

[6] 李德河; 古志生; 蘇宏修，CPT 土壤分類之探討，中國土木水利工程學會會刊 第 13 卷 第 2 期 479 頁。

[7] 孟憲綱，「動態模糊系統識別理論之建立研究」，中央大學土木所碩士論文，1993。

[8] 張文忠，以模糊集理論推估單樁承載力，中興大學土木所碩士論文，民國 83 年。

[9] 張炳南，「以模糊集評估土層分類與現地應力之初步研究」，台灣大學土木所碩士論文，1997。

[10] 張美香，「動態旅運選擇模型之課題研究」，中央大學土木所博士論文，1998。

[11] 張斐章、黃金鐸、王文清, 運用模糊序率動態規劃於水庫操作之研究，台灣水利，第 43 卷，第 4 期，民國 84 年。

[12] 陳明郎，應用模糊集理論於應力路徑三軸之控制系統，中興大學土木研究所碩士論文，1998。

[13] 陳建旭、蔡攀鰲、林志憲，解析方法應用於台灣柔性路面厚度設計之初步研究，台灣公路工程，第 25 卷 3 期 pp33-38。

[14] 陳昶憲、陳建宏，模糊類神經洪水位預報模式，中華水土保持學報，第二十八卷，第四期，第 299-310 頁(1997)。

[15] 陳昶憲、蔡國慶、黃尹龍，模糊類神經網路應用於集水區出流量之預測，中國土木水利工程學會會刊 第 13 卷 第 2 期 395-405 頁。

[16] 陳惠國、黃振賢，1993.04，〝高速公路事件自動偵測方法之研究--以中山高速 公路爲例〞，中華道路，第 32 卷，第 2 期 pp.5-17。

[17] 陳繼藩、徐守道、陳世旺（1997），〝應用非監督性類神經網路於 SPOT 衛星影像分類之研究〞，航測及遙測學刊，Vol.2, No.1, pp.1-12。

[18] 黃品嘉，模敲擊回音檢測訊號之模糊識別，中興大學土木所碩士論文，民國 82 年。

[19] 黃裕斌，「模糊專家系統應用於鋼筋混凝土橋樑之目視檢測評估研究」，中央大學土木所碩士論文，1997。

[20] 葉根，「模糊控制在結構控制上應用之研究」，中央大學土木所碩士論文，1992。

[21] 葉根，「模糊滑動結構控制在樓房結構系統之理論與試驗」，中央大學土木所博士論文，1999。

[22] 蔣偉寧，李效同，梁漢溪，"現存結構物安全性評估-模糊數學之應用"，中國模糊系統學刊，第三卷，第一期,第 49-64 頁(1997)。

[23] 鄭魁香，邊坡非穩定現象之研究，中央大學土木所博士論文，民國 84 年。

[24] 盧炳志，類神經網路在大地工程參數分析之研究，成功大學土木所博士論文，民國 87 年。

[25] 蘇志強、王銘亨、趙崇仁，模糊全觸動號誌控制模式之研究，中國土木水利工程學刊 第十一卷 第二期 365-375 頁，1999。

[26] Abdel-Rohman, M., “Time-delay Effects on Actively Damped Structures", ASCE, J. Eng. Mech., Vol.113, No. 11, pp1709-1719, 1987.

[27] Abraham, Odile ; Leonard, Christelle ; Cote, Philippe ; Piwakowski, Bogdan., “Time Frequency Analysis of Impact-Echo Signals: Numerical Modeling and Experimental Validation,” ACI Materials Journal - American Concrete Institute v.98 n.5 pt.0 pp.418.

[28] Balke, K., Dudek, C. L., and Moumtain, C. E.(1996), "Using Probe - Measured Travel Times to Detect Major Freeway Incidents in Houston, Texas " Transportation Research Record 1554, pp. 213-220.

[29] Brito, J. de. and Branco, F. A., “Concrete Bridge Management: From Design to Maintenance,” Practice Periodical on Structural Design and Construction v.3 n.2 pt.0 pp.68-75.

[30] Brito, J. de., Branco, F. A., Thoft-Christensen, P. and Sorensen, J. D., “An expert system for concrete bridge management,” Engineering Structures v.19 n.7 pt.0 pp.519-526.

[31] Chang, D.Y., "Applications of the extent analysis method on fuzzy AHP", European Journal of Operation Research, Vol. 95,No. 3,pp 649-655, (1996).

[32] Chang, In-Seong, Tasuhiro,Y., Gen,M. and Tozawa, T. "An efficient approach for large scale project planning based on fuzzy Delphi method", Fuzzy Sets and Systems, 76, 1995, pp. 277-288.

[33] Chang-NB, Wen-CG, Chen-YL and Yong-YC, "A gray fuzzy multiobjective programming approach for the optimal planning of a reservoir watershed .A. theoretical development", WATER RESEARCH 1996, Vol. 30, Iss: 10, pp.2329-2334.

[34] Chen, J. W. and Chen, C. Y., "A Fuzzy Methodology for Evaluation of the Liquefaction Potential," Microcomputers in Civil Engineering v.12 n.3 pt.0 pp.193-204.

[35] Chiang, W. L., Dong, W. and Wong, S., "Dynamic Response Structures with Uncertain Parameters: A Comparative Study of Probabilistic and Fuzzy Sets Methods," international Journal of Probabilistic Engineering Mechanics, Vol. II, No.2 PP.82-91, 1987.

[36] Chiang, W.L., Kevin F.R. Liu and Jonathan Lee (2000)"Bridges Damage Assessment Through a Fuzzy Petri Net Based Expert System" Journal of Computing in Civil Engineering, ASCE , Vol. 14, No. 2, pp. 141-149.

[37] D'Ercole, C., Groves, D. I., and Knox-Robinson, C. M., " Using fuzzy logic in a Geographic Information System environment to enhance conceptually based prospectivity analysis of Mississippi Valley-type mineralisation", Australian Journal of Earth Sciences v.47 n.5 pt.0 pp.913-928.

[38] Dong, W., Chiang, W. L., Shah, H. and Wong, F. S. (1990), "Assessment of Safety of Existing Building Using Fuzzy Set Theory", Structural Safety and Reliability, pp.903-910.

[39] Dubois, D. and Prade, H., "Necessity measures and the resolution principle," IEEE Trans. Syst., Man Cybern., 17:474-478, 1987.

[40] Ellis, G. W., Yao, C., Zhao, R., and Penumadu, D., "Stress-Strain Modeling of Sands using Artificial Neural Networks," Journal of Geotechnical Engineering Division, ASCE, Vol. 121, No. 5, pp. 429-435 (1995).

[41] Flora, A. and Modoni, G., “Upgrading Equipment and Procedures for Stress Path Triaxial Testing of Coarse-Grained Materials,” Geotechnical Testing Journal v.20 n.4 pt.0 pp.459-469.

[42] Foody, G. M., Zhang J., 1998.”A Fuzzy Classification of Sub-Urban Land Cover from Remotely Sensed Imagery”, International Journal of Remote Sensing,Vol. 19,No. 14,pp.2721~2738.

[43] French, M N., Krajewski, W. F. and Cuykendall, R. R. (1992). Rainfall Forecasting in Space and Time Using a Neural Network, Journal of Hydrology, vol.137, pp. 1-31.

[44] Fwa, T. F., Tan, S. A. and Guwe, Y. K., “Rational Basis for Evaluation and Design of Pavement Drainage Layers,” Transportation Research Record n.1772 pp.174-182.

[45] Griffiths, D. V. and Lane, P. A., “Slope stability analysis by finite elements,” Geotechnique v.51 n.7 pt.0 pp.653.

[46] Hicks, James E and Abdel-Aal, Mounir M., “Maximum Likelihood Estimation for Combined Travel Choice Model Parameters”, Transportation Research Record n.1645 pp.160-169.

[47] Hong, Ann Ping ; Li, Yuan Neng ; Bazant, Zdenek P., “Theory of Crack Spacing in Concrete Pavement,” Journal of Engineering Mechanics - Proceedings of the ASCE v.123 n.3 pt.0 pp.267-275.

[48] Hsu, W. K. and W. L. Chiang, Integrated Multi-Objective Seismic Risk Assessment System, 21st Century Seismic Hazard Mitigation and Prevention for Large and Medium Cities Conference, Beijing, 2001.(in Chinese).

[49] Hung, S.L and Jan, J.C, “Machine Learning in Engineering Analysis and Design: An Integrated Fuzzy Neural Network Learning Model,” Computer-Aided Civil and Infrastructure Engineering, 14(1999) 207-219.

[50] Jensen, J. R., Rutchey, K., Koch, M. S. and Narumalani, S., 1995,”Inland Wetland Change Detection in the Everglades Water Conservation Area Using a Time Series of Normalized Remotely Sensed Data”, Photogrammetric Engineering & Remote Sensing, Vol. 61,No. 2,pp.199~209.

[51] Juang, C. H. and Elton, D. J., “Predicting Collapse Potential of Soils with Neural Networks,” Transportation Research Record No. 1582, Transportation Research Board, National research Council, Washington, D.C, pp. 22-28 (1996).

[52] Juang, C. H., and Chen, C. J.,(1999) “CPT-based liquefaction evaluation using artificial neural networks,” Computer-Aided Civil and Infrastructure Engineering 14, pp.221-229.

[53] Juang, C. H., Huang, X. H. and Elton, D. J. (1992), ‘‘Modeling and Analysis of Non-Random Uncertainties- A Fuzzy-Set Approach,’’ International Journal of Numerical and Analytical Methods in Geomechanics, Vol. 16, pp. 335-350.

[54] Juang, C. H., Wey, J. L. and Elton, D. J. (1991), ‘‘Model for Capacity of Single Piles in Sand Using Fuzzy Sets,’’ Journal of Geotechnical Engineering, ASCE, Vol. 117, No. 12, pp. 1920-1931.

[55] Kikuchi, S. and Pursula, M., ‘‘Treatment of Uncertainty in Study of Transportation: Fuzzy Set Theory and Evidence Theory,’’ Journal of Transportation Engineering, ASCE, Vol. 124, No. 1, pp. 1-7, 1998.

[56] Kitanidis, P. K., and R. L. Bras(1980), "Real-Time Forecasting With a Conceptual Hydrologic Model 2. Applications and Results", Water Resources Research, Vol. 16, No. 6, pp.1034-1044.

[57] Kumar, Sanjeev., “Evaluation and Reduction of Liquefaction Potential at a Site in St. Louis, Missouri,” Earthquake Spectra v.16 n.2 pt.0 pp.455-492.

[58] Kuo-Lin Hsu, Hoshin Vijai Gupta, and Soroosh Sorooshian, (1995) "Artificial neural .network modeling of the rainfall - runoff process" Water Resources Research, Vol.31, No.10, pp. 2517-2530, 1995.

[59] Lam, William H K and Yin, Yafeng., "An activity-based time-dependent traffic assignment model", Transportation Research - Part B Methodological v.35 n.6 pt.0 pp.549-574.

[60] Lee, J., K.F.R. Liu and W.L. Chiang (1999), "Fuzzy Petri Net-Based Expert System and Its Application to Damage Assessment of Bridges" IEEE Transaction on Systems, Man and Cybernetics: part B, Vol.29, No.3, pp.350-370.

[61] Lee, Jonathan, Kevin F.R. Liu and Weiling Chiang, A Possibilistic-Logic-Based Approach to Integrating Imprecise and Uncertain Information. Fuzzy Sets and Systems, Vol.113, No.2, 309-322, 2000.

[62] Leu, Sou-Sen ; Chen, An-Ting ; Yang, Chung-Huei., "A fuzzy optimal model for construction resource leveling scheduling," Canadian Journal of Civil Engineering v.26 n.6 pt.0 pp.673-684.

[63] Leu, Sou-Sen, Chen, An-Ting and Yang, Chung-Huei. "Fuzzy Optimal Model for Resource-constrained Construction Scheduling." Journal of Computing in Civil Engineering, ASCE, Vol.13, No.3, pp.207-216, 1999.

[64] Liang, Ming-Te and Su, Po-Jen., "Detection of the corrosion damage of rebar in concrete using impact-echo method," Cement and Concrete Research v.31 n.10 pt.0 pp.1427-1436.

[65] Lou, Z ; Gunaratne, M ; Lu, J J ; Dietrich, B., "Application of Neural Network Model to Forecast Short-Term Pavement Crack Condition: Florida Case Study," Journal of Infrastructure Systems v.7 n.4 pt.0 pp.166-171.

[66] Lu, L.T., Chiang, W.L., and Tang, J.P., "LQG/LTR control methodology in active structural control," ASCE, J. of Eng. Mech., vol.124, no.4, pp.446- 453, 1998.

[67] Luk, K. C. and Ball, J. E. (2000). A study of optimal model lag and spatial to artificial neural network for rainfall forecasting, Journal of Hydrology, vol. 227, pp 56-65.

[68] Michalopoulos, P. G. and Samartin, K. (1998), "Recent Development of Advanced Technology in Freeway Management Projects", Traffic Engineering and control, march, pp.160-165.

[69] Moen, S.G. and W.L. Chiang, "Application of Identification of Fuzzy Model in Structural Mechanics," International Journal of Uncertainty, fuzziness and Knowledge-based system Vol.2, No.3 pp294-304, 1994.

[70] Newson, T. A., Davies, M. C. R. and Bondok, A. R. A., "Selecting the rate of loading for drained stress path triaxial tests," Geotechnique v.47 n.5 pt.0 pp.1063-1068.

[71] Ni, S. H., Lu, P. C., and Juang, C. H., "A Fuzzy Neural Network Approach to Evaluation of Slope Failure Potential," Journal of Microcomputers in Civil Engineering, Vol. 11, pp. 59-66 (1996b).

[72] Niittymaki, Jarkko, "General fuzzy rule base for isolated traffic signal control-Rule formulation", Transportation Planning and Technology v.24 n.3 pt.0 pp.227-248.

[73] Rollins, Kyle M. and Miller, Nigel P.; Hemenway, Daniel., "Evaluation of Pile Capacity Prediction Methods Based on Cone Penetration Testing Using Results from 1-15 Load Tests," Transportation Research Record n.1675 pp.40-50.

[74] Sawyer, J. P. and Rao, S. S., "Strength-Based Reliability and Fracture Assessment of Fuzzy Mechanical and Structural Systems," American Institute of Aeronautics and Astronautics v.37 n.1 pt.0 pp.84-92.

[75] Seed, H. B., Tokimatus, K., Harder, L. F., and Chung, R. M.(1985) " Influnce of SPT procedures in soil liquefaction resistance evalration," Journal of Geotechnical Engineering, ASCE, Vol. 111, pp.1425-1445.

[76] Stastry, V. N. , R. N. Tiwari and K. S. Sastri, , "Dynamic Programming Approach to Multiple Objective Control Problem having Deterministic or Fuzzy Goals", Fuzzy Set and System 57, pp.195-202, 1993.

[77] Tang, J., "Reliability Assessment of Mechanical Components Using Fuzzy-Set Theory," Transactions of the ASME - J - Journal of Pressure Vessel Technology v.120 n.3 pt.0 pp.270-275.

[78] Thomas, H. A. and M.B. Fiering, "Design of Water Resource System ", Harvard University Press, Cambridge Massachusetts, 1962.

[79] Tong, C. O. and Wong, S. C., "A predictive dynamic traffic assignment model in congested capacity-constrained road networks", Transportation Research - Part B Methodological v.34 n.8 pt.0 pp.625-644.

[80] Tsai, Yi-Chang and Frost, J David.," Using geographic information system and knowledge base system technology for real-time planning of site characterization activities", Canadian Geotechnical Journal v.36 n.2 pt.0 pp.300-313.

[81] Wang, An-Pei, and Bo-Wen Cheng, ''Fuzzy Decision Analysis in Reservoir Operation during Flood Period,'' Journal of Chinese Fuzzy Systems Association Vol. 5, No.2, pp.35-44, 1999.

[82] Wang, F., 1990."Fuzzy Supervised Classification of Remote Sensing Images", IEEE Transactions on Geoscience and Remote Sensing, Vol 28,No 2,pp194~201.

[83] Wen-JC, Huang-KH and Wen-KL, "The Study of α in GM(1,1) Model, Journal of the Chinese Institute of Engineers 2000, Vol.23, No.5, pp.583-589.

[84] Yang, J.N., Wu, J.C. and Reinhorn, A.M. and Riley, M., "Control of sliding-isolated building using sliding mode control," ASCE, J. of Structural Engineering., vol.122, no.2, pp.170-186, 1996.

[85] Yeh, I-C., "Modeling of Strength of High-Performance Concrete Using 1797 Artificial Neural Networks," Cement and Concrete Research v.28 n.12 pt.0.

[86] Zhang, Zhongjie and Tumay, Mehmet T., "Statistical to Fuzzy Approach Toward CPT Soil Classification," Journal of Geotechnical and Geoenvironmental Engineering, ASCE. v. 125 n.3 pt.0 pp.179-186.

[87] Zhu, M. -L. and M. Fujita (1994) "Comparisons Between Fuzzy Reasoning and Neural network Methods to Forecast Runoff Discharge", Journal of Hydroscience and Hydraulic Engineering, Vol.12, No.2, pp. 131-141, November.

[88] Zhu, M. -L., And M. Fujitu(1994), "Comparisons Between Fuzzy Reasoning and Neural network Methods to Forecast Runoff Discharge", Journal of Hydroscience and Hydraulic Engineering, Vol.12, No.2, pp.131-141.

Chapter 14

模糊資料庫系統

王學亮

國立高雄大學　資訊管理系

14.1 前　言

本章介紹模糊理論於資料庫系統之應用與發展。將模糊集合和模糊邏輯應用於資料庫系統之資料模式與設計其主要動機是要處理不精確(imprecise)、含糊(vague)、及不確定性(uncertain)之資訊。能夠容納不精確資訊之資料庫不但可以儲存並處理精確資料，同時也可以處理主觀性之專家意見、判斷及一般之語詞如溫度很高、地質很酸、年紀很輕等。資料庫若能處理此類之資訊則可實際應用於醫療診斷、人力資源管理、投資決策及地質探測等領域。

一般之資料庫查詢皆限制其查詢項目爲精確値。然而具模糊或彈性(flexible)之查詢方式卻更能符合使用者之需求。例如，“那些申請人具有高學歷及中等之經驗？”，“那些產業是大部分專家預測最具發展潛力之產業？”，“那些餐廳是價格合理且接近市中心？”。另外，針對不精確之資料庫作含糊性之查詢結果其可信度或確定性如何亦是相當重要的研究課題。但是基本上從不精確的資料中是不會產生精確的答案的。

圖 14.1 是 Petry [21]所描述之模糊資料庫與整個資料庫系統之關係。資料庫之目的基本上是要塑模眞實世界的資料，而其眞正能夠描述的部分則稱之爲實業(enterprise)。目前資料庫所描述之實業幾乎都是清脆的(crisp)，也就是精確實業，精確資料及清脆之查詢部分。至於如何去表達及處理不確定性資料、不精確性資料以及不清脆之查詢則是模糊資料庫研究領域所欲探討之議題。

本章將於在第二節中介紹四種主要的模糊關聯式資料庫模式。在第三節中我們將介紹四種主要的模糊物件導向式資料庫模式。在第四節中我們將介紹三類主要的模糊查詢系統。最後在第五節中我們將介紹一些實際的模糊資料庫系統。

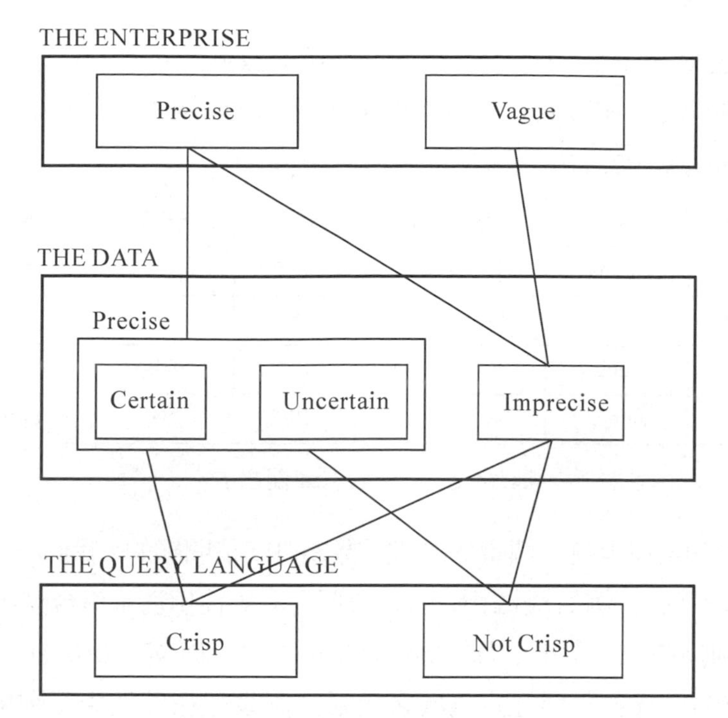

圖 14.1　模糊資料庫全景[21]

14.2　模糊關聯式資料庫

自從 1980 年代關聯式資料庫技術普及化之後，已有許多學者提出如何延伸其資料庫模式以處理不精確、含糊、及不確定性之資訊[1,2,3,4,7-10,14-24,27,28]。其延伸之原則基本上是針對下列傳統關聯式資料庫模式的三個隱藏假設做一般化(generalization)[11]：

假設 1：對任何屬性 A，其屬性值之間是相互無關的(mutually unrelated)。也就是說，$\forall x, y \in Dom(A)$, 若 $x \neq y$，則 x 與 y 是完全不等。

假設 2：對一個關聯之任何值組 t, $t=(t(A_1), t(A_2),\ldots, t(A_n))$, $t(A_i)$是 $Dom(A_i)$得一個單值，即 $t(A_i) \in Dom(A_i)$。

假設 3：對一個關聯之任何值組 t，其屬於該關聯之程度是 1。

然而，假設我們有下列之傳統關聯 R_1(圖 14.2)及三個事實：

事實 1：(Todd, M, {21, 22, 23}, 176, 平均, 紅色或棕色)

事實 2：(David, M, 中年, {0.7/180, 1/188, 1/190, 1/192, 0.8/200}, 很好, {白, 灰})

事實 3：(Jeremy, M, 27, 170, 平均, 黑色)：r, r∈(0, 1]

C#	名字	性別	年齡	高度	健康	顏色
124	Thomas	M	21	185	很好	黑色
138	Hans	M	59	180	好	灰色
278	Jane	F	17	175	平均	一般
291	James	M	32	190	好	棕色

圖 14.2　一個資料庫關聯 R_1

則我們應如何將上述三個事實加到關聯 R_1 中，很明顯的，我們必須將傳統關聯式資料庫模式模糊化。例如，針對屬性值，我們允許屬性值爲子集合(如{紅, 棕}, {21, 22, 23}), 語詞(如非常, 中年), 及模糊集合或可能性分佈(如 {0.7/180, 1/188, 1/190, 1/192, 0.8/200})。或者對屬性定義域之元素，假設存在某種相鄰關係(measure of nearness)，例如

$C_{健康}$	嚴重	差	平均	好	佳
嚴重	1	0.8	0.5	0.1	0.0
差	0.8	1	0.6	0.3	0.2
平均	0.5	0.6	1	0.8	0.7
好	0.1	0.3	0.8	1	0.85
佳	0.0	0.2	0.7	0.85	1

圖 14.3　$C_{健康}$之相鄰關係

另外，對所有值組，我們允許其屬於某個關聯的程度是介於 0 與 1 之間。

因此，目前所提出之各種模糊關聯式資料庫模式皆是針對上述之三種隱藏假設做不同程度之延伸與組合。在此節中我們將介紹其中四種主要之模式，即模糊關聯爲主(fuzzy-relation-based)之模式，類似關係(similarity-relation-based)爲主之模式，可能性分佈(possibility-distribution-based)爲主之模式及延伸可能性分佈(extended-possibility-based)之模式。

14.2.1 模糊關聯為主之模式

模糊關聯爲主之模式是由 Baldwin 與 Zhou 於 1984 年[2]所提出，其主要之工作是放寬傳統關聯式資料模式之隱藏假設三，使得每一值組屬於某個關聯的程度是屬於 [0, 1] 而非 {0, 1}。其正式之敘述如下，一個在卡氏積(Cartesian Product) $D_1 \times D_2 \times ... \times D_n$ 中之模糊關係 R 可由一個隸屬函數 $\mu_R : D_1 \times D_2 \times ... \times D_n \to [0,1]$ 來表達，其中 D_i 即屬性 A_i 之定義域(是者稱爲論域)。而 $D_1 \times D_2$ 上之二元關係(binary relation)之一般表達式可寫成 $R = \{\mu_R(u_1,v_1)/(u_1,v_1),...,\mu_R(u_m,v_n)/(u_m,v_n)\}$ 或以值組格式可寫成 $R = \{(u_1,v_1,\mu_R(u_1,v_1)),...,(\mu_m,v_n,\mu_R(u_{m,}v_n))\}$ 其中 $\mu_j \in D_1$, $j=1, 2, ...,m$, 且 $v_k \in D_2$, $k=1, 2,...n$.

此種資料表達的方式是假設值組屬於關聯的程度是模糊的，但各個屬性(值)則是非模糊的(或是語詞但以單值看待之)。此種模糊資料模式可處理如事實三之資料：

事實 3：(Jeremy, M, 27, 170, 平均, 黑)：γ

14.2.2 類似關係為主之模式

類似關係爲主之模式是由 Buckles 和 Petry 於 1982 年[5]所提出，其主要之工作即放寬傳統關聯式資料模式之第一及第二個隱藏假設。其放寬假設一之方法是允許類似關係(similarity relation)存在於每個屬性定義域的值之間。而放寬假設二之方法則是允許值組屬性值爲定義域的一個子集合，而非僅是定義域之單值。其正式敘述如下，一個關聯 R 是卡式基 $2^{D_1} \times 2^{D_2} \times ... \times 2^{D_n}$ 之子集合，其中 D_i 是一個有限定義域，2^{D_i} 是 D_i 之幕集合。一個 R 的值組 t 之格式可以下式表達 $t=(d_1, d_2,...,d_n)$, 其中 $d_i \subseteq D_i$, $d_i \neq \phi$.

一個屬性定義域 D_j 上之類似關係 s_j 是一個 $s_j : D_j \times D_j \to [0,1]$ 之對應，並且滿足下列之關係。對任何元素 $x, y, z \in D_j$,

$s_j(x, x)=1$ (反身性)

$s_j(x, y)= S_j(y, x)$ (對稱性)

$$s_j(x,z) \geq \max_{j \in D_j}(\min(s_j(x,y), s_j(y,z)))$$ (遞移性)

類似關係的一個特性是對於給定之一個門檻值α_j，類似關係 s_j 可誘導出在 D_j 上的一個等價關係(equivalence relation)。

由於類似關係爲主之模式放寬了上述之二個假設，因此前述之事實 1，則可以此模式表達之：

事實 1：(Todd, M, {21, 22, 23}, 176, 平均, 紅色或棕色)

其中兩個類似關係分別定義在 $D_{年齡}$ 及 $D_{髮色}$上。

14.2.3 可能性分佈為主之模式

可能性分佈爲主之模式是由 Prade 和 Testemal 於 1983 年[22,23]提出的，其主要的工作即是放寬傳統關聯式資料庫之第一個隱藏假設，使得屬性值可以用可能性分佈表示之。因此，一個資料庫關聯可視爲定義在卡式集上之一般關聯，但卡式集之集合元素允許爲可能性分佈。其正式之敘述如下，一個關聯 R 是卡式集合 $\Pi(D_1)\times\Pi(D_2)\times\ldots\times\Pi(D_n)$ 之子集合，其中$\Pi(D_i)$={π_{A_i} | π_{A_i} 是定義在 D_i 上之 A_i 的一個可能性分佈}。而一個值組 t 則可表示爲：

$$(\pi_{A_1}, \pi_{A_2}, \ldots, \pi_{A_n})$$

同時，此模式引進一個特殊元素 e 來表達"不適用"之值。亦即π_{A_i} 是如下之函數：

$$\pi_{A_i}: D \cup \{e\} \rightarrow [0, 1]$$

由於此種延伸，使得以可能性分佈爲主之模式可表達前述之事實 2：

事實 2：(David, M, 中年, {0.7/180, 1/188, 1/190, 1/192, 0.8/200}, 很好, {白, 灰})

14.2.4 延伸可能性分佈為主之模式

延伸可能性分佈爲主之模式是由 Rundensteiner 等人於 1989 年[24]及 Chen 等人於 1991 年[10]相繼提出的。其主要工作是延伸可能性分佈爲主之模式使得屬性值不只是可以用可能性分佈來表達，同時亦允許相鄰關係存在於定義域之元素值之間。

因此，此種模式將傳統之關聯式資料模式對隱藏假設一及二作了更進一步的放寬。值得注意的是前述之類似關係是相鄰關係的一種特例，因此以類似關係爲主之模式及以可能性分佈爲主之模式可視爲延伸可能性分佈模式之特例。

一個延伸可能性分佈模式之關聯 R 是卡式積 $\Pi(D_1)\times\Pi(D_2)\times\ldots\times\Pi(D_n)$ 之子集合，其中 $\Pi(D_i)=\{\pi_{A_i} \mid \pi_{A_i}$ 是定義在 D_i 上之 A_i 的一個可能性分佈$\}$。而一個值組 t 則可表示爲：

$$(\pi_{A_1},\pi_{A_2},\ldots,\pi_{A_n})$$

同時任一屬性 A_i 之定義域上可存在一個相鄰關係來表達定義域元素之間的相接近程度。事實上，一個屬性定義域 D_i 上之相鄰關係 c_i 是一個 $c_i : D_i \times D_i \rightarrow [0,1]$ 之對應，並且滿足下列關係。對任何元素 $x, y \in D_i$,

$c_i(x, x)=1$ (反身性)

$c_i(x, y)= c_i(y, x)$ (對稱性)

相鄰關係之一個特性是給定一個門檻值 α_j，相鄰關係 c_i 可誘導出在 D_j 上的一個容忍關係(tolerance relation)。

由於延伸可能性分佈之模式放寬了上述之限制，因此前述之事實二則可以此模式表達之：

事實 2：(David, M, 中年, {0.7/180, 1/188, 1/190, 1/192, 0.8/200}, 很好, {白, 灰})

同時，定義域之元素間之類似關係 $C_{健康}$ 亦可利用相鄰關係描述之。

14.3 模糊物件導向式資料庫

物件導向式資料庫管理系統之發展主要是爲了要處理大量且複雜之應用，例如辦公室自動化系統，電腦輔助設計／製造，地理資訊系統，及多媒體資料庫系統等。雖然物件導向模式具有相當不錯的資料表達能力，但卻仍然無法表達含糊，不確定及不精確之資料。而結合模糊邏輯與物件導向資料庫似乎是一個能夠直接表達不精確或不確定性資料的方法。

自從 1990 年代物件導向式資料庫興起之後，已有許多學者提出如何延伸其模糊資料模式之方法。其延伸之原則主要是針對下列各項假設作一般化，如圖 14.4：

假設 1：物件／類別之屬性值(attribute)。

假設 2：物件／類別之方法(method)。

假設 3：物件／類別或類別／類別之歸屬值(membership)。

假設 4：物件／類別或類別／類別之繼承關係(inheritance)。

針對假設一，三和四，Dubois，Prade，Rossazza[12]等人提出物件中心為主之表達方式(Object Centered Representation)。此方法之基本假設是將類別之屬性值範圍定義成可能值(possible)及典型值(typical)。而類別間之包含(inclusion)關係則可由屬性值之間之模糊關係計算出來。如此物件與類別之間的確定程度可分為典型，非典型(atypical)，及正常(normality)等階層(hierarchical)關係。

針對上述四個假設，Van Gyseghem 等人[26]則提出 UFO 模式。此模式用模糊集合及一般化模糊集合(generalized fuzzy set)分別表達模糊資料及不確定性資料。接著模糊類別、模糊歸屬關係及模糊繼承也分別被定義出來。Bordogna 等人[3]則提出一個以圖形為主(graph-based)的模糊物件模式 FOOD。此模式使用可能性分佈表示含糊屬性值，以數值表示物件與屬性之不確定性關係，並定義了模糊類別及模糊繼承等關係。George 等人[6,13]則提出以類似關係為主之物件導向資料模式。針對物件屬性值，利用屬性值範圍及類似關係來表達不精確性資料。而物件／類別之間及類別／類別之間之模糊關係與繼承則可由此推導出來。

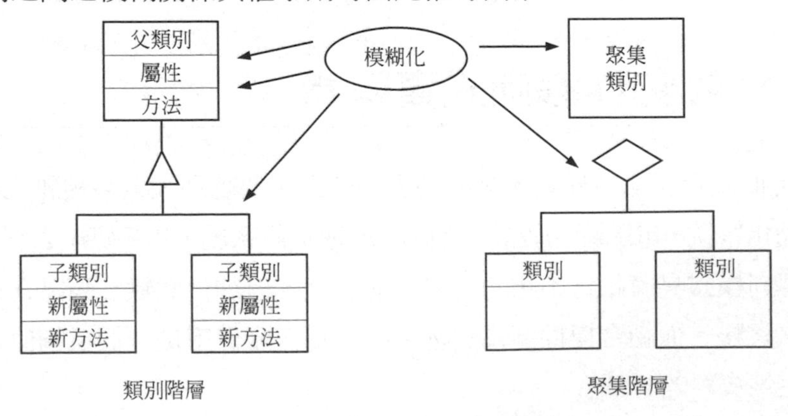

圖 14.4　物件與類別之模糊化

除此之外，尚有許多種不同之延伸模式[25]，本節將介紹上述之四種主要之模糊物件導向模式之主要特性。

14.3.1 OCR 模式

OCR(Object Centered Representation)是由 Dubois，Prade，Rossazza[12]等人於 1991 年所提出的。一個類別是由一個集合的單值屬性所組成的。每個屬性則具有定義域(domain)，範圍(range)，和典型範圍(typical range)，例如：

Class	birds
Attributes	way-of-locomotion
Domain	{fly, walk, swim, crawl, …}
Range	{fly, 0.6/walk, 0.2/swim}
Typical range	{fly}

由範圍與典型範圍之間的關係，OCR 定義四種包含關係：

1. 兩個模糊範圍間之包含

   $N(B \mid A) = \mathrm{Inf}_{u}\{\mu_A(u) * \!\!\rightarrow \mu_B(u)\}$

   其中 A、B 爲模糊集合，$* \!\!\rightarrow$爲模糊蘊涵(implication)。
2. 兩個類別間之包含。基本上是由兩個類別的相對應之模糊範圍間之包含值所聯集聚集而成。
3. 一個物件的可能範圍與可信範圍(credible)之包含。
4. 物件與類別歸屬值之確定性。

OCR 定義了三種形式的繼承關係：典型的，正常的，及非典型的。例如有一個“Mammal”類別定義如下：

Mammal	
way-of-birth	Range {1/viviparous, 1/oviparous}
	Typical range {1/viviparous}
way-of-locomotion	Range {0.2/fly, 1/walk, 0.3/jump, 0.5/swim}

	Typical range {1/walk}
skeleton	Range {1/yes}
	Typical range －
suckle	Range {1/yes, 0.5/no}
	Typical range {1/yes}

假設"Dogs 是典型的 mammals "則會產生

Dog

way-of-birth	Range {1/viviparous, 1/oviparous}
	Typical range －
way-of-locomotion	Range {1/walk }
	Typical range －
skeleton	Range {1/yes}
	Typical range －
suckle	Range {1/yes}
	Typical range －

假設"非洲 mammal 是 mammals"則會產生

非洲 mammal

way-of-birth	Range {1/viviparous, 1/oviparous}
	Typical range {1/viviparous}
way-of-locomotion	Range{0.2/fly, 1/walk, 0.3/jump, 0.5/swim}
	Typical range {1/walk}
skeleton	Range {1/yes}
	Typical range －
suckle	Range {1/yes, 0.5/no}
	Typical range {1/yes}

假設“Cetacean 是非典型 mammal，因為運動方式不同”，則會產生

Cetacean	
way-of-birth	Range {1/viviparous, 1/oviparous}
	Typical range {1/viviparous}
way-of-locomotion	Range{0.2/fly, 0.3/jump, 0.5/swim}
	Typical range {1/walk}
skeleton	Range {1/yes}
	Typical range －
suckle	Range {1/yes, 0.5/no}
	Typical range {1/yes}

14.3.2 UFO 模式

UFO(Uncertainty and Fuzziness in an Object-oriented database model)模式是由 Van Gyseghem，Decaluwe 等人於 1993 年[26]所提出的。UFO 模式提出如何在物件導向資料模式上處理模糊及不確定性資訊。在物件的屬性值的層次，模糊資料是由模糊集合所表示，如 Susan-language ＝{1/Datch, 1/French, 0.7/English}。而不確定性資訊則由一般化模糊集合(generalized fuzzy set)所表示，如 John_spouse：{(Jane, {1/true, 0.5/false}), (Susan, {0.5/true, 1/false}), (Beth, {0.5/true, 1/false})}。非模糊資料則必須轉換成模糊資料。

在物件／類別的層次，屬性與方法屬於一個物件／類別是可以給定一個歸屬值。而一個模糊類別則是由一個集合的物件所組成，包括部分屬於該類別之物件。而模糊繼承又可分為部分繼承及條件繼承。

在處理不精確性資訊上，除屬性值外，在物件層次，一個物件若出現在可能性分佈上則表示它與其它物件間之關係是不確定的。此物件可與相關之物件作連接，而這些相關之物件稱之為角色物件(role objects)。而在物件的繼承層次上，亦可作 max-min 式的推理，例如：

```
Generalized fuzzy set(g-f-s):
  John_spouse:
    {(Jane, {1/true, 0.5/fasle}),
(Susan, {0.5/true, 1/fasle}),
(Beth, {0.5/true, 1/false})}
  Jane.date_o_death=
    {(date_1, {1/true, 0.2/faulse}),
(date_2, {0.3/true, 1/fasle}),

  Susan.date_o_death=date_3
  Beth.date_o_death=
    {(date1, {0.3/true, 1/false}),
(date2, {1/true, 0.2/false})}
```

則：John.my_spouse().date_of_death()=

```
    {(date_1, {p1/true, n1/false}),
(date_2, {p2/true, n2/false}),
  (date_3, {0.5/true, 1/false})}
```

p1=max(min(1, 1), min(0.3, 0.5))=1

n1=min(max(0.2, 0.5), max(1, 1))=1

p2=max(min(0.3, 1), min(1, 0.5))=0

n2=min(max(1, 0.5), max(0.2, 1))=1

14.3.3 FOOD 模式

FOOD(Fuzzy Object-Oriented Data model)模式是由 Bordogna，Lucarella，Pasi 等人於 1993 年[3]所提出的。FOOD 是一個結合圖形與模糊邏輯之物件導向模式。FOOD 基本上從五個層次去處理不完整之資訊：含糊屬性值、不確定之特性關係、加強式之特性關係、模糊類別及模糊階層。

FOOD 之含糊屬性值是用可能性分佈來表達。不確定之特性關係是指一個物件之屬性與其屬性值之間的不確定性，此不確定關係可由一個數值來處理。加強式之特性關係是指可用語詞，如“高”，“中”，“低”，來表達屬性與其屬性值間之強度。模糊類別是指可用語詞，如“高”，“低”，來塑模物件與類別間之歸屬程度。模糊階層關係是指可以使用“very”來描述子類別(specialization)或“more or less”來描述父類別(generalization)。

圖 14.5 是一個 FOOD 之概念綱目圖。其中 Person 的 expertise 及 age 皆是含糊值。模糊類別 publication 有個 title，“FOOD”，其可能值爲 0.9。Trailing project 是 important project 的子類別。

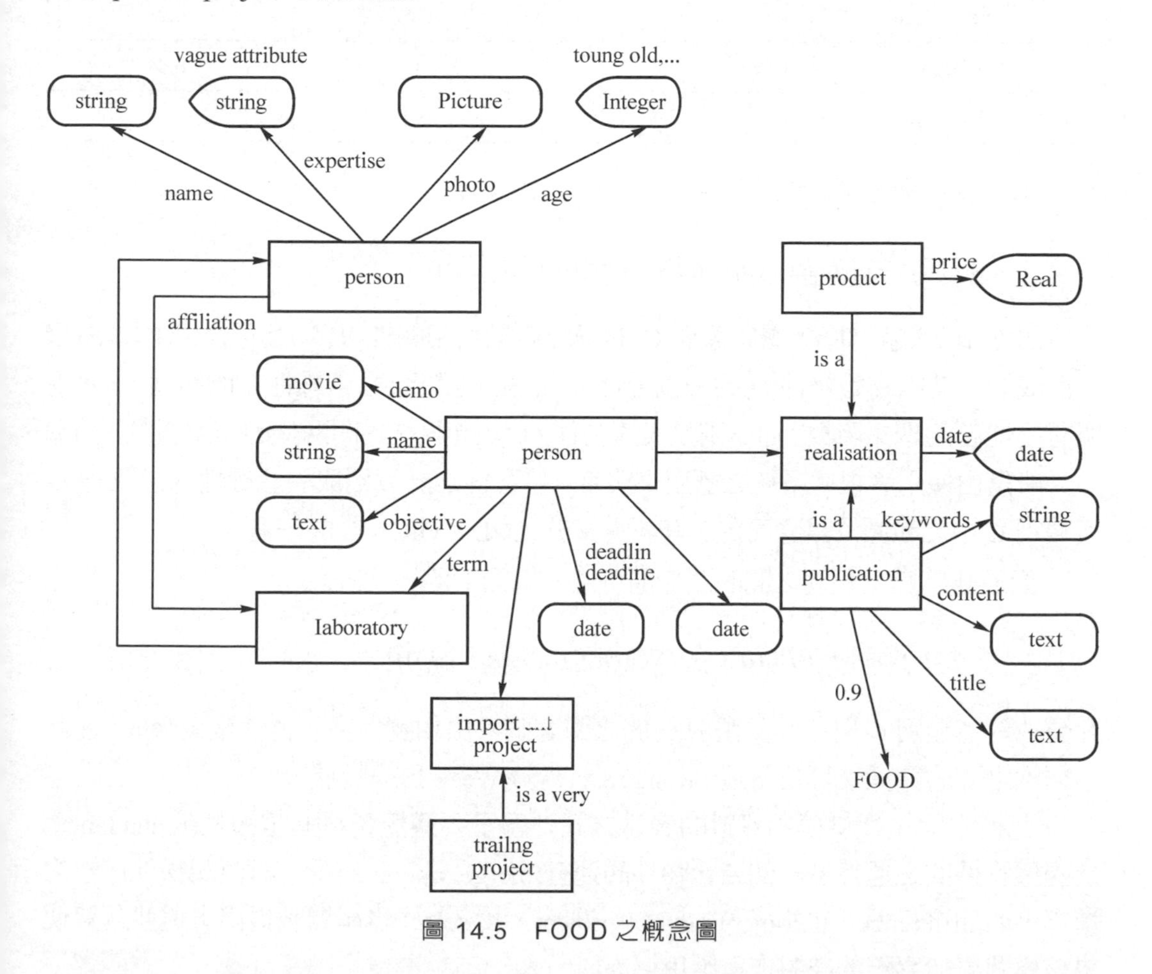

圖 14.5 FOOD 之概念圖

14.3.4 類似關係為主的模式

類似關係爲主的模式(Similarity-based fuzzy object-oriented data model)是George，Srikanth，Petry，Buckles 等人於 1993 年[13]所提出的。針對假設一，三和四，他們提出下列之延伸。

對於物件／類別之屬性值，此模式允許一個定義域及一個類似關係，並且可限制一個正規範圍(formal range)。例如一個定義域 Number＝Very High, High, Medium, 而其類似關係如

	Very High	High	Medium
Very High	1	0.6	0.2
High	0.6	1	0.4
Medium	0.2	0.4	1

對於物件與類別之間的關係則可由下公式計算：

$$\mu_c(O_j) = g[f(RLV(a_i, C), INC(rng_c(a_i) / O_j(a_i)))]$$

此公式敘述物件 O_j 屬於類別 C 的歸屬值是由相關性(RLV)及包含性(INC)所聚集而成的，其中 a_i 是物件 O_j 的一個屬性，$rng_c(a_i)$是類別 C 中屬性 a_i 的範圍，f 是對所有屬性 a_i 的聚集函數，而 g 則是表達物件 O_j 與類別 C 之間關係的一個函數。相關性一般是由使用者根據系統之應用來決定。包含性之計算則取決於屬性 a_i 於物件 O_j 與類別 C 中之範圍及語意而定，其語意又分 AND，OR，XOR 三種。

對於類別與父類別之間的關係則可由一個類似的公式計算：

$$\mu_{ci}(C) = g[f(RLV(a_j, C_i), INC(rng_{ci}(a_j) / rng_c(a_j)))]$$

此公式敘述類別 C 與各個父類別 C_i 間之歸屬值可由相關性及包含性聚集合成。而此種類別之間的關係又可分爲強(Strong ISA)與弱(Weak ISA)兩種。

此模式除了提供模糊資料的表達方式，爲了要避免資料的重複性(redundancy)及提供物件間之運算，一個結合物件的運算(merge operator)及一組模糊物件代數之運算，如 difference，union，product，project，及 select 也相繼被提出。這些運算使得該模式更能實際的被製作與應用。

14.4 模糊查詢系統

本節介紹三種在一般清脆的關聯式資料庫上的模糊查詢的處理方法。我們假設資料庫資料是精確的，確定的，而查詢的目的是希望能讓資料庫管理系統更友善，並且查詢的結果是可分辨其重要程度。一個簡易的處理方法是將模糊查詢轉成布林查詢(Boolean query)然後使用一般資料庫查詢功能搜尋出查詢結果。然而此種處理方式會將不同程度的模糊查詢轉成相同的清脆查詢，並且所得到之答案無法分辨其重要程度。因此，此種處理方式並不符合需求。底下我們介紹三種處理模糊查詢的方法，其分類圖如下[4]：

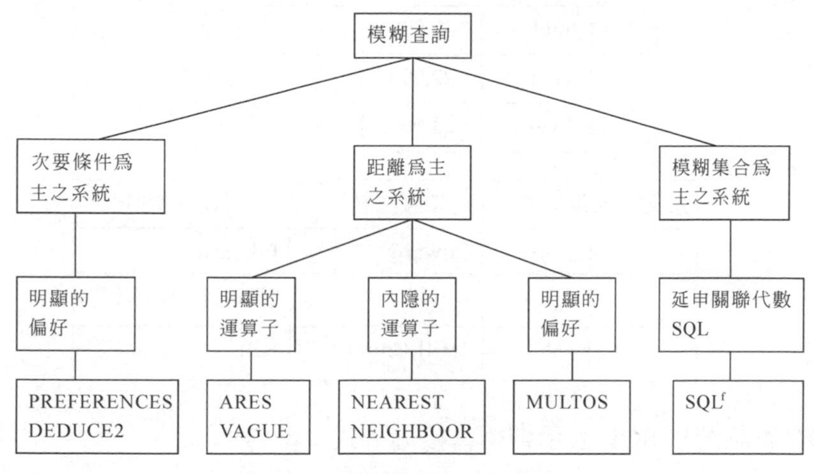

圖 14.6 模糊查詢系統之分類

上列之系統其處理基本原則是必須製定一個排序(ordering)的方法，也就是說在給定的條件底下若有二組資料，X 和 X'，是否能夠製定一個函數 F 使得 $F_p(X) \neq F_p(X')$ 或者是說能否找到一個函數μ，使得 $F_p(X) \neq F_p(X') \Leftrightarrow \mu_p(X) > \mu_p(X')$。而上列系統之一般的查詢語句皆會提供選擇(selection)以及排序的條件。

14.4.1 次要條件為主之查詢系統

本節介紹兩個以次要條件爲主之系統：DEDUCE2[9]及 PREFERENCE[16]，其處理精神相當類似。

DEDUCE2 的查詢語句結構爲 F_1 AND F_2，即選擇項目滿足條件 F_1 且根據條件 F_2 來排序。而 PREFERENCE 的查詢語句結構爲尋找滿足條件 S 且偏向(preference)滿足條件 P，其中 P 是由布林述詞(Boolean predicates)所組成之階層(hierarchy)或並置(juxtaposition)。例如：“選擇住在台北的員工名字並且最好是薪資低於$25,000 且年齡高於 38 歲”。若是對下述之資料庫作查詢，則其結果分別如下：

資料庫 EMP

名字	薪資	年齡	地點
Adam	20,000	40	台中
Bill	28,000	38	台北
Chuck	30,000	40	台北
David	22,000	37	台北
Edward	23,000	39	台北

查詢結果排序	階層式偏好	並置式偏好
1	Edward	Edward
2	David	{David,Chuck}
3	{Bill,Chuck}	Bill

上述之查詢若以 SQL 表示則相當接近下式：

SELECT ＊ FROM ***EMP*** WHERE

(地點＝”台北”，AVG(薪資＜$25000，年齡＞38))

此類查詢方式是相當直覺化，可避免一系列的查詢語句，並具小幅度地分辨重要性之功能。

14.4.2 距離為主之查詢系統

以距離爲主之系統相當多，我們以 ARES[14]及 VAGUE[19]爲例說明。此類系統之查詢語句之格式爲：

Boolean predicates + “$A \approx B$” 或

Boolean query + 距離計算

例如：

“找薪資大約$25,000 住在台北或大約 40 歲的員工”。

以 VAGUE 系統而言，令 P_1：大約(薪資,$25000)，$P_2$：大約(年齡,40)，$B_1$：(城市=“台北”)。則其查詢指令可表達爲

AND(P_1, OR(B_1,P_2))

其中 OR 是最小距離，AND 是歐幾里得(Euclidean)距離。

若以查詢“住在台北的員工其薪資大約$25000，且大約 40 歲”爲例。以 ARES 系統而言，令 B_1：薪資∈[20000, 30000]，B_2：年齡[34, 46]，則其查詢指令可表達爲：

B_1 AND B_2

其中 AND 是距離之和。

另外，ARES 系統允許模糊條件設定權重(weight)，例如：

D 薪資(|sal-sal2|,distsal)	D 年齡(|age1-age2|,distage)
T1=2	t2=1
0	0
1	1
……	21
4000 2	2

其距離計算之結果如下：

員工	距離和	程度
Alan,25000,38,台北	1(0+1)	2/3
Ben,29000,40,台北	2(2+0)	1/3
(Carol,25000,37,台中)		
Dan,26500,39,台北	2(1+1)	1/3

此類查詢方式其處理方式相當合理，但其分辨重要性的方式取決於述詞的個數。

14.4.3 模糊集合為主之查詢系統

結合模糊集合的查詢系統其形式相當多，但其中最代表性的是與 SQL 查詢語法結合的系統。其基本語法如下：

SELECT (屬性) FROM (關聯) WHERE (條件)

其中條件部分包括：

∗基本模糊述詞(young, well-paid,……)
∗修飾詞(very, relatively,…………)
∗連接詞(and, or, 平均運算子,……)

例如有下列之關聯綱目：EMP(#emp, name, #dep, age, job, sal, town)及 DEP(#dep, budget, size, city)，以及查詢：”找員工的號碼(#emp)及名字(name)，他們是同一部門(#dep)且該部門的預算(budget)大約是員工薪資(sal)的 1000 倍”。則其模糊 SQL 查詢語句可為：

1. SELECT #emp,name
   FROM Emp , Dep
   WHERE Dept.#dep = Emp.#dep and budget ≈ sal*1000
   或
2. SELECT #emp,name
   FROM Emp
   WHERE #dep in
   (SELECT #dep FROM Dep WHERE budget ≈ Emp.sal*1000)

由於模糊查詢系統實用性較高，因此系統及變型亦較多，在此只列舉上述基本格式以資參考。

14.5 模糊資料庫之商業應用

本節介紹模糊資料庫商業化之現況與未來之可能發展[21]。首先我們將從市場對模糊資料庫商業化之需求及可行性的角度去探討。接著我們將介紹目前幾個有可能發展成商業系統之模糊資料庫系統。

模糊理論過去相當成功的應用於控制系統如洗衣機，照相機等家電產品以及汽車，捷運等運輸系統，但是否也能成功的結合到一般的資訊系統呢?要回答此問題，我們可從下列二個觀點加以探討。第一個是資料庫技術本身的發展狀況，第二個是資料庫與人工智慧整合的狀況。

目前資料庫技術之發展所面臨的問題是如何更有效率的處理更大量，更複雜的，且非結構化的資料。大量的資料如人類基因計劃或美國太空總署的 EOS 資料其所產生的資料量是未來 15 年每天有 2 個 terabytes 的資料產生。所謂複雜性的資料是指資料庫系統必須能夠同時處理文字、圖形、語音、動畫等多媒體資料並且支援類似 CAD/CAM 及地理資訊系統等複雜且非結構性之應用。雖然目前資料庫技術已漸漸的發展至物件導向資料庫以處理較複雜的資料型態，但各公司所發展之模式尚無統一之標準。因此目前資料庫技術本身的發展就顯得相當緩慢與混亂。另外，資料庫技術對於支援不確定性資訊的方法除了使用傳統的虛值(null value)之外，似乎尚無其他需求。

從資料庫與人工智慧整合的角度來看，爲了要更有效率且有效益的處理大量資料以協助分析視覺化及解釋資料的涵義則是有必要引進人工智慧的技術。例如：經驗法則(heuristics)等技術。同時在資訊檢索的研究中也顯示出引進模糊邏輯於資料庫中作模糊查詢是有助益的。因此，結合模糊邏輯於資料庫系統中似乎是有發展希望的。然而目前模糊資料庫之發展都集中在從現有的資料庫模式中，如關聯式或物件導向式，從三個方面：綱目設計(schema design)、資料模式(data modeling)，及查詢系統，去結合模糊邏輯。雖然使用模糊集合可提昇資料庫資料表達的能力，但資料庫技術強調的是性能(performance)。所以若以目前模糊資料庫的發展，直接引進模糊資料的表達方式，使得關聯式資料庫表變爲非第一正規化表格，則其性能會降低，所以只有結合模糊邏輯的模糊前端查詢系統較有可能於短期商內商業化。另外，較有可能成功的是專門目的的特殊模糊資料庫系統，因爲他們可以做一些特殊的最佳化以改善其執行的性能。

至於未來模糊資料庫系統的發展是否會有重大的突破，則可能是取決於商業資料庫是否眞正有表達不確定，不精確性資料的需求。另外就是模糊資料庫系統執行性能是否能改善。但我們亦覺得若是模糊資料庫能夠有更多方面的應用，能與專家系統結合，能與物件導向技術結合則其商業化的可能性就可大大提高。

14.5.1 模糊查詢前端系統

本節介紹兩個正在開發且具商業用途的模糊查詢系統 – OMRON[20]及 FQUERY[15]。OMRON 是一個 Oracle 資料庫管理系統的模糊查詢介面，FQUERY 則是 Microsoft Access 的模糊查詢介面。兩個系統皆採用類似的處理步驟。首先把模糊 SQL 的指令作前置處理，把模糊查詢轉換成該資料庫管理系統所能接受的 SQL，而查詢的結果再經過後處理以具模糊結構的方式呈現。基本上此二系統皆是使用精確的關聯式資料庫及模糊查詢介面。

OMRON 系統

OMRON 系統的基本架構如圖 14.7。整個模糊資料庫系統包含三個部分：模糊資料庫應用程式，模糊 SQL 處理器，及一般的資料庫系統。模糊資料庫應用程式是以主機程式語言及模糊 SQL 撰寫。模糊 SQL 處理器是個後處理器並具有下列之模組：

1. 模糊 SQL parser，此模組將模糊 SQL 轉成 Oracle V7 中的 PL/SQL 函數。
2. SQL 編碼產生器(code generator)，此模組將前述模組產生的結果轉成最佳化的 SQL 指令。

3. 模糊資料庫公用程式庫(fuzzy database library)，此模組提供處理模糊 SQL 語言的函數。FDL 包括三個由 C 所撰寫的函數-模糊資料字典函數，翻譯器函數，及基本函數。

4. 結果組合器(results composer)，此模組將一般的 SQL 查詢結果與模糊資料庫組合以產生模糊查詢結果。

OMRON 系統所能處理的資料型態包括：模糊數，模糊標籤，及字串模糊集合。模糊數是由正規，非凸之三角模糊集合所表達。模糊標籤則是由正規，非凸之梯形模糊集合所表達。

OMRON 系統所支援的運算包括：述詞(predicate)，修飾語詞(linguistic modifiers)，算數運算子(arithmetic operators)，解模糊(defuzzification)，及聚集函數(aggregation function)。

OMRON 系統所使用之模糊 SQL 之 DDL 及 DML 可從下列例子得知。圖 14.8 是一個表格定義的例子。關鍵字 FUZZY 及 RELDEC 宣告欄位是模糊資料及其可靠的程度值(Reliability Degree Value)。關鍵字 CHECK 指定一個限制定義的檢查，也就是說資料必須滿足此條件。

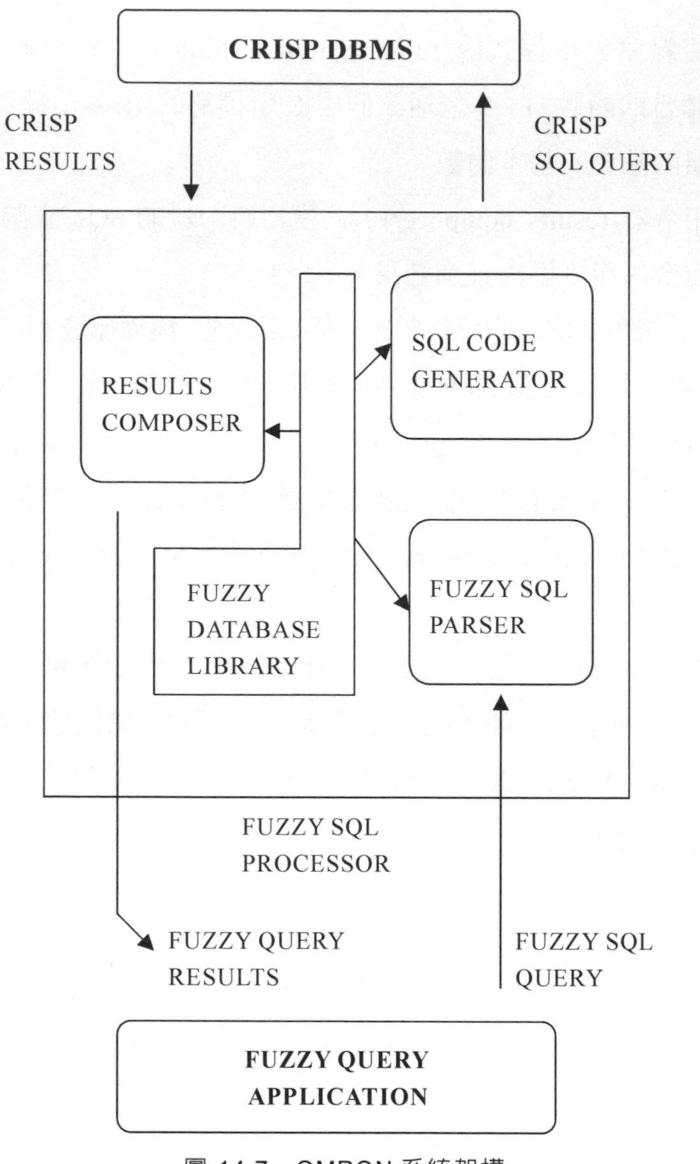

圖 14.7　OMRON 系統架構

```
CREATE TABLEPollution-sites
Site_ID          CHAR(8) NOT NULL,
Area             DEC (3) FUZZY RELDEG
CHECK            Area ≧ small
WITH             GRADE＞=0.2
Pollutant1       CHAR (12)
Pollutant2       CHAR (12)
Severity         DEC (3)   FUZZY
```

圖 14.8 模糊表格之定義

圖 14.9 是一個模糊資料定義的例子。關鍵字 FU2NUM、FU2LAB、HEDGE、及 FU2REL 分別定義模糊數，模糊標籤，修飾詞及模糊關聯。

```
CREATE FDD New-Jersey.area
        CREATE FUZNUM
        ( RATED, 10, 2.0)
        CREATEFUZLAB
        ( small     NMF(1, 1, 20, 30),
        medium      NMF(40, 50, 150, 150) )
CREATE HEDGE
        (very TIGHT 1,more_or_less WIDE 1)
CREATE FDD New-Jersey. Pollutants
        CREATE FUZREL=
        ( pollutants_similarity
            ( 'Refinery-waste''Oil'0.8 )
            ( 'Lead''Mercury' 0.7)...)
```

圖 14.9 模糊資料定義

圖 14.10 是一個模糊 SQL-DML 的例子。除了 SELECT 及 INSERT 之外，模糊資料可為前述所定義之五類運算所使用。另外控制條件(WITH 語句)可控制查詢結果關聯的大小。

```
SELECT ID, AREA, POLLUTANT1, SEVERITY FROM Pollution-sites
WHERE ( AREA = young ) AND ( SEVERITY≧very high )
WITH LINES=20

INSERT INTO New-Jersey
      Site_ID, AREA, POLLUTANTS1
VALUE( ‘CA-4B’, ABOUT 30 ( 0.6 ), ‘Oil’ )
```

圖 14.10　模糊 SQL-DML 例子

FQUERY 系統

FQUERY系統是由波蘭國家科學院之系統研究院的J.Kacprzyk所主導開發之系統。其主要之工作就是要提供一個個人電腦上之一般的資料庫系統的模糊查詢前端系統。類似於 OMRON 系統，此系統之主要處理事項有 SQL 的延伸、資料的表達、使用者介面及製作。

底下是 FQUERY 在 Access 上的一個查詢例子：

SELECT<list of fields>

WHERE{ *most*, *almost all*, etc.}

cond_{11} AND cond_{12} AND… AND cond_{1k},

…

OR

…

cond_{n1} AND cond_{n2} AND…AND cond_{nm};

其中 cond_{ij} 可以是下列之格式：T.F1　是　<模糊值>，例如，T.F1 是 Low 或 T.F1 <模糊關係>T.F2，例如，T.F1 遠大於(MUCH GREATER THAN) T.F2。

FQUERY 系統所處理的資料型態，除了一般精確性的資料外，對會出現在查尋或與模糊項目有關的非數字資料則要求必須定義成一個屬性並且提供一個下限及上限值。另外對模糊值則設定爲一個梯形歸屬函數且其標準論域爲[-10,+10]，若使用者自設之論域不同則會被自動轉換。同時模糊關係之正間也設定爲[-10,+10]。另外此系統有兩個外加功能，第一個是允許設定查詢條件之重要程度，亦即可給予查詢條件重要程度值。第二個是支援 Yager 的 OWA 運算。這使得此系統的查詢更有彈性。

FQUERY 系統的使用者介面基本上是視窗及圖形的 Query-by-example(QBE)引導方式，不需要製作 SQL 語句，操作簡易。目前並已發展至 Web 的版本。

14.5.2 專屬系統

本節介紹兩個爲專門用途而設計的模糊資料庫系統。第一個是由美國 Bellcore 公司所開發的 Datacycle 系統[17]，其主要用途是通訊系統之資訊查詢。第二個是由美國郵政局所設計的 FAME 系統[7]，其主要用途是地址錯誤之處理。

Datacycle 資料庫系統

Datacycle 資料庫系統是一個具有高性能交易處理，包含模糊查詢及強大查詢功能及多人、多程式共用之系統，在此系統架構下，整個資料庫是透過特殊設計之寬頻傳遞硬體而能快速處理執行複雜之資料選擇、聚集運算以得到查詢之評估。

一般之模糊查詢系統，如前節所述之兩個系統，其處理模糊查詢的機制都是在前端介面處，而不是在資料庫管理系統內部。若是把處理拉到資料庫內，則需要一些特殊的索引(index)技巧，以加速處理的速度。因爲使用索引可避免資料庫每個值組與查詢語句中模糊歸屬函數之間的逐一比對。然而固定的索引只能針對固定的歸屬函數而設計，對於衍生出來的模糊資料庫仍然需要作執行時的歸屬函數的評估與比對。因此結合索引及執行查詢方式應可提高其效率。而 Datacycle 系統即是根據此原則而設計出來的。

圖 14.11 是 Datacycle 系統之架構圖，SQL 查詢指令進入系統後，先被分配到某一個存取經理(access manager)，以便翻譯成資料過濾(datafilter)機器之指令。此種特殊設計之微處理器可高速的處理歸屬函數之計算並同時保存其資料記錄。儲存幫浦(storage pump)存有所有資料項目並重複的廣播給所有的存取經理。一個 16－Mbytes 系統雛形每 0.3 秒可循環一次而回答使用者時間只需約一秒鐘。當一個廣播循環完成時，存取經理會傳回資訊及 SQL 查詢之結果給使用者。

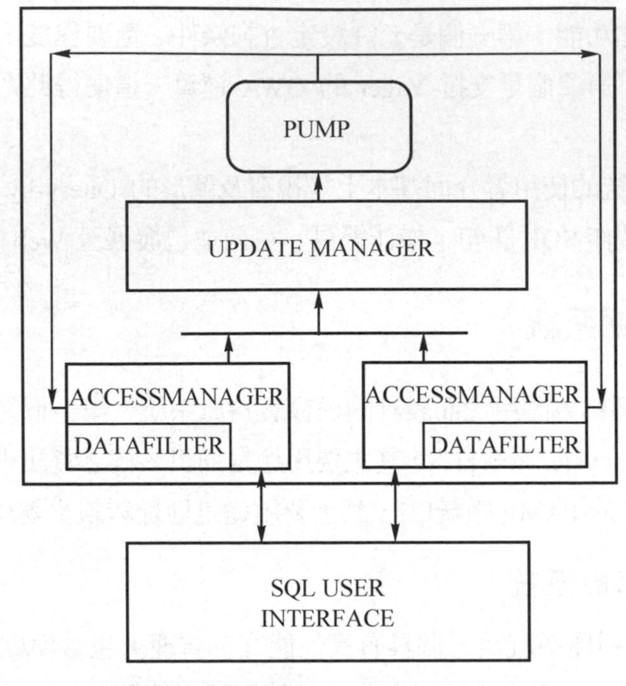

圖 14.11　Datacycle 架構圖

Datacycle 系統所能處理之查詢語句與前述系統類似，也是 SQL 之延伸。其基本格式如下：

SELECT ＊ FROM R WHERE attribute is function

其中 attribute 是屬性名稱而 function 是模糊歸屬函數。在公用程式庫預設的歸屬函數是梯形，但使用者可自訂爲片段線性函數(piecewise linear)。同時歸屬函數之論域亦可由統計方式計算出來以調整其範圍。

Datacycle 雛形系統的執行效率可參考表一。此表是使用一個 256,000 值組(32megabytes)的中型資料庫的測試結果。其查詢指令只含一個模糊述詞(predicate)。而含兩個模糊述詞的測試結果較差，但亦屬於可以接受的程度。反應時間和流量基本上與查詢複雜度無關，這可從對 64k 個值組每秒 1－4 次查詢，一個及二個查詢述詞的結果有差不多的反應時間看出來。由 Bellcore 的 Datacycle 系統的表現我們可以推斷，要建構高性能的模糊查詢系統是可行的，尤其是透過特殊設計的硬體，就像控制系統中的模糊晶片。那麼模糊資料庫系統商業化才有可能達成。

表 14.1　Datacycle　執行結果

Database	Response Time (secs)	Throughput (queries/sec)
64 K Tuples	0.5 - 1.5	1 - 5
128 K Tuples	1 - 2.5	0.5 - 2.5
256 K Tuples	2 - 4.3	0.2 - .6

FAME 系統

FAME(Fuzzy Address Mapping Environment)系統是美國郵政服務(US postal service)所欲開發之送件地址編碼系統(Delivery-Point Encoding System, DPES)的一個主要子系統。DPES 系統主要的目的是要從郵件上顧客所填寫之地址轉變成正確或最接近的 11 碼郵遞區號。圖 14.12 是 DPES 系統的主要處理程序。其中地址配對(address matching)是 DPES 系統的主要部分。地址配對主要是要從資料庫中送出與郵件上之地址最接近的收件地址。圖 14.13 是地址配對，即 FAME 系統的輸入與輸出。FAME 的輸入是由 ASCII 表示的地址紀錄，而輸出則是從郵遞區號資料庫中取出之可能的正確收件地址。

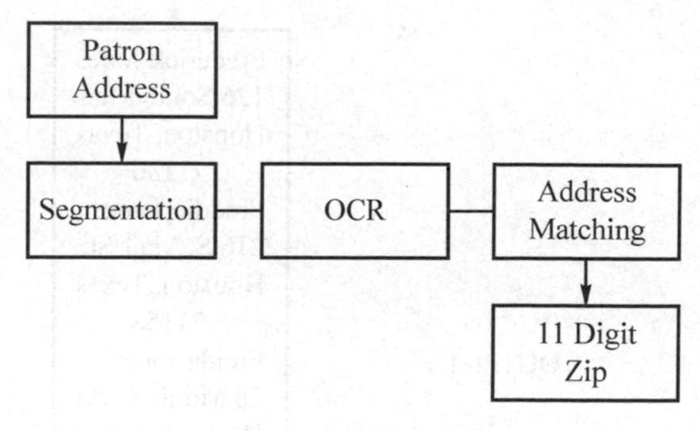

圖 14.12　DPES 處理程序

圖 14.14 是 FAME 系統的基本架構圖，輸入進到系統後先被分解。分解之後的符號被貼上該符號最可能代表之角色。內容分析元件(Contextual analysis component)接著根據不同的一致性條件從資料庫中選擇、合併，並排序資料為輸出結果。紀錄擷取元件有兩種：結合運算子(set operators)及模糊擷取運算子(fuzzy set operators)集合運算子維護多個工作空間，就像 CODASYL 資料庫系統中的"Currents"類似。模糊擷取運算子則執行不同精確層級之字串配對(例如，"完美"，"好"，"中等")。

此系統因基於經費及管理階層的變動而未製作完成，但其整體設計皆已完成，可視為專屬用途之模糊資料庫系統。

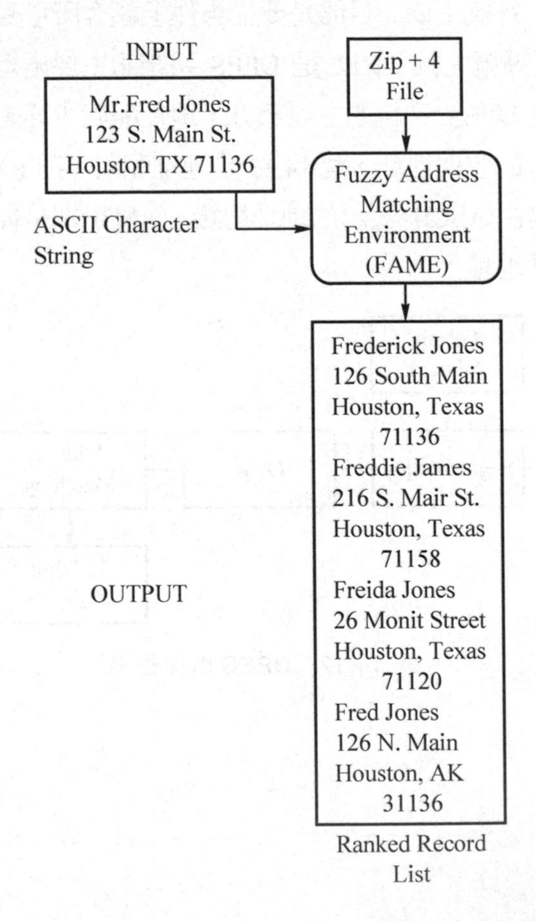

圖 14.13 FAME 系統之輸入與輸出

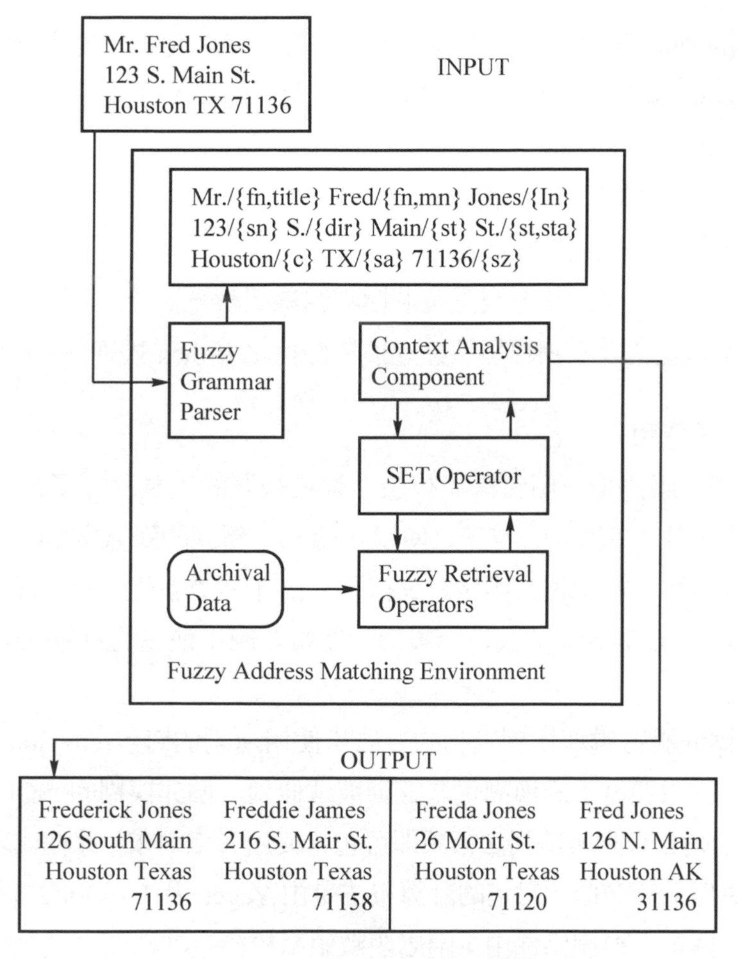

圖 14.14　FAME 基本架構圖

14.5.3　商業系統

本節簡介兩個提供模糊查詢之商業系統。

Decision Plus

Decision Plus[8]是一個模糊邏輯程式工具，它提供一個視窗環境以撰寫及編譯 NICEL 程式，一種宣告式模糊規則語言。

使用 Decision Plus 建構一個決策支援系統，需提供軟式及硬式屬性。硬式屬性是輸入屬性，而軟式屬性是輸出屬性。硬式及軟式屬性之間的關係則由模糊規則表達之。Decision Plus 則可用來編譯成目標語言之程序以便嵌入並計算輸出。與前述之模糊前端查詢系統比較，Decision Plus 的使用介面較不完全但卻較有彈性，可依需求而自行設計。

一個 NICEL 程式的基本結構如下：

1. 宣告查詢紀錄之結構及屬性。
2. 定義紀錄屬性值之梯形或三角形模糊歸屬函數。
3. 根據紀錄結構及模糊歸屬值建立模糊條件之 if-then 規則。

AIS Fuzzy Server

AIS 模糊伺服器是一個建構“智慧查詢系統”的工具。除了模糊邏輯的功能外，它還具備下列之特性：1. 友善之使用介面，2. 新式的知識聚集技術來融合模糊資料與使用者偏好，3. 選擇及排序查詢結果，4. 不需重新建立資訊庫，因為模糊化是在介面上處理，5. 有效率的前置計算語詞距離及應用快速的封包(envelope)存取技術。

AIS 模糊伺服器處理模糊查詢的方法是使用所謂的封包(envelope)的技術。基本上一個表示使用者需求的模糊化之查詢被延伸到一個非模糊的 SQL 查詢語句，即封包。而此 SQL 查詢所得到之結果即可包含使用者之需求。此種處理方式其實和前述之前端處理系統類似。封包的計算方法是由 Yager 及 Larsern[27]所提出，基本上他們把不同權重之模糊條件中，歸屬函數值高於給定門檻值之限制轉換成非模糊條件。圖 14.15 是封包建構的概念圖。

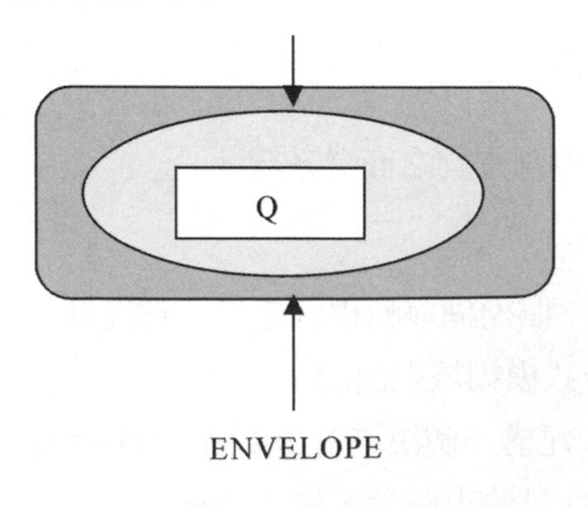

圖 14.15　封包建構圖

本節所敘述之系統皆是目前結合模糊理論與資料庫之實際系統。當然我們只是列舉其中少數之系統，我們相信還有更多的系統是我們尚未接觸到的。然而綜觀目前模糊資料庫之發展關鍵似乎還是在於此類系統是否有其實用價值與需求，未來 10 年應是決定模糊資料庫是否會繼續發展的主要階段。

習　題

[14.1] 類似關係(similarity relation)爲主之模式中，類似關係之設定是該模式之關鍵，其設定之方式可由使用者或專家指定或由某種自動化方式產生。請從文獻中找出二種產生類似關係之方法。

[14.2] 14.4.2 節中介紹以距離爲主之模糊查詢系統，ARES。請計算該節例題中之員工(carol，25000，37，台中)之距離和程度。

[14.3] 本章所介紹之模糊查詢皆是針對非模糊之資料庫作查詢。請從文獻中找出二種以上之針對模糊資料庫之模糊查詢方法。

參考文獻

[1] Anvari, M. and Rose, G.F., "Fuzzy relational databases", in Analysis of Fuzzy Information, Bezdek, ed., Vol. II (CRC Press, Boca Raton, FL, 1987).

[2] Baldwin, J.F. and Zhou, S.Q., "A fuzzy relational inference language", Fuzzy Sets and Systems, 14, 1984, 155-174.

[3] Bordogna, G., Lucarella, D. and Pasi, G., "A fuzzy object oriented data model", Proc of. 3rd IEEE Int. Conf. on Fuzzy Systems, 1994, Vol.1 , 313-318.

[4] Bosc, P. and Pivert, O., "Fuzzy querying in conventional databases", In Fuzzy Logic for the Management of Uncertainty, Zadeh, L. and Kacprzyk, J. eds, John Wiley, New York, 1992, 645-671.

[5] Buckles, B.P. and Petry, F.E., "A fuzzy representation of data for relational databases", Fuzzy Sets and Systems, 7, 1982, 213-226.

[6] Buckles, B.P., George, R., and Petry, F.E., “Towards a fuzzy object-oriented model”, Proc. of the NAFIPS-91 Workshop on Uncertainty Modeling in the 90's, 1991, 73-77.

[7] Buckles, B.P., Buckly, J. and Petry, F.E., “Architecture of FAME, fuzzy address mapping environment”, Proc. of 3rd IEEE International Conference on Fuzzy Systems, 1994, 308-312.

[8] Chang, C., “Decision plus brochure – soft query processing”, Nicesoft corp., 9215 Ashton Ridge, Austin TX, 78750, 1994.

[9] Chang, C.L., “Decision support in an imperfect world”, Research report RJ3421, 1982, IBM, San Jose, CA, USA.

[10] Chen, G.Q., Vandenbulcke, J. and Kerre, E.E., “A step towards the theory of fuzzy relational database design”, Proc. of IFSA’91 World Congress, 1991, 44-47.

[11] Chen, G.Q., Fuzzy Logic in Data Modeling, Kluwer Academic Publishers, 1998.

[12] Dubois, D., Prade, H. and Rossazza, J., “Vagueness, Typicality and Uncertainty in Class Hierarchies”. International Journal of Intelligent Systems, 6, 1991, 167-183.

[13] George, R., Buckles, B.P., and Petry, F.E., “Modeling class hierarchies in the fuzzy object-oriented data model”, Fuzzy Sets and Systems, 60, 1993, 259-272.

[14] Ichikawa, T. and Hirakawa, M., “ARES: a relational database with the capability of performing flexible interpretation of queries”, IEEE transactions on software engineering, 1986, 12 (5), 624-634.

[15] Kacprzyk, J. and Zadrozny, S., “FQUERY: fuzzy querying for windows-based DBMS”, Fuzziness in Database Management Systems, eds P. Bosc and J. Kacprzyk), Physica-Verlag, 1995, 415-435.

[16] Lacroix, M. and Lavency, P., “Preferences: putting more knowledge into queries”, Proc. of the 13th VLDB Conference, 1987, Brighton, GB.

[17] Mansfield, W. and Fleischman, R., “A high-performance, ad-hoc, fuzzy query processing system”, J. Intelligent Information Systems, 1993, 2, 397-420.

[18] Medina, J.M., Vila, M.A., Cubero, J.C. and Pons, O., "Towards the implementation of a generalized fuzzy relational database model", Fuzzy Sets and Systems, 75, 1995, 273-289.

[19] Motro, A., "VAGUE: a user interface to relational databases that permits vague queries", ACM Transaction on Off. Inf. Syst., 1988, 6(3), 187-214.

[20] Nakajima, H., Sogoh, T. and Arao, M, "Fuzzy database language and library – fuzzy extension to SQL", Proc. of 2nd IEEE International Conference on Fuzzy Systems, 1993, 477-482.

[21] Petry, F.E., Fuzzy Databases – Principles and Applications, Kluwer Academic Publishers, 1996.

[22] Prade, H. and Testmale, C., "Generalizing database relational algebra for the treatment of incomplete or uncertain information and vague queries", Proc. of 2nd NAFIPS Workshop, Schenectady, NY, 1983.

[23] Prade, H. and Testmale, C., "Generalizing database relational algebra for the treatment of incomplete or uncertain information and vague queries", Inform. Sci., 34, 1984, 115-143.

[24] Rundensteiner E.A., Hawkes, L.W. and Bandler, W., "On nearness measures in fuzzy relational data models", International Journal of Approximate Reasoning, 1989, 3, 267-298.

[25] Umano, M., "Freedom-O: A fuzzy database system" in, Fuzzy Information and Decision Processes Gupta-Sanchez, Ed. , North-Holland, Amsterdam, 1982.

[26] Van Gyseghem, N., De Caluwe, R. and Vandenberghe, R., "UFO: uncertainty and fuzziness in an object-oriented model", Proc. Of 2nd IEEE International Conference on Fuzzy Systems, 1993, Vol. II, 773-778.

[27] Yager, R. and Larsen, H., "Retrieving information by fuzzification of queries", Journal of Intelligent Information Systems, 1993, 2, 421-444.

[28] Zemankova-Leech, M. and Kandel, A. Fuzzy Relational Databases - A Key to Expert Systems, Verlag TUV Rheinland, Cologne, 1985.

Chapter 15

模糊理論於機器學習和資料挖掘之應用

洪宗貝

國立高雄大學　電機工程學系

15.1 前 言

機器學習這個領域的研究可追溯至五十年代計算機剛發明之時，自從神經網路中的 perceptron 學習法[52, 58]被發明以後，這個領域的研究即不斷地進行著。隨著目前人工智慧及專家系統的興起，機器學習所伴演的角色日益吃重。它可直接從所使用的例子，事實，描述中自動獲取所要的知識或改進已有的知識。在知識擷取被公認爲是計算機應用的瓶頸之際，機器學習無疑提供了一個有效的解決之道。

目前已有相當多的機器學習演算法[42, 46-49]被提出，其中最常見的方法爲利用已收集到的訓練例子來學習。根據所收集到的訓練例子其所屬類別已知與否，學習演算法可分成監督式學習(例子輸出分類已知)及非監督式學習(例子輸出分類未知)兩種。在非監督式學習中，主要是從訓練例子的各項屬性資料中自動群聚成數個群組；而在監督式學習中，則是從訓練例子的各項屬性資料及其已知所屬類別中自動形成分類所需的判斷條件或規則。例如給定一組正例及反例，監督式學習會推導出涵蓋所有(或大部份)正例及排除所有(或大部份)負例的規則。圖 15.1 表示正負兩類例子的學習結果，其中正號代表正例，負號代表負例，正例外面的框框代表所推導出的規則。

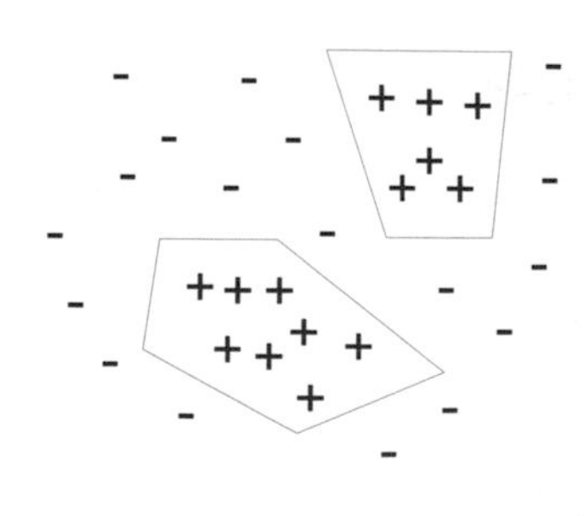

圖 15.1 正負兩類例子的學習

若給定的例子不屬正負兩類，而是分屬不同類別，則監督式學習會針對每一類別分別推導出涵蓋所有(或大部份)該類訓練例子的規則。如圖 15.2 所示，所推導出的規則可正確分辨給定的三類訓練例子。

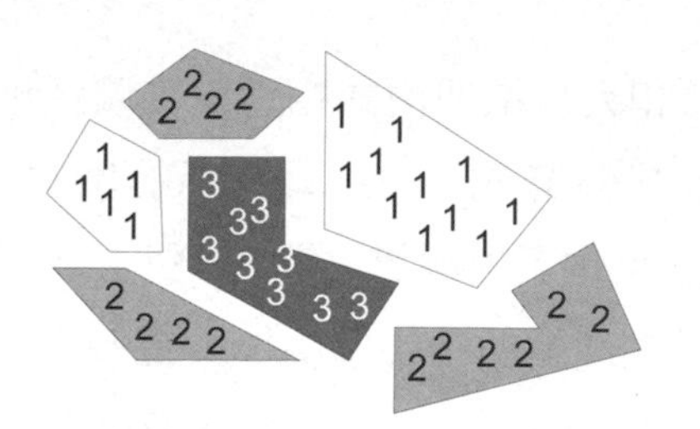

圖 15.2　三類例子的學習

另外爲了方便討論起見，機器學習策略又可分成符號型學習策略以及數值型學習策略[19]。在符號型學習策略中，訓練例子及所學習出的規則皆以符號表示。例如有一條規則“假如身高爲高，則會打籃球”，其中‘高’及‘會打籃球’即爲符號表示。而符號型學習策略根據例子處理方式的不同又可分成逐漸式學習策略以及批次式學習策略。逐漸式學習策略在處理訓練例子時，一個例子處理完畢後再處理下一個，直至所有的例子被處理完爲止。因此它學習的方式可視爲由下而上，即由例子慢慢往規則演化，其中最著名的爲版本空間(Version Space)學習策略[50-51]。而批次式學習策略則將全部例子一起考慮，由其中找出適當的概念或規則出來，因此它們學習的方式爲由最泛化的可能規則往下搜尋，其中最著名的即是 ID3 學習策略[53]，可學習出決策樹。

除了符號型學習策略外，數值型學習策略也相當常見，其中又以神經網路學習爲其代表[6, 58]。神經網路的構想來自於大腦的神經架構中各神經細胞之間緊密的連結關係，利用許多建立在生物模型的動態行爲並採用大量平行計算，使得神經網路可應用在解決許多困難的問題上，如辨認、診斷、控制等問題，這使其成爲人工智慧中一愈來愈熱門的研究領域。具體而言，一個神經網路包含了許多同樣的計算單元，計算單元間由一些線路相連結，在這些連結上則附有一個權重係數(weight)代表其連結強度，這些係數決定了此神經網路的行爲。注意這裡的權重係數爲一數值，而非符號式學習的符號。適當權重係數的給定是非常重要的，其不當的給定將造成整個神經網路正確性大幅下降。爲了求出適當權重係數，許多自動學習出此係數的方法陸續被提出來。在不同的神經網路模式下，就有不同的方法被提出，其中最著名的爲倒遞迴(Back-Propagation)學習策略[59]。

近年來模糊理論由於和人類推理模式相近而被廣泛地應用於智慧型系統中[7-8, 12, 41, 43]。模糊理論是在 1965 年由 Zadeh 教授所提出的[69]。它的基本構思是將傳統的對與錯、0 與 1 的觀念泛化至對與錯之間、0 與 1 之間，以期更能符合人類的思考模式。爲了這個目標，模糊理論給予每個屬性或每個資料一個模糊值的指定方式，稱爲隸屬函數(membership function)，代表它對某曖昧文字的模糊關係，如漂亮、昂貴、大、小等語意字詞。

在機器學習的實際應用上，供給學習的資料常包含了錯誤、不確定、數值及語意上的資訊。錯誤的資訊是指例子中一些屬性值或屬性類別是不正確的；不確定資訊則是指使用者無法確定例子屬性值爲何或例子該屬於哪個類別，不確定資訊通常會利用 0 到 1 間的數值來表示其確定度，另外，也可利用“或許”、“有時候”等不確定字詞來表示不確定度；數值型的資訊指某些屬性值爲數字型態而不是人類較熟悉的概念符號型態；而語意上模糊的資訊則指某些屬性值或類別可表示成模糊的表示式，如前述的漂亮、昂貴、大、小等語意字詞，這在資訊不易被定義時常被使用，而我們也常利用模糊理論來描述此類資訊[14, 16]。

在本章中我們將介紹如何應用模糊理論於機器學習領域上以處理不確定資訊及語意模糊環境下的學習問題。由於模糊群聚(非監督式學習)及模糊神經網路學習在本書其他章節已提及，因此本章將著重介紹模糊符號式學習。另外對模糊學習而言，適當隸屬函數的給定是非常重要的。所以在本章中，我們也將介紹如何利用機器學習的方式直接從例子中同時獲取所要的演繹規則及隸屬函數的方法。

而近年來隨著資訊科技快速的發展促使資料處理和儲存更爲方便，然而，相對地也使得從中獲取一些隱含且有用的資訊來幫助決策變得困難。因此發展有效的機制以能夠從大量的資料中快速地擷取有用的資訊和知識，廣受大家的討論與研究。針對這樣的需求，Agrawal 和其工作伙伴提出了“資料挖掘”(data mining) 的概念[1-4]，它結合了資料庫與人工智慧領域而變成一個熱門的研究主題。簡單言之，資料挖掘是爲了一個明確的目的，從現存的資料庫中，萃取想要的知識或有興趣的模式，因此它和機器學習的觀念可說是密切相關。目前許多組織已使用此項技術於決策方面，如：超級市場、網路公司、銀行等。

大多數傳統資料挖掘方法主要是挖掘出二元值交易資料之間的關係，然而在真實世界中數量值交易資料亦非常常見，因此在本章中也將介紹如何利用模糊理論從數量值的交易資料中挖掘出有興趣的知識。

15.2 模糊決策樹學習方法

決策樹學習是廣泛應用於從多個屬性的訓練例子中有效萃取出知識的一門技術，大多屬於批次式學習，但也有少數屬漸進式學習方法被提出[61]。一個決策樹如圖 15.3 所示，是由節點及分支所組成。

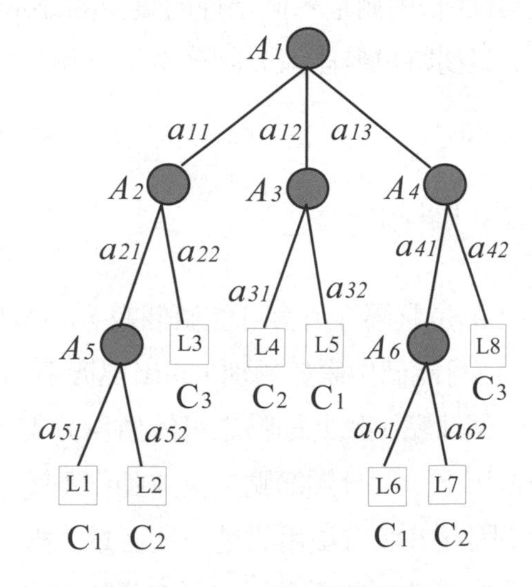

圖 15.3 一個決策樹範例

每個節點表示一種決策所需的屬性，而由某個節點分出來的分支代表其屬性值，每個葉節點代表一個類別，由根節點開始至葉節點所組成的路徑可視為判斷屬於此類別的條件。以圖 15.3 而言，由最左邊的路徑可得到如下的決策規則:

$$IF\ A_1 = a_{11}\ and\ A_2 = a_{21}\ and\ A_5 = a_{51}\ THEN\ Class = C_1$$

其他的路徑可同理推出其所代表的的決策規則。而決策樹學習則嘗試從一組訓練實例中根據一些準則形成一個決策樹以能正確應用於所要決策之領域。

近年來已經有相當多的決策樹方法被提出[11, 53-54]，其中，Quinlan 所提出的 ID3 學習方法[53]爲最具代表性的方法。雖然決策樹方法解決了許多不同離散型資料的分類問題，然而在現實世界中，人類的推理方式與知識的表達方式往往是模糊、不精確的，因此本節將介紹模糊決策樹學習方法以利用語意名詞與隸屬函數來更有效地從訓練例子中學習出模糊規則出來。

15.2.1 ID3 學習方法

ID3 是由 Quinlan 所提出的一個以資訊理論爲基礎，利用一組訓練例子學習以形成一個決策樹的方法。ID3 藉由測量各個屬性的熵值(entropy)，並比較找出熵值最小的屬性，以視爲形成決策樹時可最佳區分訓練例子分類的屬性。屬性熵值的計算公式如下：

$$E_a = -\sum_{i=1}^{m}\sum_{j=1}^{n} p_{ji} \log p_{ji}$$

其中 E_a 爲屬性 a 的熵值，m 是該屬性所含可能值個數，n 爲所有類別的個數，而 p_{ji} 爲例子中具屬性 a 的第 i 個可能值中屬於類別 j 的出現機率。ID3 會找出具最小熵值的屬性做爲決策樹的下一個節點，以此節點之可能值爲分支，並從每一分支所含的訓練例子子集合中再學習出下一個分類節點。上述動作不斷重複，直到每一個分支均可形成單一分類爲止。因此 ID3 方法用的是一種貪婪式搜尋法(greedy search)，他只挑選一個目前看似最佳的屬性，並不會回頭再重新驗證先前所選擇的屬性是否眞的全域最佳。以下舉一例子來說明 ID3 是如何建構出一個決策樹並且推演出一些規則。

【例 15-1】

假設有 15 筆鳶尾花的資料如表 15.1 所示，作爲 ID3 的訓練例子。

表 15.1　15 筆鳶尾花的資料

Case	Sepal length	Sepal width	Petal length	Petal width	Class
1	M	W	S	N	Setosa
2	M	W	S	N	Setosa
3	S	M	S	N	Setosa
4	S	W	S	N	Setosa
5	S	W	S	N	Setosa
6	S	N	M	M	Versicolor
7	L	M	M	M	Versicolor
8	M	M	M	M	Versicolor
9	M	N	M	M	Versicolor
10	L	M	M	M	Versicolor
11	M	M	L	W	Virginica
12	M	N	L	M	Virginica
13	L	M	L	W	Virginica
14	L	M	L	W	Virginica
15	M	M	L	W	Virginica

在表 15.1 中，有四個屬性用來分辨花的種類，分別爲花萼長度(sepal length)、花萼寬度(sepal width)、花瓣長度(petal length)及花辨寬度(petal width)。而花的種類可分爲以下三種：Setosa、Versicolor 與 Virginica。假設我們以 S、M、L 分別代表花萼長度及花瓣長度的短、中、長等屬性值，而 N、M、W 分別表示花萼寬度及花瓣寬度的窄、中、寬等屬性值。要從這 15 筆資料建構出所需的決策樹，首先我們必須決定哪一個屬性可以用來作爲根節點。於是利用如上所提的熵值公式，先計算出各個屬性的熵值，以找出一個具最小熵值的屬性，作爲這決策樹的根節點。以屬性 sepal_length 爲例，其熵值計算過程如下：

$$E_{S.L=S} = -(\frac{3}{15}\log\frac{3}{15} + \frac{1}{15}\log\frac{1}{15} + 0) = 0.2182$$

$$E_{S.L=M}=-(\frac{2}{15}\log\frac{2}{15}+\frac{2}{15}\log\frac{2}{15}+\frac{3}{15}\log\frac{3}{15})=0.3732$$

$$E_{S.L=L}=-(0+\frac{2}{15}\log\frac{2}{15}+\frac{2}{15}\log\frac{2}{15})=0.2334$$

sepal_length 的熵值 $E_{S.L}=0.2182+0.3732+0.2334=0.8248$。同理，其他三個屬性的熵值分別可求得爲：

$$E_{S.W}=0.7195$$

$$E_{P.L}=0.5495$$

$$E_{P.W}=0.55$$

由於屬性 petal_length 的熵值最小，所以被選擇爲決策樹的根節點。因該屬性擁有 S、M、L 三種屬性值，因此 petal_length 節點可分出三個分支。接著觀察各分支我們可以發現，當 petal_length 的屬性值爲 S 時，可以完整地分類 Setosa 這個類別，於是我們就可以將類別 Setosa 分配給(petal_length=S)這個分支並形成一終端的葉節點。同理(petal_length=M)可以被分配 Versicolor 這個類別爲其葉節點。然而(petal_length=L)這個分支尚無法完全分類其例子子集合，所以必須再找出其他屬性爲其下一節點。

於是我們再重複如上的程序於剩下的三個屬性中找出一個最佳屬性作爲下一個節點，這次必須以 petal_length=L 的訓練例子子集合來計算各屬性的熵值。經計算後其結果爲：

$$E_{S.L\wedge P.L=L}=0.3349$$

$$E_{S.W\wedge P.L=L}=0.3099$$

$$E_{P.W\wedge P.L=L}=0.31$$

其中屬性 sepal_width 的熵值最小，因此被選擇爲下一個節點。在整個 ID3 分類程序結束後，上例的 15 筆資料可形成如圖 15.4 的一個決策樹。

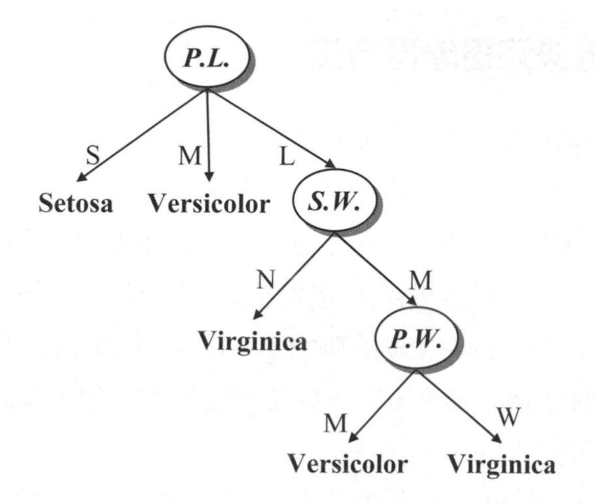

圖 15.4　由範例 15.1 中十五筆資料所形成之決策樹

從圖 15.4 中我們觀察到屬性 sepal_length 並沒有成為此決策樹中的一個節點，因此可以得知該屬性並不需用來分類這 15 筆資料；換言之，在作分類時我們可以不用比較 sepal_length 這個屬性。此外，我們也可以由此決策樹從根節點至每一葉節點推導出如下所列的五條規則：

1. IF petal_length = S THEN Classification = Setosa
2. IF petal_length = M THEN Classification = Versicolor
3. IF petal_length = L and sepal_width = N
   THEN Classification = Virginica
4. IF petal_length = L and sepal_width = M and petal_width = M
   THEN Classification = Versicolor
5. IF petal_length = L and sepal_width = M and petal_width = W
   THEN Classification = Virginica

15.2.2 模糊決策樹學習方法

如上所述，決策樹學習方法相當簡單且容易被人理解。然而，大部分的決策樹方法多應用於離散型的資料上，卻忽略了人類在推理的行爲模式中常利用約略、模糊與不確定事物描述的表達方式。正因爲人類的這種模糊行爲模式，再加上決策樹方法常用於實際應用上，所以模糊決策樹在近年來相當受到學者們的重視與研究[9, 57, 67-68]。在眾多針對模糊決策樹的研究中，Yuan 與 Shaw 提出了一個模糊決策樹推導法[68]，來處理不確定類型資料下的決策樹學習問題。本節即對這個模糊決策樹學習方法作簡單的介紹。

Yuan 與 Shaw 提出一個新的衡量標準稱爲屬性分類含糊度(classification ambiguity)取代了傳統 ID3 以熵值選擇下一個屬性節點的作法，以便能處理模糊類型的資料。當一個屬性其分類含糊度愈小表示其分類效果愈好，因此將愈有機會被選擇爲決策節點。此外由於其所處理的每個訓練例子可能有一個以上的模糊類別，因此很難像 ID3 演算法一樣找出完全屬於同一類別的葉節點。所以該方法訂定一分類準確率(classification truth)，並以節點上之分類準確率來決定其是否可爲該分支的最後葉節點。分類準確率的定義如下:

$$S(A,B)=\frac{M(A\cap B)}{M(A)}=\frac{\sum_{x\in U}\min(\mu_A(x),\mu_B(x))}{\sum_{x\in U}\mu_A(x)}$$

其中 A 代表一屬性值，B 代表一分類，x 爲訓練例子集合 U 中的一筆資料，$M(A)$代表訓練例子具屬性值 A 的模糊值之和，$M(A\cap B)$代表訓練例子具屬性值 A 且屬於類別 B 的模糊值之和，而 $S(A,B)$則代表由 A 導致 B 的分類準確率。以下舉一例子來說明分類準確率的求法。

【例 15-2】

表 15.2 爲 15 筆模糊鳶尾花資料，其屬性值與類別皆爲模糊值。例如第一個例子代表其屬性 sepal_length 爲 S 之模糊值爲 0.1，爲 M 之模糊值爲 0.9；sepal_width 爲 W 之模糊值爲 1.0；pepal_length 爲 S 之模糊值爲 0.9； pepal_width 爲 N 之模糊值爲 1.0；該例

表 15.2　15 筆模糊鳶尾花資料

case	S.L.			S.W.			P.L.			P.W.			clasa		
	S	M	L	N	M	W	S	M	L	N	M	W	Se.	Ve.	Vi.
1	0.1	0.9	0.0	0.0	0.0	1.0	0.9	0.0	0.0	1.0	0.0	0.0	0.9	0.1	0.0
2	0.4	0.6	0.0	0.0	0.2	0.7	1.0	0.0	0.0	1.0	0.0	0.0	1.0	0.0	0.0
3	0.9	0.1	0.0	0.0	0.5	0.4	0.9	0.0	0.0	0.9	0.0	0.0	0.8	0.0	0.2
4	0.8	0.3	0.0	0.0	0.2	0.7	1.0	0.0	0.0	1.0	0.0	0.0	1.0	0.0	0.0
5	1.0	0.0	0.0	0.0	0.2	0.7	1.0	0.0	0.0	0.7	0.0	0.0	0.7	0.3	0.0
6	1.0	0.0	0.0	1.0	0.0	0.0	0.0	0.8	0.0	0.1	1.0	0.0	0.2	0.8	0.0
7	0.0	0.1	0.8	0.3	0.7	0.0	0.0	0.5	0.5	0.0	0.5	0.3	0.0	0.6	0.4
8	0.3	0.8	0.0	0.0	1.0	0.0	0.0	0.6	0.4	0.0	0.5	0.3	0.0	0.6	0.4
9	0.4	0.6	0.0	0.8	0.2	0.0	0.0	0.9	0.1	0.0	0.8	0.0	0.0	0.8	0.2
10	0.0	0.0	1.0	0.0	0.7	0.3	0.0	0.5	0.5	0.0	0.7	0.2	0.0	0.6	0.4
11	0.3	0.8	0.0	0.3	0.7	0.0	0.0	0.4	0.6	0.0	0.0	1.0	0.0	0.4	0.6
12	0.0	0.8	0.3	1.0	0.0	0.0	0.0	0.3	0.7	0.0	0.5	0.3	0.3	0.0	0.7
13	0.0	0.0	1.0	0.0	1.0	0.0	0.0	0.0	1.0	0.0	0.3	0.5	0.0	0.2	0.8
14	0.0	0.0	1.0	0.0	0.8	0.1	0.0	0.1	0.9	0.0	0.0	1.0	0.0	0.1	0.9
15	0.0	0.9	0.1	0.0	1.0	0.0	0.0	0.2	0.8	0.0	0.0	0.8	0.0	0.3	0.7

子類別爲 setosa 之模糊值爲 0.9，爲 versicolor 之模糊值爲 0.1。以屬性值 sepal_length=S 對類別 setosa 之分類準確率爲例，計算如下：

$$S(sepal\_length = S, Setosa) = \frac{0.1+0.4+0.8+0.8+0.7+0.2}{0.1+0.4+0.9+0.8+1+1+0.3+0.4+0.3} = 0.58$$

在各屬性值之分類準確率算出之後，便可據以計算每個屬性的分類含糊度，計算之過程如下所示：

1. 先計算每一個屬性值對每個類別的分類準確率。
2. 將每一個屬性值對不同類別所得的分類準確率做正規化，即將每一個屬性值對不同類別所得的最大分類準確率調整成數值 1，其餘分類準確率按比例調整，並將求得的分類準確率由大至小做排序。

3. 依下面公式計算各屬性值 A 的分類含糊度。

$$G(A)=\sum_{i=1}^{n}(A_i-A_{i+1})\ln i$$

其中 A 代表一屬性值，A_i 代表 A 對不同類別之分類準確率做正規化並排序後的第 i 個值，$G(A)$代表 A 的分類含糊度。

4. 平均一屬性中各屬性值的分類含糊度，即爲該屬性的分類含糊度。

【例 15-3】

延續使用表 15.2 之模糊鳶尾花資料，以計算屬性 sepal_length 的分類含糊度爲例。首先計算 sepal_length 的每一個屬性值對每個類別的分類準確率。以屬性值 sepal_length=S 對各類別的分類準確率如下：

$$S(sepal\_length=S,Setosa)=0.58$$
$$S(sepal\_length=S,Versicolor)=0.42$$
$$S(sepal\_length=S,Virginica)=0.19$$

接著對上述三個值做正規化並排序，其結果爲(1, 0.72, 0.32)。因此屬性值 sepal_length=S 之分類含糊度爲：

$$G(sepal\_length=S)=(1-0.72)\ln 1+(0.72-0.32)\ln 2+(0.32-0)\ln 3=0.63$$

同理可以得知其他兩個 sepal_length 的屬性值的分類含糊度分別爲：

$$G(sepal\_length=M)=0.86$$
$$G(sepal\_length=L)=0.42$$

因此可得屬性 sepal_length 的分類含糊度爲其各屬性值的分類含糊度之平均：

$$G(sepal\_length)=(0.63+0.86+0.42)/3=0.64$$

同理，其他三個屬性的分類含糊度爲：

G(sepal_width) = 0.46

G(petal_ length) = 0.33

G(petal_width) = 0.32

在這四個屬性中，因爲 petal_width 的分類含糊度最小，所以 petal_width 被選擇作爲根節點。整個 Yuan 與 Shaw 之模糊決策樹推導演算法可敘述如下:

步驟一： 計算每個屬性的分類含糊度，並且選出其中具最小含糊度的屬性當作整個決策樹的根節點。

步驟二： 計算由根節點所分出來的每一分支的分類準確度；如果有一分支對某一分類的分類準確度大於所預定的門檻值，就將這個分類分配給該分支。否則就需計算出其他屬性在此目前分支下的分類含糊度，同樣地以具最小分類含糊度的屬性來當作此分支的下一個節點。

步驟三： 重複步驟二直到所有分支均分配到單一類別爲止。

而在步驟二中計算每一分支下各屬性的分類含糊度和計算根節點時的作法類似，只是計算的公式改爲下式:

$$G(P|F) = \sum_{i=1}^{k} w(P_i|F) G(P_i \cap F)$$

其中 F 爲一分支，P 爲不在此分支上的一其他屬性，P_i 爲 P 的第 i 個屬性值，k 爲 P 的所有屬性值數目，$G(P_i \cap F)$ 爲屬性值 $P_i \cap F$ 對於各類別的分類含糊度，其求法如例 15.3 之作法，而 $w(P_i|F)$爲一權重公式，代表不同屬性值的權重，公式如下:

$$w(P_i|F) = M(P_i \cap F) / \sum_{j=1}^{k} M(P_j \cap F)$$

$M(P_i \cap F)$ 爲訓練例子中具屬性值爲 $P_i \cap F$ 的模糊值之和。

【例 15-4】

延續例子 15.3，在 petal_width 被選擇作爲根節點後，由於屬性 petal_width 擁有 N、M、W 三個屬性值，所以其會有三個分支。假設預先定義的分類準確率門檻值爲 0.8。其中因爲屬性值 petal_width=N 對 Setosa 的分類準確率爲 0.96 與 petal_width=W 對 Virginica 的分類準確率爲 0.86，均大於預先定義的分類門檻值，所以這兩個分支分別可被分配到分類葉節點。而由於屬性值 petal_width=M 對於任一類型的分類準確率均小於門檻值，所以必須對這個分支再找出下一個分割屬性。

以屬性 sepal_length 做爲此分支之下一個考量節點爲例，其分類含糊度之計算如下：

$$
\begin{aligned}
& G(sepal\_length \mid petal\_width = M) \\
& = w(sepal\_length = S \mid petal\_width = M)G(sepal\_length = S \cap petal\_width = M) \\
& + w(sepal\_length = M \mid petal\_width = M)G(sepal\_length = M \cap petal\_width = M) \\
& + w(sepal\_length = L \mid petal\_width = M)G(sepal\_length = L \cap petal\_width = M) \\
& = 0.6
\end{aligned}
$$

同理可得：

$$G(sepal\_width \mid petal\_width = m) = 0.5$$
$$G(petal\_length \mid petal\_width = m) = 0.53$$

由於 sepal_width 有最小的分類含糊度，所以 sepal_width 被選爲下一個節點。上述步驟一直重複，最後，這 15 筆模糊資料可建構出如圖 15.5 的模糊決策樹，其中 S 代表分類準確率。

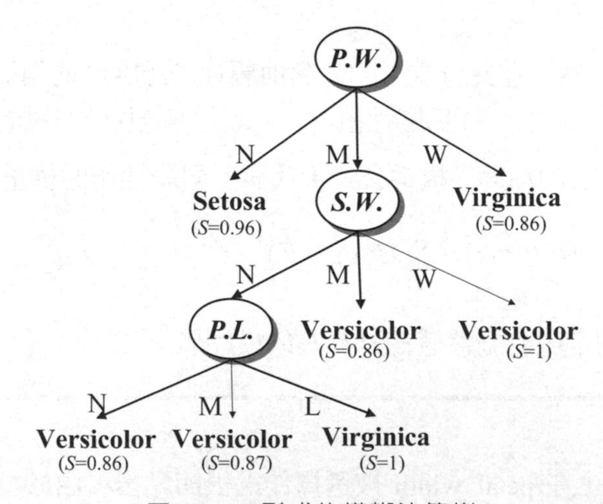

圖 15.5　形成的模糊決策樹

此外，我們也可以由此模糊決策樹推導出如下的七條模糊規則：

1. IF petal_width = N THEN Classification = Setosa (S = 0.96)

2. IF petal_width = W THEN Classification = Virginica (S = 0.86)
3. IF petal_width = M and sepal_width = M
   THEN Classification = Versicolor (S = 0.86)
4. IF petal_width = M and sepal_width = W
   THEN Classification = Versicolor (S = 1)
5. IF petal_width = M and sepal_width = W and sepal_length = S
   THEN Classification = Versicolor (S = 0.86)
6. IF petal_width = M and sepal_width = W and sepal_length = M
   THEN Classification = Versicolor (S = 0.87)
7. IF petal_width = M and sepal_width = W and sepal_width = M
   THEN Classification = Virginica (S = 1)

在上述模糊決策樹的學習方法中，主要是以每一屬性爲考量以建立分支，如此可能造成某些屬性值的分支雖然其分類效果並不好，但由於同一屬性的其他屬性值分類效果好，因此此屬性仍然被選出以作爲分類節點。目前有些研究以考量屬性值而不是屬性來學習以解決此一問題[65]。

上述所提之方法屬於模糊批次式學習策略。除了模糊批次式學習策略外，也有一些模糊逐漸式學習策略被提出，例如模糊版本空間學習演算法[62]。有興趣的讀者可參考相關文獻[18, 20-21, 23-24, 29, 50-51, 62]。

15.3 模糊決策表學習方法

在前面所介紹的模糊機器學習研究中，隸屬函數爲事先給定，而學習的目的在於學習出模糊規則。因此適當隸屬函數的給定是非常重要的，若隸屬函數被不正確的指定，則將造成整個系統效率及正確性大幅下降。目前也有一些研究嘗試自動學習出隸屬函數，其中有相當多的論文利用群聚技術、神經網路及遺傳演算法來學習隸屬函數。由於利用神經網路及遺傳演算法在本書其他幾章已有介紹，因此在本章中我們介紹如何利用決策表的機器學習方法直接從例子中獲取所要的演繹規則及隸屬函數。

15.3.1 模糊決策表學習演算法流程

決策表學習主要是將例子填入決策表後利用表中滿足某種標準的行或列做合併以簡化決策表，並從中得出規則。如前所述，在現實世界中人類的推理方式與知識的表達方式往往是模糊、不精確的，因此目前有數篇探討模糊決策表學習的方法被提出[22, 25-26, 28, 30-31, 34]。我們這裡將介紹洪與李的方法[22]，其採用由底而上的運作方式學習，即由底下的例子及一開始的隸屬函數慢慢往上合併而成最後的規則及從每次規則的合併中逐漸更改起始的隸屬函數而形成最後的隸屬函數。此外此學習演算法同時可適用於監督式學習及非監督式學習兩種。在非監督式學習中，多利用一模糊群聚演算法以先產生模糊分類後再以監督式學習方式學習。模糊決策表學習演算法的流程如圖 15.6 所示。

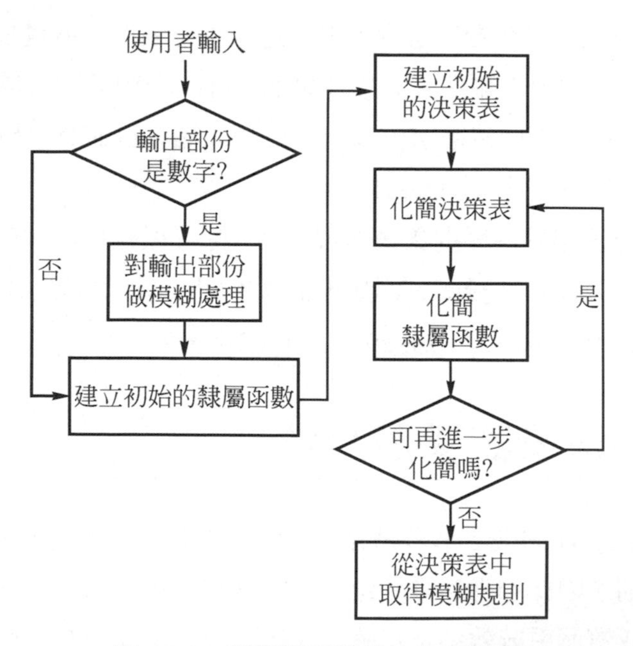

圖 15.6　模糊學習演算法的流程圖

這樣一個流程，我們將它劃分爲六個主要的步驟如下：

步驟一：對輸出部份的資料做模糊聚集及模糊分類，對分類已知之例子而言此步驟可省略。

步驟二： 建立初始的隸屬函數。

步驟三： 建立初始的決策表。

步驟四： 化簡初始的決策表。

步驟五： 化簡初始的隸屬函數。

步驟六： 從決策表中得到模糊規則。

以下我們將先介紹模糊聚集的想法，並舉一簡例說明。

15.3.2 模糊群聚

步驟一對輸出部份的資料做模糊聚集及模糊分類，這個步驟主要是針對非監督式學習而設計。主要的觀念是將相似程度高的例子聚集在一起，並求出每個例子在每個聚集中的模糊程度。模糊群聚有非常多的方法被提出[40]，底下對於輸出爲一維的數字，介紹一個簡單的群聚方法[22]，分爲以下六個子步驟：

子步驟一：將輸出由小排至大；

子步驟二：求鄰近資料的差值；

子步驟三：求出鄰近資料的相似度；

子步驟四：根據相似度來分群；

子步驟五：決定出各類群的隸屬函數：

子步驟六：根據這些隸屬函數決定出每個例子在各類群中的模糊值。

【例 15-5】

假設給定下面八個例子來學習，其中每個例子包含兩個輸入屬性爲年齡及資產(單位：十萬元)，和一個輸出結果爲保險費，均爲數字表示。

年齡	資產	保險費
1 (20，	30；	2000)
2 (25；	30；	2100)
3 (30；	30；	2200)
4 (45；	30；	2500)
5 (50；	30；	2600)
6 (60：	30；	2700)
7 (80；	30；	3200)
8 (80；	30；	3300)

此群聚方法先將輸出(保險費)由小排至大：

2000, 2100, 2200, 2500, 2600, 2700, 3200, 3300

接著求鄰近輸出的差值如下：

100, 100, 300, 100, 100, 500, 100

然後求鄰近資料的相似度，相似度的求法採用以下的公式[17]：

$$S_i = 1 - d_i / (C^*\sigma_s) \quad for\ d_i <= (C^*\sigma_s)$$
$$= 0 \quad otherwise$$

其中 S_i 為第 i 筆及第(i+1)筆兩個鄰近資料的相似度，d_i 為其差值，C 為群聚常數，σ_s 為所有 d_i 值的標準差。例如在此例中 C 設為 4，σ_s 從 d_i 中可算出為 145.69。鄰近資料的相似度值可算出如下：

S_1 = 1-100/(145.69*4) = 0.83

S_2 = 1-100/(145.69*4) = 0.83

S_3 = 1-300/(145.69*4) = 0.49

S_4 = 1-100/(145.69*4) = 0.83

S_5 = 1-100/(145.69*4) = 0.83

S_6 = 1-500/(145.69*4) = 0.14

S_7 = 1-100/(145.69*4) = 0.83

接著根據相似度來分群，這裡採用類似α-cut 的概念，即相似度在α以內視成不同類，在α以外視爲同一類。以上例而言，若α設成 0.8，則分群結果如下：

2000	2100	2200	2500	2600	2700	3200	3300
R_1	R_1	R_1	R_2	R_2	R_2	R_3	R_3

其中 R_i 代表第 i 個群組。子步驟五接著決定各類群的隸屬函數。假設採用三角模糊函數來表示，則須求 a、b、c 三個端點値。我們利用在一個群聚中二個邊界點隸屬於此群的模糊值爲最小的想法來求此隸屬函數。假設第 j 群含有 y_i、 y_{i+1}、 ...、 y_k 等例子，其相似度值爲 S_i 至 S_{k-1}，則第 j 群三角模糊函數(a_j、b_j、c_j)三點的求法如下：

$$b_j = \frac{y_i * s_i + y_{i+1} * \frac{s_i + s_{i+1}}{2} + \ldots + y_{k-1} * \frac{s_{k-2} + s_{k-1}}{2} + y_k * s_{k-1}}{s_i + \frac{s_i + s_{i+1}}{2} + \ldots + \frac{s_{k-2} + s_{k-1}}{2} + s_{k-1}}$$

$$a_j = b_j - \frac{b_j - y_i}{1 - u_j(y_i)}$$

$$c_j = b_j + \frac{y_j - b_i}{1 - u_j(y_k)}$$

其中 $u(y_i) = u(y_k) = \min(S_i, S_{i+1},...,S_{k-1})$。上例根據此法所求出之隸屬函數如圖 15.7 所示：

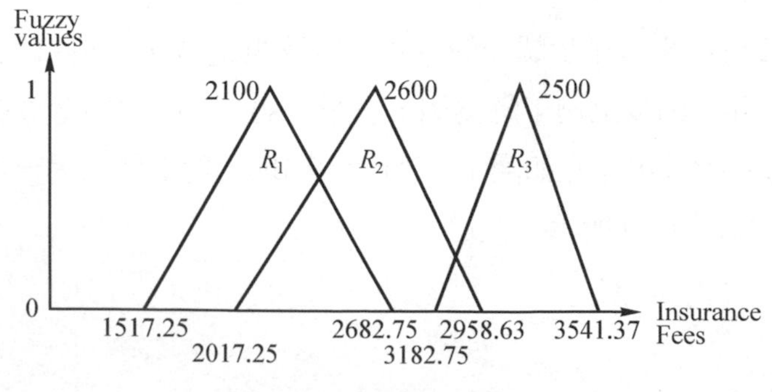

圖 15.7 保險費的隸屬函數

接著每個例子在各類群中的模糊值便可由所求得的隸屬函數決定。我們以(輸出值，群別，隸屬函數值)來代表上例中每個轉換後的輸出結果如下：

(2000, R_1, 0.83)　(2100, R_1, 1)　(2100, R_2, 0.14)
(2200, R_1, 0.83)　(2200, R_2, 0.31)　(2500, R_1, 0.31)
(2500, R_2, 0.83)　(2600, R_1, 0.14)　(2600, R_2, 1)
(2700, R_2, 0.83)　(3200, R_3, 0.83)　(3300, R_3, 0.83)

其中輸出結果被聚集成 3 類，R_1，R_2 和 R_3。而每個例子在各個聚集中存有一模糊值，代表它屬於這個聚集的程度。

15.3.3 模糊決策表學習

在對輸出結果群聚並分類後，接著便要用決策表來學出規則並對輸入屬性自動產生適當的隸屬函數。整個學習過程包括 15.3.1 節中所介紹的步驟二至步驟六，分述如下。

步驟二：建立起始的隸屬函數；由於這裡所介紹的方法是採用由底而上的方式，因此我們希望一開始建立範圍較小的隸屬函數，之後再逐漸合併以形成最後的隸屬函數。其子步驟如下：

子步驟一：求各屬性的分類群數及組距；
子步驟二：建立各屬性起始的隸屬函數；

有多種方法可用來求子步驟一的分類群數及組距[45]，在此假設我們將輸入屬性之範圍分成八群，則以上例年齡爲例，全距＝80-20=60，組距＝60/8＝7.5。因此我們可建立其起始的隸屬函數如圖 15.8 所示。同理，對上例之另一屬性資產之初始隸屬函數可建立如圖 15.9 所示。

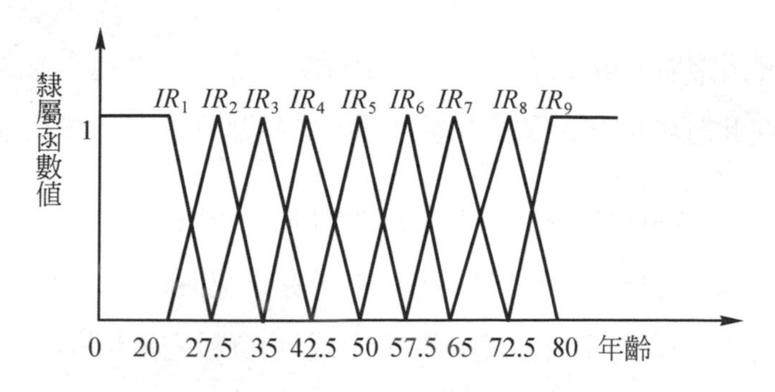

圖 15.8　年齡的初始隸屬函數

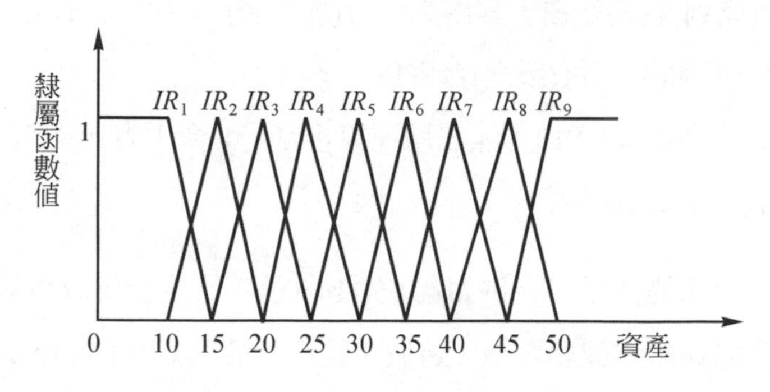

圖 15.9　資產的初始隸屬函數

步驟三：建立初始的決策表；根據前步驟所訂定的輸入屬性範圍群數，我們可輕易作出一決策表及填每個例子進入適當的位置。對上例而言，我們可建出一初始決策表如圖 15.10 所示。

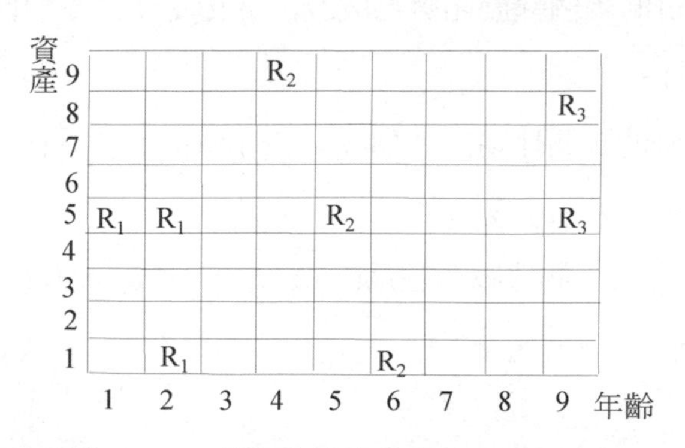

圖 15.10　保險費核定問題的初始決策表

步驟四：簡化初始的決策表，在這個步驟中須訂定一些運作方式以對初始的決策表作簡化。在此訂了以下 5 個基本運算子，這些運算子亦可擴充至多維[22]：

運算子 1：兩行(或列)資料完全相同，則合併二者爲一。

運算子 2：兩行(或列)資料不完全相同，且不同處爲空白時，則合併二者爲一。

運算子 3：整行(或列)資料空白，其兩鄰近行(或列)資料完全相同時，則將此三行(或列)合併爲一。

運算子 4：整行(或列)資料空白，其兩鄰近行(或列)資料不完全相同，且不同處爲空白者，則將此三行(或列)合併爲一。

運算子 5：整行(或列)資料空白，無法用運算子 3、4 合併者，則將此三行(或列)資料合併爲二行(或列)。

上述保險費核定的例子可合併如圖 15.11 所示，最後合併成只剩下三格。

步驟五：化簡初始的隸屬函數，這個步驟與步驟四是一體的，每當步驟四做一次運算，步驟五便須做一次。在步驟四的每個決策表合併運算子中，我們也須指定相對應的隸屬函數合併運算子以簡化隸屬函數。我們訂定的五個隸屬函數合併運算子如下：

運算子 1,2：設欲合併的兩個隸屬函數爲(a_i, b_i, c_i)及(a_j, b_j, c_j)，則合併後爲$(a_i, (b_i + b_j)/2, c_j)$。

運算子 3,4：設欲合併的三個隸屬函數爲(a_i, b_i, c_i)，(a_j, b_j, c_j)及(a_k, b_k, c_k)，則合併後爲$(a_i, (b_i + b_j + b_k)/3, c_k)$。

運算子 5：設欲合併的三個隸屬函數爲(a_i, b_i, c_i)，(a_j, b_j, c_j)及(a_k, b_k, c_k)，則合併後爲(a_i, b_i, c_j)及(a_j, b_k, c_k)。

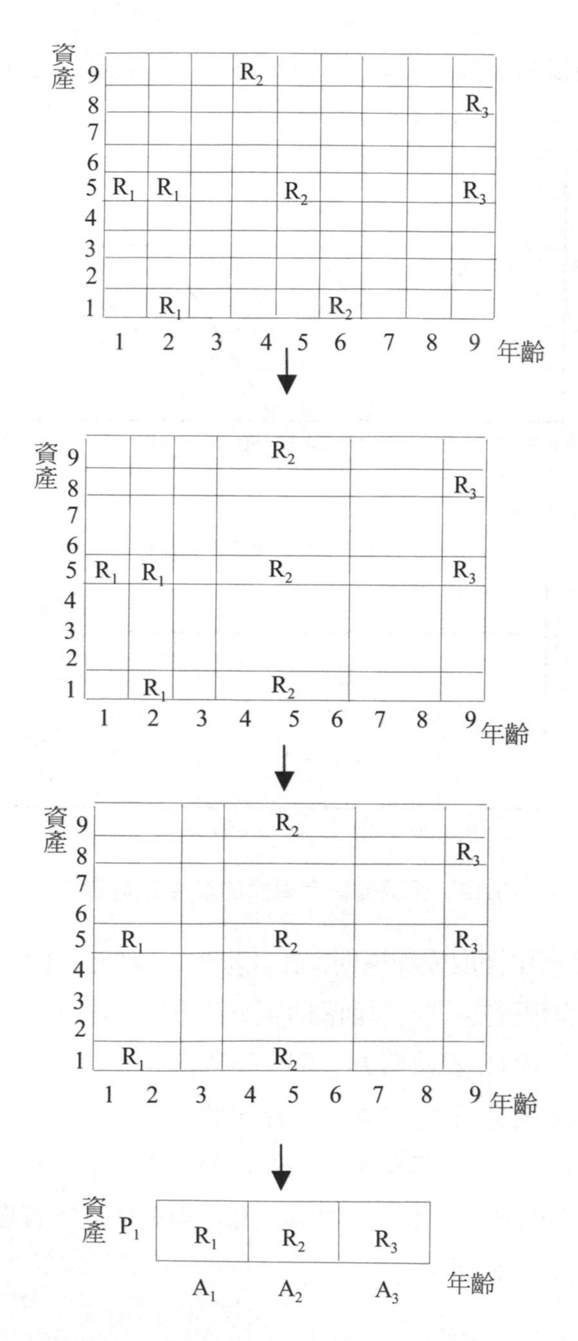

圖 15.11　保險費核定問題的決策表合併過程

根據上述訂定的隸屬函數合併運算子，保險費核定的例子之最後隸屬函數如下圖 15.12 所示：

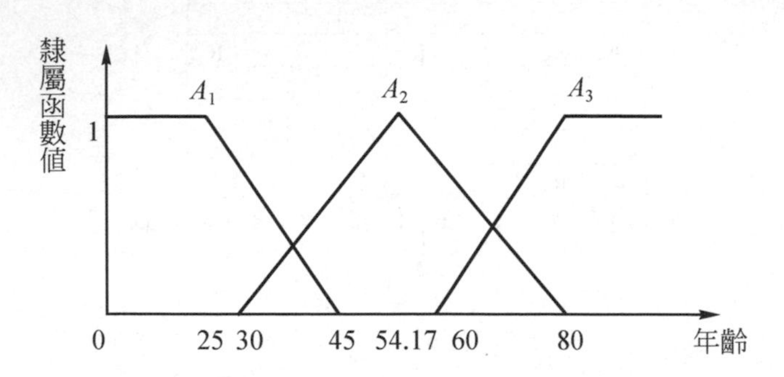

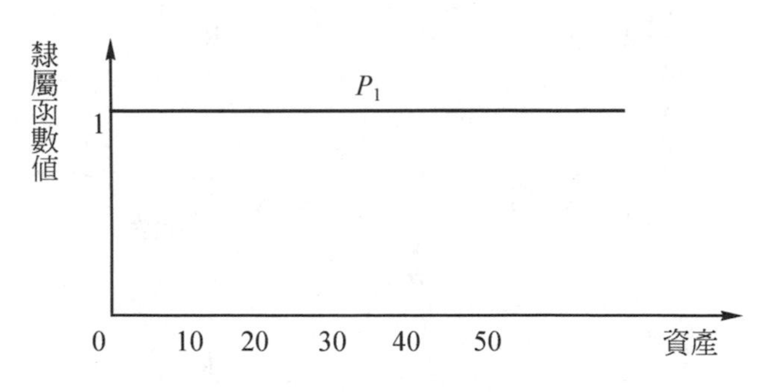

圖 15.12　保險費核定問題的最後隸屬函數

步驟六：從決策表中擷取模糊規則；在此步驟，我們將合併後之決策表中有填入值的格子轉換成相對應的規則。以前例而言，其轉成的三條規則如下：

1.　假如年紀爲 A_1 而且 資產爲 P_1　則保險費爲 R_1
2.　假如年紀爲 A_2 而且 資產爲 P_1　則保險費爲 R_2
3.　假如年紀爲 A_3 而且 資產爲 P_1　則保險費爲 R_3

以此例而言，可知保險費的核定與年齡有關，但與個人的資產無關(實際是與個人的投保金額而非與資產有關)。

15.4 模糊資料挖掘方法

近來隨著資訊科技快速的發展，促使資料處理和儲存更爲方便，然而相對地也使得從中獲取一些隱含且有用的資訊來幫助決策變得困難，因此如何從大量資料中做有效的資料挖掘變成一個熱門的研究主題。經過這幾年的努力，已有各種不同的資料挖掘技術被發展出來[10, 13, 44]。根據不同的資料庫型態，資料挖掘可應用到交易資料庫、時間序列資料庫、關聯式資料庫、多媒體資料庫以及其它不同種類資料庫；而根據所獲取的知識種類來區分，資料挖掘的結果可分爲關聯式規則、分類規則、分群規則、循序樣式等[5, 10, 44]。其中，以從交易資料庫中得到關聯式規則最爲大家所熟悉。

以往大多數的資料挖掘演算法主要挖掘項目間有無出現的相關性，然而對於在眞實世界中常見的數量值交易資料中的數量關係則較少提及。最近有一些學者利用模糊理論的概念提出新的資料挖掘演算法，藉以從數量值的交易資料中萃取出有興趣的知識。本節將介紹模糊資料挖掘的基本概念。

15.4.1 關聯性規則之資料挖掘

如前所述，在資料挖掘的領域中，因決策者所需要的知識不同，許多可挖掘不同知識的演算法也分別被提出來，其中最常見的爲關聯式規則之挖掘，因此本節將著重於介紹關聯性規則的挖掘方法，挖掘其它知識之方法可參考文獻。挖掘關聯性規則主要是從大量的交易資料中搜尋資料項目間出現的關聯性，其中最具有代表性的挖掘方法爲 Apriori 演算法[1-4]，可將整個挖掘工作分爲二大部份。第一部份是找出出現比例高的項目集合，稱之爲大項目集(large itemset)；接著第二部份利用條件機率從大項目集中找出關聯性規則。在求第一部份的大項目集時，Apriori 演算法會先建立只含一個項目的候選項目集(candidate itemset)，接著掃瞄資料庫以計算每一個候選項目集在交易資料庫中出現的次數(或比例)。如果此候選項目集出現次數(或比例)大於或等於事先定義的最小次數(或比例)，則此候選項目集將成爲大項目集(large itemset)。接著從只含一個項目的大項目集中，組合出含二個項目的候選項目集，再重覆上述步驟求含二個項目的大項目集。如此一直增加每個項目集的項目個數，直至沒有大項目集爲止。接著在第二部份使用所有已發現含至少兩個項目的大項目集先產生所有可能的關聯性規則，再計算每條可能規則的條件機率；若一條可能規則的條件機率大於或等於事先定義的最小信賴度，則其爲我們所要的關聯性規則。底下我們利用一個簡單交易資料的例子來說明 Apriori 演算法的執行過程。

【例 15-6】

假設一交易資料如表 15.3 所示，包含了 5 筆交易。另假設商品共有 A、B、C、D 和 E 五種。Apriori 演算法首先針對表 15.3 的交易資料建構出只含一個項目的候選項目集合，分別爲$\{A\}$、$\{B\}$、$\{C\}$、$\{D\}$、$\{E\}$，接著掃瞄交易資料庫求出每一個候選項目集在交易資料庫中出現的次數(或比例)，稱爲支持度(support)，結果如表 15.4 所示。

表 15.3　例子 15.6 中的交易資料庫

Transaction No.	Items
1	BE
2	ABD
3	AD
4	BCE
5	ABDE

表 15.4　含一個項目的候選項目集出現的次數

1-Itemset	Support
A	3
B	4
C	1
D	3
E	3

假設所定義的最小交易支持度爲 2，則在候選項目集中出現次數大於或等於 2 的將成爲大項目集。以上例而言，{*A*}、{*B*}、{*D*}、{*E*}爲含一個項目的大項目集 L_1。Apriori 演算法接著利用 L_1 組合出含二個項目的候選項目集合。以上例而言，所構成含二個項目的候選項目集合爲{*AB*}、{*AD*}、{*AE*}、{*BD*}、{*BE*}、{*DE*}。

接著再計算每一個含二個項目的候選項目集在交易資料庫中出現的次數以求出其大項目集 L_2。以上例而言，L_2 爲{*AB*}、{*AD*}、{*BD*}、{*BE*}。接著從 L_2 中組合出含三個項目的候選項目集，如 *AB* 和 *AD* 可組合出 *ABD*，*BD* 和 *BE* 可組合出 *BDE*。對所組出的組合再檢查其每一含兩個項目的子集合皆在 L_2 中。例如 *BDE* 的子集合 *DE* 即不在 L_2 中，因此 *BDE* 不爲候選項目集。在此例子中，除了{*ABD*}以外，沒有其它的候選項目集被產生。計算{*ABD*}在交易資料庫中的出現次數，發現其等於我們事先所定義的最小支持度，所以{*ABD*}形成大項目集 L_3。然而因 L_3 中只有{*ABD*}，因此無法進一步產生含四個項目的候選項目集合。

接著是第二部份從所有已發現含至少兩個項目的大項目集中找出關聯性規則。以上例而言，含至少兩個項目的大項目集合爲{*AB*}、{*AD*}、{*BD*}、{*BE*}、{*ABD*}，以{*AB*}爲例，將可產生下列二條可能的關聯性規則:

如果買了 A 產品就會買 B 產品；
如果買了 B 產品就會買 A 產品；

以第一條規則“如果買了 *A* 產品就會買 *B* 產品”爲例，這條規則的信賴度算法如下：

$$Confidence_{A\rightarrow B}=\frac{A\text{和}B\text{產品的支持度}}{A\text{產品的支持度}}=\frac{2}{3}=0.67$$

將其和事先定義的最小信賴度比較，若大於或等於事先定義的最小信賴度，則其爲我們所要的關聯性規則。

15.4.2 模糊資料挖掘方法

近來有一些論文擴充上述挖掘方法去處理數量值交易資料，其中較簡單的作法是將數量範圍劃分成數個區間後再去挖掘其間的關係[14, 55-56, 60]。以商品的購買數量爲例，假設購買數量的範圍爲 1 至 20，可將其分成四個固定的區間。但在實際意義上，購買 5 個或 6 個並沒有很大的差別，但上述處理方式卻將它們分成二個不同的區間；同樣地購買 1 個或 10 個，它們的差別就很大，可是上述處理方式也將它們視同爲購買 5 個和 6 個一樣的區別。所以，在本節將介紹以模糊理論結合資料挖掘的技術以對數量值之交易資料挖掘能作有效處理。

我們以 Apriori 演算法爲基礎來設計模糊關聯性規則之挖掘方法。整個方法可分成三部份，先利用模糊理論將數量值轉成合理的模糊語詞後，再利用各項目集合的模糊支持度找出感與趣的大項目集合，最後再利用條件機率從模糊信賴度找出所要的模糊規則。模糊資料挖掘的步驟敘述如下[27]：

步驟一： 根據問題訂定適當的數量隸屬函數；

步驟二： 每筆交易資料中每一個項目的數量值利用給定的隸屬函數轉換成模糊集合表示；

步驟三： 對每一轉換後的項目值，將其在每筆交易中之模糊值相加以求其模糊支持度；

步驟四： 將每個項目具最大模糊支持度的語義值爲此項目的代表並用於接下來的挖掘過程，以節省所需的挖掘時間；

步驟五： 比較步驟四代表項目值的模糊支持度是否大於或等於事先定義的最小支持度；如果大於或等於事先定義的最小支持度，將它放在含一個項目的大項目集合 L_1 中。

步驟六： 設變數 r 之初始值爲 1，該變數用來記錄目前所處理項目集中項目的個數。

步驟七： 從 L_r 中產生含$(r+1)$個項目之候選集合 C_{r+1}。

步驟八： 對每一個在 C_{r+1} 中的項目集 s，執行下列的子步驟：

(a) 利用模糊交集運算子計算每筆交易資料中 s 的模糊值。

(b) 計算 s 在這個交易資料庫的模糊支持度。

(c) 如果 s 的模糊支持度大於或等於事先定義的最小支持度，將 s 放入 L_{r+1}。

步驟九： 重覆步驟七及步驟八直至沒有大項目集被產生爲止。

步驟十： 對每一含至少兩個項目的大項目集產生所有可能的關聯性規則。

步驟十一： 利用條件機率計算所有可能關聯性規則的模糊信賴度。

步驟十二： 將模糊信賴度大於或等於事先定義的最小信賴度的關聯性規則輸出。

以下我們舉一簡單之例子來說明上述之演算法。

【例 15-7】

假設一數量型交易資料如表 15.5 所示，包含了 4 筆交易，每筆交易包括所購買的商品及其數量。另假設商品共有 A、B、C、D 和 E 五種。

表 15.5　例子 15.7 中的數量型交易資料庫

Transaction No.	Items
1	(A, 6)(C, 4)(E, 11)
2	(B, 5)(C, 11)(D, 12)
3	(B, 10)(C, 16)(E, 8)
4	(C, 9)(E, 14)

假設數量的隸屬函數定義如圖 15.13 所示：

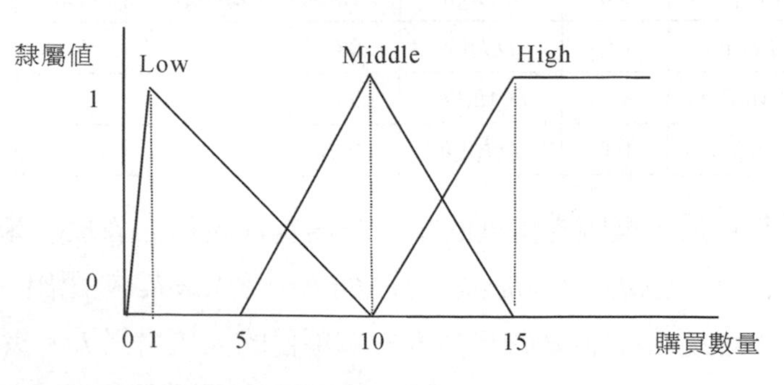

圖 15.13　數量的隸屬函數

表 15.5 之每筆交易資料先利用給定的隸屬函數轉換成模糊集合表示，結果如下表 15.6 所示。

表 15.6　轉換後的模糊交易資料庫

Transaction No.	Fuzzy Sets
1	$(\frac{0.44}{A.Low}+\frac{0.2}{A.Middle})(\frac{0.78}{C.Low})(\frac{0.8}{E.Middle}+\frac{0.2}{E.High})$
2	$(\frac{0.56}{B.Low})(\frac{0.8}{C.Middle}+\frac{0.2}{C.High})(\frac{0.6}{D.Middle}+\frac{0.4}{D.High})$
3	$(\frac{1.0}{B.Middle})(\frac{1.0}{C.High})(\frac{0.22}{E.Low}+\frac{0.6}{E.Middle})$
4	$(\frac{0.11}{C.Low}+\frac{0.8}{C.Middle})(\frac{0.2}{E.Middle}+\frac{0.8}{E.High})$

接著對每一轉換後的項目值，將其在每筆交易中之模糊值相加以求其模糊支持度，結果如表 15.7 所示。

表 15.7　每個項目值的模糊支持度

Item	Count	Item	Count	Item	Count
A.Low	0.44	C.Low	0.89	E.Low	0.22
A.Midlle	0.2	*C.Midlle*	2.6	*E.Midlle*	1.6
A.High	0.0	*C.High*	1.2	*E.High*	1.0
B.Low	0.56	*D.Low*	0.0		
B.Midlle	1.0	*D.Midlle*	0.6		
B.High	0.0	*D.High*	0.4		

每個項目以其具最大模糊支持度的語意詞爲其代表以節省接下來所需的計算時間，因此 *A.Low*、*B.Middle*、*C.Middle*、*D.Middle*、*E.Middle* 被選出。若最小支持度設爲 1.1，則 *C.Middle* 和 *E.Middle* 形成含一個項目的大項目集 L_1。接著從 L_1 產生候選集合 C_2 爲 $\{(C.Middle, E.Middle)\}$，並利用模糊交集運算子對其求模糊支持度得出爲 0.2。因其小於事先定義的最小支持度，所以在這個例子沒有 L_2 產生。

在上述所介紹的演算法中，每個項目以其具最大模糊支持度的語義值爲代表，以節省接下來所需的挖掘時間。若不考慮計算時間可能過大，也可以省略此步驟，而以所有可能的語義值加以考量，如此可在計算時間及規則完整性間做一折衷選擇[39]。目前亦有研究擴充此方法至階層型數量資料及循序樣式之挖掘[35-36, 38]。

15.5 結　語

本章首先介紹了模糊決策樹學習方法，接著介紹了模糊決策表學習方法並對輸出部份的資料做模糊聚集及模糊分類，最後我們介紹了如何應用模糊理論於數量形資料之挖掘上。我們所介紹的方法均爲相當簡單的作法，只是期望能快速建立讀者對此領域的基本概念。目前對模糊機器學習及模糊資料挖掘不斷有新成果出來，也有很多方法結合了軟式計算的各種技術如神經網路、遺傳演算法[37, 63-64, 66]及約略集合論[32-33]等，有興趣的讀者可進一步探討這些更深入的主題。

習　題

[15.1] 在模糊決策樹的學習方法中，主要是以每一屬性爲考量以建立分支，如此可能造成某些屬性值的分支雖然其分類效果並不好，但由於同一屬性的其他屬性值分類效果好，因此此屬性仍然被選出以作爲分類節點，如何改進此一缺點？

[15.2] 在模糊決策表學習方法中，若行與列(即不同屬性)皆可合併時，其合併順序對學習結果有何影響？

[15.3] 如何應用模糊挖掘於循序樣式上？

參考文獻

[1] R. Agrawal, T. Imielinksi and A. Swami, "Mining association rules between sets of items in large database," The 1993 ACM SIGMOD Conference, Washington DC, USA, 1993.

[2] R. Agrawal, T. Imielinksi and A. Swami, "Database mining: a performance perspective," IEEE Transactions on Knowledge and Data Engineering, Vol. 5, No. 6, 1993, pp. 914-925.

[3] R. Agrawal, R. Srikant and Q. Vu, "Mining association rules with item constraints," The Third International Conference on Knowledge Discovery in Databases and Data Mining, Newport Beach, California, August 1997.

[4] R. Agrawal and R. Srikant, "Fast algorithm for mining association rules," The International Conference on Very Large Data Bases, 1994, pp. 487-499.

[5] R. Agrawal, R. Srikant: "Mining Sequential Patterns", The International Conference on Data Engineering, Taipei, Taiwan, 1995.

[6] J. A. Anderson and E. Rosenfeld, Neurocompuing, MIT Press, Cambridge, Mass., 1988.

[7] A. F. Blishun, "Fuzzy learning models in expert systems," Fuzzy Sets and Systems, Vol. 22, 1987, pp. 57-70.

[8] L. M. de Campos and S. Moral, "Learning rules for a fuzzy inference model," Fuzzy Sets and Systems, Vol. 59, 1993, pp. 247-257.

[9] R. L. P. Chang and T. Pavliddis, "Fuzzy decision tree algorithms," IEEE Transactions on Systems, Man and Cybernetics, Vol. 7, 1977, pp. 28-35.

[10] M. S. Chen, J. Han and P. S. Yu, "Data mining: An overview from a database perspective," IEEE Transaction on Knowledge and Data Engineering, Vol. 8, No.6, December 1996.

[11] C. Clair, C. Liu and N. Pissinou, "Attribute weighting: a method of applying domain knowledge in the decision tree process," The Seventh International Conference on Information and Knowledge Management, 1998, pp. 259-266.

[12] M. Delgado and A. Gonzalez, "An inductive learning procedure to identify fuzzy systems," Fuzzy Sets and Systems, Vol. 55, 1993, pp. 121-132.

[13] W. J. Frawley, G. Piatetsky-Shapiro and C. J. Matheus, "Knowledge discovery in databases: an overview," The AAAI Workshop on Knowledge Discovery in Databases, 1991, pp. 1-27.

[14] T. Fukuda, Y. Morimoto, S. Morishita and T. Tokuyama, "Mining optimized association rules for numeric attributes," The ACM SIGACT-SIGMOD-SIGART Symposium on Principles of Database Systems, June 1996, pp. 182-191.

[15] A. Gonzalez, "A learning methodology in uncertain and imprecise environments," International Journal of Intelligent Systems, Vol. 10, 1995, pp. 357-371.

[16] I. Graham and P. L. Jones, Expert Systems – Knowledge, Uncertainty and Decision, Chapman and Computing, Boston, 1988, pp.117-158.

[17] K. Hattori and Y. Tor, "Effective algorithms for the nearest neighbor method in the clustering problem," Pattern Recognition, Vol. 26, No. 5, 1993, pp. 741-746.

[18] H. Hirsh, "Generalizing version spaces," Machine Learning, Vol. 17, 1994, pp. 5-46.

[19] T. P. Hong, A Study of Parallel Processing and Noise Management on Machine Learning, Ph.D. Dissertation, National Chiao-Tung University, Taiwan, R.O.C., Jan. 1992.

[20] T. P. Hong and S. S. Tseng, "Learning concepts in parallel based upon the strategy of version space," IEEE Transactions on Knowledge and Data Engineering, Vol. 6, No. 6, 1994, pp.857-867.

[21] T. P. Hong and S. S. Tseng, "Learning disjunctive concepts by the version space strategy," Proceeding of the National Science Council (Part A), Vol. 19, No.6, 1995, pp. 564-573.

[22] T. P. Hong and C. Y. Lee, "Induction of fuzzy rules and membership functions from training examples," Fuzzy Sets and Systems, Vol. 84, 1996, pp. 33-47.

[23] T. P. Hong and S. S. Tseng, "A generalized version space learning algorithm for noisy and uncertain data," IEEE Transactions on Knowledge and Data Engineering, Vol. 9, No. 2, 1997, pp. 336-340.

[24] T. P. Hong and S. S. Tseng, "Primal-dual version spaces: an approach to disjunctive concept acquisition," Journal of Information Science and Engineering, Vol. 14, No. 2, 1998, pp. 327-345.

[25] T. P. Hong and J. B. Chen, "Building a hierarchical representation of membership functions," The Tenth IEEE International Conference on Tools with Artificial Intelligence, 1998, pp. 236-241.

[26] T. P. Hong and J. B. Chen, "Finding relevant attributes and membership functions," Fuzzy Sets and Systems, Vol.103, No. 3, 1999, pp. 389-404.

[27] T. P. Hong, C. S. Kuo and S. C. Chi, "A data mining algorithm for transaction data with quantitative values," Intelligent Data Analysis, Vol. 3, No. 5, 1999, pp. 363-376.

[28] T. P. Hong and C. Y. Lee, "Effect of merging order on performance of fuzzy induction", Intelligent Data Analysis, Vol. 3, No. 2, 1999, pp. 139-151.

[29] T. P. Hong and S. S. Tseng, "Splitting and merging version spaces to learn disjunctive concepts," IEEE Transactions on Knowledge and Data Engineering, Vol. 11, No. 5, 1999, pp. 813-815.

[30] T. P. Hong and J. B. Chen, "Processing individual fuzzy attributes for fuzzy rule induction," Fuzzy Sets and Systems, Vol. 112, No. 1, 2000, pp. 127-140.

[31] T. P. Hong and S. L. Wang, "Determining appropriate membership functions to simplify fuzzy induction", Intelligent Data Analysis, Vol. 4, No. 1, 2000, pp. 51-66.

[32] T. P. Hong, T. T. Wang, S. L. Wang and B. C. Chien, "Learning a coverage set of maximally general fuzzy rules by rough sets," Expert Systems with Applications, Vol. 19, 2000, pp. 97-103.

[33] T. P. Hong, T. T. Wang and S. L. Wang, "Knowledge acquisition from quantitative data using the rough-set theory," Intelligent Data Analysis, Vol. 4, 2000, pp. 289-304.

[34] T. P. Hong and C. Y. Lee, "Implementation of fuzzy learning from examples," International Journal of Intelligent Automation and Soft Computing, Vol. 6, No. 4, 2000, pp. 261-269.

[35] T. P. Hong and K. Y. Lin, "Fuzzy data mining using taxonomy," The 2000 Eighth National Conference on Fuzzy Theory and Its Applications, 2000.

[36] T. P. Hong, K. Y. Lin and S. L. Wang, "Mining fuzzy generalized association rules from quantitative data under fuzzy taxonomic structures", The Ninth National Conference on Fuzzy Theory and Its Applications, 2001.

[37] T. P. Hong and Y. C. Lee, "Mining coverage-based fuzzy rules by evolutional computation," The 2001 IEEE International Conference on Data Mining, 2001.

[38] T. P. Hong, K. Y. Lin and S. L. Wang, "Mining fuzzy sequential patterns from multiple-item transactions," The Ninth International Fuzzy Systems Association World Congress, 2001, pp. 1317-1321.

[39] T. P. Hong, C. S. Kuo and S. C. Chi, "Trade-off between time complexity and number of rules for fuzzy mining from quantitative data," accepted and to appear in International Journal of Uncertainty, Fuzziness, and Knowledge-based Systems.

[40] F. Hoppner, F. Klawonn, R. Kruse and T. Runkler, Fuzzy Cluster Analysis, John Wiley & Sons Ltd, 1999.

[41] A. Kandel, Fuzzy Expert Systems, CRC Press, Boca Raton, 1992, pp. 8-19.

[42] Y. Kodratoff and R. S. Michalski, Machine Learning: An Artificial Intelligence Approach, Vol. 3, Toiga, Palo Alto, CA, 1990.

[43] E. H. Mamdani, "Applications of fuzzy algorithms for control of simple dynamic plants," IEEE Proceedings, 1974, pp. 1585-1588.

[44] H. Mannila, "Methods and problems in data mining," The International Conference on Database Theory, 1997.

[45] W. Mendenhall, J. E. Reinmuth and R. J. Beaver, Statistics for Management and Economic 7, Duxbury Publishers, Belmont, California, 1993, pp. 16-21.

[46] R. S. Michalski, J. G. Carbonell and T. M. Mitchell, Machine Learning: An Artificial Intelligence Approach, Vol. 1, Toiga, Palo Alto, CA, 1983.

[47] R. S. Michalski, J. G. Carbonell and T. M. Mitchell, Machine Learning: An Artificial Intelligence Approach, Vol. 2, Toiga, Palo Alto, CA, 1984.

[48] R. S. Michalski, and G. Tecuci, Machine Learning: A Multistrategy Approach, Vol. 4, Morgan Kaufmann Publishers, San Francisco, CA, 1994.

[49] R. S. Michalski, I. Bratka and M. Kubat, Machine Learning and Data Mining: Methods and Applications, Wiley, Chichester, England, 1998.

[50] T. M. Mitchell, Generalization as search, Artificial Intelligence, Vol. 18, 1982, pp. 203-226.

[51] T. M. Mitchell, Version Space: an Approach to Concept Learning, Ph.D. Thesis, Stanford University, 1978.

[52] N. J. Nilsson, Learning Machines, McGraw-Hill, New York, 1965, pp. 79-91.

[53] J. R. Quinlan, "Induction of decision trees," Machine Learning, Vol. 1, 1986, pp. 81-106.

[54] J. R. Quinlan, C4.5: Programs for Machine Learning, Morgan Kaufmann, San Mateo, CA, 1993.

[55] R. Rastogi and K. Shim, "Mining optimized association rules with categorical and numeric attributes," The 14th IEEE International Conference on Data Engineering, Orlando, 1998, pp. 503-512.

[56] R. Rastogi and K. Shim, "Mining optimized support rules for numeric attributes," The 15th IEEE International Conference on Data Engineering, Sydney, Australia, 1999, pp. 206-215.

[57] J. Rives, "FID3: fuzzy induction decision tree," The First International symposium on Uncertainty, Modeling and Analysis, 1990, pp. 457-462.

[58] F. Rosenblatt, Principles of Neurodynamics: Perceptrons and the Theory of Brain Mechanisms, Spartan, Washington, D. C., 1961, 83-87.

[59] D. E. Rumelhart, G. E. Hinton and R. J. Williams, "Learning representations by back-propagation errors," Nature, Vol. 323, 1986, pp. 533-536.

[60] R. Srikant and R. Agrawal, "Mining quantitative association rules in large relational tables," The 1996 ACM SIGMOD International Conference on Management of Data, Monreal, Canada, June 1996, pp. 1-12.

[61] P. E. Utgoff, "ID5: An incremental ID3," The Fifth International Conference on Machine Learning, 1988, pp. 107-120.

[62] C. H. Wang, T. P. Hong and S. S. Tseng, "Inductive learning from fuzzy examples," The Fifth IEEE International Conference on Fuzzy Systems, New Orleans, 1996, pp. 13-18.

[63] C. H. Wang, T. P. Hong, S. S. Tseng and C. M. Liao, "Automatically integrating multiple rules sets in a distributed-knowledge environment," IEEE Transactions on Systems, Man, and Cybernetics, Part B, Vol. 28, No. 3, 1998, pp. 471-476.

[64] C. H. Wang, T. P. Hong and S. S. Tseng, "Integrating fuzzy knowledge by genetic algorithms," IEEE Transactions on Evolutionary Computation, Vol. 2, No.4, pp. 138-149, 1998.

[65] C. H. Wang, J. F. Liu, T. P. Hong and S. S. Tseng, "A fuzzy inductive learning strategy for modular rules," Fuzzy Sets and Systems, Vol. 103, No. 1, 1999, pp. 91-105.

[66] C. H. Wang, T. P. Hong and S. S. Tseng, "Integrating membership functions and fuzzy rule sets from multiple knowledge sources," Fuzzy Sets and Systems, Vol. 112, pp. 141-154, 2000.

[67] R.Weber, "Fuzzy-ID3: a class of methods for automatic knowledge acquisition," The second International Conference on Fuzzy Logic and Neural Networks, Iizuka, Japan, 1992, pp. 265-268.

[68] Y. Yuan and M. J. Shaw, "Induction of fuzzy decision trees," Fuzzy Sets and Systems, 69, 1995, pp. 125-139.

[69] L. A. Zadeh, "Fuzzy logic," IEEE Computer, 1988, pp.83-93.

附錄　網路資源

一、新聞討論區 (news groups)

1. comp. ai. neural-nets： newsgroup about neural networks.
2. comp. ai. fuzzy： newsgroup about fuzzy logic and fuzzy set Theory.
3. comp. ai. genetic：newsgroup about genetic algorithms.
4. comp. soft-sys. matlab :Newsgroup about MATLAB and SIMULINK.

二、軟體(softwares)及重要網站

1. http : //www.fuzzy.org.tw
   台灣模糊學會。
2. http：// www-isis.ecs.soton.ac.uk / research / nfinfo / fzsware.htm
   有完整的 fuzzy 和 neural-fuzzy 等有關之應用的目錄。
3. http：//www.cs.cmu.edu/ Web / Groups / Groups / CNBC / PDP++ / PDP++.html
   以 C++ 爲架構的類神經網路的程式。
4. http：//www.mathworks.com/ fuzzybx.htm /
   有關模糊系統的使用工具。
5. http：//www.cs.tu-bs.de/ ibr / projects / nefcon / nefclass.html
   neural-fuzzy 的分類器。
6. http : //www.sgi.com / tech / mlc /
   機器學習的 library。
7. http：//www.cs.berkeley.edu/ projects / Bisc
   加州大學柏克萊分校的 BISC。
8. http：//seraphim.csee.usf.edu/ mafips.html
   北美模糊資訊處理學會。
9. http : //www.bbb.caltech.edu/ GENESIS
   類神經網路的模擬套裝軟體
10. http：// kalman.iau.dau.dk / Projects / proj / nnsysid.html
    類神經網路於 system identification 方面的應用。

三、資料集(data sets)

1. UCI Machine Learning Repository：
   http：//www.ics.uci.edu/ ~mlearn / MLSummary.html
2. Face Detection Data Set：
   http：//www.ius.cs.cmu.edu/ IUS / dylan_usro / har / faces / test / index.html
3. Time Series Repository：
   http：//www.cs.colorado.edu/ ~andreus / Time-Series / TSWelcome.html
4. Delve Data Set:
   http : //www.cs.utoronto.ca/ neuron/ delve/ delve.html

四、期刊(Journals)

1. Neural Networks.
2. Neural Computation.
3. IEEE Transactions on Neural Networks.
4. International Journal of Neural Systems.
5. International Journal of Neurocomputing.
6. Neural Processing Letters.
7. Neural Networks News.
8. IEEE Transactions on Fuzzy Systems.
9. Fuzzy Sets and Systems.
10. IEEE Transactions on Evolutionary Computation.
11. International Journal of Approximate Reasoning.
12. International Journal of Uncertainty, Fuzziness and Knowledge-Based System.
13. International Journal of Fuzzy System.
14. IEEE Transactions on Systems, Man, and Cybernetics.
15. IEEE Transactions on Evolutionary Computation.
16. IEEE Transactions on Neural Systems and Rehabilitation Engineering.

國家圖書館出版品預行編目資料

模糊理論及其應用 / 李允中, 王小璠, 蘇木春編著. -- 三版. -- 新北市 : 全華圖書, 2012.01
面； 公分
參考書目: 面
ISBN 978-957-21-8345-8(20K 精裝)
1.模糊理論
319.4 100025906

模糊理論及其應用(精裝本)

作者 / 李允中、王小璠、蘇木春
發行人 / 陳本源
執行編輯 / 李文菁
出版者 / 全華圖書股份有限公司
郵政帳號 / 0100836-1 號
印刷者 / 宏懋打字印刷股份有限公司
圖書編號 / 0523972
三版二刷 / 2016 年 09 月
定價 / 新台幣 600 元
ISBN / 978-957-21-8345-8
全華圖書 / www.chwa.com.tw
全華網路書店 Open Tech / www.opentech.com.tw
若您對書籍內容、排版印刷有任何問題，歡迎來信指導 book@chwa.com.tw

臺北總公司(北區營業處)
地址：23671 新北市土城區忠義路 21 號
電話：(02) 2262-5666
傳真：(02) 6637-3695、6637-3696

中區營業處
地址：40256 臺中市南區樹義一巷 26 號
電話：(04) 2261-8485
傳真：(04) 3600-9806

南區營業處
地址：80769 高雄市三民區應安街 12 號
電話：(07) 381-1377
傳真：(07) 862-5562

讀者回函卡

填寫日期：　／　／

姓名：＿＿＿＿＿　生日：西元＿＿＿年＿＿月＿＿日　性別：□男 □女

電話：（　）＿＿＿＿＿　傳真：（　）＿＿＿＿＿　手機：＿＿＿＿＿

e-mail：（必填）＿＿＿＿＿＿＿＿＿＿

註：數字零，請用 Φ 表示，數字 1 與英文 L 請另註明並書寫端正，謝謝。

通訊處：□□□□□

學歷：□博士　□碩士　□大學　□專科　□高中．職

職業：□工程師　□教師　□學生　□軍．公　□其他

學校／公司：＿＿＿＿＿＿　科系／部門：＿＿＿＿＿＿

．需求書類：

□ A. 電子 □ B. 電機 □ C. 計算機工程 □ D. 資訊 □ E. 機械 □ F. 汽車 □ I. 工管 □ J. 土木

□ K. 化工 □ L. 設計 □ M. 商管 □ N. 日文 □ O. 美容 □ P. 休閒 □ Q. 餐飲 □ B. 其他

．本次購買圖書為：＿＿＿＿＿＿　書號：＿＿＿＿＿＿

．您對本書的評價：

封面設計：□非常滿意　□滿意　□尚可　□需改善，請說明＿＿＿＿

內容表達：□非常滿意　□滿意　□尚可　□需改善，請說明＿＿＿＿

版面編排：□非常滿意　□滿意　□尚可　□需改善，請說明＿＿＿＿

印刷品質：□非常滿意　□滿意　□尚可　□需改善，請說明＿＿＿＿

書籍定價：□非常滿意　□滿意　□尚可　□需改善，請說明＿＿＿＿

整體評價：請說明＿＿＿＿＿＿

．您在何處購買本書？

□書局　□網路書店　□書展　□團購　□其他＿＿＿＿

．您購買本書的原因？（可複選）

□個人需要　□幫公司採購　□親友推薦　□老師指定之課本　□其他＿＿＿＿

．您希望全華以何種方式提供出版訊息及特惠活動？

□電子報　□ DM　□廣告（媒體名稱＿＿＿＿＿＿）

．您是否上過全華網路書店？（www.opentech.com.tw）

□是　□否　您的建議＿＿＿＿＿＿

．您希望全華出版那方面書籍？＿＿＿＿＿＿

．您希望全華加強那些服務？＿＿＿＿＿＿

～感謝您提供寶貴意見，全華將秉持服務的熱忱，出版更多好書，以饗讀者。

全華網路書店 http://www.opentech.com.tw　　客服信箱 service@chwa.com.tw

2011.03 修訂

親愛的讀者：

感謝您對全華圖書的支持與愛護，雖然我們很慎重的處理每一本書，但恐仍有疏漏之處，若您發現本書有任何錯誤，請填寫於勘誤表內寄回，我們將於再版時修正，您的批評與指教是我們進步的原動力，謝謝！

全華圖書　敬上

勘　誤　表

書　號		書　名		作　者	
頁　數	行　數	錯誤或不當之詞句		建議修改之詞句	

我有話要說：（其它之批評與建議，如封面、編排、內容、印刷品質等・・・）